中国地质调查“DD20160056”项目资助

华南重点矿集区稀有和稀土矿产调查研究进展

王成辉 等　著

科 学 出 版 社
北 京

内 容 简 介

稀有、稀土和稀散矿产是国家“十二五”规划培育发展战略性新兴产业所需要的三稀功能材料、结构材料。华南是我国三稀资源的重要赋存地，在该地区开展三稀矿产调查具有重要意义。2016 年，中国地质调查局设立了“华南重点矿集区稀有稀散和稀土矿产调查”项目，通过三年的工作查明了华南主要成矿带三稀矿产资源潜力，并实现了重点矿集区找矿突破、科技理论及技术方法方面的创新。本书是该项目的部分成果，主要介绍了华南幕阜山等地区稀有稀土调查评价和成矿规律研究工作，并介绍了华南地区离子吸附型稀土矿找矿技术、环境评价、储量动态评价、遥感监测等技术方法。

本书是对华南稀有、稀土矿产调查评价工作的探索性成果，对于全国其他地区稀有、稀土矿产资源的调查评价具有一定的参考意义，也可供矿床学、地质学、地球化学勘查、矿政管理及其他专业领域科研、教学人员参考使用。

图书在版编目(CIP)数据

华南重点矿集区稀有和稀土矿产调查研究进展/王成辉等著. —北京：科学出版社，2022. 3

ISBN 978-7-03-071073-4

Ⅰ. ①华… Ⅱ. ①王… Ⅲ. ①矿产地质调查-研究进展-华南地区 Ⅳ. ①P617. 2

中国版本图书馆 CIP 数据核字（2021）第 265406 号

责任编辑：王 运 张梦雪 / 责任校对：张小霞
责任印制：吴兆东 / 封面设计：北京图阅盛世

科学出版社 出版
北京东黄城根北街 16 号
邮政编码：100717
http://www.sciencep.com
北京建宏印刷有限公司 印刷

科学出版社发行 各地新华书店经销

*

2022 年 3 月第 一 版 开本：787×1092 1/16
2022 年 3 月第一次印刷 印张：23
字数：550 000

定价：318. 00 元

（如有印装质量问题，我社负责调换）

陈毓川院士　指导

本书作者名单

王成辉　王登红　孙　艳　赵　芝　李　鹏

陈　雷　李建康　周芳春　于　扬　刘善宝

陆　蕾　刘新星　赵　汀　杨岳清　王　刚

陈　晨　陈振宇　彭琳琳　陈斌锋　文春华

冯文杰　黄新鹏　曹圣华　冷双梁　樊锡银

周　辉　黄华谷　党晓亮　黄志飚　黄鸿新

前　言

锂等稀有、稀土和稀散资源（简称三稀金属矿产）作为“21世纪的能源金属”引领着新兴产业的发展。2012年国务院发布《“十二五”国家战略性新兴产业发展规划》，明确要“重点发展共伴生矿产资源”。随着《中国制造2025》落地和以智能制造为主导的第四次工业革命的即将到来，铂族、稀土、铌、钽、锂、铍、锆、锶、铯、锗、镓、铟、铼、萤石、晶质石墨等战略性新兴产业矿产需求将稳步增长。加强新能源矿产和新材料矿产的地质勘查力度，为社会发展提供急需矿产，是《中国制造2025》顺利实施和第四次工业革命成功的根基。

尽管三稀金属矿产在地壳中含量稀少，赋存状态极其复杂，难以开发和提取，但是随着科技进步与创新，此类金属具有优异的物理、化学特殊性能，被广泛应用。如今，无论传统基础工业还是高新科技产业乃至国防军工尖端技术等，都离不开三稀金属矿产。它们所发挥的经济效益、社会效益日益显著，对人类贡献越来越大，因而得到国内外高度重视。特别是近20年来，发达国家、发展中国家以稀有、稀土和稀散金属为原料，研发出一系列的功能材料、结构材料和新型材料。可见，一个国家的稀有金属工业（包括稀土、稀散金属在内，下同）的发展水平和用量，在一定程度上能反映出这个国家的科技水平、经济实力和国防实力。因此，三稀金属矿产及其材料在国计民生、国防军工和高新科技领域中，占有重要的战略地位。

华南地区是我国离子吸附型稀土资源的主要产地，而离子吸附型稀土资源是我国的优势资源。同时，华南地区也是重要的稀有金属和钨、锡多金属成矿带的主要产地。从早古生代到中生代强烈的断块运动及相伴随的岩浆活动，对内生稀有元素成矿起着主要作用。稀有元素成矿一般发生在多期活动的晚期岩体之中，矿床成因类型主要包括伟晶岩型、岩浆型、岩浆热液型，根据赋矿岩石的差别，又可分为不同类型，主要有石英脉型W-Sn-Be矿床、矽卡岩型W-Sn-Be矿床、火山岩型Mo-Be矿床、花岗岩型Ta-Nb-Be矿床、花岗伟晶岩型Li-Be矿床等类型。许多Be多共（伴）生产出在W-Sn矿床中，特别是石英脉型和交代型钨锡矿床中，如柿竹园、香花岭、画眉坳等W-Sn矿床。花岗岩型Be矿床以江西西华山和大吉山最为典型，岩体的高度演化，导致成矿物质在岩浆演化的晚期富集成矿。相对而言，花岗伟晶岩型Be矿床较少。江西省赣州市安远县碛肚山铍铅锌矿虽然产在火山岩中，但与黑云母花岗岩的关系密切，与新疆白杨河等火山岩型铍矿床存在较大的差异。此外，华南地区产出的大量有色金属矿产共（伴）生大量的稀散金属元素。华南地区的主要省份发现稀土资源近千个矿点，稀散和稀有金属往往伴生在铅锌矿、钨矿、铝土矿等矿床中。而且，近年来对三稀矿产资源的研究越来越热，不断有新的矿点和矿种发现，尤其作为伴生金属资源在一些中-大型老矿山中被发现。因此，华南地区三稀资源丰富，找矿潜力巨大，对该地区开展三稀矿产调查评价易于实现找矿突破，解决资源瓶颈。

与此同时，华南地区三稀矿产调查研究工作存在地质科研落后、工作程度较低等问题。自20世纪80年代开始，我国逐渐减少了稀有、稀土矿产资源的科研投入，导致目前积累的资料多是20世纪七八十年代的成果。如稀有金属矿床的成矿模式主要有岩浆结晶分异型、花岗岩浆液态不混溶型、岩浆热液分异型、花岗岩浆自交代型、深变质熔体分异型等诸多类型，每一种类型又有不同的成矿模式，如伟晶岩的形成既可能早于共生花岗岩体，也可能晚于其形成。此外，稀有、稀散金属的成矿判别指标，需要国内地质工作者对不同类型的矿床进行系统总结。这些工作的不足直接影响到了找矿模型的建立。因而，相对于其他矿种，近年来新发现的稀有金属矿床的数量较少。另外，长期以来对华南地区的各个金属矿种进行了多次的普查、详查工作，但三稀资源往往停留在普查阶段。仅有少数稀有金属矿集区开展了1∶5万矿调工作，而且许多地区的1∶25万和1∶5万矿调工作忽略花岗伟晶岩脉的记录和统计工作，致使最新的资料无法应用到稀有金属找矿中。如云南省高黎贡山地区的1∶25万地质矿产图幅中，无法查阅到稀有金属的信息。在幕阜山地区，只有陈国达、钟禄汉等调查江西潦水流域地质时曾涉足工作区东南部；新中国成立后区内地质工作虽然蓬勃开展，先后有多家地质单位开展了大面积的区域地质测量、找矿工作，前人所做的工作涉及区域地质调查、矿产调查及物化探工作研究等，积累了有限的地质、矿产以及物化探方面的资料，目前可以查阅的资料停留在20世纪80年代。

以上情况说明，在华南地区开展三稀资源调查恰逢其时，有必要系统梳理华南地区三稀资源，对重点矿集区进行深部和外围找矿，同时发现新的资源产地。为此，中国地质调查局开展了“华南重点矿集区稀有稀散和稀土矿产调查”项目（DD20160056），旨在通过对华南地区各省及多个重点矿化集中区的金属矿产全面调查，查明我国华南地区主要成矿带三稀矿产资源潜力，在一批重要三稀矿产矿集区实现优质矿产的重大突破，提高三稀资源保障能力，促进新兴产业发展。同时，培养三稀专业人才，为相关部门提供技术服务。“华南重点矿集区稀有稀散和稀土矿产调查”项目隶属于“大宗急缺矿产和战略性新兴产业矿产调查”工程（工程首席专家为王登红），实施周期为2016～2018年，项目负责人为王成辉，项目经费为1377万元，承担单位为中国地质科学院矿产资源研究所。

三年来，项目负责人在中国地质调查局的指导下，依托中国地质科学院矿产资源研究所的项目运行体系，围绕“国家目标、项目目标、人才目标”来规划部署、落实任务分解。项目完成了幕阜山-武功山、南岭东段等多个重点矿集区和桂东、粤西等多个调查区三稀矿产的调查研究工作，总结了成矿特征，初步查明了成矿潜力，并取得一定的突破。提交找矿靶区10处、矿产地4处，其中大型铍矿产地1处、中型锂矿产地1处、大型重稀土矿产地1处、中型重稀土矿产地1处，有效提高了华南地区三稀资源保障能力，促进了长江经济带战略性新兴产业发展。该项目深入开展典型矿床研究，查明了稀土稀有矿产资源成矿条件，完善了华南地区三稀资源成矿理论研究，总结了成矿规律，评价了资源主要成矿带的资源潜力；提出了离子吸附型稀土矿“8多3突破”的新认识，指出了华南地区该类型稀土矿的找矿方向；将遥感解译与地质找矿工作相结合，总结了一套适应华南地区离子吸附型稀土矿资源的找矿技术方法并在实际中得到了应用。该项目为福建工程压覆离子吸附型稀土矿回收提供技术支撑和为五矿勘查股份有限公司等央企开发稀土资源提供技术支持，有效地促进了华南地区稀土矿产资源的合理开发利用。项目的实施，带动了华南地区稀有稀土地质调查行业的发展，项目的找矿成果有助于江西宁都等老区社会经济的发展，为精准扶贫提供了支持。项目还开展了科普活动，普及三稀矿产知识，提交科普读物3本（篇），公开发表论文29篇。项目开展过程中培养了博士研究生4人、硕士研究生6人、博士后4人，以中国地质科学院矿产资源研究所稀有稀土和贵金属研究室为核心，初步建成了一支三稀矿产调查评价和科研团队，可为国家和社会三稀矿产调查评价及矿政管理提供技术支撑。

本书是“华南重点矿集区稀有稀散和稀土矿产调查”项目的部分成果，主要介绍了目前国内外三稀矿产的概况，以及华南地区幕阜山、九岭、南武夷、北大巴山–大洪山等重点矿集区，及云南临沧、浙江丽水等地稀有、稀土调查评价和成矿规律研究的最新进展；同时对离子吸附型稀土矿的环境调查SMAIMA［野外调查（S）-实验测试（M）-特征分析（A）-指标体系（I）-模型研究（M）-综合评价（A）］方法体系和基于DEM（数字高程模型）找矿技术方法进行了介绍。

本书前言、第一章由王成辉、王登红、孙艳等编写；第二章由李鹏、李建康、王登红、王成辉、陈振宇、周芳春等编写；第三章由王成辉、王登红、杨岳清、陈晨等编写；第四章由赵芝、王登红、王成辉、陈振宇、刘善宝等编写；第五章由陈晨、王成辉、王登红、杨岳清、刘善宝等编写；第六章由陆蕾、王登红、赵芝、王成辉、杨岳清等编写；第七章由陈雷、王刚、王成辉等编写；第八章由于扬、王登红、王成辉等编写；第九章由刘新星、王成辉、王登红等编写；第十章由王成辉、王登红、孙艳等编写。全文由王成辉统编定稿。

项目执行过程中得到了中国地质调查局总工程师室董庆吉处长，中国地质调查局资源评价部张作衡主任、张生辉处长、蔺志勇处长、陈丛林处长、张伟处长、耿林处长，中国地质调查局发展研究中心谢国刚副主任，中国地质科学院王瑞江副院长，中国地质科学院矿产资源研究所陈仁义所长、傅秉锋书记、王宗起副所长等众多领导的支持。项目野外验收、成果汇总和信息化成果验收过程中得到了武汉地质调查中心魏道芳处长、李莉老师、李珉老师的指导和帮助；项目具体实施过程中得到了袁忠信、白鸽、邹天人、徐珏和王裕先等专家的具体指导，在此深表感谢。参加本项目的湖南省地质调查院、江西省地质矿产勘查开发局赣南地质调查大队、湖南省地质矿产勘查开发局四〇三队、江西省地质矿产勘查开发局赣东北地质大队、江西省地质矿产勘查开发局九〇二地质大队、江西省地质调查研究院、湖北省地质调查院、福建省地质调查研究院、广东省地质调查院、广西壮族自治区地质调查院、云南省地质调查局、贵州省地质矿产勘查开发局一一三地质队、中国冶金地质总局第二地质勘查院等单位在资料搜集、野外工作、成果信息化建设等方面给予了大力支持。国家地质实验测试中心屈文俊处长、李超副研究员为项目各类样品测试分析顺利完成提供了大力支持和帮助。孟德保、罗小亚、徐平、王锦荣、王春林、李强等专家一方面承担了本项目的具体工作，另一方面也为本书的编写提供了重要素材和建议，在此一并表示衷心的感谢。

由于作者水平有限，书中难免存在疏漏之处，恳请读者不吝批评赐教。

目　　录

第一章 概　　论

第一节　三稀金属矿产——战略性新兴产业发展的重要基础

战略性新兴产业是引导经济社会发展的重要力量。发展战略性新兴产业已成为世界主要国家抢占新一轮经济和科技发展制高点的重大战略。三稀（稀有、稀土、稀散）金属矿产资源是“十二五”规划培育发展战略性新兴产业——新一代信息技术、节能环保、新能源生物、高端装备制造、新材料、新能源汽车等6个新兴产业所需要的三稀功能材料、结构材料。就金属品种而论，在67种金属中（有色金属64种，黑色金属3种），属于三稀金属的有37种，即稀有金属13种：稀有轻金属锂、铍、铷、铯，稀有高熔点金属铌、钽、锆、铪、钒、钛、钨、钼、铼；稀土金属17种：镧系元素镧、铈、镨、钕、钷、钐、铕等15种和钪、钇；稀散金属7种：镓、铟、锗、铊、铼（或镉）、硒、碲。

一、关键基础和重要保证

三稀资源勘查是实现和促进我国未来经济转型和产业升级的关键基础和重要保证。我国已经颁布和实施了新兴产业计划、产业升级和经济转型计划，新能源、新材料、环保技术与材料等已经成为战略资源和研发对象，三稀资源是未来我国新兴产业和战略资源十分重要的资源保障和应用研发的核心基础，提高三稀资源勘查、勘探与开发力度是实现和促进我国未来经济转型和产业升级的关键基础和重要保证。

三稀资源是相关新兴产业和涉及国家安全等重要领域的关键性战略资源。三稀资源是相关新兴产业直接使用的矿产品，具有战略价值和现实使用价值，同时，拥有三稀资源和开发技术，也是我国建设领空制空权、领海制海权、领土和太空防御体系以及太空—领土（海）信息通信与安全保障的基础。如未来超大型飞机、航空母舰、太空飞船、网络系统、新材料研发、新兴产业和清洁能源等产业都需要用到大量的三稀矿产品。

三稀资源是调节我国资源储备与国际矿产品市场价格平准机制的有效手段之一。以稀土矿产为代表的三稀金属国际贸易已成为我国外交谈判的重要筹码，我国已经开始探索建立三稀资源储备与国际矿产品市场价格谈判权的平准机制。如稀土、钨矿等矿种开采总量控制指标的设立正逐步发挥国际影响力，西方国家在国际市场通过低端产品掠夺式收购我国三稀金属资源的途径被逐步切断，并引起了国际强烈关注，也映射出通过增加三稀资源增长和持有矿产品可以影响国际市场中我国在矿产品上的话语权。因此，在WTO（世界贸易组织）框架下，合理制定、利用相应矿产资源管理制度，进一步加强我国三稀矿产调查评价，提高资源储备程度，可以增强我国在国际市场采购铁、铜、铝等大宗紧缺矿产资源的国际谈判商定权。

二、资源勘查工作基本薄弱

在以往过度无序、破坏性开采、勘查投资缺乏等综合因素影响下，现今三稀资源勘查与开发形势十分严峻：一是我国三稀资源可采储量快速、严重耗竭，产业形势十分严峻。我国拥有全球已探明稀土元素资源的三分之一，却生产供给了全球90%的稀土元素产量，严重不平衡，造成我国稀土元素资源快速、严重耗竭。二是我国三稀资源耗竭补偿机制不健全，无序过度开采的同时，却没有相应的三稀资源补偿，产业平衡严重失调，急需增加三稀资源勘查。三是三稀资源开发技术初级，缺乏高端产品研发，资源利用率亟待提高。四是我国大量尾矿中有潜在三稀资源，但尚未开展系统的三稀资源查定与可利用性评价，致使这些潜在资源不清，可利用性不明，同时这些尾矿库严重影响了社会与生态环境，需要进行系统的调查与评价。五是我国有一批多金属矿山中三稀资源具有较大找矿潜力和取得采选研突破的基础，只要加大共（伴）生组分查定、评价和可利用性研究就能够在较短时间内取得效益，如广西大厂锡多金属矿和云南都龙锡多金属矿是超大型铟矿床，曾经属于无法利用的铟资源，由于选冶技术创新而成为可利用资源，对于我国铟产业升级发挥了巨大的科技进步价值。六是我国三稀资源成矿地质条件优越，具有十分丰富的潜在资源找矿潜力，如内蒙古、新疆、云南、四川等地，只要加大勘查力度就会取得显著的找矿成果。总之，我国三稀资源具有巨大的找矿潜力，但工作基础薄弱，勘探力度不够，综合研究跟不上，产业政策明显滞后，相应国际地位几乎无从谈起。

三、加强勘查、开发三稀金属矿产资源迫在眉睫

勘查、开发三稀金属矿产资源是培育发展战略性新兴产业的重要物质基础。建议选择用途广、用量多的合金钢和有色金属合金材料所需要的稀土、锂、铍、铌、锆（铪）等作为“十二五”安排勘查的重要矿产，为建设高铁、船舶、核电站等大型工程所需的结构材料、功能材料提供资源保障。选择这些稀有、稀土矿产作为勘查、开发三稀金属矿产资源的优先矿种有其必要性和紧迫性。

铌是稀有高熔点金属，具有熔点高、耐腐蚀、热传导性能强等优点。在冶炼特殊钢时，加入少量铌元素（30～50g/t）进行微合金化处理的铌钢，其防腐蚀性、强度、拉伸及冷加工能力大大增强。目前，全世界每年铌钢产量3000×10^4t，一些钢铁强国铌钢产量占到总量的20%，我们与此相差很远。我国探明有储量的矿床（区），虽然储量不少，但贫矿居多，开发成本高，环保要求也高。因而，亟待勘查富矿，或在已知矿区里贫中求富。

锂是稀有轻金属，在新能源、新技术、军工和民用等方面应用广泛。它是研制氢弹不可缺少的原料，又可作为核聚变的燃料和冷却剂。锂和锂的化合物具有燃烧温度高、发热量大等特点，常作为高能燃料，用于火箭、飞机或潜艇上。目前世界上只有十几个国家开采盐湖卤水锂和矿石锂，中国、阿根廷、智利、美国等是碳酸锂的主要生产国。我国锂矿资源较为丰富，但可供近期开采的锂辉石并不多，如再不投入矿石锂勘探，将进一步加剧

锂矿资源紧缺的现状。

铍也是稀有轻金属。铍主要应用于军事尖端技术上，作为空间飞行器结构材料、宇宙飞船的铍蒙皮、卫星天线和头锥装置、导弹的弹头圆锥形顶端装置等。铍还可作为原子反应堆和核装置的结构材料及中子减速剂。此外，还可制铍铜合金。我国目前铍矿探明的储量不多，因此迫切需要勘查铍矿。

锆、铪也是稀有高熔点金属，是核潜艇的关键材料，每艘核潜艇需要30t锆材。同时，锆、铪还是核电站需求的结构材料。核电是当今世界公认的清洁能源，积极发展核电是优化我国能源结构、减少温室气体排放的一项重要举措。我国大力建设核电站，预计至2030年，将建设总计100座核电站，装机容量达1×10^{8}kW·h，需要大量锆材，要靠锆矿支撑。目前我国探明的锆储量不多，且多数是贫矿。锆材生产企业以进口锆砂冶炼锆金属及加工为主，迫切需要寻找锆矿资源。

四、实施三稀资源勘查具有显著的经济和社会效益

实施三稀资源勘查和高技术研发将取得十分显著的经济和社会效益，促进我国创新型国家建设和国家经济转型和升级。通过实施三稀资源勘探和开发，有助于培养一批新兴产业的高端人才，研发和储备一批新兴技术，推进我国地勘队伍发展和新体制建设，为国家三稀资源发现、储备、开发和新材料研发等创立一套完整的技术创新体系和培养一批人才，促进创新型国家建设和技术研发，实现我国对三稀资源的高效保障与储备。

第二节　国内外三稀资源的利用现状

2011～2015年，中国地质调查局设立了“我国稀有稀土稀散资源战略调查”专项，分析了国内外三稀资源的利用现状。我国已探明的三稀资源，大部分得到了开发，部分由于选冶难题没有解决而暂时搁置（如内蒙古801的稀有金属矿），部分由于基本农田保护、建设用地压覆等不可再利用（如东南沿海的滨海砂矿）；还有相当一部分虽然得到开采，但回收率很低（如内蒙古白云鄂博的稀土和铌矿）。在已经开采的矿产地中，有一部分得到了很好的回收利用，如云南会泽铅锌矿中的锗和广西大厂锡多金属矿床中的铟，但是，由于种种因素，这部分易于回收的矿产资源却未产生足够的利润，这需要引起高度重视。

一、稀有金属的开发利用

1）锂

我国锂工业起步于20世纪50年代末，以军工产品为主。20世纪70年代，锂的应用由军用向民用扩展，自1979年起，我国开始出口锂产品。我国已经能生产碳酸锂、氢氧化锂、氯化锂、金属锂和锂材等多种产品。国内锂的消费主要在炼铝、玻璃、搪瓷、滑脂、军工、空调、焊接、电子、合成橡胶和医药等领域。我国是锂资源大国，但目前的锂工业与之尚不相称。除美国、澳大利亚等国家外，智利是世界锂工业的后起之秀。

智利依靠丰富的资源，大量引进外资，扩大生产，并通过降低成本来提高其产品在国际市场上的竞争能力。1990 年，智利锂的生产能力已逾万吨。2010 年智利产锂 8800t。中国盐湖碳酸锂的比例还不够，国际竞争力不足。鉴于传统应用领域中炼铝、玻璃、陶瓷和空调设备对锂的需求仍在不断扩大，今后对锂原料的年需求量将持续增长；同时，锂电池和铝锂合金等新兴产业也快速发展，各主要生产国将继续扩大产量，因此，目前的市场格局还会继续维持。我国锂工业的主要任务将是立足国内，扩大市场，加强新应用领域的研究；改进生产工艺，降低成本，提高技术经济指标和产品质量，并要着重加强研究卤水锂的提取工艺，为生产的进一步发展提供足够的后备资源。

2）铍

我国铍矿山的开发始于新中国成立初期，新疆、广东、湖南、江西、河南等省（区），20 世纪 50 年代均开采过绿柱石，产品主要供给苏联。后来由于国内消费量小，其他出口渠道尚未打通，生产逐渐收缩。以可可托海为龙头矿山，铍作为锂矿以及南岭一些钨矿采选的副产品而回收，产量居世界第三。经过 50 多年的发展，我国已形成体系完整、品种齐全、生产能力较高的铍冶炼加工业。因此，在完整的铍工业体系的引领下，加强铍资源的评价是必要的。

3）钽

我国自 1958 年起开始对钽矿石的选矿研究，20 世纪 60 年代建厂生产，并逐步建立一个从采矿、选矿、冶炼到加工的钽铌工业体系，发展速度较快。现有钽铌选矿厂十几座，最大的钽原生矿是宜春铌钽矿。在国外，钽主要用于制取电容器，工业越发达的国家，钽用量越大。我国钽消费结构基本与国外相似，用于电容器生产的消费量占总消费量的 70% ~75%，其次为生产硬质合金用量。高温合金、光学材料、发热体、耐腐蚀材料等有少量消费。但电容器生产线所需高比容钽产品，仍需进口部分高比容钽粉。

4）铌

世界铌市场总的趋势是资源丰富、产供充足、价格稳定。我国从 1956 年开始进行铌生产的工艺研究，1961 ~1979 年为铌工业化阶段，在此期间有一批冶炼厂投产，其中株洲硬质合金厂从 1962 年开始生产铌条、铌粉；宁夏有色金属冶炼厂从 1966 年开始生产氧化铌、中级铌铁；跃龙化工厂从 1965 年开始生产氧化铌；包钢有色二厂从 1966 年开始生产低级铌铁（含铌 12%）；栗木锡矿冶炼厂从 1976 年开始生产氧化铌。1980 年至今为发展时期，在此期间自行设计和建设的最大规模的钽铌冶炼厂——江西九江有色金属冶炼厂建成投产。我国铌资源丰富，目前没有必要开展重点评价工作。

5）锆

我国锆的开发利用历经坎坷，开开停停。目前，全国有十多家工厂生产锆系列产品，包括锆石及微粉、氯氧化锆、二氧化锆、硫酸锆、碳酸锆和工业海绵锆等。原子能级海绵锆的生产随着近几年核电站事业的兴起也在恢复生产之中。国内锆石产销基本持平，氯氧化锆和二氧化锆等产品除自给外还有一定量销往日本、韩国等地区。但是，优质矿原料还需要从澳大利亚进口，以满足高纯锆产品加工生产的需要。

6）铪

我国早在 20 世纪 60 年代就成功地研制出锆铪分离工艺，并一度发展过海绵锆和海绵铪的生产。铪的消费受金属锆生产和自身应用范围的限制，市场容量很小，世界铪的年产销量仅在80t左右。今后铪工业的生命力完全取决于原子能发电工业的发展。

7）铷

我国在20世纪80年代中期就探明有铷矿，主要分布在江西、湖南、广东、四川、青海、湖北等地。主要与铌钽矿共生，少量与钨矿伴生产出。我国氧化铷储量不仅居世界首位，而且在国内又集中分布在宜春钽铌矿山，并已进行开采。但是，全球范围内对于铷的需求量是很小的，20世纪初年需求量不到3t，1970年美国铷金属需求量为0.27t，1980年增长到0.82t，1983年美国铷的消耗量约0.59t，我国1984～1987年主要由新疆冶金研究所生产了铷276kg。

8）锶

锶矿（天青石）主产于墨西哥、土耳其、伊朗和我国的江苏溧水爱景山、重庆合川干沟、重庆大足兴隆、重庆铜梁玉峡以及云南兰坪、青海茫崖大风山等地。我国有丰富的锶资源，储量占世界储量的30%左右，居世界第一位。国内锶矿由国营及乡镇矿山开采，江苏南京锶矿和重庆合川锶矿为国有锶矿，但乡镇锶矿山和私人矿山较多，遍布溧水、合川、铜梁、大足、花土沟、黄石等地区。由于盲目采富弃贫式开采，损失率较高，资源浪费较严重。我国是世界锶产品的主要生产国，年产量占世界年产量的50%～60%，其中80%以上出口。遗憾的是，出口越多，相对赢利越少。

9）铯

国内铷、铯于1958年进行过批量生产。铯产品只有十多种，均由新疆冶金研究所提供。20世纪70年代初期，该所从锂云母中提取少量铷盐，供铷原子钟制造使用。同时继续进行多种高纯铷、铯盐的试制。此外，尚有自贡市张家坝化工厂生产少量铷、铯产品，江西分宜冶炼厂、湘乡氟化盐厂锂盐生产的副产品混合碱。另外，原化工部所属各大试剂厂也生产多种盐类，但皆为二次产品，即利用新疆冶金研究所的原料转化而成。

二、稀散金属的开发利用

1）镓

镓一般从氧化铝生产过程和闪锌矿冶炼过程中回收，但我国主要从铝生产过程中回收。1957年山东铝厂研制出从低品位铝土矿烧结法生产氧化铝的循环母液中提取镓工艺，开创了我国镓回收的生产史。这种工艺至今仍然是我国生产镓的主要方法，并已被国外采用。20世纪80年代以后我国又建起国际流行的氧化铝拜耳液提取镓生产线，使生产镓的能力得以明显提高。此外，我国还研制出从锌浸出渣中用化学-萃取法提取镓的工艺。我国镓的主要生产厂有山东铝厂和郑州铝厂。由于国内消费量小，90%左右的镓产品出口国际市场。因此，我国镓也是供大于求，但由于储备制度，且没有在开发高端产品方面下足功夫，导致我国的镓资源优势没有充分发挥出来。今后宜加强化合物半导体材料的应用研究，扩大国内需求，同时改善产品结构，生产高纯镓产品，提高国际竞争力。

2）锗

我国锗的回收生产是从煤中开始的，从20世纪50年代末至今，我国相继研制出从煤灰、铁烟气、氧化铅锌烟尘和硫化铅锌浮渣中提取锗的工艺，并先后投产，为我国锗工业发展打下了良好基础。目前锗的回收渠道主要是炼锌烟尘和浮渣，单晶锗加工过程中的废料再回收生产已经起步。原生锗和再生锗产能分别占总产能的3/4和1/4。我国锗年产量达80t，占全球的2/3，所生产的锗原料约一半供出口。我国锗材料加工业已具一定规模，至少有15家企业从事锗生产。锗产品包括二氧化锗、高纯四氯化锗、粗锗、高纯锗金属及各种规格的单晶锗，切、磨、抛光片和激光片，基本上能满足国内需求。

3）铟

新中国成立初期，迫于航空工业的需要，我国开展了铟的回收。沈阳冶炼厂首先试验成功从锌浸出渣中回收铟的工艺，成为我国第一家工业化产铟厂。目前，来宾冶炼厂、株洲冶炼厂等都是产铟大厂。资源、冶金和市场均有保证，产能占全球的1/2。

4）铊

铊具有很大毒性，在生产过程中易污染环境，从而限制了其生产和应用的发展。从新中国成立初期铊生产线投产伊始至20世纪80年代末这30多年间，我国铊的累计产量很少。株洲冶炼厂和水口山矿务局是我国铊的主要生产厂家。

5）铼

铼一般从辉钼矿、铜矿及其他物料中回收，我国主要是从辉钼矿和铀钼矿中回收。主要产铼企业有吉林铁合金厂、株洲硬质合金厂、金堆城钼矿山等。由于需求量很小，且产销渠道不通畅，目前我国铼的生产处于不稳定状态，年产量波动大，产品除供应国内外，还有部分出口。

6）镉

镉作为伴生矿产，只能在主金属（锌精矿）矿产冶炼过程中回收，因此实际可回收的镉只是储量中的一部分。在锌冶炼过程中镉富集在各种烟尘和残渣中。葫芦岛锌厂、株洲冶炼厂是我国主要产镉企业。另外，云南冶炼厂、沈阳冶炼厂、韶关冶炼厂等企业也从锌冶炼生产中回收镉。目前我国已成为世界第一产镉大国，绝大部分产品出口国际市场，由于没有建立相应的出口管控制度，与稀土等资源一样面临生产越多、价格越低的不利局面。

7）硒

硒只能在主金属矿产冶炼过程中回收，其产量受主金属产量的限制。我国硒的冶炼回收生产始于20世纪50年代中期，发展至今已有16家冶炼厂具有硒的生产能力。国内硒消费领域的主要构成为玻璃42%、建筑27%、医学12%、复印技术9%、锰制品2%、试剂1%。复印机用硒量的大量增长，曾造成市场供不应求。硒的价格从2001年的8.38美元/kg上涨到2011年的146.28美元/kg，达17倍，是稀散元素中涨价最显著的3个矿种之一。

8）碲

碲与硒一样，是铜、铅等主金属冶炼过程中的副产品。碲在主矿产选冶过程中的走向较硒分散，所以碲的可回收量比硒小得多。回收碲的工业物料是铅、铜阳极泥。由于碲的市场容量很小，目前我国仅沈阳冶炼厂、株洲冶炼厂等少数企业备有碲生产线，每年生产数吨碲，除满足国内需求外，还有部分可供出口。碲的价格从2001年的7美元/kg上涨到

2011 年的 349 美元/kg，达 50 倍，是涨幅最大的一个矿种。

三、稀土金属的开发利用

我国稀土资源的开发利用体现了发展中国家“先有资源后开发”的典型模式，正是丰富的资源、强大的矿山产能促进了稀土加工业的蓬勃发展，但产品主要是各种稀土富集物、混合稀土化合物和金属，附加值低，获利不多，反而让国外获取了大量的珍贵资源，为其电子产品、医药产品等新兴产业的发展打开了方便之门。20 世纪 80 年代以来，世界高科技产业的崛起对单一稀土氧化物和金属的需求迅速增加，我国也十分重视开发高纯稀土产品，在短短几年间，稀土分离生产和高纯应用产品加工从无到有，从小到大，很快居于世界领先地位，其中大部分产品直接投放国际市场，一些产品，如氯化稀土、混合稀土金属，特别是离子混合氧化物，因质量好在国际市场上占有重要地位。1984～1989 年期间稀土曾经成为我国出口创汇的拳头矿产品之一。在今后相当长的一段时间内，永磁体和荧光粉是稀土应用的热点；高清晰度、大屏幕彩电和混合稀土贮氢合金已相继投入工业化生产；各类稀土磁性材料、陶瓷功能材料、汽车尾气净化剂的生产和应用将会进一步拓展。在我国，除上述新材料有待于深入开发外，传统应用仍有潜力可挖，炼油催化剂、油漆催干剂、塑料热稳定剂和农用市场尤为突出。稀土应用的广阔前景为我国稀土资源的开发利用提供了可靠的保障。

第三节　华南三稀矿产调查研究现状

一、查明了华南是我国三稀资源的重要赋存地

华南地区处于古亚洲构造域、特提斯–喜马拉雅构造域和滨西太平洋构造域的交叉复合部位，是多构造体系的联合作用地区。区内大地构造的发展历经地槽、地台和大陆边缘活动带三大阶段，包括雪峰、加里东、海西–印支、燕山和喜马拉雅各期运动，其中加里东期和印支期分别结束了地槽和地台的发展历史，燕山期是大陆边缘活动的鼎盛时期，是花岗岩成岩、成矿的最重要时期。漫长而又复杂的地质演化历史，为该地区有色、稀有金属的大规模成矿提供了极其有利的条件。就稀土矿产而言，华南地区是我国离子吸附型稀土资源的主要产地，大量的稀土资源赋存于花岗岩的风化壳中，由于大多富集中、重稀土元素，使得华南地区成为我国乃至全球最重要的中、重稀土资源产地。对于稀有矿产，华南地区早古生代到中生代强烈的断块运动及相伴随的岩浆活动控制了内生稀有元素的成矿，主要的矿化类型有石英脉型 W-Sn-Be 矿床、矽卡岩型 W-Sn-Be 矿床、火山岩型 Mo-Be 矿床、花岗岩型 Ta-Nb-Be 矿床和花岗伟晶岩型 Li-Be 矿床等；此外许多 Be 多共（伴）生产出在 W-Sn 矿床中，特别是石英脉型和交代型钨锡矿床中。同时，华南地区产出的大量有色金属矿产共（伴）生有大量的稀散金属元素，如铅锌矿中的镓、锗、铟等。总体上，由于特殊的大地构造位置，又叠加漫长复杂的地质作用，使得华南地区成为重要的三

稀资源赋存地（图 1-1）。

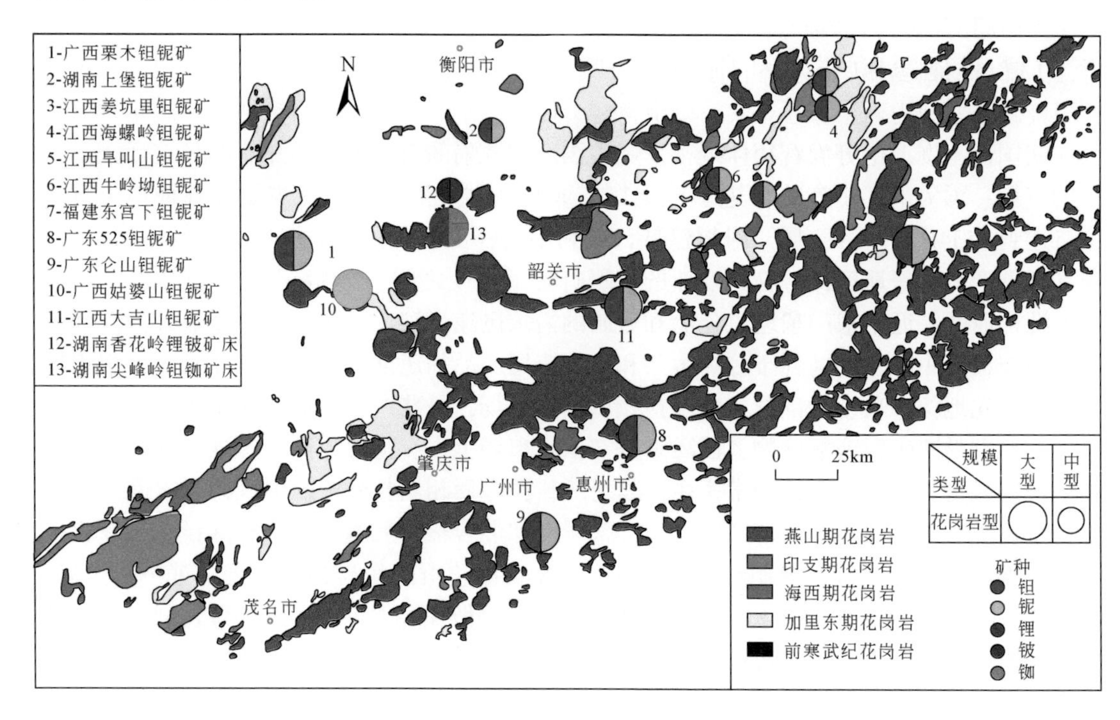

图 1-1　华南南岭成矿带三稀矿产地分布略图

在华南的主要省份发现稀土资源近千个矿点，稀散和稀有金属往往伴生在铅锌矿、钨矿、铝土矿等矿床中。而且，近年来对三稀矿产资源的研究越来越热，不断有新的矿点和矿种发现，尤其作为伴生金属资源在一些中-大型老矿山中被发现。

湖南：①湖南是稀土资源大省和利用技术强省。发现稀土矿床和矿点 80 余处，稀土矿床 12 处，独居石储量居全国第一。据 2010 年统计，褐钇铌矿为湖南特有，保有储量居全国首位，轻稀土矿储量居全国第五位。近年来，从姑婆山到汝城一带发现大量小的稀土矿床和矿点，以离子吸附型和花岗岩型为主。②稀散元属。柿竹园含有镉、铟、镓、硒矿产。黄沙坪、康家湾、水口山等均含有镉、铟矿产。此外还有湖南宁乡锗铁矿床。③稀有金属。已发现矿床和矿点有 200 多处，其中铍是湖南最早开发的稀有矿产，已形成一定的规模。主要分布在零陵地区、岳阳地区、郴州地区，其次为株洲、衡阳。幕阜山、连云山等稀有金属矿床含有丰富的铌、钽、锂、铍、锶、铷等。

湖北：①稀土。竹山县庙垭大型铌稀土矿床已探明轻稀土氧化物储量，通城县、石首市等地探明有独居石储量。2010 年在湖北省十堰市竹溪县龙坝镇发现了大规模稀土矿，在老阴山脉下藏有储量非常丰富的稀土资源。同属十堰市辖区的竹山县境内也发现了稀土矿 12 处，具备开发规模的矿床有 2 处。其中，竹山县得胜镇境内的庙垭铌稀土矿经湖北省土地储备委员会确认，该矿按铌元素计为世界第二大铌矿，仅次于现在世界上最大的铌铁供应商——巴西矿冶公司（CBMM）年生产铌 6×10^4t。②稀散元素。湖北省恩施市有着世界上稀少的独立硒矿床，具有分布广、储量大、埋藏浅等特点。硒矿主要赋存于二叠系茅口组二段（硅质岩段）地层中，主要分布在沐抚-板桥、罗针田-马者-铁厂坝、向家村-奇羊坝、中间河-黄村-沙地花被、双河-红土溪-石窑、芭蕉乡-盛家等地。双河渔塘坝拥有世界上唯一的独立硒矿床。③稀有金属。主要分布在鄂西北、鄂南及鄂中江汉盆地。竹山县庙垭碳酸岩型铌稀土和通城县段峰山含铌钽伟晶岩矿床分别为铌和钽的主要产区，但品位偏低。锶、铷、铯等为石盐伴生物，赋存在潜江拗陷的卤水中，其开发价值巨大。

广东：①稀土。广东稀土资源丰富，主要为风化壳离子吸附型和矿物型，2007 年稀土出口达到 1534t。风化壳离子吸附型矿床主要分布在粤北、粤东的平远、蕉岭、河源、南雄、新丰、清远等地区；矿物型以独居石砂矿型为主，主要分布在江门、阳江、电白、陆丰等沿海地区。近年来广东地质局七五七地质大队在江门发现风化壳离子吸附型稀土资源量达到 55.57×10^4t，主要分布在鹤山共和、新会和台山等地区。②稀有分散元素。主要有 Ga、Ge、In、Se、Te、Re、Tl、Cd。进行过稀散元素评价的典型矿床目前仅有凡口铅锌矿、大宝山铅锌矿、锯板坑钨多金属矿等。③稀有金属。广东省稀有资源丰富，原生矿主要分布在粤北、粤西地区，风化壳冲积砂型矿和滨海砂矿主要分布在粤东沿海和近海花岗岩出露地区。

广西：1949 年前在姑婆山地区已经发现独居石 6×10^4t，截至 20 世纪 90 年代初，广西发现重稀土 3 处，其中大型矿床 2 处（北流 520 矿和陆川白马磷钇矿），均为砂矿床；轻稀土 9 处，其中大型矿床 3 处；中稀土 3 处。广西已探明的稀散元素有钪、锗、镓、铟、铊、铪、镉、硒、碲 9 种，保有资源储量的矿产地 50 处，其中钪矿 2 处，锗矿 3 处，镓矿 16 处，铟矿 6 处，铊矿 2 处，铪矿 2 处，镉矿 17 处，硒矿 1 处，碲矿 1 处。贵港市庆丰铅锌矿床中伴生锗矿，矿石中含锗 0.00113% ~0.0032%，达小型矿床规模。镓矿主要为铝土矿的伴生矿。德保县隆华铝土矿，矿石中镓的含量为 0.0091%，储量规模为大型矿床。靖西县禄峒、新圩、大邦铝土矿，镓矿储量规模达到大型、中型和小型矿床。此外，一些锡多金属矿床伴生镓矿，如罗城砂坪锡矿为小型镓矿。铟矿多为锡多金属矿和铅锌矿床的伴生矿。南丹县大厂 100 号、105 号矿体，储量规模均为大型矿床。合浦县官井钛铁砂矿床中，钛铁矿含氧化钪，储量规模为大型矿床。另外，南丹茶山锑钨多金属矿床，钦州东山钛铁矿风化壳型堆积矿均共伴生有独居石、锆英石、铌、钽、钪，桂北越城岭和猫儿山岩体的花岗岩型钨、锡、铌、钽、锂、铍矿床，钟山县花山风化壳冲积砂型稀土矿和滨海砂矿稀土、稀散矿床以及有色金属矿床在不同程度上都含有稀有矿产资源，需进一步研究。

福建：①稀土矿资源相对较丰富，是国内重要稀土产区之一，以风化壳离子吸附型稀土矿为主，主要分布在龙岩市的长汀、上杭、连城和三明市的清流、建宁及漳州市的云霄、诏安、平和等地。近年来，在三明市尤溪县粒状碎斑熔岩次火山岩风化壳中也发现了稀土资源，将乐、明溪、光泽、顺昌等地的加里东期、燕山期花岗岩中的风化壳也赋存稀土矿。②稀有金属矿产以铌、钽、铍为主，锂矿是铌钽矿的伴生矿种，主要分布在南平市西坑一带，铍矿以霞浦大湾最为典型。③稀有金属矿产以镉、镓、硒、铟、锗、铼为主，均为伴生矿，其中镉、镓、硒、锗主要与铅锌矿相伴生，铼与钼矿相伴生，近期在建瓯上房白钨矿详查矿区发现镓为伴生矿，通过组合样品初步估算资源量为 500 多吨，其镓资源量相当于福建省全省镓的资源总量。

江西：共发现三稀金属矿床点（包括矿化点）207 处，列入 2010 年江西矿产资源平衡表的三稀金属矿产地共计 136 处，其中稀有金属矿产主要有铌、钽、铍、锂、锆石、铷、铯等，矿产地 66 处；稀土金属矿产主要有重稀土、稀土和轻稀土矿（包括砂矿），共有矿产地 57 处；稀散元素矿产主要有镓、铟、镉、硒和碲，均与其他矿种相伴而生，无独立矿产地，共有矿产地 13 处。

贵州、云南等地区稀散元素资源 Cd、In、Ge、Ga、Se、Tl、Te 的资源量巨大。锗主要集中分布于临沧盆地西缘含煤地层中和少数铅锌矿（云南会泽、罗平富乐、巧家茂租）中，临沧盆地西缘含煤地层是西南地区稀散元素锗最主要的赋存空间，其中产出的临沧锗矿具有超大型规模。镓没有单独的矿床形成，主要来自铝土矿床，目前技术经济条件下，可为工业提取的镓资源 90% 以上在铝土矿中。我国镓资源非常丰富，全国已发现富镓矿床上百处，探明镓储量占世界第一位。贵州是我国铝土矿资源最为丰富的省份之一，同时也是产铝大省，其中伴生的镓已得到了有效利用。贵州铝厂已建成综合回收镓的工业生产线，成为中国重要的镓生产地。

综上所述，华南地区三稀资源丰富，找矿潜力巨大，对该地区开展三稀矿产调查评价易于实现找矿突破，解决资源瓶颈。

二、初步摸清了华南地区三稀资源家底

自 2011 年中国地质调查局启动我国三稀资源战略调查工作项目以来，湖南、湖北、福建、江西等三稀资源大省开展了较详细的三稀资源战略调查工作，在基本摸清资源家底的前提下，圈定了战略靶区，为进一步开展矿产调查工作奠定了基础。

我国风化壳离子吸附型稀土资源无论在开采条件还是在资源禀赋特征方面都是得天独厚的，是日本所谓新发现的太平洋海底淤泥所无法比拟的，但我国该类资源消耗过快。此外，关键性稀散金属的利用水平有待提高（如云南金顶作为世界最大的镉矿却未得到有效开发利用），稀有金属亟待发现新的矿产地，并对现有资源加强保护和管理。各类三稀矿产资源均需要在保护中开发，在开发中保护，即使是资源量巨大的锶等优势矿种也不能过量开采而像稀土一样“卖个萝卜价”。

稀土矿床具有成因多样、轻重稀土类型齐全的特征，其中重稀土矿主要分布在我国南方地区，轻稀土矿则南北均有分布。稀土矿成因类型包括内生矿床（岩浆型、伟晶岩型和气成热液型）、外生矿床（风化壳型和碎屑沉积型）和变质矿床，其中以风化壳离子吸附型（占 62%）和碎屑沉积型（占 21%）稀土矿尤为发育，风化壳离子吸附型稀土是我国特有的优势资源，是近十几年来我国稀土资源主要开采的对象之一。

在稀有金属方面，除了发现较多的低品位铷矿产地而使其资源量增长之外，锂在 2011 年出现了负增长。锂是目前新兴产业发展所需要的骨干矿种，相当于“小矿种中的大矿种”，无论是小到手机、计算机还是大到电动汽车甚至波音 787 飞机，都离不开锂。此外，我国的钽铌等资源以花岗岩型矿床为主，计划经济时期的工业指标远低于西方国家的标准，但目前仍用该指标计算储量，由此得到了我国是钽铌资源大国的误解。如江西宜丰等地区霏细斑岩中的钽铌锂等稀有金属的含量已经达到我国的工业指标，但因品位低、开采

难度大，尚只能作为搪瓷原料。

在稀散元素方面，除了镓、铟、硒的查明资源量2011年比2010年有所增长外，其他7个重要矿种均不同程度地减少，尤其是具有特别重要战略意义的碲，降低幅度更大，需要引起重视。碲除了在军事、航天领域的应用之外，全球年消耗400～500t，其中半导体制冷业是大头。我国是碲的主要消耗国，半导体制冷业年消耗即达40～50t，另外，薄膜太阳能电池和特种合金的需求增长很快。长此以往，作为我国优势矿产的碲也很快会成为紧缺资源。

三、在华南稀土开发利用和保护方面取得显著成效

稀土是三稀矿产资源领域最重要也是最敏感的一组矿产，国家给予高度重视，自然资源部相关司局明确表示，有关稀土矿政管理的技术支撑由中国地质科学院三稀项目组承担，及时地提供技术服务。为此，三稀项目组开展了大量工作，具体包括：①初步总结了离子吸附型稀土矿区影响稀土元素迁移、富集的条件及成矿地质条件；②排查2013年全国22个省80个城市申报保障性安居工程用地范围内分布的稀土矿床，并提出相应建议；③初步探索了利用地表水系检测监控离子吸附型稀土矿山开采环境效应的研究方法；④初步确定了离子型稀土矿浸取量评价指标；⑤完成了单元素圈矿对比、稀土总量与浸取量圈矿对比研究工作；⑥深入分析不同矿区稀土原矿、精矿粉、尾砂等样品的地球化学特征，初步获得了一些判断稀土氧化物或精矿粉原产地的定量指标，为矿政管理提供了新的技术支撑；⑦按照中国地质调查局的要求，初步编制了《我国三稀金属资源重点评价方案》；⑧摸清了织金含稀土磷块岩矿床矿物学特征，对稀土磷矿岩矿床中稀土赋存状态取得了初步认识，确定了最佳选矿工艺流程；⑨编写完成了《广东省设立国家稀土规划区选区研究》，在广东省划分了9个国家稀土规划区，对国家稀土规划区的稀土潜力进行了分析与评估；⑩在矿政管理方面发挥了重要作用，对广东省高速公路建设可能对稀土的压覆资源量进行了计算，对粤西高岭土矿床中稀土的赋存状态进行了初步的跟踪，在广西壮族自治区梧州市苍梧县大坡镇大成村昙庞一带发现稀土矿点；⑪通过实验对比分析综合采选参数和开采成本，建立了最佳浸矿模式，掌握浸矿液的不同浸流规律，确定浸出液的拦截技术及导流技术；⑫在广西建立了原地浸矿安全和环保控制模式；⑬提出江西稀土采矿权区综合利用率偏低，部分稀土采矿权区的尾砂本身仍是矿体，应重视尾砂的保护与储备。

三稀项目组完成了野外实地调查及各类样品采集工作，施工各类取样钻440.3m；测制尾矿堆有效地质剖面26条，共计3604.3m；分析测试化学分析样77件、小体重样27件。可选试验样1件；经野外现场调查，共测量圈出尾矿堆3个相对集中堆区。REO(rare earth oxides，稀土元素氧化物)的含量为0.49%～1.7%。初部估算尾矿REO将达到几万吨。

在数据库建设方面，初步完成我国风化壳离子吸附型稀土矿含资源储量快速估算方法研究和国内外稀土矿产地数据库。完成自然资源部和中国地质调查局下达的各种应急性任务，为上级部门提供技术支撑。

四、全面更新了三稀资源分析测试技术

利用微量元素和同位素示踪技术，可以实现现场测试。初步实现了51个元素的全程精确联测，精度可达到国际先进水平，不仅为动态监测环境污染和查明稀土产品原产地奠定了技术基础，而且为资源调查环境保护和海关监管提供了新的方法。今后可补充测试氨氮pH、Eh等指标。为了实现对稀土从“矿山开采→车间加工→下游产品→出口贸易”的全流程监控，我们正在研究双标同位素监测技术，一旦该技术成熟，将具有广泛的应用前景。

以往对稀土元素的分析测试，在理论研究方面可以精确测试到10^{-9}量级，而野外生产还在使用草酸滴定等原始方法，二者极不相称。通过本次研究，不但可以一次性测定49个元素或51个元素，而且可以结合同位素示踪技术，做到“拿来一把土，不但可以知道其中含不含稀土或稀散元素，而且知道其中的含量是多少，还可以知道这把土是内蒙古的、江西的还是四川的”，即便是加工成产品也有可能反查到提供原材料的源头。这样就可以为执法监察提供科学精确的依据。该技术如果运用于海关，对监管市场流通将起到重要作用。

第四节　开展华南三稀矿产调查评价的现实意义

一、三稀矿产地质科研落后

与蓬勃发展的稀有、稀散工业应用相比，稀有、稀散资源的地质研究明显不足。自20世纪80年代开始，我国逐渐减少了稀有资源的科研投入，导致目前积累的资料，多是20世纪七八十年代的工作成果。限于当时认识不足、仪器落后、资金缺乏，许多研究测试数据的可信度较差，有些成矿机制、成矿时代、成矿构造背景的认识是错误的。近20年来，板块构造学说被国内外学者所认同，也被广泛应用于成矿构造背景的研究中。但在国内，除了稀有等矿床的资料外，其他矿种的以槽台学说为基础的构造背景资料早已被新的资料所替代。这暴露了稀有资源构造背景研究的薄弱。

稀有资源研究的滞后也直接导致了地质找矿理论的滞后。稀有金属矿床的成矿模式主要有岩浆结晶分异型、花岗岩浆液态不混溶型、岩浆热液分异型、花岗岩浆自交代型、深变质熔体分异型等诸多类型，每一种类型又有不同的成矿模式，如伟晶岩的形成既可能早于共生花岗岩体，也可能晚于其形成。此外，稀有稀散金属的成矿判别指标，需要国内地质工作者对不同类型的矿床进行系统总结。这些工作的不足直接影响到了找矿模型的建立。因而，相对于其他矿种，近年来新发现的稀有金属矿床的数量较少。

稀散金属的研究现状与稀有金属类似，甚至更加落后。由于受历史条件限制，相关部门和人员对稀散元素的用途价值、相关成矿理论和找矿勘查评价方法等知之甚少，加之长期存在对稀散元素的分析鉴定手段落后和精度不高（大多仅能达到半定量水平），严重限

制了对稀散元素的发现和全面正确评价。大多数可能含稀散元素矿床的详细普查与勘探工作，主要在20世纪60～80年代完成。自90年代以来，国家出资的地勘工作虽然侧重于公益性基础地质勘查及有关成矿作用和理论研究，但对稀散金属的分布赋存状态等领域的投入少之又少。

综上所述，稀有稀散资源的地质研究工作，是建立各类矿床的找矿模型和评价方法的基础，这方面的不足将严重影响我国稀有稀散资源的找矿工作。

长期以来，华南地区各个金属矿种进行了多次的普查、详查工作，但三稀资源往往停留在普查阶段。仅有少数稀有金属矿集区开展了1：5万矿调工作，而且，许多地区的1：25万和1：5万矿产地质调查工作忽略花岗伟晶岩脉的记录和统计工作，致使最新的资料无法应用到稀有金属找矿中，如云南省高黎贡山地区的1：25万地质矿产图幅中，无法查阅到稀有金属的信息。

在幕阜山地区，只有陈国达、钟禄汉等1939年调查江西潦水流域地质时曾涉足工作区东南部。改革开放后，该区内地质工作虽然逐渐开展，先后有多家地质单位开展了大面积的区域地质测量找矿工作，前人所做的工作涉及区域地质调查、矿产调查及物化探工作研究等，积累了一定地质矿产以及物化探方面的资料，但目前可以查阅的资料仍停留在20世纪80年代。

武功山矿集区内，虽然区内已发现的矿点或矿化点，多数均做过不同程度的地质工作，但测区主要大面积矿产扫面工作均在20世纪70年代完成，工作精度相对较低，分析测试、成矿理论、技术水平相对落后。重要的是，测区深部成矿预测工作未能深入，部分点上工作程度较高，同安-白水洞一带露头矿工作程度较高，但矿床控制深度较浅，多为地表再往深部100～200m，以下的资源潜力不清，且区域性系统性的矿产调查评价工作还未开展。对半隐伏-隐伏矿，几乎未开展工作。且花岗-细晶岩型钽铌锂矿的评价方面尚需进一步探索，其利用工艺及价值还需挖掘与发现。

浙江是稀土应用较早的省份之一，稀土具有一定的资源潜力。但相比需求，稀土资源勘查工作起步较晚，矿产勘查相对滞后。自20世纪80年代末发现离子吸附型稀土矿以来，于90年代开展了全省稀土资源概查、小范围普查，之后勘查工作处于停滞状态。由于受稀土开采工艺及环境等问题影响，省内已发现并经勘查的稀土矿产地均未开发利用。

福建省有关三稀资源的研究也主要停滞在20世纪七八十年代，如福建省地质局于1974年12月编写的《福建省稀有金属分散元素矿产成矿远景区图（1：50万）及其说明书》；福建省地质局于1978年进行全省成矿区划时，由省区测队编制的《福建省稀有、稀土金属矿产成矿规律及预测区图（1：50万）及其说明书》；福建省区域地质调查队于1988年完成的《福建省离子吸附型稀土资源远景调查研究报告》。而后，直到近年来才有资金投入三稀资源的勘查工作中。

以上情况说明，华南地区开展三稀资源调查恰逢其时，有必要系统梳理华南三稀资源，对老矿区进行深部和外围找矿，同时发现新的资源产地。

二、急需寻找高品质的三稀资源

在铌资源方面，世界铌矿主要产在碳酸岩风化壳中。根据风化壳的发育程度和阶段可将风化壳离子吸附型矿床进一步分为三类：①水云母风化壳型铌矿床，代表矿床有俄罗斯的别洛济米斯科耶矿床和巴西的安吉科矿床；②红土风化壳型铌矿床，代表矿床有巴西的阿腊沙矿床和卡塔拉奥矿床；③后生蚀变、部分再沉积的红土风化壳型矿床，代表矿床有俄罗斯的托姆托尔矿床。前两类矿床形成于表生作用的氧化环境中；第③类矿床成矿过程较为复杂，既经历了成壳阶段的氧化环境，又经历了后生作用阶段的还原环境，成矿物质经历了多次再生富集，因此易于形成高品位的大型稀有金属矿床。我国铌矿类型主要有白云鄂博型铁-铌-稀土矿床、碱性岩-碳酸岩型矿床、花岗岩及碱性花岗岩型、花岗伟晶岩型矿床及砂矿床（张玲和林德松，2004），缺乏高品位的碳酸岩风化壳型铌矿。

在钽资源方面，钽资源主要来源于花岗伟晶岩型矿床。矿石中含 Ta_2O_5 一般为 0.01% ~ 0.03%，Nb_2O_5 为 0.01% ~ 0.02% 至千分之几。这种类型分布在巴西、澳大利亚、中非、南非、加拿大和俄罗斯的伟晶岩中。如加拿大的伯尼克湖矿床和格陵兰南部发现的莫茨费尔特大型钽铌矿床，后者 Ta_2O_5 品位最低为 0.5%，Nb_2O_5 品位为 0.3%。与这类矿床相关的花岗伟晶岩风化壳铌铁矿-钽铁矿矿床更是重要的钽来源。但是，我国钽矿工业类型与国外有所不同，以花岗岩型为主，占已探明储量的 77.3%；而花岗伟晶岩型矿床次之，占探明储量的 19.4%。我国也有含锡石-黑钨矿的热液型矿床，但矿石品位不如东南亚国家的高，矿床规模也没有那么大。我国钽矿多为钽、铌、锂或钽、铌、钨、锡或钽、铌、铍、锆、稀土等共（伴）生矿床，只有少数为钽铌矿床。

综上所述，我国铌钽矿资源有以下特点：①产地分布广泛，资源又相对集中。已探明的铌矿地分布于全国 17 个省（区），但高度集中在内蒙古和湖北两省（区）。其占全国铌资源量的 95.5%。②我国已利用铌矿的 Nb_2O_5 品位为 0.0083% ~ 0.0437%，钽的品位很少有超过 0.02% 者，与国外铌钽矿石品位相比大大偏低。③共生矿物复杂，选冶困难。例如，我国几个大型铌矿包括白云鄂博、巴尔哲、庙垭等，均为多组分稀有、稀土共（伴）生矿，矿物粒度细，选冶难，回收率低，一般为 23.61% ~ 47.64%，精矿品位也低（2.80% ~ 34.62%）。④矿资源量很大，但可供利用的矿产地和储量却很少。因此，我国的稀有、稀散资源量虽居于世界前列，但并不能说明我国可利用的三稀资源居于世界前列。这是因为我国稀有、稀散金属的许多储量和品位指标及工业标准是 20 世纪七八十年代计划经济时期制定的，明显较国外低。此外，经过几十年的开采，我国诸如可可托海、宜春等著名稀有金属矿床的富矿已经所剩无几，保有资源量的品位已经大幅度降低。因此，我国急需在东部发达地区寻找高品位、易选冶的三稀资源，以满足日益发展的新兴产业的需求。

三、相关技术指标、勘查技术、技术法规落后

国内对于三稀矿产资源的特殊性认识不清楚，单纯从技术指标的数字上盲目地报道矿

床的发现，致使近年来频繁报道一些巨大资源量三稀矿床的发现。实际上这些矿床虽然品位达到相关工业要求，但由于赋存状态复杂等原因，目前技术条件下并不能有效进行开发利用，造成了负面影响。因此，还需要进一步完善三稀资源的技术指标，梳理供求关系和成矿特征，普及关于三稀矿产资源的基本知识，为决策部门提供辩证的、科学的依据。

三稀矿产资源的管理还很不规范，相当一部分三稀资源没有实质性的利用，尤其是风化壳离子吸附型稀土资源等长期处于无序开采状态，资源消耗量过大，前景不容乐观。如何应用快速监测手段对三稀资源开发进行实时动态监测，是值得研究的问题。

第二章　幕阜山稀有金属成矿规律及找矿方向

幕阜山位处湘鄂赣三省交会处，地跨江西西北部、湖北东南部和湖南东北部，主要产出花岗伟晶岩型和云英岩型稀有金属矿床，但一般规模较小，主要为矿点和小型矿床。幕阜山复式岩体的北部外缘产出断峰山钽铌矿床，南部外缘产出仁里–传梓源和秦家坊花岗伟晶岩型锂铍铌钽矿床。但区域产出的花岗伟晶岩脉形态、类型差别很大，如在江西省修水县白岭镇产出桶状富绿柱石伟晶岩脉，湖北通城县三岔埚–黄泥洞村产出含透锂长石的伟晶岩。这些伟晶岩规模虽小，但密度较大，周边地区仍然具有一定的找矿潜力，而且，该地区的透锂长石伟晶岩成为我国已知唯一的以透锂长石为主要锂矿物的锂伟晶岩。该地区的稀有金属矿床具有工业价值的稀有、稀土矿物主要有绿柱石、独居石、锂辉石、磷锂铝石、锂云母、铯沸石、硅铍钇矿、金绿宝石、日光榴石、铍榴石、铯榴石、铯绿柱石、铌铁矿、铌锰矿、钽铁矿、钽锰矿、铌钽铁矿、细晶石、磷钇矿等。稀有、稀土矿物在矿体中呈浸染状，或呈集合体块状、囊状体分布。

第一节　幕阜山区域地质特征

幕阜山稀有金属矿集区位于湘鄂赣三省交界处，地理坐标为113°20′E～114°12′E、28°45′N～29°25′N。大地构造上位于扬子陆块东南缘江南造山带中段北缘，属扬子陆块与华夏陆块间前中生代多期复合的幕阜山–九岭构造岩浆带（图2-1）。由于其独特的构造位

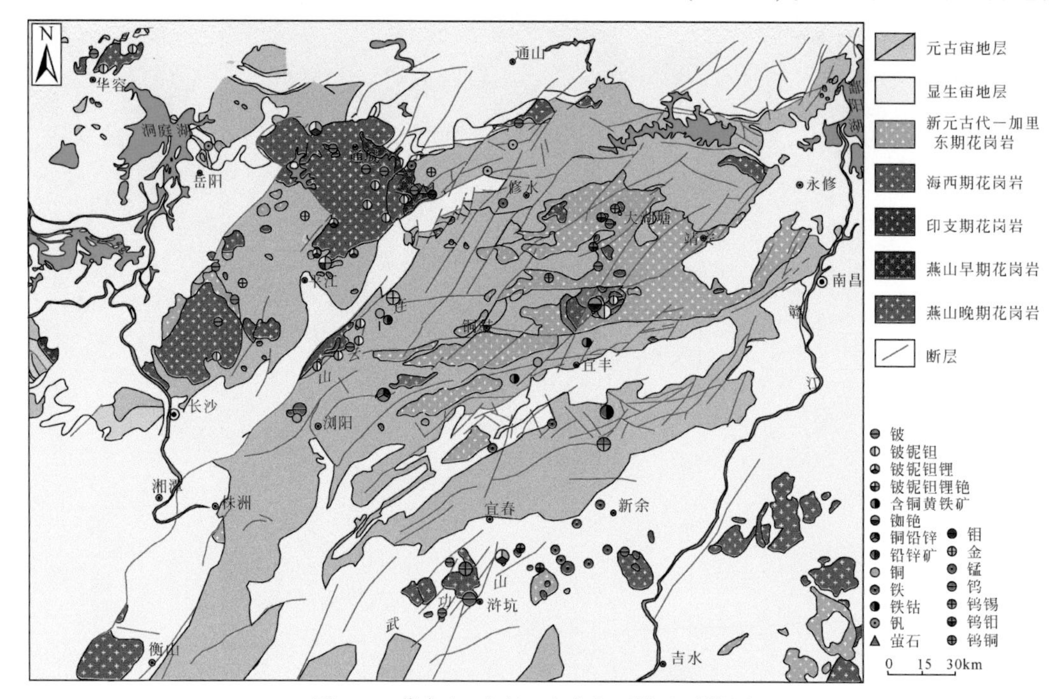

图2-1　幕阜山–九岭–武功山区域地质简图

置，区域经历了前加里东构造拼合→印支期俯冲汇聚→燕山早期汇聚走滑→燕山晚期离散走滑的构造发展过程，是中生代以来华南地区强烈的构造–岩浆–成岩/成矿作用的产物，以大规模的花岗岩岩浆作用及稀有金属成矿作用而著称（傅昭仁等，1999；李建威等，1999；李先福等，1999，2000；章泽军等，2003；彭和求等，2004；贺转利等，2004；柏道远等，2006；李鹏春，2006；湖北省地质调查院，2013；東正祥等，2015）。

一、地层

研究区地层横跨下扬子地层分区和江南地层分区。出露地层有元古宇长城系、青白口系，下古生界寒武系、奥陶系、志留系，新生界白垩系—古近系、第四系。其中，元古宇分布于研究区西南角；古生界分布于东北角，包括寒武系（$€_1$、$€_2$）、奥陶系（O_1）、志留系（S_1-S_2）；大片燕山期花岗岩中亦有部分前寒武纪地层残留，为青白口系冷家溪群（Qb），呈孤立的残丘出露，并大面积出露于花岗岩基西南部（图 2-2）。根据岩石地层单

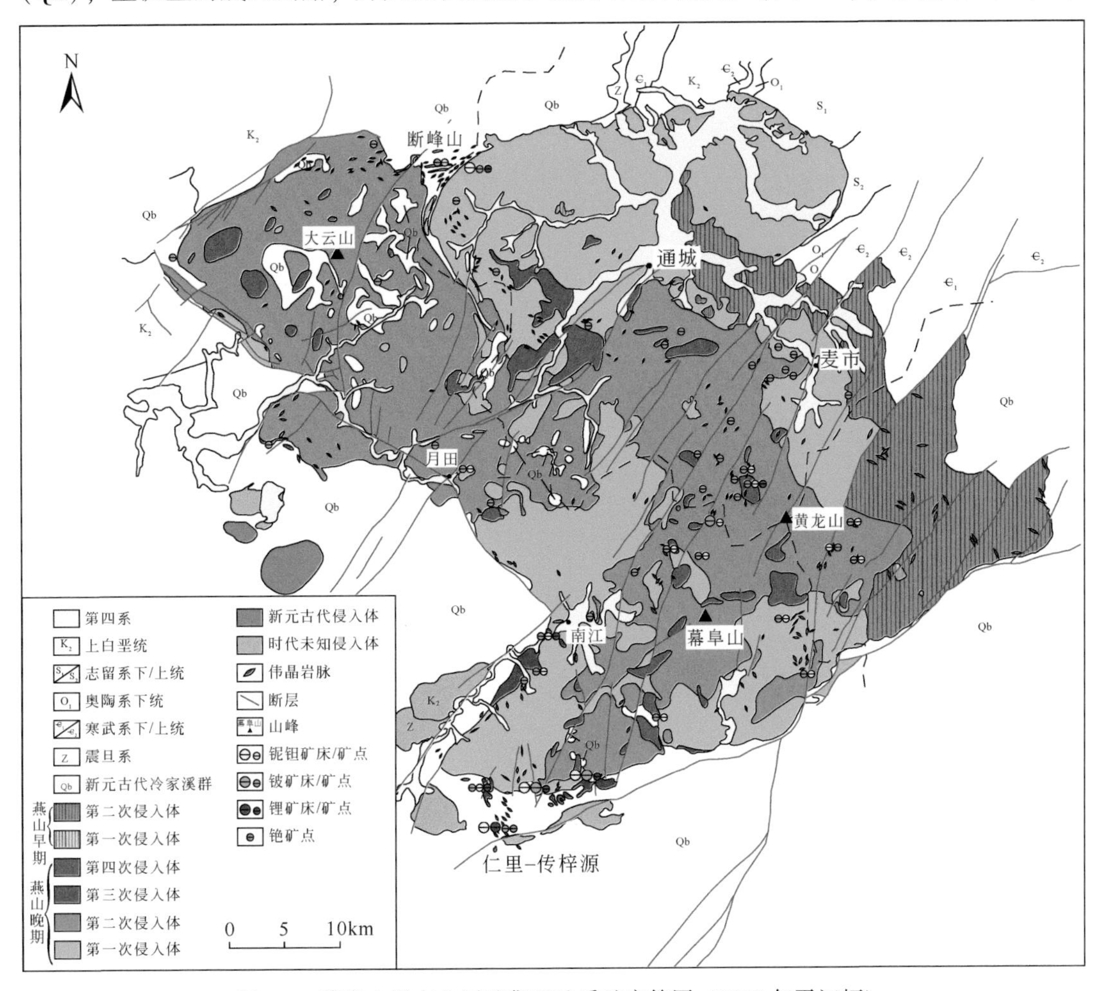

图 2-2 幕阜山稀有金属矿集区地质矿产简图（1978 年平江幅）

位的划分原则，将区域地层划分为 15 个组级岩石地层单位（表 2-1）。

表 2-1　幕阜山地区地层单位划分表

年代地层				岩石地层					
界	系	统	阶	群	组	非正式		代号	厚度/m
						段	标志层		
新生界	第四系	全新统							1 ~ 5
		更新统							0 ~ 8
	古近系	古新统	上湖阶		公安寨组			K_2E_1g	>10
中生界	白垩系	上统	明水阶						
古生界	志留系	下统	紫阳阶		坟头组	二段		S_1f^2	>393.00
						一段		S_1f^1	234.90
			大中坝阶		新滩组	三段		S_1x^3	443.15 ~ 648.69
						二段		S_1x^2	1232.98
			龙马溪阶			一段		S_1x^1	421.47
					龙马溪组			O_3S_1l	63.83 ~ 71.95
	奥陶系	上统	赫南特阶						
			钱塘江阶		黄泥岗组			O_3h	24.57 ~ 61.64
			艾家山阶		宝塔组			O_3b	4.24 ~ 9.09
		中统	达瑞威尔阶		宁国组			$O_{1-2}ng$	394.08 ~ 571.79
			大坪阶						
		下统	道保湾阶						
			新厂阶		留咀桥组			O_1l	188.23
	寒武系	上统	牛车河阶		西阳山组			$€_2x$	262.37 ~ 510.48
			江山阶						
			排碧阶						
			古丈阶		华严寺组			$€_2hy$	552.36 ~ 613.15
			王村阶						
			台江阶						
		下统	都匀阶						
			南皋阶		牛蹄塘组			$€_1n$	196.45
			梅树村阶						
			晋宁阶						
新元古界	青白口系			冷家溪群	小木坪组	二段	砂岩	Qbx^2	>1335.37
						一段	砂岩	Qbx^1	2656.23

续表

年代地层				岩石地层					
界	系	统	阶	群	组	非正式		代号	厚度/m
						段	标志层		
新元古界	青白口系			冷家溪群	黄浒洞组	二段	钙泥质粉砂岩	Qbh^2	1264.63
						一段	砂岩	Qbh^1	2655.84
					雷神庙组	二段		Qbl^2	327.51~1239.68
						一段		Qbl^1	>1161.98
中元古界	长城系				片麻岩组			Pt_2	

资料来源：湖南省地质调查院，2002；湖北省地质调查院，2013。

1. 中元古界

中元古界沿月田-板江一线及冬塔乡零星出露，主要为燕山期花岗岩与元古宙接触带上一套变质程度较深的岩性组合，出露面积约11km^2。主要岩性有黑云斜长片麻岩、二云母钠长变粒岩、含榴黑云钾长变粒岩、黑云石英钠长变粒岩、蓝晶石钾长透闪片岩等。蓝晶石是典型区域变质矿物之一，多由泥质岩变质而成，它主要形成于中级变质作用压力较高的条件下，并非燕山期幕阜山岩体边缘接触变质的产物。据彭和求（2004）观点，区域在距今1900Ma由于碰撞地壳明显加厚，板块俯冲使连云山杂岩深埋到地下33km深处，接受了近高压变质作用。因此，该套物质组成的变质与燕山期幕阜山岩体无关，应为早期中-深层次的变质，达角闪岩相，且较冷家溪群变质程度更深（湖北省地质调查院，2013）。

2. 新元古界青白口系

该地层大面积分布于岩体外围及内部，前人习称冷家溪群。原为板溪群下部地层，后板溪群解体，湖南省矿产勘查开发局413地质队于1958年创名“冷家溪群”代表之。1976年，湖北省区域地质矿产调查所将鄂湘交界的幕阜山区浅变质岩系称“冷家溪群”，由下而上分为易家桥组、崔家坳组、大药姑组，时代亦为元古宇。《湖北省地质志》将通山地区“板溪群”改称冷家溪群，并根据岩性特征将二岩组合并统称冷家溪群。本书参照最新的区域地质调查报告（湖北省地质调查院，2013），由下至上划分为雷神庙组、黄浒洞组、小木坪组，时代属青白口纪。区域上与上覆震旦系莲沱组呈不整合接触，厚度巨大。

冷家溪群属于扬子陆块变质褶皱基底，为一套以浅灰、灰绿色为主的具复理石-类复理石建造特征的浅变质碎屑岩系，已知最大厚度达2.5km。由下至上分别为雷神庙组、黄浒洞组和小木坪组，主要由灰绿色-黄绿色-灰黄色的泥质粉砂岩、石英杂砂岩和含粉砂（黑云）绢云母板岩构成。研究区内冷家溪群各组均具有可相互区别的较明显特征，各组界线清楚，标志明显，其纵向上，岩石组合、层序演化及沉积演化特征清晰，并具有一定的规律，显示了晋宁运动期间，华南洋向扬子陆块的俯冲，在扬子陆块东南边缘形成增生的褶皱带和华夏古陆边缘的沟弧盆体系（黄福喜等，2011）。

3. 寒武系、奥陶系、志留系

寒武系属江南地层分区，主要分布于通城县北西鼓鸣山、通城县东洋元一带，出露面积约 6km^2。出露下统牛蹄塘组、中统华严寺组及上统西阳山组。受侵入岩破坏，下统杨柳岗组未见出露。主要由硅质水云母页岩、含碳质页岩、白云质灰泥岩及条带状灰泥岩组成。

奥陶系属江南地层分区，主要分布于通城县北西鼓鸣山、通城县东洋元一带，出露面积约 8km^2。出露下统留咀桥组、下-中统宁国组、上统宝塔组和黄泥岗组，上奥陶统—下志留统龙马溪组。主要由钙质-粉砂质页岩、水云母页岩、泥质灰岩及含粉砂质生物屑灰泥岩组成。

志留系属江南地层分区，主要分布于通城县北西乌鸦尖-龙潭水库一带，出露下统新滩组及坟头组，出露面积约 26km^2。主要由页岩、黏土岩、粉砂岩及细粒石英砂岩夹层组成（湖南省地质调查院，2002；湖北省地质调查院，2013）。

4. 白垩系—古近系、第四系

白垩系—古近系零星分布在通城县以北地区，出露面积约 0.1km^2，仅有公安寨组出露。基本层序由粗砾岩、砂砾岩、具交错层理粗粒杂砂岩、具水平层理粉砂质泥岩反复叠置而成，为陆相山间盆地相沉积。

第四系分布于地势较低的山间河谷两侧和山间平地，可分为更新统洪冲积层、全新统冲积层、残积层，主要由棕红色黏土层、砂砾层和含砾石黏土组成。

二、构造

幕阜山复式花岗岩体位于扬子陆块江南古陆北侧幕阜山-九岭构造岩浆带，属钦杭成矿带西段。新元古代发生的晋宁运动造成区域强烈褶皱并伴随区域变质作用，奠定测区褶皱基底，之后转入长期隆升剥蚀；震旦纪—三叠纪以垂直升降为主；印支—燕山运动持续南北向挤压应力场，测区近东西向主体构造线形成，其后随着挤压应力的消退及山体抬升隆起，研究区发生大规模的伸展滑脱；燕山中晚期北北东向构造的强烈活动，在鄂南地区形成大规模的隆起与凹陷，并伴随中酸性岩浆岩的侵位，伴随强烈的断裂活动、频繁的酸性及基性岩浆活动，带来大量的稀有金属和内生金属矿源。构造应力场由南北向挤压转为南北向扭动，形成研究区北东向主体构造格局。白垩纪之后持续抬升，总体处于剥蚀状态（朱志澄等，1987；傅昭仁等，1999；彭和求等，2004；李鹏春，2006）。湖北省地质调查院（2013）根据各种构造变形间的叠加、改造、包容、切割、限制关系，结合区域构造背景和图区地质构造发展过程综合分析，初步厘定出研究区构造变形序列如表 2-2 所示。

表 2-2　构造变形序列表

时代		变形序列	主要构造形迹	沉积活动	岩浆活动	变质作用	构造体制
新生代	Q	D6	第四纪盆地及次级凹陷边缘掀斜	第四系沉积			区域抬升

续表

时代		变形序列	主要构造形迹	沉积活动	岩浆活动	变质作用	构造体制
中生代	K—E	D5	北东向断裂	公安寨组沉积	补充期花岗岩侵入及热液流体活动、蚀变		北西－南东向伸展
中生代	J	D4	北北东向（少量北东向）区域性断裂		花岗岩体大规模侵入定位		北北东向左旋走滑
古生代	S—€	D3	逆冲推覆，形成近东西向褶皱与近东西向断裂	寒武系—志留系沉积		极低级变质作用	近南北向挤压
新元古代	Qb	D2	褶叠层，轴面劈理，翼部平行，转折端直交	冷家溪群陆缘－火山碎屑沉积	花岗闪长岩体侵入定位	低绿片岩相区域变质作用	近南北向挤压
中元古代	Pt_2	D1	韧性剪切，无根褶皱，钩状褶皱	变火山沉积岩		高绿片岩相变质作用	伸展

资料来源：湖北地质调查院，2013。

1. 北西向构造

研究区北西向构造是基底构造，由新元古代青白口系冷家溪群构成，仅出露于幕阜山复式岩体西南部，分布面积约200km^2。冷家溪群岩层呈北北西向展布，无大型褶皱构造发育，由于晋宁期构造的改造与置换，早期仅发育露头尺度的小型褶曲，其包络面走向北东向，晚期发育走向北北西向褶皱构造，这些构造痕迹反映出近南北向基底构造系统在区内仍然可寻。北西向构造是该区域最早发生的一组构造形迹，仅在新元古界青白口系冷家溪群分布区分布，以褶皱为主，伴随发育小型韧性剪切带和剪切面理（李鹏春，2006；湖北省地质调查院，2013）。

2. 东西向构造

研究区东西向构造仅发育于寒武系牛蹄塘组（$€_1n$）至志留系坟头组（S_1f），出露面积仅40km^2。岩层走向北部为南北向，南部为近东西向。东西向构造以断层为主，褶皱不发育。早期以大量出现层间滑动构造为特征，晚期发育同方向的挤压破碎带。来自野外构造交互关系、岩石镜下特征及岩石蚀变特征的证据表明该区域沉积岩中发育的早期构造是在花岗岩侵入前形成的（湖北省地质调查院，2013）。

3. 北东向构造

北东向构造主要分布于侵入岩中，沉积岩和变质岩中也有少量分布，主要表现为脆性断裂构造。依据构造变形方向及先后次序可划分为三期，由早到晚依次为北东向构造、北东东向构造及北西向构造。

北东向构造为研究区最发育的一期断裂构造，主要分布于花岗岩区，数量多、规模大，同时也是区内重要的控岩控矿构造，主要表现为幕阜山构造隆起及断裂构造发育。该期断裂切割中生代花岗岩及先期北西西向构造，断裂交叉复合部位易发生矿化。具以下特征：①断裂规模一般较大，长在十几千米至几十千米，其走向为北东向；②大角度斜切先期构造形迹及地层；③发育断层破碎带，带内广泛发育断层角砾岩、碎裂岩，局部见碎砾岩，岩石硅化强烈；④断层面向北西或南东倾斜，倾角在45°~70°；⑤具先张性后压扭性性质，最大错距可达数百米；⑥后期热液活动频繁，有硅化、绿泥石化、黄铜矿化、铅锌矿化、萤石化。该期断层控制北东向脉岩的分布。较大的断裂有盘石断裂、云溪断裂、太清源断裂等。

北东东向构造是区域主要断裂构造，主要分布于花岗岩区，规模和数量次于北东向断裂。断裂切割中生代花岗岩及早期的北东向构造，较大规模的有保定关断裂等。

北西向构造数量少，规模较小，主要分布在板江断裂带的两侧，向外数量减少，其他区域仅有零星出露。一般为1~3km长度的张性断裂，走向北西、北北西。普遍发育断层破碎带，带内常见断层角砾岩、碎裂岩化岩石以及碎裂岩，岩石硅化较强烈。该期断层控制北西向脉岩的分布（湖北省地质调查院，2013）。

三、岩浆岩

区域岩浆岩活动最早始于新元古代，晚侏罗世再次活动达到高峰，直至白垩纪早期结束，主要经历了前加里东构造拼合→印支期俯冲汇聚→燕山早期汇聚走滑→燕山晚期离散走滑的构造发展过程（傅昭仁等，1999；李建威等，1999；李先福等，1999，2000；章泽军等，2003；彭和求等，2004；贺转利等，2004；柏道远等，2006；李鹏春，2006；湖北省地质调查院，2013）。研究区内花岗岩出露面积约2360km^2（图2-2），出露于地表的岩石以中深成、中-中浅成侵入岩为主，岩性主要是中酸性-酸性花岗岩类及基性、中酸性、酸性脉岩类，一般呈较大的岩基或岩株产出。

新元古代侵入岩仅分布于幕阜山花岗岩体西南角（图2-2，新元古代侵入体），出露范围有限，多呈岩株或岩滴状产出，出露面积约5.5km^2。岩体侵入于青白口系冷家溪群浅变质岩石之中，侵入界线清楚，局部岩层受岩体侵位影响产状变缓。晚侏罗世花岗岩区域分布广泛，构成了幕阜山花岗岩体的主体，由多个活动阶段的侵入体组成，该时代花岗岩总体包括石英二长岩体、黑云母花岗闪长岩体、黑云母二长花岗岩体及二云母二长花岗岩体。中生代早白垩世花岗岩主要分布于五里镇、通城县西、盘石、板江-冬塔乡一带，侵入体以小岩株形态侵入中生代侏罗纪侵入岩中，主要岩体包括细粒花岗闪长岩体和白云母二长花岗岩体。幕阜山复式花岗岩体总体上由东部→中部→西部、南部，呈现出逐渐由老变新的趋势。

四、构造演化背景

幕阜山地区现有物质记录始于新元古代早期，当全球的格林威尔造山运动结束时（约1.0Ga），区域位于华夏陆块和扬子陆块之间多岛弧的洋盆环境（顾雪祥等，2003）。此后盆地处于相对平稳阶段，形成以陆源细复理石沉积为特征的小木坪组。其后盆地接受了大药姑组一套粗碎屑沉积（后被中生代花岗岩破坏），表明南华狭窄洋盆开始萎缩、消亡。直至新元古代，扬子和华夏大陆碰撞（舒良树等，1994；李献华，1999），形成广阔的陆间造山带，洋盆的最终闭合是在0.8Ga左右的晋宁（雪峰）期（顾雪祥等，2003），青白口纪末广泛的晋宁运动使扬子陆块基本固结（杨明桂等，1994）。该时期区域受构造运动抬升上升成陆，在近南北向挤压下于冷家溪群中形成轴面南倾的北西西向紧闭倒转褶皱，同时形成极为发育的板劈理。随后挤压松弛，在后碰撞或后造山构造环境下于820Ma左右形成新元古代花岗岩侵入。此后区域上先后于陆内裂陷盆地和被动大陆边缘盆地中沉积了新元古代板溪群、南华系—震旦系以及下古生界等以陆源碎屑岩为主、碳酸盐岩为辅的地层，早期总体呈现北西高南东低的古地理格局。其间区域内还有规模较小的岩浆火山活动，现已发现了基性岩浆活动的物质记录。

中志留世末发生加里东运动，区域主要表现为造陆抬升，然后经历了长期的沉积中断和风化剥蚀作用。中三叠世末—中侏罗世挤压造山（印支—早燕山造山运动），古太平洋洋壳向华南大陆俯冲，华南大陆造山作用由周边逐渐向板内发展，造成华南内陆地区早三叠世以前的地层普遍褶皱变形并伴随一系列逆冲推覆构造，研究区表现为强烈的褶皱作用与断裂活动，形成近东西向主体构造格架。晚侏罗世早期，古太平洋板块对欧亚大陆板块中国南部的消减，使测区地壳处于伸展应力环境，先后经历了燕山早期和晚期两个时期，即燕山早期（J_2-J_3），华南内陆板内岩浆活动期形成区内幕阜山岩体系列花岗岩—石英二长岩（158Ma）及二长花岗岩（155～153Ma）等；燕山晚期（K_1-K_2），内陆弧后阶段，大部分EW向构造带已完成向NE向构造带的转换，受古太平洋板块斜向俯冲及其南东-北西方向挤压应力场的强烈制约，引起了大量花岗质岩浆（145～137Ma）侵入，基本完成了古亚洲域向西太平洋构造域的体制转换（舒良树等，2002）。

白垩纪—古近纪全面进入陆内伸展阶段，即燕山运动末至喜马拉雅运动时期，伴随特提斯洋的关闭，印度板块北移，进而与欧亚板块发生碰撞，使华南板块向东南离散，与造山后的松弛相联合，形成陆内离散走滑造山及近代隆升构造背景下的一系列北东向及其配套的断裂构造，最终形成滨西太平洋构造体系，其动力学过程先后受控于古亚洲南北两大巨型板块的汇聚和太平洋板块向西的俯冲和北移（傅昭仁等，1999）。研究区形成一系列脆性断裂及小型断陷盆地，沉积了公安寨组红色碎屑岩。新近纪挤压抬升，缺失沉积。

第四纪期间总体抬升，遭受剥蚀与切割，同时形成多级河流阶地。

第二节　幕阜山复式花岗岩体多期次演化与成矿

幕阜山稀有金属矿集区出露了大面积岩浆岩，包括占据主体的幕阜山复式花岗岩体、梅仙花岗岩体、三墩花岗岩体、傅家冲-饶村岩体及零星分布的时代未知岩株、岩滴。其中占据主体的幕阜山复式花岗岩体出露面积超过2530km^2，岩体中亦有部分前寒武纪地层残留，为青白口系冷家溪群（Qb），呈孤立的残丘出露。

新元古代侵入岩仅分布于幕阜山花岗岩体西南角和南部，出露范围有限，多呈岩株或岩滴状产出，岩体侵入于青白口系冷家溪群浅变质岩石之中，侵入界线清楚，局部岩层受岩体侵位影响产状变缓。晚侏罗世花岗岩区域分布广泛，构成了幕阜山花岗岩体的主体，由多个活动阶段的侵入体组成，该时代花岗岩总体包括石英二长岩体、黑云母花岗闪长岩体、黑云母二长花岗岩体及二云母二长花岗岩体。中生代早白垩世花岗岩主要分布于五里镇、通城县西、盘石、板江–冬塔乡一带，侵入体以小岩株形态侵入中生代侏罗纪侵入岩中，主要岩体包括细粒花岗闪长岩体和白云母二长花岗岩体。幕阜山复式花岗岩体总体上由东部→中部→西南部呈现出逐渐由老变新的趋势（李鹏等，2017）。

结合地质部701地质队（1965）、湖南省地质局区域地质测量队（1978）和湖北省地质调查院（2013）等区域已有资料年龄数据，按岩石单位将幕阜山地区岩浆岩划分为3个时代，17个侵入期次。

一、幕阜山复式花岗岩体成岩时代

花岗岩类岩体作为岩浆侵入活动的一种特定地质体，其本身往往不是单个出现的，而是多个岩体在空间上紧密地共生组合在一起，从而形成复杂的复式岩体，又称“体中体”。刘家远（2003）对复式岩体和杂岩体进行了较为详细的描述，认为复式岩体系指不同时代花岗岩类岩体在空间上的共生，组成复式岩体的各部分彼此之间不存在必然的成因联系，而杂岩体则指来自同一岩浆房（或岩浆源地）的同源岩浆多次分离、上升和侵入定位所形成的岩体共生组合。

复式岩体已成为花岗岩类岩体产出的普遍特征之一，尤其是南岭地区与成矿有关的花岗岩类岩体，绝大多数都是多期多阶段生成的，有的岩浆侵入作用甚至从加里东期开始一直延续到燕山晚期，如武功山岩体、诸广山岩体等。幕阜山岩体岩浆岩活动从新元古代持续到白垩纪早期，是典型的由不同时代花岗岩类岩体在空间上共生而成的复式岩体。

因此，通过幕阜山复式花岗岩体成岩时代分布初步断定，幕阜山复式花岗岩中各岩石单元以及中部至边部稀有金属矿化伟晶岩是深部岩浆多期次连续分异的结果，然而进一步的验证，还要结合典型矿区系统探讨花岗岩与成矿的关系（图2-3）。

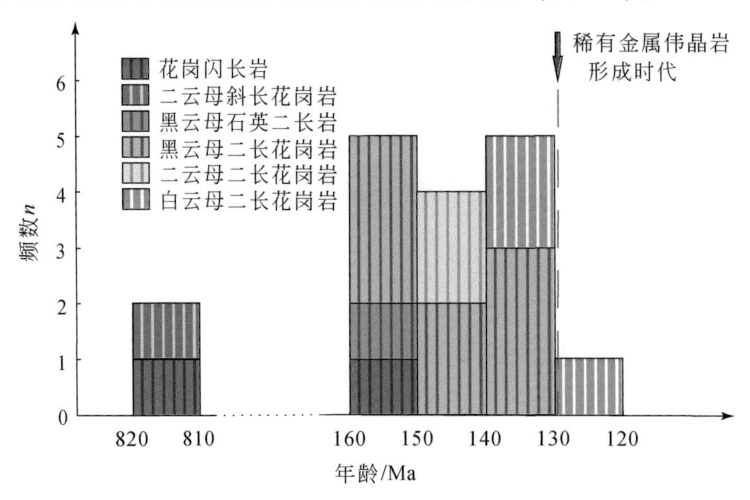

图2-3　幕阜山地区岩石单位年龄统计直方图

二、岩浆演化动力学背景

大陆地壳主要由花岗岩类（SiO_2>56%）构成，是从地幔中分离生长出来的，通过壳幔作用，形成的上部地壳总体组成大体相当于花岗闪长岩质，下部地壳总体组成大体相当于辉长闪长岩质（SiO_2为57%～63%）。壳幔作用在大陆地壳形成和生长过程中起着极其重要的作用。底侵作用是壳幔作用的重要机制，是大陆垂向增生的重要过程。它是指来自上地幔熔融产生的玄武质岩浆侵入或添加到下地壳底部的过程。岩浆底侵作用一般发生在四种地质背景下（Deng et al.，1998）：①大陆碰撞地壳加厚；②活动大陆边缘俯冲过程；③大陆裂谷；④与热点有关的底侵作用。位于幕阜山-九岭构造岩浆带的幕阜山复式花岗岩体，其岩浆活动很好地反映了区域地壳的演化和发展过程，岩浆活动的热事件也体现了该时期壳幔作用的形式和特点。

1. 壳幔作用与新元古代花岗岩类的形成

华南地区新元古代是一个陆壳拼合和陆块裂解的过程，早期洋壳活动形成了西湾钠长花岗岩，大陆碰撞地壳加厚与玄武岩浆的底侵作用形成了港边浆混岩、九岭和石耳山花岗岩。九岭花岗岩规模巨大，有岩浆成因的堇青石存在（源区温度很高），简单的地壳加厚难以提供足够的热机制，可见其形成应与地幔提供热源有关。九岭花岗岩Nd同位素和锆石Hf同位素的研究结果也表明了有地幔物质的加入（林广春，2003；项新葵等，2015）。九岭序列花岗岩基性包体较多，有更多幔源岩浆的混入。

幕阜山及周边地区（扬子块体周缘及其内部）新元古代花岗岩均表现出属典型的I型花岗岩，或现代“埃达克质”花岗岩，为区内太古宙崆岭群变质基性岩重熔产物。本次研究选取的幕阜山南缘三墩岩体，其野外和镜下特征、地球化学特征及Hf同位素测试结果显示，幕阜山地区新元古代花岗岩岩浆在形成的过程中有下地壳基性岩浆或幔源岩浆的加入，是基性岩浆和酸性岩浆混合而成，或者部分岩浆就直接来源于壳幔混合岩浆源区，可能为俯冲带岩浆作用的产物。

2. 构造背景转换

长期以来，华南板块中生代由挤压到伸展转换的时限问题一直存在很大争议。周新民（2003，2007）通过对南岭地区的研究，提出华南的印支运动受特提斯构造域制约，燕山运动受古太平洋构造域制约。陆陆碰撞造山作用形成了早中生代印支期花岗岩，洋对陆消减过程中的伸展造山作用形成了晚中生代燕山期花岗岩-火山岩。两个构造域的转换发生在华南中生代岩浆活动相对平静的J_1时期（周新民，2007）。陈培荣等（2002）认为，印支期以后中国东南部进入持续拉张，在中侏罗世早期可能进入一个新的威尔逊旋回的开始。邢光福（2008）则认为从晚三叠世晚期开始并延续到中侏罗世初期的伸展作用，与白垩纪的伸展拉张并非同一拉张地质事件的不同发展阶段，而是两个互不关联的地质事件，前者可能是印支主造山后的伸展，而后者是燕山主碰撞造山后的伸展。范蔚茗、王岳军等则认为中生代以来华南地区至少存在着4期强烈的岩石圈减薄作用，年代分别为约220Ma、约175Ma、120～150Ma、80～90Ma。软流圈物质上涌和岩石圈伸展-减薄是华南中生代岩浆作用形成的主要机制（范蔚茗等，2003；王岳军等，2004，2005）。

而本次研究选取的晚侏罗世似斑状黑云母二长花岗岩（146.2Ma）既显示出板内壳源花岗岩的特点，又指示出其岩浆受到地幔物质的干扰，推断该时期可能代表了区域陆内挤压向伸展减薄的构造转变，玄武质岩浆底侵，造成上地壳的熔融。

3. 早白垩世岩浆活动高峰

早白垩世花岗岩在幕阜山岩体一般沿北东或北西向张性断裂产出，而小墨山岩体则呈北东向狭长带状产出，接触边界呈明显的锯齿状、港湾状，岩体外接触变质带较窄，且未见同侵位挤压剪切构造形迹。岩体地质、地球化学特征及区域资料表明，岩体均显示出受张性断裂控制，沿张性断裂充填的就位机制。岩石化学上属高钾钙碱性、微过铝质岩系，微量元素具板内花岗岩的特征。花岗岩的微量元素蛛网图和稀土元素配分曲线与南岭地区早白垩世十分相似，暗示其形成于相似的拉张环境，是紧随侏罗纪挤压造山运动之后的构造松弛和拉张减薄条件下所形成。区域发生了普遍的岩浆活动，尽管规模不大，地表露头也多限于小规模的岩株、岩枝状产出，该时期的岩浆活动与区域稀有金属白垩纪的成矿高峰期关系最为密切。

三、白垩纪稀有金属成矿高峰

花岗岩浆的分异过程是制约稀有金属成矿的重要因素，造山过程中多期次岩浆活动的叠加作用有利于伟晶岩熔体的大量聚集成矿。华南幕阜山复式花岗岩体由多期次多阶段的花岗岩侵入体构成，在区域持续而频繁的多期次岩浆活动作用下形成了华南地区重要的稀有金属矿集区。本次工作对幕阜山复式花岗岩体边部的断峰山含铌钽铁矿白云母钠长石伟晶岩以及岩体中部大兴含绿柱石白云母钠长石伟晶岩进行了$^{40}Ar/^{39}Ar$同位素定年研究，其白云母$^{40}Ar/^{39}Ar$坪年龄分别为127.7±0.9Ma和130.5±0.9Ma。结合野外观察基础及区域已有的同位素年代学数据，推断出在燕山早期至中期该地区经历了多期岩浆演化，且持续时间较长，而伟晶岩的稀有金属矿化发生在岩浆活动末期的白垩纪，体现了区域岩浆多期次的分异演化作用导致稀有金属逐渐富集成矿的过程。这些地质现象说明，幕阜山区域在印支期经历了广泛的陆陆碰撞造山作用，进入燕山期后构造背景开始由陆内碰撞挤压向伸展减薄转变，在岩石圈伸展过程中经由玄武质岩浆底侵作用的影响，下地壳发生熔融，多期次岩浆活动导致了最终的稀有金属成矿。

1. 同位素年代学

对幕阜山复式岩体边部断峰山铌钽矿床及中部大兴铍矿点两处的稀有金属伟晶岩进行了白云母$^{40}Ar/^{39}Ar$同位素定年，以获得矿集区精确的稀有金属成矿时代。

白云母样品DFS-3-3采集于位于幕阜山复式岩基北部边缘的断峰山铌钽矿床，该矿床包括花岗伟晶岩脉数百条，具有工业意义的有近百条，远景资源量可达数千万吨，属特大型矿床。伟晶岩原生结构从矿体外向内依次分为文象、准文象结构带→中粗粒结构带→小块体结构带→块体结构带。但并不是每个结构带发育都完好，有时结构带界线呈渐变关系。白云母采自含铌钽铁矿白云母钠长石伟晶岩脉（图2-4a），呈片状集合体，粒径为

0.6～1.2cm（图2-4b）。脉体主要矿物有钠长石、石英、白云母（图2-4c），矿石矿物主要为铌钽铁矿，次要为绿柱石。

图2-4　幕阜山地区稀有金属伟晶岩野外、样品及镜下照片

a-断峰山伟晶岩野外照片；b-断峰山含铌钽铁矿白云母钠长石伟晶岩；c-断峰山伟晶岩镜下照片（正交偏光）；d-大兴伟晶岩野外照片；e-大兴含绿柱石白云母钠长石伟晶岩；f-大兴伟晶岩镜下照片（正交偏光）。Qz-石英；Ab-钠长石；Ms-白云母

白云母样品PJ-9-7-4采集于幕阜山复式岩基中部，位于湖南省岳阳市平江县大兴含绿柱石白云母钠长石伟晶岩脉中。该岩脉受侵入体接触面控制，含矿伟晶岩脉3条，长100～200m，平均宽20～30m，厚8～10m，呈X状或不规则脉状，产出绿柱石、锌尖

晶石等。白云母来自白云母钠长石伟晶岩（图 2-4d），呈片状集合体分布，粒径为 0. 8 ~2. 6cm（图 2-4e）。脉体主要矿物有钠长石、石英、白云母（图 2-4f），矿石矿物主要为绿柱石。

$^{40}Ar/^{39}Ar$ 同位素定年测试分析在中国地质科学院地质研究所氩-氩实验室完成。选纯的白云母（纯度>99%）用超声波清洗，清洗后的样品被封进石英瓶中送核反应堆中接受中子照射，照射工作是在中国原子能科学研究院的“游泳池堆”中进行的。样品的阶段升温加热使用石墨炉，每一个阶段加热 10min，净化 20min。质谱分析是在多接收稀有气体质谱仪 Helix MC 上进行的，每个峰值均采集 20 组数据，所有的数据在回归到时间零点值后再进行质量歧视校正、大气氩校正、空白校正和干扰元素同位素校正。中子照射过程中所产生的干扰同位素校正系数通过分析照射过的 K_2SO_4 和 CaF_2 来获得。^{37}Ar 经过放射性衰变校正，衰变常数 $\lambda=5.543\times10^{-10}a^{-1}$，用 ISOPLOT 程序计算坪年龄及正、反等时线年龄（Ludwig，2001）。详细实验流程见有关文章（陈文等，2006；张彦等，2006）。

幕阜山地区断峰山铌钽矿床中白云母（DFS-3-3）和大兴绿柱石矿点中白云母（PJ-9-7-4）$^{40}Ar/^{39}Ar$ 阶段升温测年数据列于表 2-3，相应的表观年龄谱、等时线年龄及反等时线年龄如图 2-5 所示。

表 2-3　幕阜山地区稀有金属伟晶岩白云母 $^{40}Ar/^{39}Ar$ 阶段升温测年数据

T/℃	$(^{40}Ar/^{39}Ar)_m$	$(^{36}Ar/^{39}Ar)_m$	$(^{37}Ar/^{39}Ar)_m$	$(^{38}Ar/^{39}Ar)_m$	^{40}Ar/%	$^{40}Ar^*/^{39}Ar$	^{39}Ar /10^{-14}mol	表面年龄 /Ma	±1σ /Ma
DFS-3-3　白云母　W（样品重量）= 27.07mg　J（照射参数）= 0.004403									
700	32. 3338	0. 0765	1. 3323	0. 0309	30. 33	9. 8172	0. 08	76. 3	6. 2
750	34. 4062	0. 0574	0. 0000	0. 0225	50. 73	17. 4545	0. 38	133. 6	1. 8
800	28. 6932	0. 0398	0. 2128	0. 0211	59. 01	16. 9356	0. 60	129. 7	1. 4
840	22. 3568	0. 017	0. 0000	0. 0145	77. 46	17. 3178	0. 68	132. 6	1. 4
880	19. 1027	0. 0082	0. 0754	0. 0142	87. 38	16. 6926	2. 52	127. 9	1. 2
910	17. 0424	0. 0013	0. 0144	0. 0127	97. 70	16. 6504	4. 17	127. 6	1. 2
940	16. 8512	0. 0007	0. 0000	0. 0126	98. 71	16. 6334	4. 05	127. 5	1. 2
970	16. 9617	0. 0011	0. 0122	0. 0127	98. 03	16. 6283	3. 12	127. 5	1. 2
1020	17. 1759	0. 0020	0. 0322	0. 0129	96. 55	16. 5844	2. 70	127. 1	1. 2
1100	17. 2238	0. 0018	0. 0170	0. 0130	96. 88	16. 6863	3. 09	127. 9	1. 2
1200	16. 9032	0. 0009	0. 0481	0. 0131	98. 34	16. 6240	2. 04	127. 4	1. 3
1400	20. 7328	0. 0131	0. 4567	0. 0157	81. 42	16. 8870	0. 29	129. 4	2. 0
总气体年龄 = 127. 7Ma									

续表

T/℃	(^{40}Ar/^{39}Ar)$_m$	(^{36}Ar/^{39}Ar)$_m$	(^{37}Ar/^{39}Ar)$_m$	(^{38}Ar/^{39}Ar)$_m$	^{40}Ar/%	^{40}Ar*/^{39}Ar	^{39}Ar/10^{-14}mol	表面年龄/Ma	±1σ/Ma
PJ-9-7-4　白云母　W（样品重量）= 26.88mg　J（照射参数）= 0.004442									
700	43.9607	0.1038	0.6751	0.0298	30.35	13.3489	0.09	103.9	8.0
770	26.5068	0.0344	0.0540	0.0186	61.61	16.3325	0.35	126.3	1.7
820	25.6296	0.0302	0.1477	0.0181	65.24	16.7218	0.65	129.3	1.5
860	21.8684	0.0163	0.0000	0.0153	77.91	17.0378	1.57	131.6	1.3
890	17.6497	0.0026	0.0130	0.0130	95.68	16.8878	4.87	130.5	1.3
920	17.2751	0.0014	0.0224	0.0127	97.58	16.8578	4.32	130.3	1.3
950	17.3146	0.0014	0.0124	0.0126	97.50	16.8826	3.28	130.5	1.3
980	17.5719	0.0020	0.0149	0.0130	96.63	16.9793	1.79	131.2	1.3
1020	17.8226	0.0029	0.0042	0.0129	95.24	16.9748	1.26	131.1	1.3
1070	17.7030	0.0034	0.0810	0.0134	94.27	16.6897	1.59	129.0	1.3
1130	17.6930	0.0028	0.0366	0.0130	95.37	16.8736	2.65	130.4	1.3
1200	22.8738	0.0188	0.0000	0.0157	75.74	17.3243	0.99	133.7	1.5
1400	125.7530	0.3654	0.1467	0.0823	14.14	17.7898	0.46	137.2	1.8
1430	153.9694	0.4560	0.5338	0.0941	12.50	19.2505	0.05	148.0	9.3
总气体年龄 = 130.6Ma									

* 为 Ar-Ar 同位素测年实验结果，表示放射性氩。

如表 2-3 所示，在 700 ~ 1400℃温度范围内对样品 DFS-3-3 进行了 12 个阶段的释热分析，其低温释热阶段的视年龄较小，可能是由矿物低温晶格缺陷或矿物边部少量 Ar 丢失所致（邱华宁和彭良，1997；袁顺达等，2010），而在高温释热阶段构成了很好的坪年龄。样品总气体年龄为 127.7Ma，在高温释热阶段（880 ~ 1400℃）构成的坪年龄为127.65±0.90Ma（图 2-5a），对应了 92.7% 的^{39}Ar 释放量，相应的^{36}Ar/^{40}Ar-^{39}Ar/^{40}Ar 反等时线年龄为 127.4±1.3Ma，^{40}Ar/^{36}Ar 初始年龄值为 305±14Ma（平均标准权重偏差 MSWD = 2.3）（图 2-5b）。

在 700 ~ 1430℃温度范围内对样品 PJ-9-7-4 进行了 14 个阶段的释热分析，其低温释热阶段的视年龄较小，可能是由于矿物低温晶格缺陷或矿物边部少量 Ar 丢失（邱华宁和彭良，1997；袁顺达等，2010），而在高温释热阶段构成了很好的坪年龄。样品总气体年龄为 130.6Ma，在高温释热阶段（820 ~ 1130℃）构成的坪年龄为 130.47±0.88Ma（图 2-5c），对应了 91.9% 的^{39}Ar 释放量，相应的^{36}Ar/^{40}Ar-^{39}Ar/^{40}Ar 反等时线年龄为 130.3±1.4Ma（MSWD = 7.3），^{40}Ar/^{36}Ar 初始年龄值为 301±17Ma（图 2-5d）。

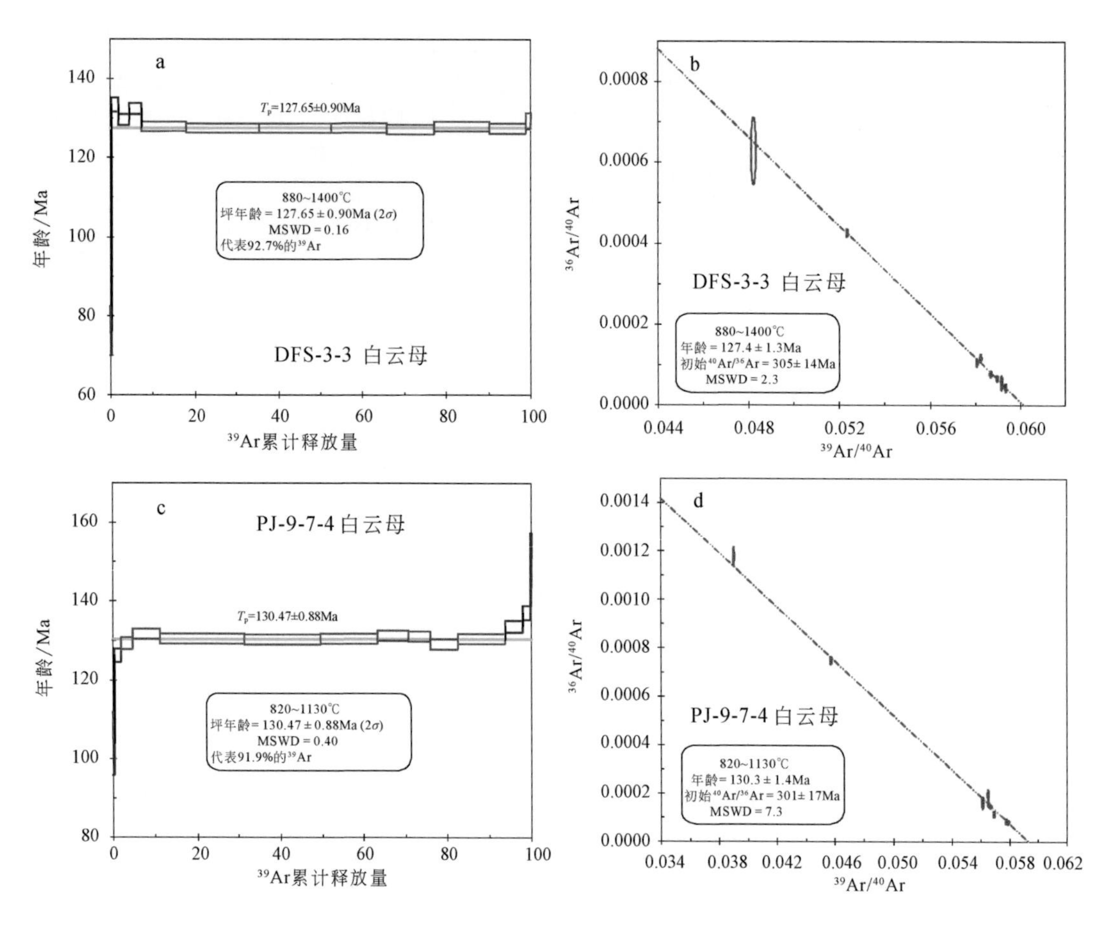

图 2-5　幕阜山地区稀有金属伟晶岩白云母$^{40}Ar/^{39}Ar$坪年龄图及反等时线年龄图

从分析结果可以看出，样品的总气体年龄、坪年龄、相应的反等时线年龄在误差范围内完全一致，因而样品的坪年龄可以代表其结晶年龄。

2. *稀有金属成矿时代*

野外观察表明，虽然幕阜山复式岩体中各阶段花岗岩侵入体均有伟晶岩伴生，但总体来说伟晶岩多以伟晶岩壳的形式分布于晚期花岗岩补体的顶部，或分布于细粒花岗岩的内部成伟晶岩团块。从时间上它们的形成近于同时，但伟晶岩略晚，伟晶岩中的长石可见包裹团块状的细粒花岗岩矿物。

$^{40}Ar/^{39}Ar$同位素分析结果显示：幕阜山复式岩体边部的含铌钽铁矿白云母钠长石伟晶岩中白云母的坪年龄为127.7±1.3Ma，这一年龄代表了700℃以上92.7%的^{39}Ar释放量；岩体中部的含绿柱石白云母钠长石伟晶岩中白云母的坪年龄为130.5±0.9Ma，这一年龄代表了820℃以上91.9%的^{39}Ar释放量。二者的坪年龄结果与其反等时线年龄是非常一致的，因此，所测定的白云母分别为127Ma和130Ma左右形成，而鉴于二者与稀有金属矿物密切的接触关系，可以较好地代表了稀有金属伟晶岩矿床（点）的成矿年龄。

以上年龄表明，幕阜山稀有金属矿集区的成矿时代集中在燕山中期，岩体中部稀有金属成矿时代略早，为130Ma；而岩体边部至外围的稀有金属成矿时代略晚，为127Ma。二者的年龄差异一定程度上体现出了幕阜山复式岩体及相关伟晶岩脉分异程度的差异：从幕阜山复式花岗岩体东部早期的小规模铍矿点，到岩体内部的铌钽矿化，再到岩体外围晚期的大规模稀有金属矿床，矿物组合越来越多，伟晶岩分带越来越完善，矿床规模越来越大，矿种由单一（Be）向综合演化（Nb+Ta+Be+Li）。该特点与新疆阿尔泰伟晶岩成矿带等典型稀有金属成矿带成矿时空分布规律一致（邹天人等，1986；王登红等，2002，2004；韩宝福，2008），是一种岩浆多期次活动，分异演化程度逐渐增高，而导致稀有金属逐渐富集，成矿规模逐渐增大的过程。

3. *多期次岩浆分异演化对稀有金属成矿的约束*

通过幕阜山复式花岗岩体的岩浆期次与成矿时代的对比发现，区域成矿作用时代（130～127Ma）晚于区域出露的最晚期花岗岩体成岩时代（137Ma），成矿岩体可能是最晚期侵入的小规模岩株、岩枝状的补充岩体，也可能是隐伏于下部的晚期花岗岩侵入体。具体成矿岩体的确认需要结合进一步的工程揭露及地球化学、流体包裹体等方面的分析测试，但可以确定的是，成矿作用发生在区域岩浆活动的最晚期，是区域岩浆多期次的分异演化作用导致稀有金属逐渐富集成矿的过程。该特点与国内外多数稀有金属矿集区相似，如北美苏必利尔伟晶岩省（Breaks and Moore，1992）、南美最大的巴西东部伟晶岩省（Morteani et al.，2000）、国内的新疆阿尔泰伟晶岩成矿带（Windley et al.，2002；王登红等，2002，2004；Xiao et al.，2004；韩宝福，2008；刘锋等，2009）以及松潘-甘孜造山带中部的可尔因矿田（李建康等，2007）等。

幕阜山岩体的多期次活动和成矿可用复式岩体的“体中体”模式解释，由具有同源联系的多个单一侵入体相继侵位构成“体中体”，而成矿岩体则多为其中较晚期、较小规模的岩体，如西华山岩体、千里山岩体、栗木岩体等（赫英，1985；沈渭洲和王银喜，1994；柏道远等，2007；娄峰等，2014）。这些岩浆演化系列中较晚期的单元，代表了岩浆期后在封闭条件变化时花岗岩粒间熔体溶液向岩体顶部、边部集中，并分离出挥发分溶液以后的残留部分，无论在岩体的物质组成上，还是时空关系上，都表现出与成矿作用尤为密切的联系。当然对于花岗岩“体中体”与矿化的关系，现实中也存在多次成岩成矿的事实，即每次岩浆侵入都伴随有矿化的出现，如西华山钨矿，裴荣富（1995）称之为共岩浆补余分异成矿。

按照“体中体”模式，并根据岩浆演化特征和稀有金属矿床的分布规律，可粗略绘制出幕阜山岩体岩浆分异及稀有金属矿化组合分带的概略图（图2-6）。岩浆自东向西演化，并在中部地区的局部产出小岩体，矿化种类也从单一的Be矿化逐渐演化为丰富的Be+Nb+Ta+Li+Cs稀有金属矿化组合。伟晶岩中稀有金属元素是通过岩浆结晶分异而逐渐富集的，在幕阜山岩体多期次岩浆演化过程中，含水挥发分对稀有金属元素的亲和性致使成矿元素不断富集；岩浆侵位上升过程中，挥发分与稀有金属络合物快速迁移至岩体顶部逐渐富集，随着温度下降，岩浆不混溶作用导致了Na、Li与K的分离（王联魁等，2000），致使演化末期最终的富集、沉淀。研究表明，在岩浆形成演化过程中F主要分配进入熔体相，而含Cl流体相中Li、Rb、Cs、Nb等亲石微量元素的流体相-熔体相分配系数与流体相中Cl的含量呈正相关性（Webster et al.，1989；Bai and Van Groos，1999）。幕阜山岩体多期次的岩浆演化过程中，在流体相中 HCl 的活度、硅酸盐熔体［(Na+K)/Al］的线性变化及硅酸盐熔体与高盐熔体的不混溶液相分离等因素的共同作用下（Irber，1999；Bau，1997），稀有金属元素分配系数发生了规律性的变化，最终形成了区域显著的稀有金属矿化分带。

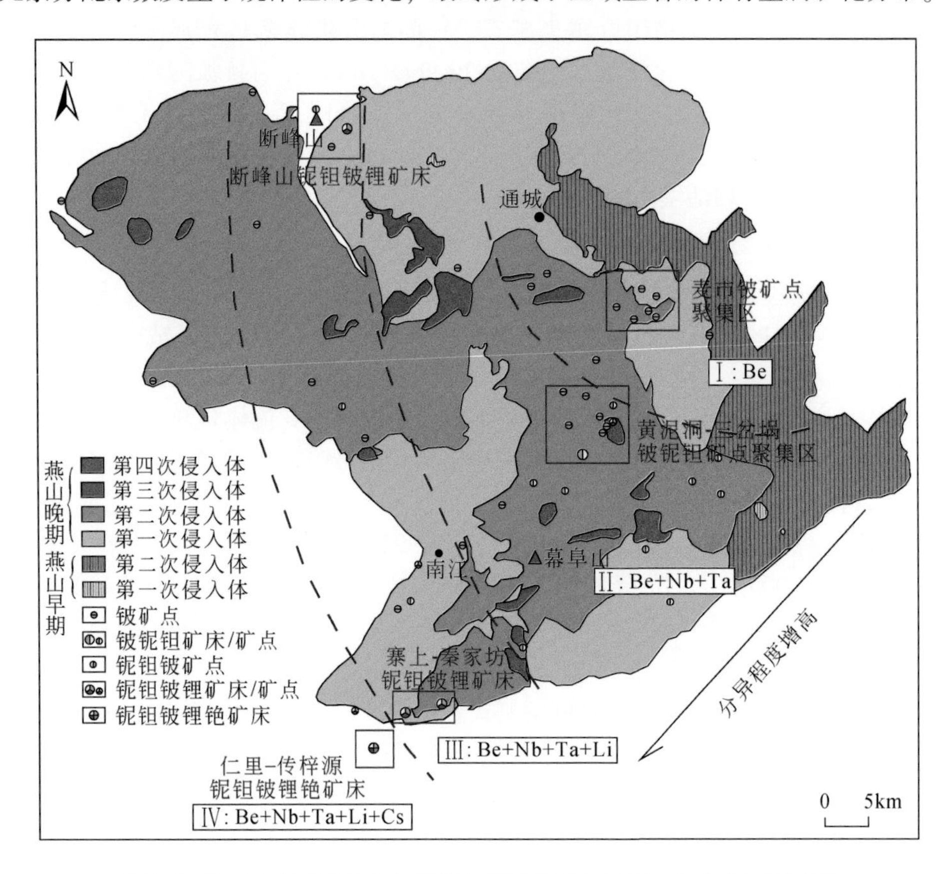

图 2-6　幕阜山复式花岗岩体岩浆分异及稀有金属矿化组合分带概略图
（据 1978 年 1∶25 万地质图——平江幅改编）

近年来，众多有关华南中生代构造-岩浆与沉积作用响应及大地构造演化的研究表明，华南在经历了印支期广泛的陆陆碰撞造山作用后，于燕山晚期进入陆内岩石圈伸展减薄构造背景，但伸展背景是何时启动的一直争论不休。随着湘南道县、定远地区早中生代（178Ma）具 OIB 型地幔属性碱性玄武岩、郴州-临武断裂 EMⅠ、EMⅡ型岩石圈地幔镁铁质岩石、桂东南 165Ma 左右的钾玄岩和正长岩、赣中早中生代（168Ma）OIB 型碱性玄武岩的发现（郭峰等，1997；李献华等，1997，1999；王岳军等，2005），多数学者已倾向于认为在早中侏罗世华南板块内部已经转为伸展背景（陈培荣等，2002；范蔚茗等，2003；王岳军等，2004，2005；谢桂青等，2005；李献华等，2007）。综合宏观考虑区域地层系统、构造特征，华南各省区调报告均一致认为华南中侏罗—晚侏罗世处于挤压隆升状态，伴有变质变形和推覆构造等，并因此提出华南中生代构造体制转折最终结束时限为 150～142Ma（邢光福等，2008）。综合幕阜山区域地质背景和已有研究成果，其约 154Ma 富集岩石圈地幔性质的镁铁质岩浆的上升侵位极可能代表了湘东北地区由陆内碰撞挤压向伸展转变的时间（湖北省地质调查院，2013）。本次研究认为，幕阜山区域在印支期经历了广泛的陆陆碰撞造山作用，进入燕山期后构造背景开始由陆内碰撞挤压向伸展减薄转变，在岩石圈伸展过程中经由玄武质岩浆底侵作用的影响，下地壳发生熔融，多期次岩浆活动导致了稀有金属的逐渐富集成矿，于燕山中期形成了区域广泛分布的稀有金属矿床、矿点。

综上，幕阜山复式花岗岩体的岩浆活动可划分为三个时代、二十个侵入期次，其主体形成于燕山早期至中期，总体呈现出由东向西年龄由老到新、演化逐渐完善、稀有金属矿化种类逐渐增多的变化趋势。根据本书获得的岩体边部及中部稀有金属伟晶岩中白云母的$^{40}Ar/^{39}Ar$年龄，区域稀有金属伟晶岩形成年龄为130.5～127.7Ma，是在燕山中期构造背景由挤压碰撞向伸展减薄转换的过程中，玄武质岩浆底侵，下地壳熔融伴随的多期次岩浆活动导致富集成矿。

第三节　仁里典型矿床研究

一、区域地质特征

仁里-传梓源矿床是幕阜山矿集区规模最大的花岗伟晶岩型Be+Nb+Ta+Li+Cs综合矿床，位于幕阜山复式花岗岩体西南缘与冷家溪群接触带的伟晶岩密集区。研究区内岩浆活动强烈，规模较大的燕山期幕阜山岩体分布于矿区北东部，主要出露片麻状/似斑状粗中粒黑云母二长花岗岩；东北方向出露新元古代中细粒白云母二长花岗岩；矿区南部出露雪峰期花岗岩体，岩性为中细粒弱片麻状二云母斜长花岗岩；矿区北部的幕阜山岩体总体可分两个侵入期次，片麻状/似斑状粗中粒黑云母二长花岗岩为早期侵入体，呈大面积岩基状产出，分边缘相和过渡相花岗岩。中细粒白云母二长花岗岩为晚期侵入体，呈岩株状，与早期侵入体界线明显，有普遍的绢云母化和钠长石化。区内出露地层主要为冷家溪群坪原组及第四系，其中冷家溪群坪原组构成了区域出露地层的主体，在工作区中南部广泛出露，主要岩性为片岩。仁里-传梓源矿床位于区域性北东向九鸡头-苏姑尖压扭性断裂与天宝山-石浆压扭性断裂的夹持部位，区内断裂构造发育，以北东向断裂构造为主，次为北北西向的断裂构造。

区域脉岩以花岗伟晶岩脉最为发育，规模大小不等。西起窄板洞，东至三墩乡，北起秦家坊，南至传梓源。在46km^{2}范围内，已查明脉体厚度大于1m、长度大于50m的伟晶岩脉超过926条，其中产于花岗岩内带的约712条，产于岩体外带板岩中的有214条。仁里-传梓源矿区的伟晶岩脉具有水平分布特征，大致可分为4个带：岩体内带及接触带为微斜长石伟晶岩带（Ⅰ）；岩体外带离岩体0.5～1.5km，为微斜长石-钠长石伟晶岩带（Ⅱ），仁里矿段多处于此带；离岩体约1.2～2km为钠长石伟晶岩带（Ⅲ），永享矿段多位于此带；最外围为钠长石-锂辉石带（Ⅵ），梭墩矿段、传梓源矿段、朱子洞矿段多位于此带中。离接触带由近及远，伟晶岩类型由钾型→钾钠型→钠型→钠-锂型演变，脉体规模由大到小，结构由简单到复杂，交代作用的现象也由弱到强，稀有金属伟晶岩的矿化种类由单一向复杂演化。

仁里-传梓源矿床伟晶岩脉的花岗岩围岩主要为弱片麻状黑云母/二云母二长花岗岩，伟晶岩在花岗岩中多呈脉状、透镜体状，接触边界清晰，部分伟晶岩在接触边界可见 2 ~ 15mm 宽的细粒白云母带。局部还可观察到伟晶岩贯入过程中挤压围岩，使弱片麻状花岗岩的片理发生应力变形的现象。野外现象显示出仁里-传梓源矿床伟晶岩为后期贯入二云母花岗岩，并非由矿区广泛出露的二云母花岗岩围岩直接分异演化形成。

二、仁里-传梓源 5 号铌钽锂伟晶岩脉地质特征

仁里-传梓源 5 号铌钽锂伟晶岩脉为矿区分带性最好、矿体规模最大的伟晶岩脉，该岩脉北端北西走向，南端为北北西走向，地表出露长度超过 2200m（图 2-7a）。地表剥蚀程度低，顶板片岩岩性完整，构成了完整的封闭空间，有利于成矿元素的运移、富集、沉淀。伟晶岩分带性良好，由外至内主要为文象伟晶岩带→块状微斜长石钠长石带→白云母钠长石带→石榴子石白云母钠长石带，各分带接触边界过渡，相邻岩性常见相互穿插，局部地段可见锂云母石英核。5 号脉浅部岩片理顺层产出，深部与 6 号脉汇合成大的岩墙。

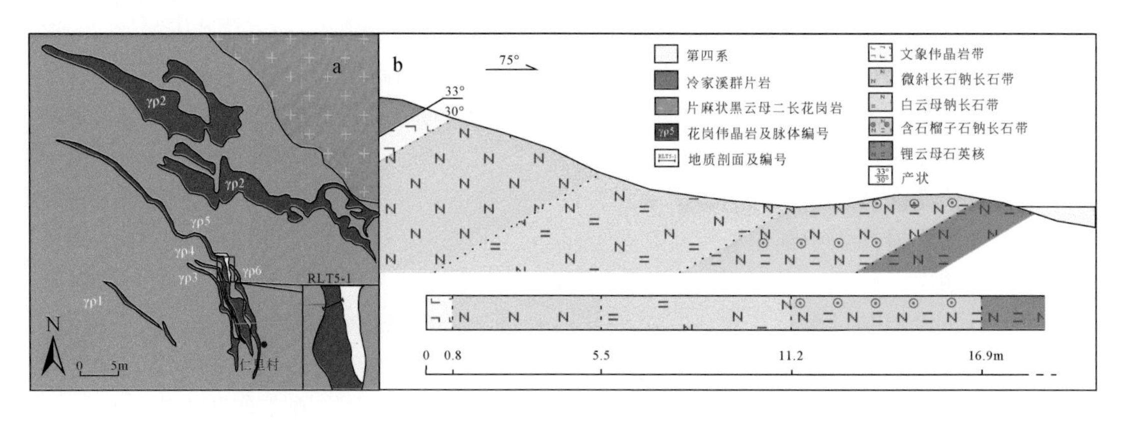

图 2-7　仁里-传梓源 5 号伟晶岩地质剖面位置图（a）和 5 号伟晶岩剖面图（b）

选取脉体中部偏南分带性较好的露头位置，垂直脉体分带方向布置剖面测量 RLT5-1（图 2-7a），由脉体与板岩边界贯穿至地表出露的锂云母石英核部带，至地表覆盖的第四系为止，剖面图见图 2-7b。剖面测量起点坐标为 113°39′43″E，28°50′33″N，走向约 75°，总体倾角约 15°，总长 16.4m。伟晶岩脉露头显示出良好的分带性，由围岩至脉体核部分别为片岩→文象伟晶岩带→粗粒微斜长石钠长石带→中粒白云母钠长石带→细粒含石榴子石钠长石带→锂云母石英核部。脉体各分带照片见图 2-8。

文象伟晶岩带（图 2-8b），浅肉红-灰白色，文象结构，块状构造，粒度 3 ~ 10mm，带宽约 0.8m。石英与长石共结，截面上石英成长条状，似楔形文字。主要矿物组合为石英+微斜长石+钠长石，含少量白云母。

粗粒块状微斜长石钠长石带（图 2-8b ~ d），白色，块状构造，粒度 7 ~ 15mm，带宽约 4.7m，与文象伟晶岩带边界过渡。主要矿物组合为微斜长石+钠长石，可见少量白云母、石

图 2-8　仁里–传梓源 5 号伟晶岩野外及样品照片

a-仁里伟晶岩与冷家溪群片岩接触关系；b-文象伟晶岩带与微斜长石钠长石带边界；c-薄板状铌钽铁矿多赋存于白色块状钠长石中；d-微斜长石钠长石带与白云母钠长石带边界；e-蓝绿色海蓝宝石呈短柱状产出；f-白云母钠长石带与含石榴子石钠长石带边界；g-含石榴子石钠长石带中细粒鳞片状紫色锂云母；h-含石榴子石钠长石带与锂云母石英核边界；i-锂云母石英核中的细粒鳞片状锂云母和长柱状锂电气石；j-锂云母石英核中的铯绿柱石；k-锂云母石英核中的铯石榴子石；l-锂云母石英核中的铌锰矿多分布于长石中；GP-文象伟晶岩带；CGA-粗粒块状微斜长石钠长石带；MMA-中粒白云母钠长石带；FGBA-细粒含石榴子石钠长石带；LC-锂云母石英核

英、绿柱石、铌钽铁矿，针状、薄板状铌钽铁矿多赋存于白色块状钠长石中（图 2-8c）。

中粒白云母钠长石带（图 2-8d ~ f），粒度 5 ~ 10mm，带宽约 5.7m，与粗粒块状钠长石带边界过渡。主要矿物组合为钠长石+微斜长石+石英+白云母，可见蓝绿色海蓝宝石呈短柱状产出（图 2-8e）。

细粒含石榴子石钠长石带（图 2-8f ~ h），粒度 1 ~ 5mm，带宽约 5.7m，与中粒白云母钠长石带边界清晰。主要矿物组合为钠长石+石英+石榴子石+微斜长石+白云母，局部可见细粒鳞片状紫色锂云母（图 2-8g）及短柱状海蓝宝石。

锂云母石英核（图 2-8h），粒度 3 ~ 20mm，厚度>0.7m，主要矿物组成为锂云母+石英+钠长石+微斜长石+锂电气石，局部可见短柱状海蓝宝石、铯绿柱石、铯石榴子石、针状铌锰矿。锂云母多呈细粒鳞片状集合体，与细粒石英相伴出现（图 2-8i ~ l）；锂电气石呈粉色长柱状，柱面可见清晰纵纹（图 2-8i）；浅粉色铯绿柱石呈短柱状，晶形良好（图 2-8j）；白色铯石榴子石呈自形粒状，被锂云母、石英包裹（图 2-8k）；铌锰矿多分布于长石中，呈针状、薄板状（图 2-8l）。

本次调查沿横切仁里–传梓源矿床 5 号伟晶岩脉的测量剖面 RL5T-1，严格按照脉体内部岩性分带刻槽采样，槽宽约 10cm，深约 10cm，较宽分带拉开距离采样，从文象伟晶岩带至锂云母石英核部，共采集刻槽样品 5 件（RL5-1 ~ RL5-5）及捡块样品 5 件（RL-2 ~ RL-4、RL-6、RL-7）。脉体内部各分带样品记录及描述见表 2-4。

表 2-4　仁里–传梓源 5 号伟晶岩各分带捡块及剖面刻槽样品描述

分带	样品号	描述
文象伟晶岩带	RL5-1，RL-4	文象伟晶岩
伟晶岩边部带	RL5-2，RL-6	块状微斜长石钠长石伟晶岩
伟晶岩中部带	RL5-3，RL-2	中粒白云母钠长石伟晶岩
伟晶岩中部带	RL5-4，RL-3	细粒含石榴子石钠长石伟晶岩
脉体核部	RL5-5，RL-7	锂云母石英核

文象伟晶岩带（RL5-1），文象结构，块状构造。主要矿物包括微斜长石（58%）、钠长石（15%）、石英（25%）、白云母（1%），副矿物有锆石、磷灰石、绢云母等（图 2-9a）。其中钾长石为浅肉红色，半自形板柱状、他形粒状，镜下部分可见格子双晶，局部可见钾长石中夹石英或绢云母细脉（图 2-9b）、透镜体；钠长石为自形短柱状，可见聚片双晶，石英多呈他形粒状与钠长石一起呈团块状分布，颗粒间晶界模糊，具波状消光。

块状微斜长石钠长石伟晶岩带（RL5-2），主要矿物成分为钠长石（35%）、石英（12%）、微斜长石（50%）、白云母（3%），副矿物有黄玉、绢云母、锆石、磷灰石、铌钽铁矿、海蓝宝石等，铌钽铁矿多呈针状、薄板状分布于钠长石中。其中钠长石为半自形短柱状、他形粒状，裂隙发育，可见一组不完全解理，局部可见聚片双晶。石英多呈不规则团块分布于钠长石颗粒内部，具波状消光。偶见细粒白云母或绢云母沿钠长石晶隙、裂隙分布（图 2-9c）。

中粒白云母钠长石伟晶岩带（RL5-3），主要矿物成分为钠长石（35%）、石英（29%）、微斜长石（18%）、白云母（18%）（图 2-9d），副矿物有绢云母、锆石、磷灰石、海蓝宝石、铌钽铁矿等，海蓝宝石多呈蓝绿色短柱状。其中钠长石为半自形短柱状、他形粒状，可见聚片双晶，裂隙发育，具一组不完全解理；白云母呈半自形–他形片状，可见港湾状、锯齿状边界；石英多与片状白云母一起，呈不规则团块分布，具波状消光。

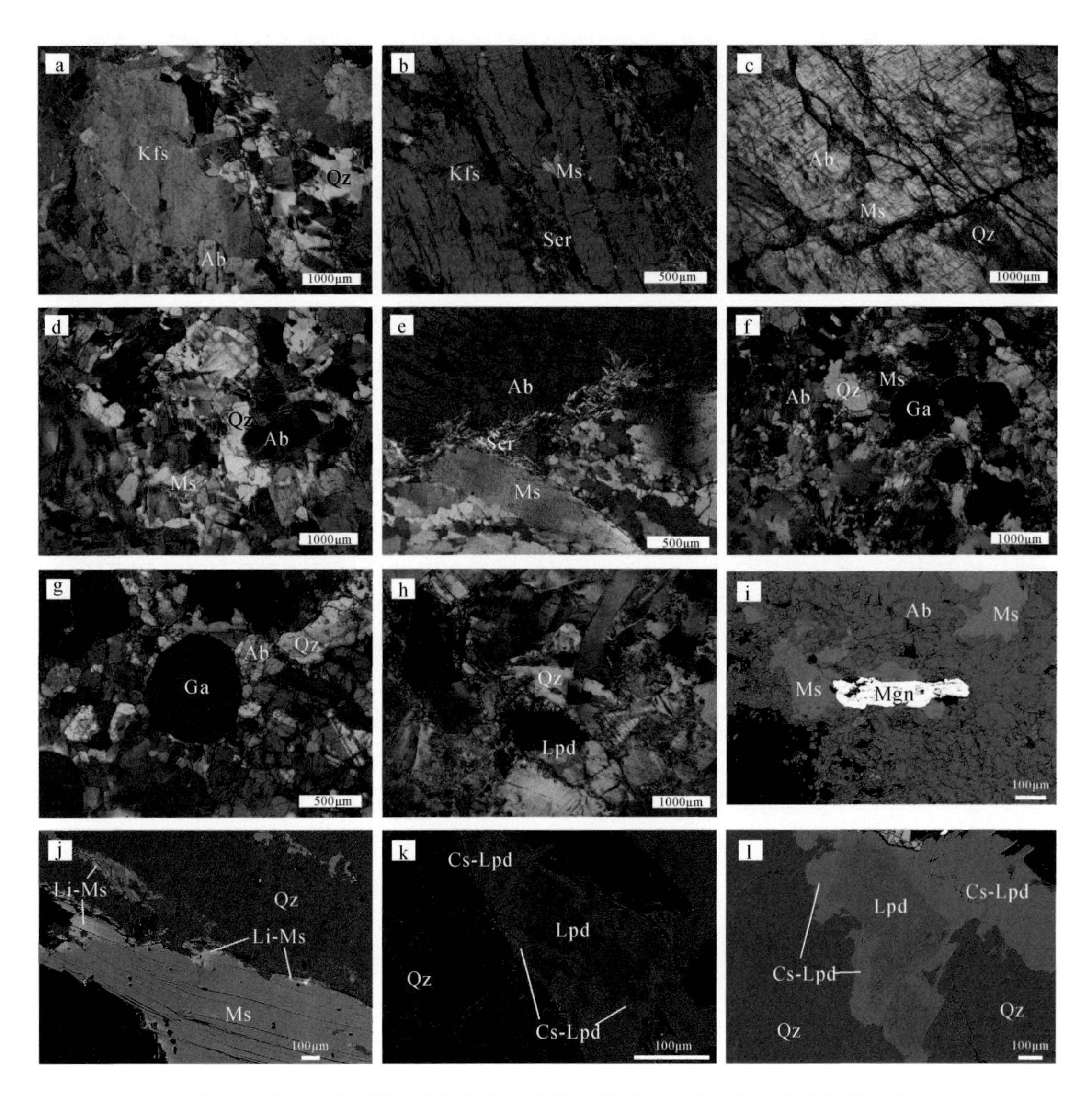

图2-9 仁里–传梓源5号伟晶岩脉样品显微镜（正交偏光）及背散射照片

a-文象伟晶岩；b-文象伟晶岩钾长石中沿裂隙充填的绢云母细脉；c-微斜长石–钠长石伟晶岩；d-白云母钠长石伟晶岩；e-白云母钠长石伟晶岩中钠长石聚片双晶、白云母解理可见局部变形；f-含石榴子石钠长石伟晶岩；g-自形浑圆粒状石榴子石多穿切长英质矿物；h-锂云母石英核；i-锂云母石英核中的薄板状铌锰矿（BSE图像）；j-含石榴子石钠长石伟晶岩中部分白云母具富锂反应边（BSE图像）；k、l-锂云母石英核中的锂云母具富铯反应边（BSE图像）。Kfs-钾长石；Ab-钠长石；Ms-白云母；Ser-绢云母；Qz-石英；Ga-石榴子石；Lpd-锂云母；Mgn-铌锰矿；Li-Ms-富锂白云母反应边；Cs-Lpd-富铯锂云母反应边

白云母、长石边界多见绢云母化。钠长石聚片双晶、白云母解理均可见局部变形扭曲，反映了脉体形成后经历的动力变质作用（图2-9e）。

细粒含石榴子石钠长石伟晶岩带（RL5-4），主要矿物成分为钠长石（55%）、石英（20%）、白云母（7%）、石榴子石（8%）、微斜长石（10%）（图2-9f），副矿物为锆石、绢云母、磷灰石、锂云母、海蓝宝石、铌钽铁矿等。其中钠长石为半自形短柱状、长柱状，可见清晰聚片双晶，裂隙发育；白云母呈半自形片状，可见港湾状、锯齿状边界，边界具程度不一的绢云母化；石英多与片状白云母一起，或呈细粒团块状分布于伟晶矿物晶隙，具波状消光；石榴子石呈自形浑圆粒状，部分裂隙发育，多穿切长英质矿物（图2-9g），表明其形成较晚。长英质矿物裂隙发育，部分具碎裂化，反映出脉体后期经历了较强的动力变质作用。BSE（背散射电子成像）图像中部分白云母显示出富 Li 的反应边（图2-9j），表明岩浆演化进入了岩浆–热液过渡阶段，随着岩浆演化程度不断地完善，H_2O不断出溶，Li 等不相容元素再次聚集并对晶出矿物叠加改造。

锂云母石英核带（RL5-5），主要矿物成分为锂云母（38%）、石英（33%）、钠长石（15%）、微斜长石（5%）、白云母（5%）、锂电气石（2%）（图2-9h），及少量铯绿柱石、铯石榴子石、海蓝宝石、铌钽铁矿、铌锰矿。其中锂云母呈半自形–他形片状，具高级干涉色，边部具绢云母化；石英呈细粒团块充填于锂云母晶隙，晶界难以分别，具波状消光；钠长石呈半自形短柱状，可见清晰聚片双晶。在BSE图像中，可观察到薄板状铌锰矿分布于云母和长石边界处（图2-9i），锂云母普遍具富 Cs 的反应边（图2-9i）。大量细粒鳞片状的锂云母及石英团块为典型的热液阶段产物，且云母普遍具有反应边，表明岩浆演化最晚阶段形成了近热液的成矿环境，富 Li、Cs 及挥发分的热液对晶出矿物叠加改造，并于伟晶岩核部形成了锂云母+石英+铯绿柱石+铯石榴子石+锂电气石的热液阶段矿物组合。

结合仁里–传梓源5号伟晶岩脉各分带的野外特征、镜下观察及电子探针分析测试，发现伟晶岩各分带中矿物含量及生成顺序存在一定规律，为伟晶岩结晶过程熔体化学成分演化、温压条件、挥发分等差异及后期交代作用所致，导致矿物生成顺序亦有先后。本次研究将脉体边部至核部的矿物组成进行了归纳整理，初步总结出5号伟晶岩矿物结晶顺序如图2-10所示。

三、花岗伟晶岩地球化学演化特征

对于伟晶岩来说，由于矿物颗粒较大，全岩地球化学分析对岩石整体的地化特征反映程度有限。本次伟晶岩按内部分带刻槽采样，矿物粒度较大的分带刻槽长度都在4m以上，全岩分析的结果能较准确反映脉体各内部分带的地球化学特征。地球化学数据表明，仁里–传梓源矿床5号伟晶岩脉与花岗岩围岩相似（李鹏，2017），显示出富碱、强过铝质、高分异的特征，富含白云母、石榴子石等过铝质矿物。各分带的主要元素变化随主要硅酸盐矿物的含量变化而变化，总体显示出低钙、钾、镁、铁，高钠的特征。稀有金属元素的含量由脉体边部至核部总体呈现出增加的趋势，不同元素在个别带呈现出富集，如粗粒块状微斜长石钠长石带（RL5-2）具有较高的 Be、Rb、Cs 含量，而中粒白云母钠长石带（RL5-3）则具较高的 Nb 含量。这与稀有金属的赋存状态有关，Rb、Cs 在伟晶岩成岩过程中往往随着挥发分及钾的富集而增加，二者多呈分散状态分布于钾矿物和绿柱石中，微斜长石钠长石带具有较多钾长石和海蓝宝石，故具有较高的 Be、Rb、Cs 含量；而花岗伟晶岩中的 Nb 和 Ta 除铌钽矿物外，主要分散于云母、石榴子石、钛铁矿、锆石和电气石中（Liu et al.，1984），故白云母钠长石带 Nb 含量较高。

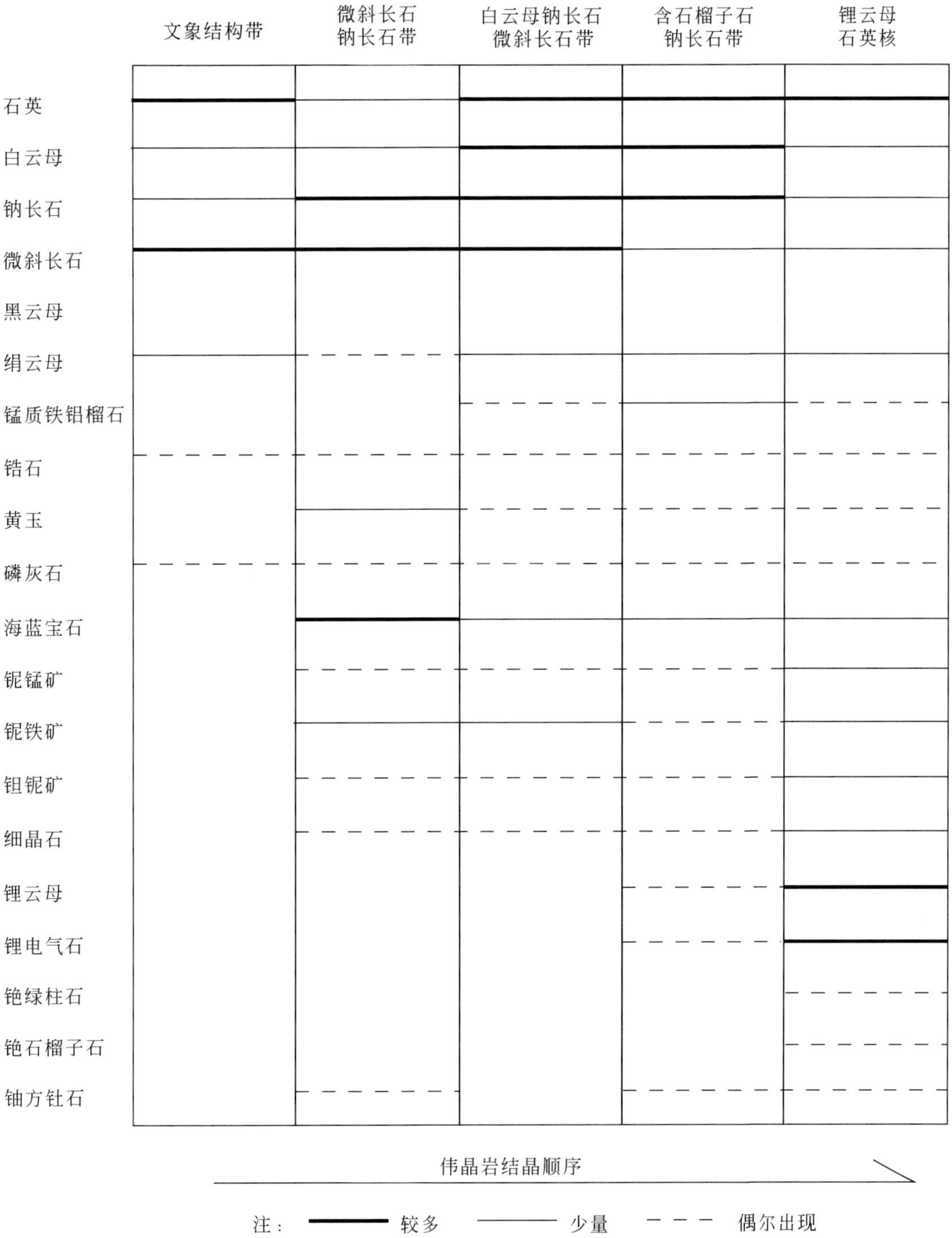

文象结构带
微斜长石钠长石带
白云母钠长石微斜长石带
含石榴子石钠长石带
锂云母石英核

石英
白云母
钠长石
微斜长石
黑云母
绢云母
锰质铁铝榴石
锆石
黄玉
磷灰石
海蓝宝石
铌锰矿
铌铁矿
钽铌矿
细晶石
锂云母
锂电气石
铯绿柱石
铯石榴子石
铀方钍石

伟晶岩结晶顺序

注：—— 较多　—— 少量　- - - 偶尔出现

图 2-10　仁里-传梓源 5 号伟晶岩各分带矿物含量变化示意图
石英、长石、白云母和石榴子石均显示为岩浆成因，单矿物世代

通过野外及镜下观察，以及归纳的 5 号脉矿物生成顺序，伟晶岩各内部分带显示出良好的分异演化规律。从图 2-10 中可看出，仁里-传梓源 5 号伟晶岩由文象伟晶岩带至核部锂云母石英核，其造岩矿物钾长石、白云母逐渐减少，钠长石比例逐渐增多，未见黑云母以及与黑云母关系较为密切的磁铁矿、独居石等；黄玉、铌铁矿、海蓝宝石、铀方钍石多与钠长石关系密切，而铌钽矿物、锂矿物、含铯矿物等稀有金属相关矿物显示出由脉体边部至核部逐渐富集的规律，铯矿物更是仅发现于锂云母石英核，形成于伟晶岩分异结晶最晚期。各分带矿物生成顺序一定程度上反映了脉体的分异演化程度及稀有金属矿化顺序，即岩浆分异演化程度增高，稀有金属析出顺序大致为 Be→Nb→Li→Cs+Ta。这一规律在仁里-传梓源 5 号伟晶岩化学指数变化趋势图上也有体现，指示成岩成矿流体分异的 Rb/Cs、Zr/Hf 由边部至核部逐渐降低（2 号分带长石含量过高，云母含量极少，故化学指数出现偏差），A/CNK 则表现出了比值逐渐增大的趋势，这些岩石化学指数良好的线性变化趋势指示伟晶岩各内部分带由边部至核部演化程度逐渐升高；A/CNK 指数与 Li、Nb、Ta 等稀有金属元素的含量也呈现出一致的变化趋势，表现出稀有金属元素的富集程度与花岗质岩浆分异演化程度有良好的一致性，稀有金属成矿严格受岩浆的分异演化控制（图 2-11）。脉体由边部至核部，主要的碱性元素组合类型大致由 K→K+Na→Na+Li→Li+Cs 规律变化，与稀有金属析出顺序 Be+Nb→Li→Cs+Ta 相对应，该现象与四川甲基卡等典型伟晶岩型稀有金属矿床特征一致（Wang et al., 2005, 2017；Li, 2006），这是稀有碱性元素活泼性的差异造成的，也使脉体的 Rb/Cs 等比值呈递减的特征。以上特征表明，仁里-传梓源矿床伟晶岩经历了充分的分异演化，冷家溪群地层为贯入的稀有金属伟晶岩提供了封闭稳定的成矿空间。

四、稀有金属成矿特征及成矿时代

H_2O 是伟晶岩形成的关键组分（Thomas et al., 2012），在伟晶岩演化过程中逐渐富集并与熔体分离（Veksler, 2004）。越来越多的证据表明，伟晶岩浆分异演化晚期的近热液体系是稀有金属成矿的重要阶段。Linnen（1998）和 Kontak（2006）基于实验矿物学研究，提出伟晶岩中 Nb-Ta 的矿化阶段主要发生在原生矿物结晶后，从富钠残余熔融物中聚集成矿。Rao 等（2009）在南平 31 号伟晶岩中观察到网脉状铌钽铁矿穿切早期铌钽矿物，认为伟晶岩浆分异演化过程中发生了稀有金属岩浆-热液两阶段成矿作用。Wang 等（2009）观察到可可托海 3 号伟晶岩中，岩浆分异演化晚阶段富钠流体热液置换原生绿柱石，形成了呈网脉状热液成因富 Na-Cs 绿柱石。

仁里-传梓源 5 号伟晶岩中，保留了大量岩浆-热液两阶段成矿作用的现象。5 号脉各内部分带中，边部至中部分带热液作用现象不明显，Be、Nb、Ta 主要赋存于绿柱石、海蓝宝石、铌铁矿等稀有金属矿物中，为典型岩浆阶段的产物。从含石榴子石钠长石带开始，部分白云母出现富 Li 的后期热液成因反应边，开始显示伟晶岩浆演化由岩浆阶段向岩浆-热液过渡阶段转变的特征。而在 5 号脉核部的锂云母石英核，锂云母+石英含量超过了 70%，锂云母普遍具富 Cs 的后期热液成因反应边，为伟晶岩浆分异演化晚阶段近热液环境下形成，标志着伟晶岩浆分异演化至近热液阶段，并在局部形成热液成矿环境。大量

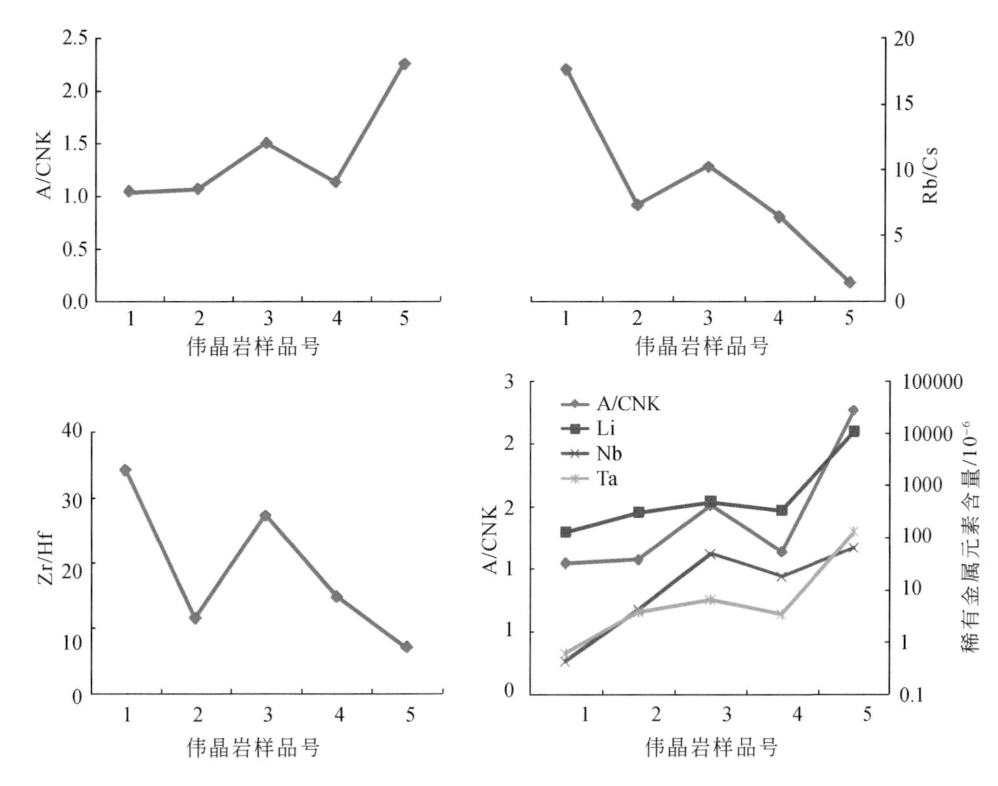

图 2-11 仁里-传梓源 5 号伟晶岩样品岩石化学指数变化趋势图（边部至核部）

伟晶岩样品号：1-文象伟晶岩（RL5-1-1）；2-微斜长石-钠长石伟晶岩（RL5-2-1）；3-白云母钠长石伟晶岩（RL5-3-1）；4-含石榴子石钠长石伟晶岩（RL5-4-1）；5-锂云母石英核（RL5-5-1）

携带着 Li、Cs 等不相容元素的富稀有金属元素热液，对已结晶矿物进行叠加改造，发生了晚阶段二次稀有金属聚集成矿作用，形成普遍存在的富 Li/Cs 矿物反应边，以及独立存在的锂云母、铯石榴子石、铯绿柱石。综上所述，仁里-传梓源 5 号伟晶岩在冷家溪群地层良好封闭性的成矿空间内，岩浆充分分异演化，由边部至核部形成了岩浆阶段→岩浆-热液过渡阶段→近热液阶段的伟晶岩内部分带，稀有金属矿化顺序总体呈现出由 Be→Nb+Ta→Li→Cs 的规律。

仁里-传梓源矿床稀有金属伟晶岩锂云母 $^{40}Ar/^{39}Ar$ 坪年龄为 125.0±1.4Ma，代表了区域伟晶岩浆分异演化晚阶段，近热液环境下稀有金属元素富集成矿的时代，矿床稀有金属成矿作用发生在早白垩世。结合幕阜山岩体中部大兴 Be 伟晶岩白云母 Ar-Ar 年龄 130.5±0.9Ma 和北部断峰山铌钽矿床中 Nb-Ta 伟晶岩白云母 Ar-Ar 年龄 127.7±0.9Ma，幕阜山稀有金属矿集区 Be→Nb+Ta→Li 的成矿时代由 130.5±0.9Ma→127.7±0.9Ma→125.0±1.4Ma，体现出稀有金属伟晶岩类型由低至高，成矿时代由老至新，伟晶岩浆分异演化持续时间逐渐增加的规律性，并在分异演化最完善的伟晶岩核部出现了演化晚期热液阶段的稀有金属成矿作用。

五、伟晶岩与花岗岩围岩成因关系

花岗岩与伟晶岩总体显示出相似的地球化学特征，包括高硅、富碱、强过铝质、富白云母和石榴子石等过铝质矿物，但值得注意的是，钙、镁、铁、钾、钛等元素由花岗岩至伟晶岩存在着明显的突然升高或降低，A/CNK 指数也发生了明显突变。相应地，CIPW 标准矿物组合中出现的刚玉分子（C）含量，也表现出了与 A/CNK 指数相似的变化特征。

仁里–传梓源矿床地表出露各类型花岗岩与 5 号伟晶岩间的稀有金属含量存在较大的差距，表现出一种突变关系。如由花岗岩→伟晶岩，稀碱总量呈跳跃式升高，Be、Nb、Ta 等稀有金属含量不升反降，指示成岩成矿流体分异的 A/CNK、Nb/Ta、Rb/Sr、稀碱总量等指数也呈断崖式巨变（图 2-12）。以上现象与花岗母岩体→低类型伟晶岩→高类型伟晶岩的岩浆连续分异演化成因关系明显不同，暗示出仁里–传梓源矿床的稀有

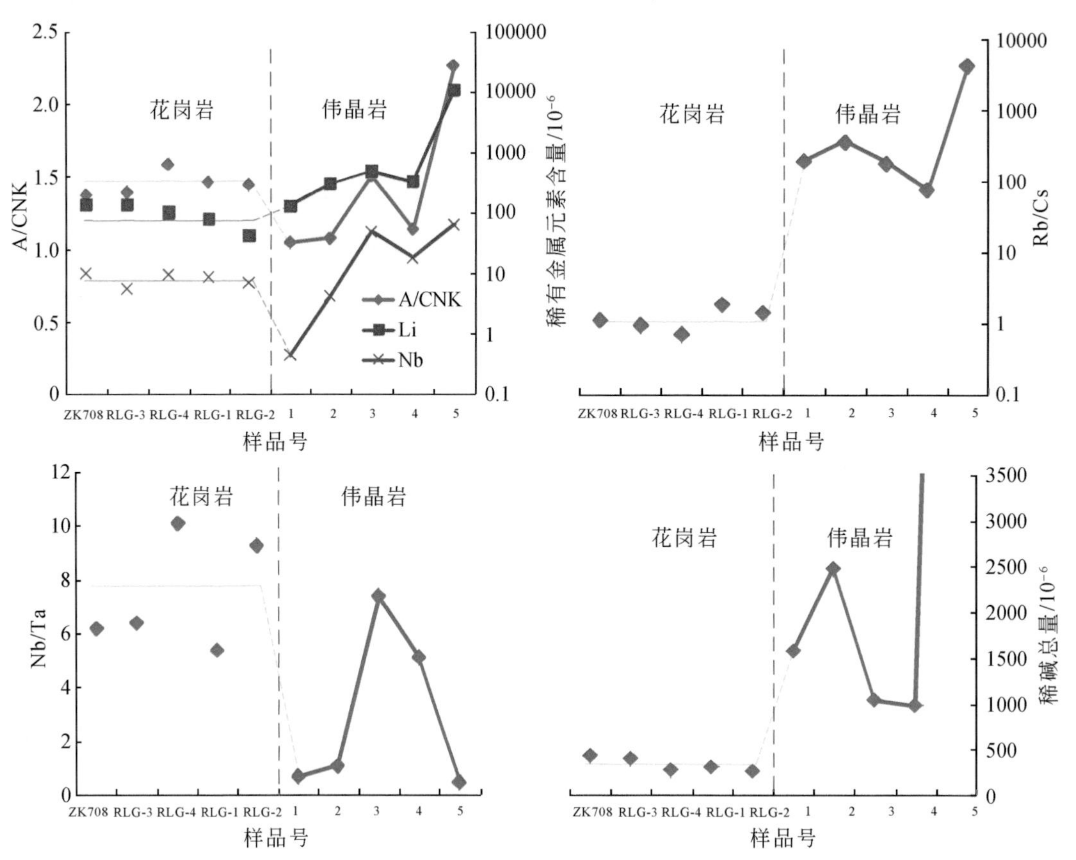

图 2-12　仁里–传梓源矿床花岗岩–伟晶岩样品岩石化学指数变化趋势图
（花岗岩样品数据引自李鹏，2017）

伟晶岩样品号：1-文象伟晶岩（RL5-1-1）；2-微斜长石–钠长石伟晶岩（RL5-2-1）；
3-白云母钠长石伟晶岩（RL5-3-1）；4-含石榴子石钠长石伟晶岩（RL5-4-1）；
5-锂云母石英核（RL5-5-1）

金属伟晶岩不是矿区广泛出露的花岗质围岩（二云母二长花岗岩和黑云母二长花岗岩）直接分异结晶的产物。本书所获得的伟晶岩锂云母$^{40}Ar/^{39}Ar$坪年龄为125.0±1.4Ma，明显晚于矿区地表出露及钻孔深部的花岗岩年龄（锆石U-Pb年龄821.8～138.0Ma）（李鹏，2017）。虽然花岗岩-伟晶岩系统的分异演化是一个持续漫长的过程，尤其是分异演化程度极高的稀有金属伟晶岩，然而热模拟表明，中上地壳内的侵入岩体冷凝较快，1000m宽的岩体冷凝到固相线只需要数千年，而大的侵入体也只需要数十万年。

因此，仁里-传梓源矿床伟晶岩的花岗岩围岩推测为多期次岩浆分异演化过程中的中间阶段产物，并非直接分异出稀有金属伟晶岩的母岩，也印证了上述观点。幕阜山地区广泛出露的燕山期花岗岩显示出与稀有金属紧密的时空关系，但仁里-传梓源矿床燕山期岩体与稀有金属伟晶岩野外接触关系及地球化学特征均表明，二者并无直接成因关系，推测二云母二长花岗岩和黑云母二长花岗岩形成于与伟晶岩同源的共岩浆房，为岩浆连续分异演化的中间阶段侵入体。

第四节　幕阜山区域稀有金属成矿机制与成矿规律

一、“体中体”模式

幕阜山复式花岗岩体总体呈现出由东向西年龄由老到新，演化逐渐完善的变化趋势：早期的花岗岩多为花岗闪长岩、黑云母花岗岩，出露面积占复式岩体的主导地位，为复式花岗岩体的主体；晚期的花岗岩多为二云母花岗岩，颜色较浅，往往呈岩株、岩脉或岩枝等出露，面积较小，侵入在主体花岗岩的内部，为补充花岗岩体（简称补体）。通过岩体岩石单位时代划分及岩石单位时代统计直方图（图2-3）可以发现，幕阜山复式花岗岩体中各岩体的侵入顺序为花岗闪长岩→黑云母石英二长岩→黑云母二长花岗岩→二云母二长花岗岩→白云母二长花岗岩。岩石的化学组成、微量元素和稀土元素均表现出岩浆的演化程度逐步增高的特征（未发表数据）。各岩体的演化顺序及区域稀有金属矿化种类分带特征与典型的“花岗岩树”模型和Shearer等（1992）的岩浆连续结晶分异成因的伟晶岩模型相似，即岩体演化顺序为黑云母二长花岗岩→二云母花岗岩→白云母花岗岩，稀有金属矿化种类由单一向综合演化：Be→Be+Nb-Ta→Be+Nb-Ta+Li→Be+Nb-Ta+Li+Cs。因此，可以断定，幕阜山复式花岗岩中各岩石单元以及中部至边部稀有金属矿化伟晶岩是深部岩浆多期次连续分异的结果。

通过幕阜山复式花岗岩体的岩浆期次与成矿时代的对比发现，区域成矿作用时代（130～127Ma）晚于区域出露的最晚期花岗岩体成岩时代（137Ma），成矿岩体可能是最晚期侵入的小规模岩株、岩枝状的补充岩体，也可能是隐伏于下部的晚期花岗岩侵入体。具体成矿岩体的确认需要结合进一步的工程揭露及地球化学、流体包裹体等方面的分析测试，但可以确定的是，成矿作用发生在区域岩浆活动的最晚期，是区域岩浆多期次的分异演化作用导致稀有金属逐渐富集成矿的过程。

幕阜山岩体的多期次活动和成矿可用复式岩体的“体中体”模式解释，由具有同源联系的多个单一侵入体先后相继侵位构成“体中体”，而成矿岩体则多为其中较晚期、较小规模的岩体，如西华山岩体、千里山岩体、栗木岩体等（赫英，1985；沈渭洲和王银喜，1994；柏道远等，2007；娄峰等，2014）。这些岩浆演化系列中较晚期的单元，代表了岩浆期后在封闭条件变化时花岗岩粒间熔体溶液向岩体顶部、边部集中，并分离出挥发分溶液以后的残留部分，无论在岩体的物质组成上，还是时空关系上，都表现出与成矿作用尤为密切的联系。当然对于花岗岩“体中体”与矿化的关系，现实中也存在多次成岩成矿的事实，即每次岩浆侵入都伴随有矿化的出现，如西华山钨矿，裴荣富（1995）称之为共岩浆补余分异成矿。

按照“体中体”模式，并根据岩浆演化特征和稀有金属矿床的分布规律，本次研究围绕幕阜山地区岩浆-构造-成矿间的耦合关系，绘制出稀有金属成矿规律图（图2-13）。岩浆自东向西演化，并在中部地区的局部产出小岩体，矿化种类也从单一的Be矿化逐渐演化为丰富的Be+Nb-Ta+Li+Cs稀有金属矿化组合。伟晶岩中稀有金属元素是通过岩浆结晶

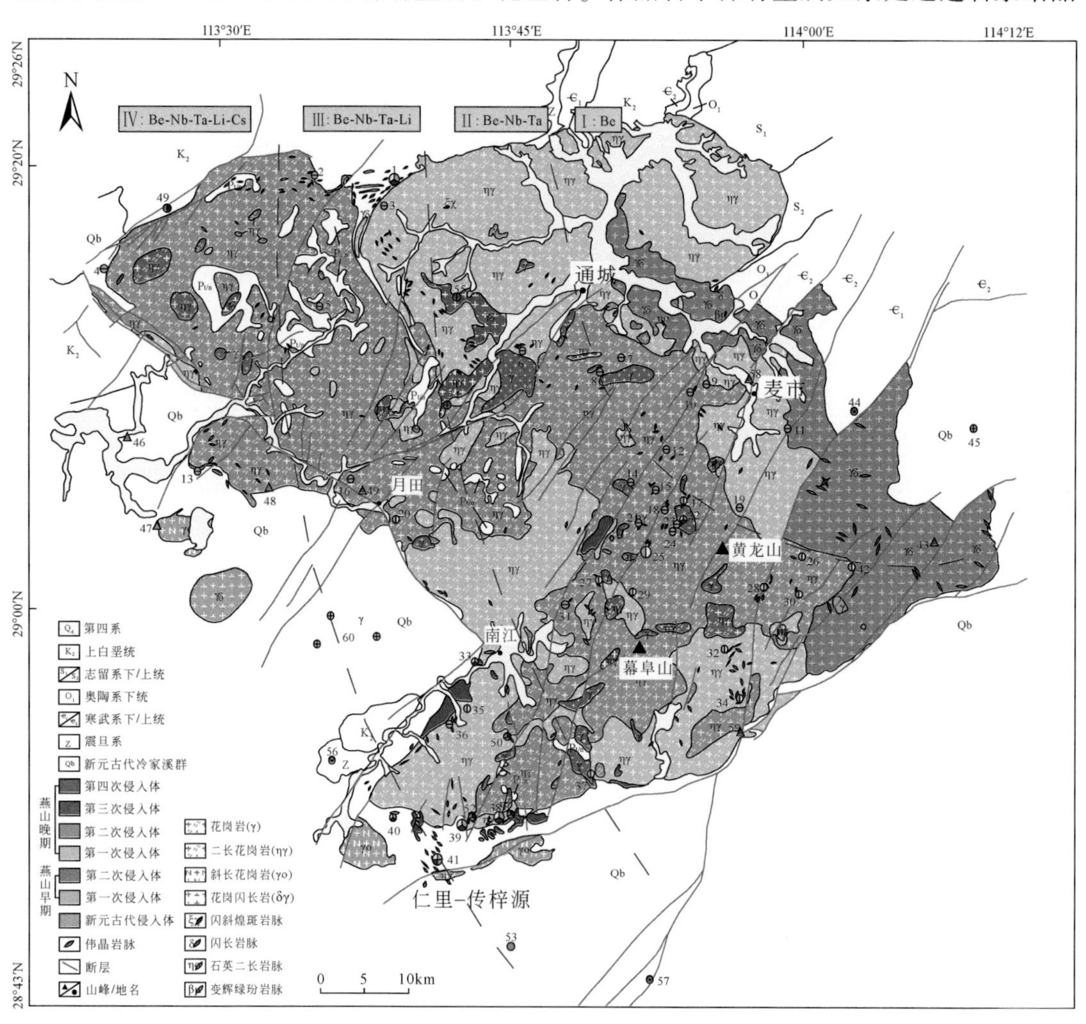

图2-13　幕阜山矿集区稀有金属成矿规律图

分异而逐渐富集的，在幕阜山岩体多期次岩浆演化过程中，含水挥发分对稀有金属元素的亲和性致使成矿元素不断富集；岩浆侵位上升过程中，挥发分与稀有金属络合物快速迁移至岩体顶部逐渐富集，随着温度下降，岩浆不混溶作用导致了 Na、Li 与 K 的分离（王联魁等，2000），致使演化末期最终的富集、沉淀。研究表明，在岩浆形成演化过程中 F 主要分配进入熔体相，而含 Cl 流体相中 Li、Rb、Cs、Nb 等亲石微量元素的流体相-熔体相分配系数与流体相中 Cl 的含量呈正相关性（Webster et al.，1989；Bai and Groos，1999）。幕阜山岩体多期次的岩浆演化过程中，在流体相中 HCl 的活度、硅酸盐熔体［(Na+K)/Al］的线性变化及硅酸盐熔体与高盐熔体的不混溶液相分离等因素的共同作用下（Irber，1999；Bau，1997），稀有金属元素分配系数发生了规律性的变化，最终形成了区域显著的稀有金属矿化分带。

二、"黄泥洞式"成矿机制与成矿模型

黄泥洞-三岔埚伟晶岩田出露的花岗岩包括两类：黑云母二长花岗岩和少斑状二云母二长花岗岩。与稀有金属伟晶岩形成相关的母岩可能为二者其一，也可能来自深部的隐伏岩体，需结合野外特征及室内分析测试结果进一步判断。

围岩黑云母二长花岗岩和伟晶岩的地球化学特征表现出岩浆连续结晶分异的特点，而且从围岩→脉体边部带→脉体中部带→脉体核部，白云母的地球化学特征也表现出成岩成矿熔体（流体）逐步结晶分异的特点。依据围岩黑云母二长花岗岩的形成机理，伟晶岩与各酸性岩体间有两种关系：一是伟晶岩经各酸性岩体侵位后，深部岩浆房继续演化再次侵位形成各类型伟晶岩脉；二是伟晶岩是各酸性岩浆，特别是晚期酸性岩浆侵位后结晶残余岩浆结晶分异的产物。结合本次研究的野外观察、镜下特征及室内测试结果进一步分析，二者关系明显为后者，依据如下：

（1）产于黑云母二长花岗岩中的伟晶岩均与岩体在矿物组成和矿物粒度上呈渐变的过渡关系，显示出岩体自分异形成伟晶岩脉的特点。

（2）岩体侵位后深部岩浆房继续演化再次侵位形成的伟晶岩脉多见穿切早期岩体及岩脉的现象，而黄泥洞地区并未发现该现象，与典型的后期侵位伟晶岩特征不符。

（3）围岩及伟晶岩脉体内部分带全岩地球化学及白云母地球化学均显示出了由围岩→脉体边部带→脉体中部带→脉体核部良好的熔体化学演化关系，暗示围岩及脉体是同源岩浆连续的分异演化并最终导致脉体核部成矿的关系。

（4）通过钾长石微区矿物学测试计算得到的花岗岩-伟晶岩系列分异指数，黄泥洞 1 号脉由围岩→脉体边部带→脉体中部带→脉体核部显示出了良好的分异演化关系，是岩浆连续分异演化的结果。

（5）根据大兴白云母钠长石伟晶岩白云母 Ar-Ar 年龄推断，黄泥洞地区伟晶岩形成年代为燕山中期的 130.5Ma，其围岩黑云母二长花岗岩体的 U-Pb 年龄为 138Ma，伟晶岩形成时代比黑云母二长花岗岩晚约 8Ma，由于富挥发分和稀碱金属会造成固结温度降低，这个时间间隔完全合理，从侧面一定程度验证了前面观点。

一般而言，花岗岩浆需要高度分异，才能高度富集稀有金属元素，进而分异出稀有金

属伟晶岩。因此，传统上认为随着岩浆结晶分异程度增高，岩浆依次分异出黑云母花岗岩→二云母花岗岩→白云母花岗岩→白云母微斜长石伟晶岩→白云母钠长石伟晶岩→钠长石锂辉石伟晶岩（Černý，1991a），反映出随着伟晶岩与花岗岩距离的增大、温度压力降低，挥发组分如 H_2O、F、B、P 等的增高，导致伟晶岩的矿物成分和矿化组合产生相应的变化。但事实上，虽然许多白云母钠长石花岗岩上部产出似伟晶岩壳或伟晶岩脉，但许多稀有金属伟晶岩围绕二云母或黑云母花岗岩成群成带产出，且伟晶岩脉分带越多，分异程度越高，稀有金属矿脉的品位越高（中国地质科学院地质矿产所稀有组，1975，1978①）。因此，在某一区域，花岗岩浆可能不需要演化到白云母钠长石花岗岩等高分异花岗岩，便能富集稀有金属并分异出稀有金属伟晶岩，如川西甲基卡矿床的二云母花岗岩中含有大量黑鳞云母，局部含有微细粒锂辉石（李建康等，2007）。

在花岗岩省中，区域岩浆活动为何能够不经过高度分异，便能较早地演化分异出高度富集挥发分和稀有金属的二云母或黑云母花岗岩浆，进而分异出大规模的稀有金属伟晶岩？通过总结相关资料发现，这些地区有着相似的构造背景，即区域均经历了持续而多期次的岩浆活动，如北美苏必利尔伟晶岩省经历了 5 个演化阶段的岩浆活动，其中火山弧的发育及大陆增生发生于 2775～2725Ma，稀有金属的富集则发生在 2685Ma 的鬼湖岩基侵位之后（Breaks and Moore，1992）；在南美最大的巴西东部伟晶岩省，虽然在元古宙就开始有岩浆活动，但是直至加里东期才分异出稀有金属伟晶岩（Morteani et al.，2000）；新疆阿尔泰伟晶岩成矿带在中、新元古代造山运动后，从加里东期、海西期、印支期至燕山期均有伟晶岩及伟晶岩矿床的形成，由早至晚总体呈现出元素和矿物组合越来越多，伟晶岩分带越来越完善，矿床规模越来越大，矿种具有从加里东期较单纯的白云母矿床向印支期—燕山期超大型综合性矿床演化的规律（王登红等，2002，2004；韩宝福，2008）。

黄泥洞-三岔埚伟晶岩田所在的幕阜山稀有金属矿集区正处于幕阜山-九岭岩浆构造带，区域岩浆活动最早始于新元古代，一直持续到了早白垩世，并在早白垩世达到了高峰。伟晶岩形成的 130.5Ma，区域正处于侏罗纪挤压造山运动之后的构造松弛和拉张减薄环境，大面积花岗岩形成于玄武质岩浆底侵导致的地壳熔融。该时期持续而多期次岩浆活动的叠加作用，导致晚期岩浆高度富集挥发分和稀有金属元素，即使演化到黑云母或二云母花岗岩岩浆阶段，也分异出稀有金属伟晶岩熔体，形成了区域的稀有金属伟晶岩。而区域剥蚀程度较深，成矿母岩呈岩株状出露地表，稀有金属伟晶岩距离母岩较近，演化程度较低，部分脉体分异演化充分，核部出现 Li 矿化，但区域整体所呈现的矿化组合较单一，矿化以 Be 为主，Nb-Ta 次之。成矿模式如图 2-14 所示。

三、“仁里式”成矿机制与成矿模型

仁里-传梓源稀有金属矿床出露的花岗岩包括三类：二云母二长花岗岩、似斑状/片麻状黑云母二长花岗岩及二云母斜长花岗岩，其中二云母斜长花岗岩为新元古代侵入体，那

① 中国地质科学院地质矿产所稀有组，1978. 我国稀有稀土金属矿床地质特征及找矿方向．内部资料。

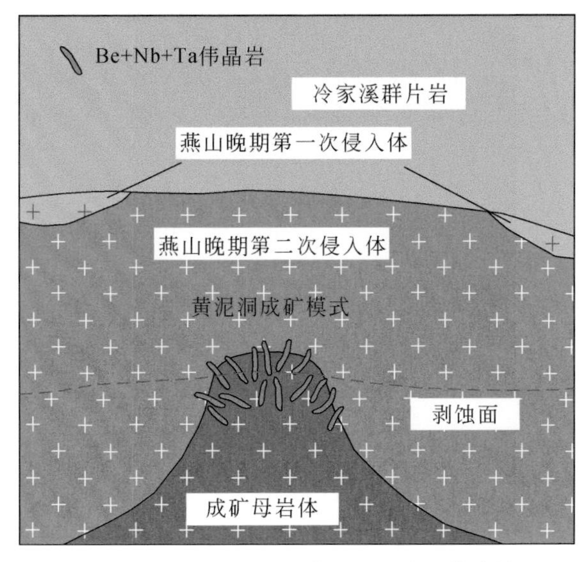

图 2-14　黄泥洞-三岔埚伟晶岩田成矿模式简图

么区域与稀有金属伟晶岩形成相关的母岩可能为二云母二长花岗岩或似斑状/片麻状黑云母二长花岗岩，也可能来自深部的隐伏岩体，需结合野外特征及室内分析测试结果进一步判断。

仁里-传梓源稀有金属矿床伟晶岩与各酸性岩体间有两种关系：一种是伟晶岩经各酸性岩体侵位后，深部岩浆房继续演化再次侵位形成各类型伟晶岩脉，灌入早期酸性侵入岩及岩体外围片岩中；另一种是伟晶岩是各酸性岩浆，特别是晚期酸性岩浆侵位后结晶残余岩浆结晶分异的产物，灌入早期酸性侵入岩及岩体外围片岩中。结合本次研究的野外观察、镜下特征及室内测试结果进一步分析，二者关系与黄泥洞不同，明显为前者，依据如下：

（1）仁里-传梓源地区似斑状黑云母二长花岗岩中的伟晶岩与花岗岩边界清晰，呈现伟晶岩脉为明显后期灌入的特点，因此推断似斑状黑云母二长花岗岩并非仁里-传梓源地区伟晶岩母岩体。

（2）岩体侵位后深部岩浆房继续演化再次侵位形成的伟晶岩脉多见穿切早期岩体及岩脉的现象，在仁里-传梓源地区该现象非常普遍，其中北部似斑状/片麻状黑云母二长花岗岩体边界、东北部细粒二云母二长花岗岩岩株及其下方片麻状黑云母二长花岗岩体与片岩接触边界，均有被伟晶岩脉穿切的现象。

（3）仁里-传梓源地区花岗岩及伟晶岩脉体内部分带全岩地球化学指数变化趋势图显示出了花岗岩与伟晶岩间明显的跳跃式变化关系，部分化学指数趋势图甚至需要用指数形式纵坐标，这种显著的变化与黄泥洞地区围岩及伟晶岩关系明显不同，不符合同一期岩浆连续结晶分异的地球化学特征，暗示区域地表及钻孔采集的 6 个花岗岩样品与区域伟晶岩样品均无直接成因关系。

（4）通过钾长石微区矿物学测试计算得到的花岗岩-伟晶岩系列分异指数，仁里-传梓源地区花岗岩分异指数均小于 0.1，而伟晶岩各分带分异指数集中在 0.42～0.83，与黄泥洞地区花岗岩与伟晶岩分异指数连续变化的特征明显不同，明显不属于同一个连续演化的花岗岩-伟晶岩系列。

综合以上依据，认为仁里-传梓源稀有金属矿床地表及钻孔所采集的6个不同类型、期次的花岗岩样品，均不是区域稀有金属伟晶岩的母岩体，成矿相关母岩体应该位于深部，区域仍具备一定的深部找矿潜力。该区域与黄泥洞-三岔埚伟晶岩田不同的是，区域剥蚀程度较低，成矿母岩位于深部，所以地表出露的稀有金属伟晶岩距离母岩较远，分异程度更高，矿化组合也更完善，以Be+Nb+Ta为主，Li次之，局部脉体核部出现Cs矿化。成矿模式简图见图2-15。

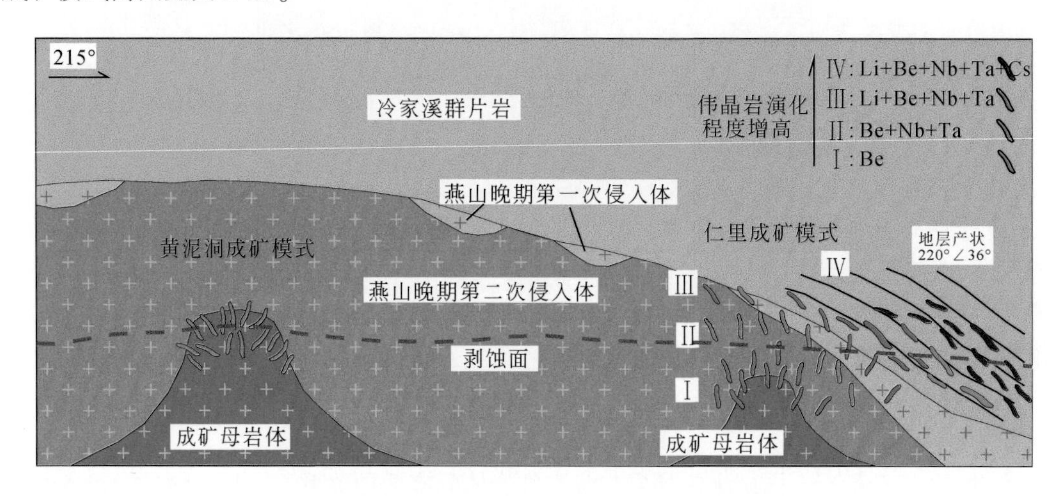

图2-15　仁里-传梓源稀有金属矿床成矿模式简图

第五节　找 矿 方 向

本次研究以仁里-传梓源矿床为典型，在系统归纳总结矿区地表与深部稀有金属成矿规律的基础上，提出找矿方向，并取得初步找矿成果。

一、矿脉产出规律

区内花岗伟晶岩脉密集，成群分布，共发现140余条伟晶岩脉，板岩地区伟晶岩规模大，较密集，伟晶岩沿走向延伸数米至数千米，如501号岩脉沿走向长2.5km。按伟晶岩特征性矿物组成，自幕阜山岩体向冷溪群地层，可分为微斜长石型伟晶岩（岩体内）、微斜长石-钠长石型伟晶岩（距岩体0～2.0km）、钠长石型伟晶岩（1.5～2.0km）、钠长石锂辉石型伟晶岩（>2.0km），四个伟晶岩带呈北东-南西向分布。微斜长石型伟晶岩主要位于矿区东部，在幕阜山岩体内部和冷溪群片岩中均有分布，此类型伟晶岩的铌钽矿化较差。微斜长石钠长石型伟晶岩是矿区分布最广的伟晶岩类型，分布于矿区中部和北西部，主体产在冷溪群板岩中，少量产在燕山早期黑云母二长花岗岩中。相对富有钠长石的微斜长石-钠长石型伟晶岩具有较好的钽铌矿化，即使岩体内的32号、36号、31号等伟晶岩岩脉也有较高的品位。钠长石型伟晶岩带呈东西向带状分布于冷溪群板岩中，具有较好的钽铌矿化。钠长石锂辉石型伟晶岩以北西向赋存于冷家溪组地层中，锂辉石矿化程度最高，铌钽矿化程度也较好。

不同类型的矿化与伟晶岩类型的分带存在对应关系，自岩体向西南，铌钽矿化由强变弱，锂矿化由弱变强。一般来说，伟晶岩规模越大，矿化越好（如5号、206号脉），这类伟晶岩脉的分带一般较为发育，从岩脉边部到内部，大致可分为文象带、粗粒白云母钠长石带、糖粒状钠长石带（及含石榴子石钠长石带）、锂云母石英带。从外带到内带，钾的含量逐渐降低，钠含量逐渐升高，但在锂云母石英带因富含锂云母而导致钾含量升高，钠含量降低；铌、钽的含量在白云母钠长石带和锂云母石英带含量最高，反映出铌钽矿化与钠长石和锂云母有密切关系。在各个分带中，绿柱石主要产在粗粒白云母钠长石带，铌钽铁矿等铌钽矿物主要赋存于白云母钠长石带和锂云母石英带中，呈块状、颗粒状、针状、片状产出。因此，伟晶岩不同结构带矿化程度不同，一条伟晶岩脉可以根据铌钽含量变化划分出多条矿体。距离岩体由近到远，主要伟晶岩脉的特征介绍如下：

36号伟晶岩脉产于燕山期片麻状粗中粒斑状黑云母二长花岗岩内，距离接触带约450m，受黄柏山压扭性断裂的次级构造控制。北东走向，沿走向长约420m，倾向170°~190°，倾角58°~69°。除了造岩矿物，主要矿物有铌钽矿、石榴子石、电气石、绿柱石、闪锌矿、方铅矿、辉铋矿等，铌钽矿主要以针状赋存于白云母钠长石带。36号岩脉由3个矿体组成，矿体总厚度为13.66m，单矿体厚度为1.95~6.72m，Ta_2O_5品位为0.005%~0.128%，Nb_2O_5品位为0.010%~0.150%。

5号伟晶岩脉为仁里钽铌矿最重要的矿脉之一，其钽铌资源量占仁里矿段总资源量的67%。5号脉侵位于冷家溪群片岩中，距离岩体约1.1km。伟晶岩脉长约2200m，北西走向，倾向198°~228°，倾角25°~61°，除了长石、石英和云母外，主要矿物有石榴子石、电气石、绿柱石、锂云母、铌钽铁矿等。矿体主要赋存于伟晶岩脉上下盘接触带中粗粒白云母钠长石花岗伟晶岩带中，矿体中钠长石含量较多，铌钽矿主要以块状、针状、细粒状分布于钠长石颗粒间。矿体沿走向工程控制1280m，沿倾向工程控制62~740m，矿体厚度为0.56~7.29m，Ta_2O_5品位为0.001%~0.561%，Nb_2O_5品位为0.005%~0.591%。

321号伟晶岩脉赋存于幕阜山岩体南缘冷家溪群片岩中，距离岩体约2.4km，位于传梓源矿段与仁里矿段之间，属于钠长石型伟晶岩。岩脉长1500m，北西走向，倾向190°~210°，倾角35°~50°。该矿脉最厚可达20m，主要矿物为锂辉石、腐锂辉石、钠长石、微斜长石、石榴子石等。锂辉石呈浅绿色，部分地表出露的锂辉石蚀变成条带状腐锂辉石。

206号伟晶岩脉位于传梓源矿段，距离幕阜山岩体约2.8km，属钠长石锂辉石型伟晶岩，围岩为冷家溪群板岩。岩脉长1400m，北西走向，倾向为210°~220°，倾角为60°~80°。其中，矿体厚1.91~9.16m，$(Nb, Ta)_2O_5$品位为0.0153%~0.0240%。矿物主要成分有锂辉石、钠长石、绿柱石、电气石、石榴子石、铌钽铁矿等。该矿脉浅部锂辉石蚀变成腐锂辉石，Li_2O品位较低；深部富含锂辉石，Li_2O品位较高，Li_2O平均品位为0.16%。

二、成矿规律

通过本次研究成果及对区域已有勘探成果的统计与整理，可以初步总结出以下成矿规律。

（1）矿区北部为花岗岩隆起部位，南部主要为板岩，在地层中伟晶岩沿板岩层间裂隙充填，上盘为板岩，下盘为板岩或花岗岩，这些伟晶岩脉具有相对完整的分带，说明成矿空间相对封闭，这有利于钽铌等稀有金属元素的富集（Černý，2005）。

（2）区域伟晶岩类型分带为北东–南西展布，根据伟晶岩围绕成矿母岩体分布的特征（London，2008），成矿母岩体应该在矿区的北东部。花岗岩分异出的伟晶岩熔体在向外迁移过程中，受到梅仙、三墩、钟洞及传梓源等新元古代岩体的阻挡，熔体倾向于向南西方向迁移和演化。因此，北东岩体附近以微斜长石伟晶岩为主，矿化很弱；矿区西北部的仁里矿区，因有较大的成矿空间，成群分布微斜长石钠长石伟晶岩脉，以矿体密集、矿体规模大、矿体连续性好、品位富、矿体埋藏浅易开采为特点，资源量占据了全区资源量的80%以上，矿体平均厚度为2.55m，平均品位Ta_2O_5为0.035%、Nb_2O_5为0.049%，其中5号矿脉钽铌资源量占矿区总资源量的67%（湖南省核工业311大队内部资料）。矿区南部梅仙岩体和传梓源岩体的内部断裂也可以成为容矿构造，且梅仙岩体和传梓源岩体之间的地层为熔体的迁移提供了空间，因而形成传梓源锂矿区。

（3）矿区伟晶岩分带虽然为北东–南西向分布，但同一类型伟晶岩带中，具有北西向演化程度低、南东向演化程度高的特点，以微斜长石钠长石伟晶岩带表现最为明显。该伟晶岩带具有自北西至南东向铌钽矿化程度增高的趋势，表现出16号勘探线以南矿体厚度较大、品位高的特征。这种特征与该伟晶岩带的北西部显示铌钽铍异常、东南部显示铌钽异常的特征一致。这也符合伟晶岩类型演化与矿种间的对应关系，即随着伟晶岩演化类型的增高，稀有金属矿化顺序为Be→Nb→Ta→Li。

（4）矿区内伟晶岩具有比较明显的分带，其中以5号伟晶岩脉为典型，钽铌矿主要产于粗粒白云母钠长石带和细粒锂云母石英带中。钽矿化的含量与叶片状钠长石和白云母、锂云母的含量呈正相关性，与糖粒状钠长石的含量未表现出明显的正相关性。

（5）矿脉的品位受到岩脉的产状控制。①沿倾向，以脉体中心倾伏轴为准，中上部矿化较富，且钽含量高，往深部则变弱，矿体斜深与长度之比一般为2/5～1/2，主矿体斜深与长度之比大于1/2（如5号矿脉主矿体）；②沿厚度方向，脉体顶部一般普遍成矿，且往深部有在上下两盘富集的趋势。

（6）矿体深部矿化趋势良好。在矿区的多条微斜长石钠长石型伟晶岩脉，地表矿化程度很低，多处Ta_2O_5含量没有达到或者仅达到边界品位。但在深部500m以内的范围内品位快速增高。如5号矿体向下延伸700m（最高处标高约750m），在标高深度257～440m，Ta_2O_5品位为0.040%～0.155%，而且，在标高275～51.6m区段钽铌矿品位曲线仍有缓慢上升的趋势，说明矿体往深部延伸情况较好，有较大的找矿潜力。这种现象说明，矿区的伟晶岩脉，可能遭受了较低程度的剥蚀作用，深部具有较好的找矿前景。

三、找矿方向

1. 深部找矿前景

在仁里–传梓源矿床，幕阜山岩体中存在较多的微斜长石钠长石伟晶岩，且岩体中的部分伟晶岩脉具有较高的铌钽品位和矿化规模。在经典的花岗岩-伟晶岩成矿模式中，岩体中一般只产出微斜长石型伟晶岩，且不存在铌钽等稀有金属矿化。由此可以推断，仁里-传梓源矿床北部出露的花岗岩可能不是成矿母岩体，母岩体可能隐伏于花岗岩体深部，可用复式岩体演化的“体中体”模式解释（李鹏，2017）。这也说明仁里-传梓源矿床的剥蚀程度较低，致使母岩体未出露，因而深部可能具有较好找矿前景。

根据区域伟晶岩深部矿化规律，在深部找矿过程中，应注意评价地表露头品位较低的伟晶岩脉。例如，铌钽找矿的重点应为2号、3号、5号、6号、46号矿脉（体），加大对仁里矿段矿体的扩边、攻深力度。其中，46号矿脉位于5号矿脉的西端，矿体厚2.3m，矿脉长1000m，规模大，品位富，目前未进行深部揭露工作，具有较大的找矿潜力；2号矿脉的主矿体沿走向控制长约1680m，矿体平均厚度为3.25m，Ta_2O_5品位为0.019%，Nb_2O_5品位为0.034%；36号矿脉有三层矿体，地表矿体厚1.95～6.72m，总厚度为13.83m，Ta_2O_5品位为0.008%～0.041%、Nb_2O_5品位为0.020%～0.045%，13号、31号矿脉地表矿体厚1.84～2.35m，Ta_2O_5品位为0.061%～0.067%、Nb_2O_5品位为0.059%～0.076%，有待于深部揭露。

另外，鉴于区域岩体中存在矿化伟晶岩脉（如31号、36号等伟晶岩脉），且根据成矿规律推测区域成矿母岩体隐伏于深部，16号、7号勘探线深部揭露的花岗岩可能不是伟晶岩分布深度的下限，应注意深部花岗岩内部的找矿工作。同时，也应该注意仁里矿段南、传梓源矿段北地区的深部找矿。该地区微斜长石-钠长石型和钠长石型伟晶岩密集分布，且规模大，伟晶岩脉地表出露长100～2500m。但目前对该区伟晶岩脉的勘探深度有限，多低于200m，可通过深部钻探，扩大矿体规模。

2. *矿区外围找矿方向*

根据仁里-传梓源矿床的伟晶岩矿化分带，在西北部，应注意岩体中的微斜长石钠长石伟晶岩的铌钽矿化；根据微斜长石钠长石伟晶岩带中铌钽向南东方向富集的规律，应注意该伟晶岩带东南部的钽矿化；在矿区南部，应注意在梅仙岩体内部及其北侧寻找钠长石型和钠长石锂辉石型伟晶岩，寻找锂钽矿脉。如仁里-传梓源矿区中的321号、322号锂辉石伟晶岩脉（矿脉厚15～20m），往西延伸到梅仙岩体的北部。

此外，还应注意梅仙岩体与传梓源岩体间的地层，其为伟晶岩熔体的向南迁移提供了通道。因此，仁里-传梓源岩体南部可能具有良好的找矿前景。目前，仁里-传梓源矿段南部梭墩地区已发现了12条锂铌钽矿脉，在距离岩体最远的窄板洞矿区亦发现了3条铌钽锂矿化较好的矿脉。其中，一条伟晶岩脉位于传梓源岩体南部，距离幕阜山岩体8.5km，围岩为冷家溪群板岩，岩脉北西走向，倾向175°～190°，倾角30°～40°，长1300m，矿体厚0.48～2.12m，品位Li_2O为0.017%～1.39%、Ta_2O_5为0.0055%～0.020%、Nb_2O_5为0.0077%～0.021%。该条伟晶岩似层状产出，产状与围岩产状一致，主要矿物成分为斜长石、钠长石、锂辉石、白云母、石英及铌钽矿。该岩脉风化强烈，白色细砂状钠长石中可见灰白色短柱状、条带状锂辉石，在新鲜面可见放射状电气石及星点状、细粒状铌钽矿。这些矿脉的发现，说明仁里-传梓源矿床南部具有较大的锂找矿前景。

第三章　赣西北九岭地区岩体型稀有金属研究进展

赣西北是我国重要的稀有金属成矿区，成矿作用主要集中于武功山隆起和九岭隆起，其中的武功山隆起产有我国最大的岩体型稀有金属矿床414矿，在九岭隆起是否也能找到类似于414矿的大型稀有金属矿床成为业界关注的焦点。本次工作在华南稀有和稀土矿产调查评价项目开展过程中，查明了赣西北九岭地区也存在岩体型的稀有金属矿化，其矿化特征与414矿具有一定的相似性，但也存在一定差异，如狮子岭地区黄玉-锂云母碱长花岗岩中磷锂铝石超常富集，含量可到4%~5%，已成为矿石中锂的主要载体之一；岩体中绿柱石、富钽锡石、铌钽铁矿、钽铌铁矿等工业稀有金属矿物也普遍存在，这些发现为该地区Li、Be、Ta及Sn的找矿工作部署提供了直接依据。同时，对九岭地区锂矿资源的成矿潜力、成矿机制以及华南地区岩体型锂矿找矿方向进行了探讨，深化了稀有元素在花岗岩类中成矿作用的认识，对华南地区稀有金属的找矿工作也将产生积极的影响。

第一节　九岭地区区域地质特征

九岭地区在构造上跨越华夏古陆及华南褶皱系，地处钦杭成矿带东侧，江南古岛弧东段；新元古代九岭地区为扬子陆块被动陆缘盆地的一部分，为泥砂质夹火山碎屑复理石沉积建造，富含Au，在它的前缘则为宜丰弧后盆地，发育火山质细碎屑岩夹细碧角斑岩建造。构造主要表现为北东向，区域内晚侏罗世—早白垩世北东向走滑构造断裂与近东西向挤压性断裂交汇处，往往控制早白垩世花岗岩体侵位。北北东向及近东西向断裂也是区内含矿脉岩的主要控制构造（吴学敏等，2016）。出露地层为新元古界青白口系下统宜丰岩组和安乐林组。宜丰岩组分布于南部边缘，主要为绿片岩-钠长绢云变余凝灰质细砂岩-砂质千枚岩建造夹细碧角斑岩建造；安乐林组主要分布于中部，岩性为变余砂岩、变余砂岩-粉砂质板岩等变质建造（图3-1）。

区内中酸性侵入岩分布广泛，侵入时代从早古生代直到中-新生代，最老侵入岩为晋宁期九岭岩体——花岗闪长岩，侵入于蓟县系变质岩中，但分布广泛的则主要是燕山期花岗岩类，由于频繁的侵入活动，这些岩体多构成复式岩体。其中规模较大的是甘坊岩体，侵位于九岭岩体中部，出露面积400km^2，近东西向延伸。不同期次岩体之间的侵入关系普遍较明显，其岩性从早到晚显示为中粗粒斑状黑云母花岗岩→中粗粒斑状二云母花岗岩→中细粒含斑到斑状二云母花岗岩→中细粒白（锂）云母钠长石花岗岩，总体看，岩体规模从早到晚有变小趋势，岩石化学成分从中酸性趋于高硅、富碱。侵入活动高峰主要在早侏罗世（200.6Ma）、中侏罗世（178.6Ma）和早白垩世（118Ma）（周建廷等，2011）。

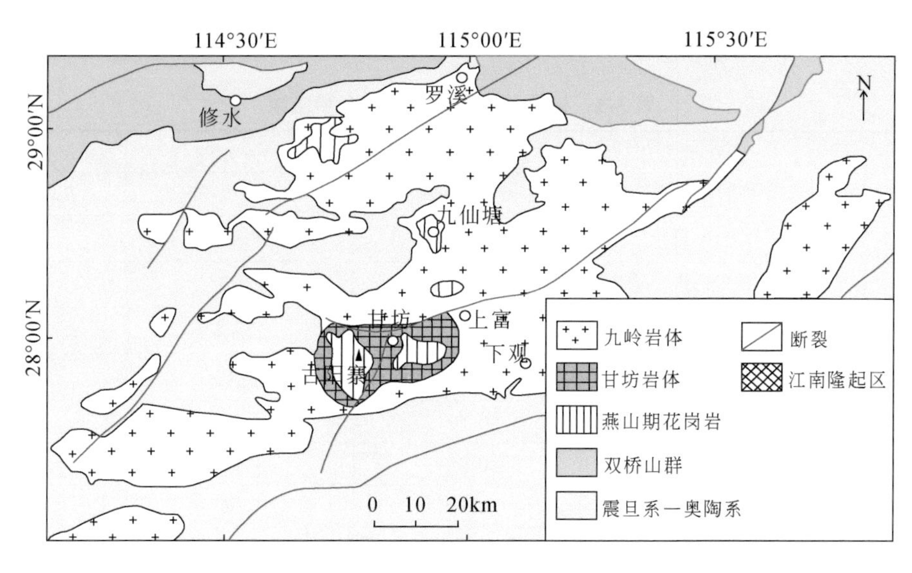

图 3-1　赣西北九岭地区地质简图（据钟玉芳等修改，2005）

第二节　九岭地区稀有金属矿化岩体特征

一、矿化岩体及其厘定原则

九岭地区稀有金属矿化主要发生在燕山期花岗岩浆活动晚阶段形成的碱长花岗岩及更晚期的细晶花岗岩脉中，目前已发现矿化点近 20 个，开展工作较多的有茜坑、白水洞、黄陂洞、狮子岭、同安、鹅井等。矿化岩体一般具有以下标志：浅色细粒花岗岩；具多期次侵入；岩体中 F、Nb、Ta、Li、Rb、Cs 等元素含量高；岩体顶部有似伟晶岩、细晶岩脉发育；岩体中锆石、黄玉及锡石等矿物较发育；岩体一般产于隆起区断裂构造发育和相互交切部位；具有钠长石化、锂云母化、黄玉化等蚀变现象是直接的野外判定标志（吴学敏等，2016）。这类矿化岩体进一步还可分成铁锂云母-（锂）白云母碱长花岗岩、锂云母碱长花岗岩和花岗细晶岩脉。与武功山隆起的 414 矿不同，这些矿化岩体的围岩基本仅为较早形成的花岗岩类，它们之间的接触界线清楚，矿化岩体多以不规则的似脉体产出，类似于雅山矿化岩体在垂直方向上分异良好的现象较少见。

近几十年来，前人对该区稀有金属的评价工作侧重点放在了锂（铷、铯）资源，初步查明，中-晚侏罗世时期形成的二云母花岗岩和白垩纪时期形成的白（锂）云母碱长花岗岩中都有形成锂（铷、铯）矿床的可能性，在二云母花岗岩中 Li_2O 的含量平均达 0.1%，白（锂）云母花岗岩中 Li_2O 的含量平均达 0.283%，锂云母碱长花岗岩中 Li_2O 的含量平均达 0.426%，锂云母钠长石花岗岩中 Li_2O 的含量平均达 0.598%（表 3-1），在更晚期形成的一些花岗细晶岩脉中 Li_2O 的含量甚至达 1.67%，Rb_2O 达 0.23%，Cs_2O 达 0.072%（周建廷等，2011）。以往的工作认为锂在这些矿化岩体中基本仅赋存在云母中，其种类有铁锂云母、黑磷云母、含锂白云母、锂云母等。其他稀有元素目前还较少有人关注。

表 3-1　狮子岭矿区岩石化学分析结果

样号	Ycszl-1	Ycszl-5	Ycszl-3	Ycjc-1
岩性	黄玉锂云母碱长花岗岩	锂白云母碱长花岗岩	二云母碱长花岗岩	花岗细晶岩
SiO_2/%	70. 11	70. 66	70. 97	73. 53
TiO_2/%	0. 01	0. 02	0. 20	0. 02
Al_2O_3/%	18. 66	17. 26	15. 48	15. 81
Fe_2O_3/%	<0. 05	<0. 05	<0. 05	0. 05
FeO/%	0. 32	0. 59	1. 46	0. 51
MgO/%	0. 02	0. 01	0. 38	0. 03
MnO/%	0. 14	0. 14	0. 06	0. 13
CaO/%	0. 20	0. 68	0. 91	0. 01
K_2O/%	2. 76	3. 44	4. 63	3. 93
Na_2O/%	4. 20	4. 55	2. 70	4. 08
Li_2O/%	1. 255	0. 779	0. 440	0. 086
Rb_2O/%	0. 302	0. 257	0. 147	0. 169
Cs_2O/%	0. 055	0. 059	0. 142	0. 015
BeO/%	0. 071	0. 046	0. 017	0. 031
Nb_2O_5/%	0. 023	0. 017	0. 003	0. 013
Ta_2O_5/%	0. 019	0. 008	0. 001	0. 013
SnO_2/%	0. 015	0. 012	0. 008	0. 005
P_2O_5/%	1. 02	0. 43	0. 62	0. 17
CO_2/%	0. 24	0. 56	0. 35	0. 19
H_2O^+/%	1. 83	1. 13	1. 62	1. 31
LOI/%	2. 48	1. 47	1. 64	1. 28
$\sum$/%	101. 64	100. 49	99. 80	99. 87
W/(μg/g)	17. 70	25. 10	8. 56	22. 80
Th/(μg/g)	0. 32	0. 63	21. 10	4. 03
U/(μg/g)	5. 68	6. 77	7. 07	3. 58
Zr/(μg/g)	20. 0	18. 8	104. 0	20. 1
Hf/(μg/g)	3. 16	2. 04	3. 86	3. 47
Ti/(μg/g)	95. 4	61. 8	1064. 0	92. 9
Mn/(μg/g)	1024	1076	458	1041
Ba/(μg/g)	14. 90	4. 93	181. 00	34. 60
Sr/(μg/g)	121. 0	112. 0	85. 7	986. 0

续表

样号	Ycszl-1	Ycszl-5	Ycszl-3	Ycjc-1
In/(μg/g)	<0.05	<0.05	<0.05	<0.05
Bi/(μg/g)	1.74	1.37	1.26	31.80
Mo/(μg/g)	0.27	0.17	0.34	6.48
Tl/(μg/g)	12.00	11.20	9.48	7.05
Cr/(μg/g)	12.2	19.7	18.7	16.2
Co/(μg/g)	0.43	0.34	2.53	1.13
Ni/(μg/g)	0.47	0.76	2.94	2.70
Cu/(μg/g)	10.30	4.90	12.20	3.32
Zn/(μg/g)	76.2	119.0	63.2	69.9
Pb/(μg/g)	7.72	3.73	15.70	12.50
Ga/(μg/g)	26.8	28.6	25.9	33.0
Cd/(μg/g)	0.07	<0.05	<0.05	0.33
Sb/(μg/g)	0.12	0.07	0.18	0.18
As/(μg/g)	0.90	0.79	1.06	1.20
V/(μg/g)	0.62	0.35	13.00	1.03
Sc/(μg/g)	2.85	1.97	6.01	3.70
La/(μg/g)	1.64	1.46	25.30	1.94
Ce/(μg/g)	3.20	2.35	54.00	1.39
Pr/(μg/g)	0.22	0.19	6.06	0.38
Nd/(μg/g)	0.79	0.54	21.80	1.22
Sm/(μg/g)	0.11	0.11	4.58	0.38
Eu/(μg/g)	<0.05	<0.05	0.50	0.05
Gd/(μg/g)	0.13	0.10	3.74	0.39
Tb/(μg/g)	<0.05	<0.05	0.49	0.07
Dy/(μg/g)	0.06	0.11	2.25	0.31
Ho/(μg/g)	<0.05	<0.05	0.34	<0.05
Er/(μg/g)	<0.05	<0.05	0.87	0.10
Tm/(μg/g)	<0.05	<0.05	0.11	<0.05
Yb/(μg/g)	<0.05	<0.05	0.72	0.09
Lu/(μg/g)	<0.05	<0.05	0.11	<0.05
Y/(μg/g)	0.35	0.79	10.70	1.08
$\sum$REE/(μg/g)	6.85	5.95	131.57	7.45
LREE/HREE	6.70	3.58	5.80	2.56

测定者：国家地质实验测试中心。

二、狮子岭岩体特征

在前人工作的基础上，本次工作对九岭地区锂矿化岩体进行了梳理，发现区域上存在一些小的锂矿化岩株，且在岩相上存在一定的分带性，与武功山隆起的414矿具有一定的相似性。并选择宜丰县狮子岭矿区作为研究对象，通过深入工作，有了一些新的发现。

狮子岭岩体位于宜丰县城北东约100km，甘坊岩体西南部，为岩浆岩分布区，仅分布有第四系（Q）松散层，主要分布于区内的一些较低洼地区及沟谷，由残坡积层和冲洪积层组成。矿化岩体长约300m，宽约220m，呈岩株状产出，围岩为中粗粒黑云母二长花岗岩，二者的侵入关系清楚。岩体西侧有一近北西-南东走向的似伟晶岩脉（图3-2）。经多

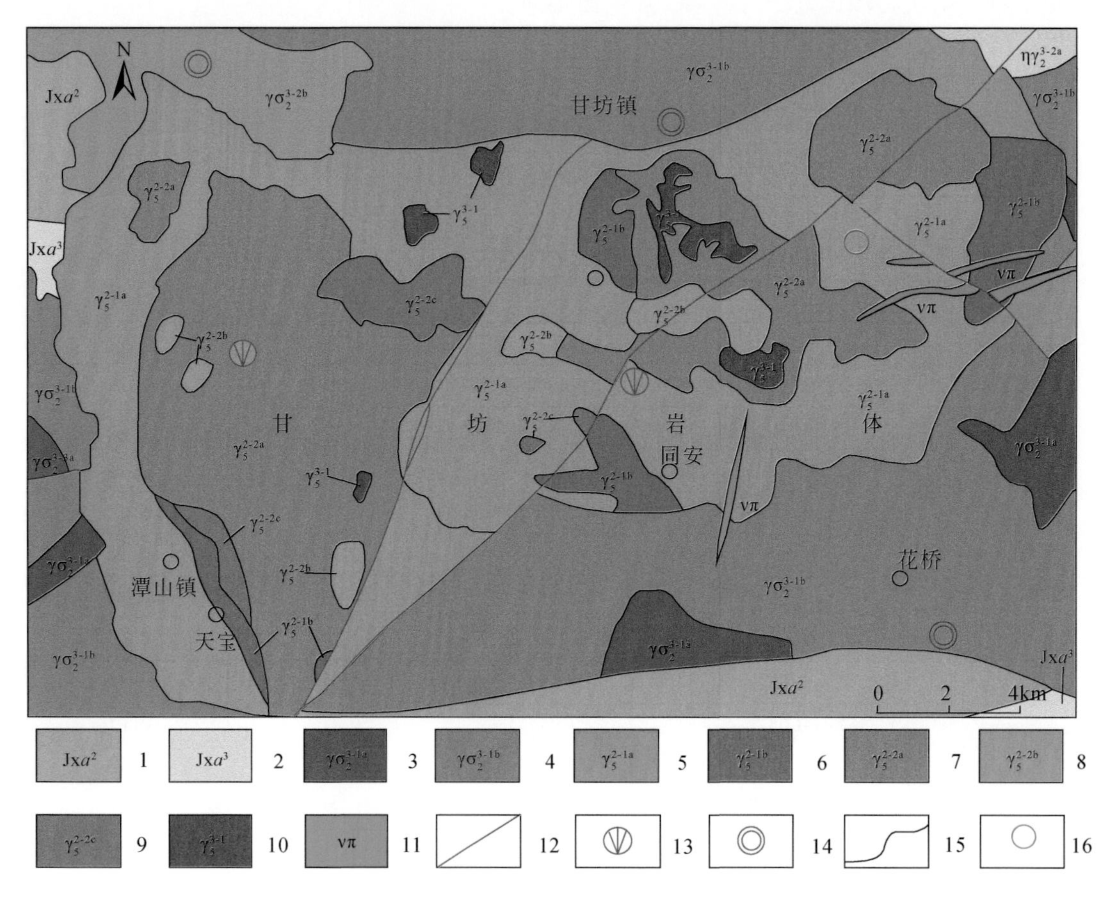

图3-2 江西九岭狮子岭地区区域图

1-蓟县系双桥山群安乐林组中段；2-蓟县系双桥山群安乐林组上段；3-晋宁晚期第一阶段第一次侵入含斑闪长岩；4-晋宁晚期第一阶段第二次侵入花岗岩；5-燕山早期第一阶段第一次侵入花岗岩；6-燕山早期第一阶段第二次侵入花岗岩；7-燕山早期第二阶段第一次侵入花岗岩；8-燕山早期第二阶段第二次侵入花岗岩；9-燕山早期第二阶段第三次侵入花岗岩；10-早白垩世第三次第一阶段侵入花岗岩；11-酸性岩脉；12-断层；13-硅化；14-褐铁矿化；15-地质界线；16-狮子岭

次踏勘结合镜下鉴定，在狮子岭岩株内可区分出3类矿化岩石：黑磷云母-含锂白云母碱长花岗岩；锂（白）云母碱长花岗岩；黄玉-锂云母碱长花岗岩。

（1）黑磷云母-含锂白云母碱长花岗岩：细-中粒花岗结构（图3-3），石英呈他形，基本呈等粒结构分布于长石粒间，数量在30%左右，长石中以钾长石为主（40%），多数为他形，少数半自形，粒度大小差别较大，0.2～1.2mm，多数在0.7mm左右，斜长石以自形板柱状晶体为主，粒度普遍小于钾长石。其数量也仅是钾长石的一半，交代钾长石。

两类云母目前初步确定为绿磷云母和含锂白云母，二者均呈较规则的片状，数量在8%左右，交代钾长石。含锂白云母形成较早，常被绿磷云母交代穿切。两类云母还有所不同的是，在绿磷云母中普遍存在富铀-钍的锆石及磷灰石，在其周围形成放射性晕。在两类云母的周边还普遍发育晚期细小的绢云母集合体，它们也常呈细脉穿切钾长石。其他常见矿物是磷灰石和黄玉，二者多叠加产出在钾长石中，数量在1%～3%。偶尔可见磷锂铝石、绿柱石。

图3-3　江西九岭狮子岭地区黑磷云母-含锂白云母碱长花岗岩
a-野外照片；b-显微镜正交光下照片

（2）锂（白）云母碱长花岗岩：细-中粒结构（图3-4），石英他形，其粒度较前类岩

图3-4　江西九岭狮子岭地区锂（白）云母碱长花岗岩
a-野外照片；b-显微镜正交光下照片

石粗，数量也较多，平均达42%，钾长石他形，粒度也相对大于斜长石。斜长石普遍自形，多为板柱状，但数量明显较前类岩石增多，而且还稍多于钾长石。云母较单一，仅为锂（白）云母，呈片状，形成晚于长石，数量在9%左右。磷锂铝石数量也相对较前类岩石多，可达2%～3%，另外黄玉也常见，也可达2%～3%。其他矿物较多见的是磷灰石、锆石，偶尔可见铌钽铁矿。

（3）黄玉-锂云母碱长花岗岩：具似斑状结构，部分地段显示斑状结构（图3-5b），石英呈他形，其粒度是其他矿物的5～10倍，形成较早，长石、磷锂铝石、云母等矿物从周边对它形成交代（图3-5c），但基本不见在414矿石中普遍所见的雪球结构，更多见的是和长石、云母等矿物镶嵌组成的典型花岗结构（图3-5d，e），在有些部位，石英和云母相对占优势，而构成似云英岩结构（图3-5f）。石英的数量相对前两类岩石有所减少。钾长石以半自形板柱状为主，部分为他形，从部分晶体具微格子双晶表明应为微斜长石。粒度相差较大，为0.05～1mm，可分为两期，早期微斜长石，粒度较大，多在0.3～1mm，晚期粒度一般在0.2mm以下，早期微斜长石数量明显占优，总体含量在20%左右。钠长石以自形板柱状为主，部分为半自形，长宽比大于钾长石，表面较钾长石干净，也可分为两期，早期为典型的自形板柱状，晶体长0.5～1.2mm，长宽比为5∶1～8∶1，晚期钠长石粒度明显偏小，且为短板柱状或粒状，早期钠长石数量明显占优，钠长石总体数量在25%，多于钾长石。锂云母多半自形片状-板状，单偏光下无色，正交光下具二级鲜艳干涉色，长宽比基本在1∶1，含量在15%～18%。磷铝锂石多为半自形板柱状，晶体一般在0.2～0.8mm，有时可见极细密的聚片双晶，正突起低至中度，正交偏光下干涉色均在Ⅰ级顶部（图3-5g），含量在4%～7%，已构成造岩矿物。黄玉多半自形-他形粒状，裂纹发育，由于突起高，所以很易和伴生-共生矿物区分，形成较早，多和磷锂铝石共生（图3-5h），多被钠长石交代（图3-5i），粒度一般在0.5mm左右。含量在7%～8%。磷灰石可达2%～3%，铌钽铁矿（图3-5j）、锡石、绿柱石等也较常见。

由于第四系覆盖及无工程揭露，上述3类岩体的相互关系还难以给出明确的产状定位，但不同赋矿岩石的矿物组成上却显示出较明显的演化规律性：

① 从二云母碱长花岗岩→锂（白）云母碱长花岗岩→黄玉锂云母碱长花岗岩，岩石的结构由较等粒的花岗结构趋向于斑状结构，斑晶为石英，其粒度是其他矿物的5～10倍；

② 岩石中钾钠长石的比例从钾长石多于钠长石，演化为钠长石多于钾长石；

③ 云母由多种趋向于较单一的一种云母，而且由含锂云母演变为锂云母；

④ 磷锂铝石和黄玉由少到多，在黄玉-锂云母碱长花岗岩中二者均构成了造岩矿物；

⑤ 稀有元素矿物从少到多，种类由较单一趋向于多种稀有元素矿化。

a
b
c
d
e
f
g
h

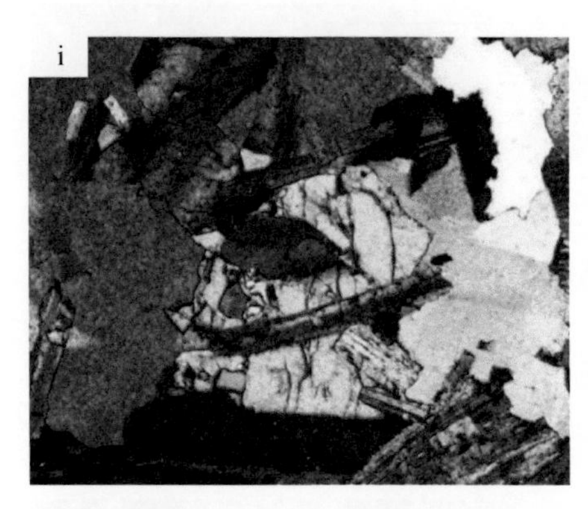

图 3-5　江西九岭狮子岭地区黄玉-锂云母碱长花岗岩

a-黄玉-锂云母碱长花岗岩；b-石英斑晶被周围晚生成的钠长石（Ab）、锂云母（Lep）、钾长石等矿物交代；c-石英斑晶被周围晚生成的磷锂铝石（Am）、钠长石（Ab）、锂云母（Lep）交代；d-石英、钾长石、钠长石、锂云母等矿物基本等粒镶嵌分布，形成较典型的花岗结构；e-较粗粒的石英（Q）、磷锂铝石（Am）和粒度较细的钠长石（Ab）、锂云母（Lep）不等粒镶嵌分布；f-锂云母（Lep）和石英（Q）富集部位构成云英岩；g-磷锂铝石（Am）和钾长石（Or）共生；h-磷锂铝石（Am）和黄玉（To）共生；i-黄玉（To）被钠长石（Ab）交代；j-铌钽铁矿（Ta）处于锂云母（Lep）、钠长石（Ab）和石英交界部位

第三节　狮子岭岩体稀有金属成矿作用特征

一、锂铷铯矿化特征

对狮子岭三类岩石中各种组成矿物的 LiO_2、Rb_2O、Cs_2O 等含量，经等离子质谱仪原位分析，其含量高于 0.0001% 的矿物仅有长石、云母、磷锂铝石，这三类矿物在岩石中的质量比为 70%，初步计算，它们之中 LiO_2、Rb_2O、Cs_2O 含量占到岩石总量的 99% 以上。表 3-2 是这几类矿物中 LiO_2、Rb_2O、Cs_2O 含量和它们的主要成分。

表 3-2　长石等矿物中稀有元素和主要元素含量　　　　（单位：%）

矿物	Li_2O	Rb_2O	Cs_2O	K_2O	Na_2O	CaO	SiO_2	Al_2O_3	TFe_2O_3	P_2O_5
钠长石	$\frac{0.0008}{9}$	$\frac{0.0024}{9}$	$\frac{0.0009}{9}$	$\frac{0.20}{9}$	$\frac{10.16}{9}$	$\frac{0.16}{9}$	$\frac{70.19}{9}$	$\frac{18.92}{9}$	$\frac{<0.01}{9}$	$\frac{0.342}{9}$
钾长石	$\frac{<0.01}{9}$	$\frac{0.5555}{9}$	$\frac{0.0562}{9}$	$\frac{18.06}{9}$	$\frac{0.26}{9}$	$\frac{0.11}{9}$	$\frac{63.19}{9}$	$\frac{17.546}{9}$	$\frac{<0.01}{9}$	$\frac{0.264}{9}$
磷锂铝石	$\frac{9.6452}{10}$	$\frac{0.0001}{10}$	$\frac{0.012}{10}$	$\frac{0.05}{10}$	$\frac{2.01}{10}$	$\frac{0.09}{10}$	$\frac{0.62}{10}$	$\frac{38.35}{10}$	$\frac{<0.01}{10}$	$\frac{42.874}{10}$
锂白云母	$\frac{0.3448}{14}$	$\frac{0.1636}{14}$	$\frac{0.0148}{14}$	$\frac{12.74}{14}$	$\frac{0.59}{14}$	$\frac{0.04}{14}$	$\frac{46.53}{14}$	$\frac{34.54}{14}$	$\frac{1.78}{14}$	$\frac{0.048}{14}$

续表

矿物	Li_2O	Rb_2O	Cs_2O	K_2O	Na_2O	CaO	SiO_2	Al_2O_3	TFe_2O_3	P_2O_5
黑磷云母	1.273 4	0.247 4	0.135 4	11.63 4	0.14 4	0.04 4	35.12 4	22.54 4	20.35 4	0.111 4
铁锂云母	2.522 4	0.762 4	0.044 4	12.82 4	0.56 4	0.04 4	43.12 4	33.45 4	5.33 4	0.057 4
锂云母	4.569 14	1.4596 14	0.223 14	12.20 14	0.33 14	0.04 14	47.83 14	30.42 14	0.81 14	0.037 14

注：测定者为国家地质实验测试中心赵令浩。横线上方数字是不同样品测定结果平均值，下方数字是样品数。TFe_2O_3也包含了样品中的 FeO 含量。

1. *长石*

在钾长石中，CaO、Na_2O 含量均较低，K_2O 含量接近微斜长石的理论值，它是在岩浆强烈的分异结晶作用中形成的。钠长石中 Na_2O 含量平均在10%左右，而 CaO 和 K_2O 的含量则很低，Ab 在96%以上，其主体也是在岩浆结晶分异作用中形成。在两种长石中，Li、Rb、Cs 均以类质同象形式分散在晶格中，在钠长石中由于离子半径的差异，Li、Rb、Cs 进入其中的概率甚低，所以，钠长石对岩石中 Li、Rb、Cs 的贡献是非常低的，而在钾长石中，由于 K^+、Rb^+、Cs^+半径的近似，为 Rb^+、Cs^+进入钾长石提供了便利条件，因而钾长石中的 Rb、Cs 含量显著高于钠长石，Li 作为同价元素，少量被捎带进入钾长石中。钾长石对全岩 Li、Rb、Cs 的贡献率约在20%。

2. *磷锂铝石*

磷锂铝石在狮子岭3类矿化岩石中均能见到，在黄玉-锂云母碱长花岗岩中甚至能成为造岩矿物，这在全国可能也属首例。磷锂铝石是重要的锂矿物，Li_2O 的含量高达10.5%，远高于常见锂矿物——锂辉石的 Li_2O 含量。它主要产出在稀有金属花岗伟晶岩中和锂辉石密切伴生。该矿物的化学式为 $LiAlPO_4[(OH),F]$，矿物中［(OH),F］变化较大，所以构成一个类质同象系列，富 F 端元称为磷锂铝石（Amblygonite），富（OH）端元称为羟磷锂铝石（Montebrasite）。在我国稀有金属花岗伟晶岩中产出的绝大多数是羟磷锂铝石（杨岳清，1995）。但磷锂铝石系列矿物在稀有金属花岗岩中产出则非常罕见，至少目前在我国仅发现于赣西北地区的稀有金属花岗岩中，首次发现于414矿山（黄小龙等，2001），根据发现者对其矿物中 F 的测定，含量变化于0.75%～7.68%，因此确定414矿中磷锂铝石属于富（OH）的羟磷锂铝石。狮子岭的该矿物中，F 的含量变化为4.81%～12.40%，明显高于414矿中的该矿物，应当说属于磷锂铝石，这在我国所有稀有金属矿床中也是极罕见的。其他成分中有微量 SiO_2、CaO 和 Na_2O 等，表明它们取代P_2O_5、Li_2O 等成分的概率很低。磷锂铝石在414矿石中虽已不罕见，但含量普遍在1%左右，而在狮子岭稀有金属花岗岩中数量已达5%。Rb、Cs 含量在该矿物中非常低，这说明 Rb^+、Cs^+置换 Li^+（Na^+）的概率非常低，但由于磷锂铝石中 Li 的含量远高于其他矿物，同时它的数量已达5%～7%，初步估算，它对岩石中 Li 的贡献已接近10%，已成为矿石中 Li 的主要载体之一。显然对它的研究已不仅限于矿物学，已达到了工业利用意义，因此寻找含磷锂铝石的含矿岩石是今后值得关注的方向。

3. 云母

云母在狮子岭矿化岩石中的数量不仅远高于一般花岗岩，而且种类也非常复杂，在4种云母中，Li、Rb、Cs 含量呈现出较大差异。锂白云母中 Li、Rb、Cs 含量在4类云母中最低，因此，仍属于二八面体类，但与一般白云母相比，Li、Rb、Cs 含量也是不寻常的。黑鳞云母主成分的突出特点是铁含量较高，而 SiO_2 含量较低，Li、Rb、Cs 含量较锂白云母显著增高，Li_2O 是锂白云母的3.5倍，Rb_2O 是1.5倍，Cs_2O 是9倍。铁锂云母的 SiO_2、Al_2O_3较黑磷云母有明显增高，但铁含量呈现显著下降，Li_2O 和 Rb_2O 含量较黑鳞云母成倍增长。锂云母的主要组分中，SiO_2含量普遍偏高，部分已属多硅三八面体型云母。在锂云母中，Li_2O 含量是铁锂云母的1.8倍，Rb_2O 是1.9倍，Cs_2O 是5倍，从早到晚，岩性由富黑磷云母碱长花岗岩→富铁锂云母碱长花岗岩→富锂云母碱长花岗岩，Li、Rb、Cs 逐步趋向于锂云母中积聚。云母中 Li、Rb、Cs 含量可占到岩石总量的70%。另外，P_2O_5含量在长石、云母中普遍偏高，这和414矿石中同类矿物的特点是一致的。

二、铌钽矿化特征

在造岩矿物中铌、钽含量普遍很低，在石英、长石中几乎全部小于0.001%，在云母中含量虽然也较低，但普遍存在，而且在不同云母中出现规律性的变化，在较早形成的锂白云母中 Nb_2O_5、Ta_2O_5含量几乎全部低于0.01%，Sn 的含量也不超过0.018%，在黑鳞云母-铁锂云母中，Nb_2O_5、Ta_2O_5含量有所提高，特别是 Nb_2O_5含量普遍在0.02%左右，最高到0.031%。在锂云母中，Nb_2O_5、Ta_2O_5含量比前三类云母又有较大幅度提高，Nb_2O_5含量普遍在0.02%以上，最高可到0.04%，Ta_2O_5含量虽然普遍还在0.01%以下，但很稳定。这说明花岗岩类的云母中铌钽含量的高低，可视为一种有意义的找矿标志。

铌钽在成矿岩体中目前的认识主要以氧化物形式存在，其中尤以复杂链状基型最为发育，构成铌钽铁矿族矿物，另外则以类质同象形式进入简单链状基型的一些矿物中，目前发现的主要是在金红石、铌钽锰矿、锡石中。

1. 金红石

金红石主要出现在黑磷云母-锂白云母碱长花岗岩中，以较自形的板柱状晶体出现在钾长石和两类云母的交界部位，有时也叠加发育在钾长石晶体之上。红褐色。化学成分中，较常见的元素是铁和钒，但铝也较高，这和铌钽进入金红石，作为电价补充离子有关{$Nb^{5+}(Ta^{5+})\rightarrow 2Ti^{4+}$}。铌钽在金红石中普遍存在，但主要还是铌，其含量接近1%，Ta_2O_5可达0.2%。

2. 铌钽锰矿

这类矿物在成矿岩体中分布较广，其晶形普遍较自形，以板柱状为主，有时也呈长条状，镜下基本不透明，有时在锂云母和晚期钠长石的结合部位见到深红色透明的铌钽锰矿。金属光泽到半金属光泽，其产状也较多，但主要和钠长石关系较密切，另外也常产出在几类云母中。表3-3所列的3类铌钽铁（锰）矿中，分布最广的是钽铌锰矿，Nb_2O_5/Ta_2O_5一般在2以上，MnO/ FeO也一般在2以上。钽铌铁矿主要出现在黑磷云母-锂白云母碱长花岗岩类岩石中，其Nb_2O_5/Ta_2O_5更大，MnO/ FeO更小。铌钽锰矿分布范围相对较狭窄，主要见于黄玉-锂云母碱长花岗岩中，和晚期钠长石及锂云母的关系密切，晶体较显著的特点是长宽比明显小于前两类铌钽铁矿类矿物，另外，普遍透明。它的出现是矿石富钽的主要标志。目前还未见到发展配位基型的细晶石类矿物。这类矿物对岩体铌钽的贡献率在90%以上。

表3-3　主要含铌钽矿物及其中铌钽含量　　（单位:%）

矿物	Nb_2O_5	Ta_2O_5	SnO_2	TiO_2	FeO	MnO	SiO_2	Al_2O_3	V_2O_3	CaO
含铌钽金红石	0. 591 ~ 0. 859	0. 097 ~ 0. 193	0. 00 ~ 0. 01	94. 77 ~ 96. 89	0. 336 ~ 2. 446	0. 00 ~ 0. 06	0. 084 ~ 0. 807	0. 28 ~ 0. 415	0. 422 ~ 0. 589	0. 025 ~ 0. 047
钽铌铁矿	65. 09 ~ 68. 05	7. 50 ~ 11. 66	0. 00 ~ 0. 37	0. 85 ~ 1. 04	9. 81 ~ 13. 66	7. 87 ~ 8. 98		0. 01 ~ 2. 702		
钽铌锰矿	60. 31 ~ 66. 02	12. 93 ~ 24. 71	0. 06 ~ 0. 27	0. 00 ~ 0. 86	2. 42 ~ 4. 455	14. 78 ~ 17. 09		0. 022 ~ 0. 16		
铌钽锰矿	18. 46 ~ 36. 06	45. 85 ~ 65. 06	0. 02 ~ 1. 20	0. 037 ~ 0. 29	1. 51 ~ 4. 93	12. 50 ~ 14. 83		0. 0 ~ 0. 03		
含铌钽锡石	1. 76 ~ 3. 12	0. 65 ~ 8. 68	88. 12 ~ 98. 38	0. 00 ~ 0. 14	0. 13 ~ 1. 47	0. 02 ~ 0. 18	0. 450 ~ 0. 834	0. 031 ~ 0. 135	0. 00 ~ 0. 048	0. 137 ~ 0. 41

注：矿物成分由自然资源部成矿作用与资源评价重点实验室完成；测试者为陈振宇教授级高级工程师。

3. *锡石*

锡石在铁锂云母-锂白云母和黄玉-锂云母碱长花岗岩中普遍可见，它也和铌钽铁矿族矿物常伴生，半自形，较突出的特点是透明度较好，多为深红色。从锡石的所有成分分析结果看，普遍含铌钽，铁锂云母-锂白云母碱长花岗岩中，Nb_2O_5/Ta_2O_5基本为1 ~2，但在锂云母花岗岩中多为小于1，在锡石中有时还能见到铌钽铁矿类矿物的包裹体，所以，富钽锡石的出现是矿体富钽的一个良好标志。

三、狮子岭与414矿矿化特征对比

从上述狮子岭岩体的岩相分带可以看出，其分带性特点与武功山隆起雅山含矿岩体从Ⅴ带的二云母碱长花岗岩到Ⅱ带的黄玉-锂云母-钠长石花岗岩演变趋势有非常明显的相似性，因此可以推测，狮子岭矿区的3类岩体，即从二云母碱长花岗岩到黄玉锂云母碱长花岗岩是同源赋矿岩浆演化过程中分异结晶的产物。

同时，从矿物组成来说，又与414矿存在一定的差异性。如上述的磷锂铝石、铌钽矿物等在狮子岭地区含量均较高。另外，绿柱石在狮子岭稀有金属花岗岩中属首次发现，主要见于二云母碱长花岗岩和黄玉锂云母碱长花岗岩中，在薄片中矿物的切面恰好垂直 *C* 轴方向而呈均质体，属岩浆结晶产物，本次九岭地区绿柱石的发现表明本地区铍矿可能也具有一定的找矿潜力。锡石在狮子岭地区也普遍存在，主要见于黄玉-锂云母碱长花岗岩中。晶体较铌钽矿物粗大，分布于长石、云母粒间，有时也和黄玉关系密切。本地区含锂花岗岩中的锡石 Fe、Mn、Mg 和 Ti 含量均不高，但 Nb、Ta 含量较高，尤其是 Ta 含量高达 8.68%（Yang et al.，2019）。锡石的发现不但为进一步寻找钽矿提供了线索，也为九岭山乃至区域上寻找锡矿提供了依据（表 3-4）。

表 3-4　九岭式与武功山式两类岩体型稀有金属矿化特征的简要对比　（单位：%）

	江西武功山宜春 414 矿床		江西九岭狮子岭地区
主要成矿带	黄玉锂云母钠长石花岗岩（杨泽黎等，2014）	黄玉锂云母碱长花岗岩（喻良桂，2007）	黄玉锂云母碱长花岗岩（本书）
矿物组成	石英：2～20；钠长石：50～60；钾长石<5；锂云母：15～20；黄玉：1～2	石英：21；钠长石 50；钾长石：<5；锂云母：12	石英：29；钠长石：24；钾长石：18～20；锂云母：15～17；黄玉：4～6；磷铝锂石：5
主要元素含量	SiO_2：68.71 Al_2O_3：18.57 Na_2O：7.05 K_2O：2.09	SiO_2：67.90 Al_2O_3：16.90 Na_2O：6.15 K_2O：2.51	SiO_2：70.11 Al_2O_3：18.66 Na_2O：4.20 K_2O：2.76
稀有元素含量	Li_2O：1.1231 Rb_2O：0.3168 Cs_2O：0.0502 BeO：0.0295 Nb_2O_5：0.0077 Ta_2O_5：0.0206	Li_2O：1.1139 Rb_2O：0.2996 Cs_2O：0.0938 BeO：0.0423 Nb_2O_5：0.0092 Ta_2O_5：0.0152	Li_2O：1.255 Rb_2O：0.302 Cs_2O：0.055 BeO：0.071 Nb_2O_5：0.023 Ta_2O_5：0.019
中部成矿过渡带	锂云母花岗岩（杨泽黎等，2014）	细粒锂白云母花岗岩（喻良桂，2007）	锂（白）云母花岗岩（本书）
矿物组成	石英：35～40；钾长石：20～25；板条钠长石：25；锂云母：10～15	石英：28～30；钾长石：22；钠长石：42，锂白云母：7	石英：29；钾长石 20；钠长石：39；锂云母：10；黄玉：2
主要元素含量	SiO_2：73.35 Al_2O_3：15.54 Na_2O：4.44 K_2O：3.73	SiO_2：74.30 Al_2O_3：14.30 Na_2O：4.91 K_2O：3.25	SiO_2：70.66 Al_2O_3：17.26 Na_2O：4.55 K_2O：3.44
稀有元素含量	Li_2O：0.2179 Rb_2O：0.1745 Cs_2O：0.0130 BeO：0.0074 Nb_2O_5：0.0091 Ta_2O_5：0.0049	Li_2O：0.1767 Rb_2O：0.2013 Cs_2O：0.0124 BeO：0.0253 Nb_2O_5：0.0083 Ta_2O_5：0.0087	Li_2O：0.779 Rb_2O：0.257 Cs_2O：0.059 BeO：0.046 Nb_2O_5：0.017 Ta_2O_5：0.012

续表

	江西武功山宜春414矿床		江西九岭狮子岭地区
下部含矿二云母花岗岩带	黑磷云母-白云母花岗岩（杨泽黎等，2014）	二云母花岗岩（喻良桂，2007）	黑磷云母-白云母花岗岩（本书）
矿物组成	石英：30～35；钾长石：30～35；斜长石：25～30；黑磷云母：2～3；白云母：3～5	石英：30～35；钾长石：45；斜长石：12；黑磷云母+白云母：9	钾长石：42；斜长石：15；钠长石：1；石英：30；黑磷云母：5；白云母：4；黄玉：2；萤石：1
主要元素含量	SiO_2：75.39 Al_2O_3：14.05 Na_2O：3.53 K_2O：4.21	SiO_2：73.6 Al_2O_3：12.3 Na_2O：4.17 K_2O：3.94	SiO_2：70.97 Al_2O_3：15.48 Na_2O：2.70 K_2O：4.63
稀有元素含量	Li_2O：0.1307 Rb_2O：0.1144 Cs_2O：0.0123 BeO：0.0063 Nb_2O_5：0.0060 Ta_2O_5：0.0025	Li_2O：0.11604 Rb_2O：0.16 Cs_2O：0.014 BeO：0.0129 Nb_2O_5：0.0107 Ta_2O_5：0.0052	Li_2O：0.440 Rb_2O：0.147 Cs_2O：0.142 BeO：0.017 Nb_2O_5：0.003 Ta_2O_5：0.001

第四节　九岭地区稀有金属成矿机制

稀有金属成矿主要跟伟晶岩密切相关，类似于斑岩型铜矿这样的斑岩型稀有金属矿床虽不多见但具有重要意义（袁忠信等，1981），因为研究程度低，甚至对是否存在斑岩型稀有金属矿床也出现争议（陈德潜等，1982；谭运金，1983），故也笼统地称为花岗岩型（夏卫华等，1989）。但正如栾世伟等（1995）明确指出的，新疆可可托海三号脉的围岩——基性岩也存在锂等稀有金属的矿化，那么，是否叫基性岩型稀有金属矿床呢？近年来，通过大宗紧缺矿产和战略性新兴产业矿产调查工程之华南重点矿集区稀有稀散和稀土矿产调查等项目的工作，在广西巴马新发现了花岗斑岩型稀有金属矿床（姚明等，2016），后来又在江西九岭一带发现磷锂铝石呈造岩矿物的特征赋存在岩体中，同时还出现铌钽铁矿、锡石等稀有金属矿物富集的现象（王成辉等，2018），从而认为岩体型稀有金属矿床的存在不但是可能的，而且是具有巨大找矿前景和开发利用前景的。

岩体型稀有金属成矿作用，指的是成矿物质在岩体内部发生富集的情况，至于是结晶分异形成还是热液交代形成，暂时不作为重点，本书要强调的仅仅是在岩体内部也可能找到稀有金属矿床尤其是锂矿，从而避免“单打一”。岩体内部出现稀有金属成矿，如江西宜春的414矿，研究程度很高，可称为“武功山式”稀有金属矿床；但本书要介绍的是另外一种情况，即江西同安一带以富含磷锂铝石为特点的岩体型稀有金属成矿作用，暂时称为“九岭式”稀有金属矿床。其研究程度很低，甚至还没有成型矿床，磷锂铝石型的矿石在国内也尚未当作工业矿石，但找矿潜力不小，值得引起重视，故本书旨在抛砖引玉。

从分类的角度，岩体型矿床属于工业类型的范畴而并不局限于某一成因类型，即成因上可以是结晶分异的也可以是热液交代的或者兼而有之；"九岭式"则属于成矿预测类型的范畴（王登红等，2013a，2014a），主要是为了找矿而专门提出的，即适合于九岭一带成矿地质条件的岩体型稀有金属矿床。相应地，"武功山式"则是适合于武功山一带成矿地质条件的岩体型稀有金属矿床类型，也即"414 式"。

岩体中稀有金属的富集机制，可能有四种（至少两种）：一是结晶分异；二是热液交代；三是结晶分异+热液交代；四是其他原因。就九岭岩体中出现的矿化特点看，岩体中 SiO_2 的含量达 68.71%～73.39%，暗色矿物的含量非常低，$FeO+Fe_2O_3+MgO+MnO$ 的含量仅仅是 0.3%～1.95%，这一特点与岩体的宏观特点和矿物学组成特点是一致的，总体上显示了演化程度非常高的结晶分异特点。但是，结晶分异最为彻底的情况往往出现在大岩体的顶部或从中分异出来的脉岩，尤其是在细晶岩、白岗岩中，而九岭岩体似乎是"随处可见"，并不局限于岩脉、岩枝、岩体顶部等特殊部位。

岩体型稀有金属矿床相当于以往的变花岗岩，后者系指含有浸染状铌钽矿化的钠长石化、云英岩化花岗岩。对其成因，一直有争议。别乌斯认为，它是岩浆期后热液对花岗岩进行交代而形成的，是一种蚀变花岗岩型。但也有人认为，这种花岗岩不是岩浆期后交代作用产物，而是含矿花岗岩浆的分异作用产物，其中的云母（白云母或黑鳞云母、铁锂云母、绿鳞云母及锂云母）并非云英岩化产物，而是岩浆结晶产物，其中的铌钽矿物呈副矿物均匀地嵌布在一定岩相（带）内的造岩矿物内部或造岩矿物之间，铌钽矿化与岩浆期后蚀变作用无成因联系（谭运金，1983）。

袁忠信等（1981）提出，含稀有金属花岗斑岩岩浆在浅处由岩浆晚期阶段向岩浆期后阶段转化时，反映在交代蚀变矿物形成的先后顺序上，分别依次出现钠化（钠长石化）、锂化（锂云母化、锂白云母化），以及氟硅化（硅化、云英岩化、黄玉化、萤石化）等自交代作用及岩浆期后交代作用。这一观点与狮子岭矿化岩体非常吻合。因此，狮子岭地区的稀有金属矿化可能是结晶分异+热液交代的结果。

第五节　九岭地区稀有金属矿产资源潜力与勘查开发建议

华南地区花岗岩广泛分布，但白岗岩、淡色花岗岩或者其他名称的高度分异的花岗岩并不常见。在莫柱孙等（1980）的《南岭花岗岩地质学》专著及中国科学院地球化学研究所（1979）的《华南花岗岩类的地球化学》、徐克勤和涂光炽（1984）的《花岗岩地质和成矿关系》、陈毓川等（1989）的《南岭地区与中生代花岗岩类有关的有色及稀有金属矿床地质》等多种经典专著中，对淡色花岗岩、白岗岩、翁岗岩的介绍均很少。总体上，前人对于岩体型稀有金属成矿机制的研究还是比较薄弱的，但是，在花岗岩体尤其是二云母花岗岩中出现稀有金属矿物并且达到一定的程度（可能不够工业品位但高于一般花岗岩）的情况还是有报道的，如四川甲基卡稀有金属矿区的马颈子岩体中就出现锂辉石（王道德和朱书俊，1963；张如柏，1974）。

陈德潜等（1982）曾经根据钨锡钼在我国不属于稀有金属、部分岩石不属于斑岩、岩体发生蚀变程度不同及成矿物质来源不同等原因，认为虽然存在斑岩型钨矿，但斑岩型稀有金属矿床是不存在的，存在的是花岗岩型稀有金属矿床。但是，不管是斑岩型还是花岗岩型，都不排除在岩体内部找到稀有金属矿床的可能性。何况，如江西大吉山、画眉坳，甘肃的小柳沟，内蒙古的小狐狸山、维拉斯托这样的典型钨、锡矿区存在钨与铌钽、钨与铍、锡与锂共伴生的情况屡见不鲜。在福建东宫下矿区，岩体垂直分带明显，自上往下为①似伟晶岩带；②云英岩带；③白云母钠（更）长石花岗岩带；④铁锂云母钠（更）长石花岗岩带；⑤黑云母花岗岩带。自似伟晶岩带、云英岩带→白云母钠长石花岗岩带→铁锂云母钠长石花岗岩带→黑云母花岗岩带，铌钽含量逐渐降低，并构成立体分带：垂直方向上钨矿在上，铌钽在下；水平方向上铌钽在岩体中，钨矿在外带（江善元等，2014）。湖南的正冲岩体，虽然矿石类型主要是云英岩型，但铁锂云母、锡石和黑钨矿共（伴）生，总体上还是受到沿断裂带发生的热液成矿作用控制的（王京彬，1990）。国外甚至还存在铀与锂共（伴）生的矿床。因此，虽然传统的作为优势类型的稀有金属矿床与伟晶岩关系最为明确，但岩体内部（尤其是碱性岩、碳酸岩甚至最常见的花岗岩）也是可以找到稀有金属矿床的。

以上的工作表明，九岭地区存在与414矿类似矿化特征的岩株，且其中的稀有金属矿物较414矿还发育。在综合研究的基础上，对狮子岭附近存在相似矿化特征的尖山岭至云峰坛一带、黄岗至圳口里一带、余家里等地的岩体进行了初步调查，圈定了包括狮子岭在内的7个靶区（图3-6）。对圈定的7个靶区经初步估算，Li_2O远景资源量就达38万t以上，相当于3.8个大型锂辉石矿床的规模（表3-5）。此数据是保守的，一方面推算的矿体厚度只用了100m，实际上地表采石场所揭露的黄玉锂云母碱长花岗岩高度就达80m，地表向下应该还有延伸；另一方面，估算的平面面积也只是采样控制了的，最大一个区块是$42436m^2$，而实际含矿面积要大得多。同时，这些矿化岩体中还普遍发育Rb、Cs、Be的矿化，即除了Li以外，其他稀有金属的成矿潜力也较大。

与斑岩型矿床类似，岩体型稀有金属矿床也具有粒度细、品位低、规模大的特点。以

表3-5　江西九岭地区狮子岭及附近区域锂铷铯远景区锂资源量估算表

靶区名称	块段编号	块段面积/m^2	体重	品位/%	岩体深度/m	预测资源量/t
尖山岭	V1	4000	2.64	0.484	100	51110.40
尖山岭	V2	18225	2.64	0.567	100	27280.64
尖山岭	V3	42436	2.64	0.8975	100	100547.86
狮子岭	V4	3000	2.64	0.7495	100	59360.40
黄岗上	V5	22500	2.64	0.510	100	30294.00
黄岗上	V6	36100	2.64	0.475	100	45269.40
余家里	V7	40000	2.64	0.651	100	68745.60
合计						382608.30

注：表格中空白表示“不适用”，下同。

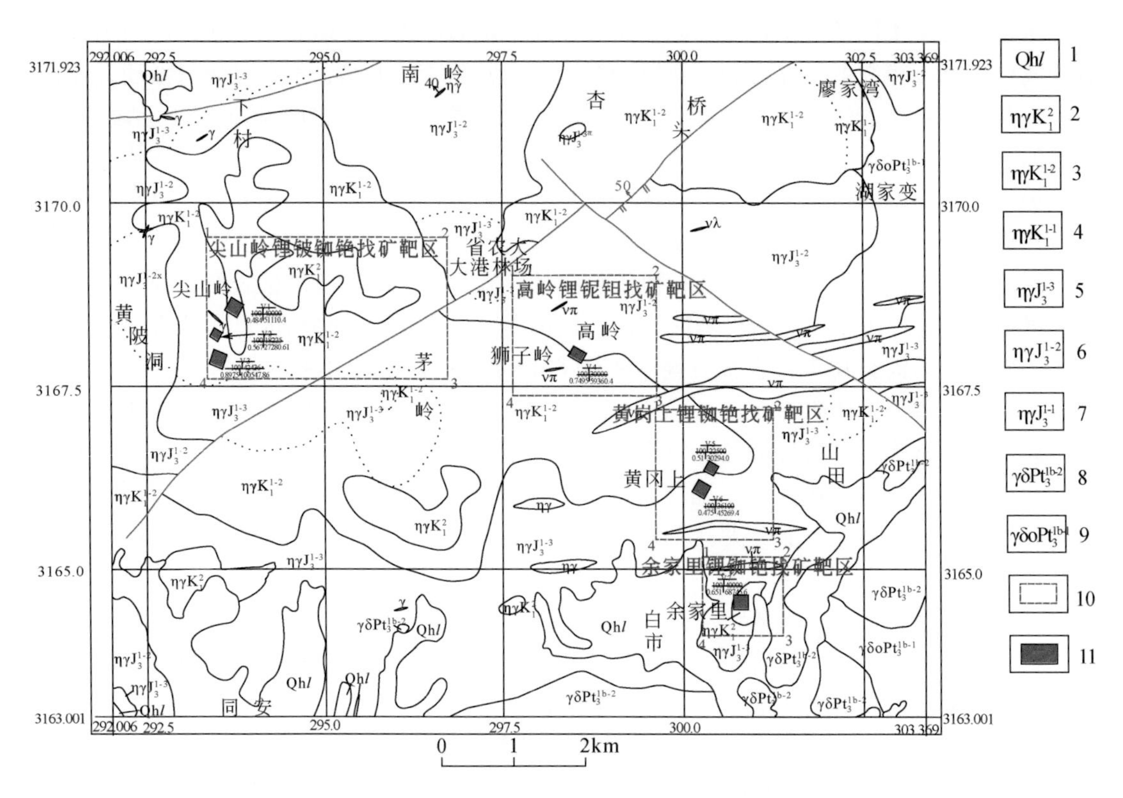

图 3-6　江西九岭地区稀有金属远景区地质简图

1-全新世联圩组；2-早白垩世武堂岩体：细粒白云母二长花岗岩；3-早白垩世古阳寨岩体：中细粒含斑二云母二长花岗岩；4-早白垩世古阳寨岩体：细粒含斑二云母二长花岗岩；5-晚侏罗世甘坊岩体：中粗粒斑状二云母二长花岗岩；6-晚侏罗世甘坊岩体：中粒斑状二云母二长花岗岩；7-晚侏罗世甘坊岩体：中细粒少斑二云母二长花岗岩；8-青白口纪早期九岭岩体：中细粒含斑黑云母花岗闪长岩；9-青白口纪早期九岭岩体：细粒含斑黑云母英云闪长岩；10-找矿靶区范围；11-估算资源量块段范围

往由于选矿技术水平的限制，粒度细及品位低者难以开发利用，伟晶岩型矿床一直是稀有金属矿床的主要开采对象。但是，随着采选冶技术的改进，随着经济价值的提升，随着战略性新兴产业发展的需要，岩体型稀有金属的综合利用问题已经引起了关注。本研究选择狮子岭的矿石进行物理选矿实验，结果表明仅通过重力场-强磁场-电场选矿而不用药剂，粗选 Li_2O 1.08%的原矿可以获得3.61%的粗精矿，通过二次富集则可以得到5.17%的精矿。可见，磷锂铝石型的锂矿是可以利用的，其中共（伴）生的锡石、铌钽铁矿等有用矿物也可以得到综合回收。

目前来说，无论是九岭还是武功山或者是幕阜山岩体都已经见到了不同程度、不同矿种组合的稀有金属矿化，除了宜春414矿作为典型矿床、骨干矿山之外，其他地区都值得加强调查研究，期望取得找矿突破。同时，在国内其他花岗岩带，如新疆的阿尔泰和天山、秦岭-大巴山、湘中衡阳盆地周边的一系列岩体（包括大义山、衡山、川口等岩体）、南岭花岗岩带、藏南的淡色花岗岩带、东南沿海的火山岩带以及大兴安岭火山-侵入岩带等地，都应该加强对岩体内部稀有金属成矿条件的研究，注意矿化信息的搜集和研判，开拓新的找矿方向，争取找矿突破，以缓解我们稀有金属资源紧缺、严重依赖进口的不利局面。对一些老矿区，也需要注意到岩体内部去寻找岩体型稀有金属矿床而不能只在岩体接触带寻找矽卡岩型有色金属矿床，如赣南的九龙脑岩体、湘南的骑田岭岩体、桂西北的龙箱盖岩体、滇东南的个旧岩体和薄竹山岩体、豫陕交界处的灰池子岩体。

赣西北地区的稀有金属成矿作用主要集中于武功山成矿带和九岭成矿带，以往的工作多集中在武功山成矿带，相对来说九岭成矿带的研究程度较低，尤其是在矿物学研究方面。本次工作对九岭成矿带与稀有金属成矿关系密切且广泛分布的二云母碱长花岗岩、锂（白）云母碱长花岗岩、黄玉锂云母碱长花岗岩开展研究工作，发现了重要含锂矿物——磷锂铝石的大量存在，以及绿柱石、富钽锡石、铌钽铁矿、钽铌铁矿等工业稀有金属矿物及相关金属矿物的普遍存在，为该地区 Li、Be、Ta 及 Sn 的找矿工作部署提供了直接依据。另外，研究结果表明黄玉、萤石等富含 B、P 络合剂元素的矿物在九岭成矿带也常见，可作为找矿标志矿物。同时，本次研究的结果表明岩体型稀有金属在华南地区可能普遍存在，在今后的调查研究中应予以重视。

第四章　南武夷山矿集区稀土矿产研究进展

南武夷山矿集区是华南地区重要的稀土重点矿集区，2011～2015年中国地质调查局部署了“我国三稀资源战略调查”项目，在福建、江西等地开展了较详细的三稀资源战略调查工作，编制了南岭东段稀土成矿花岗岩的时空分布图，完成了不同成矿母岩类型的典型矿床研究，对南武夷山地区离子吸附型稀土矿床研究、合理开发及今后重稀土资源成矿规律及找矿方向提供了重要的研究基础。本次研究查明了南武夷山矿集区离子吸附型稀土资源的分布和主要类型；以典型矿床为研究对象，解剖了矿床的成因；分析了重要成矿岩体及赣南变质岩风化壳中稀土的成矿潜力，重点总结了离子吸附型重稀土矿的成矿规律，提出了重稀土资源的找矿方向。

第一节　南武夷山区域地质特征

一、离子吸附型稀土成矿地质条件

离子吸附型稀土（iRee）矿床是近代表生作用和历史地质作用共同结合的产物（杨岳清等，1981；吴澄宇等，1989，1993；Sanematsu and Watanabe，2016）。风化壳的形成和保存是在近代表生作用下进行的，需要的条件是气候、地貌、水动力、地质构造及一定的时间周期。历史地质作用包括内生和外生地质作用产生的稀土含量相对较高的地质体，最主要的还是岩浆活动产生的稀土含量较高的中酸性侵入岩和火山岩。在地质历史时期，由较单一外生沉积作用产生的地质体中，稀土含量较高的并不多，它们的变质作用使稀土含量增高的现象也不多。成矿物质来源主要是母岩中易风化的稀土矿物，如褐帘石、榍石、石榴子石等含稀土硅酸盐矿物及氟碳铈矿、新奇钙钇矿、氟碳钇铈矿等稀土氟碳酸盐矿物。当然，长石中分散的稀土元素含量也是不容忽视的，如斜长石具有正铕异常，高铕的风化壳母岩往往是斜长石含量较高的花岗闪长岩、石英闪长岩等。地质历史上肯定也形成过iRee矿床，但一方面是难以保存下来，另一方面是即便保存下来了，也可能又被固结而难以浸出，已经不再属于iRee矿床了，如我国西南部峨眉山玄武岩分布区的古风化壳型稀土矿床。因此，稀土元素能被化学药剂有效浸出，是离子吸附型稀土矿床的最大特点。

二、南武夷调查区成矿地质条件

南武夷成矿带中iRee矿床分布广泛且类型齐全，花岗岩、火山岩及变质岩iRee矿床均发育，其中花岗岩稀土矿床中既有重稀土型又有轻稀土型，还有轻重稀土均富集的类型，火山岩和变质岩稀土矿床主要是轻稀土型。

1. 变质岩分布

江西萍乡-广丰断裂带以南划归为赣中南地区，区内零星分布中元古代结晶基底（寻乌岩组，片岩、变粒岩和片麻岩），其上为青白口系—下古生界强烈褶皱的基底，青白口系—南华系为浅变质的火山-碎屑沉积，震旦系、寒武系和奥陶系为笔石相碎屑岩系，以韵律状泥砂质岩层为特征。沉积盖层由未变质的上泥盆统、石炭系、二叠系、下三叠统等浅海相碳酸盐岩和泥砂岩以及上三叠统、侏罗系、白垩系和古近系陆相碎屑岩-火山岩组成，新近系仅零星分布（舒良树等，2006；舒良树，2012）。

赣南青白口系—南华系分布如图4-1所示：按变质程度赣南青白口系—南华系可分为中深成变质岩和浅变质岩。周潭群分布于弋阳、余江、金溪等地，为一套高绿片岩相-低角闪岩相变质岩，主要由灰黑色斜长片麻岩、斜长变粒岩夹绿泥石阳起石片岩、斜长角闪岩组成，原岩为一套海相富铝质泥砂岩建造（吴新华等，2001），厚度大于1200m，未见底，其上被万源（岩）组整合覆盖，沉积时代晚于809Ma（王孝磊等，2013）。万源（岩）组分布于弋阳、宜黄等地，为一套角闪岩相变质岩系，由石榴子石黑云斜长变粒岩、

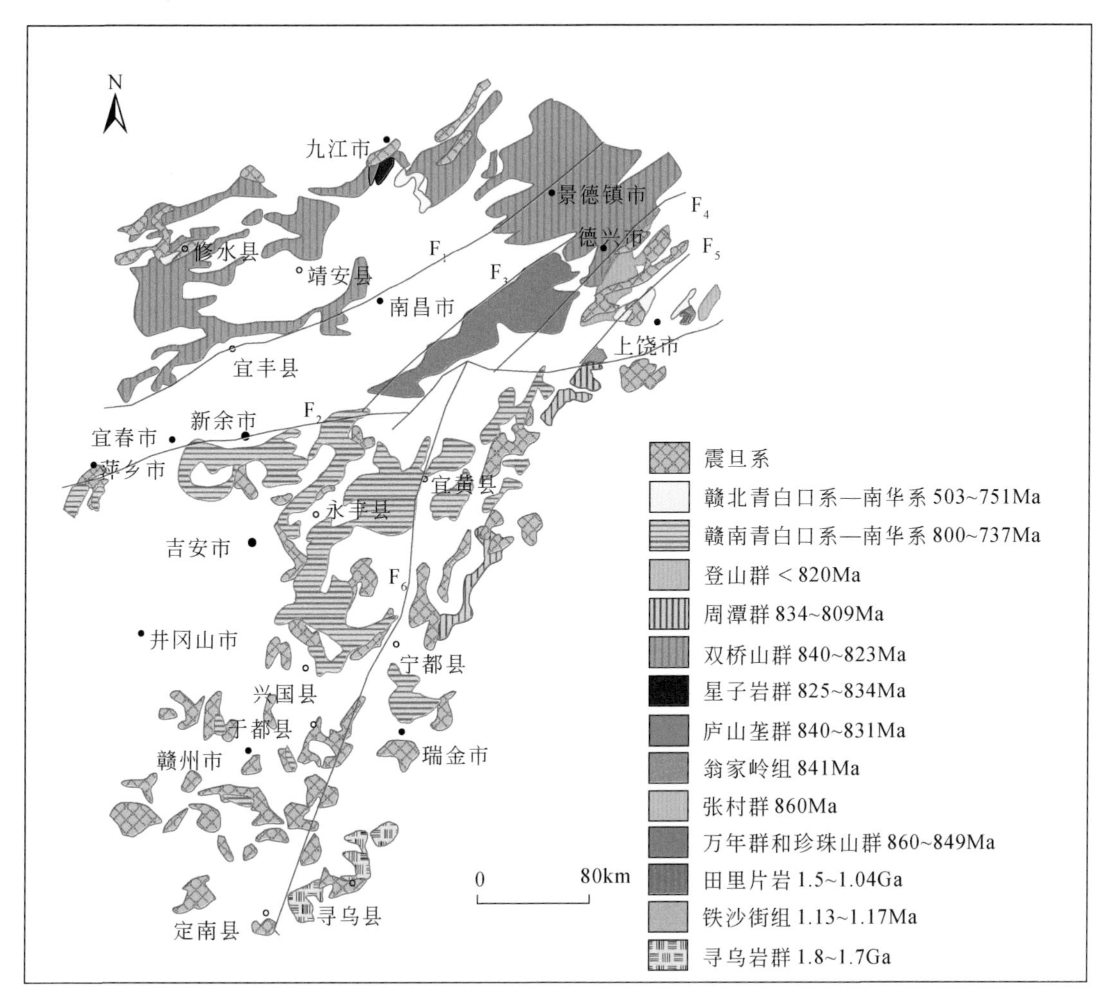

图4-1 江西省中-新元古代地层分布略图（据刘亚光，1997修改）

F_1-宜丰-景德镇断裂；F_2-萍乡-广丰断裂；F_3-婺源-丰城断裂；F_4-德兴-东乡断裂；F_5-葛源-樟村断裂；F_6-宜黄-定南断裂

含夕线石黑云片岩和二云片岩组成，厚度为569.6m，被震旦系洪山组整合覆盖（刘亚光，1997），原岩为一套海相复理石泥质建造（吴新华等，2001）。

浅变质岩系分布于萍乡–广丰断裂带以南的新余、永丰、宁都等地。底部为神山组，以黑色碳质或含碳千枚岩、含碳粉砂质千枚岩或板岩为主，夹少许千枚岩和变余细砂岩，新余地区厚度大于1050m，未见底，其上被库里组平行不整合覆盖。库里组以千枚岩、凝灰质千枚岩和千枚状沉凝灰岩为主，新余地区厚2425m，永丰地区主要为浅灰白色变沉凝灰岩夹多层中酸性熔岩，偶夹碳质绢云千枚岩，厚1186m，被上施组整合覆盖。于都库里组变质沉凝灰岩的LA-ICP-MS（激光剥蚀电感耦合等离子体质谱仪）锆石U-Pb年龄为790Ma（郭娜欣，2015），宁都地区原定库里组浅变质岩中的LA-ICP-MS碎屑锆石U-Pb测年结果显示，沉积时代为南华纪。上施组为变质凝灰质砂岩、变质沉凝灰岩及凝灰质板岩互层，区域上岩性较稳定，宜春地区厚983m，宁都地区厚544m。宜春–永丰一带下伏于古家组，宁都一带下伏于沙坝黄组（刘亚光，1997）。永丰凝灰质黏土岩的LA-ICP-MS锆石U-Pb年龄为774Ma和756Ma（周博文等，2018）。

2. 稀土花岗岩分布

南武夷山中南部稀土花岗岩发育（图4-2），加里东期稀土花岗岩较为普遍，锆石U-

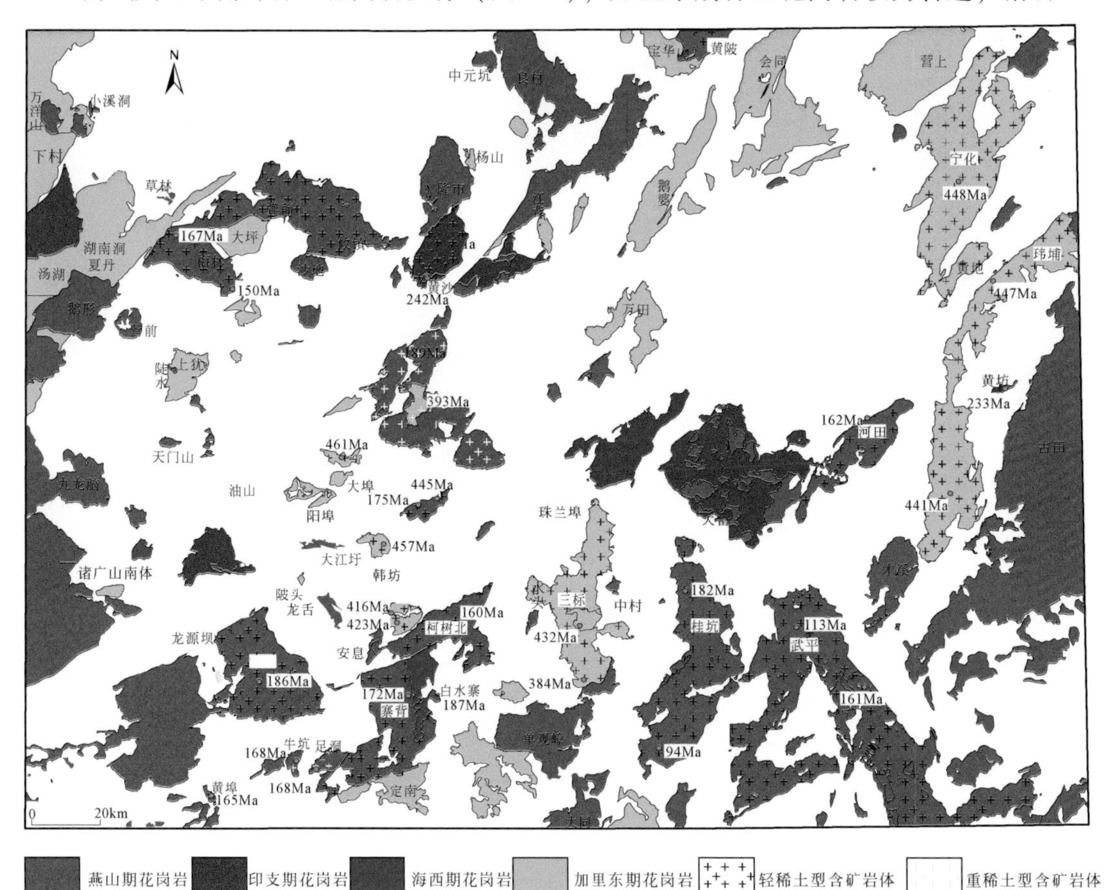

图4-2　南武夷山中南部稀土成矿花岗岩时空分布图

Pb 年龄分布在 461～384Ma，晚奥陶世花岗岩已具矿化特征。空间上岩体主要分布在江西赣县-信丰-安远-寻乌一带，有阳埠岩体（461Ma）（赵芝等，2012）、龙舌岩体（457Ma）（孙艳等，2012）、安西岩体（416～423Ma）（谢振东和杨永革，2000）和三标岩体（384～432Ma）（孙涛，2006）；部分集中在福建西北部，如宁化岩体（448Ma）（张爱梅等，2012）和玮埔岩体（414～447Ma）等（徐先兵等，2009；张爱梅等，2011）。

印支期稀土岩体较少，锆石 U-Pb 年龄集中在 228～242Ma。区域上分布不均，赣县出露清溪（228Ma）（于扬等，2012）和黄沙（242Ma）（郑国栋等，2012）两个岩体，且南北毗邻。其次仅见于福建连城小面积出露的黄坊岩体（232.8Ma）。印支期少量的稀土岩体与该期花岗岩出露总面积较小有密切关系。

燕山期稀土岩体最为发育，岩体的锆石 U-Pb 年龄集中在 189～94Ma，时间跨度较大，但多数岩体集中在 189～153Ma，可见侏罗纪花岗岩更有利于稀土成矿。空间上岩体分布广泛，江西、福建、广东均有出露，主要岩体有桂坑（孙涛等，2007）、大埠（刘细元，2000）、韩坊（李建康等，2012）、柯树北（杨永革，2001）、白水寨、寨背（Li et al.，2003）、足洞、牛坑、陂头（Li et al.，2003）、黄埠（Li et al.，2003）、弹前、武平（于津海等，2007）及河田岩体等（陈正宏等，2008）。

第二节　典型矿床研究

一、DB 和 DT 重稀土矿床

1. 大埠花岗岩体的地质特征

大埠岩体出露于江西赣县，成矿区带上属于Ⅱ级华南成矿省Ⅲ级南岭成矿带的南岭东段（赣南隆起）W-Sn-Mo-Be-REE-Pb-Zn-Au 成矿亚带（编号Ⅲ-83-①）。岩体呈北北东向展布，岩基状产出，被划分为西北体和东南体，出露面积约 623km^2，侵入于前寒武系、寒武系、泥盆系、白垩系和二叠系（图 4-3）。该岩体的成矿地质条件优越，内部及外围产 50 余处钨多金属矿床（点），岩体东南部有牛岭等多处铀矿和多处离子吸附型稀土矿。

大埠岩体为多阶段侵入的复式岩体（表 4-1），其中加里东期侵入的岩石类型有细-微细粒似斑状黑云母花岗闪长岩（454.2Ma）及粗粒似斑状黑云母二长花岗岩（423～434Ma）（江西省地质矿产局，1982；刘静等，2015；王丽丽，2015；方贵聪等，2017）；燕山期侵入的岩石类型有粗中粒似斑状黑云母二长花岗岩（189.2Ma）和中细粒似斑状黑云母（或二云母）二长花岗岩，前者的年龄为 153～161Ma（方贵聪等，2017）。

表 4-1　大埠岩体锆石 U-Pb 年龄

采样位置	样品号	岩性	测年方法	年龄/Ma	参考文献
东南体	DB22	似斑状黑云母二长花岗岩	锆石 LA	423.3±3.5	刘静等，2015
东南体	YCK-13	似斑状黑云母二长花岗岩	锆石 LA	430±1.1	方贵聪等，2017

续表

采样位置	样品号	岩性	测年方法	年龄/Ma	参考文献
西北体	JX49	似斑状黑云母二长花岗岩	锆石 LA	434.1±2	王丽丽，2015
西北体	DB-01	似斑状黑云母二长花岗岩	锆石 LA	152.7±1.1	方贵聪等，2017
	SZ	似斑状黑云母花岗闪长岩	锆石 U-Pb	454.2±3	江西省地质矿产局，1982
	J1G	似斑状黑云母二长花岗岩	锆石 U-Pb	189.2±0.6	江西省地质矿产局，1982
	J3Q	似斑状黑云母二长花岗岩	锆石 U-Pb	161	江西省地质矿产局，1982

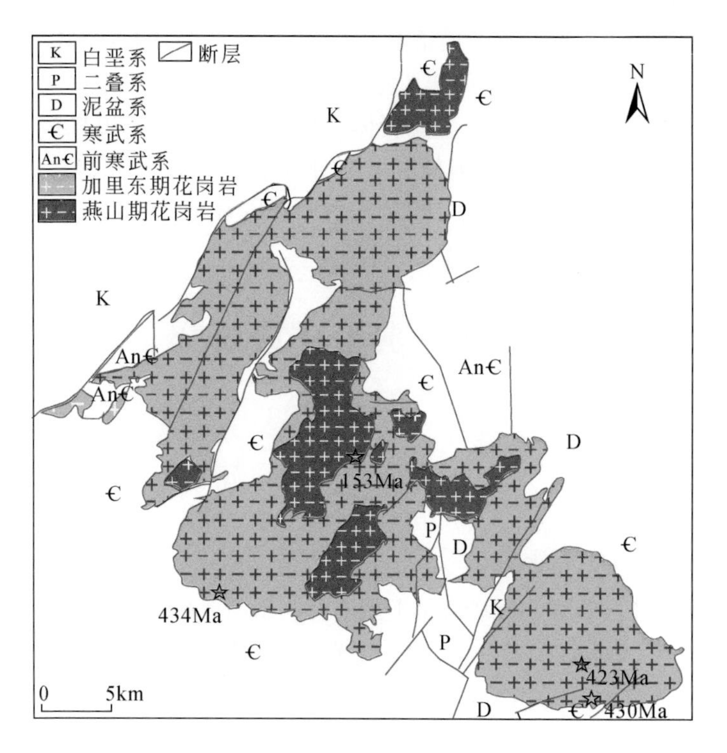

图 4-3　大埠岩体地质简图

2. 成矿花岗岩的岩石学特征

该稀土矿床产于燕山期中细粒似斑状黑云母（二云母）二长花岗岩风化壳中。岩石具有中细粒似斑状结构（图 4-4），块状构造。矿物成分为石英（25%～30%）、碱性长石（25%～35%）、斜长石（30%～35%）、黑云母（1%～7%）及少量的白云母（0.5%～2%）。副矿物有石榴子石、锆石、磷灰石、萤石、磁铁矿等。碱性长石半自形-自形，板状，有条纹长石亦见正长石，也呈斑晶呈现，内部通常包含石英、斜长石的矿物颗粒。斜长石半自形-自形，板状，细窄的聚片双晶发育，也见较宽的聚片双晶，亦见环带结构、贯穿双晶。白云母多分布在斜长石颗粒内部，呈不规则的片状。岩石显著的蚀变特征为白云母化、萤石化，交代结构发育。

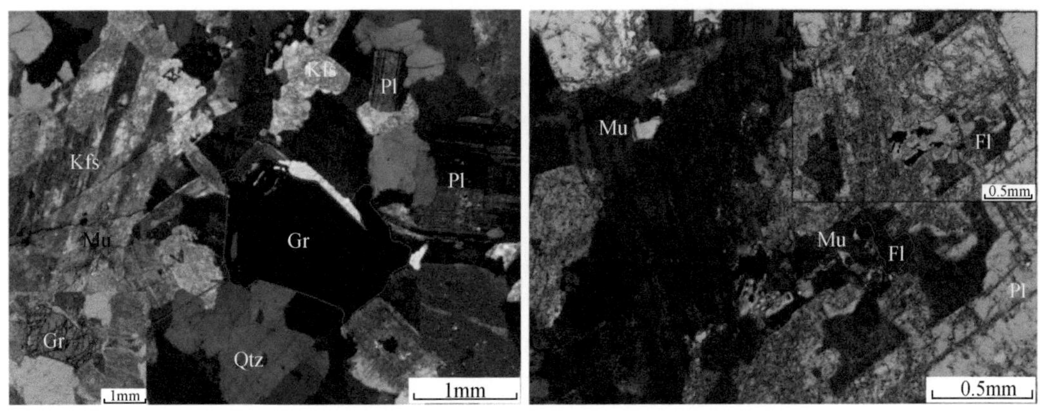

图4-4　中细粒似斑状黑云母二长花岗岩显微镜下特征

Kfs-钾长石；Pl-斜长石；Qtz-石英；Mu-白云母；Gr-石榴子石；Fl-萤石

3. 稀土矿物特征

稀土矿的中粒黑云母二长花岗岩中稀土矿物种类多样，以石榴子石、独居石、磷钇矿、含稀土的钍石及稀土氟碳酸盐类矿物（如新奇钙铈矿、新奇钙钇矿、氟碳铈矿等）最为常见，各类稀土矿物的地球化学特征见表4-2。稀土氟碳酸盐矿物为最主要的离子相稀土元素来源，重稀土元素主要来自新奇钙钇矿。值得注意的是，部分稀土氟碳酸盐矿物中轻、重稀土元素含量介于新奇钙铈矿（LREE/HREE值大于3）和新奇钙钇矿（LREE/HREE值小于1）之间，LREE/HREE值为1～2，也就是说矿物中除了富集轻稀土元素外也含一定量的重稀土元素。通常认为稀土氟碳酸盐类矿物是流体交代的产物，富REE的流体在交代过程中随着交代作用的进行流体性质发生了改变，随之形成的稀土矿物成分也发生一系列变化，即稀土矿物从富集轻稀土演变至轻、重稀土均富集再至富集重稀土。在背散射图像上，稀土氟碳酸盐矿物往往显示颜色的不均一性（明暗变化）（图4-5），这也是矿物成分不均一的表现。稀土矿物含量不均一，有的岩石中含量较多，有的则较少，稀土矿物的多少影响了全岩中稀土元素含量的高低，从而影响了风化壳中稀土的富集程度。

表4-2　大埠花岗岩稀土矿物地球化学特征（单位:%）

稀土矿物	化学式	稀土氧化物	轻稀土氧化物	重稀土氧化物
独居石	$Ce(PO_4)$	57～64	56～63	0.8～41
磷钇矿	$Y(PO_4)$	59～60	0～2	59
富钇钍石	$(Th, Y)(Si, Fe, P)O_4 \cdot nH_2O$	2～13	0.2～3.8	1.7～12.9
新奇钙钇矿	$CaY(CO_3)_2F$	32～42	13.6～21.7	18.7～21.4
新奇钙铈矿?	$CaYCe(CO_3)_2F$	43～45	26～27	16～19
新奇钙铈矿	$CaCe(CO_3)_2F$	47～58	46～56	1.7～2.2
氟碳铈矿	$Ce(CO_3)F$	66	64	2.90
石榴子石	$Fe_3Al_2(SiO_4)_3$	20	0.30	19.50

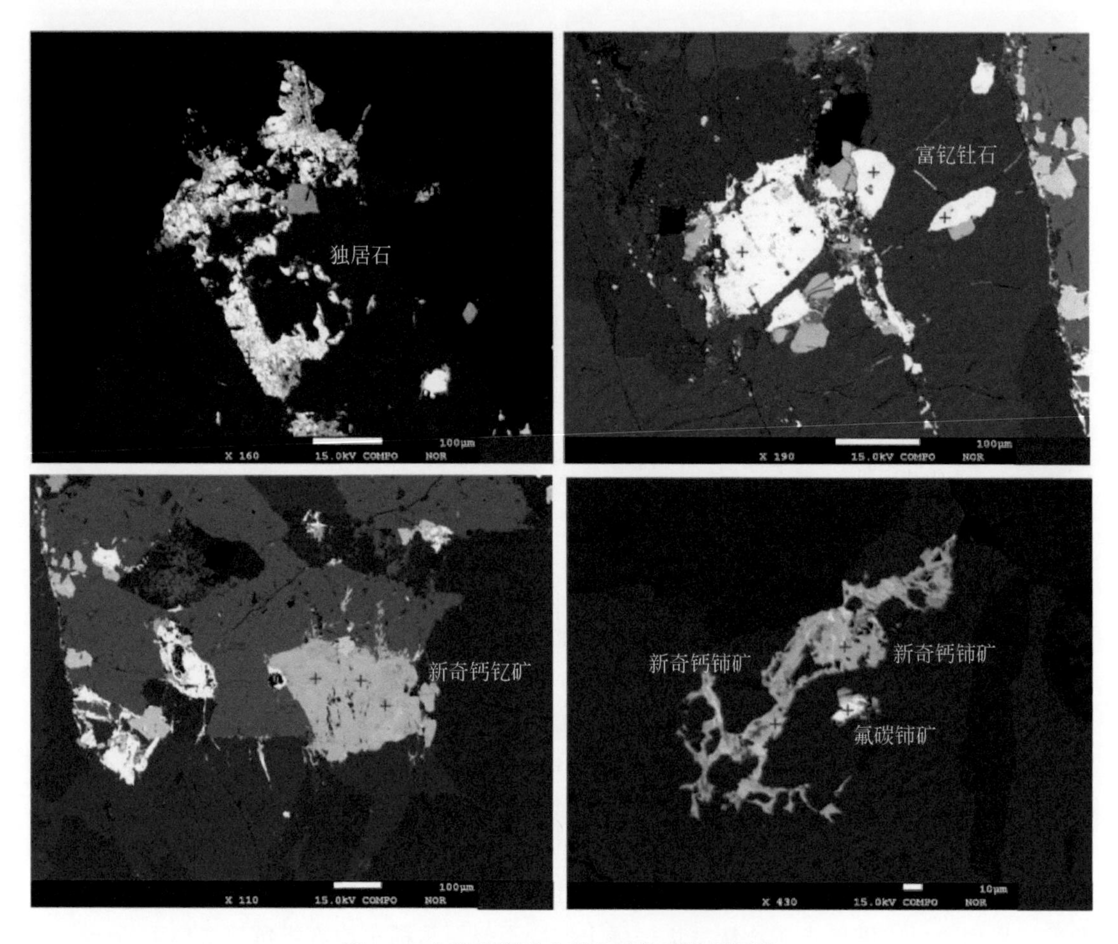

图 4-5　大埠花岗岩中稀土矿物背散射图像

4. 大埠花岗岩体的地球化学特征

中细粒含斑黑云母二长花岗岩的 SiO_2 含量偏高，介于 75.84% ~ 77.48%，碱 Na_2O+K_2O 介于 7.5% ~ 8.6%，TFeO（0.28% ~ 0.83%）、CaO（0.19% ~ 0.64%）、MgO（0.03% ~ 0.12%）、MnO（0% ~ 0.13%）、TiO_2（0.03% ~ 0.06%）、P_2O_5（0.01% ~ 0.03%）含量低，岩石属于钙碱性系列。

花岗岩的稀土含量（REE）介于 113×10^{-6} ~ 297×10^{-6}，其中 Y 含量最高，为 57×10^{-6} ~ 159×10^{-6}，岩石轻重稀土分馏显著，LREE/HREE = 0.3 ~ 0.4，铕显示负异常，δEu = 0.02 ~ 0.1。在球粒陨石标准化的稀土配分曲线模式图中（图 4-6），花岗岩呈“海鸥”型，显示强烈的铕负异常。微量元素 Li 的含量偏高，除了一个样品，其余在 144×10^{-6} ~ 298×10^{-6}，低 Sr（8.61×10^{-6} ~ 42.2×10^{-6}）、Ba（8.76×10^{-6} ~ 60.4×10^{-6}）、Zr（25.7×10^{-6} ~ 79.8×10^{-6}），岩石低 Zr/Hf（11 ~ 17）、Nb/Ta（2 ~ 4），显示岩浆演化经历了强烈的分离结晶。

5. 大埠花岗岩风化壳层状结构

大埠花岗岩风化壳发育，矿区风化壳厚度一般为 3 ~ 10m，局部大于 15m（图 4-7，

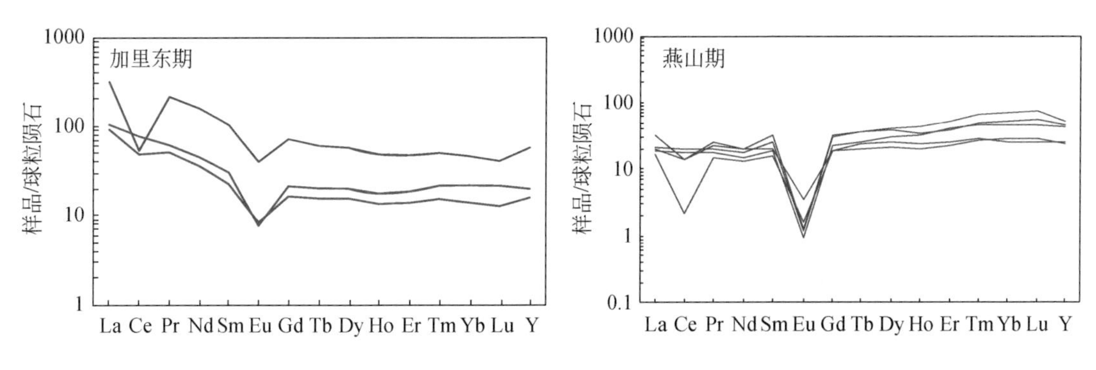

图4-6　大埠花岗岩的稀土配分曲线模式图

图4-8)。风化壳层状结构发育较全，多数剖面自上而下发育腐殖层、亚黏土层、全风化层、半风化层，部分剖面下部可见微风化层和基岩。腐殖层（厚0～0.3m）：为风化壳顶部，植物根系发育，一般呈黑色、黑褐色、红褐色，砂质多于黏土，有时含岩屑、岩块；结构松散，不结块。稀土含量甚低，一般 REO<0.03%。红色黏土层（厚0.5～2m）：大木本植物根系才可达此地，颜色多呈土黄色、红褐色，由上而下颜色变浅，铁质减少；该层含黏土成分高，石英颗粒较稀散，黏性高，固结性较好。一般稀土含量低于0.05%，同腐殖层一起组成岩体风化壳稀土矿体的覆盖层。红色黏土化层（厚0.6～3m）：为矿体与覆盖层的过渡层，呈浅土黄色、浅肉红色。黏土成分较上层少，而砂质成分较上层多，黏性较低、固结较差，松散程度自上而下逐渐增高，可出现不规则的蠕虫状高黏土小团块，该层稀土含量相对偏高，局部可达0.05%～0.1%。

图4-7　赣县 DB 稀土矿区馒头山形地貌

图 4-8　赣县 DT 稀土矿区

全风化层（厚 5 ~ 10m）：呈灰白色、浅灰褐色，高岭土类矿物含量达 65% ~ 70%，局部可见少量长石变斑晶残体（图 4-9，图 4-10）。其余为中粒他形石英颗粒，结构松散，微裂隙甚为发育，裂隙中往往被黏土矿物充填。该层具有在山头、山腰厚度大，山脚薄的特点。矿体主要赋存于该层位的中下部。

图 4-9　赣县 DB 稀土矿区成矿母岩特征

图 4-10　赣县 DB 稀土矿区全风化层特征

半风化层：灰白色、灰黄色、灰褐色，由高岭土、半风化长石、石英、黑云母、绿泥石等组成，其颜色、结构构造特征与原岩差别不大，松散程度及矿物解离度较差，质地较松散到稍成块，手搓不易成粉末，长石多呈碎粒状，局部亦发育高岭土化，但高岭土含量减少，并出现少量半风化长石与全风化层相区别，裂隙宽 1mm 不等，且多为铁质充填，该层未风化的原岩碎块增多。

6. 花岗岩风化壳的稀土元素地球化学特征

两个浅钻样品所揭示的风化壳剖面发育程度差异较大（图 4-11）。其中，ZK1 剖面位

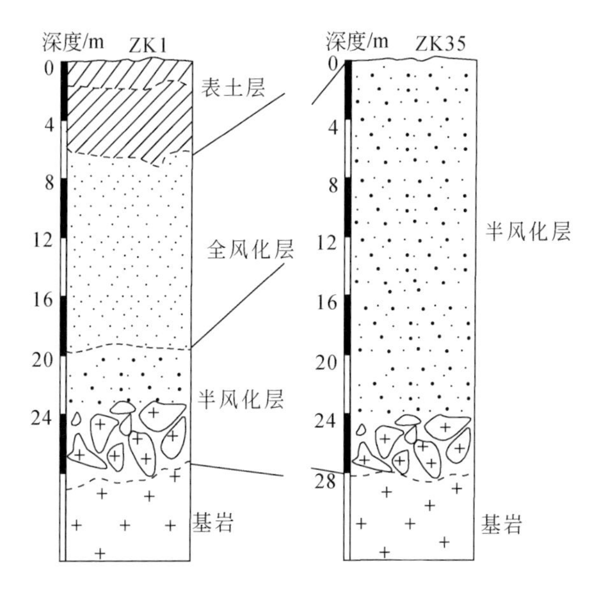

图 4-11　大埠花岗岩风化壳剖面特征

于山顶，标高149m，剖面深29m，风化壳发育较全，1～5m为表土层，上部为腐殖土层，下部为亚黏土层。7～19m为全风化层，20～28m为半风化层，半风化层下部可见残留的基岩碎石，29m为基岩。ZK35位于山顶，标高164m，剖面深29.4m，0～28m为半风化层，之下为基岩。

两个钻孔的风化壳样品稀土含量差别较大，但均继承了母岩的稀土配分特征，为典型的重稀土型（LREE/HREE<1）。ZK1风化壳样品风化蚀变指数（CIA）变化较大，介于98～53（图4-12），自上而下风化程度降低，其中全风化层风化程度低（83～64），低于华南稀土矿体风化程度（92～75）。稀土含量介于136.17×10^{-6}～807.42×10^{-6}，自上而下呈波浪式增减，其中全风化层稀土含量最高（381×10^{-6}～807×10^{-6}），但成矿不佳，仅15～19m为矿层。剖面上部相对富集轻稀土，下部相对富集重稀土。在球粒陨石标准化的稀土配分曲线中（图4-13），曲线呈"海鸥"型，轻、重稀土分馏显著，$(La/Yb)_N$介于0.2～1.4，显示强烈的铕负异常（δEu=0.02～0.12），母岩中铈基本未显示异常，半风化层和全风化层显示负异常（Ce/Ce^*=0.1～1），而表土层显示正异常。

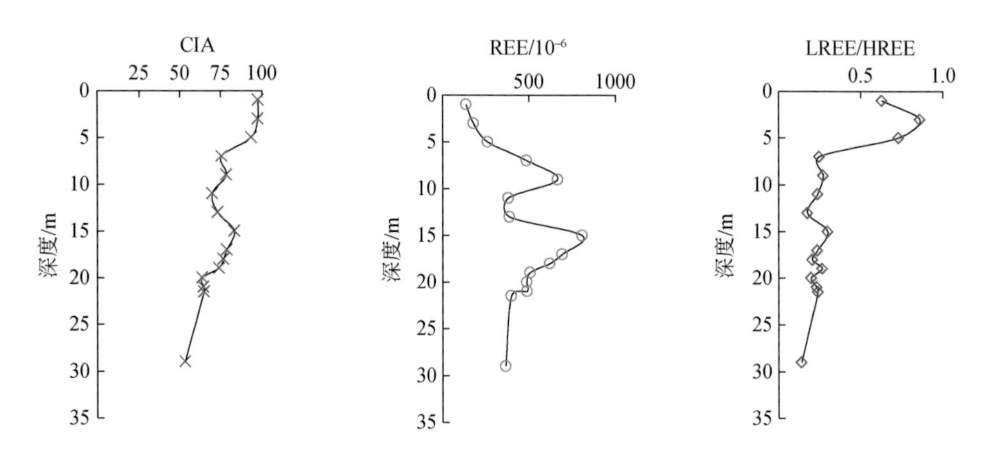

图4-12　ZK1风化壳剖面中CIA、REE和LREE/HREE变化特征

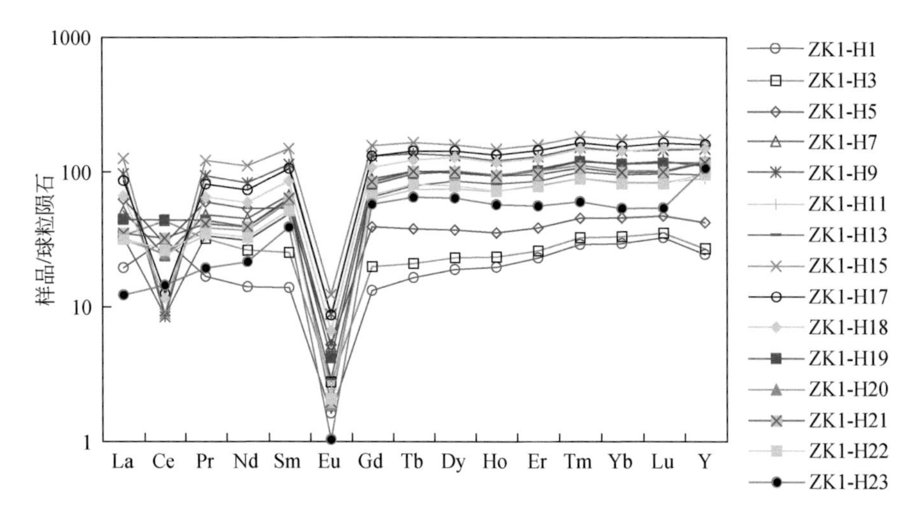

图4-13　球粒陨石标准化的大埠花岗岩风化壳稀土元素配分曲线图

ZK35风化壳剖面风化程度低，仅发育半风化层和基岩。半风化层风化蚀变指数（CIA）介于77～64（图4-14），自上而下逐渐降低，稀土含量偏低，介于161.1×10^{-6}～360.2×10^{-6}，含量曲线呈波浪式。在球粒陨石标准化的稀土配分曲线中（图4-15），曲线呈近水平，不同于ZK1和ZK35。风化壳的（La/Yb）$_N$介于0.3～0.9，显示强烈的负铕异常（δEu=0.07～0.16）和负铈异常（Ce/Ce*=0.4～1.2）。

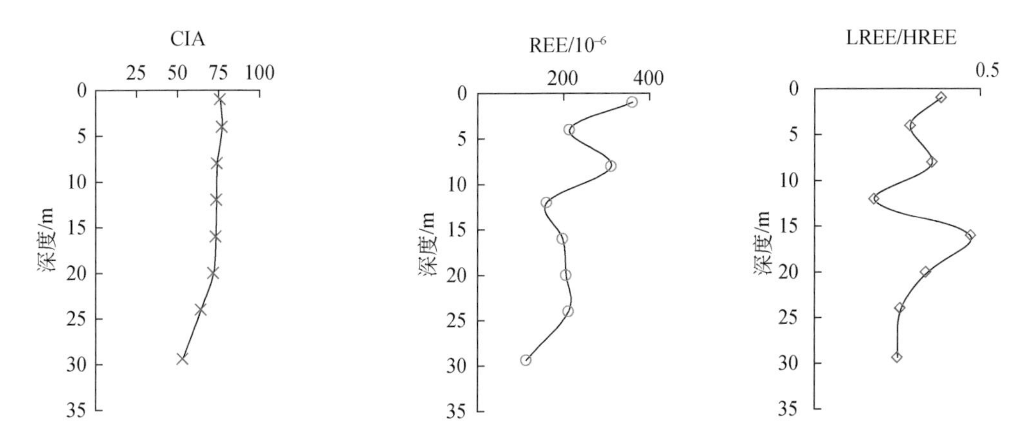

图4-14　ZK35风化壳剖面中CIA、REE和LREE/HREE变化特征

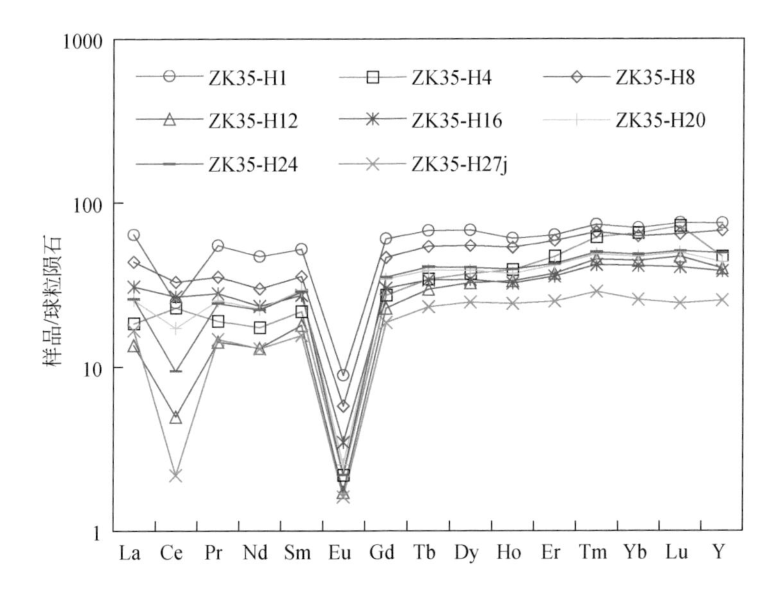

图4-15　球粒陨石标准化的大埠花岗岩风化壳稀土元素配分曲线图

综上所述，两个钻孔风化壳保存程度不同、风化程度不同、稀土含量差异也较大，除了母岩的稀土含量外，风化壳的风化程度也很大程度上影响了稀土元素的次生富集，而风化程度受地形、地貌的影响。这也是同一母岩不同地区具有稀土含矿差异性的重要原因。

7. 遥感特征

以往对南岭东段离子吸附型稀土矿床的地形、地貌的统计，认为离子吸附型稀土成矿的最佳地貌为高程 150 ~ 500m、坡度 0° ~ 20°、地形起伏度 100 ~ 400m、地表切割深度 40 ~ 150m、地形特征为山顶或山脊（刘新星等，2016）。

本次利用数字高程模型（DEM）数据，在 ArcGIS 10.3 平台上提取了各要素的有利地貌信息，分别作为成矿预测变量参与成矿预测，大埠岩体及其周边有利于离子吸附型稀土成矿的地形区如图 4-16 所示。当然除了地形地貌特征外还需具备矿化的成矿母岩。

图 4-16　大埠岩体及其周边有利于离子吸附型稀土成矿的地形区

8. 矿床成矿机制

江西DB和DT稀土矿床为典型的重稀土矿床，二者均发育在燕山期中粗粒黑云母二长花岗岩风化壳中。矿区常年气候温暖潮湿，气温在18～20℃，年平均降水量为1434mm，海拔为120～300m，相对高差为80～150m，地貌为低缓的丘陵。

成矿母岩为分异程度较高的花岗岩，稀土含量介于$113\times10^{-6}\sim297\times10^{-6}$，富重稀土。稀土元素主要赋存在新奇钙钇矿、新奇钙铈矿、氟碳铈矿及石榴子石、磷钇矿等稀土矿物中，当然也有少部分分散在造岩矿物中，如长石、黑云母。岩浆演化后期及期后热液流体交代使花岗岩中稀土含量增高的同时，形成的稀土矿物更易风化，这是形成DB和DT稀土矿床的内因。

第四纪以来，由于南岭适宜的气候条件和地形地貌，大埠花岗岩体不断被风化，形成厚层的风化壳。风化壳剖面自上而下具有分带性：表土层、全风化层、半风化层和基岩，厚度为3～10m。矿体呈砂状结构，主要由黏土矿物、碎屑矿物（石英、长石、少量云母和独居石、磷钇矿等稀土矿物）及表生稀土矿物组成。矿体中稀土元素大部分以离子相吸附于高岭石中。风化壳长期受地表水的淋漓作用，从易风化的稀土矿物及长石、云母等造岩矿物中分解形成的稀土阳离子不断向下迁移，被黏土矿物不断吸附富集，最终形成离子吸附型稀土矿床。

二、CF稀土矿床

1. 水头-三标岩体的地质特征

水头-三标岩体出露于江西省会昌-安远-寻乌县境内，属于南武夷山复式岩带，出露面积约500km²，近南北向分布，形态略呈“Y”形，为中型岩基。岩体侵入震旦纪及寒武纪变质岩中，西北部见被早白垩世凝灰质砂砾岩不整合覆盖（图4-17）。此外，在岩体内见若干后期的小型岩株、岩瘤。岩体风化壳中产离子吸附型稀土矿，与花岗岩有关的石英脉中产Be、Pb-Zn矿点。

2. 岩石学特征

志留纪侵入岩见于水头岩体北部和西部边缘，也见于三标岩体内部。岩石类型有粗粒似斑状正长花岗岩、中细粒似斑状正长花岗岩、细粒二云母碱长花岗岩。三标岩体内粗粒似斑状钾长花岗岩的锆石U-Pb年龄为420Ma，中细粒似斑状花岗岩的岩石组成与其相似，二者为过渡渐变关系。细粒二云母碱长花岗岩的锆石U-Pb年龄为416Ma，与似斑状钾长花岗岩之间的接触关系不清。上述岩石类型与贺伯初和刘昌实（1992）研究的三标岩体岩石类型一致。水头岩体北部边缘出露的细粒二云母碱长花岗岩中普遍产电气石，宽度为0.1～1cm。岩体西部粗粒似斑状正长花岗岩的锆石U-Pb年龄为421Ma，其侵入至前寒武纪—寒武纪浅变质砂岩中，未见细粒二云母碱长花岗岩。上述资料表明：三标-水头岩体粗粒似斑状正长花岗岩无论在岩石的结构特征、矿物组合还是在锆石U-Pb年龄上均具有相似性。这类岩石不仅分布在三标岩体的内部，也分布在水头岩体的边部，显微镜下观察到巨大的碱性长石斑晶并不是岩浆冷凝最早结晶的矿物，而大多数是属于交代成因的变斑

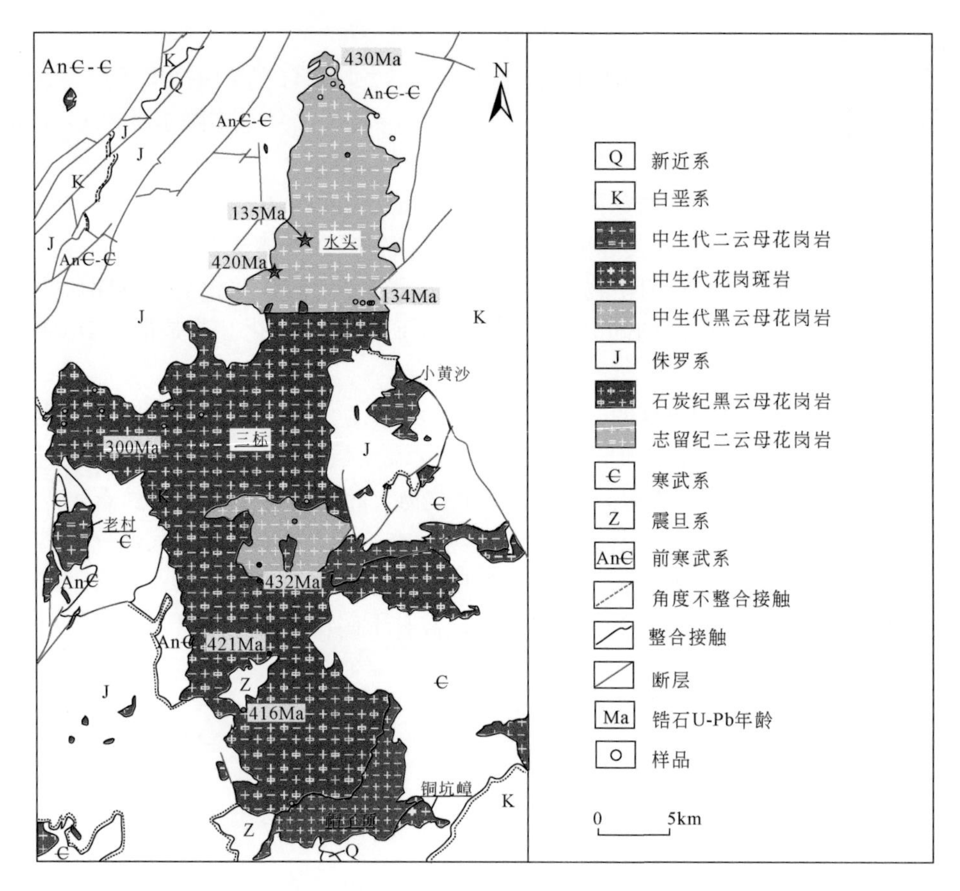

图 4-17　水头–三标岩体地质简图

晶，其中常见有许多斜长石、石英、黑云母等包裹体，形成包含结构；中细粒似斑状钾长花岗岩中，斜长石斑晶往往为聚斑状。

石炭纪花岗岩出露面积大，是三标岩体的主体，侵入至寒武系变质岩中，东北部被白垩纪火山岩覆盖，原定为燕山期花岗岩。岩石类型以中粗粒黑云母钾长花岗岩为主，局部地区含钾长石斑晶，可见细粒钾长花岗岩侵入其内。中粗粒黑云母钾长花岗岩的锆石 U-Pb 年龄为 300Ma，其风化壳中发育离子吸附型稀土矿床，这是南岭地区少有的海西期稀土花岗岩。中粗粒黑云母钾长花岗岩中自交代作用显著，包括钾长石化、白云母化。电子探针分析发现大量的稀土氟碳酸盐类矿物和富稀土的钍石。推测为原地–半原地交代成因。

中粗粒黑云母钾长花岗岩：呈肉红色，中粗粒结构，块状构造。主要矿物有石英（约30%）、碱性长石（约 40%）、钠长石（约 20%）及少量黑云母（5%）。碱性长石颗粒粗大，多为条纹长石，也见微斜长石，内部多包含斜长石和石英颗粒。斜长石呈自形的短柱状，发育细密的聚片双晶（图 4-18）。

白垩纪侵入岩见于水头岩体中南部及三标岩体北部，以中粗粒正长花岗岩为主，也见粗粒似斑状正长花岗岩和花岗斑岩。仅从岩石类型上很难将它们与志留纪和石炭纪侵入岩区分，但是锆石年龄却差别很大，中粗粒正长花岗岩的锆石 U-Pb 年龄为 135Ma（$n=15$，

图4-18　中粗粒黑云母钾长花岗岩手标本及显微镜下特征

Bt-黑云母；Qtz-石英；Pl-斜长石；Kf-钾长石

MSWD=1.8)，粗粒似斑状正长花岗岩的锆石 U-Pb 年龄为 134Ma（n=19，MSWD=1.3)，花岗斑岩的锆石 U-Pb 年龄为 135Ma（n=14，MSWD=0.94)。粗粒似斑状正长花岗岩和花岗斑岩中斑晶也属于变斑晶，推测是志留纪花岗岩重熔再生岩浆。

3. 成矿母岩的成岩时代

样品 AY-sb-3：用于测试的锆石透明，均呈自形晶，为短柱状，粒径多在 150～200μm，长宽比为 2：1，具有清晰、致密的韵律环带结构（图4-19a)，Th/U 为 0.47～0.82，具有岩浆成因的特征。在锆石 U-Pb 年龄谐和图中（图4-19b)，15 颗锆石的年龄位于谐和线上，其 $^{206}Pb/^{238}U$ 加权平均年龄为 300.0±1.5Ma（n=15，MSWD=1.06)，该年龄为花岗岩的侵位年龄。

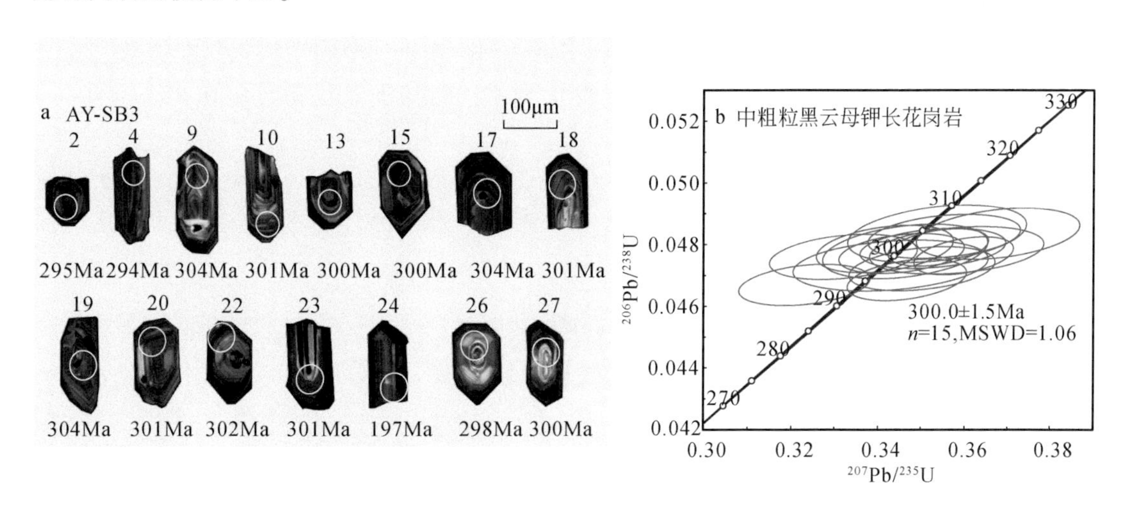

图4-19　石炭纪花岗岩的锆石 CL 图像（a）及 U-Pb 年龄谐和图（b）

4. 成矿母岩的地球化学特征

黑云母-白云母碱长花岗岩：12 件中粗粒样品的 SiO_2 含量相对较高，介于 79.61%～74.18%，Na_2O+K_2O 含量介于 7.10%～8.99%，属于碱性系列-高钾钙碱性系列。Al_2O_3 含量较低，介于 10.79%～13.10%，CaO（0.11%～0.78%)、TFeO（1%～2.07%)、

TiO_2（0.04% ~0.13%）、MgO（0.05% ~0.07%）、MnO（0.03% ~0.07%）、P_2O_5（0.01% ~0.09%）含量相对较低。稀土元素普遍偏高，REE=138×10^{-6} ~ 563×10^{-6}，均值为414×10^{-6}，在球粒陨石标准化稀土配分曲线图中，曲线呈“海鸥”型，轻重稀土比值偏低（LREE/HREE=0.9 ~3.4），相对富 Y（约占 REE 总量的23%），铕显著负异常（δEu=0.02 ~0.14），具不同程度铈负异常（Ce/Ce* =0.23 ~0.89）（图4-20）。

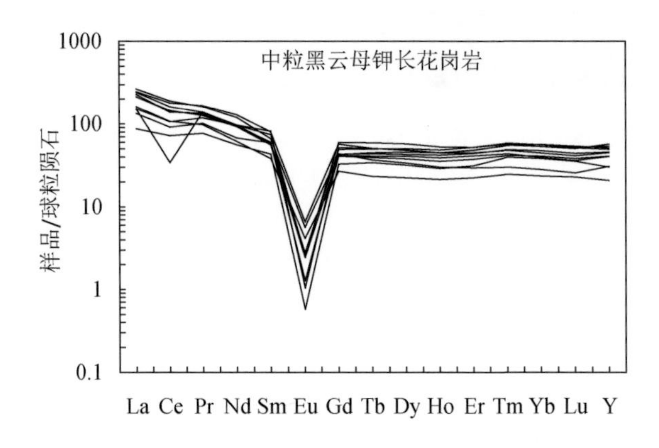

图4-20 CF稀土矿床成矿母岩的球粒陨石标准化的稀土配分曲线模式图

5. 稀土矿物学特征

对中粗粒二云母碱长花岗岩样品中的稀土矿物进行了电子探针分析，结果显示稀土矿物以新奇钙铈矿和含富Y钍石最为常见，这两类矿物是重要的离子相稀土元素的物质来源。

新奇钙铈矿：颗粒细小，形态不规则，多沿着裂隙生长，分布在矿物颗粒边部。稀土元素含量高，TRE_2O_3=41% ~64%，以轻稀土为主，轻稀土氧化物含量在45% ~60%，重稀土氧化物含量在4% ~7%。

富Y钍石：颗粒较大，通常在100μm左右，晶体形态较规则（图4-21）。稀土总量（TRE_2O_3）为5.9% ~10.8%，其中轻稀土氧化物含量为0.3% ~0.8%，重稀土氧化物含量在5.4% ~10.5%。

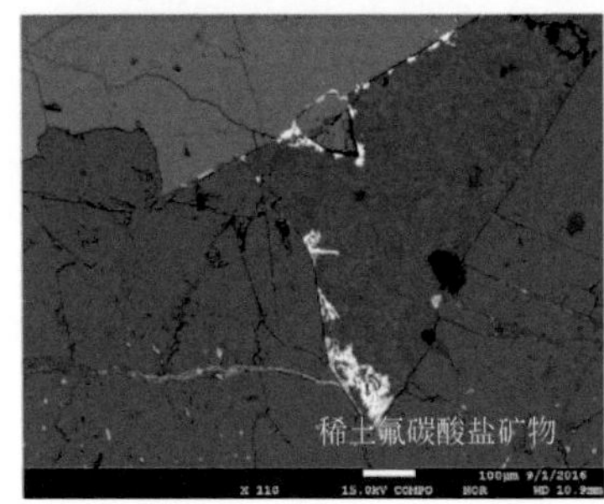

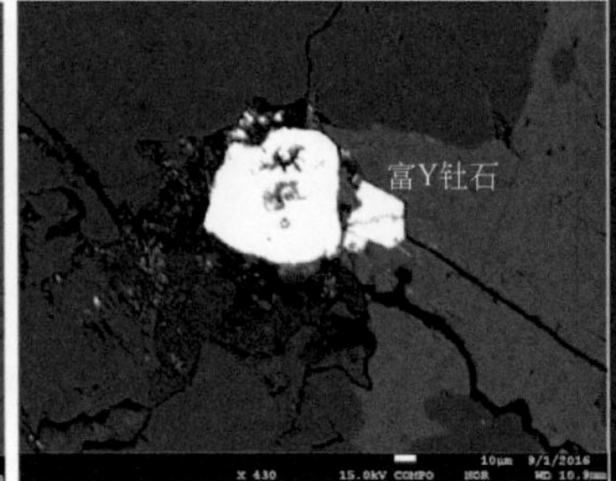

图4-21 成矿母岩中典型稀土矿物的背散射图

6. 风化壳地质特征

水头岩体地形相对较高，山体的坡度较陡峭，整体上风化壳发育一般，但局部风化程度较好，有非法稀土采矿点。三标岩体局部山体较缓，风化壳发育，风化壳中有离子吸附型稀土矿（图4-22a），其周边分布五个稀土盗采监控点，岩石主要为肉红色中粗粒黑云母碱长花岗岩，风化壳结构松散（图4-22b）。岩体中部和东部山体陡峭风化壳发育不佳。

图4-22　CF稀土矿区地形地貌特征（a）及中粗粒碱长花岗岩风化壳特征（b）

7. 风化壳典型剖面物质组成

项目组对三标岩体西侧风化壳发育的某区采集了浅钻样品（ST-ZK3），浅钻揭露了三标花岗岩发育较完整的风化壳剖面特征（图4-23）。剖面深25m，1～3m为表土层，上部为腐殖土层，下部为亚黏土层。该层矿物组合为石英（约14%）、斜长石（约5%）、黑云母（约10%）、白云母（约23%）及黏土（约48%）；4～23m为全风化层，呈黄褐色，自上而下风化壳粒度由细变粗。该层矿物组合为石英（6%～16%）、斜长石（5%～

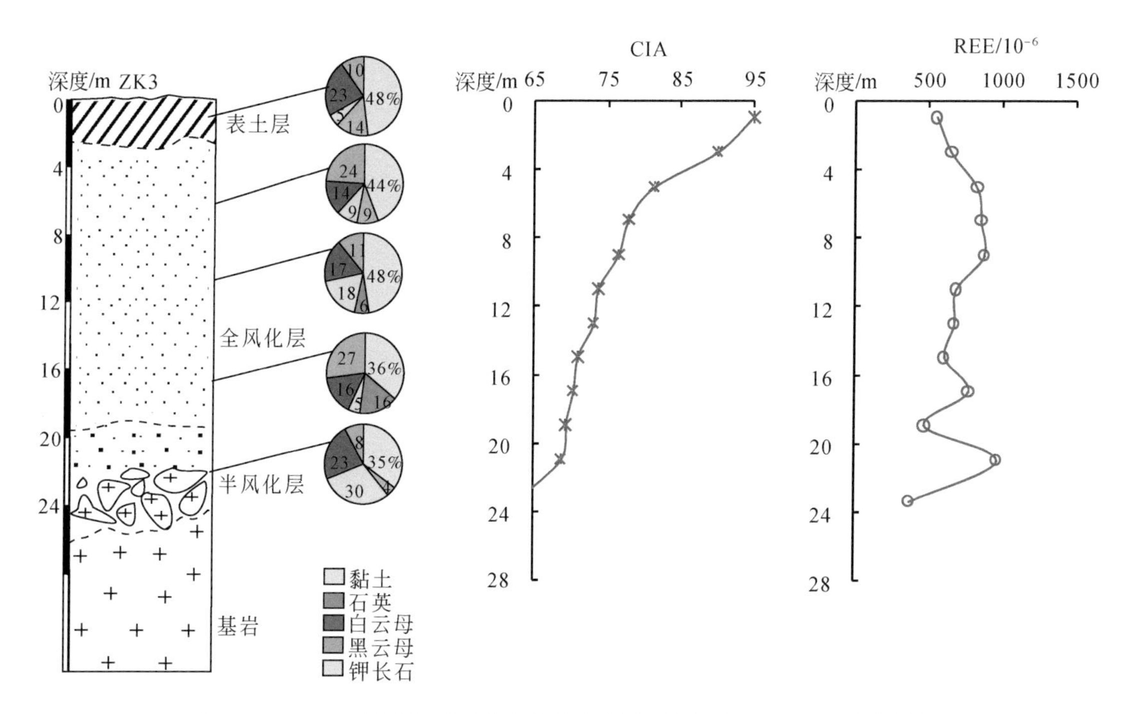

图4-23　ST-ZK2 钻孔揭露的花岗岩风化壳剖面特征及CIA、REE变化特征

18%）、黑云母（11%～27%）、白云母（14%～17%）及黏土（36%～48%）；23～25m为半风化层，半风化层下部可见残留的基岩碎石。矿物组合为石英（约4%）、斜长石（约30%）、黑云母（约8%）、白云母（约23%）及黏土（约35%）；25m之下为基岩。自上而下风化程度降低，风化蚀变指数CIA逐渐降低（95→63），全风化层中CIA为81～70。

8. 风化壳剖面中REE特征

风化壳剖面中稀土含量介于381×10^{-6}～969×10^{-6}，整体上全风化层中含量最高（608×10^{-6}～879×10^{-6}）。剖面上部相对富集轻稀土，下部相对富集重稀土。在球粒陨石标准化的稀土配分曲线中（图4-24），稀土配分模式基本均继承了母岩的稀土配分特征，LREE/HREE=0.7～2.8，曲线呈“海鸥”型，整体上属轻稀土型，但重稀土相对富集，下部为重稀土型。显示强烈的负铕异常（δEu=0.01～0.06）。

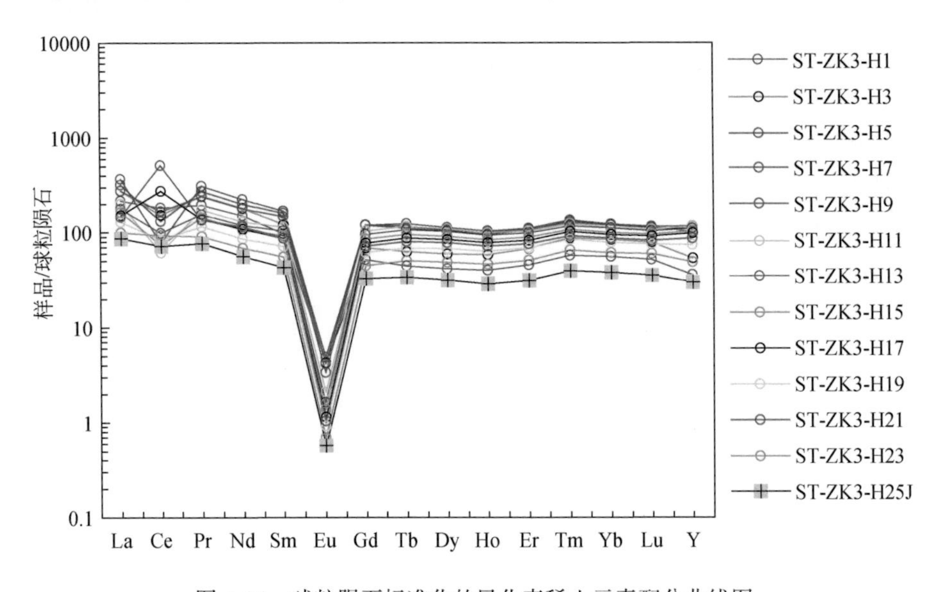

图4-24　球粒陨石标准化的风化壳稀土元素配分曲线图

9. 遥感地质特征

本次利用DEM数据，在ArcGIS 10.3平台上提取了各要素的有利地貌信息，分别作为成矿预测变量参与成矿预测，水头–三标岩体及其周边有利于离子吸附型稀土成矿的地形区如图4-25所示，这与区域上地质路线观察的情况基本吻合。

综上所述，水头–三标岩体为志留纪、石炭纪及侏罗纪侵入的复式岩基，岩体深成相、浅成相、喷出相岩石类型发育齐全。其中，志留纪细粒电气石二云母正长花岗岩中稀土含量较低，虽然风化壳较为发育，但不成矿。志留纪花岗岩稀土含量也较高，尤其是花岗斑岩中稀土含量高达2%～3%。但是地形地貌不佳，风化壳不发育。石炭纪中粗粒碱长花岗岩中REE普遍偏高，稀土氟碳酸盐矿物较丰富，同时地形地貌条件较佳（三标岩体西侧），其风化壳发育、厚度较大，是离子吸附型稀土矿床的成矿母岩。风化壳的风化强度也很大程度上影响了稀土元素的次生富集，而风化程度受地形、地貌的影响。

图4-25　水头-三标岩体及其周边有利于离子吸附型稀土成矿的地形区

10. *矿床成矿机制*

江西CF稀土矿床是中重稀土矿床的典型代表。矿区常年气候温暖潮湿，年平均气温在19℃，年降水量为1670mm，海拔为240～404m，相对高差为60～120m，地貌为低缓的丘陵。

发育在石炭纪的中粗粒黑云母钾长花岗岩风化壳中，成矿母岩为典型的相对富Y的LREE型，LREE/HREE=0.9～3.4，Y含量较高（占REE的23%）。通过电子探针分析发现了较高含量的新奇钙铈矿和富钇钍石，推测富Y钍石的结晶在一定程度上提高了岩石中Y的含量。

风化壳剖面自上而下具有分带性：表土层、全风化层、半风化层和基岩。矿层主要分布在全风化层中，呈层状或似层状，厚度为 0.6～10m。矿体呈砂状结构，主要由黏土矿物、碎屑矿物（石英、长石、少量云母和独居石、锆石和磷钇矿等稀土矿物）及表生稀土矿物组成。矿体中稀土元素大部分（约 83%）以离子相吸附于高岭石中。稀土离子主要来源于母岩中易风化的稀土氟碳酸盐、钍石及褐帘石等矿物。风化壳中 REE 配分特征完全继承了母岩中 REE 的特征，加上风化过程中 Y 的富集程度大于其余稀土元素，致使风化壳中 HREE 含量增加。

三、中重稀土找矿方向

按照工业类型，离子吸附型稀土矿可划分为轻稀土和重稀土，目前轻稀土矿山数量和资源量均远远多于重稀土。通过典型矿床研究，发现从成矿母岩→稀土矿体→碳酸型稀土精矿，每个环节稀土元素都会发生分馏，除了重稀土配分型母岩风化可形成重稀土矿外（所谓的重稀土矿床，成矿母岩少，矿床数量有限），部分轻稀土型母岩风化也可以形成重稀土矿段或矿层，有的也可以形成重稀土相对富集的轻稀土型矿床，也就说轻稀土矿床中也含大量的重稀土元素（表 4-3）。部分轻稀土矿经提取工艺可使重稀土富集，形成重稀土产品（碳酸型稀土精矿）。但是，以往只注重重稀土配分型母岩风化形成的重稀土矿，其余两种途径形成的重稀土资源并没有系统研究和资源估算。

表 4-3　南岭地区部分轻稀土型花岗岩风化后重稀土富集的岩体

序号	矿床/矿点/矿段	地理位置	工作程度	资源类型	母岩
1	DB 稀土矿	广东省梅州市大埔县	广东新发现的稀土矿产地	上部轻稀土，下部重稀土或全孔重稀土	轻稀土
2	LT 稀土矿	江西省赣州市定南县	赣南地质调查大队新发现，中国地质科学院矿产资源研究所有数据	上部轻稀土，下部重稀土，LREE/HREE=1.8～0.5	轻稀土
3	MZS 重稀土矿段	江西省赣州市定南县	中国地质科学院矿产资源研究所有数据	上部轻稀土，下部重稀土，LREE/HREE≤1	轻稀土
4	ST 重稀土矿段	江西省赣州市安远县	赣南地质调查大队新发现，中国地质科学院矿产资源研究所有数据	上部轻稀土，下部重稀土，LREE/HREE=2.8～0.7	轻稀土
5	QH 重稀土矿段	广西壮族自治区	前人已知	上部轻稀土，下部重稀土	轻稀土

第三节　变质岩风化壳成矿潜力评价

一、变质岩及其风化壳特征

近年来赣南地质调查大队在江西省宁都地区发现了浅变质岩型稀土矿床，为了查明赣南地区变质岩类风化壳的稀土成矿潜力，对兴国-宁都、寻乌、安远-定南一带的变质岩类及其风化壳进行了野外地质调查，并采集了样品（图4-26）。兴国-宁都-会昌地区出露青白口系—南华系的浅变质岩系，碎屑锆石 U-Pb 定年结果显示也有下古生界的变质砂岩，野外很难区分。岩石类型主要是中厚层土黄色变质砂岩、青灰色-土黄色变质沉凝灰岩、凝灰岩，夹碳质千枚岩、千枚岩（图4-27a～c）。变质砂岩遭受不同程度的硅化。千枚岩

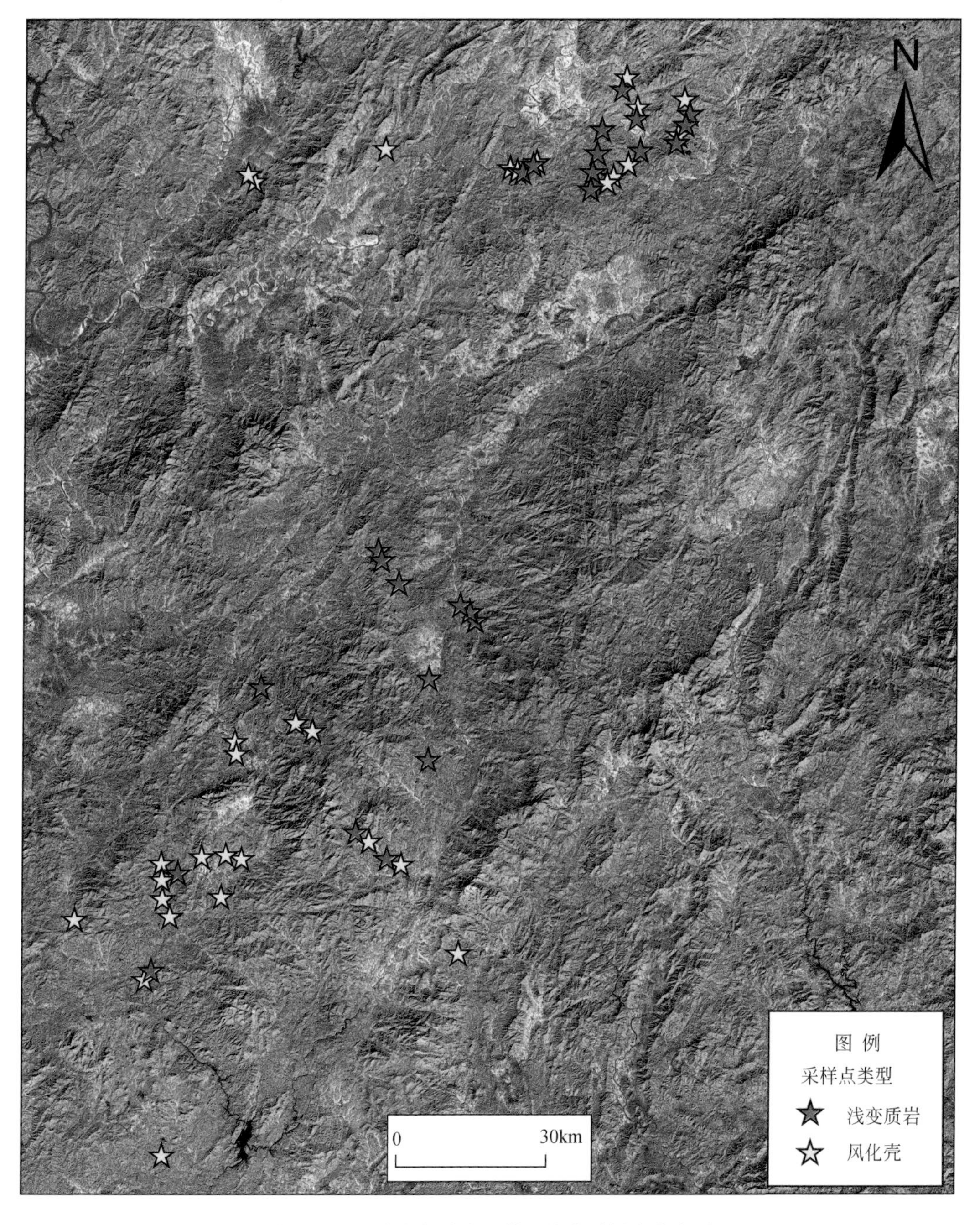

图4-26　区域浅变质岩及其风化壳采样点分布图

的风化程度差，在变质砂岩和变质沉凝灰岩风化壳中呈夹层产出。含碳质的千枚岩厚度薄，但风化程度要高于不含碳的千枚岩。安远-定南-寻乌一带主要为震旦纪混合岩化的变质岩（1∶20 万寻乌幅），主要岩性为混合岩化的花岗岩（图 4-27d）和少量片麻岩。寻乌也分布少量震旦纪的砂岩、千枚岩和片岩。

图 4-27　赣南地区变质岩类型

a-宁都变质砂岩；b-宁都变质沉凝灰岩；c-宁都千枚岩；d-安远混合岩化花岗岩

二、稀土元素特征

1. 变质岩

对 60 件变质岩样品进行了稀土元素分析，稀土含量为 $128\times10^{-6}\sim853\times10^{-6}$，均值为 295×10^{-6}，普遍偏高（图 4-28）。其中，82% 的样品中 REE 含量大于 200×10^{-6}，高于华南地区花岗岩的 REE 均值，35% 的样品 REE 含量大于 300×10^{-6}。60 件样品可分为变质砂岩（$n=14$）、变质沉凝灰岩-变质凝灰岩（$n=16$）、板岩（$n=11$）、千枚岩（$n=2$）、片岩（$n=7$）和混合岩化花岗岩（$n=10$），其中变质沉凝灰岩-变质凝灰岩中 REE 含量最高，均值为 322×10^{-6}，其次是片岩（311×10^{-6}）和混合岩化花岗岩（292×10^{-6}）。六类岩石的稀土配分相似（图 4-29），均为 LREE 富集型，显示不同程度的铕负异常，而弱风化的样品显示不同程度的铈负异常。

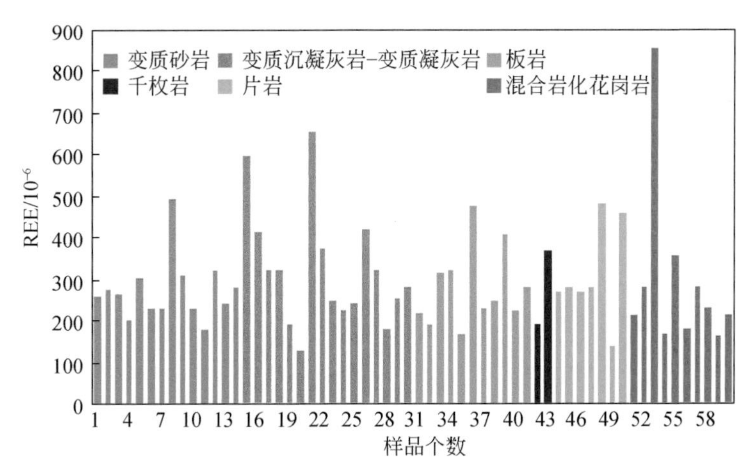

图 4-28　赣南地区变质岩样品中 REE 含量

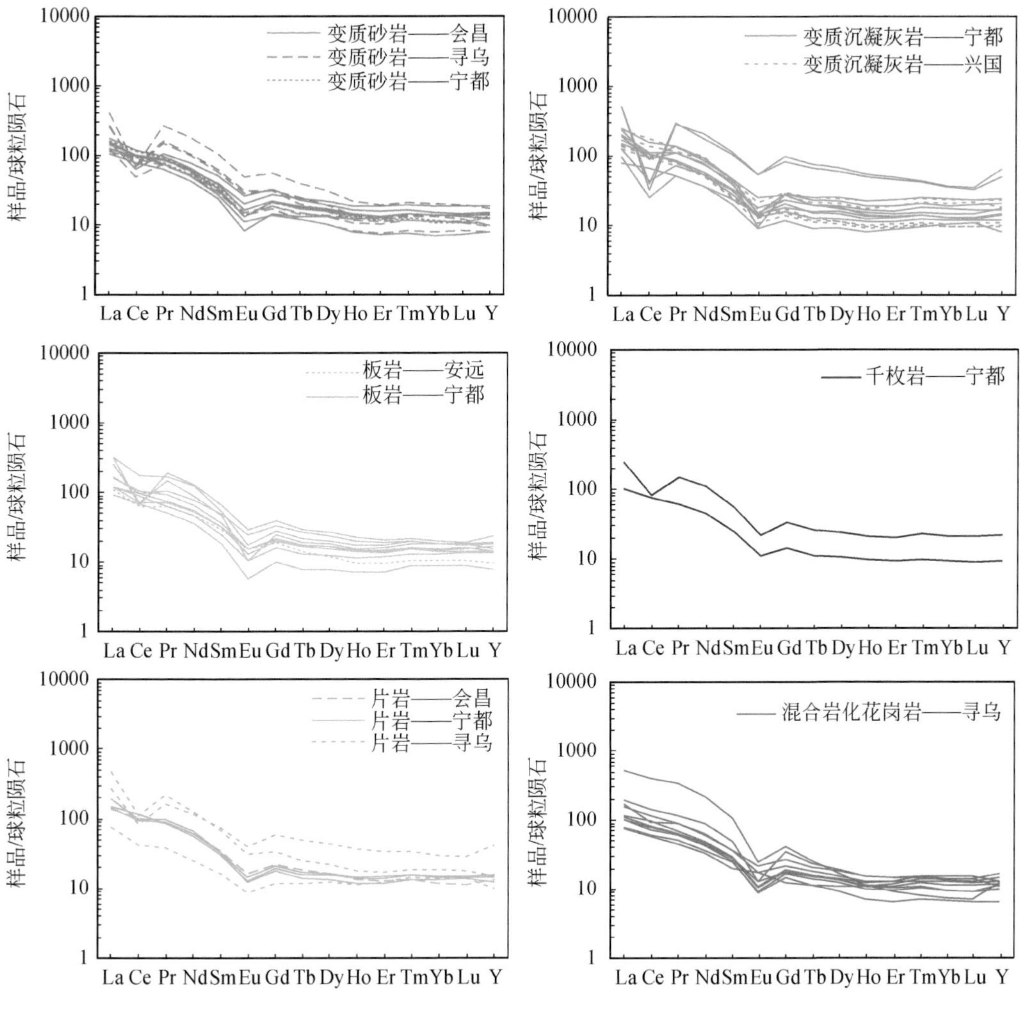

图 4-29　赣南变质岩样品的球粒陨石标准化的 REE 配分图

2. 变质岩风化壳

区域上风化壳发育差别较大，大致可划分为四类。第一类：岩石类型为变质砂岩、变质沉凝灰岩及混合岩化花岗岩地区风化壳发育，厚度在 5 ~ 10m，风化程度较高（图 4-30）。第二类：含千枚岩夹层不易风化，风化壳中也成层出现（图 4-31）。第三类：剖面上部全风化，下部为半风化-弱风化（图 4-32，图 4-33）。第四类：基本未风化。受地形地貌的影响（阳坡风化比阴坡要好）也受岩石类型的影响（变质砂岩和变质沉凝灰岩易风化，千枚岩难风化），还受后期蚀变影响（硅化强的岩石风化程度差）。通常半风化-风化程度较低的岩石，风化壳基本保留了母岩的特征，便于区别。但是风化程度较高的风化壳显示砖红色-土黄色，母岩类型难以辨识。特殊的岩石类型，如碳质千枚岩风化壳易于区分。

图 4-30　变质沉凝灰岩全风化层

图 4-31　风化壳中千枚岩夹层

图 4-32　变质砂岩的风化壳剖面

图 4-33　混合岩化花岗岩的风化壳剖面

对 52 件变质岩风化壳样品进行了稀土元素分析，稀土含量介于 130×10^{-6} ~ 1091×10^{-6}，均值为 382×10^{-6}，普遍偏低（图 4-34）。只有 7 件样品的 REE 含量大于 700×10^{-6}，2 件样品的 REE 含量高于 1000×10^{-6}。52 件样品可分为变质砂岩（$n=13$）、变质沉凝灰岩-变质凝灰岩（$n=12$）、板岩（$n=2$）、千枚岩（$n=1$）和混合岩化花岗岩（$n=24$），

其中变质沉凝灰岩–变质凝灰岩中REE含量最高，均值为475×10^{-6}，其次是混合岩化花岗岩（393×10^{-6}）和变质砂岩（314×10^{-6}），达到工业品位的风化壳样品主要是变质沉凝灰岩–变质凝灰岩和混合岩化花岗岩类风化。五类风化壳的稀土配分相似，均为LREE富集型，显示不同程度的Eu负异常（图4-35）。值得注意的是一件样品的REE配分曲线呈“海鸥”型，LREE和HREE均富集，此处风化壳也相对发育。

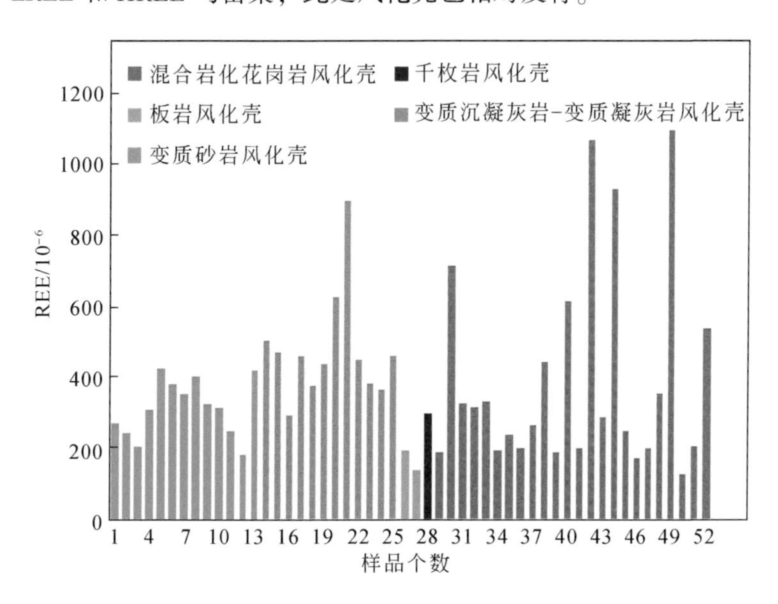

图4-34　赣南变质岩风化壳样品中REE的含量

三、成矿潜力分析

离子吸附型稀土矿床成因上具有“内生外成”的特征，即稀土矿化的母岩经过化学风化作用后稀土元素富集并成矿，矿化母岩和化学风化条件缺一不可。机械的风化作用（以四川牦牛坪稀土矿床为例）中，如氟碳铈矿这类在化学风化过程中极易风化的矿物仍然保留（李自静和刘琰，2018）。GTZ矿床矿体赋存于较厚层的变质凝灰岩和沉凝灰岩风化壳中，千枚岩和片岩出露区域风化壳往往不发育，或二者呈夹层分布在变质沉凝灰岩和变质砂岩风化壳中而破坏了风化壳的连续性。含碳质的千枚岩虽然易风化，但风化壳的厚度薄也不易形成工业矿体。变质砂岩的风化壳厚度较大，但是稀土含量变化较大，有的可成矿、有的则不成矿。这一方面可能是母岩中稀土矿物分布得不均匀，另一方面也与风化壳的发育程度有关。例如，变质石英长石砂岩中石英的含量相对较高，致使风化程度较差。目前，在GTZ矿床外围的浅变质岩系中也发现了稀土矿体。

兴国–宁都一带青白口系—南华系浅变质岩发育，出露面积广泛，其中库里组和上施组分布最为广泛、出露厚度较大（上千米）且以变质沉凝灰岩、变质凝灰岩和变质凝灰质砂岩为主，其风化壳是有利的含矿层。其次，安远–定南一带混合岩化花岗岩风化壳中REE含量较高，风化壳厚度较大。当然，除了具备矿化的母岩外，区域地形、地貌条件、

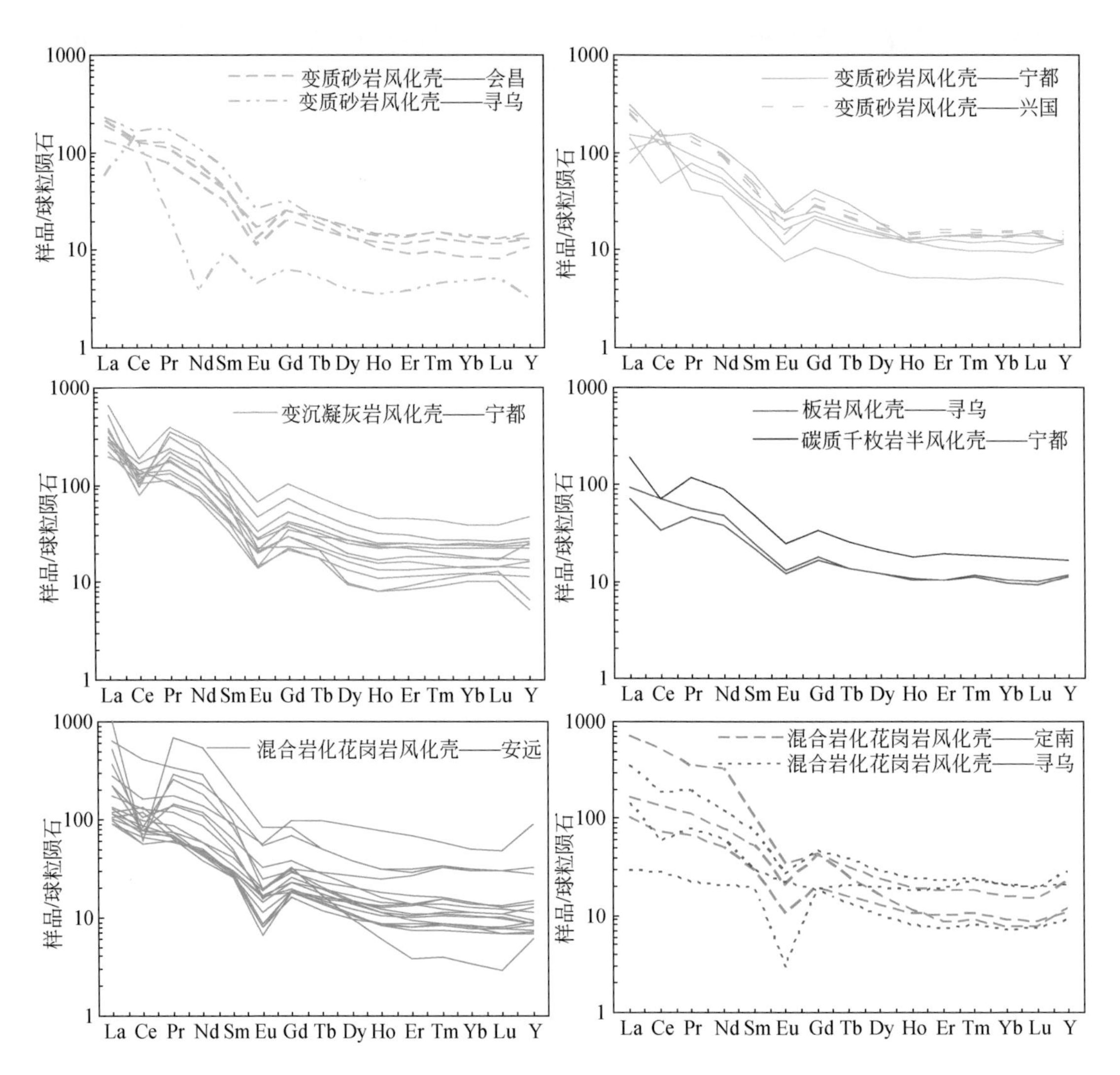

图 4-35　赣南变质岩风化壳的球粒陨石标准化 REE 配分图

风化程度也是影响稀土元素次生富集的重要因素（杨岳清等，1981；赵芝等，2017）。因此，当其风化壳具有一定厚度、风化程度适中时（不能太低也不能太高）才具有一定的稀土成矿潜力。

第四节　离子吸附型稀土矿成矿对比研究

一、热带和亚热带地区的风化壳地质特征

近年来在热带和亚热带的高海拔及高纬度地区均发现有 iRee 矿。因此，我们对不同气候区的花岗岩风化的地质特征进行了对比分析。

iRee 矿床主要分布在我国华南地区，多处于亚热带气候区，年平均气温在 16～22℃，年平均降水量在 1000～1800mm；风化壳厚度通常在 15～35m，有的风化壳厚度可达 60m；稀土含量通常在 $10n\times10^{-6}$～$1000n\times10^{-6}$，轻重稀土矿床均有，矿体的风化蚀变指数 CIA 多在 75～90（赵芝等，2017）。同样，处于亚热带气候的美国南卡罗来纳州，年平均气温为 17℃，年降水量为 1150mm，区内花岗岩风化壳厚度多在 10～20m，稀土含量为 93×10^{-6}～757×10^{-6}（Bern et al.，2017）。此外，东南亚国家 iRee 矿产也有发育，大部分地区处于热带气候，常年气温在 25～27℃，年降水量约为 2000mm；风化壳的厚度通常为 1～10m，REE 含量多为 $100n\times10^{-6}$，均为轻稀土型矿体。以老挝为例，风化壳的 CIA 明显高于华南地区，显示风化作用比华南地区彻底（Sanematsu et al.，2009）。可见，无论是风化壳的厚度还是 REE 的含量及组成，华南地区都优于东南亚国家，强烈的风化作用使稀土元素随地表水迁移流失，不利于成矿。

二、不同母岩类型的风化壳特征

2015 年赣南地质调查大队在江西省发现了浅变质岩离子吸附型稀土矿床，为成矿母岩增加了一类新成员。由于母岩类型不同，其风化壳的物质组成、稀土元素特征及开采方式也不尽相同。因此，我们对花岗岩类、火山岩和浅变质的火山–碎屑沉积岩的风化壳进行了对比研究。

①从风化壳的结构看（图 4-36），花岗岩类风化壳多为砂粒状，石英和长石等碎屑的含量较高，粒度较粗，黏结性差，透水性强，稀土离子易向下迁移，矿体常赋存于全风化层的下部。相反，火山岩和浅变质的沉凝灰岩–凝灰质砂岩的风化壳多为土状结构，石英和长石等碎屑颗粒的含量少，粒度细，透水性差，矿体常赋存于全风化层的中上部。②从风化壳中黏土矿物的类型看，花岗岩类风化壳中黏土矿物的类型多样，以高岭石、埃洛石（0.7nm）和伊利石为主。如江西 ZD 白云母碱长花岗岩风化壳剖面自上而下黏土矿物分三个带：含三水铝石带、高岭石和埃洛石（0.7nm）带及蒙脱石带（杨主明，1987）；福建同安二长花岗岩的全风化层以埃洛石为主，半风化层以高岭石为主，含少量伊利石（林友焕，1987）；广西大容山黑云母花岗岩风化壳剖面的下部，黏土矿物以伊利石为主，上部则以高岭石为主（付伟等，2018）；广西岑溪和村黑云母花岗闪长岩全风化壳剖面下部，黏土矿物以伊利石和高岭石为主，上部则以高岭石为主（张治国等，2018）。中酸性火山岩风化壳中的黏土矿物与花岗岩类似，以高岭石和埃洛石（0.7nm）为主（宋云华和沈丽璞，1982；周军明等，2018）。本书对浅变质的火山–沉积岩风化壳剖面中的黏土矿物进行了研究，结果显示表土层以伊利石为主，全风化层上部伊利石的含量略高于高岭石，全风化层下部则以高岭石为主（图 4-37）。通常，风化壳中黏土矿物的含量、类型及结构特征取决于原岩的成分及矿物的风化程度。推测，沉凝灰岩在浅变质过程中形成大量的绢云母–白云母，其风化成了伊利石。高岭石和伊利石含量的变化可能暗示了云母类和长石类矿物的风化程度不同，也可能指示基岩中两类矿物含量的不同。几种黏土矿物对稀土的吸附能力依次是蒙脱石>埃洛石>伊利石>高岭石（池汝安和王淀佐，1993）。③从风化壳中离子交换相稀土元素的组成看，花岗岩类风化壳中稀土元素配分类型齐全；火山岩风化壳

和浅变质岩类风化壳主要形成轻稀土型矿床。④从开采方式看，花岗岩类风化壳，如果天然底板（基岩）坚硬、连续及断裂裂隙不发育，矿体埋藏较浅，适宜原地浸矿；浅变质岩风化壳不宜原地浸矿，一方面由于渗透率低，大量药液注入山体会引发山体滑坡；另一方面，母岩呈层状产出，风化壳底板开放，母液不易回收。

图 4-36　风化壳的结构特征

a-江西 ZD 白云母碱长花岗岩风化壳的中粗粒砂状结构；b-广西 LT 流纹岩风化壳的土状结构；c-江西 GTZ 变质沉凝灰岩风化壳的土状结构

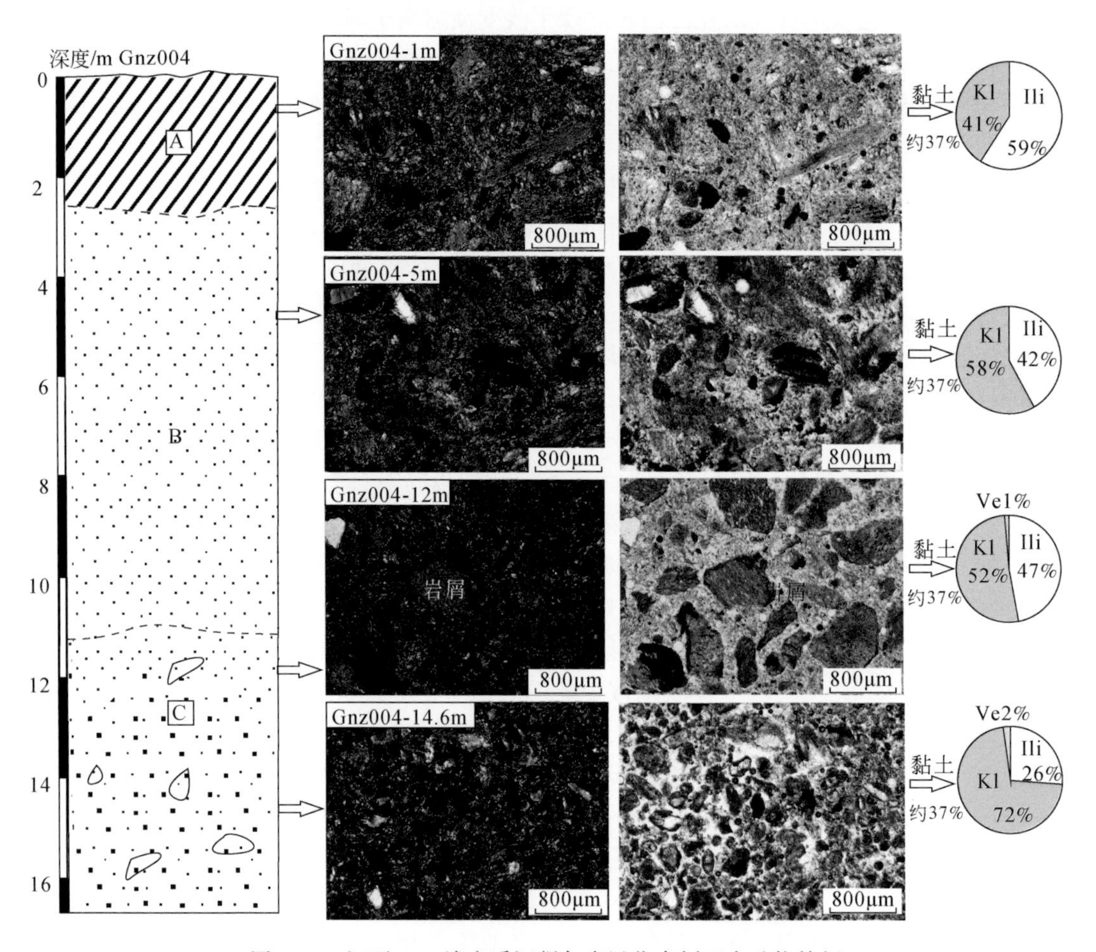

图 4-37　江西 GTZ 浅变质沉凝灰岩风化壳剖面中矿物特征

Kl-高岭石；Ili-伊利石

三、不同配分类型的稀土矿床中稀土单元素特征

20 世纪 80 年代末，前人通过对南岭众多 iRee 矿床的研究，将其划分为三类：①轻稀土矿床，LREE（La→Eu）占稀土总量的 70% 以上；②重稀土矿床，HREE（Gd→Lu，Y）占稀土总量的 70% 以上；③综合性矿床，轻重元素含量相近。由于多方面的限制，以往对稀土矿床的评价只看重组合含量，或轻稀土，或重稀土。不同的稀土元素的经济价值差别非常大，如何去寻找经济价值大的离子吸附型稀土矿床是今后考虑的方向。因此，分别认识 16 个稀土元素的地球化学行为和它们各自的价值是非常重要的。近年来，我们对广东省的 RJ 矿床和江西省的 ZD、DB 以及 ZB 矿床中的母岩、矿体和碳酸型稀土精矿（硫酸铵浸矿-草酸沉淀获得稀土产品，其 REE 含量占 40% ~50%）中的稀土单元素进行了对比研究。

这四个矿床，由母岩—风化壳—碳酸型稀土精矿，REE 类型基本保持不变，即 LREE 型母岩其精矿仍为 LREE 型，HREE 型母岩其精矿仍为 HREE 型，但各元素的配分组成发生了改变（图 4-38）。所谓的稀土元素的配分是指以稀土单元素总和计为 100% 时，单个稀土元素所占的百分比。从母岩至精矿，Ce 的配分显著降低，Eu 的配分略有增加。在轻稀土矿床中，Gd、Dy 和 Y 等重稀土元素的配分也有所增加，致使碳酸型稀土精矿中 LREE/HREE 降低。这也是华南 iRee 产品具有富 HREE 和 Eu 优势的重要原因。每个矿床中，其成矿母岩中易风化的稀土矿物的类型和含量不同，同时各稀土元素的浸出率不同，

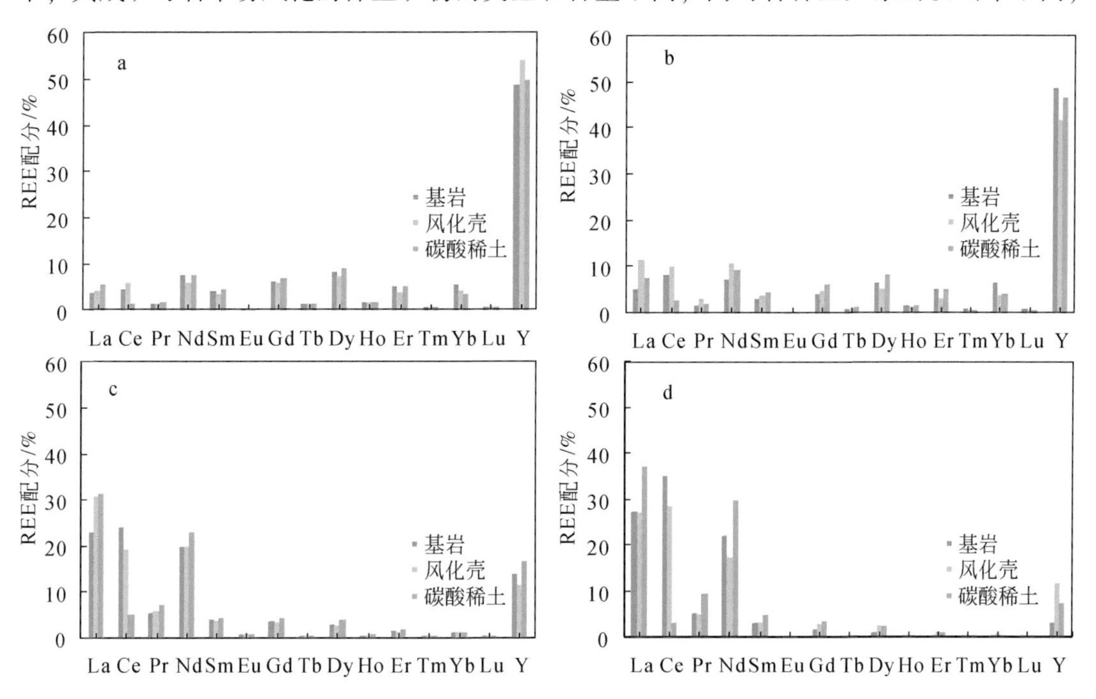

图 4-38　华南不同配分类型的稀土矿床中稀土元素配分特征

a-ZD 矿床；b-DB 矿床；c-ZB 矿床；d-RJ 矿床

很大程度上使风化壳和碳酸型稀土精矿中 REE 的配分存在差异。ZD 矿床中，从母岩至风化壳，轻稀土元素 La、Ce、Pr 及 Eu 的配分增加，Y 的配分显著增加；而轻稀土元素 Nd 和 Sm 以及重稀土元素 Dy、Ho、Er、Tm、Yb 及 Lu 的配分降低，Gd 和 Tb 的配分未发生改变。从风化壳到精矿，Ce 的配分显著降低，Yb、Lu 和 Y 的配分降低，其余元素的配分均增高。DB 矿床中，从母岩至风化壳，LREE 及 Gd 的配分增加，尤其是 La 和 Nd 的配分显著增加，Tb 的配分未发生改变，Dy→Y 的配分降低。从风化壳到精矿，La、Ce、Pr、Nd 及 Eu 的配分降低（尤其是 La 和 Ce），Sm、Gd→Y 的配分增高（尤其是 Gd、Dy、Er 和 Y）。ZB 矿床中，从母岩至风化壳，除了 Ce 和 Eu 外，其余 LREE 的配分增加，HREE 的配分略有降低。从风化壳到精矿，Ce 的配分显著降低，其余元素的配分不同程度地增加。RJ 矿床中，从母岩到风化壳，LREE 的配分略有降低，其中 Ce 和 Nd 降低程度最显著。而 HREE 的配分略有增加，其中 Y 的增加程度最大。从风化壳到精矿，Ce 和 Y 的配分显著降低，La、Pr 及 Nd 的配分显著增加（表 4-4）。

iRee 矿床的工业利用价值和经济效益很大程度上取决于矿体中离子交换相稀土的组成及品位。2019 年 1 月包头稀土交易所稀土氧化物的最高价格显示：氧化镝（9160 元/kg）、氧化铽（3515 元/kg）、氧化钕（2598 元/kg）和氧化钆（1011 元/kg）的价格较高，而氧化钐（11. 93 元/kg）和氧化镨（18. 2 元/kg）的价格较低，其余氧化物的价格在 100 ~ 437 元/kg 不等。我们的研究结果发现，碳酸型重稀土精矿中稀土含量低于碳酸型轻稀土精矿。DB HREE 矿床中 La、Ce、Pr、Nd 和 Eu 的含量高于 ZD 矿床，而 ZB LREE 矿床中 Eu 和 HREE 元素配分相对高于 RJ LREE 矿床。

第五节　本 章 小 结

离子吸附型稀土矿床自发现至今已有四十多年的历史，20 世纪八九十年代在成矿理论方面进行了大量研究，打下了坚实的基础，指导了离子吸附型稀土找矿工作。之后的二十多年，国内成矿理论研究基本进展缓慢，然而国外一直在关注此类矿床，尤其是日本，对中国、老挝、泰国、印度尼西亚等国家的花岗岩风化壳进行了大量研究。

本次研究开展了典型矿床解剖，重点岩体及变质岩风化壳中稀土成矿潜力评价，离子吸附型稀土成矿对比研究（气候、风化壳类型及稀土组成），取得了以下成果。

一、取得的主要成果

1. 典型矿床研究

通过对江西 DB 和 DT 重稀土矿床成矿母岩的岩石学、矿物学及地球化学特征研究，查明了成矿母岩的岩石类型及稀土元素的赋存状态，揭示了母岩中重稀土元素初步富集的主要地质作用。通过对风化壳的矿物学及稀土元素地球化学特征研究，查明了风化壳中稀土元素的迁移、富集规律。重稀土型花岗岩仍是寻找重稀土矿床的主要对象。

表 4-4　华南地区不同配分类型的稀土矿床中稀土元素含量表　（单位：10^{-6}）

产地	La	Ce	Pr	Nd	Sm	Eu	Gd	Tb	Dy	Ho	Er	Tm	Yb	Lu	Y	REE	LREE	HREE
ZD 基岩（n=4）	9. 61	10. 93	3. 83	18. 71	10. 80	0. 11	15. 37	3. 07	20. 63	4. 17	13. 13	1. 95	13. 66	2. 03	122. 18	250	54	196
风化壳（n=24）	41. 37	59. 77	13. 31	60. 26	33. 98	0. 46	60. 73	12. 18	72. 03	15. 53	38. 49	6. 45	40. 34	6. 21	538. 77	1000	209	791
碳酸稀土（n=10）	21958	5148	6358	30642	18234	289	27867	5281	35996	7554	21161	2675	14535	2123	199340	399160	82629	316531
DB 基岩（n=5）	9. 79	15. 68	3. 13	13. 42	5. 60	0. 17	7. 86	1. 67	12. 46	2. 76	9. 50	1. 65	12. 11	1. 89	92. 62	190	48	143
风化壳（n=4）	166. 23	143. 88	42. 08	158. 90	52. 08	4. 40	68. 10	12. 90	76. 55	17. 23	42. 13	8. 30	53. 40	8. 28	612. 50	1467	568	899
碳酸稀土（n=1）	30557	10755	8316	37619	18090	1022	25640	4723	33755	7152	21475	2867	16405	2487	192300	413160	106357	306803
ZB 基岩（n=4）	101. 93	107. 50	23. 28	88. 18	16. 85	3. 77	15. 21	2. 11	12. 07	2. 27	6. 61	0. 84	5. 38	0. 79	61. 73	448	341	107
风化壳（n=31）	404. 64	252. 13	75. 10	262. 05	48. 23	7. 61	41. 99	6. 85	33. 48	6. 26	16. 46	2. 15	13. 13	1. 90	150. 40	1322	1050	273
碳酸稀土（n=14）	143706	23351	32199	104657	20220	3217	19842	2467	17196	3024	8260	854	4525	614	76114	460247	327349	132898
RJ 基岩（n=2）	166. 50	213. 00	32. 50	134. 50	19. 00	2. 15	9. 75	1. 58	6. 00	1. 15	2. 38	0. 37	1. 74	0. 27	19. 00	610	568	42
风化壳（n=1）	290. 00	307. 00	52. 00	184. 00	33. 70	2. 91	28. 60	4. 89	24. 60	4. 31	12. 10	1. 44	8. 68	1. 27	126. 00	1082	870	212
碳酸稀土（n=1）	173971	14910	43770	139898	23110	2194	15990	1550	12050	1575	4280	356	1766	224	34200	469845	397853	71992

通过对江西 CF 稀土矿床的研究，认为部分轻稀土矿床中重稀土元素尤其是 Y 也可以富集成矿。这类矿床其成矿母岩为轻稀土型花岗岩，具有富 Y 特征，这对今后重稀土找矿指出了新方向。

2. 重要岩体及变质岩风化壳中稀土成矿潜力评价

通过遥感影像分析及野外采样分析，对大埠、三标岩体及变质岩风化壳中稀土成矿潜力进行了分析，认为 DB 和 DT 矿床外围风化壳中稀土成矿潜力较大。CF 稀土矿区外围也有一定的找矿潜力，但三标岩体大部分地区风化壳发育较差，不利于成矿。兴国-宁都一带的库里组和上施组变质沉凝灰岩、变质凝灰岩和变质凝灰质砂岩风化壳是有利的含矿层。另外，安远-定南一带混合岩化花岗岩风化壳中 REE 含量较高，风化壳厚度较大。然而，我国长期内仍无法摆脱矿山及周边环境污染和优势资源过度消耗的现状。今后，寻找经济价值大的 iRee 矿床是找矿的重要方向。

二、存在的主要问题及工作建议

近十年来，iRee 矿产找矿取得了显著进展，华南地区发现了一批大中型矿床，将助力于我国战略性新兴产业的发展。越南及缅甸发现多处 iRee 矿床，2018 年部分矿山已开始生产。但是，短期内仍无法替代华南地区稀土的重要地位。

纵观我国南方花岗岩类、火山岩类及浅变质的沉凝灰岩类风化壳，花岗岩类风化壳仍为最重要的成矿母岩类型。稀土离子在全风化层的富集是多种因素促成的结果。其中，全风化层中黏土矿物的大量存在及对稀土的不断吸附聚集是非常重要的成矿因素。今后，黏土对稀土的吸附作用研究还需继续深入。

在 HREE 矿床或 LREE 矿床中，因 REE 配分不同以及各 REE 的价格差异很大，各矿山的经济价值不同。今后，iRee 矿床的经济价值评价需按离子相单个稀土元素评价，而非以往简单的全相轻或重稀土评价。寻找经济价值大的 iRee 矿床也是今后考虑的重要问题。

第五章　浙江南部离子吸附型稀土矿调查研究进展

离子吸附型稀土（iRee）矿主要分布于我国南岭地区，浙江省虽不在南岭五省之内，但经过浙江省地勘单位三十多年的不断探索，在浙东南地区陆续发现了数个稀土矿及多个成矿远景区，填补了浙江省该类型稀土矿的找矿空白。为探究浙东南 iRee 矿床地质特征、成矿影响因素以及稀土元素运移、赋存规律，圈定成矿远景区，本次研究对区内出露的花岗斑岩型 iRee、火山岩型 iRee 以及变质岩型 iRee 进行系统采样，通过岩相学、岩石地球化学等方法对各类 iRee 剖面进行对比研究。通过对原岩中各矿物稀土元素含量的测定，查明了稀土元素主要赋存在独立的稀土矿物及少量的副矿物中，是主要的成矿物质来源；通过风化壳剖面的对比，发现稀土元素地球化学特征主要继承原岩性质，而外生作用条件使得稀土元素发生次生富集。在此研究基础上，结合前人研究工作成果，初步总结了区内离子吸附型稀土矿矿床成矿规律，并讨论下一步找矿方向。

第一节　浙江南部区域地质背景

研究区位于我国东南部浙闽交界地区以及浙西南遂昌-大柘地区，行政区划上包括浙江省丽水市庆元县以及遂昌县两地，其中庆元研究区分布有花岗斑岩风化壳 iRee 与凝灰岩风化壳 iRee，遂昌研究区为片麻岩风化壳 iRee。

庆元研究区的大地构造位置位于环太平洋构造域西岸，构造活动频繁。位于我国华夏地块武夷-云开造山系东北端，被北东向的丽水-政和-大浦断裂带贯穿（叶天竺等，2014），受此影响，多发育北东向及北北东向的压扭性断裂。东部南部为东南沿海岩浆弧，西部北部为武夷-云开弧盆系（周宗尧等，2011；樊锡银等，2015）。区内有溪谷、盆地、丘陵、低山等多种地貌，植被覆盖茂盛，属中低山区地形。研究区为亚热带季风气候，湿热多雨，四季分明，风化作用发育，利于形成 iRee 矿床。

遂昌研究区位于华夏地块东北部，位于江山-绍兴断裂带与丽水-余姚断裂带之间，多发育北东向、北西向断裂。地理位置上与庆元研究区同属浙江南部，且位于庆元研究区北部，二者相距约 115km，气候、地形方面与庆元研究区基本相同。

一、区域地层

研究区地层出露简单，主要是元古宙的变质基底、遍及全区的中生代火山岩系，以及零星分布的新生代地层。浙南前寒武系变质基底出露范围不大，大致可分为三个独立的变质岩石单元：古元古代八都群（2.05～2.40Ga）、中元古代龙泉群（1.0～1.4Ga）、中-新元古代陈蔡群（0.85～1.20Ga）。中生代火山岩系可分为早-中侏罗世毛弄组含煤地层，晚侏罗世—白垩世早期磨石山群火山岩-沉积岩系，早白垩世永康群河湖相碎屑岩及火山碎屑岩沉积地层，早白垩世晚期—晚白垩世天台群火山碎屑沉积岩。

（一）变质基底

1. 古元古代八都群

古元古代八都群（2.05～2.40Ga）是一套经历角闪岩相变质作用和强烈花岗质混合岩化作用的区域变质岩，代表了华夏地块最古老的变质结晶基底。其主要岩性为变粒岩，其次为云母片岩及少量长石石英岩和浅粒岩等。

八都群主要分布于龙泉一带，遂昌-大柘、治岭头及龙游和诸暨等地也有出露；其中，出露于遂昌-大柘一带的八都群变质岩主要岩石类型为黑云（斜长）变粒岩及黑云母片麻岩，因遭同变质期花岗质岩浆的改造而在宏观上表现为以黑云条带状混合岩类为主的混合岩系，在矿物成分、化学成分及结构构造上均呈现出花岗质片麻岩的外貌。

遂昌-大柘一带八都群主要为片麻岩，约占出露面积的90%，其余部分为麻粒岩，表明岩石普遍经历了角闪岩相变质作用，局部达到麻粒岩相。对该区片麻岩采样，其中含肉眼可见的细小石榴子石，利用 SiO_2-TiO_2 图解对变质岩进行原岩恢复，显示其原岩为沉积岩。而根据前人资料，八都群主要的变粒岩也为副变质岩，其原岩为陆源碎屑岩。

2. 中元古代龙泉群

中元古代龙泉群（1.0～1.4Ga），是一套经历高绿片岩相低温动力变质作用的变质岩系，是发育于大陆板块内部裂陷槽中的火山-沉积产物，具内硅铝造山带性质。其主要岩性为二云变粒岩-二云石英片岩、角闪岩类及大理岩等，主要出露于龙泉-庆元一带。据浙江省地矿局分析，其原岩建造为砂泥质碎屑岩（复理石）-钙碱性玄武岩-含铁硅质岩-钙质碳酸盐岩。

3. 中-新元古代陈蔡群

中-新元古代陈蔡群（0.85～1.20Ga），是一套经历了多期次区域动力-热流变质的区域变质岩系，局部遭受后期动力变质作用影响并形成糜棱岩，主要为角闪岩类、变粒岩类、片麻岩类等，大多出露于诸暨-龙泉-岱山一带（胡雄健，1993）。根据浙江省地矿局调查分析，陈蔡群为正变质岩，其中角闪质岩可能由基性为主的火山熔岩经角闪岩变质而成，而片麻岩的原岩可能是中酸性火山碎屑岩。

（二）中生代地层

研究区中生代岩浆活动始于早侏罗世，并于白垩纪早期达到顶峰，晚白垩世逐渐结束。因此区内中生代火山岩十分发育，分布极为广泛，浙江全省出露面积约 $42000km^2$（邢光福等，2002）。

中生代火山岩属陆相流纹岩-英安岩建造。其流纹质熔岩、熔结凝灰岩、凝灰岩等酸性火山岩占火山岩的61%～78%，英安质熔岩等中酸性岩类占火山岩的7.4%～24%；同时，相伴发育各种沉火山碎屑岩和火山碎屑沉积岩，与浙江全省多种金属、非金属矿产的形成有密切关系。

中生代地层自老至新依次为早-中侏罗世毛弄组，早白垩世早期磨石山群高坞组、西山头组、九里坪组，早白垩世晚期永康群朝川组。

1. 早-中侏罗世毛弄组

毛弄组火山岩出露面积不大，区内分布于左溪镇-大均镇一带，不整合下伏于磨石山群，为一套含火山碎屑岩的陆相含煤沉积地层。是古太平洋板块向华南陆块俯冲所产生的过铝质高钾钙碱性岩，主要岩性为流纹英安岩以及流纹质弱熔结凝灰岩。

根据岩性组合特征，大致可分为下、中、上三段：下段主要为紫灰色流纹英安岩，具斑状结构，斑晶为长石及少量石英、黑云母，基质为半定向分布的斜长石微晶；中段为流纹质沉凝灰岩及熔结凝灰岩，灰白色、灰绿色，具熔结凝灰结构，主要由晶屑及火山灰组成，含少量岩屑；上段为砂砾岩夹凝灰岩，砾石成分为凝灰岩，磨圆度较好。

2. 早白垩世早期磨石山群

1）高坞组

高坞组零星出露于区域西部，面积约10km^2，与上覆西山头组整合接触。为一套岩性较单一的酸性、中酸性火山碎屑岩，偶夹沉积岩、玻屑凝灰岩等。

研究区东部岩石中晶屑含量较高，粒度较粗，成分主要为浅肉红色长石与石英，基质呈现浅灰色，稀土含量较高；而西部晶屑含量相对较少，粒度较细，成分以无色的长石为主，风化后呈白色斑点状，基质呈深灰色，石英含量相对较少。

2）西山头组

西山头组在区内分布面积最广，出露约440km^2，与上覆九里坪组呈整合接触。主要岩性为酸性火山碎屑岩夹沉积岩、酸性熔岩，在冷却单元的下部，局部出现火山-沉积岩、角砾集块岩、凝灰角砾岩及凝灰岩等（卢成忠等，2006）。根据岩性组合特征，可进一步划分为两个岩性段：

西山头组一段，岩性较杂，以火山碎屑流相产物为主，岩性主要为流纹质晶屑玻屑熔结凝灰岩、流纹质玻屑熔结凝灰岩夹流纹质玻屑凝灰岩、凝灰质砂岩等；

西山头组二段，岩性极为复杂，以火山喷发沉积相、火山碎屑流相和空落相火山产物为主。以北东向五大堡-岗后洋断裂带为界，该组第二段岩性差别较大，东区以富含沉积夹层为主要特征，主体由流纹质（晶屑）玻屑凝灰岩、凝灰质砂岩、沉凝灰岩、流纹岩夹流纹质晶屑熔结凝灰岩、流纹质晶屑玻屑熔结凝灰岩组成，但岩性组合特征变化较大；西区则以空落相层状流纹质玻屑凝灰岩的发育为主要特征。总体上从东到西沉积夹层减少，玻屑凝灰岩增多。

3）九里坪组

九里坪组位于研究区东部，出露面积较小。由单一的流纹岩、球（石）泡流纹岩组成。

下部石泡含量较高，以多石泡流纹岩为主，石泡含量为50%～80%，厚约340m。中部石泡含量较少，以石泡流纹岩为主，石泡含量为10%～50%，局部发育流纹构造，厚度大于400m。上部偶含石泡，为含石泡流纹岩或流纹岩。中部、下部的石泡流纹岩、多石泡流纹岩仅出露于大头山南西侧一带，向两侧延伸不远；其余地段均以流纹岩出露为特征。地层总体倾向北东，倾角一般为15°~20°。由于岩石绿泥石化、叶蜡石化蚀变较强，局部风化较强，露头不好，冷却单元的划分较困难，根据石泡含量的变化及其结构，可初步划分为三个冷却单元。

3. 早白垩世晚期永康群

早白垩世晚期永康群朝川组分布于岩下-高大、竹坪、青竹等地，出露面积很小。与下伏西山头组二段呈角度不整合接触。其主要岩性为紫红色陆相沉积岩夹酸性火山碎屑岩。

（三）第四系

第四系鄞江桥组以河流沉积为主，岩性以砂、砂砾岩为主，以含黏土少、结构松散为特征。局部地区沉积物粗细相间，组成四个韵律，或含泥炭。主要分布于庆元县城周边、屏都-淤上一带的河谷及沟口山麓地带，具有典型的山麓区第四系特征。

二、区域构造

以江山-绍兴断裂带为界，可将浙江省划分为两个截然不同的构造单元（俞国华等，1995；俞国华，1996；余心起等，2006；杨文采，2018）。界线以北为浙西北地区，处于扬子准地台东南缘，发育中-新元古代浅变质岩、古生代沉积岩；界线以南为浙南地区，处于华南褶皱系，发育元古宙中深变质岩、中新生代火成岩；研究区为断裂带以南的浙南地区。

浙南地区与福建省毗邻，位于环太平洋构造域西侧，华夏地块武夷-云开造山系东段，江山-绍兴断裂带以南，属华南褶皱系，构造活动较为频繁（舒良树等，2006）。其中，与研究区成矿关系较为密切的是燕山期构造活动（华仁民等，2005a，2005b，2007）。这一时期，华南陆块经历了古构造应力场的转变与多次板块伸展-挤压交替演化，并伴随有岩石圈拉张-减薄，使得地幔物质上涌、地壳重熔（罗照华等，2008），由此产生了大规模的岩浆活动，形成了研究区北东（北北东）向断裂构造和火山构造的现状（罗照华，1988；周金城和陈荣，2000；孟立丰，2012）。

（一）断裂构造

区域上主要的构造类型为断裂构造，主要的断裂体系呈北东向、北北东向，其次为与之配套伴生的北西向、东西向断裂体系；另外，还发育有受北东向、北北东向构造体系派生的近南北向断裂构造。区域性断裂中，北东向断裂是重要的导矿、容矿断裂。北西向断裂是北东向断裂的次生、派生断裂，两者交切部位是重要的有利成矿地段。

1. 北北东向区域断裂

北北东向区域断裂构造可以分为两组：五大堡-岗后洋断裂带、左溪-江根断裂带，各断裂带特征如下。

1）五大堡-岗后洋断裂带

西以杨楼-五堡断裂为界，东以龙井面-大岩坑断裂为界，两者之间平行发育三条主干断裂，出露宽度约7km。该组断裂带具有明显的控岩控矿作用，断裂带东西两侧分别发育有荷地岩体和仙桃山岩体。断裂带南端的杨楼、龙井面，北端的库山一带均有中元古代变质岩出露。

2）左溪–江根断裂带

东侧西溪、木桥头、左溪一线呈现北北东向斜贯工作区，其西以后溪洋–左溪断裂为界，东以大黍–后垟断裂为界，区内长约34km，宽4.5～7.5km。其间平行发育有西溪–铁吉拗、木桥头–际下、洋坪墓–坑下、双苗尖–荷垟等多条断裂。主干断裂延伸长度22km，破碎带宽约500m。切割高坞组、西山头组、朝川组地层以及荷地岩体，影响双苗尖岩体。断裂总体走向为北东30°～50°，倾角55°～85°，总体倾向北西，局部由于断裂陡直而倾向SE。破碎带中岩石破碎，发育构造角砾岩、构造透镜体，具有硅化、绿帘石化、绿泥石化蚀变。该组断裂带区域上位于丽水–余姚深大断裂带的西缘，表明该组断裂带隶属于丽水–余姚断裂带。

2. 南北向断裂

南北向断裂分布于两组北东、北北东向断裂带之间，并与其呈锐角相交，主体具张性特征，数量有限，但规模不小，为北东向、北北东向区域性断裂之派生断裂。形成时间较北东向区域性断裂稍晚，为燕山晚期产物。

3. 北西–北西西向断裂

北西–北西西向断裂分布于五大堡和左溪一带。平面上与北东向、北北东向断裂带基本呈直角相交，并与之共同控制了工作区主要的白垩纪盆地。断裂带形成晚于北东向、北北东向断裂体系，表现出切割后者或被后者限制的特征。断裂带规模相对较小，为表壳脆性断裂，力学性质以张性为主，局部表现为压性。

1）普化寺–岗后洋断裂带

该断裂带主要位于工作区中北部五大堡一带，沿普化寺、西川、五大堡、岗后洋一线出露。由北西向–近东西向断裂组成。南东端延伸至荷地独立侵入体结束，北西端向外延伸。单条断裂延伸长为3.5～10.5km，宽20～40m。断裂总体走向北西310°，倾角70°～85°，总体倾向SW。受燕山晚期杨楼–五大堡北东向断裂带限制，断裂呈断续出现。与北东杨楼–五大堡向断裂带一起控制了深大白垩纪盆地的形成。断裂带力学性质为张性。

2）大头山–江根断裂带

该断裂带位于工作区东部，沿大头山、江根、大熟一线出现，由一系列北西向断裂组成。单条断裂延伸长度为12.5～22km，宽度为10～100m。该断裂带与北东向左溪–江根断裂带共同控制了竹坪、发竹一带的白垩纪朝川组地层。构造破碎带内岩石具绢云母化蚀变，见构造角砾岩，沿走向充填多条安山岩脉、流纹岩脉，断裂带具张性特征。其主要活动时间为燕山晚期。

（二）火山构造

晚侏罗世至早白垩世，活跃的燕山运动使得区内基底杂岩大量重熔（水涛，1981；邓晋福等，1999），并形成了巨大的火山盆地、大小不同的破火山口构造及火山穹窿构造，通过这些火山构造形成了厚层的火山岩系。

纷繁密集的火山环圈构造在空间平面上大致呈定向排布，形成连续条带，环圈常呈椭圆状，长轴多与展布方向一致。研究区多发育环圈构造及火山穹窿构造。环圈构造的形态特征与分布在不同带状空间有明显差异。火山带为宏大的穹窿与盆地构造所嵌布，尤以北北东带为著。如沿海火山构造，其长径可达百千米。在火山带间基底断裂带，则为高密度复叠小型火山构造。

在时间上，浙南火山活动较为复杂，但普遍在晚侏罗世中期保持相对宁静，间杂短促爆发，在早白垩世达到活跃高峰并于晚白垩世末期逐渐平息。前人通过大量年代学研究发现，浙东火山岩形成时代具有向沿海方向年代逐渐年轻的规律（水涛，1981）：武义-遂昌火山岩亚带（140～130Ma），丽水-上虞及龙泉-新建断裂带之间（约120Ma），向东至青田一带（119～100Ma），再向东至滨海区（90～70Ma）。

在空间上，不同方向火山带在空间方向上交接，且显示一定的活动序次，大致是北东→北北东→东西→北东。

另外，前人对数十个火山剖面进行研究统计，发现浙南火山活动形式总体以喷发为主，喷溢、侵入次之（刘惠三，1986）。

张建（1984）将丽水地区的火山岩系与再生花岗岩类、交代花岗岩类以及分异花岗岩进行对比，发现丽水-遂昌火山岩系的微量元素地球化学特征与再生花岗岩类相似，因此认为丽水-遂昌火山岩系其成因属地壳重熔。

（三）区域岩浆岩

研究区位于我国华南地区，而华南地区由多个构造带拼合而成，在聚合过程中发生过多起构造事件，因此岩浆活动较为发育。我国华南地区中生代岩浆活动始于早-中侏罗世，早白垩世活动最为活跃，于晚白垩世逐渐减弱至结束，因此，华南地区岩浆岩分布广泛（徐克勤和涂光炽，1984；陈毓川和王登红，2012）。

沿海地区早-中侏罗世发现的火山岩和侵入岩并不少见（李亚楠等，2015），如福建政和铁山地区173Ma的流纹质熔结凝灰岩以及寨背、柯树北、珠兰埠和光泽等早侏罗世A型花岗岩带（188～191Ma）（姜耀辉和王国昌，2016）；而晚侏罗世的岩浆岩则分布较少。早白垩世是中生代岩浆活动高峰期，形成了大面积的火山岩与侵入岩；晚白垩世火山活动减弱，由于板块俯冲形成弧后伸展，形成了相当规模的侵入岩。我国华南中生代强烈的岩浆活动可能与亚洲东部与西太平洋古陆的碰撞造成中国东南部强烈构造-岩浆活化有关。

区内侵入岩体大小悬殊，较大的岩体有荷地岩体、五大堡岩体、仙桃山岩体等。岩石以酸性、中酸性岩为主，局部出现中性岩类，均为燕山晚期产物。白垩纪岩体分布最为广泛，多呈岩株或岩枝产出。其中与研究密切相关的是荷地岩体。

荷地岩体位于研究区东南部荷地-岭头一带，是区内出露面积最大的岩体之一，该岩体延伸长约20km，最宽处约6km，区域出露面积约67km^2。该岩体岩性成分较为单一，主要岩性为浅灰色-浅肉红色（角闪）黑云母二长花岗斑岩、角闪黑云花岗斑岩。岩体上部往往覆盖着较为厚大的风化壳，厚度大多为0～20m，个别也可达二十余米。

第二节 花岗斑岩风化壳 iRee

花岗斑岩风化壳 iRee 矿床位于浙江省丽水市庆元县，邻近浙闽交界处。该矿床勘查历史较早，1995 年浙江第七地质大队就曾进行了稀土矿普查工作，此后陆续对矿区及周边地区进行大量工作，至 2015 年，提交了稀土矿普查报告，规模达大型。

该稀土矿产于荷地岩体风化壳中，风化壳矿体大致沿北东向展布，矿体厚度在 5m 以上，平均品位为 0.090% ~0.115%，3341 类资源量超过 1×10^5t。成矿母岩为黑云母二长花岗斑岩，成岩时间为 135Ma，属燕山晚期早白垩世岩体（图 5-1），$\varepsilon_{Hf}(t)=-15.21\sim-8.84$，岩浆源于古老地壳物质熔融。

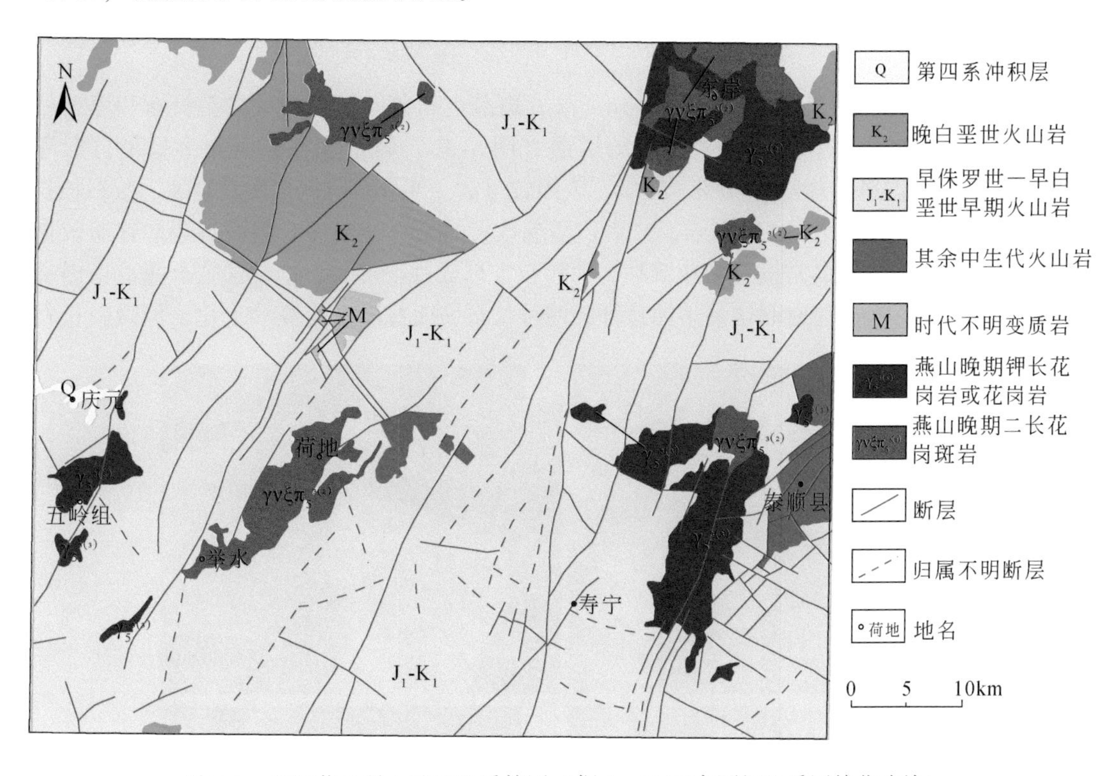

图 5-1 浙江荷地稀土矿区地质简图（据 1：20 万泰顺幅地质图简化改绘）

一、花岗斑岩

1. 地质特征

荷地花岗斑岩位于荷地-岭头一带，北东向展布，属于燕山晚期第一阶段侵入岩，呈岩株状侵入于西山头组火山岩中，延伸长约 20km，最宽处约 6km，区域出露面积约 67km²，在研究区内出露面积较大。

黑云母二长花岗斑岩（图 5-2）为肉红色，具斑状结构，块状构造，浅成酸性岩。斑晶由他形石英和白色自形斜长石、微斜长石组成，部分具熔蚀特征。斑晶粒度为 2 ~ 5mm，占全岩的 30% ~ 40%，长石斑晶多于石英斑晶。

图 5-2　浙江荷地矿区黑云母二长花岗斑岩手标本照片

正交光下可见典型斑状结构（图 5-3a ~ c），斑晶由石英、奥长石、微斜长石和黑云母组成，约占全岩的 40%。斑晶石英边缘的熔蚀（图 5-3b）特征明显，因此多呈半自形浑圆粒状，数量约占斑晶总量的 30% ~ 35%，表面较整洁，部分石英内部发育裂隙。微斜长石（图 5-3d）自形，含量略高于斜长石，二者占斑晶数量的 50% ~ 55%。斜长石斑晶普遍较自形，多为板柱状，小斑晶常发育聚片双晶，大颗粒常形成蚀变环带，内部蚀变严重。微斜长石多为半自形晶，其边缘有时也显熔蚀特征，两种长石表面普遍发生高岭土化，但微斜长石

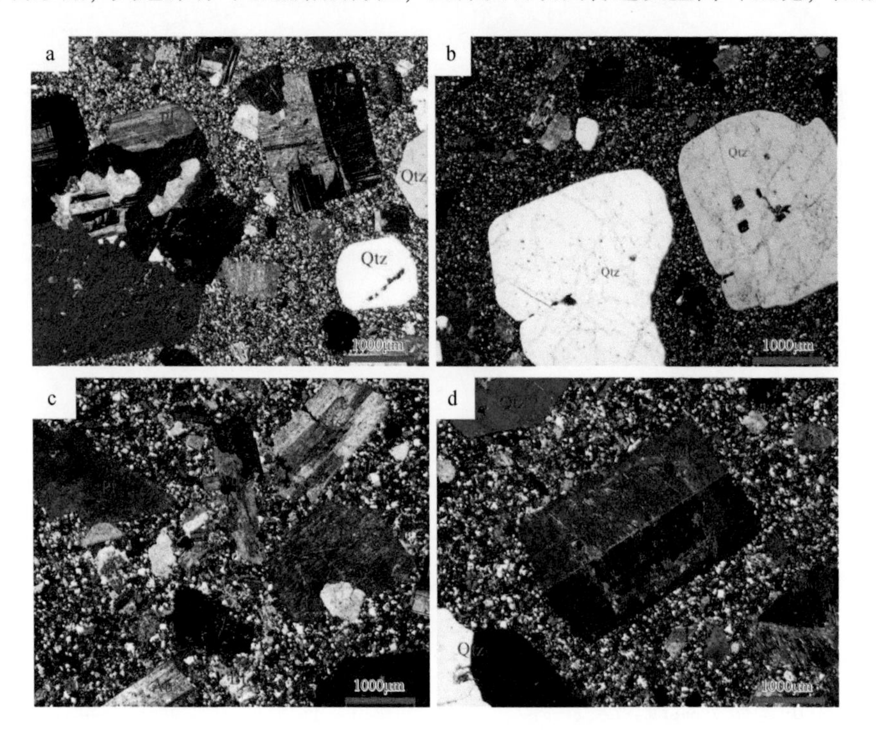

图 5-3　浙江荷地矿区黑云母二长花岗斑岩镜下结构

a-ZJLT 黑云母二长花岗斑岩（+）；b-ZJLT 黑云母二长花岗斑岩中的熔蚀石英斑晶（+）；
c-ZJLTZK 黑云母二长花岗斑岩（+）；d-ZJLTZK 黑云母二长花岗斑岩中的自形微斜长石斑晶（+）。
Qtz-石英；Pl-斜长石；Mc-微斜长石；Ab-钠长石；Kfs-钾长石；Bt-黑云母；Mt-磁铁矿

的黏土化较强，斜长石还见有浸染分布的绢云母化，微斜长石中偶见。两种长石中还出现较弱的碳酸盐化。黑云母发生蚀变，多呈板片状，数量在8%左右，普遍有褪色和铁质析出现象，大颗粒黑云母常具暗化边，部分发生绿泥石化，同时还见晚期微斜长石对其交代现象。

基质中黑云母约占5%，半自形板片状，节理发育，但被后期蚀变后节理变得弯曲。石英约占20%，他形粒状，10μm×10μm～20μm×20μm。钾长石约为15%，他形粒状，10μm×15μm～20μm×30μm。斜长石约占20%，他形粒状，10μm×10μm～20μm×30μm。此外还含少量钛铁矿、锆石、磷灰石等副矿物，以及氟碳铈矿、独居石等稀土矿物。

2. 地球化学特征

1）主量元素特征

荷地黑云母二长花岗斑岩高硅富钾，$K_2O+Na_2O=8.40\%$～9.22%，且$K_2O>Na_2O$，K_2O/Na_2O为1.211～1.337，A/CNK为1.109～1.146，为过铝质系列；赖特碱度率（A. R.）为3.36～4.22，里特曼指数$\sigma<3.3$，为钙碱性岩；分异指数（DI）为88.99%～92.46%，固结指数（SI）为2.51～6.43，表明岩浆分离结晶作用较强，岩浆分异程度较强。荷地黑云母二长花岗斑岩在SiO_2-Na_2O+K_2O图解上表现为亚碱性，在SiO_2-K_2O图中则均落在高钾钙碱性系列中（图5-4）。

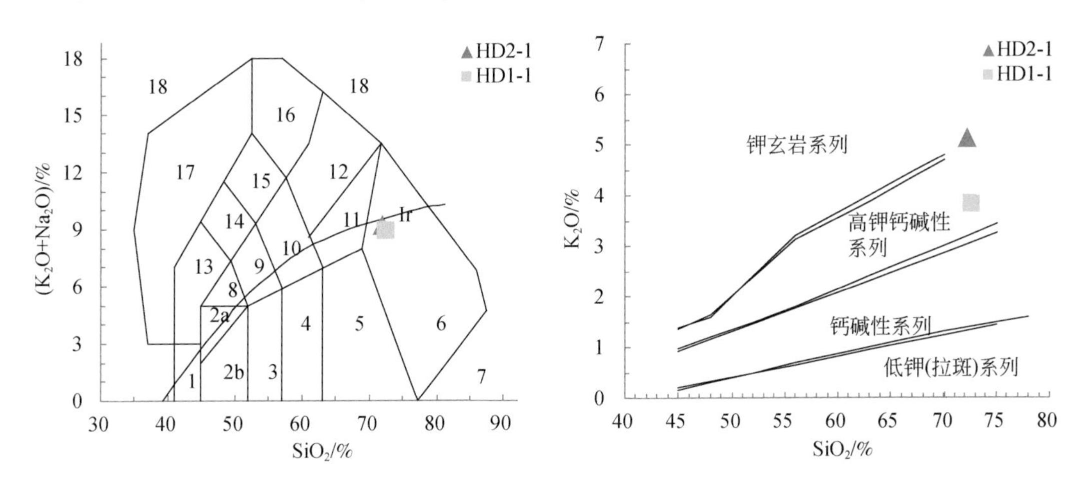

图5-4　浙江荷地黑云母二长花岗斑岩SiO_2-K_2O+Na_2O图解和SiO_2-K_2O图解

（底图据Irvine et al.，1971）

1-橄榄辉长岩；2a-碱性辉长岩；2b-亚碱性辉长岩；3-辉长闪长岩；4-闪长岩；5-花岗闪长岩；6-花岗岩；7-硅英岩；8-二长辉长岩；9-二长闪长岩；10-二长岩；11-石英二长岩；12-正长岩；13-副长石辉长岩；14-副长石二长闪长岩；15-副长石二长正长岩；16-副长正长岩；17-副长深成岩；18-霓方钠岩/磷霞岩/粗白榴岩；Ir-Irvine分界线，上方为碱性，下方为亚碱性

2）微量元素特征

花岗斑岩的微量元素蛛网图表现出谷峰迭起的曲线形式（图5-5a），普遍高Rb、Th、U、Zr、Hf、La及Ce，低Ba、Nb、Ta、Sr和Ti，表明岩浆形成过程中经历了强烈的分离结晶作用；而在原岩发生风化后，除稀土元素富集外，Nb、Ta、Zr、Hf、Ba、Ti也会存在微弱富集，而Sr则会发生强烈亏损（图5-5b）。

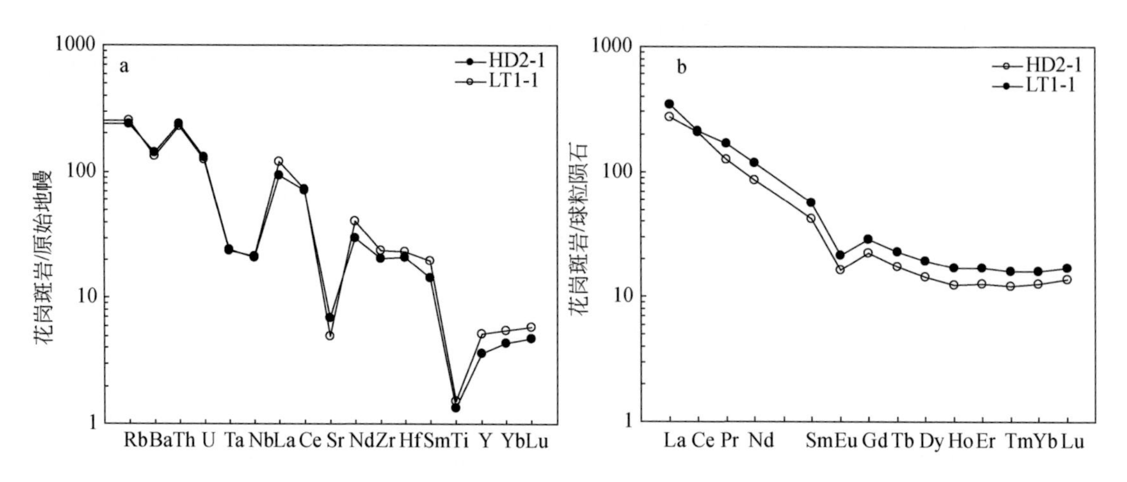

图 5-5　黑云二长花岗斑岩微量元素蛛网图（a）及稀土配分模式图（b）

3）稀土元素特征

黑云母二长花岗斑岩的$\sum$REE＝264.39×10^{-6}～310.87×10^{-6}，说明原岩稀土背景值偏高，具有一定成矿潜力。LREE/HREE＝4.41～17.16，原岩以轻稀土为主，$(La/Yb)_N$＝21.25～21.52，轻重稀土分异明显，轻稀土强烈富集，稀土配分模式为轻稀土富集，重稀土相对亏损的右倾型，图像左陡右缓（图 5-5b）；δEu≈0.50，存在 Eu 的负异常，δCe＝0.83～1.04，Ce 异常不明显。

3. *锆石 U-Pb 测年*

为了查明荷地岩体的确切形成时代，及其与西山头组火山岩围岩的时代关系，以进一步探究花岗斑岩 iRee 与凝灰岩 iRee 是否经历了大致相同的表生作用过程，本书对荷地岩体的黑云母二长花岗斑岩进行了锆石 U-Pb 测年。此次实验共分析了 50 件样品，其中 25 件样品来自地表出露的基岩锆石（样品号 ZJLT），25 件样品来自钻孔岩心锆石（样品号 ZJLTZK）。

1）测试方法

LA-ICP-MS 技术是近些年来发展最为迅速的微量元素分析技术之一，是由激光剥蚀系统和电感耦合等离子体质谱系统联用的分析方法（吴福元等，2007；徐平等，2004；谢烈文等，2008），相比于传统方法具有用样少、灵敏度高、分析速度快且相对稳定等优点，为地学领域研究做出了巨大贡献（高一鸣等，2011；刘占庆等，2016；王永磊等，2011；万浩章等，2015；王先广等，2015；张爱梅等，2010）。因此，本书采用 LA-ICP-MS 技术对研究区的 50 个样品进行微量和稀土元素进行分析用于锆石 U-Pb 定年以及 Hf 同位素分析。

在实验前，样品的选择、处理及制靶过程参见侯可军等（2007）的处理过程。本书的锆石 U-Pb 年龄及 Hf 同位素测试是在中国地质科学院矿产资源研究所 LA-ICP-MS 实验室完成，所用仪器为美国的 Newwave UP213 激光剥蚀系统，后接德国 Finnigan Neptune 型 LA-ICP-MS 进行分析。

由于 LA-ICP-MS 具有质量分馏大的缺点，因此必须用标样进行校正（靳新娣等，

2010）。此次实验的锆石年龄标准物质为 SRM 612、锆石 91500 及锆石 Plesovice。测试时，首先用 1 次 SRM 612 和 3 次 Plesovice 锆石进行仪器调试及外标校正；然后每 10 个锆石样品数据，前后各有 2 个锆石 91500 及 2 个锆石 Plesovice 标样；最后测试结束时，用 SRM 612 测试 1 次，再用 91500 标样、锆石 Plesovice 分别进行 2 次试验。采用线性内插法（锆石 91500 的数据）对所得的 50 个样品实验数据进行校正，使用 ICP-MS DataCal 8.3 对数据进行处理，再作锆石 U-Pb 年龄计算。

2）锆石 CL 图像及测试数据

所挑锆石为浅棕色到浅褐色，透明至半透明，多为短柱状，长宽比为 1∶1～3∶1，自形–半自形。锆石阴极发光图像（图 5-6）可见明显的锆石震荡环带结构，具典型的岩浆锆石特征。两种锆石样品的特征及 U-Pb 定年数据见表 5-1，具体特征如下。

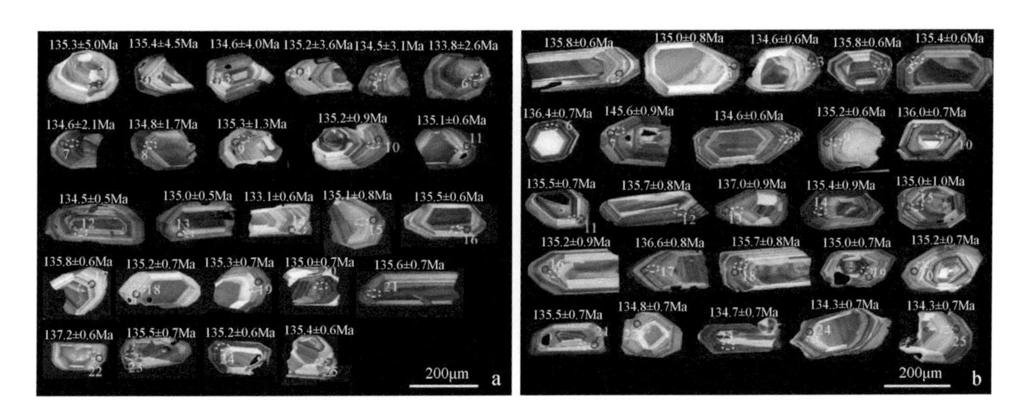

图 5-6　庆元地区黑云母二长花岗斑岩的锆石阴极发光图像和 LA-ICP-MS 分析点位

a-ZJLT 的 25 个锆石颗粒；b-ZJLTZK 的 25 个锆石颗粒；

红色实线圆–锆石 U-Pb 年龄测试点；黄色虚线椭圆–锆石 Hf 同位素测试点

（1）黑云母二长花岗斑岩（样品号 ZJLT）：对研究区 25 个地表样品进行分析，$w(\mathrm{Th})=88.56\times10^{-6}\sim726.72\times10^{-6}$，$w(\mathrm{U})=124.77\times10^{-6}\sim509.49\times10^{-6}$，其 Th/U 为 0.63～1.57，均大于 0.40，大多在 1.00 附近，符合岩浆锆石特征。其中 ZJLT-6、ZJLT-8、ZJLT-14、ZJLT-16、ZJLT-22、ZJLT-23 这 6 个锆石颗粒的实验数据偏离谐和曲线较大而未参与计算，其余 19 个锆石颗粒的 $^{206}\mathrm{Pb}/^{238}\mathrm{U}$ 年龄为 135.18±0.18Ma（1σ，$n=19$，MSWD=2.0），谐和度较好，加权平均年龄为 135.15±0.35Ma（95% 置信度，MSWD=0.20）（图 5-7a），峰值在 135Ma 附近，属于燕山晚期早白垩世岩浆活动产物。

（2）黑云母二长花岗斑岩（样品号 ZJLTZK）：该组锆石颗粒取自岩心，样品较新鲜。对采集的 25 个锆石颗粒进行分析，$w(\mathrm{Th})=91.22\times10^{-6}\sim498.36\times10^{-6}$，$w(\mathrm{U})=62.86\times10^{-6}\sim571.91\times10^{-6}$，其 Th/U 为 0.56～1.47，均大于 0.4，亦证明为岩浆锆石。其中，ZJLTZK-3、ZJLTZK-7、ZJLTZK-14、ZJLTZK-19、ZJLTZK-23、ZJLTZK-24、ZJLTZK-25 这 7 组实验数据偏离谐和线较大，未参与计算。剩余 18 个锆石颗粒的 $^{206}\mathrm{Pb}/^{238}\mathrm{U}$ 谐和年龄为 135.46±0.16Ma（1σ，$n=18$，MSWD=2.5），加权平均年龄为 135.54±0.33Ma（95% 置信度，MSWD=0.74）（图 5-7b），峰值在 135Ma 附近，也属于燕山晚期早白垩世岩浆活动产物。

表 5-1　浙江庆元黑云母二长花岗斑岩 LA-ICP-MS 锆石特征及 U-Pb 定年数据

样品号	$w_B/10^{-6}$		$w(^{232}Th)/w(^{238}U)$	同位素比值						年龄/Ma					
	^{232}Th	^{238}U		$^{207}Pb/^{206}Pb$		$^{207}Pb/^{235}U$		$^{206}Pb/^{238}U$		$^{207}Pb/^{206}Pb$		$^{207}Pb/^{235}U$		$^{206}Pb/^{238}U$	
				R_w	1σ	R_w	1σ	R_w	1σ	t	1σ	t	1σ	t	1σ
ZJLT 荷地岩体地表样品															
ZJLT-1	156. 04	151. 62	1. 03	0. 04864	0. 00326	0. 14276	0. 01233	0. 02121	0. 00079	131. 57	148. 12	135. 50	10. 96	135. 27	4. 96
ZJLT-2	527. 09	382. 57	1. 38	0. 04858	0. 00253	0. 14210	0. 01004	0. 02123	0. 00071	127. 87	-72. 22	134. 91	8. 92	135. 45	4. 49
ZJLT-3	115. 88	130. 55	0. 89	0. 04787	0. 00322	0. 14157	0. 01287	0. 02110	0. 00064	100. 09	155. 53	134. 44	11. 45	134. 62	4. 03
ZJLT-4	88. 56	124. 77	0. 71	0. 04783	0. 00262	0. 14127	0. 01060	0. 02119	0. 00057	100. 09	116. 65	134. 17	9. 43	135. 17	3. 59
ZJLT-5	177. 00	260. 88	0. 68	0. 04865	0. 00178	0. 14141	0. 00698	0. 02108	0. 00049	131. 57	85. 17	164. 30	6. 21	134. 46	3. 07
ZJLT-6	172. 85	250. 93	0. 69	0. 04819	0. 00233	0. 14085	0. 00895	0. 02098	0. 00041	109. 35	111. 09	133. 80	7. 97	133. 83	2. 61
ZJLT-7	326. 78	425. 51	0. 77	0. 04858	0. 00122	0. 14130	0. 00481	0. 02110	0. 00034	127. 87	54. 63	134. 20	4. 28	134. 61	2. 15
ZJLT-8	380. 99	326. 27	1. 17	0. 04832	0. 00100	0. 14066	0. 00387	0. 02113	0. 00027	122. 31	48. 14	133. 63	3. 45	134. 77	1. 72
ZJLT-9	133. 01	171. 31	0. 78	0. 04866	0. 00116	0. 14239	0. 00402	0. 02121	0. 00020	131. 57	55. 55	135. 17	3. 57	135. 27	1. 28
ZJLT-10	240. 24	262. 64	0. 91	0. 04837	0. 00103	0. 14152	0. 00343	0. 02120	0. 00014	116. 76	51. 85	134. 40	3. 05	135. 22	0. 86
ZJLT-11	151. 56	214. 34	0. 71	0. 04856	0. 00102	0. 14177	0. 00318	0. 02117	0. 00009	127. 87	50. 00	134. 62	2. 82	135. 08	0. 59
ZJLT-12	177. 55	269. 04	0. 66	0. 04867	0. 00029	0. 14135	0. 00090	0. 02108	0. 00008	131. 57	14. 81	134. 24	0. 80	134. 48	0. 53
ZJLT-13	166. 17	245. 41	0. 68	0. 04866	0. 00024	0. 14189	0. 00085	0. 02116	0. 00008	131. 57	11. 11	134. 73	0. 76	135. 00	0. 51
ZJLT-14	140. 14	173. 41	0. 81	0. 04855	0. 00261	0. 14098	0. 00790	0. 02086	0. 00010	127. 87	127. 76	133. 91	7. 03	133. 10	0. 64
ZJLT-15	173. 76	200. 03	0. 87	0. 04695	0. 00365	0. 14170	0. 01210	0. 02118	0. 00013	55. 65	177. 75	134. 56	10. 76	135. 11	0. 83
ZJLT-16	219. 11	349. 00	0. 63	0. 04814	0. 00022	0. 14096	0. 00096	0. 02124	0. 00010	105. 65	11. 11	133. 90	0. 85	135. 49	0. 60
ZJLT-17	111. 73	147. 56	0. 76	0. 04868	0. 00053	0. 14285	0. 00172	0. 02129	0. 00010	131. 57	30. 55	135. 58	1. 53	135. 78	0. 64
ZJLT-18	137. 29	178. 96	0. 77	0. 04890	0. 00058	0. 14291	0. 00200	0. 02119	0. 00010	142. 68	23. 15	135. 63	1. 78	135. 16	0. 65
ZJLT-19	194. 41	211. 85	0. 92	0. 04852	0. 00033	0. 14185	0. 00123	0. 02121	0. 00011	124. 16	16. 67	134. 69	1. 10	135. 28	0. 67
ZJLT-20	356. 21	509. 49	0. 70	0. 04864	0. 00024	0. 14182	0. 00103	0. 02115	0. 00011	131. 57	11. 11	134. 66	0. 92	134. 93	0. 71
ZJLT-21	311. 98	375. 28	0. 83	0. 04875	0. 00050	0. 14288	0. 00176	0. 02125	0. 00011	200. 08	22. 22	135. 61	1. 57	135. 56	0. 67
ZJLT-22	146. 80	217. 32	0. 68	0. 04879	0. 00086	0. 14480	0. 00272	0. 02152	0. 00010	200. 08	47. 22	137. 31	2. 41	137. 24	0. 61
ZJLT-23	192. 26	292. 32	0. 66	0. 04886	0. 00051	0. 14333	0. 00198	0. 02124	0. 00010	142. 68	24. 07	136. 01	1. 76	135. 52	0. 65
ZJLT-24	726. 72	462. 89	1. 57	0. 04862	0. 00024	0. 14210	0. 00094	0. 02120	0. 00009	127. 87	12. 96	134. 91	0. 84	135. 24	0. 55
ZJLT-25	117. 07	156. 68	0. 75	0. 04849	0. 00029	0. 14189	0. 00109	0. 02122	0. 00009	124. 16	45. 36	134. 73	0. 97	135. 39	0. 58

续表

样品号	$w_B/10^{-6}$		$w(^{232}Th)/w(^{238}U)$	同位素比值						年龄/Ma					
	^{232}Th	^{238}U		$^{207}Pb/^{206}Pb$		$^{207}Pb/^{235}U$		$^{206}Pb/^{238}U$		$^{207}Pb/^{206}Pb$		$^{207}Pb/^{235}U$		$^{206}Pb/^{238}U$	
				R_w	1σ	R_w	1σ	R_w	1σ	t	1σ	t	1σ	t	1σ
ZJLTZK 荷地岩体岩心样品															
ZJLTZK-1	139. 38	153. 50	0. 91	0. 04855	0. 00036	0. 14251	0. 00128	0. 02129	0. 00009	127. 87	16. 67	135. 27	1. 13	135. 80	0. 59
ZJLTZK-2	128. 30	116. 84	1. 10	0. 04818	0. 00313	0. 14338	0. 01041	0. 02115	0. 00012	109. 35	144. 42	136. 05	9. 24	134. 91	0. 75
ZJLTZK-3	168. 28	197. 40	0. 85	0. 04886	0. 00071	0. 14198	0. 00213	0. 02110	0. 00010	142. 68	35. 18	134. 81	1. 89	134. 58	0. 63
ZJLTZK-4	393. 42	354. 75	1. 11	0. 04910	0. 00036	0. 14404	0. 00120	0. 02129	0. 00010	153. 79	-15. 74	136. 64	1. 06	135. 79	0. 60
ZJLTZK-5	184. 96	330. 68	0. 56	0. 04895	0. 00056	0. 14312	0. 00177	0. 02122	0. 00010	146. 38	27. 78	135. 82	1. 57	135. 39	0. 65
ZJLTZK-6	367. 68	318. 25	1. 16	0. 04877	0. 00027	0. 14368	0. 00106	0. 02139	0. 00011	200. 08	12. 96	136. 32	0. 94	136. 43	0. 66
ZJLTZK-7	135. 59	208. 33	0. 65	0. 04788	0. 00301	0. 15254	0. 01010	0. 02285	0. 00014	100. 09	135. 16	144. 15	8. 89	145. 65	0. 87
ZJLTZK-8	271. 99	333. 27	0. 82	0. 04894	0. 00087	0. 14216	0. 00263	0. 02110	0. 00009	146. 38	42. 59	134. 97	2. 34	134. 63	0. 57
ZJLTZK-9	259. 46	251. 54	1. 03	0. 04896	0. 00042	0. 14282	0. 00144	0. 02120	0. 00010	146. 38	20. 37	135. 55	1. 28	135. 22	0. 64
ZJLTZK-10	266. 39	234. 01	1. 14	0. 04886	0. 00104	0. 14361	0. 00357	0. 02132	0. 00011	142. 68	45. 37	136. 25	3. 17	136. 00	0. 69
ZJLTZK-11	254. 54	268. 36	0. 95	0. 04913	0. 00058	0. 14361	0. 00194	0. 02125	0. 00011	153. 79	30. 55	136. 25	1. 72	135. 53	0. 71
ZJLTZK-12	192. 32	148. 85	1. 29	0. 04909	0. 00045	0. 14346	0. 00155	0. 02127	0. 00012	153. 79	20. 37	136. 12	1. 37	135. 68	0. 79
ZJLTZK-13	338. 36	297. 58	1. 14	0. 04867	0. 00112	0. 14418	0. 00385	0. 02148	0. 00014	131. 57	53. 70	136. 76	3. 41	136. 98	0. 86
ZJLTZK-14	498. 36	571. 91	0. 87	0. 04823	0. 00023	0. 14070	0. 00139	0. 02122	0. 00014	109. 35	11. 11	133. 67	1. 24	135. 38	0. 91
ZJLTZK-15	253. 10	235. 60	1. 07	0. 04904	0. 00086	0. 14280	0. 00308	0. 02115	0. 00016	150. 09	40. 74	135. 53	2. 74	134. 94	1. 00
ZJLTZK-16	321. 10	237. 96	1. 35	0. 04909	0. 00035	0. 14301	0. 00159	0. 02120	0. 00014	153. 79	-15. 74	135. 72	1. 42	135. 24	0. 87
ZJLTZK-17	339. 28	376. 90	0. 90	0. 04873	0. 00056	0. 14353	0. 00208	0. 02142	0. 00013	200. 08	25. 92	136. 18	1. 84	136. 65	0. 83
ZJLTZK-18	212. 68	255. 76	0. 83	0. 04863	0. 00035	0. 14222	0. 00157	0. 02127	0. 00012	131. 57	12. 04	135. 02	1. 39	135. 67	0. 78
ZJLTZK-19	262. 79	265. 14	0. 99	0. 04885	0. 00061	0. 14198	0. 00203	0. 02115	0. 00011	138. 98	29. 63	134. 81	1. 80	134. 92	0. 71
ZJLTZK-20	166. 39	162. 52	1. 02	0. 04880	0. 00129	0. 14266	0. 00425	0. 02119	0. 00011	138. 98	61. 11	135. 41	3. 78	135. 16	0. 72
ZJLTZK-21	190. 93	222. 44	0. 86	0. 04877	0. 00046	0. 14249	0. 00179	0. 02124	0. 00011	200. 08	22. 22	135. 26	1. 59	135. 47	0. 68
ZJLTZK-22	91. 22	62. 86	1. 45	0. 04911	0. 00040	0. 14266	0. 00153	0. 02113	0. 00012	153. 79	-13. 89	135. 41	1. 36	134. 79	0. 74
ZJLTZK-23	384. 53	260. 98	1. 47	0. 04882	0. 00046	0. 14191	0. 00186	0. 02111	0. 00011	138. 98	22. 22	134. 74	1. 66	134. 66	0. 68
ZJLTZK-24	207. 77	144. 16	1. 44	0. 04888	0. 00157	0. 14225	0. 00509	0. 02105	0. 00011	142. 68	75. 92	135. 04	4. 53	134. 29	0. 69
ZJLTZK-25	289. 64	305. 55	0. 95	0. 04890	0. 00033	0. 14160	0. 00139	0. 02106	0. 00010	142. 68	19. 44	134. 47	1. 24	134. 34	0. 66

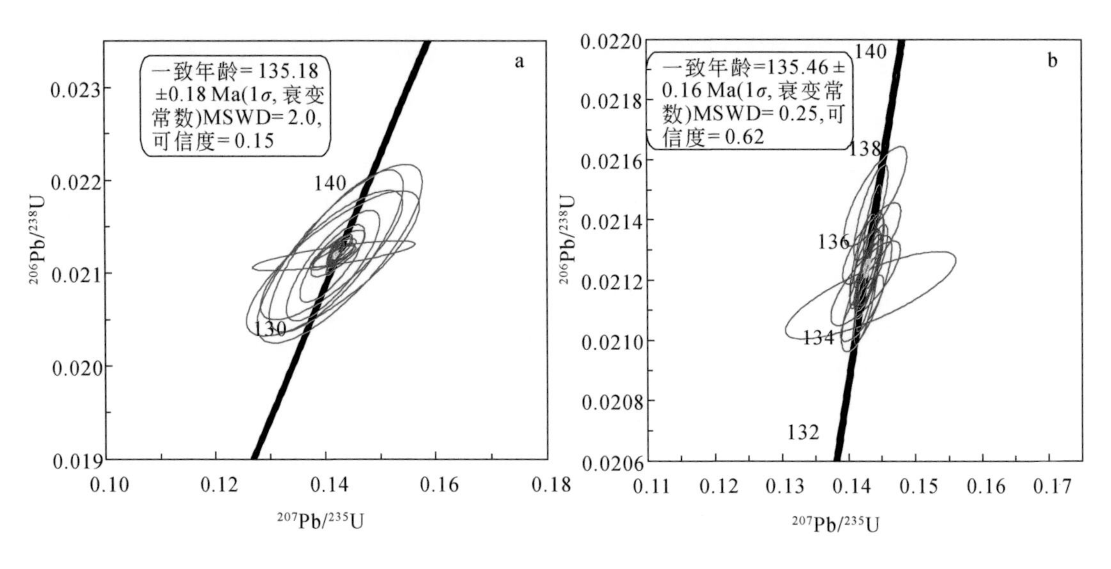

图 5-7　黑云母二长花岗斑岩 ZJLT（a）和 ZJLTZK（b）的锆石 U-Pb 年龄

4. Hf 同位素特征

Hf 同位素的模式年龄能够反映岩浆从地幔中分离出的时间，也能反映花岗质岩浆从岩浆源区分异的大致时间。因此，Hf 同位素不仅可以与 Lu 共同构成 Lu-Hf 体系进行定年，而且通过$^{176}Hf/^{177}Hf$ 与 $\varepsilon_{Hf}(t)$ 的计算，我们还可以判断是否为新生的地壳源区（Peter and Roland，2003；李献华等，2003，2009；吴福元等，2007）：$\varepsilon_{Hf}(t)<0$ 反映来源于古老地壳的重熔，$\varepsilon_{Hf}(t)>0$ 反映来源于新生地壳的重熔。

研究区锆石 Hf 同位素数据分析见表 5-2（Hf 同位素数据表中全部列出，但是讨论时只考虑了符合要求的 19+18=37 个点位）。样品$^{176}Lu/^{177}Hf$ 均小于 0.002，表明锆石形成后，放射性成因 Hf 的积累含量很少，可以初始$^{176}Hf/^{177}Hf$ 表示锆石形成时的$^{176}Hf/^{177}Hf$。

表 5-2　浙江庆元黑云母二长花岗斑岩的锆石 Hf 同位素数据分析

样品	U-Pb 年龄	R_w（$^{176}Hf/^{177}Hf$）	2σ	R_w（$^{176}Lu/^{177}Hf$）	2σ	$\varepsilon_{Hf}(t)$	T_{DM1}	T_{DM2}	$f_{Lu/Hf}$
ZJLT 荷地岩体地表样品									
ZJLT-1	135. 27	0. 282438	0. 000021	0. 000665	0. 000002	−8. 84	1139	2423	−0. 98
ZJLT-2	135. 45	0. 282294	0. 000018	0. 000831	0. 000024	−13. 95	1345	2881	−0. 97
ZJLT-3	134. 62	0. 282325	0. 000017	0. 001012	0. 000037	−12. 87	1307	2784	−0. 97
ZJLT-4	135. 17	0. 282323	0. 000016	0. 000878	0. 000003	−12. 91	1305	2788	−0. 97
ZJLT-5	134. 46	0. 282303	0. 000016	0. 001054	0. 000006	−13. 65	1339	2853	−0. 97
ZJLT-6	133. 83	0. 282278	0. 000017	0. 001146	0. 000009	−14. 55	1377	2933	−0. 97
ZJLT-7	134. 61	0. 282365	0. 000016	0. 001179	0. 000026	−11. 46	1256	2657	−0. 96
ZJLT-8	134. 77	0. 282310	0. 000017	0. 001193	0. 000014	−13. 40	1334	2831	−0. 96
ZJLT-9	135. 27	0. 282372	0. 000015	0. 001112	0. 000010	−11. 20	1244	2634	−0. 97

续表

样品	U-Pb 年龄	R_w ($^{176}Hf/^{177}Hf$)	2σ	R_w ($^{176}Lu/^{177}Hf$)	2σ	$\varepsilon_{Hf}(t)$	T_{DM1}	T_{DM2}	$f_{Lu/Hf}$
ZJLT-10	135.22	0.282307	0.000018	0.001366	0.000016	−13.48	1343	2839	−0.96
ZJLT-11	135.08	0.282314	0.000017	0.001098	0.000007	−13.24	1325	2817	−0.97
ZJLT-12	134.48	0.282299	0.000015	0.001051	0.000006	−13.80	1345	2866	−0.97
ZJLT-13	135.00	0.282311	0.000014	0.001275	0.000004	−13.36	1335	2827	−0.96
ZJLT-14	133.10	0.282322	0.000015	0.001445	0.000025	−13.01	1325	2795	−0.96
ZJLT-15	135.11	0.282276	0.000014	0.000945	0.000009	−14.59	1373	2937	−0.97
ZJLT-16	135.49	0.282259	0.000016	0.001297	0.000013	−15.19	1409	2991	−0.96
ZJLT-17	135.78	0.282317	0.000014	0.001117	0.000005	−13.11	1321	2806	−0.97
ZJLT-18	135.16	0.282328	0.000014	0.000890	0.000003	−12.74	1299	2773	−0.97
ZJLT-19	135.28	0.282337	0.000016	0.000730	0.000005	−12.43	1282	2745	−0.98
ZJLT-20	134.93	0.282303	0.000014	0.001544	0.000004	−13.64	1355	2852	−0.95
ZJLT-21	135.56	0.282296	0.000014	0.001265	0.000024	−13.87	1356	2874	−0.96
ZJLT-22	137.24	0.282303	0.000016	0.001025	0.000001	−13.60	1339	2850	−0.97
ZJLT-23	135.52	0.282291	0.000014	0.000839	0.000006	−14.06	1350	2891	−0.97
ZJLT-24	135.24	0.282321	0.000017	0.001188	0.000017	−12.97	1317	2793	−0.96
ZJLT-25	135.39	0.282315	0.000017	0.001323	0.000004	−13.19	1330	2812	−0.96
ZJLTZK 荷地岩体岩心样品									
ZJLTZK-1	135.80	0.282358	0.000014	0.001133	0.000002	−11.68	1265	2678	−0.97
ZJLTZK-2	134.91	0.282309	0.000013	0.000695	0.000010	−13.43	1320	2834	−0.98
ZJLTZK-3	134.58	0.282333	0.000016	0.000671	0.000012	−12.59	1286	2759	−0.98
ZJLTZK-4	135.79	0.282287	0.000014	0.001750	0.000021	−14.19	1385	2901	−0.95
ZJLTZK-5	135.39	0.282316	0.000014	0.001160	0.000013	−13.16	1324	2810	−0.97
ZJLTZK-6	136.43	0.282324	0.000015	0.001508	0.000012	−12.86	1324	2783	−0.95
ZJLTZK-7	145.65	0.282334	0.000015	0.001187	0.000010	−12.30	1299	2740	−0.96
ZJLTZK-8	134.63	0.282259	0.000012	0.001077	0.000009	−15.21	1402	2993	−0.97
ZJLTZK-9	135.22	0.282303	0.000015	0.000633	0.000008	−13.61	1325	2851	−0.98
ZJLTZK-10	136.00	0.282361	0.000014	0.001038	0.000008	−11.57	1258	2668	−0.97
ZJLTZK-11	135.53	0.282273	0.000014	0.001679	0.000063	−14.68	1402	2945	−0.95
ZJLTZK-12	135.68	0.282319	0.000015	0.001442	0.000005	−13.06	1329	2801	−0.96
ZJLTZK-13	136.98	0.282350	0.000015	0.001177	0.000024	−11.92	1277	2701	−0.96
ZJLTZK-14	135.38	0.282301	0.000016	0.001049	0.000009	−13.68	1341	2856	−0.97
ZJLTZK-15	134.94	0.282290	0.000014	0.000942	0.000019	−14.09	1353	2892	−0.97
ZJLTZK-16	135.24	0.282369	0.000015	0.000800	0.000013	−11.28	1239	2642	−0.98
ZJLTZK-17	136.65	0.282325	0.000013	0.001011	0.000007	−12.83	1307	2781	−0.97
ZJLTZK-18	135.67	0.282315	0.000015	0.001021	0.000009	−13.19	1321	2813	−0.97

续表

样品	U-Pb 年龄	R_w（$^{176}Hf/^{177}Hf$）	2σ	R_w（$^{176}Lu/^{177}Hf$）	2σ	$\varepsilon_{Hf}(t)$	T_{DM1}	T_{DM2}	$f_{Lu/Hf}$
ZJLTZK-19	134. 92	0. 282301	0. 000016	0. 001585	0. 000013	−13. 71	1359	2858	−0. 95
ZJLTZK-20	135. 16	0. 282340	0. 000014	0. 001018	0. 000028	−12. 31	1286	2734	−0. 97
ZJLTZK-21	135. 47	0. 282355	0. 000014	0. 000970	0. 000009	−11. 80	1264	2688	−0. 97
ZJLTZK-22	134. 79	0. 282385	0. 000017	0. 000729	0. 000005	−10. 73	1215	2593	−0. 98
ZJLTZK-23	134. 66	0. 282334	0. 000017	0. 001417	0. 000021	−12. 53	1306	2753	−0. 96
ZJLTZK-24	134. 29	0. 282413	0. 000014	0. 000825	0. 000012	−9. 75	1178	2504	−0. 98
ZJLTZK-25	134. 34	0. 282317	0. 000015	0. 000821	0. 000003	−13. 16	1313	2809	−0. 98

黑云母二长花岗斑岩样品的岩浆锆石的$^{176}Hf/^{177}Hf$分布范围为 0. 282259 ~ 0. 282438，$\varepsilon_{Hf}(t)$ 均为负值（图 5-8a），范围为−15. 19 ~ −8. 84，峰值为−14. 00 ~ −13. 50，变化范围较小，Hf 的二阶段模式年龄（T_{DM_2}）为 2423 ~ 2991Ma，因此锆石 U-Pb 年龄远小于其 Hf 的二阶段模式年龄；而在 t-$\varepsilon_{Hf}(t)$ 图解中（图 5-9），样品点主要落在上地壳线附近，黑云母二长花岗斑岩来自古老的地壳物质重熔再形成。岩心黑云母二长花岗斑岩样品中岩浆锆石的$^{176}Hf/^{177}Hf$分布范围为 0. 282259 ~ 0. 282413，$\varepsilon_{Hf}(t)$ 均为负值（图 5-8b），范围为−15. 21 ~ −9. 75，峰值为−13. 5 ~ −11. 5，变化范围较大，Hf 的二阶段模式年龄（T_{DM_2}）为 2504 ~ 2993Ma。在 t-$\varepsilon_{Hf}(t)$ 图解中（图 5-9）样品点与地表样品点相似，主要也落在上地壳线附近，说明成矿母岩的源区也是地壳物质重熔形成的岩浆。

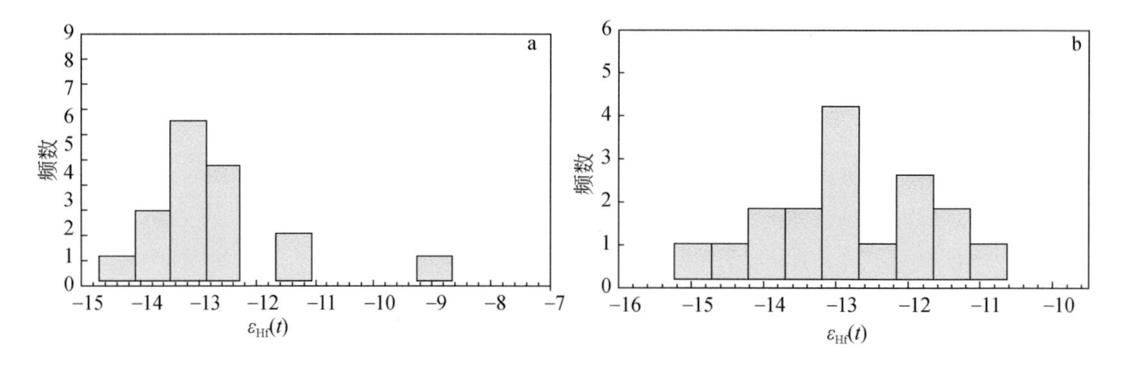

图 5-8　浙江庆元黑云母二长花岗斑岩的锆石 Hf 同位素分布直方图

a-ZJLT 荷地岩体地表样品；b-ZJLTZK 荷地岩体钻孔样品

此外，我们对前人研究的、同属钦杭成矿带的大瑶山岩体与桂东南的台马岩体进行 Hf 同位素对比（图 5-9），大瑶山花岗斑岩岩体（t = 91Ma）的 $\varepsilon_{Hf}(t)$ 为−8. 74 ~ −5. 13，并结合其他证据，毕诗建等（2015）认为该岩体与中元古代地壳物质部分熔融有关；而祁昌石（2006）通过对台马岩体的 Sr-Nd 及 Hf 同位素等方面的研究，也论证了台马岩体源于古老地壳物质重熔形成的岩浆，其锆石 U-Pb 年龄为 236Ma，$\varepsilon_{Hf}(t)$ = −11. 6 ~ −5. 7。

我国东南沿海中生代构造及岩浆活动，历来是学者重点研究的对象之一（李献华，1999；舒徐洁，2014；李晔，2015）。李武显和周新民（2000）认为浙闽沿海晚中生代火

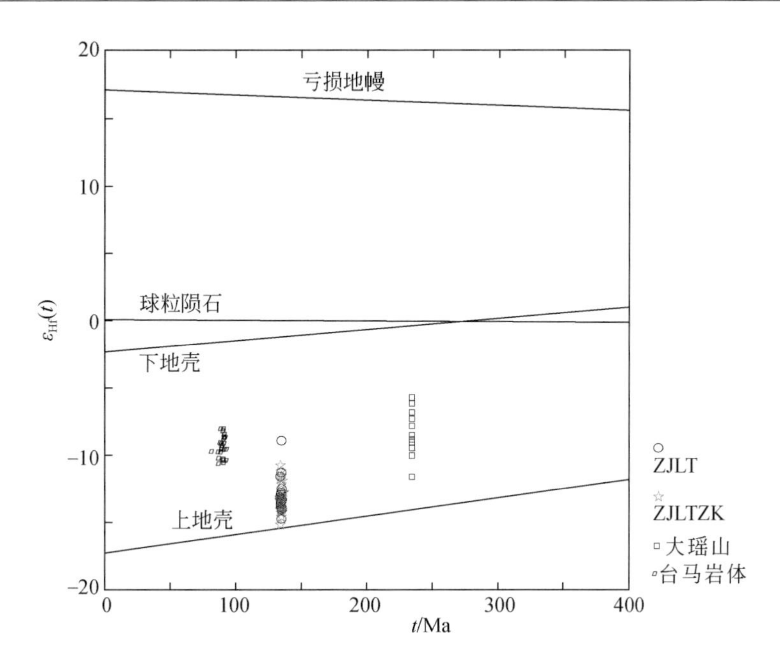

图 5-9　黑云母二长花岗斑岩的 t-$\varepsilon_{Hf}(t)$ 图解

成岩主要是由中-下地壳含水火成变质岩部分熔融产生花岗质岩浆结晶形成的。华仁民等（2006）认为华南地区花岗岩大体可以分为两类：陆壳重熔型花岗岩类与壳-幔混源的钙碱性浅成花岗岩类。南岭地区中生代陆壳重熔型花岗岩类的侵位时间大致为燕山中期的160Ma 左右达到高潮，但其相应的成矿作用却主要发生在138～150Ma。

依据本研究的 Hf 同位素特征，研究区黑云母二长花岗斑岩的锆石 U-Pb 年龄大致为135Ma，而 Hf 的二阶段模式年龄（T_{DM_2}）（2423～2993Ma）远大于其 U-Pb 年龄，暗示该锆石经历了重熔作用。此外，$^{176}Lu/^{177}Hf$ 为 0.000633～0.001750，低于上地壳标准 0.0093，$f_{Lu/Hf}$=-0.98～-0.95，低于上地壳（-0.72）；$\varepsilon_{Hf}(t)$ 均小于零（-15.21～-8.84），t-$\varepsilon_{Hf}(t)$ 位于中上地壳，均说明庆元地区的黑云母二长花岗斑岩是由古老的地壳物质再循环形成的花岗质岩浆结晶而成的。

毛景文（2008）及董传万等（2010）通过对华南地区中生代金属矿床的研究，并总结前人观点，提出在 135Ma 左右，太平洋板块的俯冲方向发生了变化，由斜向俯冲转变为近平行大陆边缘走滑，使得华南地区发生大面积的岩石圈伸展运动，伴随大规模火山活动及花岗质岩浆侵位，产生了大量火山-侵入杂岩体。我们现在测得的年龄则表明，其实这一时期存在一些地壳物质重熔导致的岩浆活动，并且其中富含稀土，经过后期的后生成矿作用形成了矿床。引起地壳部分熔融和产生花岗岩浆的热源是底侵于下地壳的玄武岩浆。

5. 稀土赋存状态

自然界中的稀土元素的赋存形式主要有四种（白鸽等，1989；池汝安和王淀佐，1996）。

（1）矿物相：它独立存在，如氟碳铈矿和独居石等。

（2）水合或羟基水合离子相：它以水合阳离子或羟基水合阳离子吸附在黏土矿物上，

如我国南方稀土矿。

(3) 胶态沉积相：以不溶的氧化物或氢氧化物胶体沉积在矿物上或与某种氧化物成键，如冕宁稀土矿的黑色风化物矿泥上的稀土，主要成分是 $CeO_2 \cdot nH_2O$ 等。

(4) 类质同象与微固体分散相：稀土类质取代分散在矿物中，它包括锆石、石榴子石等副矿物和长石、云母等造岩矿物。

矿物相及离子相稀土是目前稀土的主要来源，可进行工业利用开采或回收，仅个别特殊的稀土矿中存在胶态沉积相稀土，类质同象形式的稀土往往由于技术条件或经济成本的因素而不能被利用。

在浙江三种类型 iRee 矿床中，基岩中稀土元素以矿物相及类质同象形式存在；风化壳中稀土元素的赋存状态主要以矿物相及水合或羟基水合阳离子相存在，少量的类质同象可以忽略不计，不存在胶态沉积相。

因此，对于基岩，$\sum Re_XO_Y = \sum Re_XO_Y$(造岩矿物) + $\sum Re_XO_Y$(副矿物) + ΣRe_XO_Y(稀土矿物)，我们可以借助镜下观察、电子探针及 LA-ICP-MS 手段获得各个分项的稀土含量数据。测定出每种赋存状态下的稀土含量，就能够探究哪种状态的稀土是主要的来源，分别提供多少比例。

对于风化壳，$\sum Re_XO_Y = \sum Re_XO_Y$（矿物相） + ΣRe_XO_Y（易浸取离子相） + ΣRe_XO_Y(残留不易浸取离子相)，其中：

(1) $\sum Re_XO_Y$：由全岩（风化壳）稀土分析可测定。

(2) $\sum Re_XO_Y$（矿物相)：重砂分选×LA 单矿物中稀土含量。

(3) $\sum Re_XO_Y$（易浸取的离子相)：浸取实验测定。

(4) $\sum Re_XO_Y$（不易浸取的离子相)：(4) = (1) − (2) − (3)。

此外，我们还可以通过全岩稀土含量与风化壳稀土含量的差值，得出在成岩到成矿的过程中，矿床与外界环境的稀土交换量。

对于 iRee 稀土矿的成矿物质来源，前人的认识主要分为三个阶段：第一阶段，由于岩石中造岩矿物占比最高，稀土矿物及副矿物含量通常较少，因此，前人认为稀土矿中的成矿物质来源于母岩中的造岩矿物（李文，1995)。第二阶段，前人通过实验分析，证明了虽然稀土矿物数量很少，但其中的稀土含量很高，加权后仍然能够作为稀土元素的主要物质来源（如西华山岩体、足洞岩体等)（吴澄宇等，1992；杨主明等，1992)。第三阶段，人们认识到岩石中的稀土矿物也有所差异，如独居石、磷钇矿等耐风化稀土矿物，在风化作用过程中抗风化能力强，矿物中的稀土元素难以风化、解离，难以为 iRee 矿床的形成做出贡献；只有氟碳铈矿、硅铍钇矿等易风化稀土矿物才能为 iRee 矿床提供主要的物质来源。

通过不断探究，前人对稀土矿物易风化程度进行了排序：稀土氟碳酸盐矿物>稀土(含稀土）硅酸盐矿物>稀土铌钽酸盐矿物>稀土砷酸盐矿物>稀土磷酸盐矿物，最易风化的就是稀土氟碳酸盐矿物，而最耐风化的则是稀土磷酸盐矿物。

因此，不同的稀土矿物易于形成不同类型的稀土矿床。

（1）富含氟碳铈矿、硅铍钇矿等易风化稀土矿物：易形成离子吸附型稀土矿床。

（2）富含褐钇铌矿等中等抗风化稀土矿物：可出现残坡积砂矿和离子吸附型稀土矿床并存。

（3）富含锆石、独居石、磷钇矿等耐风化稀土矿物：易形成风化壳砂矿床。

需要指出的是，以前认为稀土矿物（或副矿物）含量很少而不能作为稀土的主要来源，后人实验表明这种可能性其实存在，并且有很多案例（如西华山岩体、足洞岩体等，表5-3，表5-4）。但是不同矿区存在差异，哪种矿物是成矿的主要物质来源，贡献比例有多少均需要详细论证。

为探究浙南稀土元素主要来源于造岩矿物、副矿物或是独立稀土矿物，我们对区内出露的稀土矿区（远景区）成矿母岩进行采样分析，显微镜下目估单矿物含量，LA-ICP-MS及电子探针分析单矿物中稀土元素含量，最后进行加权平均，计算得出原岩中各矿物的稀土加权比重。

电子探针在中国地质科学院矿产资源研究所完成，操作流程及实验条件见侯江龙等（2017）的研究。LA-ICP-MS在国家地质实验测试中心完成，操作流程及实验条件见胡俊良等（2014）。此次实验分析了各类岩体共193个点位，各矿物中稀土元素含量的部分实验数据处理后结果见表5-5。

据表5-5，造岩矿物约占花岗斑岩的90%，但其稀土含量却仅占全岩的4.93%；副矿物约占全岩3%，其稀土含量占1.27%；而稀土矿物仅占全岩1%左右，稀土贡献率却高达93.80%。由此可知，对荷地花岗斑岩风化壳iRee稀土矿区来讲，独立稀土矿物才是其主要成矿物质来源。在花岗斑岩中见有独居石、氟碳铈矿、氟碳钙铈矿等稀土矿物及含量较多的榍石、磷灰石等副矿物（图5-10），而氟碳铈矿、氟碳钙铈矿等抗风化能力较弱，一般是主要的成矿物质来源。因为虽然稀土矿物在全岩占比很少，但其稀土元素含量往往高出造岩矿物稀土含量的四至五个数量级，因此加权之后仍然占最高比重。

二、花岗斑岩风化壳

1. 风化壳概况

iRee矿床风化壳在垂向上均具有一定的分带变化，根据岩体风化程度差异，自上而下依次为残坡积层（腐殖层）、全风化层、半风化层、微风化层、基岩底板（梁国兴等，1997；图5-11）。每个层位黏土矿物组合不同，稀土含量也有明显差异：含矿主体一般在厚度较大的全风化层，其次为残坡积层、半风化层、微风化层，到基岩底板则不成矿，离子相稀土资源量大致为零（贺伦燕和王似男，1989；霍明远，1992）。

荷地花岗斑岩风化壳iRee全相稀土氧化物3341类资源量101181.28t，是浙江省探获的第一个大型离子吸附型轻稀土矿。其中（Pr_6O_{11}、Nd_2O_3），Eu_2O_3普遍较高；Y_2O_3中等偏高；CeO_2浸取率特低；中重稀土浸取率较高；配分类型以低钇中铕轻稀土为主，其次为中钇中铕轻稀土、中钇高铕轻稀土。以矿区达到工业品位的矿段计算，平均见矿厚度5.57m，品位为0.101%，品位厚度积为0.5894。经TREO、SREO双项测试样品2873件，平均浸取率51.6%，其中矿体部分（TREO>0.080%）的样品，平均浸取率64.6%。

表 5-3　各矿区稀土贡献率

（单位：%）

	西华山岩体	足洞岩体	寨背岩体	姑婆山岩体	姑婆山岩体	广东雪山-来石矿集区	广西陆川县清湖矿区	赣南大田岩体	广西龙江
造岩矿物	27.10	6.50～21.50	29.70	少量	21.47～29.70	7.00	76.05	75.07	主
副矿物	75.70	少量	50.00	少量	52.50		20.18	13.00	
稀土矿物		≥50.00～60.00	20.00	≥65.00		19.50	—		次
其他		少量	少量	少量	26.00	71.00	—	少量	
资料来源	刘家远，2002	黄典豪等，1988	吴澄宇等，1992	陈春等，1992	杨学明和张培善，1992	李社宏等，2011	袁忠信等，1992	邓志成，1988	陆一敢等，2015

表 5-4　不同矿区各类矿物中稀土元素含量　（单位：%）

	石英	云母	钾长石	斜长石	铁铝榴石	榍石	钛铁矿	萤石	锆石	磷灰石	稀土矿物
姑婆山Ⅱ	0.76	9.32	1.17	10.22					0.21		42.60
姑婆山Ⅲ	1.69	20.80	2.74	1.96					0.30		28.20
白云鄂博		5.71	6.60	18.04					1.50	0.90	34.50
足洞	0.80	0.80	1.20	3.70							45.30
大田①	5.55	31.79	12.80	24.94			0.05		0.54		12.46
大田②	1.39	14.34	3.61	2.08	41.58			3.95	1.46		2.73
半岛山脉		0.43	0.01	0.80		52.10		1.20	0.01	1.00	62.30

①邓志成，1988。
②张恋等，2015。

表 5-5　浙南三种成矿母岩中各矿物的稀土贡献率

矿物	花岗斑岩中单矿物稀土含量 $/10^{-6}$	贡献率/%	片麻岩中单矿物稀土含量 $/10^{-6}$	贡献率/%	凝灰岩中单矿物稀土含量 $/10^{-6}$	贡献率/%
石英	16.00	0.16	32.93	0.28	13.75	0.054
斜长石	77.62	0.38	26.04	0.22	17.07	0.11
钾长石	49.21	0.35	8.90	0.06	15.93	0.10
微斜长石	69.38	0.34	—	—	18.13	0.028
钠长石	—	—	27.19	0.06	—	—
黑云母	1413.44	3.70	29.34	0.10	407.80	1.27
绿泥石	—	—	39.93	0.03	—	—
普通辉石	—	—	647.28	1.39	—	—
易变辉石	—	—	136.71	0.95	—	—
石榴子石	—	—	612.85	2.64	—	—
榍石	—	—	10234.60	4.41	892.93	0.70
锆石	—	—	1311.27	0.28	—	—
黄铁矿	—	—	0.62	0.00	—	—
钛铁矿	1298.89	1.27	34.62	0.06	—	—
磷灰石	—	—	1639.80	0.35	—	—
金红石	—	—	2598.28	0.56	—	—
火山灰	—	—	—	—	41.46	1.94
稀土矿物	287031.67	93.80	207124.51	89.25	245350.63	95.80

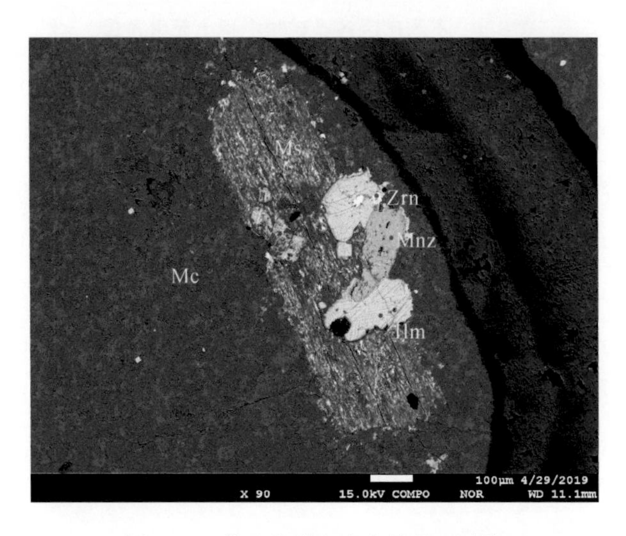

图 5-10　荷地花岗斑岩中的稀土矿物

Mc-微斜长石；Ms-白云母；Zrn-锆石；Mnz-独居石；Ilm-钛铁矿

图 5-11　花岗斑岩风化壳野外照片

花岗斑岩风化壳残坡积层一般为 0 ~ 2m，土黄色–砖红色，主要由黏土矿物（60% ~ 80%）组成，其次为长石风化残骸、残存石英颗粒，少量表层浮土及植物根系。该层黏性强、渗透性差。

全风化层一般较厚（8 ~ 20m），灰白色–肉红色，与上层多为渐变过渡，风化程度最高，原岩结构构造均被破坏，花岗结构变为砂质黏土结构，该层结构松散，渗透性强，是主要赋矿层位。

半风化层风化程度稍弱，与上层渐变过渡，厚度一般为 1 ~ 10m，部分较硬团块状风化物中依稀可辨花岗斑岩的组构；该层位中，黏土矿物含量锐减至 15% ~ 25%，稀土品位降至边界品位以下，含量略高于基岩，浸取率亦锐减。

微风化层难以使用赣南钻施工取样，平均厚度为 2 ~ 5m，矿物极少产生风化，黏土矿物含量最少，稀土含量与基岩含量相当。

对荷地花岗斑岩风化壳 iRee 赣南风化壳取样进行总结，其各层特征大致如表 5-6 所示。

表 5-6　花岗斑岩风化壳 iRee 赣南风化壳各层特征

风化壳分层	代号	剖面柱	厚度/m	特征简述
黏土层	A	· —·— — · — · — ·—	0~2	呈砖红色至褐红色，基本由被铁质浸染的黏土矿物组成，含少量石英和钾长石残骸及岩石碎块，表部含少量植物根系，黏性很强
全风化层	B	+…+… +…+… +…+…	8~20，>20	保持花岗斑岩假象，斜长石已全部解离为黏土矿物，钾长石有少量风化残骸，黏土含量 25%~40%，结构松散，手捏即碎，渗透性好
半风化层	C	+ · · + + · · + + · · + + · · +	1~10	风化松散程度较上层稍差，锤击即碎，出现斜长石风化残骸，黏土含量 15%~25%，渗透性良好
微风化层	D	· + · + · + · ++ · +·	2~5	岩石裂隙发育，被铁质浸染，矿物开始崩解，长石类矿物表面具黏土化
基岩		+ + + + + + + + + + + +		新鲜的花岗斑岩，斑状结构，块状构造，斑晶含量在 25%~35%之间，以斜长石为主，多土化，表面脏。碱性长石含量较少，石英呈粒状，黑云母呈不规则片状，多绿泥石化 基质为显微晶质结构，主要为长石和石英

为更好地探究 iRee 矿床在风化壳中的微量元素及稀土元素地球化学特征，我们在野外选取了两条花岗斑岩风化壳 iRee 风化壳剖面、两条凝灰岩风化壳 iRee 风化壳剖面以及一条片麻岩风化壳 iRee 风化壳剖面进行研究，采样情况如表 5-7 所示，各风化壳样品均采自全风化层中；以各花岗斑岩剖面的基岩为标准制得稀土配分模式图如图 5-12 所示。

表 5-7　浙南稀土风化壳剖面采样情况　（单位：m）

花岗斑岩风化壳 iRee											
样号	HD2-1	HD2-2	HD2-3	HD2-4	HD2-5	LT1-1	LT1-2	LT1-3	LT1-4	LT1-5	LT1-6
深度	基岩	2.0	3.0	4.0	5.0	基岩	3.0	4.0	5.0	6.0	7.0
凝灰岩风化壳 iRee											
样号	LT2-1	LT2-2	LT2-3	LT2-4		LT4-1	LT4-2	LT4-3	LT4-4		
深度	1.5	2.5	3.5	基岩		1.0	2.0	3.0	基岩		
变质岩风化壳 iRee											
样号	QZ1019-H1		QZ1019-H1		QZ1019-H1		QZ1019-风化壳		QZ1019-基岩		
深度	1.0		2.5		4.0		5.5		基岩		

为了更直观地获得各风化壳剖面稀土元素变化特征，我们在做稀土配分模式图时并未以原始地幔或球粒陨石为标准，而是以各风化壳剖面对应的基岩为标准。

根据花岗斑岩风化壳 iRee 剖面的稀土配分模式图（图 5-12）可知，对于花岗斑岩风化壳 iRee，随着深度增加，风化程度增加，稀土元素（除 Ce）呈逐渐富集的趋势，且随

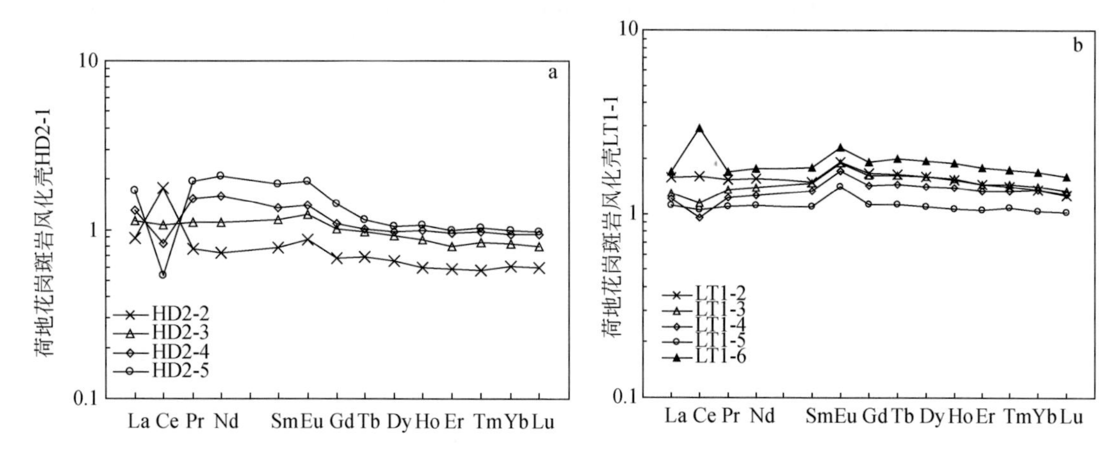

图 5-12　浙江荷地花岗斑岩风化壳剖面不同深度相对于基岩的稀土配分模式图

着深度的增加，轻稀土富集的趋势强于重稀土，风化壳富集的稀土高于原岩 1 ~3 倍。各层基本继承了原岩（上一层位）稀土元素的配分模式。表明表生作用条件对稀土配分的影响弱于原岩的影响（除个别变价元素以外）；但是 Ce 受表生作用条件影响较大，基本改变了原岩的配分，可能出现 Ce 的正异常或负异常。

2. 稀土浸取率

稀土浸取实验在浙江省地质矿产研究所完成。此次实验共选取了 7 件样品，其中 4 件为花岗斑岩风化壳样品（包括 2 件高品位风化壳、2 件低品位风化壳）、2 件为凝灰岩风化壳样品、1 件为片麻岩风化壳样品。将野外采集到各层位的全风化样充分摇匀、缩分，准备进行实验。实验结果如表 5-8 所示。

浸取实验流程如下。

（1）样品准备：将样品充分混合，搅拌均匀。选 400g（200g×2）烘干样品，平均分成两份，一份（200g）进行化学分析，以获得样品稀土总量；另一份（200g）进行浸取实验分析，以获得浸取稀土总量。

（2）浸取剂选择：选用 5.5% ~6.0% 的 $(NH_4)_2SO_4$，室温条件进行实验即可。我们在大柘进行浸取剂对比实验中发现，浸取效果 $NH_4Cl > (NH_4)_2SO_4 > NaCl$，$NH_4Cl$ 与 $(NH_4)_2SO_4$ 的效果相差不大。但是工业上一般采用 5.5% ~6.0% 的 $(NH_4)_2SO_4$ 来浸取原矿，因此最终选择 $(NH_4)_2SO_4$ 来进行实验。

（3）浸取样品 2h，过滤，获得滤液 1。

（4）所得滤渣用清水再次淋滤 2h，过滤，获得滤液 2。

（5）将滤液 1 与滤液 2 混合，对所得混合溶液进行稀土分量检测。

由各风化壳样品的稀土分量浸取率折线图（图 5-13），可以看出对于同一个风化壳样品，除了 Ce、Sc 元素外，其各稀土分量的浸取率较为接近。

表 5-8　各类型 iRee 风化壳中的稀土浸取含量及稀土浸取率

	La_2O_3	CeO_2	Pr_6O_{11}	Nd_2O_3	Sm_2O_3	Eu_2O_3	Gd_2O_3	Tb_4O_7	Dy_2O_3	Ho_2O_3	Er_2O_3	Tm_2O_3	Yb_2O_3	Lu_2O_3	Sc_2O_3	Y_2O_3	ΣRe_XO_Y	ΣLRe_XO_Y	ΣHRe_XO_Y
样品 1	153.48	167.34	32.13	125.17	20.70	3.22	14.32	2.02	11.15	2.13	5.89	0.83	5.17	0.74	7.21	61.58	613.08	502.04	42.25
	69.44%	11.17%	71.28%	73.29%	71.67%	69.71%	69.70%	73.39%	71.64%	71.72%	68.20%	66.84%	64.69%	63.87%	9.09%	71.61%	53.72%	61.13%	68.62%
样品 2	103.17	241.62	21.45	81.62	13.80	2.32	10.15	1.34	7.16	1.35	3.69	0.52	3.37	0.50	7.99	37.72	537.77	463.98	28.08
	83.47%	12.61%	76.49%	75.42%	73.75%	71.75%	67.95%	75.32%	74.82%	72.26%	68.48%	66.78%	61.20%	58.05%	8.20%	68.89%	46.77%	63.00%	68.13%
样品 3	95.50	99.04	20.25	77.93	13.97	2.54	9.89	1.44	7.81	1.48	4.01	0.56	3.62	0.52	7.60	41.58	387.74	309.23	29.34
	85.18%	10.17%	77.22%	77.12%	72.84%	71.09%	74.04%	75.30%	74.78%	72.19%	71.24%	69.77%	64.81%	62.02%	8.62%	70.83%	58.79%	63.74%	70.01%
样品 4	86.12	153.68	17.43	65.84	10.00	1.36	5.43	0.65	3.34	0.60	1.69	0.25	1.72	0.26	9.30	14.17	371.84	334.43	13.93
	49.21%	13.06%	57.35%	59.38%	54.40%	55.86%	48.40%	48.61%	45.95%	46.20%	47.56%	40.36%	40.05%	38.51%	7.04%	46.78%	35.08%	48.07%	43.89%
样品 5	93.79	226.25	17.43	62.16	9.57	1.32	6.85	0.82	4.05	0.73	1.94	0.27	1.77	0.26	4.46	20.95	452.61	410.53	16.68
	31.27%	4.04%	28.58%	28.97%	29.91%	22.09%	30.42%	36.56%	32.04%	29.12%	27.75%	22.62%	21.39%	19.66%	14.68%	33.20%	16.89%	24.00%	27.02%
样品 6	156.89	130.63	31.62	121.74	19.83	3.45	12.41	1.68	9.06	1.81	5.17	0.74	4.73	0.70	12.19	54.18	566.82	464.17	36.29
	74.46%	9.22%	76.76%	79.58%	78.26%	79.25%	79.02%	73.58%	79.42%	79.71%	78.51%	78.20%	75.32%	70.55%	5.38%	78.92%	59.67%	67.01%	76.47%
样品 7	66.17	139.16	16.58	72.36	15.52	2.48	12.58	1.68	9.15	1.75	4.67	0.64	4.10	0.61	19.59	46.69	413.73	312.27	35.17
	36.98%	10.61%	34.79%	35.19%	32.06%	24.84%	36.14%	36.27%	36.38%	38.10%	39.89%	37.87%	35.33%	35.32%	3.34%	44.69%	26.26%	28.94%	37.02%

注：样品 1-高品位花岗斑岩风化壳 1；样品 2-高品位花岗斑岩风化壳 2；样品 3-低品位花岗斑岩风化壳 1；样品 4-低品位花岗斑岩风化壳 2；样品 5-凝灰岩风化壳 1；样品 6-凝灰岩风化壳 2；样品 7-片麻岩风化壳；表中百分数为稀土浸取率，百分数之上数字为稀土浸取含量（10^{-6}）。

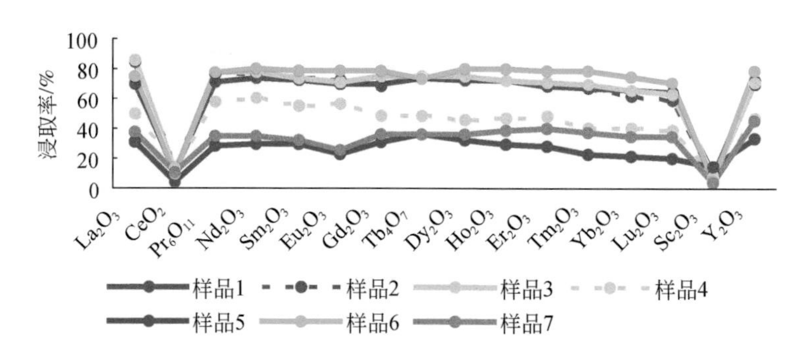

图 5-13　各类型 iRee 风化壳单元素稀土浸取率折线图

在总结已有资料及本书实验结果后，发现花岗斑岩风化壳 iRee 风化壳全风化层的稀土浸取情况差别较大，稀土浸取总量高者达到 613.08×10^{-6}，低者为 371.84×10^{-6}，平均浸取总量约为 477.61×10^{-6}。风化壳样品的重稀土浸取率略高，但由于轻稀土总体含量很高，所以浸取出的稀土含量仍以轻稀土为主。

稀土浸取实验表明，相比于凝灰岩与片麻岩全风化层，花岗斑岩全风化层的稀土浸取率最高，平均为 51.60%，其中矿体部分（TREO > 0.08%）的样品，平均浸取率为 64.60%。在 15 种稀土元素中，重稀土浸取率略高于轻稀土，CeO_2浸取率最低，平均值不到 12.00%，La_2O_3、Pr_6O_{11}、Nd_2O_3浸取率平均可达 70.00%。

3. 黏土矿物垂向差异

风化壳中黏土矿物组成主要受原岩岩性的影响：酸性和中酸性花岗岩所形成的风化壳中，以埃洛石和高岭石为主；而酸性和中酸性火山岩所形成的风化壳中，则以伊利石和埃洛石为主（杨主明，1987；池汝安和田君，2006，2007；池汝安和刘雪梅，2019；田君等，2006）。原岩中的矿物组成及含量不同，风化后在不同的表生作用条件下，形成了不同的黏土矿物。

其中，伊利石主要是由白云母及钾长石风化形成，常常作为形成其他黏土矿物的中间产物，离子交换能力介于蒙脱石与高岭石之间；而高岭石则主要是由长石（钾长石）及普通辉石等铝硅酸盐类矿物风化形成；埃洛石又称多水高岭石，其化学成分及晶体结构均与高岭石相似，二者区别为埃洛石晶体层间存在水合物；蛭石是由黑（金）云母经热液蚀变或风化而成。

相同母岩情况下，iRee 风化壳中黏土矿物在垂向上的差异主要是由于氧化还原条件、pH、有机质及微生物等外生作用条件影响。在此，我们仅以荷地花岗斑岩风化壳为例进行分析。

荷地 ZK06 钻孔位于荷地-岭头稀土矿区之内，海拔 1149.23m，为一开孔倾角 90°的机械岩心钻。全孔深 37.69m，孔内样品包括黏土层、全风化层、半风化层、微风化层及基岩底板，并且经过测试分析，该孔全风化层中既有达到工业品位（TRE_2O_3>0.08%）的矿段，也有边界品位（0.08%≥TRE_2O_3>0.05%）及低品位矿段（TRE_2O_3≥0.05%），具有较好的代表性。

因此，为研究荷地花岗斑岩风化壳 iRee 矿床中黏土矿物在垂向上的组合差异，以 ZK06 钻孔各层样品为研究对象，我们对其进行 X 射线衍射分析，获得了不同层位样品的黏土矿物种类及含量数据，见表5-9。

表5-9　ZK06样品信息及XRD分析结果

层位	样品名称	黏土矿物相对含量/%					混层比/%			品位	品位
		蒙脱石	伊蒙混层	伊利石	高岭石	埃洛石	蛭石	伊蒙混层	绿蒙混层	(TRE_2O_3)/%	
全风化层	ZK06-H1	—	5	11	—	57	27	10	—	0.041	低品位
	ZK06-H2	—	3	11	—	67	19	5	—	0.067	边界品位
	ZK06-H3	—	2	12	—	86	—	10	—	0.051	
	ZK06-H4	—	3	10	—	87	—	10	—	0.074	
	ZK06-H5	—	1	11	—	88	—	10	—	0.110	工业品位
	ZK06-H6	—	1	17	—	82	—	10	—	0.125	
	ZK06-H7	—	1	18	—	81	—	10	—	0.125	
	ZK06-H8	—	2	21	—	77	—	5	—	0.135	
	ZK06-H9	—	5	14	—	81	—	10	—	0.147	
	ZK06-H10	—	6	16	—	78	—	10	—	0.127	
	ZK06-H11	—	5	25	—	69	1	5	—	0.111	
	ZK06-H12	—	13	20	—	59	8	10	—	0.066	边界品位
	ZK06-H13	—	5	23	—	71	1	10	—	0.063	
	ZK06-H14	—	2	22	—	76	—	10	—	0.030	低品位
	ZK06-H15	—	—	72	—	12	16	—	—	0.029	
	ZK06-H16	—	—	48	—	23	29	—	—	0.032	
	ZK06-H18	—	—	12	—	82	6	—	—	0.047	
	ZK06-H20	—	—	8	—	89	3	—	—	0.044	
半风化层	ZK06-H22	—	3	9	—	84	4	10	—	0.034	
	ZK06-H24	—	—	14	—	82	4	—	—	0.030	
	ZK06-H26	—	—	39	—	61	—	—	—	0.038	
	ZK06-H28	—	11	24	—	65	—	5	—	0.035	
	ZK06-H30	—	—	100	—	—	—	—	—	0.032	

由X射线衍射数据分析可知，不同层位的风化壳中具有不同的黏土矿物组合。

全风化层（工业品位）——埃洛石+伊利石（伊蒙混层）；

全风化层（边界品位）——埃洛石+伊利石+蛭石；

半风化层（低品位）——埃洛石+伊利石+（蛭石/伊蒙混层-少量）。

工业品位矿层以埃洛石为主，存在部分伊利石（10%~25%），但不占很大比例，还有少量的伊蒙混层。边界品位及低品位矿层仍以埃洛石为主，但埃洛石比例下降，伊利石、蛭石及伊蒙混层占比有所增加。

4. 风化壳中REE特性

化学风化会导致iRee风化壳中稀土元素的迁移与富集，但是不同的稀土元素迁移的能力不同，富集的系数也有所差异。

在花岗斑岩风化壳 iRee 矿床中，以 ZK05 机械钻孔岩心样品为例在黏土层及邻近的全风化层上部，由于地表铁质胶体对 REE 的吸附以及 Ce 形成方铈石在近地表富集，使得 LRe_XO_Y/HRe_XO_Y（L/H）较高；对于风化壳剖面中的全风化层主体部分及半风化层上部，随着风化程度增强，LRe_XO_Y/HRe_XO_Y 逐渐增大，表明重稀土的淋滤速度比轻稀土快，重稀土向下迁移，轻稀土在上部富集（表 5-10）。

表 5-10　ZK05 钻孔各样品中轻重稀土含量及比值

参数	H1	H2	H3	H4	H5	H6	H7	H8	H9	H10	H11	H12	H13	H14
$LRe_XO_Y/10^{-6}$	661.21	1003.53	1412.00	1283.30	627.39	659.91	518.72	307.36	310.11	382.06	308.85	331.52	409.61	365.15
$HRe_XO_Y/10^{-6}$	60.26	124.3	274.82	369.89	373.56	379.89	273.02	85.96	62.11	67.49	53.10	60.04	82.09	74.51
L/H	10.97	8.07	5.14	3.47	1.68	1.74	1.90	3.58	4.99	5.66	5.82	5.52	4.99	4.90
参数	H15	H16	H17	H18	H19	H20	H21	H22	H23	H24	H25	H26	H27	H28
$LRe_XO_Y/10^{-6}$	364.61	370.86	285.48	294.78	309.12	310.61	343.26	273.89	287.83	295.50	268.23	296.32	267.16	269.39
$HRe_XO_Y/10^{-6}$	77.23	60.33	44.76	49.00	50.49	53.10	52.37	45.60	45.60	47.41	46.37	46.29	46.90	44.72
L/H	4.72	6.15	6.38	6.02	6.12	5.85	6.55	6.01	6.31	6.23	5.78	6.40	5.70	6.02

根据表 5-10 制得 LRe_XO_Y/HRe_XO_Y 随深度变化图解（图 5-14），并对稀土品位进行初步划分。根据图 5-14，我们可以看出：低品位及工业品位的矿段 LRe_XO_Y/HRe_XO_Y 变化较大，而边界品位矿段的 LRe_XO_Y/HRe_XO_Y 则相对集中；自表土层向全风化层，LRe_XO_Y/HRe_XO_Y 先减小后增大，并在稀土品位最高处附近达到最大值。

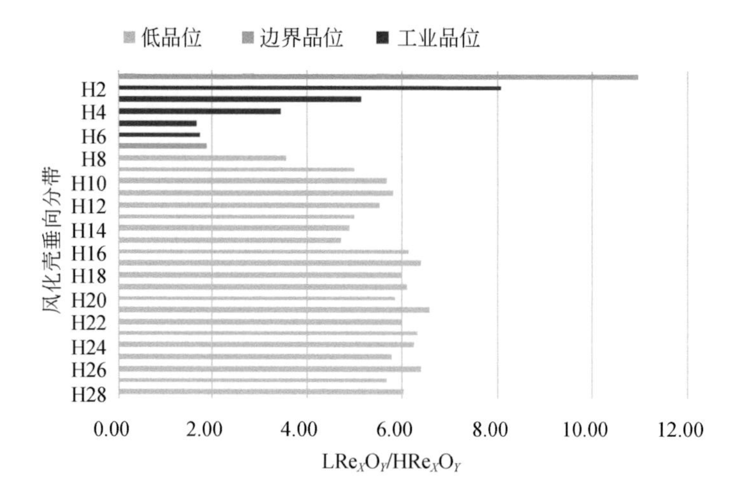

图 5-14　ZK05 钻孔样品轻重稀土比值

风化壳越向下，轻重稀土比值越大，表明轻重稀土元素分馏现象越显著。这是因为在 iRee 矿床中，稀土元素以复杂阳离子形式存在，在酸性–弱酸性环境下，重稀土离子会优先与风化壳中的酸根阴离子相结合，脱离黏土矿物的吸附，在雨水或地下水的介质中向下迁移（吴澄宇等，1990）。为表明风化壳某一层位稀土分量（或总量）相对于基岩稀土分量（或总量）的富集情况，我们引用 C 值进行表示，即 C 值=风化壳稀土分量（总量）/基岩稀土分量（总量）。在表5-11中，我们可以看出不同类型的 iRee 具不同的 ΣREE 含量变化形态，我们分析的这三个剖面分别对应为花岗斑岩 iRee——浅伏式；凝灰岩风化壳 iRee——深潜式；片麻岩风化壳——直线式。

此外，我们还可以发现三者的一种共性规律：若以每一层位的 ΣRe_XO_Y 的 C 值为基准，一般来讲 LRe_XO_Y 的 C 值大多高于基准，而 HRe_XO_Y 的 C 值则普遍低于基准。从这一点也能看出在风化壳垂向分带上轻重稀土的分馏现象。

5. 粒度对稀土含量的影响

为探讨风化壳剖面中，不同粒级风化物的稀土元素差异，我们选取了采样较为完整的荷地花岗斑岩风化壳 iRee 风化壳剖面进行研究。样品选自荷地一条具有工业价值的机械岩心钻 ZK05，孔深35.93m，其中达到稀土工业品位的矿段约7.3m，工业矿段平均品位为0.082%。此次研究仅选取了黏土层、全风化层及半风化层进行分析测试，样品信息及各样品分析测试结果见表5-12。

首先，我们从14件样品（ZK05-H0～ZK05-H23）中选择5件样品（ZK05-H1、ZK05-H3、ZK05-H5、ZK05-H11、ZK05-H23）进行粒度筛选，选取时尽量间隔选样，并且保证选出过筛的5件样品包含高品位全风化样、低品位全风化样以及低品位半风化样；其次，将采得的原始风化壳样品分别以40目、80目以及200目过筛，这样就得到了+40目、40～80目、80～200目以及-200目的不同粒级样品；最后，将筛选出的样品及剩余9件样品进行稀土含量测试。

分析测试的风化壳样品并未经过人工研磨，仅将部分结块的风化壳压碎处理。根据表5-12，我们按照同种粒度（-200目）不同深度制得稀土含量分布图（图5-15）以及不同粒度、同一深度的稀土含量分布图（图5-16）。

根据图5-16，我们可以总结出以下几点规律：

（1）荷地花岗斑岩风化壳 iRee 矿床风化壳中的稀土含量具有明显的粒级效应，并且稀土含量越高的层位，粒级效应越显著；

（2）同层位样品，较细端与较粗端均出现高值，且较粗端的粒度富集效应比较细端显著；

（3）同层位样品，-200目的样品中稀土含量最高，而在+40目、40～80目以及80～200目的样品中，稀土元素含量随着粒度增大而减小，即，TRE_2O_3（-200目）>TRE_2O_3（+40目）>TRE_2O_3（40～80目）>TRE_2O_3（80～200目）。

值得注意的是，这种现象并非个例。吴开兴等（2016）对江西龙南及赣县稀土矿风化壳进行粒度分析时，划分出微粒（<0.2mm）、细粒（0.2～2mm）以及中粗粒（>2mm）三个粒级，发现微粒及中粗粒风化壳中稀土含量较高，而细粒风化壳稀土含量则相对较低。李慧等（2012）对江西定南县稀土矿进行粒度研究时，将500g 风化壳筛选为+20目、20～60目、60～100目、100～140目以及-140目这五个粒级，不仅发现较粗端和较细端质量占比较大，而且同质量下也是两端稀土值高。鄢俊彪等（2018）发现江西赣县大埠稀土矿亦有此特点；柳传毅等（2017）发现赣县姜窝子稀土矿中，>2mm 以及<0.075mm 粒级风化壳中稀土含量也是最高的。

表 5-11　各类型 iRee 剖面风化壳层位相对于基岩稀土元素的比例

		La_2O_3	CeO_2	Pr_6O_{11}	Nd_2O_3	Sm_2O_3	Eu_2O_3	Gd_2O_3	Tb_4O_7	Dy_2O_3	Ho_2O_3	Er_2O_3	Tm_2O_3	Yb_2O_3	Lu_2O_3	Sc_2O_3	Y_2O_3	ΣRe_XO_Y
花岗斑岩风化壳 iRee																		
基岩	花岗斑岩	71.71	154.78	14.38	44.77	7.07	1.04	5.07	0.76	4.05	0.77	2.29	0.34	2.37	0.38	6.70	19.59	336.06
风化壳	2.0m	63.68	273.94	11.09	32.88	5.55	0.91	3.42	0.53	2.64	0.46	1.34	0.20	1.443	0.23	6.83	9.16	414.27
	C 值	0.89	1.77	0.77	0.73	0.79	0.87	0.67	0.69	0.65	0.60	0.58	0.58	0.60	0.60	1.02	0.47	1.23
	3.0m	80.52	165.84	15.95	49.77	8.15	1.28	5.11	0.74	3.73	0.67	1.84	0.28	1.94	0.31	9.65	13.57	359.36
	C 值	1.12	1.07	1.11	1.11	1.15	1.23	1.01	0.97	0.92	0.87	0.80	0.84	0.82	0.80	1.44	0.69	1.07
	4.0m	93.23	127.75	21.87	71.10	9.56	1.45	5.54	0.78	3.98	0.76	2.18	0.33	2.24	0.36	10.20	17.23	368.54
	C 值	1.30	0.83	1.52	1.59	1.35	1.39	1.09	1.02	0.98	0.99	0.95	0.97	0.94	0.94	1.52	0.88	1.10
	5.0m	122.67	82.55	28.03	92.32	13.28	2.01	7.17	0.87	4.26	0.81	2.28	0.35	2.37	0.37	7.55	19.12	386.01
	C 值	1.71	0.53	1.95	2.06	1.88	1.94	1.42	1.14	1.05	1.06	1.00	1.03	1.00	0.97	1.13	0.98	1.15
凝灰岩风化壳 iRee																		
基岩	凝灰岩	67.47	118.17	14.98	48.77	8.81	0.52	7.08	1.09	6.14	1.22	3.48	0.53	3.56	0.53	6.11	34.45	322.93
风化壳	1.0m	139.40	106.75	28.15	92.10	11.62	2.06	7.12	0.95	5.15	1.02	3.01	0.46	3.04	0.46	14.64	27.73	433.65
	C 值	2.07	0.90	1.88	1.89	1.32	3.96	1.00	0.87	0.84	0.84	0.86	0.88	0.85	0.86	2.39	0.90	1.37
	2.0m	215.23	140.04	47.24	162.20	24.45	4.55	16.09	2.06	10.93	2.18	6.28	0.91	6.01	0.94	16.41	68.20	723.71
	C 值	3.19	1.19	3.15	3.33	2.78	8.77	2.27	1.88	1.78	1.79	1.80	1.73	1.69	1.76	2.68	1.98	2.24
	3.0m	168.39	207.60	37.45	126.65	22.79	4.85	18.84	2.74	14.50	2.98	8.45	1.20	7.87	1.17	13.18	93.10	731.77
	C 值	2.50	1.76	2.50	2.60	2.59	9.34	2.66	2.51	2.36	2.45	2.42	2.9	2.21	2.18	2.16	2.70	2.27
片麻岩风化壳 iRee																		
基岩	片麻岩	95.91	210.06	23.68	86.77	17.04	2.81	14.87	2.25	12.08	2.31	6.44	0.89	5.64	0.86	32.95	69.15	583.70
风化壳	1.5m	98.47	179.35	24.53	90.54	18.37	3.04	15.20	2.20	11.31	2.03	5.42	0.74	4.66	0.69	23.86	57.94	538.36
	C 值	1.03	0.85	1.04	1.04	1.08	1.08	1.02	0.98	0.94	0.88	0.84	0.84	0.83	0.80	0.72	0.84	0.92
	3.5m	79.18	154.78	20.18	76.32	15.93	2.69	13.88	2.05	10.49	1.92	5.08	0.72	4.51	0.68	18.17	57.23	463.81
	C 值	0.83	0.74	0.85	0.88	0.94	0.96	0.93	0.91	0.87	0.83	0.79	0.81	0.80	0.78	0.55	0.83	0.79
	5.3m	83.53	156.01	20.90	77.66	15.38	2.81	13.11	1.95	10.37	1.97	5.27	0.74	4.69	0.71	21.69	58.05	474.84
	C 值	0.87	0.74	0.88	0.90	0.90	1.00	0.88	0.87	0.86	0.85	0.82	0.84	0.83	0.82	0.66	0.84	0.81
	7.5m	65.91	187.95	16.43	62.32	12.39	2.37	11.46	1.75	9.74	1.91	5.43	0.78	5.09	0.79	29.69	55.34	469.35
	C 值	0.69	0.89	0.69	0.72	0.73	0.84	0.77	0.78	0.81	0.82	0.84	0.88	0.90	0.91	0.90	0.80	0.80

表 5-12　ZK05 采样情况及各粒级稀土元素含量

序号	样号	层位	起/m	止/m	TRE_2O_3
1	ZK05-H0-300	黏土层	0.00	0.50	0.050
2	ZK05-H1-40		0.50	1.50	0.061
3	ZK05-H1-80		0.50	1.50	0.058
4	ZK05-H1-200		0.50	1.50	0.040
5	ZK05-H1-300		0.50	1.50	0.110
6	ZK05-H2-300		1.50	2.50	0.170
7	ZK05-H3-40		2.50	3.54	0.160
8	ZK05-H3-80		2.50	3.54	0.140
9	ZK05-H3-200		2.50	3.54	0.078
10	ZK05-H3-300		2.50	3.54	0.300
11	ZK05-H4-300		3.54	4.54	0.280
12	ZK05-H5-40		4.54	5.67	0.150
13	ZK05-H5-80	全风化层	4.54	5.67	0.140
14	ZK05-H5-200		4.54	5.67	0.068
15	ZK05-H5-300		4.54	5.67	0.230
16	ZK05-H6-300		5.67	6.77	0.170
17	ZK05-H7-300		6.77	7.77	0.110
18	ZK05-H8-300		7.77	8.77	0.057
19	ZK05-H11-40		10.77	11.77	0.033
20	ZK05-H11-80		10.77	11.77	0.032
21	ZK05-H11-200		10.77	11.77	0.023
22	ZK05-H11-300		10.77	11.77	0.044
23	ZK05-H14-300		13.77	14.77	0.064
24	ZK05-H17-300		14.77	15.77	0.063
25	ZK05-H20-300		19.77	20.77	0.057
26	ZK05-H23-40		22.77	23.77	0.023
27	ZK05-H23-80	半风化层	22.77	23.77	0.019
28	ZK05-H23-200		22.77	23.77	0.019
29	ZK05-H23-300		22.77	23.77	0.028

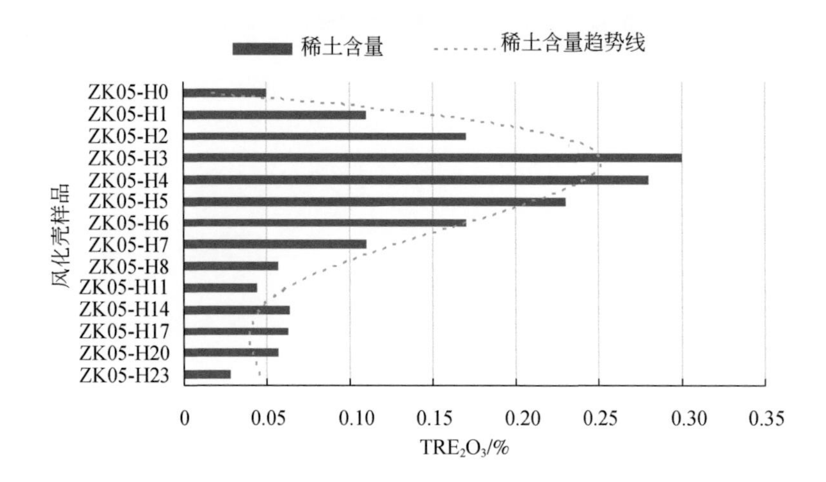

图 5-15　-200 目样品的稀土含量分布图

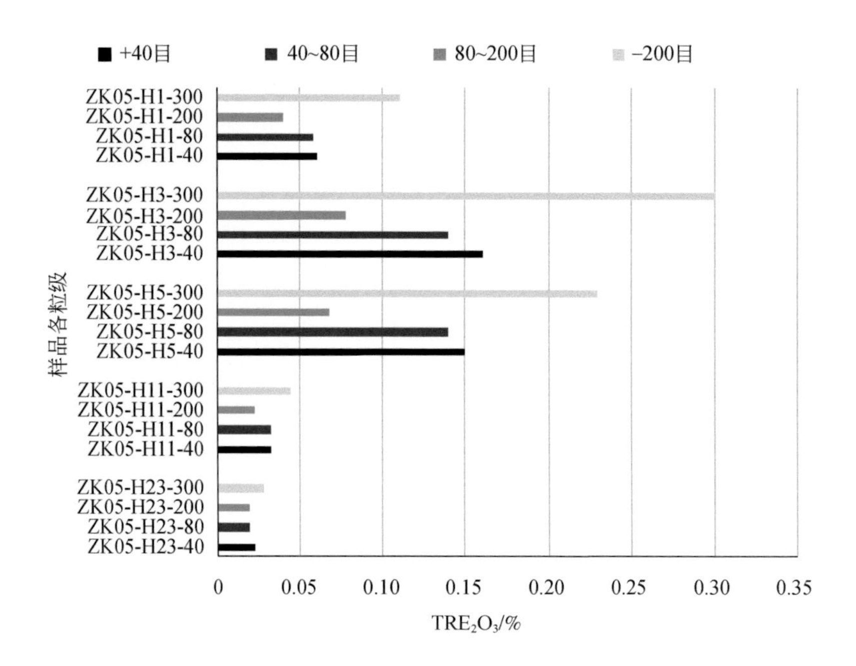

图 5-16　同一层位不同粒级的稀土含量分布图

无独有偶，部分黄土也存在这种现象。李洋等（2016）在对多个地区的黄土中稀土元素粒级进行分析时，将黄土划分为<4μm、4～8μm、8～16μm、16～32μm、32～64μm 以及>64μm 粒级，也发现存在两端富集的情况。

随着风化作用加强，矿物颗粒越细小，单位质量的黏土矿物比表面积越大，可吸附的稀土元素含量就越高，这就造成了粒度最细小的风化壳中稀土元素含量最高；而在较粗端，则是因为风化壳中存在部分耐风化稀土矿物，其残存粒度较大，并且稀土元素含量较高。

第三节 凝灰岩风化壳 iRee

一、凝灰岩

1. 地质特征

浙南地区中生代火山岩广泛发育。晚侏罗世受太平洋板块挤压，火山活动强烈，浙南地区形成了巨厚的陆相火山岩，夹火山间歇期的火山碎屑沉积及正常沉积岩。其中以陆相流纹质熔岩、熔结凝灰岩、凝灰岩等酸性火山岩为主，次有少量英安质熔岩等中酸性火山岩。成矿母岩岩性主要是晶屑凝灰岩、晶玻屑凝灰岩、熔结凝灰岩等中酸性火山碎屑岩类。

以庆元凝灰岩（荷地岩体围岩）为例，探讨火山岩型 iRee 矿床特征。庆元火山岩型 iRee 成矿母岩为晶屑凝灰岩，属白垩系西山头组，下伏高坞组流纹质晶屑熔结凝灰岩，少量出露，上覆九里坪组流纹岩。浙江省地质调查院 Rb-Sr 定年结果显示西山头组年龄为 137±2Ma，判断与荷地岩体为同期的火山-侵入杂岩体。

手标本下为灰绿色（野外还见有灰白色、紫红色等），凝灰结构，块状构造，质地粗糙且致密（图 5-17a）。主要由火山碎屑物质（>90%）组成，大部分为火山灰，少量晶屑、玻屑物质。火山灰约 60%，将各种晶屑、玻屑等胶结成岩。

镜下可见晶屑约占 25%，粒度大小不一，石英、长石偏大，黑云母偏小（图 5-17b，c）。石英约 5%，半自形粒状，0.2mm×0.5mm ~ 1.5mm×2.5mm，表面较整洁；斜长石约 10%，自形或半自形长柱状，0.1mm×0.4mm ~ 1.5mm×3mm，表面斑驳，常见聚片双晶；钾长石约 6%，半自形柱状，0.1mm×0.2mm ~ 1mm×2mm，表面也遭受风化；黑云母约 4%，自形片状。除此之外还有约 5% 的玻屑物质，他形玻璃质碎屑。后期易风化、高岭土化、蒙脱石化，结构变松散。其中还可见磷钇矿等稀土矿物。

2. 地球化学特征

1）主量元素特征

西山头组晶屑凝灰岩 SiO_2 含量较高，范围在 72.67% ~ 78.49%，为弱过铝质至过铝质系列；K_2O+Na_2O 含量为 5.75% ~ 8.00%，K_2O/Na_2O 为 1.458 ~ 3.078，A/CNK 范围在 1.017 ~ 1.574，莱特碱度率（A. R.）为 2.74 ~ 3.37，里特曼指数 $\sigma<3.3$，为钙碱性岩；分异指数（DI）为 88.95% ~ 91.17%，固结指数（SI）为 2.25 ~ 3.32，表明岩浆分离结晶作用也较强，岩浆分异程度较强。

西山头组晶屑凝灰岩在 TAS 图解中均落在流纹岩范围内，分布于 Irvine 分界线以下，属于亚碱性。在 SiO_2-K_2O 图解中，均分布于高钾钙碱性系列，硅含量高，钾含量相对较高（图 5-18）。

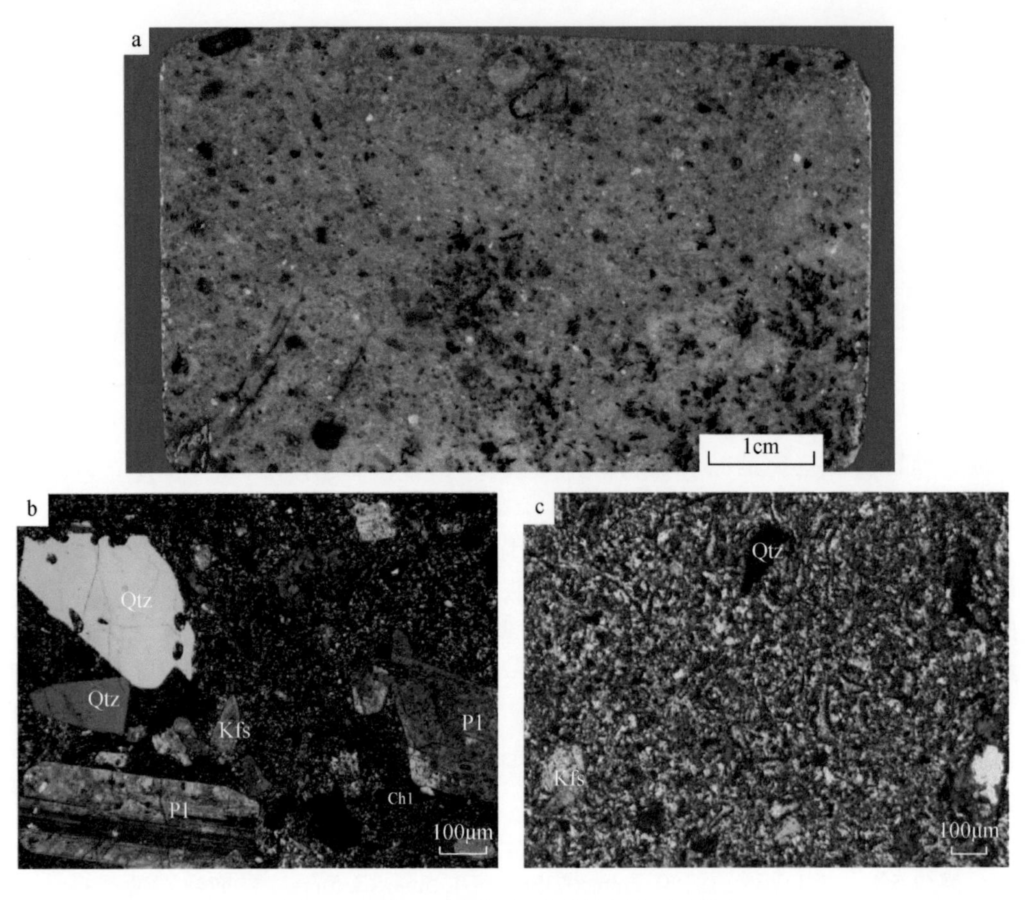

图 5-17　荷地-庆元凝灰岩手标本及镜下照片

a-凝灰岩手标本；b-凝灰岩（正交×25）；c-凝灰岩基质中各种晶屑、玻屑（正交×100）。Qtz-石英

2）微量元素特征

庆元凝灰岩微量元素及稀土元素地球化学特征（图 5-19a）与荷地岩体极为相似（图 5-20a），微量元素也表现出谷峰迭起的形式，高 Rb、Th、U、Zr、Hf、La 及 Ce，低 Ba、Nb、Ta、Sr 和 Ti。从原岩到风化壳，微量元素的表现与花岗斑岩风化壳 iRee 略有不同，其 Nb、Ta 流失，Ti 强烈流失；而 Zr、Hf 等元素流失或亏损均存在。LREE 表现为富集，HREE 则有富集、有亏损。

3）稀土元素特征

凝灰岩中 $\sum$ REE $=242.90\times10^{-6}\sim270.31\times10^{-6}$，LREE/HREE $=10.31\sim13.78$，$(La/Yb)_N=13.31\sim20.71$，轻重稀土分异明显（但弱于荷地花岗斑岩），轻稀土富集，稀土配分模式为右倾型（图 5-19b），与荷地岩体基本一致（图 5-20b）；δEu $=0.19\sim0.50$，存在铕的强负异常，δCe $=0.81\sim0.97$，表明存在微弱的铈负异常或铈异常不明显。

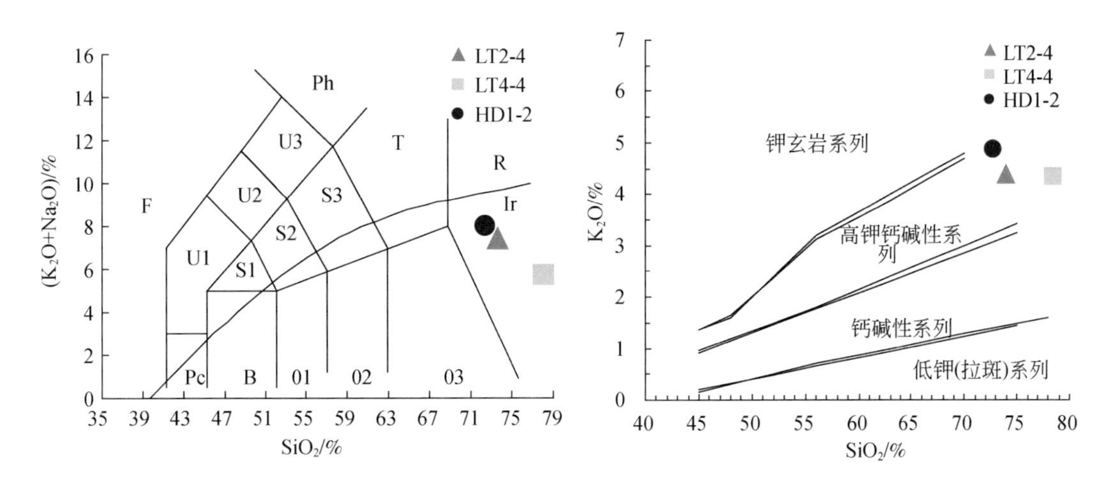

图 5-18 庆元西山头组凝灰岩 SiO_2-Na_2O+K_2O 图解及 SiO_2-K_2O 图解

（底图据 Irvine et al.，1971）

Pc-苦橄玄武岩；B-玄武岩；01-玄武安山岩；02-安山岩；03-英安岩；R-流纹岩；S1-粗面玄武岩；S2-玄武质粗面安山岩；S3-粗面安山岩；T-粗面岩、粗面英安岩；F-副长石岩；U1-碱玄岩、碧玄岩；U2-响岩质碱玄岩；U3-碱玄质响岩；Ph-响岩；Ir-Irvine 分界线，上方为碱性，下方为亚碱性

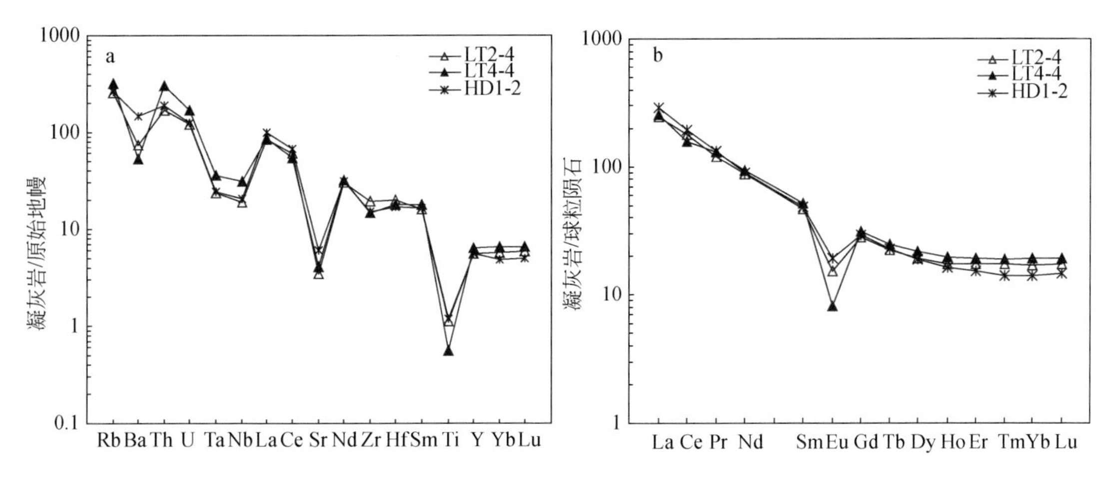

图 5-19 凝灰岩微量元素蛛网图（a）及稀土配分模式图（b）

3. 年代学研究

荷地-庆元地区的火山岩主要为白垩纪晶屑凝灰岩；其次，邢新龙等还在该区域首次发现了早-中侏罗世的流纹英安岩（176±1.2Ma）和流纹质弱熔结凝灰岩（169.1±3.3Ma）。此次研究并未对庆元凝灰岩进行年代学工作，仅以前人工作为基础进行讨论（表 5-13）。

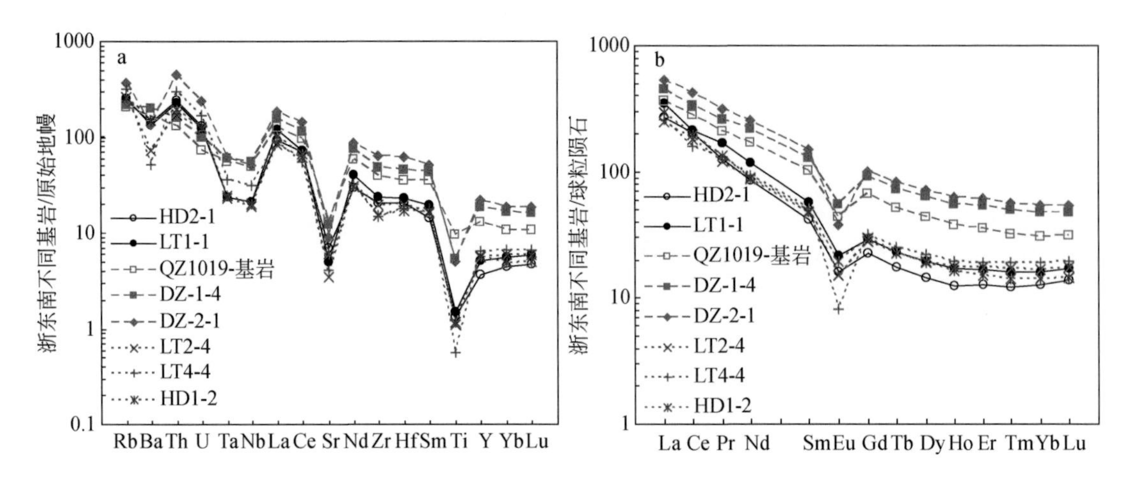

图 5-20　浙南各原岩的微量元素蛛网图（a）及稀土元素配分模式图（b）

HD2-1、LT1-1：荷地岩体（花岗斑岩）；QZ1019-基岩、DZ-1-4、DZ-2-1：大柘片麻岩；LT2-4、LT4-4、HD1-2：荷地岩体围岩（凝灰岩）

表 5-13　前人关于西山头组样品年龄测定结果统计

序号	样品岩性	年龄/Ma	分析方法	资料来源
1	粗面英安岩	127.9±0.8	锆石 U-Pb 测年	段政，2013
2	流纹质强熔结凝灰岩	131.9±1.9	锆石 U-Pb 测年	段政，2013
3	晶屑凝灰岩	137±2	全岩 Rb-Sr 法	王加恩等，2016
4	流纹质晶屑凝灰岩	133.0±2.5	锆石 U-Pb 测年	王加恩等，2016
5	流纹质晶屑凝灰岩	133.2±3.1	锆石 U-Pb 测年	邢新龙，2016

段政（2013）对浙南地区晚中生代火山岩进行时序测定，通过锆石 U-Pb 测年确定了庆元县五大堡地区高坞组顶底部的流纹质弱熔结凝灰岩年龄范围为 133.2±0.6Ma 至 136.0±0.8Ma，以此代表了高坞组火山岩地层的年代；而庆元县左溪镇西山头组顶部的粗面英安岩和底部的流纹质强熔结凝灰岩的年龄范围为 127.9±0.8Ma 至 131.9±1.9Ma，代表着西山头组地层时代。

早在 2004 年，浙江省地质调查院在对荷地–庆元一带进行区域地质调查工作时，就曾采用全岩 Rb-Sr 同位素定年方法对西山头组做了年代测试，获得了 137±2Ma 的等时线年龄，可靠度较高。

浙江省地质调查院王加恩等（2016）曾对丽水市磨石山群火山岩做过系统的时代测定，其中包括西山头组 4 件流纹质晶屑凝灰岩样品，测得其锆石 U-Pb 加权平均年龄为 133.0±2.5Ma，属于早白垩世。

邢新龙（2016）和邢新龙等（2017）也对浙江庆元岭头乡样品进行了锆石 U-Pb 年龄测试，测得西山头组流纹质晶屑凝灰岩年龄为 133.2±3.1Ma。

因此，我们在讨论西山头晶屑凝灰岩时，视其年龄范围为 135～137Ma。

浙江省地质调查院卢成忠等（2006）对浙南龙游县沐尘岩体与西山头组火山岩进行对

比分析时，采用 Rb-Sr 同位素定年方法，测得沐尘岩体斑状石英二长岩年龄为 141±7Ma，从时空分布、岩石类型、主微量及稀土元素地球化学特征等方面，证明二者属于同熔型火山-侵入岩组合。我们采得的荷地岩体黑云母二长花岗斑岩及其围岩西山头组晶屑凝灰岩，具有相似的微量及稀土元素特征，并且分布在相近的时空范围内。因此我们推断区内荷地岩体及其围岩是同期形成的火山-侵入杂岩体，进一步说明了荷地花岗斑岩风化壳 iRee 与凝灰岩风化壳 iRee 经历了相似的表生作用环境。

4. 稀土赋存状态

在庆元晶屑凝灰岩中观察到的矿物种类较少，火山灰占绝大比例，但其稀土元素含量很低，平均为 22.98×10^{-6}，长石、石英等碎屑物质中稀土含量更低，仅少量副矿物中稀土含量偏高。据表 5-5，造岩矿物占全岩的 27.00% 左右，稀土贡献率约为 1.56%；副矿物及火山灰占全岩的 60.00%，贡献率则仅为 1.64%；独立稀土矿物以不到 1.00% 的比例贡献了 95.80% 的成矿物质。

二、凝灰岩风化壳

1. 风化壳概况

荷地围岩为晶屑凝灰岩，常见灰白色、灰绿色及紫红色，主要由火山灰构成，可见石英、长石晶屑，含量较低。致密，块状构造，风化后似土状。野外观察到的晶屑凝灰岩剖面风化程度强弱不一，厚度为 5～15m。残坡积层平均为 0～2m，灰黑色-红褐色，黏土矿物为主，占 70%～80%，其次为生物残骸、植物根系及表层浮土，很少见有矿物碎屑，该层稀土含量较低，一般均在边界品位以下，但向下含量逐渐增高。全风化层随原岩颜色不同而略显差异，一般为 5～10m，风化彻底，砂质感较强，致密但不成团块，该层渗透性强，黏土矿物含量最高，是主要的赋矿层位，部分中段可达工业品位。

根据风化壳剖面各层稀土配分模式图（图 5-21）可知，对于火山岩型 iRee，随着深度增加，风化程度增加，稀土元素大多呈富集趋势；由于 Ce、Eu 是变价元素，在地球化学作用过程中与其他稀土元素发生分离：在一定外界环境下，Ce^{4+} 形成方铈石，造成 Ce 亏损；而长石易风化，解离出的 Eu 迁移至风化壳中，出现 Eu 的强烈富集。相比于原岩，风化壳中稀土富集 1～4 倍，个别元素富集 10 倍。稀土配分形式基本也继承了原岩的配分模式，受表生作用影响较小（除 Ce、Eu 外）。

2. 稀土浸取率

凝灰岩风化壳 iRee 风化壳全风化层中稀土浸取含量高者为 566.82×10^{-6}，低者为 452.61×10^{-6}，平均浸取稀土含量为 509.72×10^{-6}。这两组全风化层样品的稀土浸取含量相差不大，但在有些矿区凝灰岩风化壳的稀土浸取含量可以相差很大。

凝灰岩全风化层的稀土浸取率差别较大，最高可达 70.00%，甚至略高于花岗斑岩全风化层，但是浸取率最低仅能达到 25.00%。推测可能是风化程度的差异以及雨水淋滤的原因使得部分稀土元素流失，降低了全风化层的浸取率。

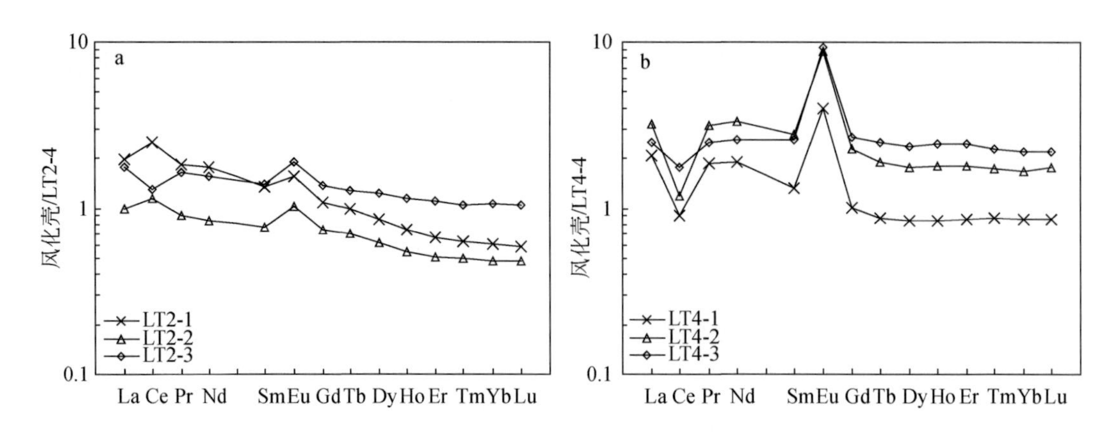

图 5-21　浙江庆元凝灰岩风化壳剖面不同深度相对于基岩的稀土配分模式图

考虑到 iRee 矿床的定义，离子相稀土含量应占全相稀土的 50% 以上，因此在严格意义上来说，庆元凝灰岩风化壳中的稀土矿不能称为 iRee 矿床。但凝灰岩风化壳在研究区分布广泛，风化壳中的稀土矿空间分布不均匀，有些区域的离子相稀土占比达到一半以上，而有些则低于 50%，因此暂时仍沿用 iRee 矿床对其进行探讨。

第四节　片麻岩风化壳 iRee

一、片麻岩

1. 地质特征

浙南区变质岩出露范围不大，主要分布于江绍断裂带南侧龙泉、龙游、诸暨地区以及西南部遂昌大柘、治岭头地区，以古元古代八都群和中-新元古代陈蔡群变质岩为主，其次为零星分布于龙泉、景宁、青田的中元古代龙泉群。

目前，通过赣南钻对部分变质岩区进行取样分析，结果显示具有成矿潜力的风化壳母岩以八都群片麻岩为主，其次为片岩，而浙南分布较广的变粒岩成矿性则较差。

以遂昌-大柘片麻岩带为例，探究变质岩风化壳 iRee 稀土矿成矿母岩及风化壳特征。遂昌-大柘变质岩带位于丽水-余姚断裂带西部，岩性以石榴角闪黑云片麻岩为主，少量变粒岩、浅粒岩，属古元古代八都群（图 5-22）。

石榴角闪黑云片麻岩手标本为灰黑色（黑色白色间或分布），变晶结构，片麻状构造，中-高级变质作用（图 5-23）。镜下可观察到明显的暗色矿物（黑云母、角闪石）排列呈条带状与长石、石英等浅色矿物互层分布，构成片麻状构造。其中：斜长石半自形长板状，约 25%，0.2mm×0.2mm～2.0mm×2.0mm，常发育聚片双晶。石英半自形粒状，约 20%，颗粒大者达 4.0mm×5.0mm，小者约 0.2mm×0.3mm，表面较干净，大颗粒中发育裂隙。钾长石半自形板状，约 15%，0.2mm×0.3mm～0.5mm×0.5mm，部分见卡式双晶。黑云母片状，自形或半自形，约 20%，0.1mm×0.3mm～0.4mm×1.0mm，一组极完全解

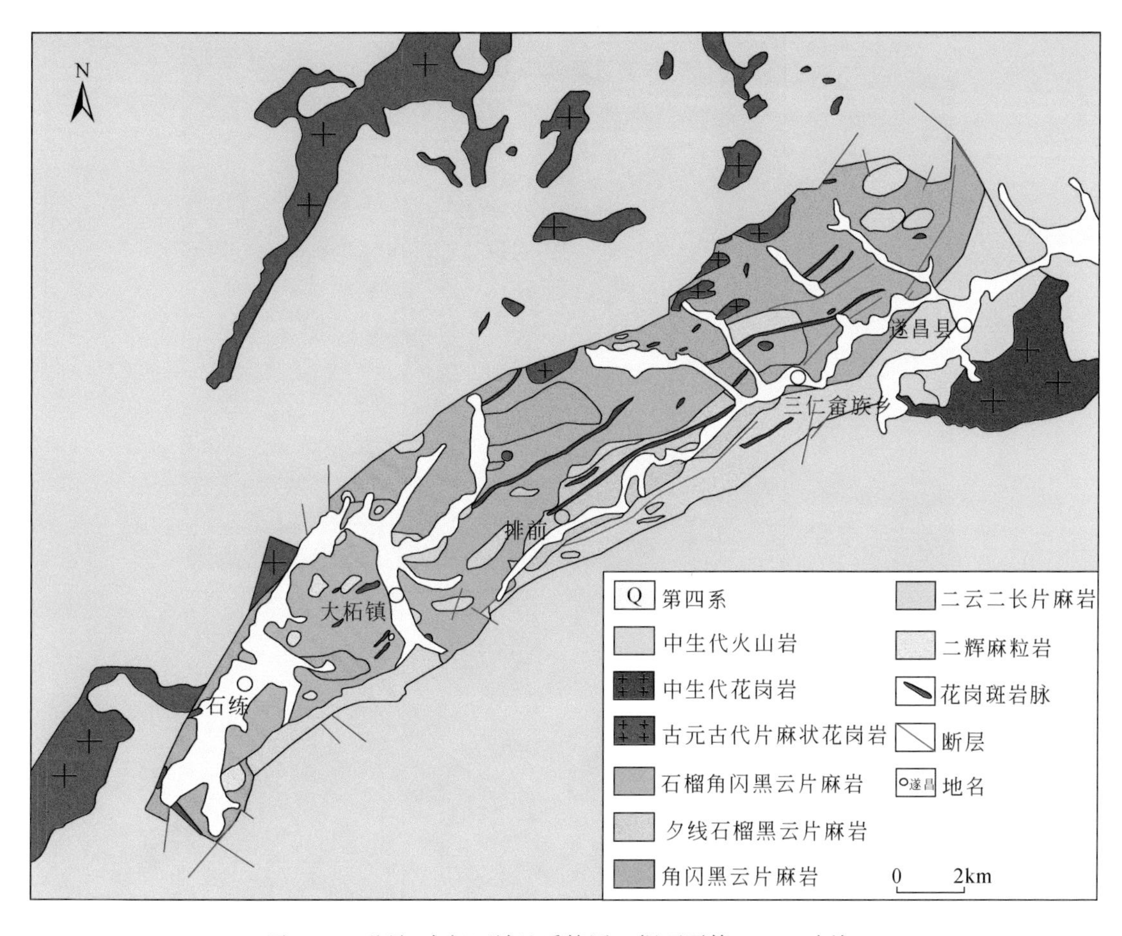

图5-22　遂昌-大柘区域地质简图（据石磊等，2019改绘）

理。钛铁矿他形，约占5%，常与黑云母伴生分布。整体弱蚀变。副矿物可见铁铝榴石、镁铁闪石、榍石、磷灰石、锆石、金红石、钛铁矿等；含氟碳钙铈矿、独居石等稀土矿物。

经变质岩原岩恢复，大柘含榴黑云斜长片麻岩为副变质岩，因后期经历了花岗岩化作用而呈现出花岗岩的特征。

2. 地球化学特征

1）主量元素特征

大柘地区石榴角闪黑云片麻岩中，SiO_2范围为59.61%～65.67%，K_2O+Na_2O含量为5.51%～7.10%，K_2O/Na_2O为1.267～2.859，低锰（ω_{MnO}=0.08%～0.14%），低镁（ω_{MgO}=0.63%～1.93%），与荷地花岗斑岩相比，大柘片麻岩低Si，高Fe、Mn、Mg等金属元素。

2）微量元素特征

片麻岩的微量元素含量普遍高于荷地花岗斑岩及凝灰岩（图5-20a），Th、U含量偏低，其他元素则呈现相似特征。风化壳各层位相对于片麻岩变化不大，Sr、Ti亏损较多，

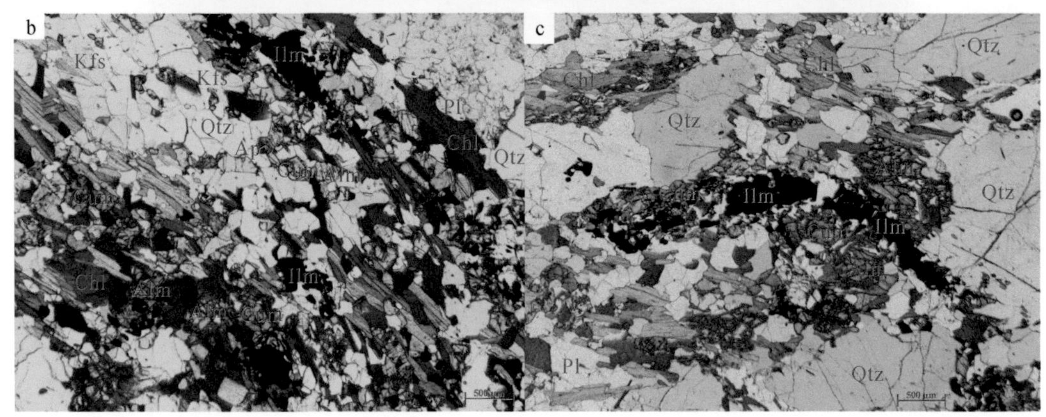

图 5-23　遂昌-大柘片麻岩手标本及镜下照片

a-大柘片麻岩手标本；b-片麻构造（单偏光×25）；c-黑云母、磁铁矿等暗色矿物定向排列（单偏光×25）；Qtz-石英；Pl-斜长石；Kfs-钾长石；Chl-绿泥石；Alm-铁铝榴石；Cum-镁铁闪石；Ilm-钛铁矿；Ap-磷灰石

Nb、Ta、Zr、Hf 略亏损（图 5-24a）。

3）稀土元素特征

片麻岩 $\sum$REE=413.80×10^{-6}～619.32×10^{-6}，LREE/HREE=7.65～9.05，$(La/Yb)_N$=9.39～11.95，轻重稀土分异明显（但弱于荷地花岗斑岩，图 5-20b），轻稀土富集，稀土配分模式为轻稀土富集，重稀土相对亏损的右倾型，图像左陡右缓（图 5-24b）；δEu=0.3～0.53，存在 Eu 的负异常，δCe=0.95～0.98，表明 Ce 异常不明显。

3. 原岩恢复

由于遂昌-大柘石榴角闪黑云片麻岩在形成过程中受到了强烈的花岗质混合岩化区域变质作用和角闪岩相变质作用，难以在野外通过地质产状、岩石组合以及岩相学特征进行正副变质岩的判断，因此我们对采得的样品进行岩石地球化学分析，相关数据如表 5-14

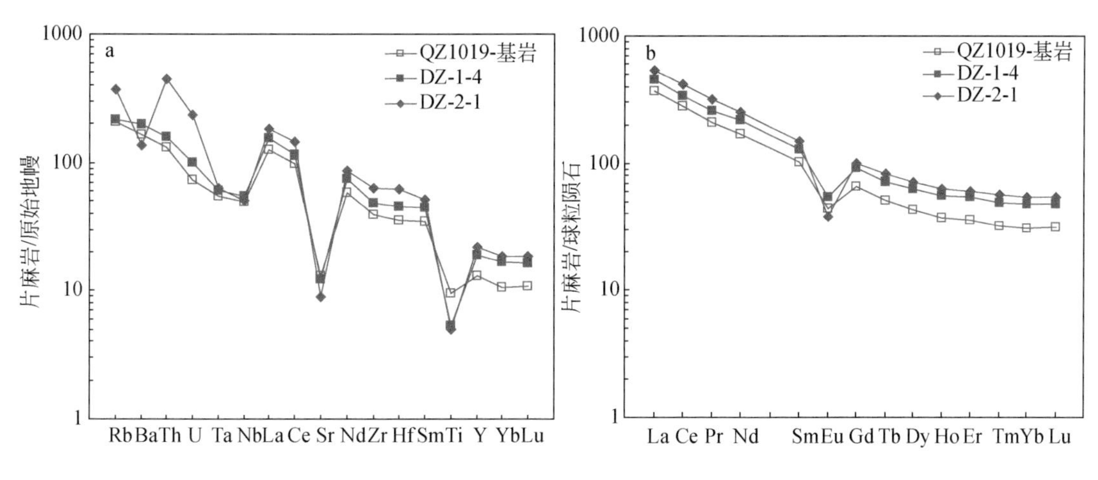

图 5-24　片麻岩微量元素蛛网图（a）及稀土配分模式图（b）

所示，并进行变质岩原岩恢复判别图解投图分析。

表 5-14　片麻岩原岩的部分地球化学数据

样号	岩性	SiO_2/%	TiO_2/%	Ni/10^{-6}	Zr/10^{-6}	Zr/TiO_2
QZ1019-A0*	片麻岩	59. 61	2. 02	12. 8	437	216. 34
DZ-1-4	片麻岩	62. 75	1. 16	3. 85	539	464. 66
DZ-2-1	片麻岩	65. 67	1. 12	3. 31	703	627. 68

* QZ1019-A0 即 QZ1019-基岩，二者是同一样品，为便于实验数据记录而修改名称。

变质岩原岩恢复判别图解种类多样，在此我们选择了针对前寒武纪长英质片麻岩判别效果较好的 SiO_2-TiO_2图解以及不受交代作用影响的 Ni-Zr/TiO_2图解。

在 Tarney（1976）的变质岩原岩恢复 SiO_2-TiO_2图解（图 5-25a）中，遂昌–大柘片麻岩均落在了沉积岩范围内。在 Winchester（1980）的 Ni-Zr/TiO_2图解（图 5-25b）中，片麻岩原岩恢复结果仍为沉积岩。因此，我们推断遂昌–大柘一带的片麻岩为副变质岩。这一点与浙江地质资料相符。

4. 年代学特征

周枭等（2018）通过对遂昌–大柘地区的含榴角闪二长片麻岩进行锆石 U-Pb 年代学研究，得出其成岩年龄为 1. 83 ~ 1. 85Ga，又在 220 ~ 230Ma 遭受印支期古太平洋板块向华南陆块俯冲发生了麻粒岩相变质作用改造，最终形成。

变质过程中 REE 和高场强元素化学行为相对稳定，故变质岩的这两类元素组成一般可近似地代表其原岩的组成。薛怀民等（1996）根据地球化学特征及同位素特征，推断浙南中生代酸性火山岩是由变质基底重熔形成。根据荷地岩体 Hf 同位素数据特征，荷地岩体 $\varepsilon_{Hf}(t)<0$，$T_{DM_2}>>t_{(U-Pb)}$，t-$\varepsilon_{Hf}(t)$ 图解分布于上地壳线以上，也暗示岩浆来源以地壳重熔为主，加之遂昌八都群片麻岩与荷地花岗斑岩体及其围岩具有相似的微量元素与稀土元素分布特征，据此我们认为荷地周边的火山–侵入杂岩均有可能是前寒武纪八都群变质岩

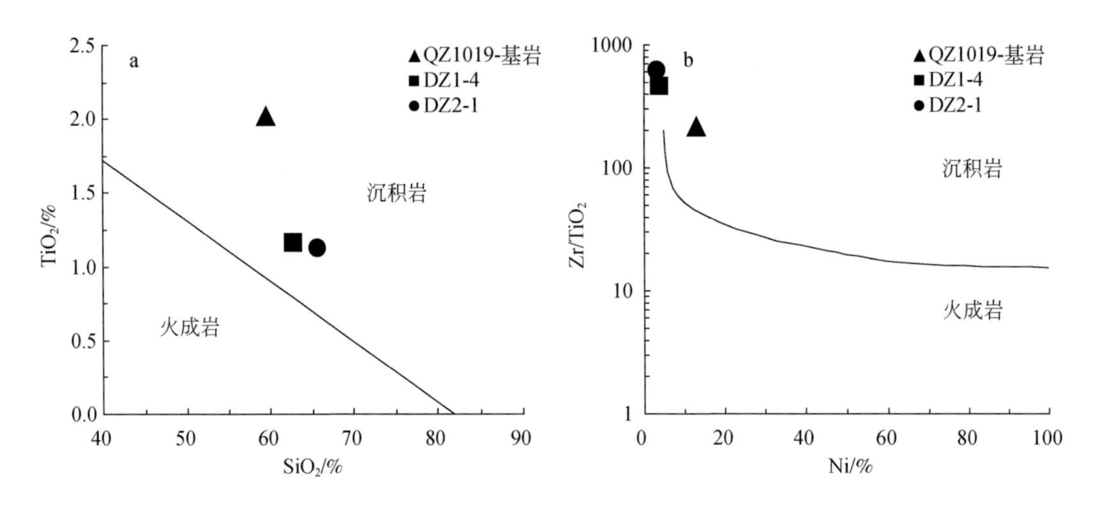

图 5-25　大栃片麻岩原岩恢复

重熔形成。而且根据分析的 REE 及高场强元素数据，我们可以看出相比于花岗斑岩，大栃片麻岩的数据更接近于凝灰岩。

5. 稀土赋存状态

在三种 iRee 稀土矿中，花岗斑岩风化壳和火山岩型的稀土富集系数要高于变质岩风化壳，但是变质岩（片麻岩）中的矿物种类丰富，含大量石榴子石、辉石、榍石、磷灰石等矿物及稀土矿物（图 5-26）。在造岩矿物及大多副矿物中，稀土元素以类质同象形式存在；在稀土矿物中，稀土元素则以独立的矿物相形式存在。

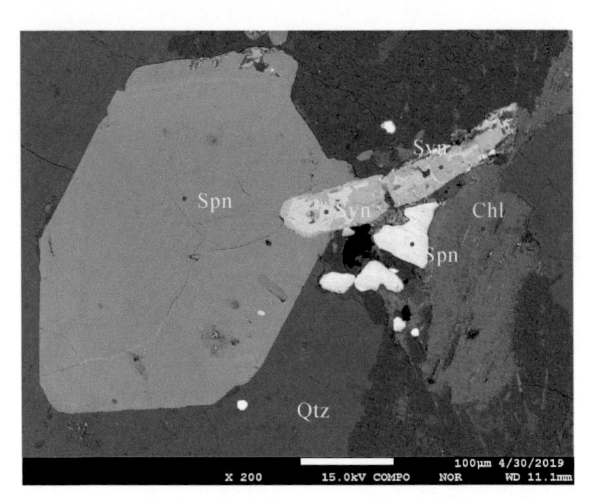

图 5-26　遂昌片麻岩中的稀土矿物

Qtz-石英；Spn-榍石；Chl-绿泥石；Syn-氟碳钙铈矿

据表 5-5 可知，片麻岩中造岩矿物约占全岩的 90.00%，其稀土贡献率则为 5.09%；副矿物占全岩的 8.00%，稀土贡献率为 5.67%；而独立的稀土矿物虽然仅占全岩的 1.00% 左右，但稀土贡献率则高达 89.25%。

二、片麻岩风化壳

1. 风化壳概况

片麻岩风化壳在野外容易辨别，在风化程度最高的全风化层依然可见原岩的片麻状构造，其风化程度普遍强于花岗斑岩及凝灰岩风化壳，各层位厚度纵深较长，残坡积层、全风化层及半风化层厚度普遍达二十余米，但其稀土元素含量变化却最小。

风化壳是离子吸附型稀土矿矿床的赋矿载体，一般来讲，垂向上风化壳发育越好，即厚度越大、分层结构越明显，则矿化度发育越好。水平方向上，较平缓的低山、丘陵以及山脊地段，风化壳及保存的矿体厚度大；而在沟谷、陡坡、山脚处，风化壳及矿体厚度小，甚至尖灭。

因此，研究区寻找此类矿床的方向是稀土含量高的燕山期中酸性、酸性岩体，尤其是二长斑岩岩体；植被较茂盛，风化壳发育、保存较好，地形平缓的低山、丘陵或山间盆地。

根据片麻岩剖面的微量元素蛛网图（图5-27a），在风化作用过程中，微量元素变化不大，Sr、Ti 元素在风化过程中明显丢失，而 Nb、Ta、Zr、Hf 等元素很少发生丢失。据稀土配分模式图（图 5-27b）可知，对于变质岩风化壳 iRee，随着深度增加，风化程度增加。稀土元素富集趋势不甚明显，可能有两点原因造成：第一，可能是由于样品偶然性；第二，片麻岩所具有的片麻状构造，限制了稀土元素在溶液中的流动、富集。即便如此，我们仍然可以看出风化壳中稀土元素的配分模式主要还是受原岩影响。

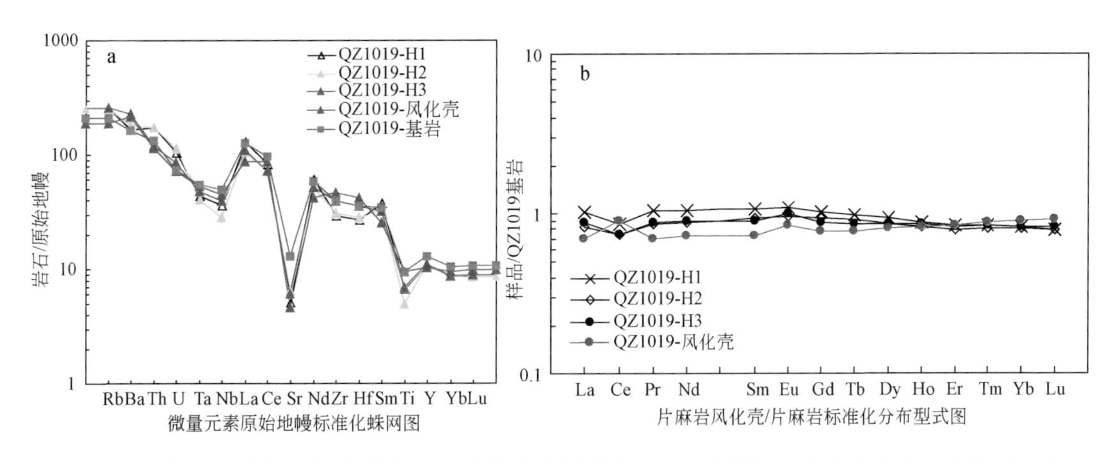

图 5-27　遂昌片麻岩剖面不同层位风化壳微量元素蛛网图（a）及各层相对基岩的稀土配分模式图（b）

2. 稀土浸取率

片麻岩风化壳 iRee 风化壳全风化层的稀土浸取总量为 413.73×10^{-6}，其中轻稀土为 312.27×10^{-6}，占相当大的比例，但是相比于花岗斑岩及凝灰岩的风化壳而言，其浸取的稀土含量是最少的。

片麻岩风化壳 iRee 稀土浸取率最低，仅为 26.26%。说明在风化壳中，有很大一部分稀土元素难以直接浸取出来，可能在风化壳中存在难以风化的独立稀土矿物，如独居石等。从理论来讲，片岩、片麻岩具片麻状构造，其浸取率普遍偏低，因为片麻状构造影响浸取液的流动，不易使浸取剂与稀土阳离子充分反应，稀土元素不能被完全置换出来。

在研究区内三种稀土矿床中，片麻岩风化壳稀土矿床的稀土浸取率最低，这是受母岩自身因素的制约。对于原岩来讲，变质岩原岩中的ΣREE是花岗斑岩及火山岩的两倍左右；对于风化壳矿体来讲，单位质量的风化壳中，变质岩风化壳所浸取出的稀土含量略低于花岗斑岩风化壳，在当前技术条件下难以进行开发利用，但可作为储备资源进行勘探。

第五节　成矿条件及成矿模式

一、成矿条件

前人研究认为，形成该矿床至少需具备三个条件：第一，富含稀土背景值的成矿母岩体；第二，稀土赋存于可风化的矿物中，这样才可能使得稀土元素以离子相存在；第三，表生作用条件，即能够发生物理、化学等风化作用的外生条件。

1. 内生作用条件

1）成矿母岩

成矿母岩是iRee矿床最重要的条件，一般具有较高的稀土含量。岩体中的稀土矿物是成矿最主要的物质来源。浙江南部各矿区中，荷地花岗斑岩的平均ΣREE为271.39×10^{-6}，附近凝灰岩围岩ΣREE约为253.36×10^{-6}，大柘片麻岩ΣREE约为517.21×10^{-6}。地壳中ΣREE平均丰度为141.35×10^{-6}，南岭含矿岩体的平均ΣREE约为289×10^{-6}。由此可见，浙南成矿母岩的稀土含量较高，具有形成iRee矿床的潜力。

薛怀民等（1996）根据地球化学特征及同位素特征，推断浙南中生代酸性火山岩是由变质基底重熔形成。根据荷地岩体Hf同位素数据特征，荷地岩体$\varepsilon_{Hf}(t)<0$，$T_{DM_2}>>t_{(U\text{-}Pb)}$，$t$-$\varepsilon_{Hf}(t)$图解分布于上地壳线以上，也暗示岩浆来源以地壳重熔为主，加之遂昌八都群片麻岩与花岗斑岩体及其围岩具有相似的微量元素与稀土元素分布特征（图5-20），据此我们认为荷地周边的火山-侵入杂岩均有可能是前寒武纪八都群变质岩重熔形成。在片麻岩、花岗斑岩及凝灰岩三者中，片麻岩中稀土含量最高，而火山-侵入杂岩很可能来自陆壳物质重熔再结晶形成，因此我们推断重熔再结晶过程中，发生了难熔稀土矿物（副矿物）的丢失或者稀土元素随残余岩浆迁移丢失。

2）稀土矿物

一般来讲，稀土成矿母岩中均含有一定的稀土载体矿物，其中易风化的稀土矿物含量越高，所形成的风化壳中稀土元素含量也越高。如在荷地花岗斑岩中，可见氟碳铈矿、磷钇矿等稀土独立矿物，还有钛铁矿、锆石、磷灰石等易与稀土元素发生类质同象的副矿物，为稀土成矿提供了丰富的载体矿物；大柘片麻岩中的稀土矿物及副矿物种类更加丰富：含氟碳钙铈矿、独居石等稀土矿物，铁铝榴石、镁铁闪石、榍石、磷灰石、锆石、金红石、钛铁矿等副矿物。因此，大柘片麻岩风化壳中稀土矿物含量远高于花岗斑岩及凝灰岩风化壳。

此外，易风化稀土矿物直接影响着母岩的稀土配分模式，而风化壳中稀土元素的配分模式直接继承原岩（除 Ce、Eu 元素外）。这就表明如果原岩以轻稀土为主，那么所形成的稀土矿也大概率会是轻稀土矿床，反之则易形成重稀土矿床。

3）构造条件

目前虽无直接的证据表明矿床形成受构造因素控制，但是浙江南部地区花岗斑岩型、火山岩型 iRee 矿床均经历了中生代强烈的火山活动，南岭各类离子吸附型稀土矿的成岩时间绝大多数也在燕山期。白鸽等（1989）对华南地区一些 iRee 矿床进行研究时也发现构造复合部位是成矿的有利地段：足洞岩体中部，东西向断裂构造和塑性流动构造发育，控制了重稀土的原生和次生富集；广东寨背顶重稀土岩体内东西向和南北向断裂发育，矿物特征表明曾经历明显的岩石塑性变形；钠长石化、萤石化和碳酸盐化发育则利于稀土氟酸盐、稀土碳酸盐的形成。此外，人们普遍认为成矿母岩经历了陆壳重熔或者幔源物质加入的重熔，这都需要构造运动来提供动力及能量（王笃昭，1984）。

2. 外生作用条件

1）气候

浙江南部气候炎热潮湿、植被繁茂、氧气充足，属亚热带季风性气候，冬夏分明，能够促进原岩的风化，不仅形成大量黏土矿物，还能使矿物相的稀土元素解离，在水溶液中形成复杂的稀土阳离子。但是如果温差过大，风化作用过于强烈，也容易造成解离出的稀土流失，不利于稀土的吸附富集。降水充沛，雨水及地下水流通性较强，有利于稀土元素充分进行交换，并在有利层位（全风化层）富集成矿。

2）地形

浙江南部大多矿区位于低矮的山地丘陵，利于保存厚大的风化壳；而在平原、盆地则不利于风化壳的形成；较高的山地往往受到强烈的剥蚀作用，形成的风化壳难以保存。对于荷地花岗斑岩及凝灰岩风化壳而言，风化壳垂向厚度山顶>山脊>山腰>山底，因此，矿体厚度也具有类似的趋势。

3）雨水和地下水

iRee 风化壳一般均位于潜水面以上，因此，雨水及地下水的淋滤作用往往是垂向淋滤，很少会发生稀土元素的横向迁移。雨水及地下水不仅参与风化作用过程，而且也是 REE 迁移、富集过程中的主要搬运介质。正常情况下，适度的雨水及地下水在一定深度的地表为弱酸性，能够对碳酸盐矿物及部分易风化稀土矿物进行化学风化作用，带出矿物中的稀土元素并随着水介质迁移；但是到了风化淋滤后期，若风化壳厚度较薄，富含稀土元素的雨水及地下水可能渗透至潜水面以下，随着地下水一起迁移走，这种情况下就不利于风化壳富集成矿。

4）酸碱度

酸碱度除了影响水介质的 pH 来进行化学风化作用以外，还会对稀土元素的吸附和分馏、对风化壳各层位的黏土矿物种类产生影响。一般来讲，风化壳自上而下 pH 逐渐升高：残坡积层直接与空气中 CO_2 接触，并且受动植物腐殖酸的影响，pH 最低（4.4～5.0），表现为酸性环境；在全风化层，大气 CO_2 与生物腐殖酸的影响减小，pH 增高到 5.6～6.3，表现为弱酸性环境；而到了半风化层，pH 则进一步增至 6.5 左右。

pH 对稀土分馏的影响表现为，随着 pH 增高（由酸性到中性），黏土矿物对重稀土的吸附能力增强、对轻稀土的吸附能力减弱（万鹰昕和刘丛强，2004）。这与大多数风化壳中轻重稀土含量相吻合，在我们对三种母岩风化壳各层位的稀土含量测试后，发现风化壳越深，轻稀土含量相对减少、重稀土含量相对升高，轻重稀土分馏明显。

虽然黏土矿物具有 pH 缓冲能力，但是保持吸附性仍需满足一定的 pH 范围，不同的黏土矿物具有不同的适宜 pH 范围。如伊利石的 pH 稳定范围为 6～7，而埃洛石的存在环境则偏酸性。一般在 pH 为弱酸性溶液中，REE 会随着水溶液迁移，而在中性或者过酸、过碱溶液中，则会倾向形成碳酸盐和重碳酸盐，不利于 REE 的迁移（Nesbit et al.，1979；池汝安等，1995，2007）。在浙江南部的风化壳中，残坡积层变为弱酸性，矿物解离出的稀土元素以离子态随水介质向下迁移；到了全风化层，pH 升高，不利于稀土离子的迁移，便会形成复杂的稀土阳离子被黏土矿物所吸附。

5）氧化还原条件

一方面，氧化还原条件会影响风化壳中各种微生物及植物的种类与生长，影响化学风化作用及生物风化作用的程度（陈志澄等，1994a；马英军和刘丛强，1999）。

另一方面，在自然条件下，风化壳自上而下表现为从氧化环境向还原环境过渡，但无论是弱还原环境还是氧化环境，大部分稀土元素仍以正三价存在，仅 Ce、Eu 元素受影响较大。残坡积层主要为氧化环境，且受动植物及大气中 CO_2影响，水介质表现为酸性，矿物相稀土元素被解离，在此环境下不利于黏土矿物对稀土元素的吸附，因此，离子相稀土向下迁移，但 Ce^{3+}常被氧化成 Ce^{4+}，而 Ce^{4+}不稳定，易沉淀，不利于迁移富集。这也是为什么在三类成矿母岩的全岩中 Ce 元素含量很高，但其风化壳浸取率却最低。

二、成矿模式

王登红等（2013d）提出 iRee 是“内生外成”矿床，简明扼要地归纳出该矿床的成矿特点，指出矿床的形成同时受内生条件及外生条件的影响，成矿时间晚于成岩时间。因此，在讨论此类矿床的成矿模式时，就需要同时考虑内生及外生条件。在这一点上，前人对花岗岩风化壳 iRee 的研究较为成熟（田君等，2006；李社宏等，2011；池汝安等，2012；李慧等，2012；王瑞江等，2015；李明晓和王刚，2017；陆蕾等，2019），虽然不同类型 iRee 的成矿母岩差异很大，火山岩型及变质岩风化壳的研究较为薄弱，但是其成矿模式却相差无几（图 5-28）。

内生作用与表生作用是两个独立的成矿阶段，它们通常是不连续进行的。内生作用通过各种复杂的地质过程（包括岩浆作用、变质-混合岩化作用、热液交代作用以及构造动力作用等），形成一套稀土背景值较高的岩石，它决定了 REE 在岩石中的丰度、配分类型和赋存状态，从而构成成矿的物质基础。

表生作用阶段一般自古近纪开始，南岭及其外围地区受构造运动不断抬升，使得风化作用持续进行，风化壳不断向基岩推进，并且地壳抬升的速度略大于剥蚀速度，能够使稀土元素不断向下淋滤富集，因此，往往形成保留稀土元素的厚大风化壳体。

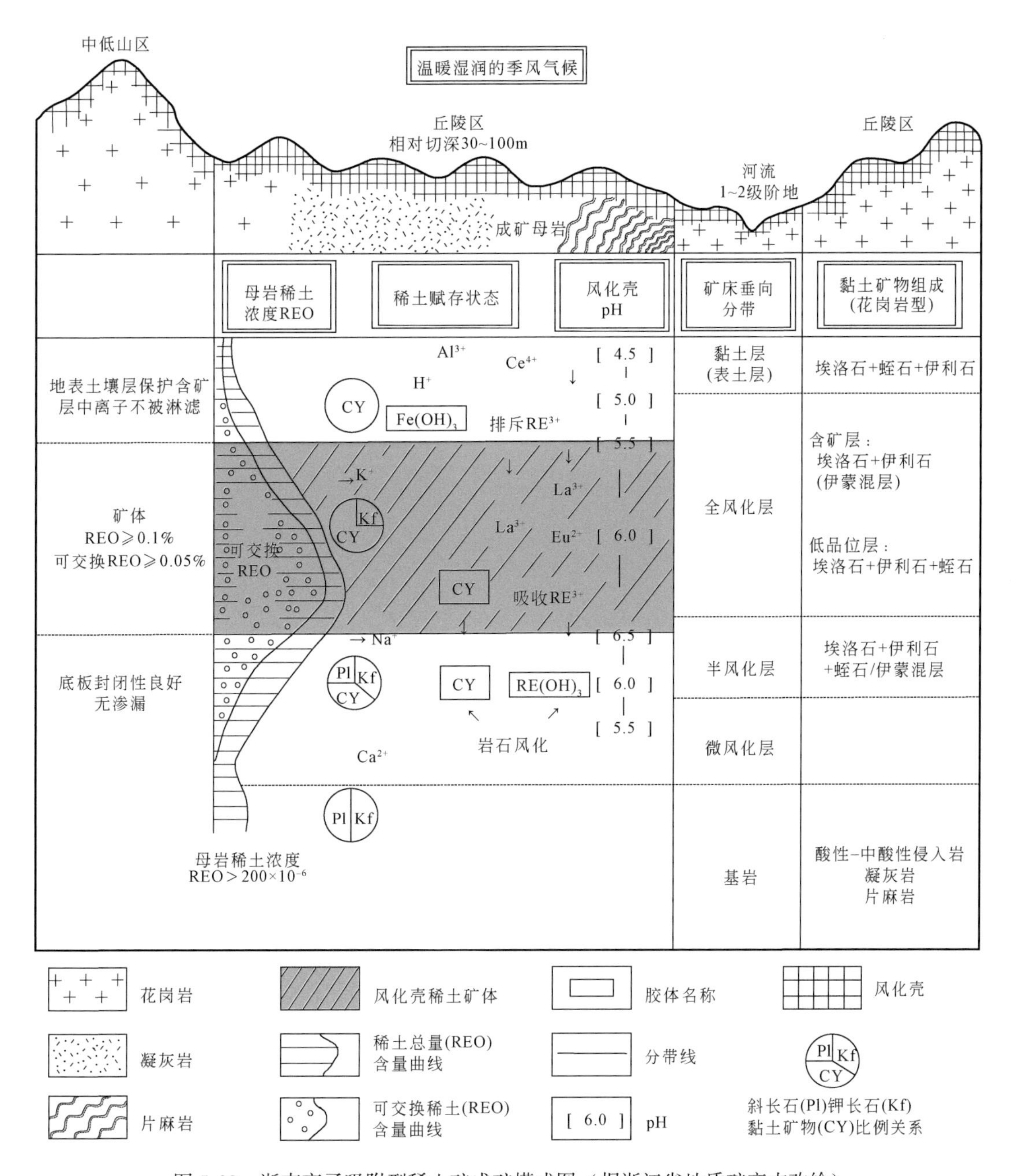

图 5-28　浙南离子吸附型稀土矿成矿模式图（据浙江省地质矿产志改绘）

富稀土岩体在成岩以后，直接暴露在地表或经构造运动抬升至地表接受风化作用。最初以物理风化为主，受温差、阳光曝晒以及雨水冲刷等作用，原岩裂解破碎，产生许多缝隙；生物风化及化学风化的参与加速了风化作用进程，使得原岩快速破碎成小岩块，凝灰岩等抗风化能力弱的岩石表层或直接被剥离成土状。生物风化主要是植物根系的生长以及动植物产生的腐殖酸等造成的岩石裂解。其中需要指出的是，在残坡积层含有的腐殖酸对稀土元素也有吸附性，其吸附能力有时甚至高于黏土矿物（魏斌等，2011）。但它在风化壳中的含量远低于黏土矿物含量，因此在任何层位中稀土元素仍主要吸附在黏土矿物中。

当裂解发育程度较高时，化学风化开始起主要作用。主要是酸性水介质对岩块的腐蚀，在地表条件下，雨水及地下水受大气中的CO_2及生物分泌的酸性物质影响，整体表现为酸性，pH≈4.4～5.0，这种环境下不仅会使岩石裂隙增大，也会与岩石中的矿物发生反应。花岗岩（变质岩）中常见的硅酸盐矿物稳定顺序一般为石英>白云母>钾长石>钠钙长石>钙钠长石>黑云母，角闪石、辉石等铁镁质硅酸盐矿物抗风化能力较弱，石榴子石、榍石、金红石等副矿物抗风化能力较强。因此，在风化作用过程中，黑云母早于长英质矿物风化。在风化作用初期，受大气降水及植物微生物腐殖酸作用，黑云母沿解理最先开始发生氧化分解，初步形成蛭石或绿泥石，进一步形成的伊利石/绿泥石、高岭石则表明风化作用达到了较高的程度；分解后的原矿物位置空隙增大，加速了风化作用的进行，在酸性大气降水的参与下使得抗风化能力稍强的矿物也能发生风化，如此循环往复便促进了母岩的风化进程（李晓婷等，2017）。一些抗风化能力非常强的矿物，如石英、锆石等则保留在风化壳中。

我们在野外取样时发现残坡积层至全风化层上部、半风化层存在部分细小鳞片状黑云母，而到了全风化层中部至下部则未见黑云母，仅见到风化壳中存在部分镁铁质析出后的褐色残余物质。长石类矿物均已风化形成多水高岭石、蒙脱石等次生矿物，而残留较多的石英颗粒。

随着地壳抬升，风化作用不断向下进行，所形成的风化壳厚度逐渐增加，自上而下风化程度依次减弱，根据风化程度的差异就产生了风化壳分带现象。越向风化壳下部，风化产物中含氧量逐渐下降，氧化性减弱；大气中的CO_2及地表的腐殖酸扩散也随之减少，水介质的 pH 逐渐增加至弱酸性–中性。黏土矿物主要存在于全风化层；半风化层原岩矿物未能全部风化，因此形成的黏土矿物含量也就随之减少；向下过渡至基岩时，黏土矿物含量基本为零。

原岩矿物解离时，其中稀土元素的赋存形式也从矿物相变为了离子相，并进入水介质中开始迁移。在风化壳表层，尽管具有较多的黏土矿物及腐殖酸，但是通过酸性水介质的不断淋滤，大部分稀土元素形成了复杂水合羟基阳离子向下迁移；而Ce^{3+}在表层氧含量较高的环境中氧化为Ce^{4+}，进一步与氧结合生成方铈石（CeO_2）存于表层，形成残坡积层的铈正异常。

当富含离子相稀土的水介质向下迁移到全风化层时，环境酸性减弱，黏土矿物含量增加，大部分的稀土元素便吸附于黏土矿物表面。此时整体环境仍处于偏酸性，黏土矿物对 HREE 的吸附性要弱于 LREE，并且 HREE 的迁移能力要强于 LREE，因此重稀土元素就会更多地继续向下迁移，造成轻重稀土的分馏效应。

到了半风化层时，黏土矿物含量骤减，整体环境处于弱酸性至中性。在此层位，由于风化作用不彻底，本层位中稀土元素未能完全解离，迁移而来的水介质中稀土元素大多被全风化层所吸附，总体的离子相稀土含量降低。最终经黏土矿物吸附的稀土含量整体较少，仅在半风化层上部含量较多，有可能达到工业品位。

到了基岩底板，原岩矿物未解离，黏土矿物未生成，即便存在半风化层未能吸附的稀土，该层也没有能力吸附，最终随水介质一起流失。

三、不同母岩之间成矿异同

母岩条件是影响 iRee 矿床形成的先决条件，而母岩岩性则是影响成矿与否的关键因素之一。关于不同母岩对成矿的影响，是探究 iRee 矿床成矿规律的重要一环。李晓婷等（2017）曾对细粒黑云母花岗岩与粗粒黑云母花岗岩进行对比，探讨了不同花岗岩对风化壳中稀土元素富集的影响，发现岩浆多期侵入、岩相复杂并且岩性多变的杂岩体中，节理密集、粗粒结构的侵入岩更具成矿条件。白鸽等（1989）对南岭多个不同类型的 iRee 矿床进行研究分析，从时空分布、母岩稀土含量、矿物类型等方面进行不同母岩成矿之间的差异分析，取得了较为综合且可靠的认知。本书在借鉴前人工作方法的基础上，对浙江南部地区不同的成矿母岩进行对比，从成矿条件、矿体特征以及开发利用等多角度进行对比阐述。

1. 不同母岩成矿的相同点

1）地质作用对稀土元素的影响

岩石形成过程中的一些地质作用会对稀土元素的分馏产生影响，这种稀土的分馏作用不受岩性的影响，均表现为相似的结果。如部分熔融作用、交代重熔作用和混合岩化作用，都只能形成轻稀土元素的富集。完善的分馏结晶作用及热重力扩散作用，可使重稀土元素在晚期得到相对富集。大柘片麻岩在形成过程中，受到了花岗质混合岩化作用，其稀土含量以轻稀土为主。

2）稀土元素配分模式

这里所提及的稀土配分模式相同，并不是指花岗斑岩、凝灰岩及片麻岩三者的配分模式相同，而是指不论哪种原岩，在成矿过程中的稀土配分变化规律都是相同的。一般表现为上层轻稀土高，下层重稀土高，且顶端特别富铈（池汝安和王淀佐，1996）。

从我们对花岗斑岩风化壳、凝灰岩风化壳、片麻岩风化壳三种 iRee 矿床的研究情况来看，母岩中独立稀土矿物及含稀土副矿物决定了母岩中稀土元素的含量及全岩稀土配分模式，而风化壳各层的稀土元素配分模式总体上也是继承于原岩，仅 Ce、Eu 变价元素受表生作用的影响配分有所区别。结合其他矿区的情况来看，大多风化壳稀土配分均有此特点，仅个别矿区在淋滤作用下发生稀土元素的差异化迁移，产生强烈的分馏作用，使得风化壳中稀土元素的配分模式不同于母岩。

2. 不同母岩成矿的不同点

对 iRee 矿床而言，花岗（斑）岩也是最常见的成矿母岩。成矿岩体往往经历了多期次的岩浆活动，岩浆分异作用显著，稀土元素发生富集。

1）成矿潜力不同

在岩性上，南岭地区火山岩的稀土丰度比花岗岩略高，比火山岩的稀土丰度更高；在时代上，由三叠纪到白垩纪火山岩中的稀土丰度依次增高，轻、重稀土比值也依次增大，侏罗纪次火山岩稀土丰度最高，轻、重稀土比值最大。在研究区分布的三类 iRee 矿床中，以荷地花岗斑岩风化壳 iRee 矿床成矿条件最好，储量最大。

一般而言，在同一地区的喷出岩、浅成花岗斑岩及深成花岗岩三者中，浅成花岗斑岩往往具有较高的成矿可能性，深成花岗岩及喷出岩则次之。对于研究区范围存在的荷地花岗斑岩体、仙桃山花岗岩体、涂坑花岗岩体及凝灰岩围岩，荷地浅成相花岗斑岩形成了大型的离子吸附型稀土矿，部分凝灰岩围岩的成矿潜力稍次，但仙桃山花岗岩体及涂坑岩体则不成矿。此案并非个例，在赣南寻乌地区，河岭花岗斑岩风化壳 iRee 矿床的成矿性要高于流纹凝灰岩、花岗岩、正长岩所形成的稀土矿床；大容山紫苏辉石堇青石花岗岩与大寺紫苏辉石堇青石浅成花岗斑岩在岩石化学成分和稀土丰度方面基本相同，但只有大寺岩体形成了很好的离子吸附型稀土矿床，大容山岩体则不成矿（白鸽等，1989）。

目前所发现的变质岩风化壳 iRee 矿床数量不多，成矿潜力稍次于花岗岩型 iRee 矿床。赣南变质岩风化壳 iRee 矿床在空间上主要分布于赣南东北部石城-宁都-瑞金浅变质岩区、东南部会昌-安远-寻乌中深变质岩区（赵芝等，2016；陈斌锋等，2019），以青白口纪库里组、神山组的变沉凝灰岩、变粉砂岩和南华纪寻乌组片岩、片麻岩和变粒岩为主。其中独居石、磷钇矿及锆石在几种变质岩中普遍存在，变沉凝灰岩中稀土矿物还有含稀土绿泥石、含稀土钍石以及方铈石等，变砂岩类中含褐帘石、水磷酸盐以及磷铝酸盐等，这些易风化的（含）稀土矿物为成矿提供了主要的物质来源（王臻等，2018，2019）。

熊毅等（2014）对广西北流市新丰寒武纪平政组变质岩风化壳 iRee 矿床进行了研究，该矿区成矿母岩包括片麻状黑云母二长花岗岩和夕线石榴黑云花岗片麻岩，其中除常见造岩矿物以外，还见有石榴子石、夕线石、磁铁矿、独居石、磷钇矿以及锆石等矿物。丘文（2017）及龚敏等（2017）也曾报道闽西南龙岩市万安县早-晚寒武世林田组浅变质岩系中也见有变质岩风化壳 iRee 矿床，初步研究发现矿区内变质粉砂岩、千枚状板（页）岩风化段品位较高。

2）矿物组成差异

相比于沉积岩，花岗岩中种类多样的副矿物和稀土矿物都是成矿的先决条件，长石、云母等物质风化后形成的黏土矿物为成矿提供了丰富的载体矿物。花岗斑岩中常见的稀土矿物有独居石、水独居石、氟碳铈矿、氟碳铈钡矿、氟碳钙铈矿、异相硅碳铈矿及磷稀土矿等。甚至不同的侵入岩，其中的稀土矿物（副矿物）都有很大差异。二长花岗岩风化壳岩石的副矿物组合：褐帘石型占49%，榍石-绿帘石型占23%，氟碳酸盐型占7%，独居石等非成矿组合占21%。钾长花岗岩风化壳岩石的副矿物组合：褐帘石型占20%，氟碳酸盐型占18%，含稀土副矿物型9%，独居石等非成矿组合占53%（白鸽等，1989）。

凝灰岩风化壳，母岩中矿物种类较少，火山灰、火山集块等物质较多，原岩中稀土含量偏低，且其中的稀土矿物较少，经过火山喷发等作用后，留下的大多是抗风化能力较强的稀土矿物或副矿物，离子相稀土元素比例较少。流纹质凝灰岩中常见的稀土矿物主要是异相硅钛铈矿、独居石及磷钇矿等。

片麻岩风化壳，母岩中稀土含量高，矿物种类丰富，尤其是经过变质作用及花岗质混合岩化作用后，再生了许多稀土矿物及副矿物，其中大多副矿物的晶格位置易与稀土元素发生类质同象替代，故其原岩中稀土总含量往往很高，甚至高于变质岩原岩或周边火山岩。在遂昌-大柘片麻岩中，可见较多的铁铝榴石及镁铁闪石，副矿物种类较多，有榍石、磷灰石、锆石、金红石、钛铁矿等，并且有氟碳钙铈矿、独居石等稀土矿物。在广西壮族自治区玉林市北流市新丰镇稀土矿区，夕线石榴黑云花岗片麻岩中的矿物组成也很丰富，除常见的造岩矿物以外，岩石中还含有独居石、磷钇矿、锆石、石榴子石、夕线石等副矿物。

3）黏土矿物组成不同

不同岩性的组成矿物不同，后期风化后黏土矿物种类也不尽相同，酸性和中酸性花岗岩所形成的风化壳中，以埃洛石和高岭石为主；而酸性和中酸性火山岩所形成的风化壳中，则以伊利石和埃洛石为主。在此次研究中，荷地花岗斑岩全风化层中的黏土矿物主要由埃洛石（70%～80%）、伊利石（15%～20%）以及少量蛭石（5%～20%）组成，伊利石、蛭石的吸附能力要强于埃洛石。

不同黏土矿物的吸附能力也有差异。一般来讲，TOT 型黏土矿物（蒙脱石、伊利石等）>链状黏土矿物（凹凸棒土等）>TO 型黏土矿物（高岭石、埃洛石等）。对于每种黏土矿物，达到其最强吸附性所需的条件不同，如蒙脱石在偏酸条件下吸附性较好，三水铝石则对 pH 不敏感，在中性或弱酸性条件下其吸附性变化不大。

4）工业提取差异

目前对花岗斑岩风化壳（火山岩风化壳）iRee 的工业提取方法主要是原地浸出法，该法是在矿体表面进行打孔，注入浸取液［NH_4Cl、$(NH_4)_2SO_4$、NaCl 等］将可交换性吸附态稀土从黏土矿物表面置换出来，使稀土进入浸取液中。之后再进行除杂、沉淀、脱水等一系列工序，获得较纯的稀土矿。这种方法目前广泛适用于花岗岩及大多数岩性的风化壳稀土矿体，但是对于具有层理结构的母岩风化壳，具有一定的局限性。

首先，浙江南部片麻岩的稀土含量明显高于花岗斑岩和凝灰岩，但其稀土矿物抗风化能力也强于花岗斑岩和凝灰岩中的稀土矿物，因此就需要更强的风化作用才能使稀土矿物解离，形成离子相稀土。

其次，由于风化后往往保留了原岩的组构，片麻岩、片岩、板岩等具有层理的岩石类型的风化壳也具有层理。层理水平时，浸取液流动性较差，难以浸取较深处的稀土矿；层理竖直时，浸取液沿层理迅速向下，与黏土矿物进行稀土元素交换的时间过短，浸取率低。因此，在对变质岩风化壳 iRee 矿床进行工业开发时，要充分考虑原岩差异，改变现有的生产工艺（原地浸出法）。可以考虑采用上一代池浸工艺，采用人为因素打破风化壳层理的束缚。

第六章　云南离子吸附型稀土矿调查研究进展

云南离子吸附型稀土矿床占我国该类型矿床储量的2%；自1993年发现以来，因其并非云南的优势矿种且开采程度不高，研究程度一直较低。随着当今社会生产对稀土矿特别是重稀土的需求量日益剧增，云南iRee矿床逐渐受到重视。自2011年中国地质调查局启动三稀（稀有、稀土、稀散）项目以来，云南iRee矿床找矿工作取得了多个重要突破；除已开采的陇川iRee矿床外，云南滇西一带相继发现了多个iRee矿床和异常矿化点或矿化带（王登红等，2007，2012，2013c，2013d，2017；冯文杰等，2016；陆蕾等，2019，2020）。本书是对云南已发现的花岗岩风化壳型iRee矿床的研究，包括分布特征、成矿母岩特征、稀土矿物特征、稀土元素的分布规律和成矿规律等。

第一节　云南省稀土成矿地质背景

云南地处特提斯-喜马拉雅构造域与滨太平洋构造域的交接复合部位，地质构造复杂，地层发育齐全，建造类型多样，区域变质作用强烈，多期次多类型多旋回的岩浆活动发育。形成了奶王、高黎贡山岩群、临沧和个旧等一系列的复式岩基，这些岩基具有多期次、有旋回的特征，常常由多个花岗岩体组成。其中，中-晚期形成的花岗岩因受交代、蚀变作用较为强烈，从而形成较为丰富的稀土矿物，有利于稀土矿的形成。

一、区域构造概况

云南地壳由西到东可划分为特提斯-喜马拉雅构造域的冈底斯-念青唐古拉褶皱系、唐古拉-昌都-兰坪-思茅褶皱系，滨太平洋构造域的松潘-甘孜褶皱系、扬子准地台、华南褶皱系等五个构造单元（云南省地质矿产勘查开发局，1990）。

（1）构成云南地壳两大构造域的结晶基底，均为元古宇的岩石。东部为古元古界，包括哀牢山群、苍山群、瑶山群、大红山群和苴林群，主要出露在扬子准地台西部。西部为中元古界的高黎贡山群、大勐龙群、崇山群及西盟群，主要分布在冈底斯-念青唐古拉褶皱系内。由于吕梁运动与晋宁运动的影响，区内发生了广泛的区域动力热流变质作用，形成高级区域变质岩带。根据组成岩石残留的原岩组构特征和化学成分分析，其原岩可能是一套优地槽型复理石和钠质火山岩建造。

（2）云南地壳运动具多旋回性，受深大断裂控制。扬子准地台区在中元古代经历了冒地槽阶段，晋宁运动后全面褶皱回返，进入了稳定地台阶段。其他几个构造单元的发展演化要复杂，在进入地台阶段后，又在不同范围内出现不同程度的再生地槽。处于扬子准地台外侧的华南褶皱系与松潘-甘孜褶皱系，则在晚古生代晚期到三叠纪发生强烈裂陷，进而演化为再生地槽，形成巨厚的复理石和基性、中酸性火山岩建造，于印支末期褶皱回返再度进入地台阶段。唐古拉-昌都-兰坪-思茅褶皱系在加里东末期结束冒地槽阶段，全面褶皱形成地台后，又在石炭纪、二叠纪沿深大断裂带发展为古特提斯地槽，海西末期再度闭合回返。冈底斯-念青唐古拉褶皱系的不同地区，分别在早、晚古生代间不同时期结束冒地槽阶段，褶皱隆起进入地台阶段，但在印支运动影响下，晚古生代的盖层普遍发生区域性轻变质作用。各构造单元在进入稳定地台阶段后，又经历过程度不同的构造运动，特别是喜马拉雅早期，云南地壳发生强烈的陆内改造，导致盖层强烈褶皱。始新世后，云南地壳随着青藏高原的不断抬升，造就了现今的高原地貌。

（3）由于云南处于两大构造域交接复合部位，在地壳演化各阶段都广泛发育岩浆活动。岩浆岩具有岩石类型齐全、岩浆期次多、形成环境多样、分布范围广泛、受深大断裂控制等特点。岩浆岩总出露面积为91830km^2，其中火山岩为65000km^2，镁铁岩-超镁铁岩为1830km^2，花岗岩类深成岩及浅成斑（玢）岩类25000km^2（云南省地质矿产勘查开发局，1990）。

二、区域变质岩

云南区域变质岩分布广泛，出露面积为11000km^2。可分为以下几条变质岩带。

（1）区域动力热流变质作用形成的中-深变质杂岩带。主要分布在扬子准地台西缘的元谋-大红山、苍山-哀牢山两个变质岩带及冈底斯-念青唐古拉褶皱系的高黎贡山、崇山-大勐龙两个变质岩带。后者形成于晋宁期，前者形成于吕梁期，它们均构成地台的结晶基底。其原岩均属一套巨厚的复理石-中基性火山岩、细碧角斑岩的优地槽建造。变质强度一般为绿片岩-角闪岩相，主要岩石为黑云角闪变粒岩、黑云片麻岩、钠长浅粒岩、角闪岩、钙硅酸岩、大理岩、云母片岩和绿片岩。常发育强烈的混合岩化，主要有条带-条纹状混合岩、条痕状和眼球状混合岩、均质混合岩等。现有资料显示这些变质岩系的某些层位和岩石含磷钇矿、褐钇铌矿、独居石、褐帘石等稀土副矿物，其岩石稀土背景值较高。如元谋-大红山变质岩带的苴林群普登组，平均含REO 590×10^{-6}，其中混合岩平均REO为770×10^{-6}。大红山群31件样品平均REO 300×10^{-6}，其中长石石英岩中REO含量高达$440\times10^{-6}\sim720\times10^{-6}$。高黎贡山变质岩带的澜沧群混合岩含Y达$70\times10^{-6}\sim110\times10^{-6}$，其他变质岩常有榍石等含稀土副矿物，含Y在$25\times10^{-6}\sim100\times10^{-6}$（云南省地质矿产勘查开发局，1990）。

（2）由区域低温动力变质作用形成、地台褶皱基底的低强度变质岩带。包括昆明、墨江-绿春、德钦、独龙河-梁河、中甸、维西、丘北、八布8个变质岩带。分别形成于晋宁期、加里东期、海西期与印支期。其原岩均为冒地槽型的复理石建造，往往夹有一定数量的中基性、酸性火山岩。变质程度为低绿片岩岩相。据一个地层剖面样品测定，滇中昆阳群因民组平均含REO=510×10^{-6}，其中变质砂岩REO可达710×10^{-6}，落雪组白云岩REO一般为50×10^{-6}，鹅头厂组平均REO 380×10^{-6}，绿汁江组平均REO 210×10^{-6}（云南省地质矿产勘查开发局，1990）。

（3）与深大断裂活动有关的变质带。它们一般沿深大断裂旁侧呈狭长带状分布。岩石变质程度一般不超过低绿片岩相，局部可达低角闪岩相。明显受构造应力作用，出现劈理构造或糜棱岩化。其原岩类型多样，既有深断裂下陷形成的槽型复理石建造，也有中生代断陷盆地沉积的碎屑岩系。

三、区域岩浆岩

云南所处的区域经历了长期复杂的演化过程，使花岗岩类岩浆作用具有多期次、多旋回和分布广泛的特点，形成各具特色的众多构造岩浆带。全省已发现侵入体300多个，出露面积约25000km^2（云南省地质矿产勘查开发局，1990）。主要分布在澜沧江断裂以西地区、云南省区域地质志将云南花岗岩类深成岩与浅成斑（玢）岩划分为五个岩浆岩带（区）、18个亚带（亚区）。从稀土矿床形成的角度分析，它们具有如下一些规律。

1. *岩浆作用主要受控于各深（大）断裂带*

在滇西主要沿怒江、澜沧江与金沙江-哀牢山断裂旁侧展布。在滇东则与绿汁江、程海-宾川与小江等南北向断裂带相关。这些深大断裂长期曲折演化，既控制着该地区地壳的发展变化，也影响着花岗岩浆在地壳不同发展阶段的活动和它的多旋回性，各岩浆岩带也各具特色。

2. *岩浆作用具有多期次、多旋回特征*

从吕梁运动起，各主要地壳运动都有不同程度的花岗岩浆活动。花岗岩浆作用的旋回性表现为由幔壳混源型的深成相的大型岩基，向壳源型的中浅成相岩株、岩脉演化。岩石由偏中性岩类（如花岗闪长岩、石英闪长岩、二长闪长岩）向酸性岩类（如二云二长花岗岩、正常花岗岩）变化；岩石的均一化程度由低向高演化；酸碱度从低到高，且富含镁铁暗色矿物含量也逐渐减少；岩石类型从具有I型花岗岩特征向S型花岗岩特征演变。岩体矿化元素丰度由低逐步增高，矿化作用增强，一般由贫的轻稀土类型向富的轻稀土类型演化，Eu亏损从不明显转向亏损明显，Y含量不断增高。演化晚期的岩体往往是Cu、Mo、W、Sn、Pb、Zn、Fe矿化母岩。稀土副矿物由早期含榍石、褐帘石等，转向晚期含独居石、磷钇矿等，局部可形成独居石砂矿。

在金沙江-哀牢山断裂以东地区，吕梁期大田石英闪长岩基是目前已知最早的花岗岩体、黑云二长花岗岩，稀土丰度REE=192.3×10^{-6}，Eu/Eu*为1.18，Y含量为4.3%，含榍石副矿物。晋宁晚期的九道湾二长花岗岩，具S型花岗岩特征，形成云南最早期的W、Sn矿化。REE含量达198.65×10^{-6}～251.53×10^{-6}，Eu中度亏损，Eu/Eu*为0.4～0.66，含Y约15%，副矿物中富含独居石（云南省地质矿产勘查开发局，1990）。花岗岩从吕梁期向晋宁、澄江期逐渐演化，形成了与扬子准地台从结晶基底，经褶皱回返，成为稳定地台的地壳演化发展相一致的岩浆演化序列。

滇西地槽最后封闭时间较晚，具多旋回特征，使花岗岩浆作用与深大断裂活动的关系更为密切，并形成一条沿断裂呈带状展布的明显的岩浆构造带。目前发现最早的花岗岩仅有加里东期的平河黑云母二长花岗岩体。大量的侵入活动发生在海西期—印支期，形成沿澜沧江断裂和怒江断裂广泛分布的高黎贡山、奶王、临沧等大型花岗岩复式岩基及高黎贡山南段岩群。这些岩基一般含褐帘石、榍石等副矿物，岩石稀土含量较低，Eu轻度亏损，球粒陨石标准化模式为轻稀土富集型。经过印支期、燕山晚期和喜马拉雅期，逐渐演化为均一化程度较高的、高 W、Sn 丰度的 S 型岩体，岩石稀土丰度有所提高，稀土模式为 Eu 明显亏损的轻稀土富集型，也出现一些高钇重稀土富集型岩体。如新塘岩体，有较强的钾交代作用，部分含 REE = 119.79×10^{-6}，Eu/Eu* 为 0.3，$\sum$Ce/$\sum$Y 为 0.3，Y 占稀土元素总量的 44.6%，属于重稀土富集型；古永岩体发生了较强的钾交代，部分岩体风化壳的褐钇铌矿、独居石含量已达砂矿工业要求，岩石含 REE = 144.43×10^{-6}，Eu/Eu* 为 0.2，Y 占稀土总量的 30.58%。此外，在耿马亚带还出现木厂碱性花岗岩复式岩体，岩石富含钠质，表明为 A 型特征，其稀土丰度颇高，REE = 347.86×10^{-6} ~ 536.34×10^{-6}，Eu/Eu* 为 0.23 ~ 0.36，$\sum$Ce/$\sum$Y = 2.47 ~ 3.56（云南省地质矿产勘查开发局，1990）。

3. 复式岩基往往具有自身的演化旋回

这些复式岩基一般由多个小岩体组成，晚期形成的岩体侵入于早期岩体内，或沿边缘、周边分布。如滇东南的个旧复式岩基，由十个岩体构成，分别形成于燕山早期及晚期，早期形成的四角山岩体为岩基的主体。各期次、各阶段的岩体，存在着酸碱度由低向高的变化，岩石暗色矿物趋向减少，钾长石增多，围岩蚀变逐步强烈，成矿元素丰度逐步递增。含稀土副矿物由早期的榍石、褐帘石，变为含大量独居石，稀土含量逐步降低，由 Eu 明显亏损变为强烈亏损，从轻稀土类型演化为重稀土类型。表现出该岩基是一同源结晶分异良好的具有多期次、多阶段活动的岩浆演化系列的复式岩体。在滇西也有类似的复式岩体出现。如临沧复式岩基内已发现的几个矿点（矿化点）资料，既有轻稀土类型，也有中铕中钇轻稀土类型、高铕中钇重稀土类型和富钇重稀土（产品）类型，表现出该复式岩基内存在不同演化阶段的小岩体。在轻稀土类型岩体群中，也部分出现 Eu 显著亏损，含 Y 高的岩体，如新塘、古永岩体（表 6-1）。

表 6-1　各主要岩体岩石稀土元素特征值表

岩体名称			REE/10^{-6}	(REE+Y)/10^{-6}	$\sum$Ce/$\sum$Y	LREE/HREE	Eu/Eu*	Y/%
贡山-勐海岩带	奶王复式岩基	奶王	91.44	103.23	4.18	10.25	1.07	11.4
		其期	110.13	125.73	3.84	9.62	0.80	12.4
			83.70	97.22	3.39	8.69	0.78	13.9
		机独	208.50	241.62	3.82	11.23	0.28	13.7
	高黎贡山复式岩基	岩基北段	134.85	139.97	4.61	29.24	1.04	3.7
			310.48	348.22	4.65	11.98	0.69	10.8
			301.84	337.78	4.47	10.71	0.25	10.6
		岩基南段	150.56	172.03	3.79	9.43	0.66	12.5
			114.01	127.22	4.56	10.80	0.79	10.4
			174.30	194.45	4.55	10.71	0.76	10.4
			104.26	112.42	6.82	15.76	1.00	7.3
	邦棍尖山		399.94	438.13	5.71	13.77	0.45	8.7
			373.39	408.03	5.99	14.77	0.45	8.5

续表

岩体名称			REE/10^{-6}	(REE+Y)/10^{-6}	$\sum Ce/\sum Y$	LREE/HREE	Eu/Eu*	Y/%
贡山-勐海岩带	古永		123.56	157.60	1.88	4.97	0.27	21.6
			144.43	208.05	1.06	2.85	0.20	30.58
			94.52	125.56	1.48	3.82	0.90	24.7
	新塘		119.79	216.24	0.30	0.72	0.16	44.6
			218.63	255.69	3.22	8.31	0.54	14.5
			49.98	64.79	1.65	4.19	1.53	22.9
	癞痢山		299.61	414.61	1.32	3.22	0.10	27.7
			229.64	368.14	0.76	2.27	0.19	37.6
			407.21	438.87	6.72	15.15	0.55	7.2
			124.98	169.06	1.20	2.83	0.18	26.1
	志本山		25.36	36.88	0.98	2.56	0.12	31.2
			33.03	45.58	1.18	2.95	0.17	27.5
			56.89	76.45	1.43	3.77	0.28	25.6
			76.05	105.89	1.25	3.40	0.22	28.2
潞西复式岩基	平河		123.28	142.20	3.48	8.59	0.48	18.3
	勐冒		168.64	209.23	2.16	5.57	0.28	19.4
	蚌渺		294.12	307.35	11.65	25.57	0.77	4.3
	华桃林		128.86	137.88	7.34	16.14	0.41	6.5
	大坡		8.5	11.94	1.20	3.25	0.33	28.8
木厂			524.3	601.11	3.56	8.53	0.26	12.8
			347.86	415.64	2.61	6.33	0.23	16.3
			536.34	650.19	2.47	6.29	0.36	21.2
临沧			212.19	234.33	5.16	12.21	0.59	9.4
			221.10	251.66	3.87	9.45	0.55	12.14
			259.84	295.94	3.83	9.30	0.33	27.7
兰坪-思茅岩带	鲁甸	南段	123.13	138.48	4.09	9.40	0.74	11.1
		南段俯北	171.63	183.05	8.08	18.64	0.71	6.2
		北段俯南	121.82	142.59	3.09	7.62	0.78	14.6
	白茫雪山	东段	152.27	167.00	5.31	11.96	0.88	8.8
			181.33	197.46	5.76	12.84	0.84	8.2
		西段	180.56	200.28	4.91	11.72	0.83	9.8
			216.18	45.72	3.86	9.29	0.73	12
滇中岩区		物茂	192.30	201.03	11.64	24.95	1.18	
		狗街		165~348	2.68~2.87		0.14	

续表

岩体名称			REE/10^{-6}	(REE+Y)/10^{-6}	ΣCe/ΣY	LREE/HREE	Eu/Eu*	Y/%
滇中岩区		九道湾	198.65~251.53		2.44~5.71	6.07~13.46	0.40~0.68	
		白沙滩		200~339	1.94		0.08	
滇东南岩区	个旧复式岩基	四角山	475.41			11.39	0.55	
		马松	311.51			5.32	0.26	
		白沙冲	212.52			4.58	0.20	
		老厂	211.23			1.14	0.05	

资料来源：云南省地质矿产勘查开发局（1990）。

四、火山岩

火山喷溢作用是整个岩浆演化旋回一个重要的组成部分，云南火山岩具有多期次、多旋回的特点。从吕梁期至喜马拉雅期（除加里东期外），各主要地质构造时期均有火山活动。其中以海西期和印支期分布最为广阔。不同大地构造区及其不同的发展阶段，具有不同的喷溢作用。现分述如下。

（1）扬子准地台在吕梁期优地槽阶段，形成了一套包括细碧-角斑岩的基性火山岩建造的变质岩系，这些基性火山岩属亚碱性岩系，面型、裂隙型喷发，经混合岩化的中深变质岩是重要稀土成矿母岩。进入冒地槽阶段，在晋宁期及其后的澄江期，有少量的中基性熔岩及凝灰岩，局部出现中酸性熔岩。岩石含 TiO_2 的含量一般为 2%～2.5%，属碱性岩系，中心型喷发。其中，黑山头组富良棚段中基性火山岩的稀土类型，为轻稀土富集型。在海西期地台受到拉张，在二叠纪沿小江断裂、普渡河断裂、程海断裂，出现了广泛的玄武岩浆喷发，出露面积达 52800km^2，在武定附近厚达 2700m。这套火山岩由 2～4 个火山喷发的韵律构成。主要成分是玄武岩，局部有碱玄岩。南部建水一带可见夹中酸性岩。韵律顶部常有凝灰岩。这些玄武岩含 TiO_2 较高，一般在 3.45% 左右，部分地区其风化壳钛铁矿含量可达工业要求，属碱性岩系大陆拉斑玄武岩系列。稀土含量较高，玄武岩一般含 REO = 190×10^{-6} ～550×10^{-6}，凝灰岩含 REO = 260×10^{-6} ～1670×10^{-6}，个别可达 4990×10^{-6}，均属于富铈的轻稀土类型（云南省地质矿产勘查开发局，1990）。此时，部分岩浆沿裂隙侵入，呈岩床、岩墙状产出，岩石为辉长辉绿岩，一般 TiO_2 含量在 3.6% 以上，是重要的风化壳型钛铁砂矿富矿的母岩。

（2）滇东南褶皱系玄武岩的喷发始于二叠纪。北部丘北一带与扬子准地台近似，为碱性拉斑玄武岩系。南部富宁地区为亚碱性拉斑玄武岩系。到三叠纪仍有喷发，下三叠统罗楼组中的钛辉玄武岩是偏碱性的玄武岩浆，至晚期转变为亚碱性的玄武岩浆。

（3）在滇西，火山活动最早出现于澜沧江断裂以西的晋宁期区域中深变质岩系内，为一套亚碱性岩系的玄武岩，夹部分中酸性火山岩。大勐龙群中有部分细碧-角斑岩。均属面型、裂隙型喷发，是该区优地槽环境下岩浆活动的产物。进入海西期，由于澜沧江断裂等深大断裂带强烈活动，该区地壳又发展成为古特提斯地槽的一部分，形成一套复理石建造，并伴有细碧-角斑岩系的由基性到酸性熔岩，出现完整的岩浆喷发演化旋回。稀土丰度不高，REE+Y 一般为 $63.51\times10^{-6}\sim124.63\times10^{-6}$。稀土模式一般为 Eu 亏损不明显的轻稀土型。在思茅-景洪一带，稀土含量稍高些，REE 为 235.9×10^{-6}，Eu 亏损明显（云南省地质矿产勘查开发局，1990）。在石炭纪时，维西-景洪一带，细碧-角斑岩系厚达千米。至二叠纪，在兰坪-思茅地区的伏龙桥一带则厚达 4590～5583m。在其他一些相对稳定的地区，地台型沉积建造内，也夹有基性火山岩，如凤庆-孟庆一带石炭纪的玄武岩、安山岩等碱性岩系。经海西末期褶皱回返后，在印支期海陆交替相地台型沉积建造内，仍有较厚的火山岩系，出现多个由基性熔岩到酸性熔岩的演化旋回，$TiO_2<2\%$，属亚碱性岩系拉斑玄武岩系列，稀土含量较低，REE+Y 为 $96.36\times10^{-6}\sim187.77\times10^{-6}$，轻稀土富集型，Eu 亏损较弱。燕山期仅在怒江两岸出现部分橄榄玄武岩为主的基性火山岩，REE+Y 为 84.9×10^{-6}，属轻稀土富集型。La/Yb=9.4，非常接近大陆裂谷拉斑玄武岩系列。腾冲地区喜马拉雅期火山活动完整，从上新世至全新世，多次喷发。以玄武岩、安山岩为主，次为英安岩。火山机构和火山景观保存完好。稀土含量较高，REE+Y 为 306.21×10^{-6}，属轻稀土强富集型，轻度 Eu 亏损（云南省地质矿产勘查开发局，1990）。

五、区域气候和地貌条件

1. 气候条件

云南大部分地区处于北回归线以南，属温润的亚热带季风气候。高原地形复杂，造成独特的立体气候条件。年均气温 2～15℃，自北向南大致呈递增之势，形成西北高山雪峰异常寒冷，南部河谷地带却有热带雨林。但在高山雪峰之下的河流峡谷地带，高差数千米，气温酷热，仅在数十千米范围内，山顶雪峰，峡谷酷热，立体气候十分明显。降水量一般在 600～1800mm/a。降水集中于夏秋季节，形成每年 5～10 月的雨季湿热气候和 11 月、12 月与次年 1～4 月的旱季干燥偏冷的气候。光照条件好，仅次于西藏、青海等地，年日照时数一般在 2100～2300h。因此，云南大部分标高在 3000m 以下的地区，雨季时间长，气候温热湿润，动植物繁盛，为岩石物理、化学风化作用的发育与风化壳的形成，提供了良好的气候条件。

2. 地貌条件

云南是一个高原区。除几条大河的少量峡谷及澜沧江、怒江下游河谷地带外，均在海拔 1000m 以上。滇西属青藏高原的南延部分，即著名的横断山脉，其北部多为山河相间的高山峡谷区，高黎贡山、怒山、云岭等南北纵列，怒江、澜沧江等呈向南撒开的帚状，故其南部较开阔，形成较多的低山、丘陵地貌区。滇东属云贵高原，以中低山、丘陵和平坝为主要地貌类型，北部少量中高山地貌。就总体而言，全省地势北高南低，尤以西北最高，几个雪山主峰海拔均在 5000m 以上，从北向南大致呈阶梯状递降。形成高原地貌类型，形态多样，纵横交错，别具特色。由于新生代以来，地壳不断抬升，河流强烈下切，两岸呈陡壁峡谷，基岩裸露，高差可达数百至数千米。由断陷盆地形成的平坝湖泊、山间盆地及开阔河谷地貌区，均堆积厚大的新生代沉积物，地形相对平坦，农作物茂盛，人口较集中。纵横于高山峡谷与断陷盆地、河湖坝区间，则是众多的中低山与丘陵，它们是风化壳发育良好的地貌区。在这些地区，常常地势平缓，地形坡度<20°，起伏不大，岩石风化壳往往保存得很好。在一个小范围内，风化壳的面积可达数平方千米，乃至数十平方千米。由于大气降水的局部冲刷，会出现一些冲沟；潜水汇集处形成一些季节性溪河，它们会局部侵蚀破坏风化壳的完整性。

在丘陵、台地、中低山平缓脊顶及缓坡地貌区，根据岩石风化壳保存情况，一般划分为三种类型：①全覆式。风化壳保存完好，连续成片。②裸脚式或顶覆式。风化壳基本成片，但被一些冲沟、溪流切割，全风化层局部缺失，基岩裸露。③残留型。流水切割较强烈，风化壳仅在山丘顶脊保存，呈分散小块状。

第二节　云南稀土矿的主要类型及基本特征

一、稀土矿的成因类型

根据稀土矿的成因，可将稀土矿床分为以下几类，见表6-2。

表6-2　中国稀土矿床成因类型

大类	亚类	类型	产地
内生矿床	一、碱性岩-碳酸岩型	1. 海相火山碱性岩-碳酸岩型	内蒙古白云鄂博
		2. 陆相侵入碱性岩-碳酸岩型	四川牦牛坪
	二、碱性超基性岩型	1. 透辉石岩型	青海平安上庄
		2. 霓霞正长岩型	辽宁赛马
	三、正长岩型		山东郗山
	四、碱性花岗岩型		内蒙古巴尔哲
	五、钙碱性花岗岩型		广西贺州姑婆山
	六、伟晶岩型	1. 花岗伟晶岩型	江西石城
		2. 碱性伟晶岩型	新疆依兰里克
外生矿床	一、沉积岩型	1. 海相沉积磷块岩型	贵州织金新华
		2. 古风化壳沉积铝土岩型	贵州威宁鹿房
		3. 古风化壳沉积黏土矿型	山西沁源大峪
	二、砂矿型	1. 海滨砂矿型	广东南山海
		2. 冲积砂矿型	湖南江华姑婆山
		3. 残积砂矿型	云南勐海勐往
	三、风化壳离子吸附型	1. 轻稀土离子吸附型	江西河岭
		2. 重稀土离子吸附型	江西足洞
变质矿床	一、浅粒岩-变粒岩型		湖北广水
	二、混合岩-混合花岗岩型		广西北流石玉

资料来源：袁忠信等（2012）。

二、云南稀土矿床的主要类型与基本特征

目前云南省境内发现的稀土矿床以外生矿床为主，其中又以砂矿型和风化壳离子吸附型较为发育，少量沉积岩型。与内生矿床有关的稀土矿多以伴生矿种产出，规模不大。这些矿床主要分布于以下 6 个成矿区：滇东南成矿区、元谋–峨山成矿区、点苍山–哀牢山成矿区、临沧成矿区、保山–勐连成矿区和腾冲–陇川成矿区。其中，又以临沧成矿区和腾冲–陇川成矿区的矿床分布最为密集。现将这些矿床特征分述如下。

1. *沉积岩型*

1）海相沉积磷块岩型

云南省昆明市晋宁区的昆阳磷矿即为此类矿床，矿区属于元谋–峨山成矿区。稀土主要呈伴生矿物产出。矿床位于扬子古地块西南缘香条冲背斜南翼的下寒武统地层。矿体是震旦系—寒武系的海相沉积磷块岩。矿层顶板为硅质白云岩，底板为白云岩及夹硅质条带白云岩。含稀土矿物主要是胶磷矿，$\sum$REE 含量为 $280\times10^{-6}\sim420\times10^{-6}$，Y 含量为 $140\times10^{-6}\sim190\times10^{-6}$，其次为微–细晶磷灰石（梁永忠等，2018）。脉石矿物为白云石、石英、玉髓和少量黄铁矿、黏土矿物等。

此外，滇东成矿区的曲靖沾益的德泽磷矿中也伴生稀土矿。

2）古风化壳沉积岩铝土矿型

该类稀土矿床具有沉积–风化壳复合成因，主要发现于滇东南成矿区，分别是文山县天生桥铝土矿、丘北县白色姑铝土矿和砚山县红舍克铝土矿；元谋–峨山成矿区中也有产出，是富民县老煤山铝土矿。稀土在矿床中均以伴生矿的形式产出。

2. *砂矿型*

云南省境内发现的砂矿型稀土矿主要是河流冲积砂矿型和风化壳残积砂矿型。这类矿床主要分布于元谋–峨山成矿区、点苍山–哀牢山成矿区和临沧成矿区。矿床的成矿母岩主要是含独居石、磷钇矿、褐钇铌矿的花岗岩、混合岩和片麻岩等。这些矿床主要形成于新构造运动期间，该时期成矿区缓慢且持续地上升。矿区的气候往往湿热多雨，利于成矿母岩风化解体。有利的地形地貌条件也是形成该矿床的重要条件。通常河流地貌有利于该类矿床的形成，沿河流流向，砂矿多富集在河流地形变陡、变缓、河床由窄变宽及多条水系汇合的地方。剖面上，砂矿最易富集在Ⅰ、Ⅱ级阶地及现代河床和河漫滩中。适度的河水流量和流速变化不易将含稀土重矿物冲走，也是形成冲积砂矿床的重要条件。

冲积砂矿床多沿河床分布，平面上呈树枝状、叶脉状。矿体呈层状、板状和透镜状。矿体多呈楔形，中下游底板较平坦。沉积物主要为砂砾、粗砂、中细砂和含砂黏土等，多未胶结。通常，中上部岩体较富，稀土重矿物多分布于粒度较粗、矿物磨圆度较差的松散砂层和砂砾层中。矿体与围岩的接触界线多不明显，同一层位从上到下矿石含量从高到低变化，矿体边界有矿石品位圈定。

目前云南发现的砂矿型稀土矿主要是牟定水桥寺褐钇铌矿、元阳县金平阿得博独居石矿、矿集区的磷钇矿、独居石矿等。

3. 风化壳离子吸附型

风化壳离子吸附型稀土矿最早发现于我国南岭地区。矿床可分为轻稀土（iLRee）和重稀土（iHRee）两种类型。其特点是 REE 主要呈可交换离子态（Ree^{3+}）吸附于黏土矿物之上，含稀土的黏土即为矿石。该类矿床具有稀土元素全、易采选、放射性低且含有 Gd、Tb、Dy 等其他途径较难分离的重稀土元素而备受关注。

矿床发育于亚热带气候区，气候湿热多雨，有利于岩石风化。矿区地势低缓，低山、丘陵地貌发育，高差为 300～500m，地貌平面形态呈阔叶形、椭圆形。该环境下风化的火成岩、变质岩和少数沉积岩都有可能形成 iRee 矿床。含稀土矿物的褐帘石、磷灰石、独居石、铈萤石和氟碳钙钇矿等即为岩石中 REE 的主要贡献者。而褐帘石、磷灰石、钇萤石和氟碳钙钇矿等在风化作用下易解离的矿物即为矿床中 Ree^{3+}的主要来源。富 REE 的风化壳即为矿体。通常情况下风化壳可分为表土层、全风化层和半风化层，下部为基岩，即成矿母岩。全风化层是主要的含矿层，其次为半风化层。风化壳由风化残余矿物和次生矿物组成；前者主要是长石、石英和云母等风化残余矿物，后者是黏土和铁锰氧化物等。

黏土矿物主要是高岭石、伊利石、蒙脱石和蛭石等，是长石和云母等矿物的风化产物，同时也是 Ree^{3+}的主要载体。风化壳中的 REE 含量常常高于基岩中的 2～3 倍，最高者甚至可达 10 倍以上。矿床的类型由稀土矿物的数量和类型决定，通常 LREE 相对富集的稀土矿物解离形成 iLRee 矿床，HREE 相对富集的稀土矿物解离在风化壳中则可能形成 iHRee 矿床。

云南境内发现的 iRee 矿床集中分布于滇西一带侵入岩广泛分布的地区。主要是腾冲-陇川成矿区和临沧成矿区，其次，在元谋-峨山成矿区、滇东南成矿区也有分布（表 6-3）。

表 6-3 云南 iRee 矿床特征及分布

成矿区	矿床名称	成矿母岩	岩体时代	稀土矿物	资料来源
滇东成矿区	CGiRee 矿床	拉斑玄武岩	海西期	磷铝铈矿、褐钇铌矿	云南省地质矿产勘查开发局，1990
元谋-峨山成矿区	水桥寺 iRee 矿床	角闪黑云二长花岗岩、黑云条痕混合岩、石英条痕混合岩、黑云片岩	—	独居石、褐钇铌矿、含铪锆石	本书
滇东南成矿区	建水普雄 iRee 矿床	碱性正长岩、霞石正长岩	燕山期	独居石、磷钇矿、烧绿石、水磷镧石、水磷铈石、水菱钇矿、氟碳镧矿	李余华等,2019
	BHS iRee 矿床	黑云二长花岗岩	燕山晚期	榍石、磷灰石、独居石、磷钇矿、锆石等	云南省地质矿产勘查开发局，1990
临沧成矿区	圈内 iRee 矿床	似斑状黑云二长花岗岩	印支期	褐帘石、磷灰石、独居石、钍石、磷钇矿、氟碳铈矿、氟碳钇矿等	本书
	BWS iRee 矿床	黑云二长花岗岩	海西期—印支期	褐帘石、独居石、氟碳铈矿、钍石等	云南省地质矿产勘查开发局，1990

续表

成矿区	矿床名称	成矿母岩	岩体时代	稀土矿物	资料来源
临沧成矿区	上允 iRee 矿床	中粗粒黑云母二长花岗岩、似斑状黑云母二长花岗岩	印支期	褐帘石、独居石、钍石	何显川等,2016
	勐往 iRee 矿床	似斑状黑云二长花岗岩	印支期	褐帘石、独居石、钍石	曾凯等,2019
	勐海 iRee 矿床	中细粒黑云母二长花岗岩	印支期	褐帘石、磷灰石、独居石、钍石、磷钇矿、氟碳铈矿、氟碳钇矿等	本书
腾冲-陇川成矿区	土官寨 iRee 矿床	二长花岗岩	燕山期	独居石、氟碳铈矿	张彬等,2018
	蕨叶坝 iRee 矿床	黑云母二长花岗岩	燕山期	独居石、氟碳铈矿	
	尖山脚 iRee 矿床	黑云母二长花岗岩	燕山期—喜马拉雅期	独居石、氟碳铈矿	
	陇川龙安 iRee 矿床	黑云角闪钾长花岗岩	海西期—印支期	褐帘石、独居石、磷灰石	本书
	营盘山 iRee 矿床	似斑状黑云钾长花岗岩、斑状黑云母二长花岗岩、细粒黑云二长花岗岩	海西期—印支期	独居石、氟碳铈矿	张彬等,2018
	大曼别 iRee 矿床	花岗岩	海西期—印支期	独居石、氟碳铈矿	
	一碗水 iRee 矿床	黑云母钾长花岗岩	海西期—印支期	独居石、氟碳铈矿	

云南离子吸附型稀土矿床与南岭一带离子吸附型稀土矿床最大的不同，是矿床所处海拔的不同。南岭的 iRee 矿床所处海拔一般在500m左右，少有超过1000m；而云南 iRee 矿床形成于典型的高原型低山丘陵地貌，所处海拔均大于1000m。

矿床成矿母岩的种类较多，主要是黑云母二长花岗岩、钾长花岗岩、碱性正长岩、霞石正长岩、混合花岗岩、玄武岩等；其中花岗岩类占比最大，混合岩和玄武岩少见。LREE 型成矿花岗岩的类型较多，主要是中粗粒黑云母二长花岗岩、黑云母角闪钾长花岗岩、花岗闪长岩和似斑状二长花岗岩；岩石蚀变以硅化、绿泥石化、绿帘石化、碳酸盐化和轻稀土矿化等为主。HREE 型成矿花岗岩主要是黑云母二长花岗岩、中细粒二长花岗岩、中细粒二云二长花岗岩等；具有钠长石化、白（绢）云母化、萤石化、碳酸盐化和重稀土矿化等特征。

岩石中稀土矿物较为丰富，主要是榍石、褐帘石、磷灰石、独居石、磷钇矿、褐钇铌矿、钍石、铈萤石、钇萤石、氟碳钙铈矿和氟碳钙钇矿等。

矿床类型以 LREE 型为主，HREE 型少见。

4. *其他稀土矿*

1）碱性超基性岩型

主要是个旧贾沙稀土矿、个旧白云山稀土矿和永平卓潘稀土矿。前二者属于滇东南成矿区，后者为保山-勐连成矿区。成矿母岩主要是辉绿岩、霞石正长岩、霓霞正长岩等。其中稀土矿物丰富，主要是烧绿石、贝塔石和磷灰石等。基岩$\sum$REE$\geqslant 300\times10^{-6}$，主要显示出LREE相对富集。矿区风化壳大量发育，但发现的iRee矿均未成规模。

2）其他类型

除了以上三类矿床外，云南境内发现的稀土矿多与有色金属矿床伴生，如元谋县朱布铂多金属矿、武定县迤纳厂铁铜矿床。

第三节 典型稀土矿床研究

一、陇川龙安离子吸附型稀土矿

（一）矿区地质背景

矿区属于特提斯-喜马拉雅成矿区，腾冲-陇川亚区；成矿母岩为邦棍尖山（bgj）花岗岩体，具有多期次、多旋回的特征。岩体至少经历了三期岩浆岩作用，主要发育有似斑状中粗粒黑云母角闪钾长-二长花岗岩和中细粒黑云母钾长-二长花岗岩。似斑状中粗粒黑云母角闪钾长-二长花岗岩是主要的成矿母岩。岩体呈北东-南西向延展，呈长条带状岩基产出，与围岩中元古界高黎贡山群呈交代侵入接触；宽约10km，长约40km，出露面积约3.95km^2；夹持于大盈江断裂带与龙川江断裂带之间，受控于其中的邦东脆-韧性剪切带、芒东脆-韧性剪切带及河头脆-韧性剪切带；其中未见褶皱构造。岩体岩性、岩相分带明显，主要为似斑状黑云母钾长花岗岩、斑状黑云母二长花岗岩和细粒黑云母二长花岗岩。矿床位于邦棍尖山岩体的西南边缘，该处岩体较为狭小，东西两侧出露中元古界高黎贡山群混合岩化片麻岩、黑云变粒岩等。岩体中可见该变质岩的零星捕虏体。

矿区位于云南高原南端，浅切割带状中山内的二、三级台地地貌区。海拔为1000～1300m，二级台地台面高1050～1100m，三级台地台面高1300m左右。西坡陡坡区坡脚约34°，东坡台面区坡脚为10°～25°。相对高差多在60～80m。区内年均气温为18.7℃。年均降水量为1515mm，年降雨166d，年均日照2316h，占可照时数的53%（云南省地质矿产勘查开发局，1990）。属南亚气候，植物繁茂，雨量充沛。岩石化学物理风化作用十分强烈，土壤生物作用活跃，形成大面积红壤。可见岩石风化壳厚度在20m以上，风化壳大多保存完整，未见基岩出露，属全覆式风化壳。

（二）基岩特征

1. *岩石学特征*

矿区成矿母岩为似斑状中粗粒黑云母角闪钾长-二长花岗岩，呈半自形粒状结构，块状构造。斑晶主要是钾长石，含量为 10% ～15%，自形-半自形板柱状，粒径为 1 ～2. 5cm，卡氏双晶发育；基质成分：条纹-微斜长石 40% ～45%，粒度为 0. 5 ～5mm，半自形板柱状，条纹状、格子状双晶发育，轻微高岭土化（图 6-1b，c）；中长石 15% ～20%，粒度为 0. 5 ～3mm，半自形板柱状-他形，聚片双晶发育；石英 22% ～28%，粒度 0. 5 ～3. 5mm，他形粒状，波状消光；黑云母 3% ～15%，片状结构；角闪石 1% ～3%，半自形柱状，黑云母化。副矿物主要为磁铁矿（<1%）和榍石（≤1%），微量褐帘石、锆石、磷灰石、独居石、钍石、磷钇矿和褐钇铌矿。榍石呈自形-半自形粒状，$d=0.01$ ～1mm，个别达 2mm（图 6-1d，e）。

图 6-1　邦棍尖山花岗岩岩石显微镜下照片

Qtz-石英；Mc-微斜长石；Pl-斜长石；Bt-黑云母；Sph-榍石；Ap-磷灰石；Zrn-锆石

2. *稀土矿物*

邦棍尖山花岗岩中，副矿物对岩体中 REE 的贡献具有举足轻重的地位；此外，暗色矿物，如黑云母（$\sum REE=168.60\times10^{-6}$，$n=10$）和角闪石（$\sum REE=123.60\times10^{-6}$，$n=8$）中亦含有少量 REE。岩体中的副矿物以钛铁矿和榍石为主，其次为少量褐帘石、磷灰石、锆石、独居石、磷钇矿、钍石和褐钇铌矿（图 6-2）。其中，榍石在岩石中的含量约 1%，多呈自形-半自形柱状，与独居石、磷钇矿和钍石共生；其中稀土（$\sum REE=14506.24\times10^{-6}$，$n=6$）的含量占矿物总量的 3% ～4%；榍石中的 REE 的含量受热液交代作用而显示出增高的趋势，萤石和碳酸盐矿物沿矿物边缘和裂隙交代，使 REE 活化增强。钛铁矿多呈自形板柱状，沿黑云母的解理和矿物孔隙间零星分布，其 REE 含量<1%。褐帘石在岩石中的含量较少，其中 REE（$\sum REE=232860.82\times10^{-6}$）含量占矿物总量的 30% ～40%，与独居石、磷灰石、锆石、磷钇矿、钍石和褐钇铌矿等矿物呈他形粒状零星分布于长石和云母中（图 6-3）。

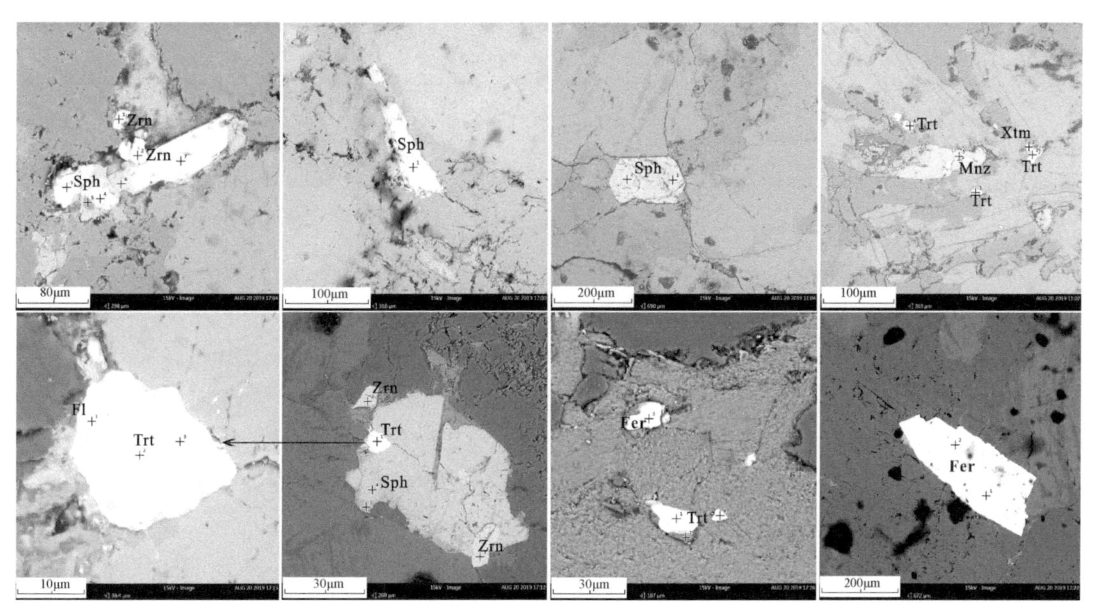

图 6-2　邦棍尖山花岗岩中稀土矿物的背散射图像

Sph-榍石；Mnz-独居石；Xtm-磷钇矿；Zrn-锆石；Trt-钍石；Fer-褐钇铌矿；Fl-萤石

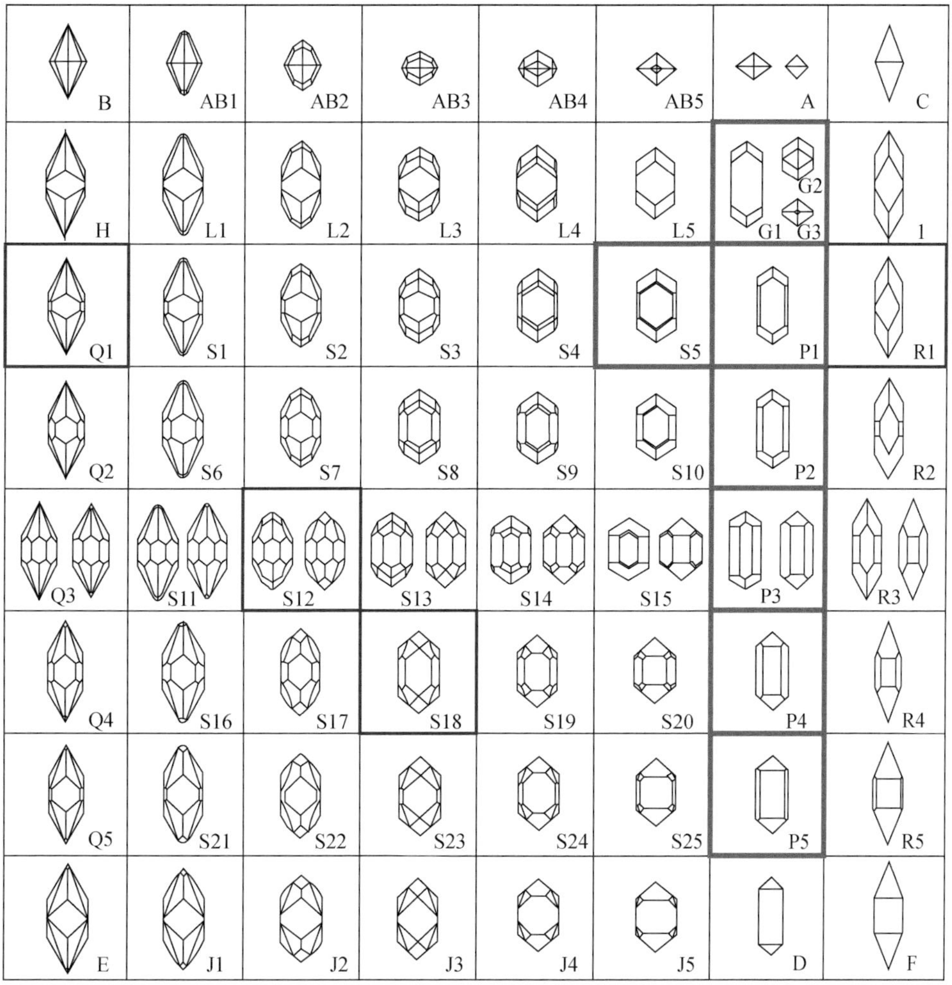

B	AB1	AB2	AB3	AB4	AB5	A	C
H	L1	L2	L3	L4	L5	G1 G2 G3	1
Q1	S1	S2	S3	S4	S5	P1	R1
Q2	S6	S7	S8	S9	S10	P2	R2
Q3	S11	S12	S13	S14	S15	P3	R3
Q4	S16	S17	S18	S19	S20	P4	R4
Q5	S21	S22	S23	S24	S25	P5	R5
E	J1	J2	J3	J4	J5	D	F

图 6-3　邦棍尖山花岗岩锆石群型分布

岩石中主要稀土矿物的类型决定了岩石的稀土类型。其中，榍石和独居石等矿物在岩石中含量较高，且这些矿物相对富集 LREE；而磷钇矿、锆石、钍石和褐钇铌矿等相对富集 HREE，但在岩石中的含量甚少；因此邦棍尖山花岗岩表现出 LREE 相对富集。

3. 岩石年代学特征

1）锆石晶型特征

邦棍尖山花岗岩中的锆石晶型以 S 型和 P 型为主（图 6-3）。其中出现频率最高的是 S5 和 P3、P5 亚型。其次，岩石中不同程度出现 G2 亚型。锆石的成岩环境为低铝高碱环境，锆石的类型也较为集中。锆石的｛100｝较为发育，说明形成温度较高。邦棍尖山花岗岩锆石的形成环境与临沧花岗岩锆石的最大区别，是前者形成环境呈高碱性。

2）锆石年代学特征

邦棍尖山黑云母二长花岗岩中，锆石颗粒自形程度高，半自形-自形短柱状，少数长柱状，长 50～200μm，长宽比 1∶1～3∶1。阴极发光图像中，锆石震荡环带发育明显（图 6-4a）。锆石的 U 含量为 384.3×10^{-6}～2344.8×10^{-6}，Th 含量为 244.0×10^{-6}～2521.2×10^{-6}，Th/U 为 0.31～1.81，均大于 0.1（表 6-4），为典型的岩浆锆石特征，在测试过程中，选择锆石边部环带打点，一共测 25 个分析点进行加权年龄分析。

表 6-4　邦棍尖山花岗岩 LA-ICPMS 分析结果

测点号	U /10^{-6}	Th /10^{-6}	Pb /10^{-6}	Th/U	$^{207}Pb/^{235}U$		$^{206}Pb/^{238}U$		$^{207}Pb/^{235}U$		$^{208}Pb/^{232}Th$	
					Ratio	1σ	Ratio	1σ	Ma	1σ	Ma	1σ
1	7.1	467.3	518.6	0.90	0.0528	0.0028	0.0078	0.0003	52.2	2.7	50.1	1.7
2	27.6	1871.0	1864.0	1.00	0.0509	0.0020	0.0078	0.0003	50.4	1.9	50.3	1.6
3	19.1	1200.2	1677.9	0.72	0.0518	0.0018	0.0079	0.0003	51.3	1.7	51.0	1.6
4	16.4	844.9	2113.2	0.40	0.0504	0.0017	0.0079	0.0003	49.9	1.7	50.7	1.6
5	36.8	2521.2	2172.6	1.16	0.0514	0.0018	0.0079	0.0003	50.9	1.7	50.4	1.6
6	5.9	409.3	503.6	0.81	0.0503	0.0020	0.0078	0.0003	49.8	1.9	50.2	1.6
7	18.9	1024.0	2158.9	0.47	0.0529	0.0035	0.0079	0.0003	52.4	3.3	50.9	1.8
8	10.1	662.3	835.1	0.79	0.0515	0.0019	0.0081	0.0003	51.0	1.8	51.9	1.7
9	13.9	950.1	1171.1	0.81	0.0511	0.0019	0.0078	0.0003	50.6	1.8	50.0	1.6
10	17.4	1185.8	1227.2	0.97	0.0521	0.0018	0.0079	0.0003	51.5	1.8	50.5	1.6
11	8.1	574.8	602.6	0.95	0.0514	0.0019	0.0077	0.0003	50.9	1.9	49.6	1.6
12	4.7	325.6	384.3	0.85	0.0536	0.0021	0.0078	0.0003	53.0	2.0	49.8	1.6
13	9.6	682.0	696.3	0.98	0.0508	0.0018	0.0077	0.0003	50.3	1.8	49.3	1.6
14	5.7	372.4	493.1	0.76	0.0513	0.0021	0.0078	0.0003	50.8	2.0	49.9	1.6
15	9.3	573.9	969.1	0.59	0.0522	0.0019	0.0077	0.0003	51.7	1.8	49.5	1.6
16	5.4	363.5	415.3	0.88	0.0519	0.0021	0.0078	0.0003	51.4	2.0	50.0	1.6
17	22.7	1410.2	2344.8	0.60	0.0525	0.0019	0.0079	0.0003	52.0	1.8	50.7	1.6
18	10.8	752.0	637.1	1.18	0.0543	0.0025	0.0078	0.0003	53.7	2.4	49.8	1.7
19	6.8	467.9	528.0	0.89	0.0504	0.0019	0.0079	0.0003	49.9	1.8	50.8	1.6

续表

测点号	U /10^{-6}	Th /10^{-6}	Pb /10^{-6}	Th/U	$^{207}Pb/^{235}U$		$^{206}Pb/^{238}U$		$^{207}Pb/^{235}U$		$^{208}Pb/^{232}Th$	
					Ratio	1σ	Ratio	1σ	Ma	1σ	Ma	1σ
20	13.6	721.2	1095.1	0.66	0.0501	0.0041	0.0077	0.0003	49.6	3.9	49.5	1.9
21	25.8	1595.7	2137.8	0.75	0.0499	0.0017	0.0078	0.0003	49.4	1.6	50.3	1.6
22	5.5	244.0	779.5	0.31	0.0512	0.0020	0.0078	0.0003	50.7	2.0	50.2	1.6
23	9.1	607.9	756.4	0.80	0.0505	0.0019	0.0077	0.0003	50.0	1.8	49.6	1.6
24	10.3	626.7	1001.0	0.63	0.0507	0.0019	0.0076	0.0003	50.2	1.8	49.1	1.6
25	22.5	1527.8	1600.0	0.95	0.0496	0.0018	0.0077	0.0003	49.2	1.7	49.6	1.6

锆石$^{206}Pb/^{238}U$年龄50.33±0.30Ma（MSWD=0.15），在锆石U-Pb年龄谐和图上分析点均分布在谐和线上，显示良好的谐和性，表明锆石形成后处于封闭体系，无明显U或者Pb的加入和带出，因此该年龄结果代表了岩浆岩的就位时代（图6-4b）。

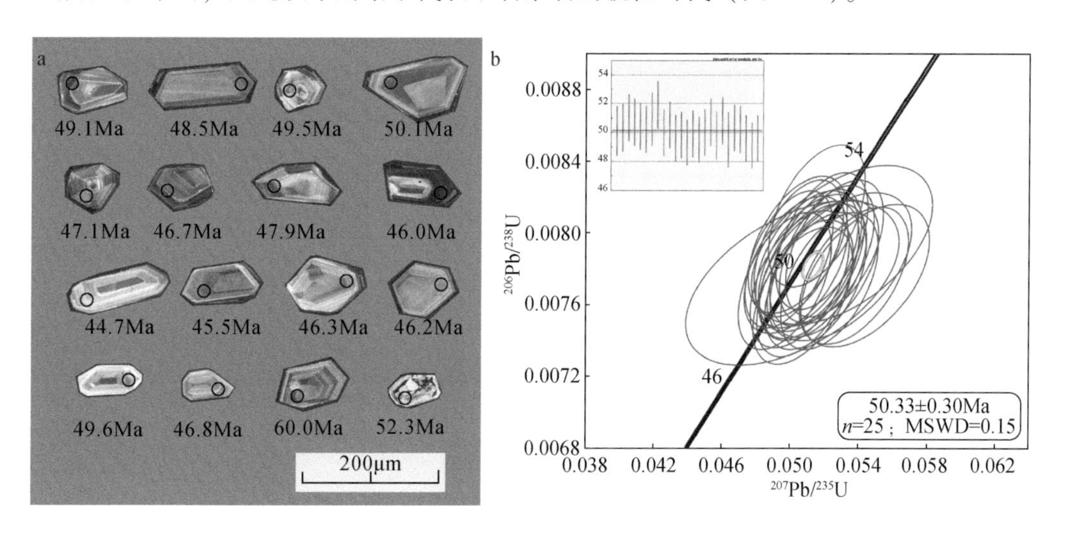

图6-4　邦棍尖山黑云母二长花岗岩代表性锆石颗粒阴极发光照片（a）和LA-ICP-MS锆石U-Pb加权年龄图（b）

4. *岩石地球化学特征*

邦棍尖山（bgj）花岗岩SiO_2含量为68.47%～75.37%，K_2O含量为4.99%～5.84%，Na_2O含量为2.32%～2.98%，FeO^T含量为1.14%～3.8%，MgO含量为0.10%～0.78%，硅、碱含量高，铁、镁含量则相对较低（表6-5）。ΣREE含量较高为209.31×10^{-6}～809.59×10^{-6}，LREE/HREE为2.54～8.98，显示出LREE相对富集，轻重稀土分异程度较好（表6-6）；Eu/Eu^*=0.06～0.17，呈现Eu中度亏损，δCe=1.57～3.11，显示Ce正异常（图6-5a）。在微量元素上，岩石显示出高Rb、Th，低Ba、Nb、Sr、Zr、Hf、Ti，显示出岩浆岩的高度分异特征（表6-7，图6-5b）。

表 6-5　邦棍尖山花岗岩主量元素含量　　（单位:%）

样品编号	岩性	SiO_2	TiO_2	Al_2O_3	Fe_2O_3	FeO	MnO	MgO	CaO	Na_2O	K_2O	P_2O_5	LOI	CO_2	H_2O^+
YNBGJ1-j1	黑云母二长花岗岩	69.89	0.48	14.46	1.00	2.18	0.07	0.78	1.98	2.32	4.99	0.14	1.00	<0.1	1.01
YNBGJ1-j2	黑云母二长花岗岩	75.23	0.10	13.06	0.20	1.31	0.05	0.13	0.98	2.71	5.46	0.02	0.47	<0.1	0.36
YNBGJ3-j1	黑云母二长花岗岩	75.37	0.10	13.35	0.27	0.87	0.03	0.10	0.68	2.56	5.50	0.02	0.75	<0.1	0.69

表 6-6　邦棍尖山稀土元素含量　　（单位：10^{-6}）

样品编号	La	Ce	Pr	Nd	Sm	Eu	Gd	Tb	Dy	Ho	Er	Tm	Yb	Lu	Y	REE	LREE/HREE	Eu/Eu*
YNBGJ1-j1	81.72	155.48	18.13	65.00	10.90	1.74	9.37	1.25	6.69	1.35	3.98	0.54	3.88	0.44	30.71	391.17	0.08	0.16
YNBGJ1-j2	48.12	92.73	11.62	42.69	9.26	0.55	8.08	1.20	6.69	1.37	3.90	0.56	4.28	0.50	33.82	265.39	0.13	0.17
YNBGJ3-j1	162.91	154.63	33.69	127.16	27.00	1.70	24.90	3.80	21.15	4.18	11.13	1.52	11.32	1.25	120.46	706.82	0.17	0.24

表 6-7　邦棍尖山微量元素含量　　（单位：10^{-6}）

样品编号	Li	Be	Rb	Ba	Th	Ta	Nb	Zr	Hf	Sr	Cu	Cs	Ga	In	Cr	Co
YNBGJ1-j1	19.10	2.83	194.62	881.50	33.25	1.09	14.64	217.72	6.65	216.80	7.11	3.00	17.41	0.04	13.24	5.76
YNBGJ1-j2	56.73	6.15	389.06	107.55	91.67	2.46	18.48	83.30	3.44	62.18	3.51	11.10	17.18	0.02	9.90	1.06
YNBGJ3-j1	24.69	6.46	401.27	92.96	95.63	2.56	16.57	85.18	3.76	56.22	2.11	11.22	18.79	0.01	2.90	0.78

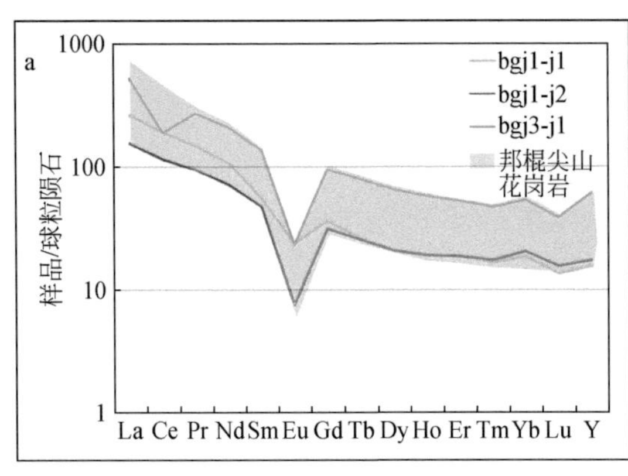

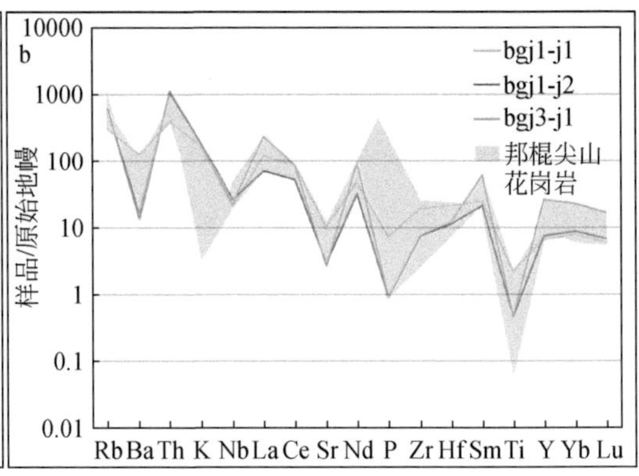

图 6-5　邦棍尖山花岗岩球粒陨石标准化稀土元素配分曲线（a）和原始地幔标准化微量元素蛛网图（b）

1）岩石成因类型

邦棍尖山花岗岩的分异指数 DI 为 48.83～92.51，CIPW 刚玉指数为 0～4.1，K_2O+Na_2O 含量为 7.31%～8.61%，K_2O/Na_2O 为 1.16～2.15，碱度系数（K_2O+Na_2O）/ Al_2O_3=0.49～0.63，钠质系数 $Na_2O/(K_2O+Na_2O)$=0.31～0.46，铁氧化度 $Fe_2O_3/(Fe_2O_3+FeO)$=0.10～0.31，铝饱和指数 A/CNK=1.25～1.57。岩浆分异演化表现为 SiO_2、Na_2O 与 K_2O、CaO、

FeO、MgO、TiO_2的分离，随着分异指数的增加，SiO_2、Na_2O 增加，而 FeO、MgO、CaO、K_2O 逐渐减少。样品 $K_2O/Na_2O>1$，A/CNK>1.1，在 K_2O-SiO_2和 Na_2O-K_2O 图解中，样品几乎都落入高钾钙碱性系列区域，整体显示出高钾-强过铝质钙碱性花岗岩的特征(图6-6)。

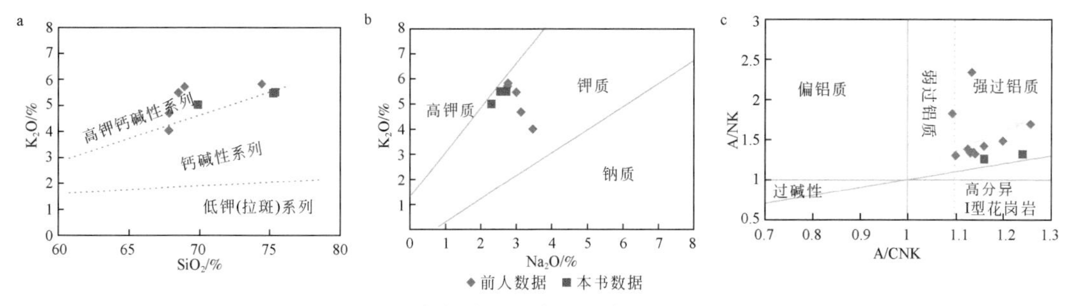

图6-6 邦棍尖山花岗岩地球化学判别图

Zr+Nb+Ce+Y 的值为 $228.34\times10^{-6}\sim543.28\times10^{-6}$，多数样品高于世界 A 型花岗岩的平均值 350×10^{-6}（Whalen et al.，1987）；（Na_2O+ K_2O）/CaO 为 2.75～11.86，在（Na_2O+ K_2O）/CaO-Zr+Nb+Ce+Y 成因判别图中，样品多数投入 A 型花岗岩区域，少数落入结晶分异花岗岩区域；而在（Na_2O+K_2O）/CaO-Ga/Al 判别图中，样品主要落入 A 型花岗岩区域（图6-7a，b）。在 ACF 判别图中，邦棍尖山样品几乎落入 S 型花岗岩区域（图 6-7c）。

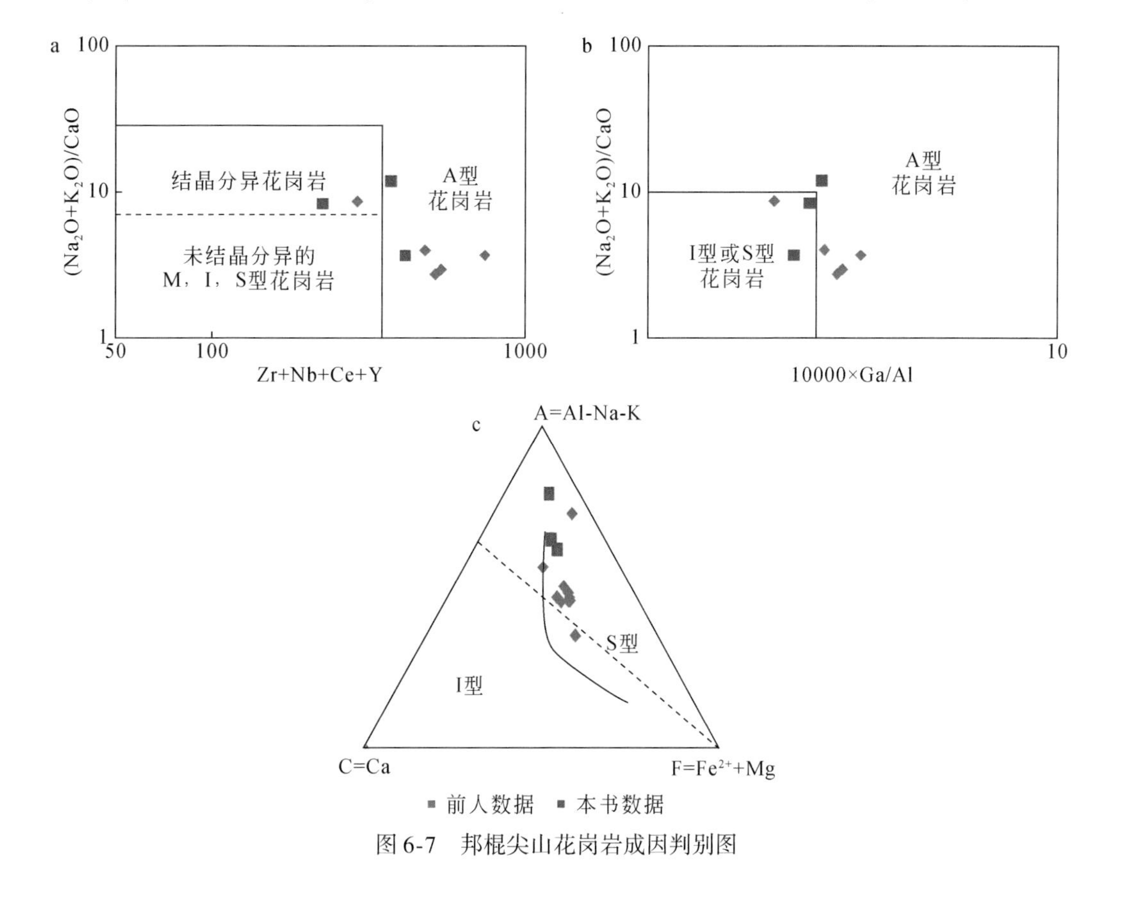

图6-7 邦棍尖山花岗岩成因判别图

通过 La-La/Sm 图解，可知邦棍尖山花岗岩的岩浆演化主要受部分熔融的影响，但也有分离结晶作用。HREE-Eu/Eu* 图解上，HREE 与 Eu/Eu* 呈正相关关系，说明随着 Eu/Eu* 的升高，HREE 含量呈增加的趋势（图 6-8）。

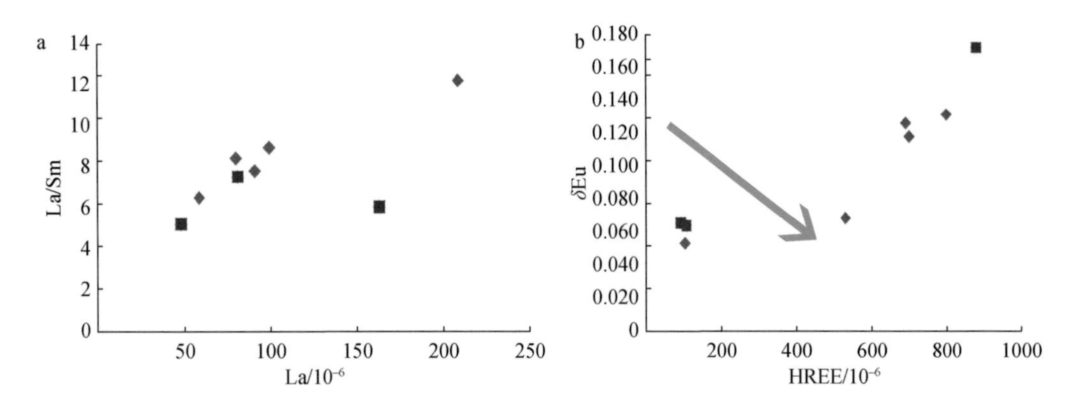

图 6-8　邦棍尖山花岗岩 La-La/Sm 和 HREE-Eu/Eu* 判别图

2）岩浆源区

在哈克图解中，邦棍尖山花岗岩的地球化学分布变化具有一定规律性：随着 SiO_2 含量的升高，FeO、MgO、TiO_2、MnO、CaO 和 P_2O_5 含量逐渐降低，体现出其成分与源区的较大区别（图 6-9）。

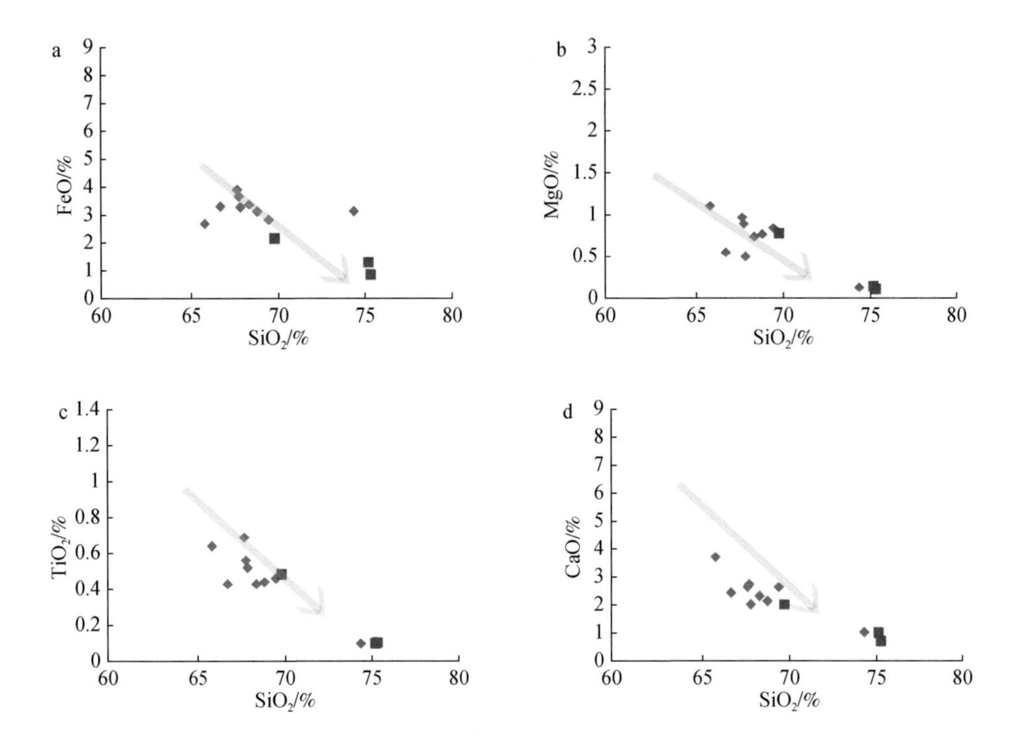

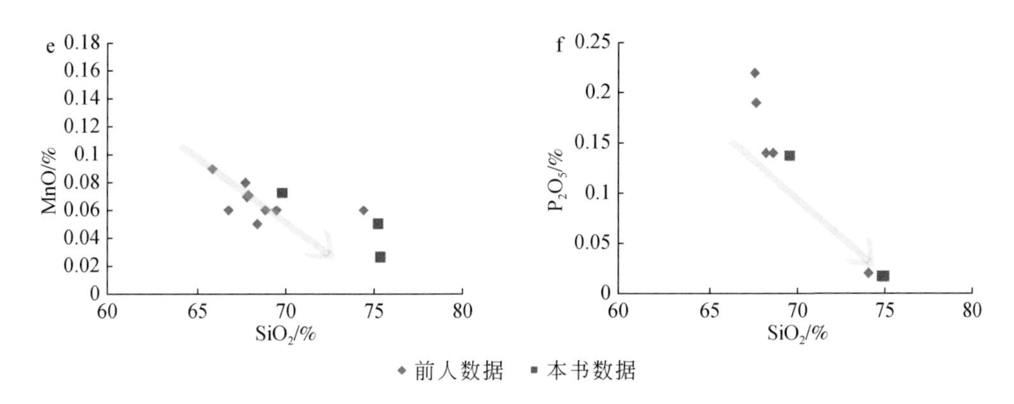

图 6-9　邦棍尖山花岗岩中主量元素哈克图解

CaO/Na_2O 受控于源区成分，邦棍尖山花岗岩中 CaO/Na_2O 为 0.26～0.85，Al_2O_3/TiO_2 为 21.21～169.5；在 CaO/Na_2O-Al_2O_3/TiO_2 图解中和 $Al_2O_3/(MgO+FeO^T)$ -$CaO/(MgO+FeO^T)$ 图解中，多数样品落入变质杂砂岩部分熔融区，少数落于变质泥质岩部分熔融区（图 6-10b）。Rb/Sr-Rb/Ba 图解中，样品分布较为离散，多数落入贫黏土源区（图 6-10e）。通过 Ba-Eu/Eu* 图解判别邦棍尖山花岗岩的主要来源，Ba 与 Eu/Eu* 呈正相关，说明斜长石和钾长石对邦棍尖山花岗岩的演化过程具有重要的参与作用。在 La-La/Yb 的判别图中，两者呈现正相关关系，说明岩浆的分离结晶作用除了受控于长石外，独居石和褐帘石也参与了岩石的演化（图 6-10c，d）。在 Ba-Rb/Sr 图解中，样品主要落入 10%～60% 斜长石区域，说明源区中含有 10%～60% 的斜长石残留（图 6-10f）。

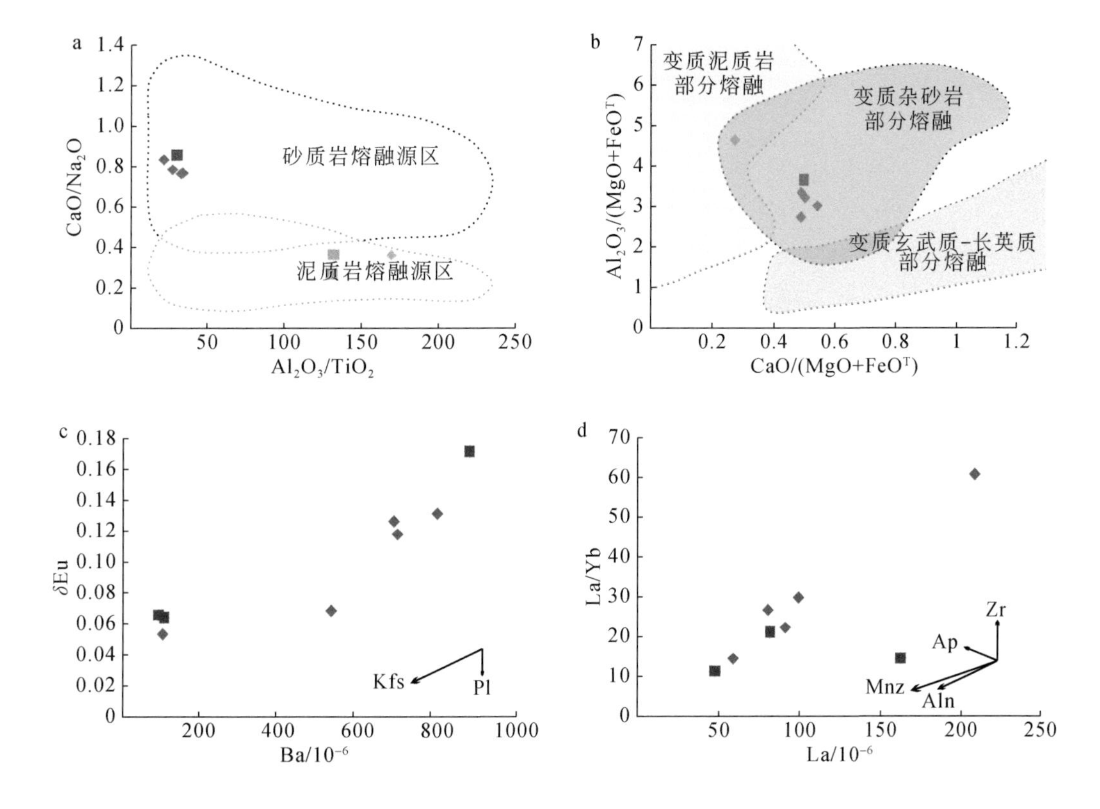

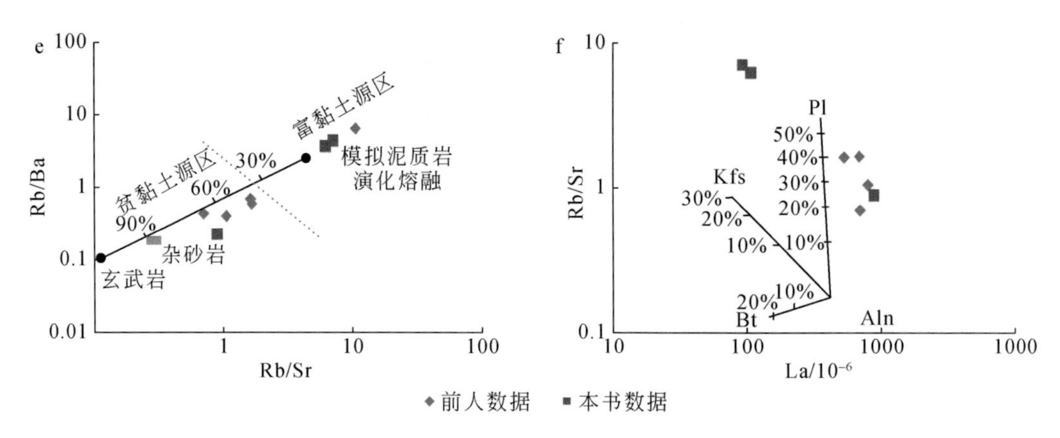

图 6-10　邦棍尖山花岗岩岩浆源区判别图

Kfs-钾长石；Pl-斜长石；Mnz-独居石；Ap-磷灰石；Zr-锆石；Aln-褐帘石；Bt-黑云母

3）岩石的构造意义

通过锆石 U-Pb 定年得出邦棍尖山南段的花岗岩年龄为 50.33Ma。前人测得该岩体侵入年代变化于 47.88 ~ 50.83Ma；邦棍尖山北段岩体的花岗闪长岩年龄为73.1 ~ 74.4Ma。邦棍尖山岩体北侧的坡仑山岩体年龄变化于 63.3 ~ 67.46Ma；其中不乏燕山期的花岗岩，年龄变化于 120.7 ~ 185.6Ma（巫嘉德，2014；曹文华，2015）。岩体的侵入时间与印度大陆和亚洲大陆碰撞时期正好吻合（莫宣学等，2005）（表 6-8）。

表 6-8　坡仑山和邦棍尖山岩体锆石 U-Pb 年龄

岩体名称	样品编号	岩性	年龄/Ma	样品数	测试方法	资料来源
坡仑山	13RL11	细粒花岗闪长岩	63.30	11	锆石 U-Pb	巫嘉德，2014
	13RL12	斑状花岗闪长岩	62.80	11		
	13RL13	斑状花岗闪长岩	65.90	13		
	06TC-08	粗粒花岗闪长岩	67.46	25		
	06TC-10	斑状花岗闪长岩	64.20	25		
	06TC-07	斑状花岗闪长岩	67.00	30		
	LCP260	似斑状中粗粒花岗岩	120.70	27		曹华文，2015
	DZP246	细粒黑云母钾长花岗岩	65.40	31		
	MZX350	花岗片麻岩	185.60	9		
北邦棍尖山	06TC-06	闪长质包体	74.70	24		巫嘉德，2014
	13RL10	细粒花岗闪长岩	73.10	23		
南邦棍尖山	13RL05	中细粒花岗岩	47.88	23		
	13RL07	斑状花岗岩	50.83	24		
	06TC-01	斑状花岗岩	50.29	24		
	06TC-03	斑状花岗岩	49.59	30		

相关研究表明，坡仑山岩体较邦棍尖山岩体的岩浆分异程度更高，且源区也更丰富。坡仑山花岗岩分异指数（78.11～94.94），刚玉指数 c=0～4.44，碱度系数、钠质系数和铝饱和指数均与邦棍尖山相似。在花岗岩成因判别图上，坡仑山样品落入结晶分异的花岗岩区域，在ACF判别图中，样品主要落入S型花岗岩区域，少量落入I型花岗岩区域。La-La/Sm图解中，显示出以部分熔融作用为主的岩浆作用，但轻重稀土的分馏并不明显。

坡仑山岩体的形成时间与冈底斯的碰撞前（>65Ma）–碰撞期（65～45Ma）岩浆作用时间相吻合，形成于新特提斯洋向滇西地区俯冲阶段（莫宣学等，2005；董方浏等，2006）。而邦棍尖山岩体锆石U-Pb年龄为50Ma，其样品则多落入碰撞后区域（图6-11），说明岩体形成于新特提斯洋俯冲作用减缓的阶段。

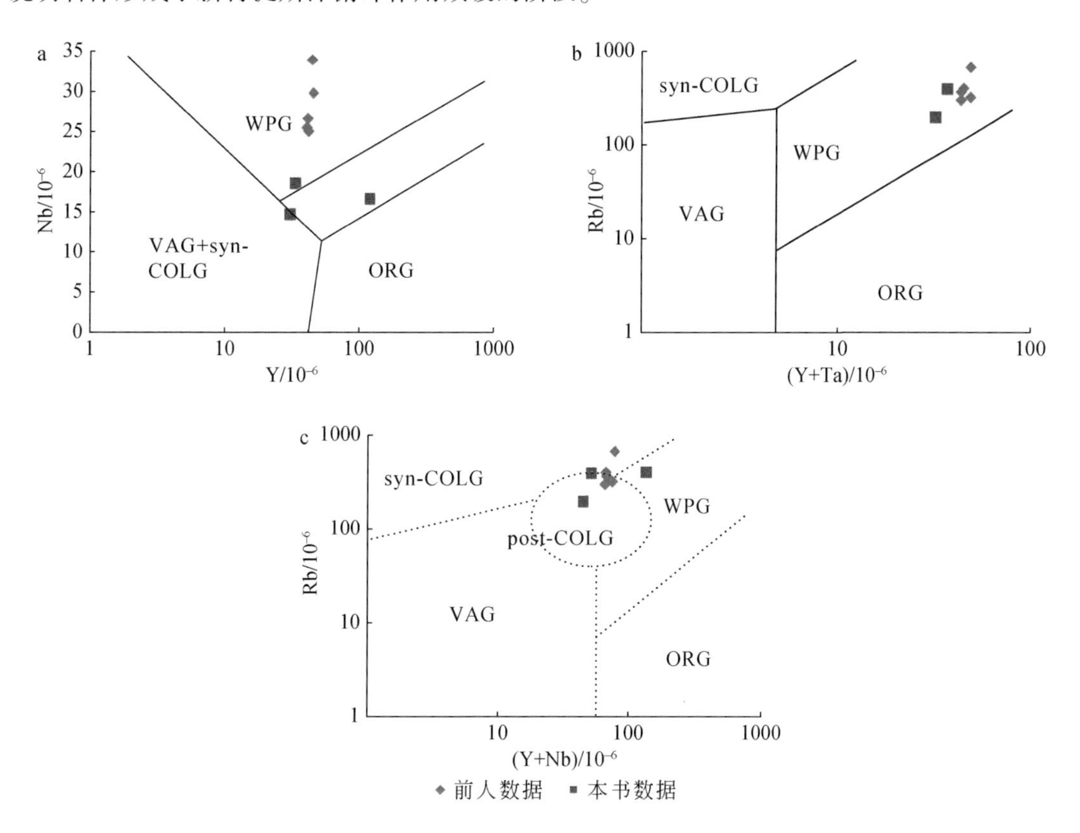

图6-11　邦棍尖山花岗岩构造判别图

WPG-板内花岗岩；VAG-火山弧花岗岩；syn-COLG-同碰撞花岗岩；ORG-洋脊花岗岩；post-COLG-后碰撞花岗岩

（三）风化壳特征

1. 物质组成

野外观察，邦棍尖山花岗岩风化壳发育，保存较好，由上而下分为（图6-12）以下三层。

（1）表土层。由腐殖层和红土化层组成。腐殖层呈褐黑色、褐色砂质黏土，内含较多石英和钾长石（多已风化为高岭土），植物根茎发育，厚0～0.3m；红土化层为砖红色、红色、黄色砂质黏土，铁铝相对富集，石英含量大约为30%。平均厚2.13m。红土化层一般为矿体顶板，可圈入矿体。

（2）全风化层。呈黄白相间色。长石绝大多数已高岭土化，约占60%，一般粒度为5mm，斑晶达2～3cm。石英约30%。黑云母铁染强烈，5%～6%。磁铁矿自上向下渐增，赤铁矿渐减。未见稀土载体矿物榍石、褐帘石等。厚度>15m。

（3）半风化层。成分与全风化层相似，长石风化程度减弱，高岭土化仅见于长石晶体边缘。黑云母、磁铁矿、黄铁矿增加。一般含少量REE，少数可达工业要求。

图6-12　邦棍尖山花岗岩风化壳分带图

2. 地球化学特征

风化壳基本保留了原岩的高硅、高钾和低铁、低镁的特征；SiO_2含量从表土层→全风化层，含量由低到高（62.88%→71.86%），含量低于基岩；Al_2O_3与基岩相比含量变化不大，上层风化壳含量较高，向下含量降低（21.39%→15.67%）；K_2O含量逐渐增高（1.74%～4.52%）、Fe_2O_3较基岩更高，从地表至风化壳下部含量逐渐降低（4.64%～1.90%）；FeO相对于基岩明显降低，从上至下含量逐渐增高（0.19%→0.39%）；MgO含量变化不大，从上至下呈降低的趋势（0.33%～0.21%）；Na_2O大量流失（表6-9）。说明在原岩风化过程中，易溶的Na^+、K^+、Mg^{2+}、Fe^{2+}和Fe^{3+}被迁出，难溶的Si^{4+}、Al^{3+}多原地保留；CaO在风化壳中的含量降低（0.03%～0.05%），鉴于Na^+、Ca^{2+}与Ree^{3+}具有相似的离子半径，可知Na^+、Ca^{2+}的迁出对Ree^{3+}的迁入和保存有一定的促进作用。

表6-9　邦棍尖山矿区风化层元素含量和稀土浸出含量

原样编号	表土层	全风化层			半风化层
	YNBGJ3-p1	YNBGJ3-p2	YNBGJ3-p3	YNBGJ3-p4	YNBGJ3-p5
SiO_2	62.88	62.68	70.51	71.86	71.00
Al_2O_3	19.72	21.39	16.99	15.67	16.15
Fe_2O_3	4.64	4.11	1.98	1.90	1.92
FeO	0.39	0.19	0.24	0.24	0.39
MgO	0.33	0.24	0.17	0.21	0.23
CaO	0.11	0.20	0.12	0.13	0.10

续表

原样编号	表土层	全风化层			半风化层
	YNBGJ3-p1	YNBGJ3-p2	YNBGJ3-p3	YNBGJ3-p4	YNBGJ3-p5
Na_2O	0.081	0.061	0.10	0.15	0.13
K_2O	1.95	1.74	3.01	4.52	4.26
TiO_2	0.59	0.39	0.23	0.22	0.24
MnO	0.025	0.025	0.028	0.029	0.030
P_2O_5	0.044	0.025	0.022	0.017	0.030
F	0.042	0.032	0.014	0.023	0.018
CO_2	0.15	<0.1	<0.1	<0.1	<0.1
H_2O^+	8.62	8.52	6.00	4.24	4.89
LOI	9.26	8.96	6.09	4.68	5.12
La	62.43	93.52	134.17	210.74	143.24
Ce	197.20	364.58	273.22	289.62	196.23
Pr	13.55	21.09	31.64	48.38	33.14
Nd	49.68	73.93	110.19	171.16	114.63
Sm	8.37	11.59	17.46	31.23	21.32
Eu	1.01	1.19	1.35	2.35	1.56
Gd	6.96	9.43	12.75	25.35	17.84
Tb	0.92	1.12	1.45	3.44	2.29
Dy	5.09	5.60	6.92	17.48	11.46
Ho	1.05	1.13	1.29	3.38	2.21
Er	2.78	3.23	3.57	8.80	5.74
Tm	0.39	0.43	0.48	1.13	0.74
Yb	2.97	3.21	3.51	8.39	5.43
Lu	0.34	0.39	0.42	0.93	0.63
Y	22.04	24.81	26.32	72.11	46.56
ΣREE	374.77	615.25	624.74	894.50	603.00
LREE/HREE	7.81	11.47	10.02	5.34	5.49
La^{3+}	23.7	65.1	75.2	132.0	62.8
Ce^{4+}	27.5	65.1	27.8	69.2	30.4
Pr^{3+}	4.08	13.50	17.30	28.90	13.60
Nd^{3+}	13.1	45.1	58.3	99.1	46.5
Sm^{3+}	1.83	6.77	8.91	19.10	8.55
Eu^{3+}	0.18	0.65	0.72	1.37	0.68
Gd^{3+}	1.38	4.25	4.89	16.10	6.90
Tb^{3+}	0.19	0.62	0.71	2.16	1.06
Dy^{3+}	0.98	3.28	3.53	11.80	5.73

续表

原样编号	表土层	全风化层			半风化层
	YNBGJ3-p1	YNBGJ3-p2	YNBGJ3-p3	YNBGJ3-p4	YNBGJ3-p5
Ho^{3+}	0.19	0.61	0.65	2.22	1.08
Er^{3+}	0.47	1.63	1.67	5.89	2.72
Tm^{3+}	0.06	0.22	0.22	0.80	0.36
Yb^{3+}	0.32	1.31	1.38	5.00	2.23
Lu^{3+}	0.05	0.19	0.20	0.71	0.32
Y^{3+}	6.61	18.00	17.90	67.50	31.70
Ree^{3+}	80.64	226.33	219.38	461.85	214.63
$LRee^{3+}/HRee^{3+}$	6.87	6.52	6.04	3.12	3.12

注：主量元素含量单位为%，稀土元素含量单位为 10^{-6}。

在稀土含量表现上，风化壳整体继承了基岩的稀土含量特征，主要富集轻稀土；LREE 在风化壳中的含量可达基岩的 2～3 倍；La、Ce、Nd、Y 相对更富集。从表土层→全风化层，稀土含量出呈现低—高—低的特征，除 Ce 外，全风化层中下部是 REE 的主要富集部位（615.25×10^{-6}～894.50×10^{-6}）；Ce 的含量在表土层和全风化层中上部含量较高，δCe 值为 5.19～6.36，呈正异常，随着风化壳深度的增加，含量逐渐降低；Y 在风化壳中显示出正异常，曲线上扬；基岩中 HREE 含量较风化壳中含量更高（表 6-9）。HREE 常随着地表水的下渗，更倾向于在全风化层下半部相对上半部较高；$\sum Ce/\sum Y$ 在风化壳中的变化经历了从高到低的过程，也证明了此现象（图 6-13c）。

3. 风化壳中稀土的分布特征

风化壳中的矿物可分为风化残余矿物和次生矿物两种类型。前者为花岗岩的风化残留，如石英、长石和云母的碎屑，其次为独居石、锆石和褐钇铌矿等重矿物；后者为黏土矿物和铁锰氧化物等次生矿物，是 iRee 矿床的重要组成部分。REE 呈可交换态（Ree^{3+}）吸附于黏土矿物之上，形成的含稀土黏土即为矿石。REE 主要富集于全风化层中，其次为半风化层。轻重稀土在风化壳中的分布形式可分为同层富集和分层富集两种形式，矿区内风化壳中的轻重稀土以同层富集为主，即轻重稀土在风化壳中的分布曲线近乎平行。

表土层 Ree^{3+} 大量流失，可浸出量仅为 26.05%。在全风化层中 Ree^{3+} 的含量从上至下一般呈现低→高→低的分布形式，最高可超过基岩或与基岩含量相似，占原风化壳的 56.29%。Ce^{4+} 较难浸出，虽上部风化壳显示出 Ce^{4+} 的正异常，但浸出量依然较低，仅达 13.94%；Eu^{3+} 在全风化层中浸出率较高，浸出率为 43.66%～58.41%；Y^{3+} 在所有独立稀土元素中的浸出率最高，最高可达 93.61%。

各个稀土元素在风化壳中的分布特征亦有不同（图 6-13d）：①Ce^{4+} 虽然在全风化壳上部含量较高，随着深度的加深其含量急剧减少；②Eu^{3+} 在轻稀土元素中含量最低，甚至低于重稀土元素中的 Tb^{3+} 和 Ho^{3+}，在风化壳中的亏损程度较原风化壳有降低的趋势；③La^{3+}、Nd^{3+}、Pr^{3+} 显示出主要在全风化层中上部富集，在全风化层下部含量有所下降；④$HRee^{3+}$ 在全风化层下部相对于上部显示出更高的含量，浸出率也相对增高；⑤Y^{3+} 在全风化层具有最高的浸出率，且在下部风化壳中含量明显增高；⑥Tm^{3+}、Lu^{3+}含量最低，Y^{3+}在重稀土元素中含量最高，其次为Gd^{3+}和Dy^{3+}。

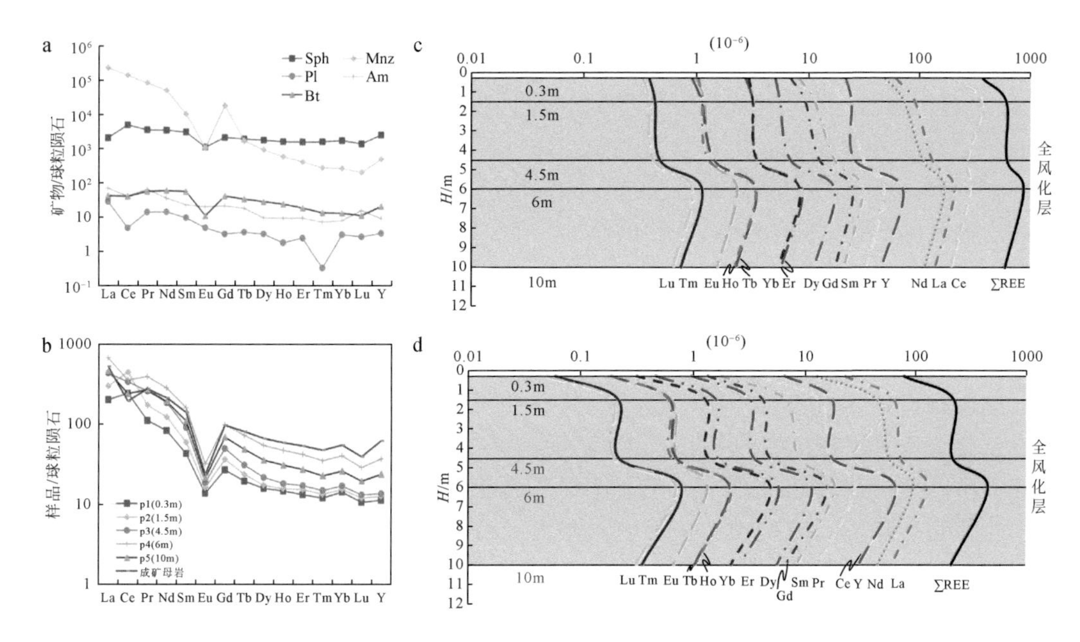

图 6-13　单矿物 REE 球粒陨石分布曲线（a）、基岩和风化壳中 REE 球粒陨石分布曲线（b）、全相 REE 在邦棍尖山花岗岩风化壳中的分布曲线（c）和离子相 REE 在邦棍尖山花岗岩风化壳中的分布曲线（d）
Sph-榍石；Mnz-独居石；Pl-斜长石；Am-角闪石；Bt-黑云母

（四）矿化特征

矿体产于花岗岩全风化层中，似层状、面形分布。矿体厚 1.65～12.9m（未揭穿），平均为6.6m。厚度变化系数为46.37%。盖层厚 1～2m。矿体品位 REO 平均为 0.13%，最高为0.339%；SREO 平均为 0.055%，最高为 0.116%。一般山顶（脊）矿体厚度较大，品位较高；山腰中等；在山脚因风化壳被部分剥蚀红土层缺失，矿体品位较低，可出现表外矿体，厚度也较薄。

矿石稀土配分显示稀土总量中 La_2O_3+CeO_2+Nd_2O_3达77.85%，为富含镧铈钕的轻稀土类型，值得注意的是，矿床含 Sc_2O_3 20×10^{-6}。混合稀土产品配分镧铈钕也在60%以上，铕钇有所提高，个别达到中铕标准。

矿体易于露采，开采条件较好。矿床规模中等。

（五）讨论

1. 稀土的来源

含较高 REE 含量（$\geq150\times10^{-6}$）的基岩是离子吸附型稀土矿的主要成矿来源（杨岳清等，1981；吴澄宇等，1990，1992；赵芝等，2014，2017）。邦棍尖山花岗岩中，REE 含量为 209.31×10^{-6}～809.59×10^{-6}，为形成 iRee 矿床提供了良好的母岩条件。含稀土矿物是造岩矿物中 REE 的主要贡献者。邦棍尖山花岗岩体中，副矿物是主要的含稀土矿物，其次为暗色矿物，如黑云母和角闪石。钛铁矿、榍石是岩石中主要的副矿物，其次为少量的褐帘石、磷灰石、独居石、磷钇矿、钍石、锆石和褐钇铌矿。钛铁矿中稀土含量极低，对岩石中 REE 贡献不大。榍石中稀土含量占矿物总量的 3%，且在花岗岩中含量较高≥1%，是岩石中 REE 的主要贡献者之一，LREE/HREE≈1。磷灰石与榍石相似，LREE/HREE≈1，在新鲜岩石中的 REE 含量较低，受岩石的自交代作用影响，其 REE 含量最高可达 3%~5%（吴澄宇等，1990，1992）。褐帘石 REE 含量约 30%，以 LREE 富集为主，随着岩石蚀变的增强，HREE 的含量有所增加。独居石中 REE 含量约 50%~60%，LREE 相对富集，但在岩石中含量不高。磷钇矿、钍石、锆石和褐钇铌矿以富集 HREE 为主，特别是 Y；钍石的含量随着岩石的交代蚀变作用增强而增加，沿榍石、长石和云母等矿物解理和裂隙交代。

稀土矿物在化学风化作用下的稳定程度决定了矿床中 Ree^{3+} 的含量。独居石、磷钇矿、锆石和褐钇铌矿等矿物在化学风化作用中较为稳定，多形成重矿物残留在风化壳中，难以解离出 Ree^{3+}。这也解释了风化壳中全相 HREE 含量较高，而 $HRee^{3+}$ 含量较低的原因。而榍石、褐帘石和磷灰石等矿物，在风化作用下不稳定，成为风化壳中 Ree^{3+} 的主要来源。造岩矿物，如长石、云母和角闪石中微量的 Ree^{3+} 在风化作用中缓慢解离，也会成为矿床中 Ree^{3+} 的来源之一。

2. *矿床成因*

除了成矿母岩外，岩石所处的气候环境、地形地貌等因素也是矿床形成的不可或缺的因素。矿床处于亚热带季风气候带，气候温暖、空气湿润、降雨量充足，为岩石的化学风化提供了条件。持续的风化作用使花岗岩不断解离，释放出大量的 Ree^{3+}，并使次生矿物中的 Ree^{3+} 持续积累，产生次生富集。同时，花岗岩不断风化形成大量的黏土矿物，为 Ree^{3+} 提供了存储条件。其次，矿区低山丘陵发育，低缓的地形地貌防止 Ree^{3+} 大量流失，有利于 Ree^{3+} 的保存，从而形成 iRee 矿床。

3. *找矿预测*

龙安离子吸附型稀土矿是云南省境内唯一被开采利用的矿床，矿区位于邦棍尖山岩体的西南侧。邦棍尖山岩体最初被认为只有岩体西南边的环境才有利于离子型稀土矿的形成，但近年来随着离子吸附型稀土矿日益受到重视，多个与龙安稀土矿类型相似的矿床相继在岩体中段甚至北段被发现，其中不乏含有重稀土的 iRee 矿床（张彬等，2018）。说明了该区具有良好的离子型稀土矿的找矿潜力。除了稀土异常的花岗岩背景值外，低缓的地山丘陵地貌和较厚的风化壳剖面是该区的重点关注对象。此外，邦棍尖山岩体西北边出露的坡仑山岩体具有较高的稀土背景，同时岩石具有高度分异的特征，其形成的花岗岩风化壳亦值得关注。

二、圈内离子吸附型稀土矿

圈内离子吸附型稀土矿是临沧花岗岩基风化壳中发现的较为典型的矿床，目前临沧花岗岩基风化壳中已发现 4 个类似的矿床，除了圈内 iRee 矿床外，还有上允 iRee 矿床、勐往

iRee 矿床和勐海 iRee 矿床。4 个矿床均显示出 LREE 相对富集的特点。值得关注的是，圈内矿床中局部可见重稀土异常的风化壳剖面，对该矿床的研究有利于今后对类似重稀土矿床的寻找。

（一）矿区地质背景

成矿母岩为圈内花岗岩，岩体夹持于炭窑断裂和尖石头断裂之间，断层走向西北-东南，区内无褶皱发育（图 6-14）。主要岩性为似斑状黑云母二长花岗岩。矿床形成于温润的亚热带季风气候环境；矿区气候温和，年平均气温为 17.31℃，雨量适中，最大降雨量为 1504.5mm/a，年平均相对湿度为 72.54%（云南省地质矿产勘查开发局，1990）。矿区地势北高南低，区内发育较多的低山、丘陵地貌，植被茂盛；矿床所处海拔为 1500 ~ 2100m，相对高差约为 600m。

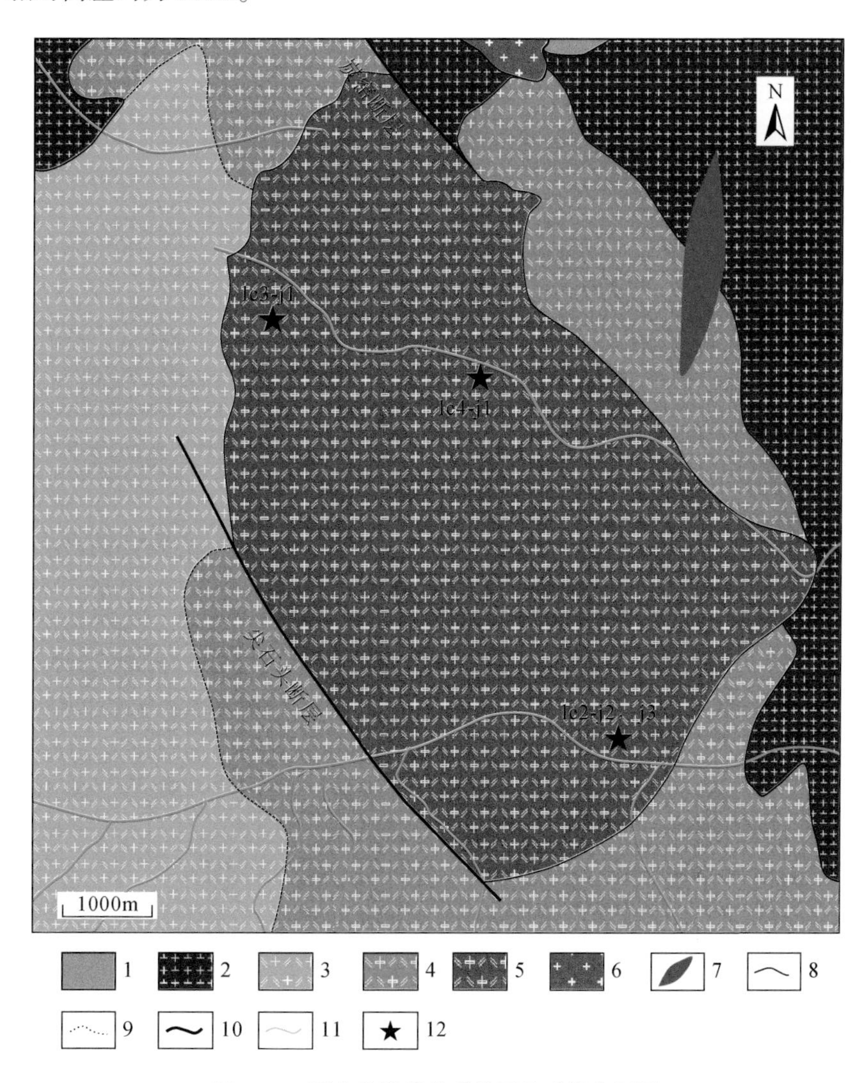

图 6-14　圈内花岗岩地质简图及采样位置图

1-中粗粒砂岩；2-花岗闪长岩；3-中细粒黑云二长花岗岩；4-似斑状中细粒黑云二长花岗岩；5-似斑状中粗粒黑云二长花岗岩；6-花岗岩；7-石英岩脉；8-地质界线；9-推测界线；10-断层；11-河流；12-采样点

良好的气候及地理环境使矿区风化壳大量发育且保存完整；风化壳厚度为 3～30m，通常山腰较厚，向山脚变薄，基岩一般出露于山顶，球状风化。保存完整的风化壳从表土层、全风化层、半风化层至微风化层都有发育；全风化层是主要的含矿层，REE 的含量受微地形地貌的影响而分布不均，通常在山腰比较富集。

（二）基岩特征

1. 岩石学特征

矿区主要出现两种岩性：花岗闪长岩和黑云母二长花岗岩。花岗闪长岩是早期侵入岩体，锆石 U-Pb 年龄为 400Ma，黑云母二长花岗岩为后期交代产物，其中可见前者的交代残余。黑云母二长花岗岩是主要的成矿母岩，具有似斑状中粗粒和中细粒两种结构。前者锆石 U-Pb 年龄为 220.3Ma，后者锆石 U-Pb 年龄为 217.8Ma。

花岗闪长岩出现于圈内花岗岩体的东南边，中粗粒结构，块状构造。其造岩矿物主要是石英、长石和黑云母。岩石较为新鲜，蚀变少见或几乎不见。其副矿物亦较为简单，主要是榍石、磷灰石、锆石和少量独居石、磷钇矿等。

黑云母二长花岗岩是矿区出露的主要岩石，以中粗粒、似斑状结构为主，块状构造。岩石蚀变为硅化、钾长石化、绢云母化、绿泥石化和钠黝帘石化（图 6-15a～c）。硅化的主要表现为石英具波状消光，多呈他形粒状沿长石的裂隙和孔隙交代、充填（图 6-15a）；绢云母化和钠黝帘石化多与斜长石有关，绢云母多呈鳞片状集合体沿斜长石解理交代充填，甚至覆盖整颗斜长石（图 6-15b）；钠黝帘石呈他形粒状集合体与绢云母共生（图 6-15c）。绿泥石多呈异常蓝干涉色沿黑云母解理交代。岩石中的副矿物主要是褐帘石、独居石、磷灰石和锆石（图 6-15h～k）。

中细粒的黑云母二长花岗岩发现于岩体的西南边。中细粒结构，块状构造。造岩矿物组合与中粗粒似斑状二长花岗岩相同，只在结构和含量上有所区别。岩石蚀变以钠长石化、白云母化和萤石-重稀土化为主。钠长石沿斜长石环带边缘交代，其次多呈糖粒状集合体，沿石英和长石的空隙充填（图 6-15d）。白云母呈片状集合体充填于岩石空隙中；或沿黑云母解理交代，形成净边结构（图 6-15e，f）。萤石是成岩后期的热液交代产物，常常伴随有 HREE 特别是 Y 的含量的增加，HREE 多取代 Ca^{2+} 与萤石和碳酸盐矿物共生，形成氟碳钙钇矿等重稀土矿物，呈他形粒状沿岩石的裂隙、空隙和矿物的解理面交代充填（图 6-15i，l）。岩石中的副矿物数量和种类由于蚀变作用的增强也有增加的趋势。其中，褐帘石因受热液交代作用，其中 HREE 的含量明显增加，形成高钇褐帘石；磷灰石中 REE 的活化作用也随着热液作用增强，主要表现在磷灰石矿物中独居石和钍石的含量增加，多呈他形沿矿物裂隙交代充填；含稀土氟碳酸盐矿物粒度常常 $<10\mu m$，因此很难区分其矿物种类，这类矿物多见于斜长石环带中心的孔隙和空隙中，呈他形充填。

2. 稀土矿物

含稀土矿物对矿床的贡献具有举足轻重的地位（杨岳清等，1981；吴澄宇等，1992，1993；赵芝等，2014，2017）。圈内花岗岩中，造岩矿物中的 REE 含量不到 1%，而副矿物中的 REE 含量则相对较高，特别是褐帘石、独居石和磷钇矿等，其中 REE 的含量高达

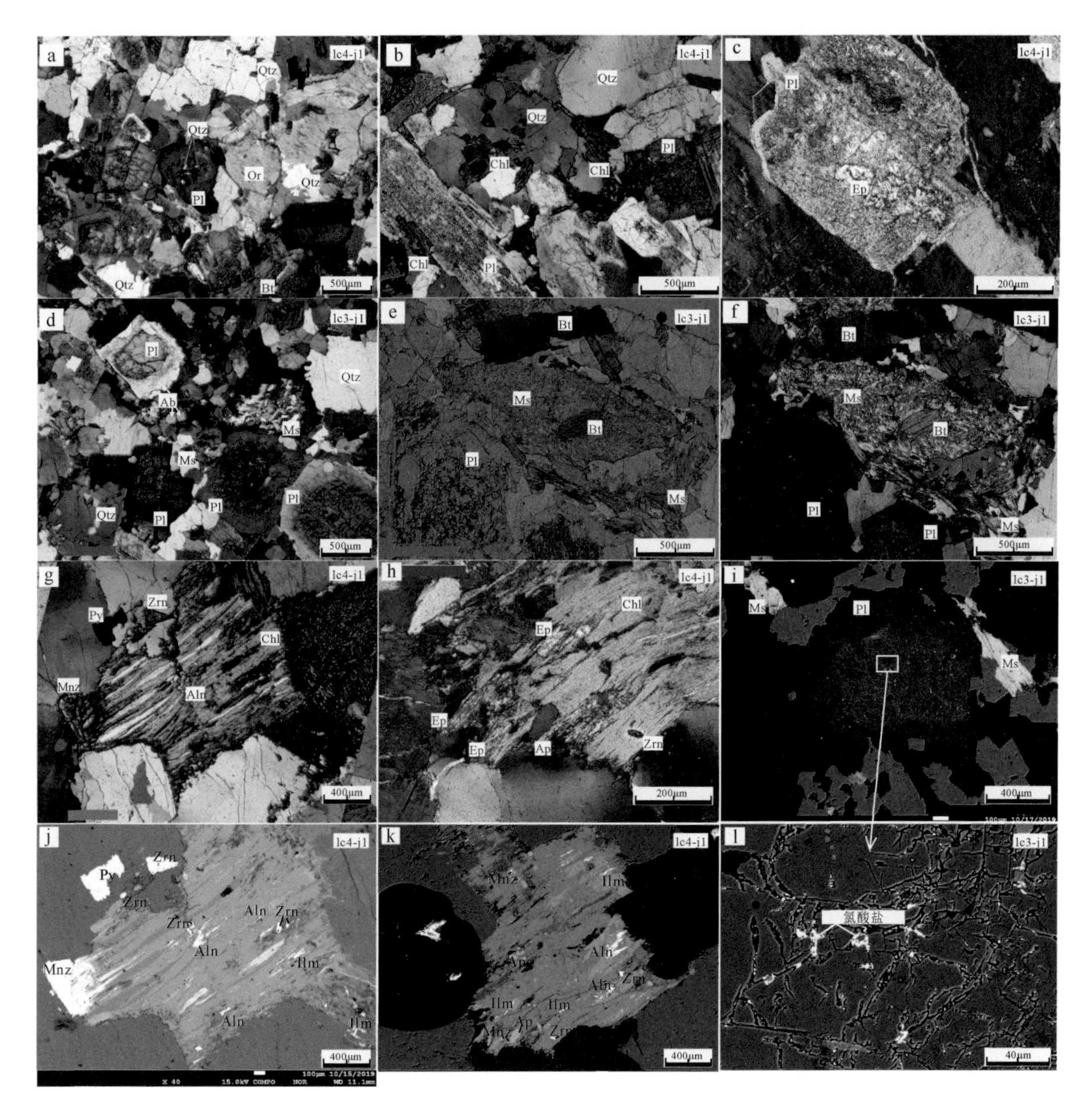

图6-15 圈内花岗岩岩石显微镜下照片（a～i）和背散射图像（j～l）

Qtz-石英；Mc-微斜长石；Pl-斜长石；Bt-黑云母；Ms-白云母；Chl-绿泥石；
Aln-褐帘石；Ap-磷灰石；Zrn-锆石；Py-黄铁矿；Or-正长石；Ep-绿帘石；Ab-钠长石；Mnz-独居石；Ilm-钛铁矿

60%。本书将REE含量高于5%的矿物称为稀土矿物。圈内花岗岩中，主要的稀土矿物为褐帘石、磷灰石和独居石，其次为少量的磷钇矿、钍石、钇萤石和氟碳钙钇矿等。这些矿物在岩石中的含量和组合，受控于花岗岩的蚀变程度：①在“新鲜”的花岗岩中，岩石蚀变较弱，其副矿物组合主要是钛铁矿、磷灰石和锆石。②当花岗岩中出现硅化、绿泥石化和绿帘石化，副矿物的种类和含量增加，主要是褐帘石、氟磷灰石和独居石；值得注意的是，氟磷灰石中出现REE的活化，独居石和钍石等矿物多呈他形粒状沿磷灰石裂隙交代充填（图6-16a，b，f）。③当钠长石化、白云母化和氟碳酸盐化出现在岩石中，则伴随有高钇褐帘石、钇萤石和氟碳钙钇矿，其次还可见少量的硅铈石零星分布（图6-16h，l）。

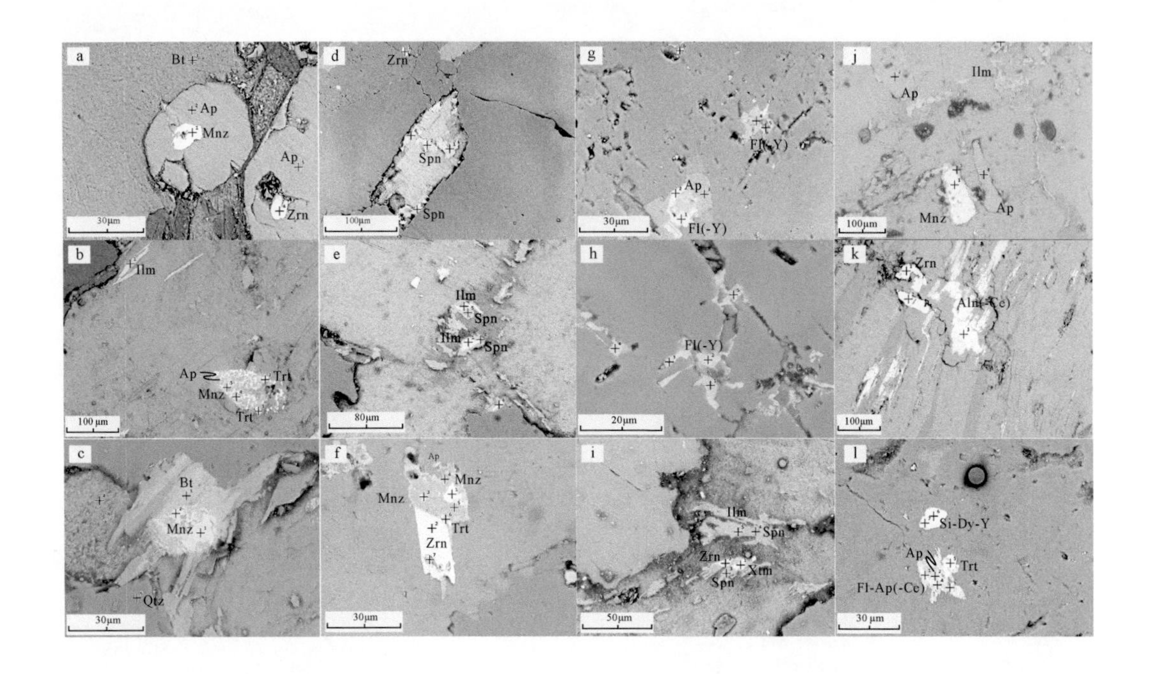

图 6-16　圈内花岗岩中稀土矿物背散射图像

Bt-黑云母；Chl-绿泥石；Aln-(Y)-(高钇) 褐帘石；Mnz-独居石；Ilm-钛铁矿；Spn-榍石；(Fl-)Ap-(氟) 磷灰石；Mnz-独居石；Xtm-磷钇矿；Trt-钍石；Zrn-锆石；Cer-硅铈石；REE (Y)-Fl-Cal-含稀土 (钇) 氟碳酸盐矿物

榍石和磷灰石中 REE 的含量受控于岩石的蚀变程度，当岩石蚀变较为强烈时，矿物中含量可高达 2% ~3%，LREE/HREE≈1。褐帘石和独居石是矿床中较为常见的两种稀土矿物，二者 LREE 均相对富集，前者稀土含量最高可达 30%，后者约 60%。磷钇矿和锆石相对富集 HREE，前者在岩石中少见，后者常见，但其中 REE 的含量因岩石的蚀变程度不同而有所不同，通常蚀变较为强烈的岩石中，锆石中 REE 的含量也相对较高。高钇褐帘石、氟磷灰石、钍石、钇萤石和氟碳钙钇矿等矿物为交代蚀变产物，均不同程度地呈现出 HREE 相对富集，多呈他形粒状沿矿物的解理、裂隙或晶面充填交代（图 6-16b，h）。

3. *岩石地球化学特征*

根据稀土矿物在圈内各类岩石中的分布情况可知，黑云母二长花岗岩是矿床的主要成矿母岩，其具高硅（69.30% ~75.41%）、高钾（4.45% ~4.85%）和低铁（1.71% ~4.37%）、低镁（0.87% ~1.93%）的特征。

基岩中 $\sum$REE 的含量普遍较高为 191.54×10^{-6} ~ 749.2×10^{-6}，LREE/HREE 为 1.89 ~7.74，显示 LREE 相对富集。岩石轻度 Eu 亏损。在晚期形成的细粒花岗岩中，出现了 Ce 强烈亏损的现象，同时 HREE 含量相对增加，LREE/HREE 也降低，由 7.74→1.89（图 6-17a）。微量元素方面，岩石表现出高 Rb、Th，低 Ba、Nb、Sr、Zr、Hf、Ti，且从

早期侵入的花岗闪长岩到晚期形成的中细粒黑云母二长花岗岩，其分异作用越发明显（图6-17b）。

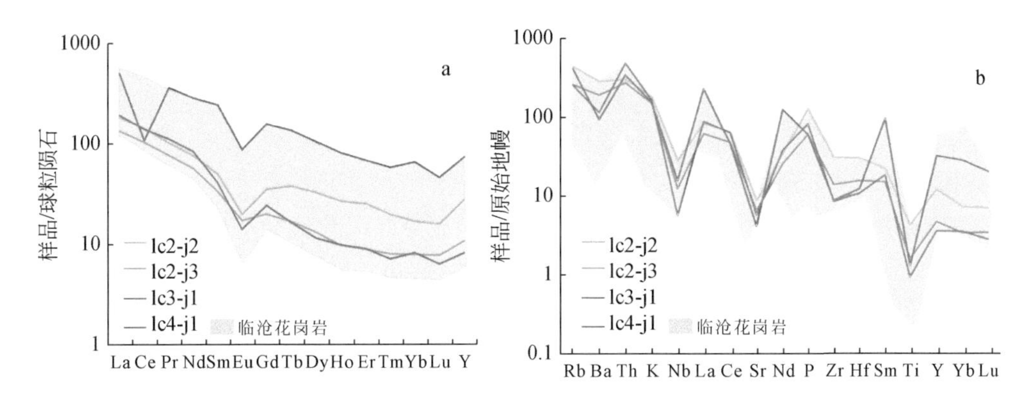

图6-17　圈内花岗岩球粒陨石标准化稀土元素配分曲线（a）和原始地幔标准化微量元素蛛网图（b）

（三）风化壳特征

1. 物质组成

1）风化壳的分层

完整的风化壳根据岩石的风化程度可以分为表土层-全风化层-半风化层（图6-18）。

图6-18　圈内矿区风化壳分带图

表土层由第四系腐殖土和残积物组成，土黄色，厚为0.3～3m，为矿层的保护层；腐殖土层由黑色土壤和腐殖土组成，其中含有较多植物根系，向下至残积坡层，碎屑矿物增多（2%～3%），主要为石英，零星可见未完全风化的长石颗粒，向下长石风化程度加深。

全风化层呈浅黄色，厚为8～19m，原岩特征几乎未保留；主要由高岭土组成，是长石、云母等矿物的风化产物，少量矿物保留有长石的结构，手捏易碎；少见残余的石英、长石和云母等碎屑矿物（1% ~3%）；其次为钛铁矿、独居石、磷钇矿和锆石等风化残留副矿物（<1%）；榍石、褐帘石和磷灰石等副矿物少见。

半风化层与全风化层相似，长石风化程度减弱，高岭土化多见于长石颗粒边缘部分，含量约 30%；长石晶形较为完整，颗粒感强；黑云母多呈片状，晶型完整，柔韧度较好。

2）风化壳的物质组成

根据风化壳中的矿物特征，可将风化壳物质组成分为风化残余矿物和风化矿物两类。前者主要是造岩矿物和副矿物在风化作用下的残余：碎屑矿物和重矿物。碎屑矿物主要是石英、长石和云母；重矿物为独居石、磷灰石和锆石等在风化壳中难风化的副矿物（图 6-19a ~ d）。后者为岩石风化后形成的矿物，如黏土矿物和铁锰氧化物等。吸附 Ree^{3+} 的黏土矿物是风化壳中 REE 的主要载体，即为矿石。

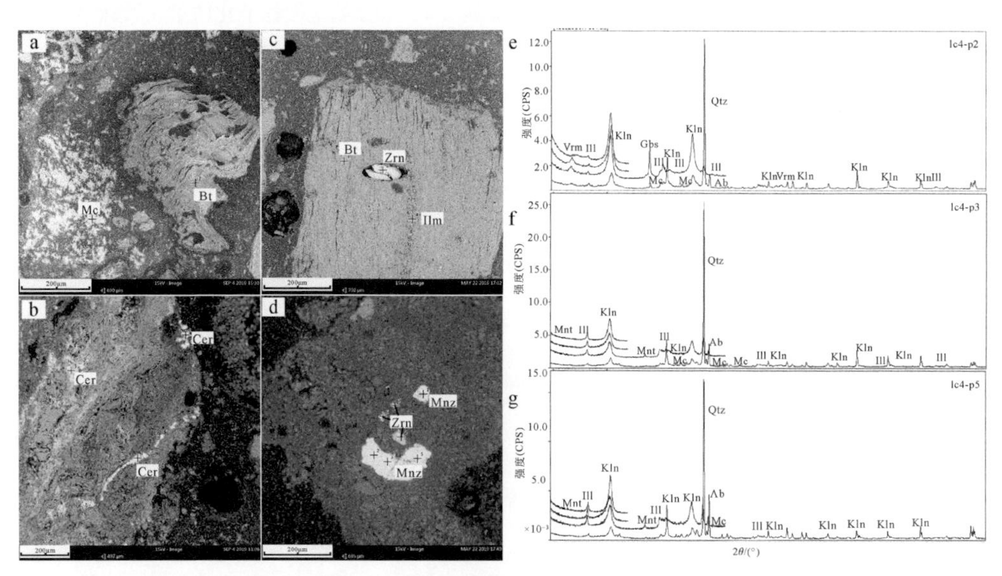

图 6-19　圈内花岗岩风化壳中重矿物背散射图像（a ~ d）和矿物的 XRD 曲线（e ~ g）

Qtz-石英；Mc-微斜长石；Bt-黑云母；Zrn-锆石；Ilm-钛铁矿；Mnz-独居石；Kln-高岭石；Ill-伊利石（水云母）；Mnt-蒙脱石；Vrm-蛭石；Ab-钠长石；Cer-方铈矿；Gbs-三铝水石

由于风化程度的不同，黏土矿物在各风化层中的种类和含量也有所不同。表土层风化最完全，黏土占风化样品总量的 33%；大量黏土矿物经风化作用最终形成三水铝石，含量约 7%；高岭石是该层中含量最高的黏土矿物，含量约 85%，其次为伊利石（4%）和蛭石（5%），同时还有少量蛭石和伊利石混层（伊蛭混层）；全风化层黏土矿物占风化样品总量的 21% ~26%；黏土矿物为高岭石和伊利石，其次是少量伊利石和蒙脱石混层（伊蒙混层）；高岭石含量最高，含量为 74% ~81%，其次为伊利石（9%）和伊蒙混层（8% ~17%）；半风化层的黏土矿物含量约 28%，黏土矿物为高岭石、伊利石和绿泥石；伊蒙混层含量较全风化层增加，约 39%，高岭石含量则相对全风化层降低，约 36%，伊利石含量 12%，绿泥石含量 13%（表 6-10）。

表 6-10　圈内风化壳全岩和黏土矿物组成特征　(单位:%)

样品名称	风化壳					黏土矿物					
	石英	斜长石	云母	三水铝石	黏土	伊蒙混层	伊利石	高岭石	绿泥石	蛭石	伊蛭混层
lc4-p2	48	2	10	7	33	—	4	85	—	6	5
lc4-p3	64	1	14	—	21	17	9	74	—	—	—
lc4-p5	58	2	14	—	26	8	11	81	—	—	—
lc4-p7	54	2	16	—	28	39	12	36	13	—	-

2. 地球化学特征

与基岩相比，风化壳基本保留了原岩的高硅、高钾、低铁和低镁的特征；SiO_2含量从表土层→全风化层→半风化层，含量呈低→高→低变化（51.87%→73.63%→70.93%），与基岩含量基本相似；Al_2O_3 变化亦不大；K_2O（1.48% ~ 5.31%）、FeO + Fe_2O_3（2.15% ~3.82%）和 MgO（0.14% ~0.47%）的含量降低（表 6-11），说明在原岩风化过程中，易溶的 Na^+、K^+、Mg^{2+}、Fe^{2+} 和 Fe^{3+} 被迁出，特别是 Na^+（基岩→风化壳：2.12%→0），难溶的 Si^{4+}、Al^{3+} 多原地保留；CaO 在风化壳中的含量降低（0.03% ~ 0.05%），鉴于 Na^+、Ca^{2+}与 Ree^{3+}具有相似的离子半径，可知 Na^+、Ca^{2+}的迁出对 Ree^{3+}的迁入和保存有一定的促进作用。

表 6-11　圈内矿区风化层元素含量和稀土浸出含量

样品编号	表土层	全风化层					半风化层
	YNlc4-p1	YNlc4-p2	YNlc4-p3	YNlc4-p4	YNlc4-p5	YNlc4-p6	YNlc4-p7
SiO_2	51.87	65.75	71.99	72.41	73.63	71.78	70.93
Al_2O_3	15.90	19.65	16.31	16.00	14.98	15.41	16.21
CaO	0.05	0.03	0.03	0.03	0.03	0.04	0.03
Fe_2O_3	1.56	2.98	2.05	2.48	1.74	1.90	1.28
FeO	1.81	0.84	0.45	0.48	0.41	0.56	1.20
K_2O	1.48	2.33	3.46	2.93	3.51	5.31	4.93
MgO	0.14	0.29	0.3	0.28	0.28	0.36	0.47
MnO	0.04	0.03	0.03	0.03	0.03	0.04	0.05
Na_2O	0.01	0.00	0.02	0.00	0.02	0.09	0.09
P_2O_5	0.07	0.02	0.01	0.01	0.01	0.02	0.02
TiO_2	0.35	0.48	0.31	0.36	0.27	0.31	0.30
CO_2	0.12	0.63	0.80	0.12	0.46	0.20	0.20
H_2O^+	7.24	7.2	4.46	4.92	4.18	3.58	4.28
LOI	21.90	7.43	4.88	4.96	4.40	3.72	4.14

续表

样品编号	表土层	全风化层					半风化层
	YNlc4-p1	YNlc4-p2	YNlc4-p3	YNlc4-p4	YNlc4-p5	YNlc4-p6	YNlc4-p7
La	39. 40	45. 40	169. 00	112. 00	120. 00	60. 10	76. 00
Ce	98. 50	173. 00	108. 00	146. 00	135. 00	116. 00	122. 00
Pr	8. 27	9. 88	35. 80	24. 30	25. 30	12. 30	14. 80
Nd	29. 40	39. 10	132. 00	92. 30	93. 70	42. 10	49. 10
Sm	5. 10	5. 94	24. 10	15. 20	16. 80	7. 92	8. 36
Eu	0. 54	0. 56	4. 29	2. 30	2. 61	1. 06	1. 16
Gd	3. 68	3. 67	18. 50	10. 30	13. 00	5. 75	5. 75
Tb	0. 53	0. 49	2. 56	1. 36	1. 79	0. 77	0. 94
Dy	2. 51	2. 14	12. 10	6. 26	8. 86	3. 63	4. 80
Ho	0. 45	0. 41	2. 14	1. 17	1. 53	0. 65	0. 95
Er	1. 20	1. 07	5. 57	2. 93	3. 91	1. 73	2. 75
Tm	0. 18	0. 16	0. 72	0. 41	0. 53	0. 25	0. 42
Yb	1. 04	1. 00	4. 37	2. 46	3. 15	1. 50	2. 61
Lu	0. 17	0. 17	0. 71	0. 41	0. 50	0. 24	0. 43
Y	10. 60	9. 04	48. 00	27. 80	33. 00	15. 70	22. 90
ΣREE	201. 57	292. 03	567. 86	445. 20	459. 68	269. 70	312. 97
LREE/HREE	0. 05	0. 03	0. 08	0. 06	0. 07	0. 06	0. 07
La^{3+}	0. 15	3. 64	99. 50	48. 20	54. 40	15. 40	9. 37
Ce^{4+}	0. 39	26. 60	30. 30	21. 70	17. 80	4. 97	6. 28
Pr^{3+}	0. 05	1. 05	22. 40	11. 70	12. 60	3. 73	2. 42
Nd^{3+}	0. 09	3. 73	80. 20	41. 90	46. 60	14. 20	8. 71
Sm^{3+}	0. 05	0. 66	15. 8	7. 85	9. 41	2. 82	1. 27
Eu^{3+}	0. 05	0. 13	3. 46	1. 65	2. 07	0. 58	0. 23
Gd^{3+}	0. 05	0. 51	12. 9	5. 67	8. 12	2. 31	0. 77
Tb^{3+}	0. 05	0. 06	1. 75	0. 74	1. 15	0. 32	0. 09
Dy^{3+}	0. 05	0. 30	9. 15	3. 89	6. 21	1. 83	0. 48
Ho^{3+}	0. 05	0. 05	1. 74	0. 69	1. 12	0. 32	0. 09
Er^{3+}	0. 05	0. 12	4. 15	1. 60	2. 69	0. 79	0. 19
Tm^{3+}	0. 05	0. 05	0. 53	0. 21	0. 34	0. 10	0. 05
Yb^{3+}	0. 05	0. 08	3. 04	1. 24	2. 03	0. 59	0. 13

续表

样品编号	表土层	全风化层					半风化层
	YNlc4-p1	YNlc4-p2	YNlc4-p3	YNlc4-p4	YNlc4-p5	YNlc4-p6	YNlc4-p7
Lu^{3+}	0.05	0.05	0.42	0.17	0.28	0.08	0.05
Y^{3+}	0.06	1.18	36.20	14.30	24.30	8.04	2.06
Ree^{3+}	1.24	38.21	321.54	161.51	189.12	56.08	32.19
L Ree^{3+}/H Ree^{3+}	0.05	0.03	0.11	0.09	0.13	0.14	0.06

注：主量元素含量单位为%，稀土元素含量单位为 10^{-6}。

在稀土含量表现上，风化壳整体继承了基岩的稀土含量特征，主要富集轻稀土。LREE 在风化壳中的含量可达基岩的 2～3 倍；La、Ce、Pr、Nd 相对更富集。从表土层→全风化层→半风化层（→微风化层），稀土含量呈现低→高→低的特征，除 Ce 外，全风化层中下部是 REE 的主要富集部位（$445.2\times10^{-6}\sim567.86\times10^{-6}$）；由于 Ce^{3+} 易被氧化成 Ce^{4+}，风化壳中的 Ce 主要以 Ce^{4+} 存在，Ce^{4+} 因其具有惰性强、不易被水迁移和配位能力强等特征，倾向于在风化壳的上层富集；因此 Ce 的含量在表土层和全风化层中上部含量较高，δCe 值为 1.25～1.88，呈正异常，随着风化壳深度的增加，转变为负异常，含量降低；Gd 在风化壳中的含量相对基岩含量更高，峰值较基岩更陡；Y 在风化壳中显示出正异常，曲线上扬。HREE 常随着地表水的下渗，更倾向于在全风化层下部富集；$\sum Ce/\sum Y$ 在风化壳中的变化也经历了从高到低的过程，也证明了此现象。

3. *风化剖面的矿化特征*

全风化层中可交换态 Ree^{3+} 的含量高于或与基岩相似，且在风化壳剖面中，Ree^{3+} 的分布特征与 pH 的分布具有相似的轨迹（图 6-20）；Ree^{3+} 的可浸出量在风化层中最高可占原风化壳的 56.62%，Ce^{4+} 几乎无法浸出，Eu^{3+} 含量则高于基岩；上部风化壳显示出 Ce^{4+} 的正异常，但浸出含量依旧很低；表土层可浸出量明显降低，仅 20.79%；表土层中 Ree^{3+} 大量流失。

各个稀土元素在风化壳中的分布特征亦有不同：①由于 Ce^{4+} 在全风化壳上部显示出正异常，可浸出率也达到最高，至全风化层中下部含量逐渐降低，配分曲线呈现出亏损；半风化层中，Ce^{4+} 急速降低，浸出率仅为 4%。②Eu^{3+} 在风化壳中的亏损程度较原风化壳有降低的趋势，浸出率高达 80%，显示出在全风化层中上部较为富集。③La^{3+}、Nd^{3+}、Pr^{3+} 显示出主要在全风化层中上部富集，在全风化层下部含量逐渐降低。④HREE 在全风化层上部较表土层→全风化层上部表现出急速降低的特征，而 $HRee^{3+}$ 在全风化层上部则未显示出该特征，向下含量逐渐升高。⑤Y^{3+} 在全风化层上部呈现出负异常，至中下层显示出正异常，显示出全风化层中下部含量增加的特征。⑥Tm^{3+}、Lu^{3+} 在风化壳上部分布曲线呈正异常，向下异常减弱；在相同的浸出条件下，Tm^{3+} 相对于 Lu^{3+} 更易于浸出（图 6-20d）。⑦Tb^{3+}、Dy^{3+}、Ho^{3+}、Er^{3+}、Yb^{3+} 更倾向于在全风化层下部富集。

4. *矿床的稀土矿化特征*

对比基岩与 14 个钻孔风化壳中稀土球粒陨石分布特征，可知：除矿区局部花岗岩风

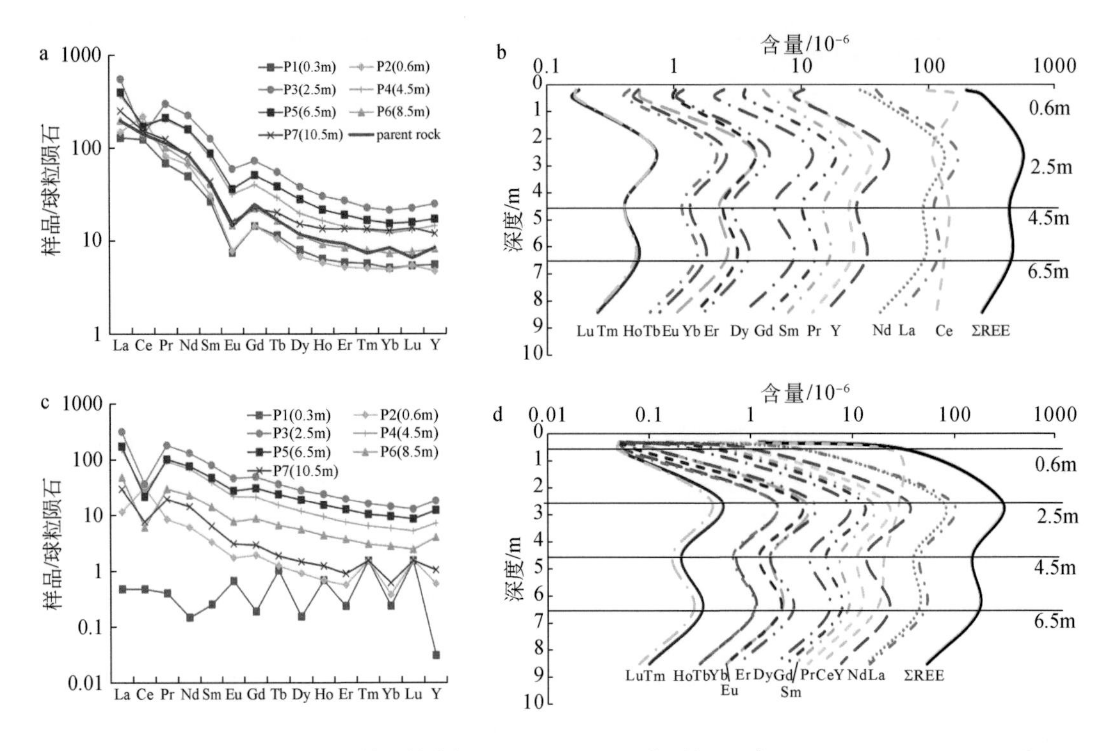

图 6-20　稀土的全相 REE（a，b）和离子相 Ree^{3+}（c，d）在圈内风化壳剖面中的分布和与 pH 的关系

化壳显示出稀土异常外，其余风化壳剖面稀土分布均与基岩具有很好的相似性；除 1ZK1 具强烈的 Eu 亏损和重稀土含量增高外，其余钻孔均表现出轻微的 Eu 亏损和分布曲线右倾，显示出轻稀土相对重稀土较为富集；LREE 在全风化层中的含量均较基岩高，通常是基岩的 2～5 倍，La、Ce、Pr、Nd 相对含量更高；HREE 在多数钻孔中的含量表现出低于基岩，根据其常富集于风化壳下部，且钻孔并未打穿全风化层，推测 HREE 应在离地表更深处（>10m）富集（图 6-20）。

受风化壳发育完整程度的影响，ΣREE 在钻孔中的分布特征可分为：①风化壳发育完整，ΣREE 自上而下呈低→高→低变化（图 6-21 2ZK2、4ZK2、4ZK4）；②风化作用相对较差，或近期剥蚀作用较强，ΣREE 自上而下呈高→低变化（图 6-21 0ZK3）；③变化不规律，ΣREE 含量起伏变化（图 6-21 0ZK4、2ZK3）；④覆盖层厚，矿体主要在深部（>8m）以下富集（图 6-21 1ZK1）。

表土层较厚的风化壳，离子型稀土含量呈“深潜式”（图 6-21 1ZK1）；腐殖土层较薄的风化壳呈“潜伏式”或“表露式”（图 6-21 0ZK3）。稀土在风化壳中富集多始于表土层下 3m，至 10m 处降至最低；少数几个较深的钻孔，显示出稀土在 13m 处又表现出稀土含量增高的趋势；特别是 1ZK1 中显示出重稀土含量增高（图 6-21 1ZK1、2ZK3、4ZK4）。单个钻孔 ΣREE 平均含量 310.12×10^{-6}～595.51×10^{-6}，最高含量约 1219×10^{-6}，最低含量约 134×10^{-6}。ΣCe/ΣY 为 3.5～10.73，表现出轻稀土相对富集。矿体局部可见 HREE 异常，风化壳从上至下 Y 含量逐渐增高，Y/ΣREE 为 0.1～0.4，Eu 亏损强烈（图 6-21 1ZK1）。

矿体厚度随着地形的变化而变化，在发育程度和层状结构上也不同；在微地形的影响下，稀土含量曲线呈现出“弓背式”和“波浪式”，山顶的淋积作用以垂向为主，可交换性吸附态稀土含量曲线主要呈“弓背式”（图6-21 0ZK1、2ZK2、4ZK2）；山腰除了垂向渗流外，侧向渗流也占主导作用，稀土含量呈现出“波浪式”（图6-21 2ZK3、4ZK4）。

矿区中LREE和HREE富集规律以同层富集为主（图6-21 1ZK2），在少数钻孔中可见分层富集（图6-21 1ZK1、0ZK4）；HREE异常的钻孔，从地表向下，LREE/HREE为4.89～0.62，Ce/Y为5.05～0.22，在钻孔约15m处，HREE含量高于LREE（图6-21 1ZK1）。

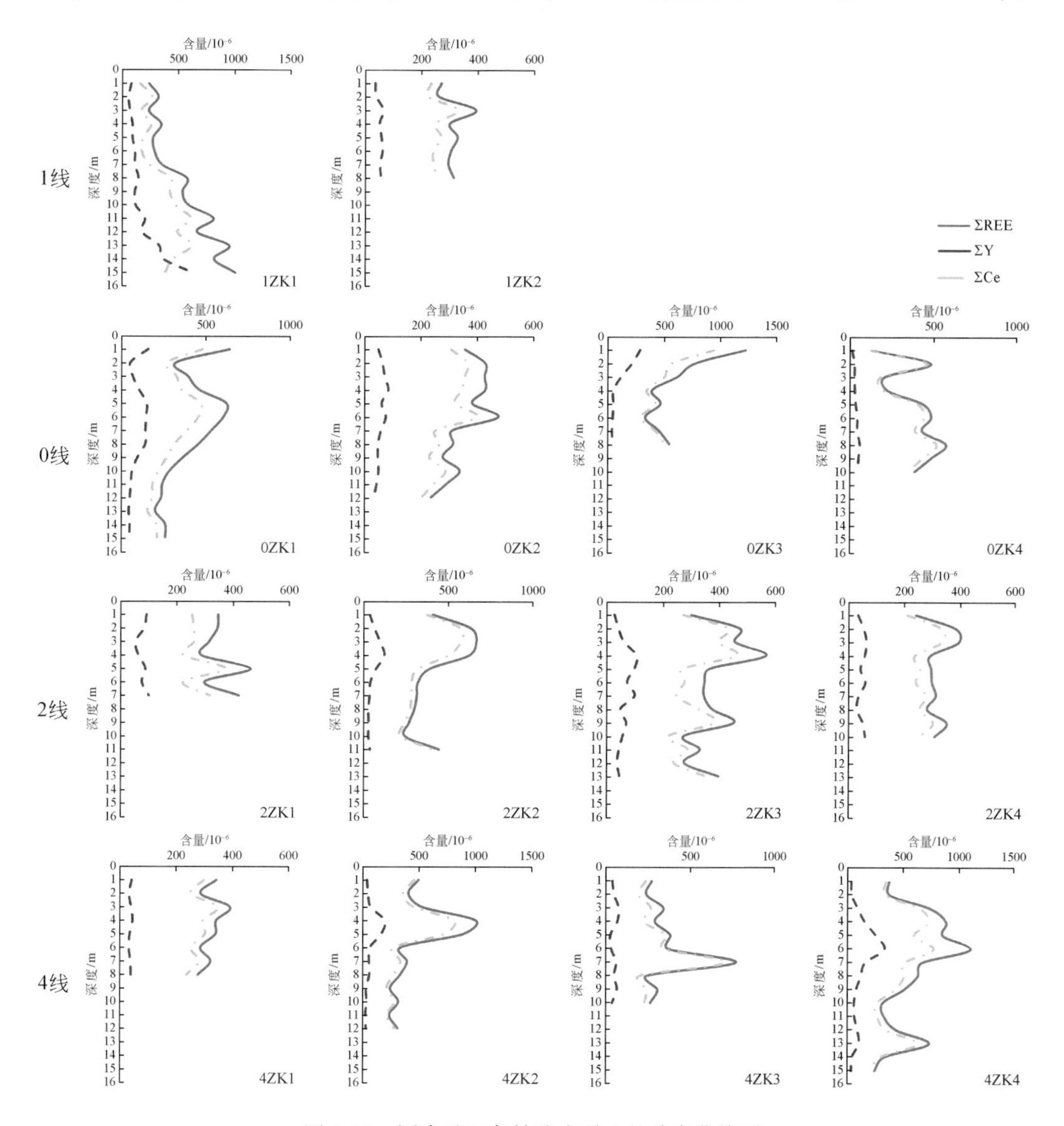

图6-21　圈内矿区各钻孔中稀土的分布曲线图

矿区从北至南，随着地势逐渐降低，稀土含量逐渐增高，矿体埋深程度也逐渐由深变浅；由西向东，呈现出REE含量中间高、两边低的特征；同时，东部矿体稀土含量高于西部矿体。垂向上，山腰的矿体ΣREE 最富，其次是山顶，山脚较低；靠近河床的矿体，由于潜水位高，剥蚀淋滤作用增强，REE 含量降低（图 6-22）。

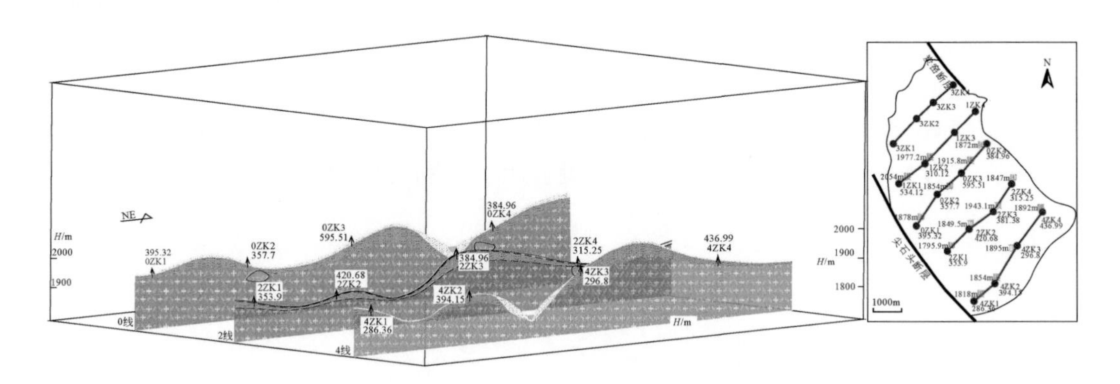

图 6-22　圈内矿床钻孔的空间分布

（四）矿床成因

1. 稀土的来源

稀土矿化的母岩是离子吸附型稀土矿床的物质基础（杨岳清等，1981；黄典豪等，1988，1993；吴澄宇等，1989；1990；1992）。成矿母岩中的造岩矿物和副矿物中均不同程度地含有稀土元素。在圈内花岗岩中，含稀土副矿物（或独立稀土矿物）是岩石中 REE 的主要贡献者。这些副矿物主要是榍石、褐帘石、磷灰石、独居石、磷钇矿、钍石和含稀土氟碳酸盐矿物。

圈内花岗岩中副矿物的组合受控于岩石的蚀变程度：①新鲜的岩石中，副矿物组合较为简单，主要是榍石、磷灰石和锆石，独居石和磷钇矿少见；②当岩石中出现硅化、绿泥石化和绿帘石化，岩石中副矿物的种类和含量都相应增加，主要是褐帘石、氟磷灰石和独居石；③当岩石中出现钠长石化、白云母化和氟碳酸盐化，岩石中副矿物组合为高钇褐帘石、钇萤石和氟碳钙钇矿。

含稀土矿物可分为 LREE 型和 HREE 型，不同类型的矿物在风化壳中解离形成不同类型的矿床。如褐帘石、独居石相对富集 LREE，则为 LREE 型稀土矿物；而磷钇矿、钇萤石等矿物则 HREE 相对富集，为 HREE 型。稀土矿物在化学风化作用下的稳定程度也决定了其对 iRee 矿床的贡献程度。独居石、磷钇矿和锆石等矿物虽含有较高的 REE 含量，但由于抗风化性较强，常呈重矿物残留于风化壳中，对矿床的贡献较小。而褐帘石、钇萤石和氟碳钙钇矿等在化学风化作用中较易分解，从而成为矿床中 Ree^{3+} 的主要来源。

2. 成矿机制

离子吸附型稀土矿床的形成条件除了受控于原岩条件外，气候条件、地形条件、水文地质条件、地质构造条件和时效条件等也是矿床形成的决定因素，是内生外成矿床的一种特殊类型（王瑞江等，2015）。

1）地理环境

圈内矿床位于临沧花岗岩体中段，属中亚热带季风气候带，温润的气候条件为风化壳的形成提供了良好的水环境和生物环境。临沧花岗岩体位于西南边，主要发育低山、丘陵，常有地势平缓，地形坡度$<20°$，水系纵横，植被茂盛；矿区多发育“馒头状”低山，低缓的地形使地表和地下水流移动速度减缓，保证了风化作用的持续性和平衡性，利于深部基岩持续风化和Ree^{3+}的持续解离和向下迁移富集。

地表丰富的植被覆盖率，对表土层起到了保护作用，使表层风化壳不易被剥蚀和破坏而保存完整。这也是风化壳中Ree^{3+}的埋藏深度和分布特征有所不同的一个原因。表土层保存较完好的风化壳，Ree^{3+}常常埋藏较深，且含量从上至下不断升高；表土层剥蚀较为严重的，Ree^{3+}或埋藏较浅，或被流水大量带走。因此，在矿床中，Ree^{3+}常显示出在山腰较为富集，而山顶和山脚含量相对较低。

同时，植物根系产生的有机酸对岩石的分解有促进作用，加速了风化壳的形成。低缓的水流使稀土元素只在垂向和侧向富集而不易被带走，从而能够聚集成矿。

2）黏土矿物

造岩矿物在化学风化作用中风化成黏土矿物的顺序如下（高翔，2017）：

钙长石+H^+→高岭石→三水铝石

白云母+ H^+→伊利石→蒙脱石→高岭石→三水铝石

黑云母+ H^+→绿泥石→蛭石→蒙脱石→贝得石→高岭石→三水铝石

由于石英在化学风化作用中较为稳定，多为风化残余残留于风化壳中。圈内花岗岩中的长石主要为钾长石和斜长石。钾长石相对于斜长石较为稳定，在风化壳中多保留原晶型；斜长石为更-中长石，在化学风化作用中，其中的Ca^{2+}流失，风化形成高岭石，甚至三水铝石；其次，在岩石中的斜长石常常不同程度地绢云母化，在化学风化作用中首先风化形成伊利石并随着化学风化的强度过渡到蒙脱石和高岭石，甚至三水铝石；黑云母在风化作用中风化较为缓慢，在各风化层中均可见有残余，因风化程度的不同，黑云母的风化产物在各分化层中的种类不同，如在表土层中，黑云母风化较完全，因此其中可见少量蛭石和伊蛭残留；而在半风化层中，黑云母风化程度较低，可见绿泥石残留其中。

黏土矿物是矿床中Ree^{3+}的主要载体（杨岳清等，1981；黄典豪等，1988，1993；吴澄宇等，1989，1990，1992）。由于不同黏土矿物具有不同的结构，如高岭石多呈片状，埃洛石呈管状，在相同的pH环境下，后者的可吸附面积大于前者；其次，黏土矿物的粒径不同，对Ree^{3+}的离子交换容量也不相同；按黏土矿物的交换容量从高至低依次为：蒙脱石→伊利石→埃洛石→高岭石（吴澄宇等，1989，1990，1992；高翔，2007）。因此，风化壳中黏土矿物的含量和比例也一定程度影响了Ree^{3+}的含量。

3）酸碱度

pH也是形成iRee矿床的一个不可或缺的因素（吴澄宇等，1989a，1989b，1990，1992；赵芝等，2014，2015，2017）。在酸性环境下（$pH<5$），REE可呈离子态溶解于水中，并与HCO_3^-、F^-、Cl^-、NO_3^-和SO_4^{2-}等形成络合物共同迁移；当溶液中HCO_3^-的含量较高时，REE特别是HREE的溶解率相对于LREE更高；在pH为5.4～6.8的范围内，REE的吸附率最高；在pH为3.47～4.18范围内，LREE的吸附率高于HREE，而在pH为

5.44～6.8 的范围内，HREE 的吸附率高于 LREE（Henderson，1984；陈德潜和陈刚，1990；Yang et al.，2019）。在自然环境下，大气降水的 pH 大约为 5.7，其混合地表水等沿着岩石裂隙向下渗流。在表土层中，由于有机质（植物腐殖酸和微生物等）的参与，该层的 pH 相对更低（pH=4～5），使除了 Ce 以外的 REE 随着水流向下迁移；Ce^{3+}在 pH≥3 的环境下常被氧化成 Ce^{4+}而形成 CeO_2或 $Ce(OH)_2$而滞留下来，使表土层和全风化层最上层显示出 Ce 的正异常；在全风化层中，有机质含量减少和地下水的参与，使渗透水中的 pH 相对增加，LREE 随着 pH 的增加而吸附率增强，从而使 Ree^{3+}吸附于黏土矿物上并不断积累；在相同的酸性环境下，HREE 相对于 LREE 具有更强的迁移能力，因此 HREE 多随着水溶液向下迁移，并在较高的 pH 环境内积累，形成了 HREE 相对于 LREE 在风化壳下部富集的特征。

4）风化强度

由于在温热湿润的自然环境中，风化作用是一个持续且循环的过程；在风化壳这个相对开放的环境中，持续的风化作用使矿物中的 Ree^{3+}不断解离和迁移，风化循环使微量的 Ree^{3+}再迁移，形成次生富集；而相对稳定的环境对 Ree^{3+}的保存具有重要的作用。

含 Ree^{3+}的溶液在迁移的过程中受控于重力作用，在自然环境下不断向下迁移。圈内矿区继承了云南境内地形地貌的特点，具有西北高、东南低的特征，因此，矿区中 REE 的分布在一定程度上具有西北低、东南高的特征。同时，地下水位（潜水面）的高度也决定了 REE 的富集深度。潜水位较深，说明风化壳厚度也相应较厚。一方面，大量风化的基岩形成较丰富的黏土矿物，为 Ree^{3+}的吸附提供条件；另一方面，潜水位的下降增加了风化界面，使更多的 Ree^{3+}解离出来，参与到矿床的形成过程中。持续且循环的风化作用除了使基岩中的 Ree^{3+}解离以外，还使得次生矿物中的微量 Ree^{3+}再次迁移富集，增加了风化层中 Ree^{3+}的含量，形成次生富集，这对矿床的形成也具有至关重要的作用（杨岳清等，1981；张宏良和裴荣富，1989；赵芝等，2014，2015，2017）。

圈内矿区内，良好的气候和地质条件，加速了花岗岩的风化和 Ree^{3+}的大量解离，保证了持续的 Ree^{3+}来源；iRee 矿床主要形成于第四纪，足够的时长，除了使含稀土矿物中的 Ree^{3+}不断解离出来，同时也将造岩矿物和次生矿物中微量的 Ree^{3+}不断积累，这不仅保证了 Ree^{3+}的供给，也为次生富集作用提供条件（杨岳清等，1981；赵芝等，2017）；低缓的地貌提供了稳定的存储空间，保证了大量 Ree^{3+}的原地保存，从而形成 iRee 矿床。

3. *矿床成因*

圈内矿床与临沧花岗岩基风化壳中发现的另外 3 个矿床最大的区别是圈内矿床中发现了 HREE 的矿化点。因此研究该矿床的成矿特征和成矿机制，对今后在类似环境中寻找重稀土矿床具有较好的指导意义。总结圈内矿床中含重稀土风化壳的特点，可以得知：①重稀土矿化的花岗岩是形成 iHRee 矿床的关键，圈内花岗岩中重稀土矿化的花岗岩蚀变强烈，多钠长石化、白云母化和氟碳酸盐化；②易风化的 HREE 型稀土矿物是矿床中 $HRee^{3+}$的主要来源，如高钇褐帘石、钇萤石和氟碳钙钇矿等；③在适宜的 pH 环境（5.4～6.8）下更有利于吸附，全风化层的下半部分 pH 相对较高，因此 $HRee^{3+}$常常在该部位吸附积累。

三、勐海稀土矿集区

勐海矿集区位于临沧花岗岩基南段。该区最早发现的稀土矿床以冲积型稀土砂矿为主，包括勐海独居石矿、勐阿独居石磷钇矿、勐往独居石矿及勐康磷钇矿 4 个矿区，至今未发生过任何形式的开采活动。1992 年，云南省地质矿产勘查开发局区域地质调查队在该区发现重稀土矿化点一处；2011 年以来，随着离子型稀土矿的日益受到重视，该矿集区相继发现了上允稀土矿、勐往稀土矿和勐海稀土矿等 iRee 矿床，矿床规模从中型到大型不等（何显川等，2016；张民等，2018；王宏坤等，2019）。说明该区具有良好的 iRee 型稀土矿的找矿前景，特别是 iHRee 型；因此，对该矿区成矿母岩和风化壳的研究对今后在相似环境寻找类似矿床具有较好的找矿指示作用。本书选取了勐海独居石矿矿区和勐阿独居石磷钇矿矿区两个矿区的花岗岩风化壳进行了研究。

1. 矿区地质背景

本区地处于冈底斯-念青唐古拉褶皱系的南部，二级构造为昌宁-孟连褶皱带的南端；次级构造为临沧-勐海褶皱束的最南端；具体位于临沧-勐海花岗岩基的中部。区内以元古宙变质岩系为沉积基底，并有主体形成于海西期的临沧-勐海花岗岩基侵入于元古宙变质岩系中；在元古宙变质岩系沉积基底及临沧-勐海花岗岩基之上，有中生代地层不整合沉积于上。

区内岩浆岩分布较广，主要为勐海花岗岩体，其次为大量基性岩脉、伟晶岩脉、花岗闪长岩脉（图 6-23）。勐海花岗岩主要侵入于海西期，花岗岩锆石 U-Pb 年龄为 230 ~ 240Ma（彭头平等，2006；孔会磊等，2012）。岩体呈岩基产出，岩体水平及垂直分带较明显。内部岩相带的岩性主要为中粗粒似斑状黑云母二长花岗岩，中部（过渡）岩相带仍以中粒黑云母二长花岗岩为主体，但出现了少量中粒黑云母花岗闪长岩及中粒黑云母斜长花岗岩，边部岩相带岩石类型以中细粒黑云母二长花岗岩及中细粒黑云母花岗闪长岩为主，次为中细粒二云斜长花岗岩。

勐海县各大小盆地的形成与断裂关系密切。各盆地及其周围均有中粒黑云母花岗岩、含副矿物较少的石英硅质岩的岩墙及中粒、粗粒黑云母花岗岩出露，花岗岩内含有较丰富的副矿物，是形成独居石、磷钇矿、锆石、钛铁矿等砂岩型稀土矿床的主要物质来源。第四系堆积层即为砂矿的主要赋存层位。

该区属热带雨林、季风雨林气候区，常年温差大，降雨量充沛，利于形成大量的花岗岩风化壳；同时该区地势平缓，多山地丘陵，为形成离子型稀土矿床提供良好的地质地理条件。

2. 基岩特征

1）岩石学特征

勐阿矿区成矿母岩主要是中粗粒似斑状黑云母二长花岗岩，区内风化壳覆盖较厚，球状风化的花岗岩体多见于山腰处。岩石斑晶为钾长石，自形板柱状，粒径为 1 ~ 5cm；基质由石英、长石和黑云母组成；石英含量为 25% ~ 28%，波状消光，不规则状；长石含量

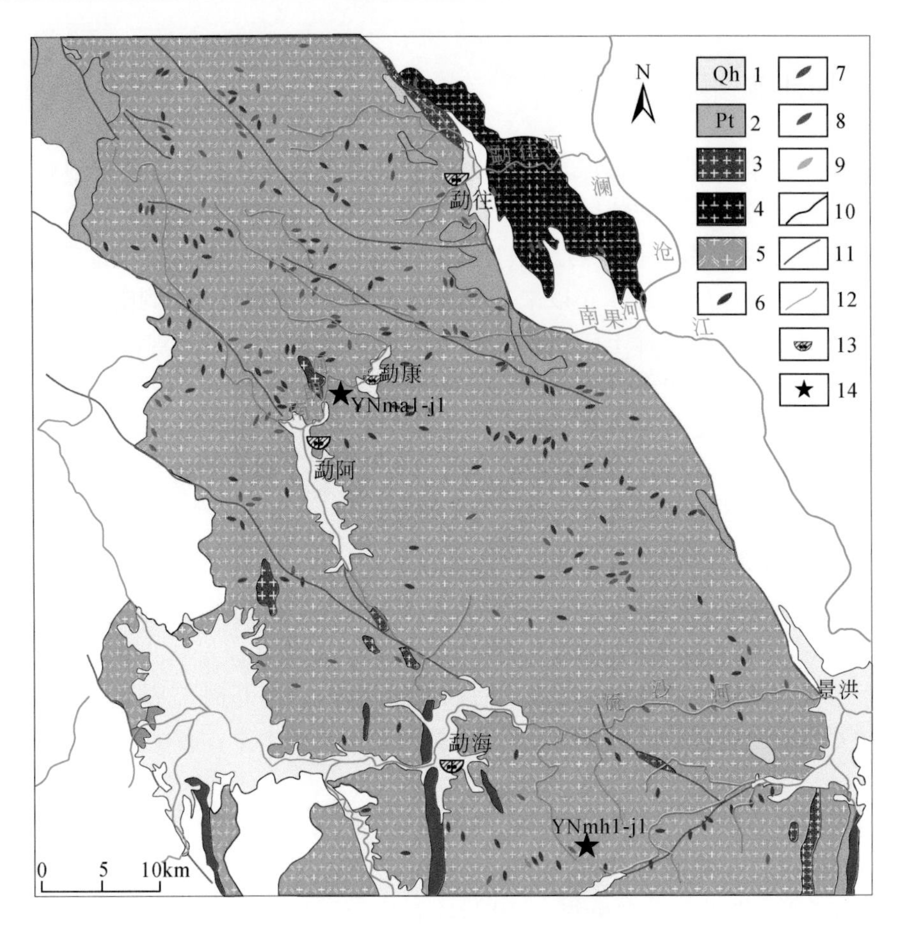

图 6-23　勐海矿集区地质简图

1-砂、砾、粗土质砂；2-火山岩；3-花岗岩；4-花岗闪长岩；5-黑云二长花岗岩；6-石英岩脉；7-细晶岩脉；8-花岗岩脉；9-辉长岩脉；10-地质界线；11-断层；12-河流；13-稀土砂矿；14-采样点

为54%～60%，由钾长石（27%～29%）和斜长石（27%～31%）组成，钾长石不同程度高岭土化，不规则状与斜长石互相镶嵌；斜长石聚片双晶发育，沿晶体内部向边缘强烈绢云母化，绢云母呈毛毡状几乎覆盖整颗斜长石，多数斜长石外环带相对较为干净，由此可知斜长石为更-中长石，环带中部以钙长石为主，边缘主要是钠长石；黑云母不同程度绿泥石化和绿帘石化，绿泥石具异常蓝干涉色沿云母解理交代黑云母；绿帘石多呈不规则粒状交代黑云母。岩石中副矿物主要是钛铁矿、榍石、褐帘石、磷灰石、独居石和锆石等，磷钇矿和氟碳钙铈矿少见。

勐海矿区主要出露中粗粒黑云母二长花岗岩，其中偶见黑色不规则状包体，粒径为3～5cm。显微镜下观察，岩石主要由石英、长石和黑云母组成；石英含量约27%，具波状消光，不规则状；钾长石和斜长石多呈半自形板柱状互相镶嵌；钾长石轻微高岭土化，部分钾长石被石英交代形成文象结构；斜长石呈半自形-自形板柱状，不同程度绢云母化，绢云母呈鳞片状集合体沿斜长石解理交代甚至覆盖整颗长石；黑云母呈片状，不同程度绿泥石化、白云母化。岩石中的包体主要由黑云母组成，鳞片状，并呈现出一定的扭曲状，说明在形成过程中受到一定程度的应力作用。岩石硅化、钠长石化和白云母化，白云母呈鳞片状集合体沿石英和长石颗粒的空隙之间充填。岩石中的副矿物种类与勐阿岩体相似，主要为钛铁矿、褐帘石、磷灰石和独居石等；值得注意的是，在磷灰石中，钍石和独居石呈不规则状，沿磷灰石的裂隙交代充填，呈现出 REE 的活化现象（图 6-24e，h）。

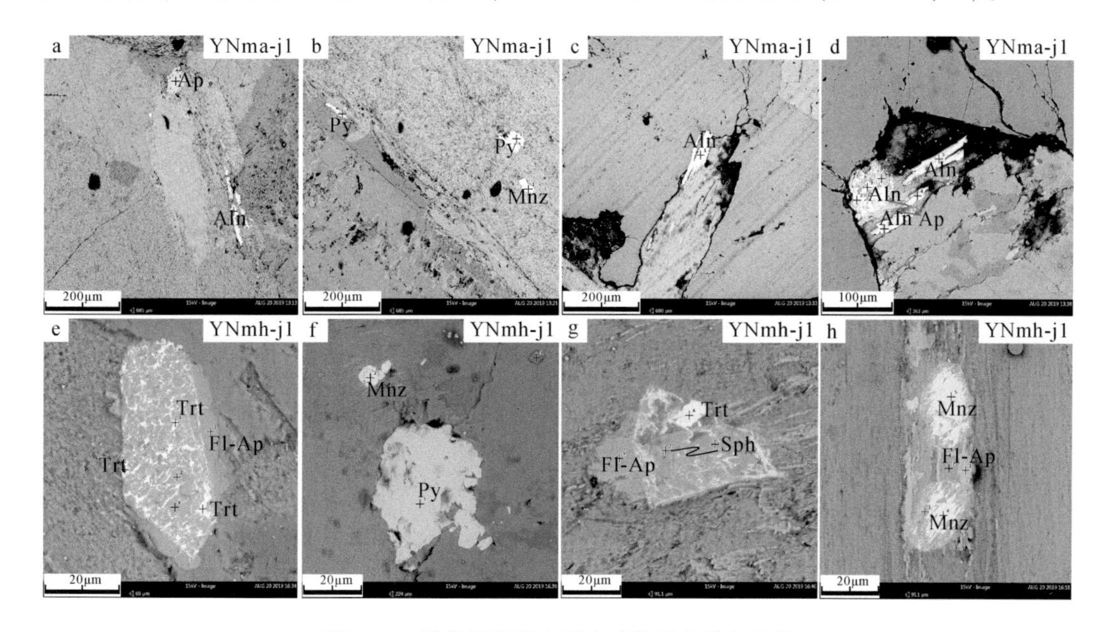

图 6-24　勐海花岗岩中稀土矿物的背散射图像

Aln-褐帘石；Sph-榍石；(Fl-) Ap-(氟) 磷灰石；Mnz-独居石；Xtm-磷钇矿；Trt-钍石；Zrn-锆石；Py-黄铁矿

2）稀土矿物

与圈内矿床相似，勐海花岗岩体中的稀土矿物是矿床中 REE 的主要来源。勐海花岗岩中的稀土矿物主要是褐帘石、独居石、磷钇矿、磷灰石、钍石和锆石等（图 6-24）；因独居石、磷钇矿和锆石等矿物在自然风化条件下较为稳定，多以重矿物的形式留在原地或短距离搬运；而褐帘石、磷灰石和氟碳钙铈矿等矿物在风化作用下易于解离，是 iRee 矿床的主要贡献者。这些矿物相对 LREE 较为富集，为 LREE 型稀土矿物。

3）岩石地球化学

勐海岩段的主要花岗岩与临沧岩段相似，SiO_2为 67.75% ~71.11%、K_2O 为 1.26% ~5.00%、Na_2O 为 0.05% ~3.13%、FeO^T 2.53% ~7.82%、MgO 为 0.56% ~3.56%，硅、碱含量较高，而铁和镁含量较低。REE 含量较高（221.61×10^{-6} ~418.49×10^{-6}），LREE/HREE 为 1.29 ~6.62，显示出 LREE 相对富集；Ce/Ce* 为 2.68 ~3.62，呈正异常，Eu/Eu* 为0.13 ~0.21，轻微负异常。微量元素显示出高 Rb、Th，低 Ba、Nb、Sr、Ti 的特征，显示出岩浆的高度分异。

3. 风化壳特征

1）物质组成

勐海矿区花岗岩风化壳的物质组成可分为风化残留矿物和次生矿物两种类型。风化残留矿物由碎屑矿物和重矿物组成。碎屑矿物主要是石英、长石和云母；石英碎屑含量为35% ~49%，圆度较差；长石碎屑主要是钾长石，其次为斜长石；斜长石含量为2% ~5%；钾长石以微斜长石为主，在全风化层中含量较高，为20% ~25%，多数保留矿物原矿物晶型，疏松易碎；云母多水化，失去弹性。重矿物有独居石、磷钇矿和锆石（图6-25a ~ c）。次生矿物主要是黏土和铁锰氧化物。受控于化学风化的强度，产生一定量的三水铝石。黏土矿物含量占风化壳总量的22% ~48%，从表土层至半风化层含量逐渐降低。

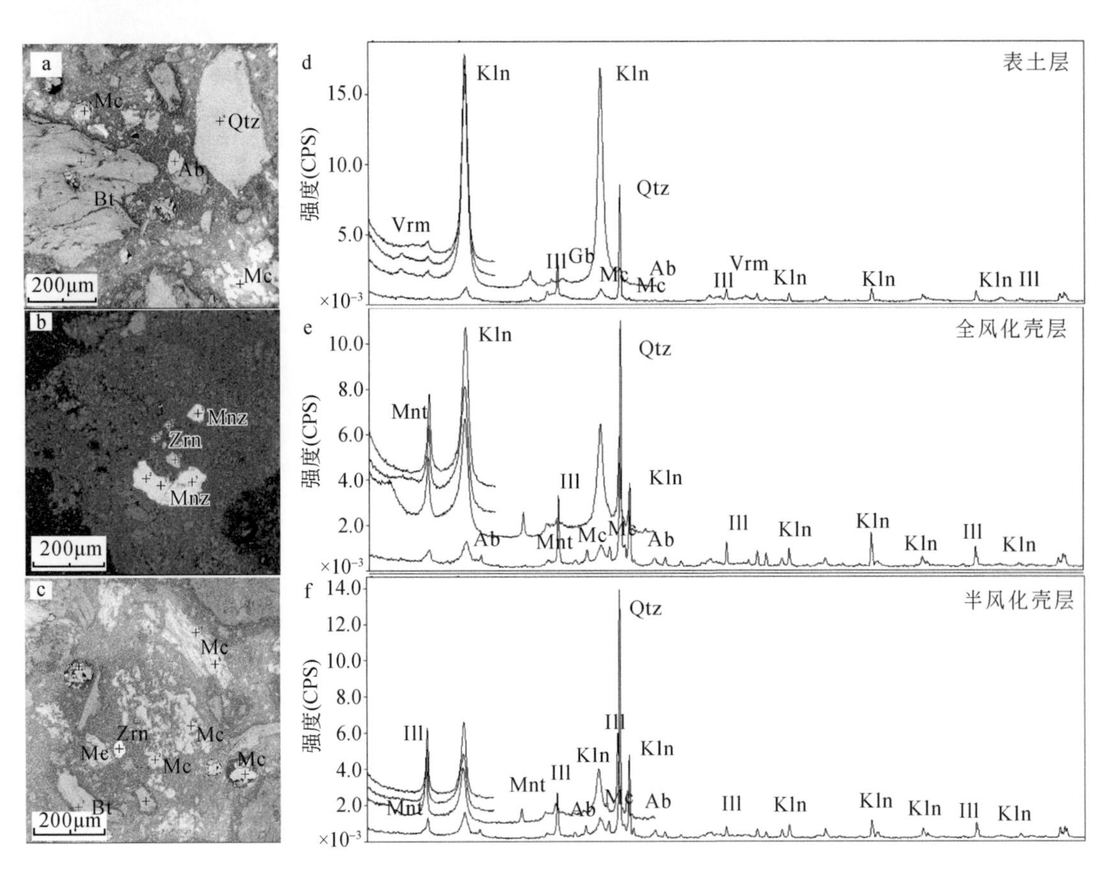

图6-25　勐海矿区花岗岩风化壳中残留稀土矿物的背散射图像和黏土矿物XRD谱线图

Qtz-石英；Mc-微斜长石；Bt-黑云母；Zrn-锆石；Ilm-钛铁矿；Mnz-独居石；Kln-高岭石；Ill-伊利石（水云母）；Mnt-蒙脱石；Vrm-蛭石；Gb-三水铝石；Ab-钠长石

勐海花岗岩风化壳中，黏土矿物以高岭石为主，其次为少量伊利石和伊蒙混层（伊利石和蒙脱石混层），在表土层中出现少量蛭石和伊蛭混层（伊利石和蛭石混层），含量为2% ~3%。高岭石在表土层中含量最高，向下逐渐降低，89%→51%；伊利石则相反，从表土层向下含量逐渐升高，4%→38%；伊蒙混层主要在风化壳下部相对富集，含量为6% ~11%（表6-12）。

表 6-12　勐海风化壳全岩和黏土矿物组成特征

样品名称	全岩/%										混层比/%
	石英	斜长石	微斜长石	三水铝石	黏土总量	I/S	It	Kao	V	I/V	I/S
YNmh1-p1-1	39	2	4	8	47	—	6	88	3	3	—
YNmh1-p1-2	49	2	25	—	25	—	23	77	—	—	—
YNmh1-p3	47	3	23	—	27	7	29	64	—	—	50
YNmh1-p4	49	5	24	—	22	11	38	51	—	—	40

2）地球化学特征

风化壳中，SiO_2含量从表土层→全风化层→半风化层，含量呈低→高→低变化（60.00%→74.17%→69.83%）；相对于基岩，TiO_2（0.15%～0.71%）、MnO（0.02%～0.09%）、Al_2O_3（14.58%～21.27%）含量变化不大，Al_2O_3表现出在表土层相对较高；CaO在风化壳中的含量降低（0.02%～0.12%）；Na_2O大量流失，在风化壳中含量仅为0.01%～0.31%；K_2O在表土层中大量流失，在风化层中相对增高，整体相对于基岩有降低的趋势（0.93%～5.27%）；FeO含量0.2%～0.56%，相对基岩明显下降；Fe_2O_3（0.71%～7.16%）相对于基岩含量增加，在表土层中含量最高；MgO（0.29%～0.74%）含量降低（表6-13）。说明在原岩风化过程中，易溶的Na^+、K^+、Mg^{2+}被迁出，特别是Na^+（基岩→风化壳：2.42%→0.01%）；难溶的Si^{4+}、Al^{3+}多原地保留，Fe^{2+}被氧化成Fe^{3+}，鉴于Na^+、Ca^{2+}与Ree^{3+}具有相似的离子半径，可知Na^+、Ca^{2+}的迁出对Ree^{3+}的迁入具有一定的促进作用。

表 6-13　勐海矿区风化层元素含量和稀土浸出含量

样品编号	勐海花岗岩风化壳					勐阿花岗岩风化壳				
	表土层	全风化层				表土层	全风化层			半风化层
	YNmh1-p1-1	YNmh1-p1-2	YNmh1-p2	YNmh1-p3	YNmh1-p4	YNma1-p1	YNma1-p2	YNma1-p3	YNma1-p4	YNma1-p5
SiO_2	63.77	69.83	74.17	69.52	69.89	60.00	66.76	67.24	63.09	71.91
Al_2O_3	20.85	16.05	14.58	16.07	15.85	21.27	18.50	16.95	14.97	16.36
CaO	0.02	0.03	0.03	0.09	0.12	0.04	0.06	0.09	0.04	0.07
Fe_2O_3	4.54	3.22	1.33	2.70	2.65	7.16	4.71	6.43	11.15	0.71
FeO	0.27	0.41	0.31	0.38	0.56	0.34	0.63	0.20	0.27	0.31
K_2O	1.26	4.06	5.27	4.97	5.02	0.93	0.99	1.09	3.43	4.91
MgO	0.35	0.73	0.29	0.74	0.66	0.32	0.32	0.35	0.30	0.36
MnO	0.02	0.05	0.06	0.08	0.09	0.03	0.02	0.02	0.03	0.03
Na_2O	<0.01	0.02	0.07	0.19	0.31	<0.01	<0.01	<0.01	0.03	0.15
P_2O_5	0.04	0.03	0.03	0.05	0.07	0.09	0.05	0.08	0.26	0.05
TiO_2	0.60	0.47	0.15	0.40	0.41	0.57	0.71	0.65	0.58	0.63

续表

样品编号	勐海花岗岩风化壳					勐阿花岗岩风化壳				
	表土层	全风化层				表土层	全风化层			半风化层
	YNmh1-p1-1	YNmh1-p1-2	YNmh1-p2	YNmh1-p3	YNmh1-p4	YNma1-p1	YNma1-p2	YNma1-p3	YNma1-p4	YNma1-p5
CO_2	0.29	0.46	0.12	0.12	0.03	0.12	0.72	0.38	0.89	0.20
H_2O^+	7.80	4.62	3.22	4.12	3.96	8.72	6.78	6.10	4.24	3.50
LOI	8.08	4.64	3.22	4.16	3.87	8.74	7.12	6.05	5.04	3.55
La	38.20	67.30	16.20	42.10	33.40	52.40	53.10	70.00	75.90	76.60
Ce	83.00	159.00	26.40	82.60	67.40	94.40	83.20	106.00	77.10	127.00
Pr	9.08	15.50	3.81	9.26	7.63	12.90	11.80	15.40	17.50	17.20
Nd	34.00	60.80	14.60	35.40	28.10	47.70	44.40	55.90	65.50	63.50
Sm	7.75	11.60	3.63	7.49	5.95	9.61	8.98	11.80	14.30	12.40
Eu	1.06	1.54	0.31	1.05	0.92	1.36	1.29	1.67	2.16	1.70
Gd	6.27	9.58	3.65	6.65	5.19	7.40	6.60	9.30	12.90	11.00
Tb	1.07	1.54	0.74	1.16	0.89	1.14	1.06	1.51	2.08	1.79
Dy	5.75	7.86	4.49	6.28	4.84	5.73	5.67	7.90	10.70	9.63
Ho	1.18	1.60	0.95	1.26	0.98	1.07	1.09	1.48	2.03	1.84
Er	3.53	4.39	3.08	3.63	2.82	2.91	3.06	4.11	5.62	5.30
Tm	0.50	0.65	0.51	0.54	0.43	0.41	0.44	0.61	0.85	0.78
Yb	3.43	4.01	3.33	3.53	2.75	2.41	2.52	3.55	5.06	4.62
Lu	0.58	0.64	0.54	0.57	0.44	0.39	0.41	0.57	0.83	0.74
Y	27.60	39.80	22.40	32.10	24.60	23.50	24.80	35.10	50.10	49.70
∑REE	223.00	385.81	104.64	233.62	186.34	263.33	248.42	324.9	342.63	383.80
LREE/HREE	0.12	0.10	0.21	0.14	0.13	0.09	0.10	0.11	0.15	0.13
La^{3+}	10.60	30.20	3.28	3.37	0.80	17.90	18.70	1.87	31.80	—
Ce^{4+}	13.00	32.80	6.22	8.00	2.15	16.80	14.20	0.16	19.90	—
Pr^{3+}	2.89	8.19	1.19	1.28	0.33	4.24	4.60	0.16	8.88	—
Nd^{3+}	10.90	31.20	4.54	5.29	1.55	15.50	17.30	0.51	34.20	—
Sm^{3+}	2.39	7.23	1.23	1.24	0.34	2.85	3.39	0.05	7.40	—
Eu^{3+}	0.39	1.08	0.14	0.21	0.07	0.44	0.52	0.05	1.15	—
Gd^{3+}	2.17	6.09	1.11	1.33	0.42	2.49	2.69	0.05	6.96	—
Tb^{3+}	0.34	0.94	0.20	0.21	0.06	0.33	0.37	0.05	1.07	—
Dy^{3+}	2.12	5.59	1.28	1.31	0.43	1.77	2.05	0.05	6.15	—
Ho^{3+}	0.43	1.10	0.26	0.28	0.10	0.33	0.38	0.05	1.15	—
Er^{3+}	1.23	2.91	0.72	0.77	0.27	0.79	0.92	0.05	2.72	—
Tm^{3+}	0.18	0.41	0.11	0.10	0.05	0.10	0.12	0.05	0.35	—

续表

样品编号	勐海花岗岩风化壳					勐阿花岗岩风化壳				
	表土层	全风化层				表土层	全风化层			半风化层
	YNmh1-p1-1	YNmh1-p1-2	YNmh1-p2	YNmh1-p3	YNmh1-p4	YNma1-p1	YNma1-p2	YNma1-p3	YNma1-p4	YNma1-p5
Yb^{3+}	1.03	2.48	0.71	0.59	0.19	0.50	0.63	0.05	1.95	—
Lu^{3+}	0.15	0.34	0.10	0.08	0.05	0.07	0.09	0.05	0.27	—
Y^{3+}	11.90	25.60	6.35	7.92	3.50	10.00	9.81	0.15	28.7	/
Ree^{3+}	59.72	156.16	27.44	31.98	10.31	74.11	75.77	3.35	152.65	
$LRee^{3+}/HRee^{3+}$	0.20	0.16	0.23	0.25	0.34	0.13	0.13	0.04	0.19	

注：主量元素含量单位为%，稀土元素含量单位为 10^{-6}。

3）风化壳剖面的矿化特征

勐海花岗岩风化壳剖面和勐阿花岗岩风化壳剖面中 REE 的分布具有一定的相似性，本书主要选取了矿化较好的勐海花岗岩风化壳进行论述。

勐海风化壳剖面中，轻重稀土具有相似的分布曲线（图 6-26c，d）。随着风化壳深度的增加，全相的独立稀土元素含量呈现出高于全相轻稀土的特征，持续向下又有降低的趋势（图 6-26c）。而离子态的 HREE 元素除了 Eu 外则表现出与 LREE 相似的分布曲线。Eu 在局部风化层中显示出较强的亏损，甚至低于 HREE，随着深度的增加，含量又有增高的趋势。Ce、La、Nd 和 Y 在 REE 中的含量相对较高，且在全风化层下部，Y 含量有升高的趋势。

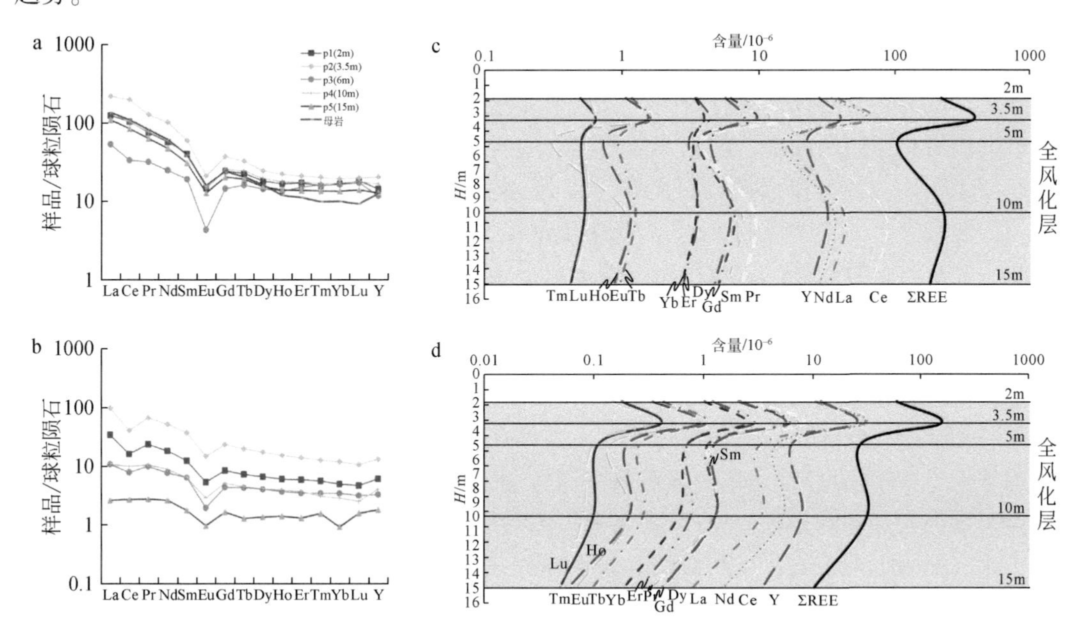

图 6-26　勐海花岗岩风化壳全相 REE 球粒陨石配分曲线（a）、离子相 Ree^{3+} 球粒陨石配分曲线（b）、REE 分布曲线（c）和 Ree^{3+} 分布曲线（d）

独立的可交换态稀土元素在风化壳中的分布特征亦有不同：①由于 Ce^{4+} 的可浸出率较低，在全风化层上部最高可达23%，向下 Ce^{4+} 急速降低，浸出率仅达3%；②Eu^{3+} 的浸出率最高可达70%，在上部风化壳中较为富集；③La^{3+}、Nd^{3+} 在全风化层中上部较为富集，向下逐渐降低；④$HRee^{3+}$ 在全风化层下部含量显示出较 $LRee^{3+}$ 相对富集的趋势；⑤Y^{3+} 在全风化层上部含量与 Ce^{4+}、La^{3+}、Nd^{3+} 相似，至中下层含量升高，甚至高于 Ce^{4+}、La^{3+}、Nd^{3+}；⑥Tm^{3+}、Lu^{3+} 含量在 Ree^{3+} 中含量最低，在相同的浸出条件下，Tm^{3+} 相对于 Lu^{3+} 更易于浸出；⑦Pr^{3+} 在下部风化壳中含量急剧降低，甚至低于 Dy^{3+} 和 Gd^{3+}；⑧Tb^{3+}、Ho^{3+}、Er^{3+}、Yb^{3+} 与其他重稀土元素相似，更倾向于在全风化层下部富集。

4. 讨论

1）稀土的来源

黑云母二长花岗岩是该区 iRee 矿床的成矿母岩，其成岩锆石 U-Pb 年龄为 232±1.7Ma，相较于圈内花岗岩更为年轻。勐海矿区 REE 的来源与圈内矿床相似——含稀土副矿物为矿床的主要贡献者。其副矿物主要是榍石、褐帘石、磷灰石、独居石、磷钇矿、钍石和锆石。根据矿物在风化壳中的稳定程度可知，榍石、褐帘石和磷灰石是主要的贡献者。这些副矿物中的 REE 也不同程度受到岩石的蚀变程度影响，随着蚀变的增强，其中 REE 含量也相对增加。但在本书所研究的样品中，岩石的蚀变程度并不算强烈，因此，副矿物的含量与种类并不如圈内花岗岩中的丰富，但根据对比圈内花岗岩的特点，可推测该矿区成矿母岩的特征与圈内花岗岩应具有一定的相似性。

2）矿床成因

在对勐海矿区风化壳的研究中发现，勐海花岗岩风化壳中黏土矿物种类与圈内花岗岩风化壳中的种类相似，但前者蒙脱石的含量较后者低甚至为零。根据黏土矿物的风化顺序，该现象可能有以下两种解释：①花岗岩中白云母（绢云母）的含量较低，因此较难形成蒙脱石；②风化壳的风化程度较低，难以形成蒙脱石。前者可推测基岩蚀变的强度，后者则可推测风化作用的强度。根据圈内花岗岩中岩石蚀变与副矿物组合的关系，蚀变较强的岩石中副矿物的种类和数量相对更多，可为 iRee 矿床提供更多的物质来源；持续的风化作用，使次生矿物中微量的 Ree^{3+} 形成次生富集，从而使 Ree^{3+} 含量不断升高。因此，黏土矿物中蒙脱石含量的减少，也一定程度上解释所采风化壳样品中 REE 含量较低的原因。

另外，REE 的富集也与风化壳所处地理环境有关。勐海矿集区大小盆地发育，地表水资源丰富，流水的冲蚀使稀土重矿物，如独居石、磷钇矿和锆石等重矿物被短距离搬运而在河流中下游冲积扇处聚集，形成稀土砂矿。其次，矿区多发育低山、丘陵，低缓的地貌使流水运动缓慢，使化学风化作用持续且不断循环，一方面形成富厚的风化壳，另一方面使吸附于黏土矿物上的 Ree^{3+} 不大量流失。风化壳是一个较为开放的成矿环境，Ree^{3+} 的保存受控于多因素（地形地貌、pH、风化壳组成等）影响，本书研究的风化壳采样地点虽位于山腰，但附近河流发育，从而使 Ree^{3+} 被流水带走，或在风化壳更深处富集。

3）成矿预测

与圈内矿床相比，勐海矿床的成矿母岩成分更为均匀，岩浆分异程度也较圈内花岗岩较弱。这是造成勐海花岗岩中稀土矿物种类不如圈内花岗岩丰度的主要原因。在成矿机制上，两者具有一定的相似性。云南地势西北高、东南低，致使临沧花岗岩基从北至南地势呈阶梯状递减。勐海矿区所处海拔为600～1500m，矿区地势也显示出呈阶梯状缓倾。从而使REE的矿化除了在山腰富集外，山顶也较富集（张民等，2018）。勐海矿区内各大小盆地的形成与断裂关系密切，矿区内水系发育，盆地及周围发育的黑云母二长花岗岩是矿床的成矿母岩。受流水冲积，风化壳中的稀土重矿物被分选和短距离搬运聚集于河流的中下游部分，形成沉积型稀土砂矿。由于流水反复的冲积，河流中下游地区形成的花岗岩风化壳中的REE大量流失，难以形成iRee矿床；而中上游片区地势较为平缓的山区地带，由于受流水作用相对较弱，是寻找iRee矿化点甚至矿床的有利地区。

对比临沧花岗岩北、中、南三段花岗岩岩石和地球化学特征，可知中段花岗岩具有更为复杂的岩石成因，北段较弱，而南段则介于前二者之间。从基岩的稀土背景值、成矿地质背景和成矿环境来看，临沧花岗岩基从北段至南段均具有较好的找矿前景。特别是花岗岩中段，其花岗岩具有较为复杂的岩石成因，岩石从成岩早期至晚期，其分异程度不断增加，轻重稀土比例逐渐减小。同时，该岩段所处地理环境利于形成富厚的花岗岩风化壳，为离子吸附型稀土矿的形成和保存提供条件。临沧花岗岩基中发现的iRee矿床，多靠近于岩基中发育的次级断裂带，一定程度上说明低级的构造作用对岩石的风化和REE的解离起到了促进的作用。低山、丘陵地貌是寻找富iRee风化壳的关键，同时低缓的次级台地也有利于iRee的保存；前者的REE主要富集于山腰，其次为山顶；后者REE则更倾向于在二级至三级台地中富集，在垂向上表现出山顶和山腰均较富。就目前的研究，北段花岗岩中的副矿物相对于中段和南段较为简单，且其稀土矿物较少，这也是在北段未能找到iRee矿床的原因之一。

综合分析临沧岩基中iRee矿床的成因，可推测若在岩基北段寻找富iRee的风化壳，可适当关注北段岩基南边的靠近晓街–那东断裂的岩体形成的风化壳，其原因有二：①可能具有与中段花岗岩相似的高分异岩浆特征；②次级断裂作用下，使花岗岩物理破碎，同时其中一些难以风化的稀土矿物，如独居石、磷钇矿等也被不同程度破碎而变得易于解离，为风化壳提供更多的Ree^{3+}。而南段因其特殊的地貌特征，水系众多，大小盆地发育，使周边富含稀土矿物的花岗岩大量风化并形成沉砂矿型稀土矿。通过研究该区的重砂异常，沿着水系的上游寻找iRee矿床则变得相对有利。

四、牟定水桥寺稀土矿

1. 矿区地质背景

矿区属于元谋–峨山成矿区，元谋亚区，该区主要出露晋宁晚期二长花岗岩、钾长花岗岩和黑云母花岗闪长岩等，属于滇中中酸性侵入岩区，主要发育于元谋–绿汁江断裂两侧，与断裂的早期活动有关。形成黑么、物茂、姚兴村、狗街、九道湾–大龙洞等11个岩体，出露面积为550km^2（云南省地质矿产勘查开发局，1990）。

物茂岩体为元谋亚区出露较大的花岗岩体，东侧位于古元古界（苴林群）中，西侧为新生界覆盖，出露面积为210550km^2。岩体东侧分布有小进里、金刚占等小岩体，可能为该岩体派生的小岩体（图6-27）。物茂岩体分异较差，可粗略划分为两个相带，内部带主要为黑云母二长花岗岩、黑云闪长岩，边部带为花岗闪长岩基石英闪长岩（局部出现混染石英闪长岩）。副矿物以磁铁矿、榍石和锆石为主。岩体稀土含量 $\sum REE = 192.3\times10^{-6}$，$\sum Ce = 184.89\times10^{-6}$，$\sum Y = 16.14\times10^{-6}$，$\sum Ce/\sum Y = 11.64$，显示轻稀土较为富集（云南省地质矿产勘查开发局，1990）。

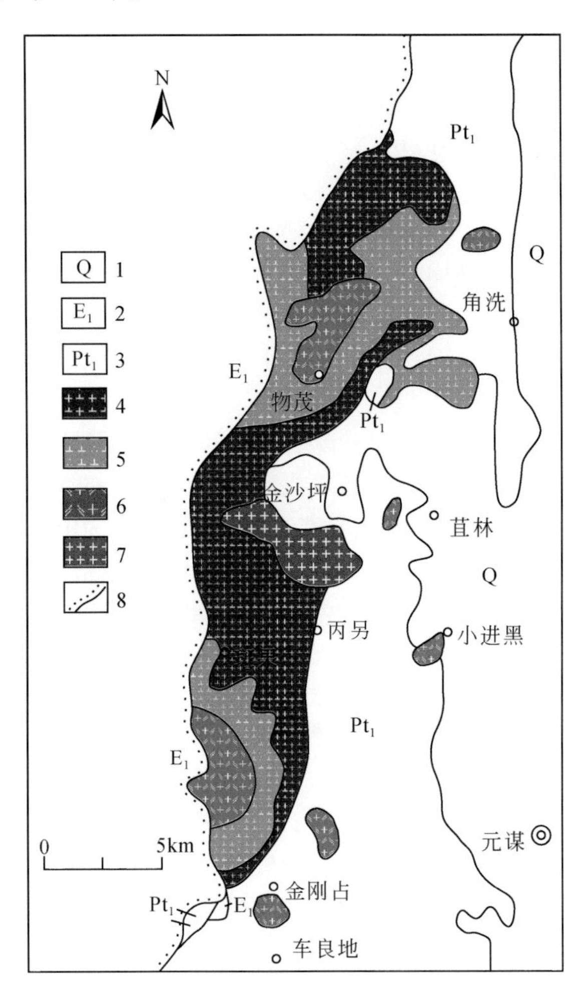

图 6-27　物茂岩体地质简图（云南省地质矿产勘查开发局，1990）

1-第四系；2-古近系；3-古元古界；4-花岗闪长岩；5-石英闪长岩；6-二长花岗岩；7-斜长花岗岩；8-不整合界线

矿区出露侵入岩体主要是姚兴村花岗岩，为晋宁期晚期岩体，产出在矿区东南侧，呈岩株状，围岩中广布花岗岩小岩枝，脉岩发育。岩株为黑云母二长花岗岩，岩枝为后期细粒黑云母花岗岩或白岗岩。脉岩为花岗斑岩、二长岩及煌斑岩。姚兴村岩株与狗街岩体（$22km^2$）相似，狗街岩体主要由中粒黑云母二长花岗岩-花岗闪长岩组成，边部带为细粒淡色花岗岩-花岗闪长岩，分异作用较好，副矿物组合为钛铁矿、锆石和独居石，并含少量磷钇矿、白钨矿、铌钽铁矿，成矿元素 Sn（20×10^{-6}）、W（16×10^{-6}）等丰度均高于其北侧的物茂岩体，属于铝过饱和系列过碱性酸性岩类（云南省地质矿产勘查开发局，1990）。姚兴村与狗街岩体内部均产出具 Sn、W 矿化的后期岩脉。

水桥寺稀土矿成矿母岩为古元古界苴林群普登组中深变质杂岩，多已混合岩化。变质岩由于红层（滇中红色盆地）的大面积覆盖，仅集中出露于岩带北端的元谋地区，只有少量变质岩作为“构造窗”零星分布。受变质地层是一套中级变质程度的变质岩系，分布于元谋县姜驿、苴林，以及牟定县狗街一带，出露面积约1100km^2。岩层组成的褶皱方向为北北东，总厚为3600～5200m。原岩为优地槽型的含碳酸盐岩的细碧角斑岩-碎屑岩建造。火山质岩石主要赋存于阿拉益组与普登组上部，占总厚的25%～30%（云南省地质矿产勘查开发局，1990）。

苴林群的变质岩石种类有板岩-千枚岩-云母片岩、变质砂岩-云母石英片岩-石英岩、绿片岩-角闪岩类（角闪片岩、斜长角闪岩）、钠长浅粒岩、黑云斜长变粒岩-黑云斜长片麻岩、角闪变粒岩-角闪斜长片麻岩、钙硅酸岩及大理岩等八类。根据变质泥质含泥质岩石中标志矿物的首次出现及空间展布，苴林群出露区可划分出绢云母-绿泥石、黑云母、铁铝榴石和十字石-蓝晶石等四个变质矿物带，在区域上由南至北依次排布，并大致呈北东东向延伸。

与区域动力热流变质作用关系密切的混合岩化作用在苴林群分布发育，影响范围与低角闪岩相一致。形成的混合岩石种类有条带-条纹状混合岩、条痕-条纹状混合岩、眼球状混合岩及均质-阴影混合岩，它们的空间分布无明显规律，往往聚集成带间互出现。混合岩化作用方式以渗透交代为主，以钾质交代最为强烈。岩石风化壳含较多的独居石、褐钇铌矿、含铪锆石，往往形成较高的重砂异常和钇、镧、铌、锆等化探异常。

矿区年均气温为15.7℃，年均降水量为915.6mm，6～10月为雨季期间，平均月气温为20.9℃。属高原台地地貌区。矿区西北缘勐岗河切割，河谷标高1340m，河谷两侧为台地边缘陡坡区，地形坡度>30°。矿区主体为台面缓坡区，海拔为1700～1900m，地形坡度为5°～15°，风化壳发育，保存良好（云南省地质矿产勘查开发局，1990）。

2. 基岩特征

成矿母岩主要有黑云母条痕混合岩、石英条痕混合岩与二长均质混合岩，少量黑云母片岩。有晚期煌斑岩细脉穿插。条痕混合岩具有中-粗粒鳞片粒状变晶结构、交代结构、条痕构造或斑杂状构造，条痕由黑云母或石英构成。主要矿物成分：长石55%～65%，石英25%～30%，黑云母5%～15%，副矿物以含铪锆石、褐钇铌矿、独居石和磷钇矿为主，含少量褐帘石、氟碳钙钇矿、氟碳钙铈矿、硅铍钇矿、氟碳铈钡矿、钍石和含铌金红石。二长均质混合岩矿物成分大致相同，黑云母量稍少，花岗变晶结构，块状构造。它们都受到了较强的钾长石交代蚀变。混合岩的稀土丰度为684.80×10^{-6}～706.01×10^{-6}，含Y_2O_3 14.71%～24.00%，$\sum CeO$ 61.91%～74.88%，属低-中钇轻稀土类型。球粒陨石模式为Eu明显亏损的稀土富集型（图6-28a，表6-14）。

表6-14　水桥寺矿区各基岩稀土含量　（单位：10^{-6}）

岩性	La	Ce	Pr	Nd	Sm	Eu	Gd	Tb	Dy	Ho	Er	Tm	Yb	Lu	Y
黑云母条痕混合岩	46.80	110.43	3.63	41.55	11.59	0.86	8.48	1.61	8.34	1.77	5.31	0.33	4.52	44.37	0.65
二长均质混合岩	50.87	101.25	3.60	35.40	7.61	0.64	7.65	1.63	9.10	11.34	7.13	0.71	6.82	61.16	0.95
石英条痕混合岩	42.04	92.95	2.93	29.64	7.08	0.33	7.72	1.81	11.04	2.54	8.68	1.11	8.12	72.27	1.02

续表

岩性	La	Ce	Pr	Nd	Sm	Eu	Gd	Tb	Dy	Ho	Er	Tm	Yb	Lu	Y
闪斜煌斑岩	18.05	41.65	1.55	18.09	3.54	1.11	3.34	0.45	2.65	0.45	1.24	0.23	1.34	13.42	0.16
姚兴村花岗岩	11.75	24.84	0.66	9.33	2.48	0.19	2.67	0.57	3.36	0.71	2.27	0.24	20.31	20.33	0.32

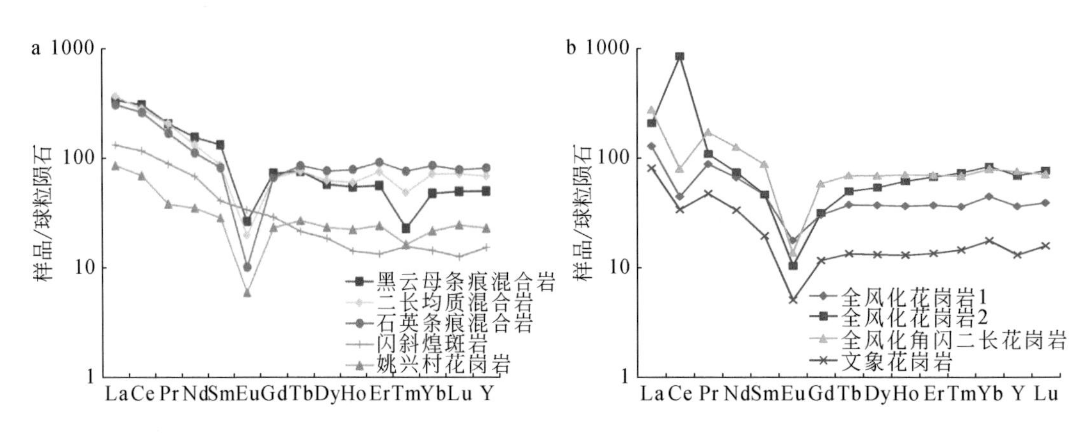

图 6-28　水桥寺基岩球粒陨石配分曲线（a）和风化壳稀土球粒陨石配分曲线（b）

3. 矿体特征

1）矿体特征

矿体形态取决于原岩风化壳厚度的变化。总体上呈面形分布，剖面上呈似层状，矿体呈北东-南西向延伸，长 4km，宽 1.3 ~ 3.0km，厚 2.0 ~ 14.4m。产状与地形坡度大体一致，在山沟陡坡冲沟处矿体变薄，局部被剥蚀后出现无矿大窗。在平缓山坡上原岩的全风化层厚，矿体也较厚，且变化小，品位亦均匀。大部分矿体裸露于地表。

矿区风化壳的发育保留程度取决于地貌条件。台面缓坡地貌区地形平坦，风化壳发育良好，保留完整。台地边缘陡坡地貌区在强烈的侵蚀作用下，基岩裸露，局部仅有半风化层保留。台面的冲沟发育地貌区，由于季节性溪流两侧冲沟的切割，风化壳连续性变差，全风化层或半风化层沿冲沟呈狭长楔状缺失。风化壳呈裸脚式产出。

2）风化壳特征

在温暖潮湿气候条件下，母岩经受了强烈的风化作用，达富硅铝阶段，形成高岭土型风化壳，层状结构明显，自上而下如下。

（1）腐殖土层：由灰色-黑褐色亚黏土组成，松散，含大量植物根茎及有机质，黏土约占 60%，石英约占 20%，厚 0 ~ 0.4m。

（2）全风化层：按结构、颜色和矿物成分分为三个亚层。全风化红土层，由棕红色或褐红色亚黏土组成，黏性强，原岩结构消失，黏土约占 80%，石英占 20%，少量植物根系残骸，厚 0 ~ 3m。全风化网纹层，以沿裂隙发育网纹状黏土为特征。灰白色、淡红色或浅褐黄色砂质黏土，局部残留原岩结构，疏松，弱黏结性。石英含量增多，黏土只占 40% ~ 50%，厚 1 ~ 3m。全风化亚砂土层，灰白色、褐黄色或淡红色，结构极疏松，残留原岩结构。黏土占 30% ~ 35%，石英占 30% ~ 25%，长石占 20% ~ 30%，含少量蛭石或绿泥石，厚1～14m。

（3）半风化层：褐黄色至浅肉红色，基本保留原岩结构，不能自然松散，锤击矿物能完全解离。黏土占20%～30%、长石占30%～40%、石英占30%～25%、云母占2%～8%、蛭石占3%～6%。厚4～10m。

（4）微风化层：完全保持原岩结构构造，岩石坚硬，裂隙发育，裂隙两侧长石和云母开始风化，黏土矿物含量甚微。

3）矿石种类

含REE的黏土矿物即为矿石，矿石多半自形粒状结构，砂状、土状构造。此外，风化壳中重矿物种类丰富，有褐钇铌矿、锆英石、钛铁矿、磁铁矿、独居石、磷钇矿、白钨矿、锡石、褐铁矿、赤铁矿、铬铁矿、黄铁矿、辉钼矿、自然金、自然银和自然铅等。脉石矿物有绿帘石、电气石、十字石、蓝晶石、辉石、角闪石和黑云母等。

4. 矿化特征

矿体赋存于风化壳全风化层内。其形态、产状与风化壳平面形态、坡形坡度相吻合，总体呈面形分布。但在冲沟发育处，风化壳被冲蚀，矿体也局部缺失。矿体平均厚度为6.66m，变化系数为57%。矿石品位变化有三个明显特点。一是受母岩类型和层位控制，按煌斑岩脉-片岩-黑云条痕混合岩-石英条痕混合岩-均质混合顺序品位有降低趋势；二是受地貌类型影响，在台面缓坡区矿石品位较稳定，冲沟发育地貌区则变化较大；三是受风化壳分层影响，在风化壳保存完整时，其中上部品位一般较富。

矿石自然类型为全风化矿石，按母岩性质可分为五个亚类。

（1）全风化黑云条痕混合岩矿石：占矿区矿石总量的63.7%。岩石稀土含量约为686.06×10^{-6}。

（2）全风化均质混合岩矿石：占矿石总量的18.2%。岩石稀土含量约为706.01×10^{-6}。

（3）全风化石英条痕混合岩矿石：约占矿石总量的13.7%。岩石稀土含量约为684.8×10^{-6}。

（4）全风化片岩（黑云片岩、黑云斜长片岩）矿石：仅占矿石总量的1.7%，样品REO=0.094%～0.253%。

（5）全风化煌斑岩矿石：仅占矿石总量的2.7%。岩石稀土含量约为258.52×10^{-6}。

不同矿石类型的稀土品位既与矿石原岩稀土丰度有关，更与矿石的矿物成分关系密切，如煌斑岩脉原岩稀土丰度较低，但风化后含大量黏土、蛭石类矿物，吸附稀土离子的能力就较变质岩强，矿石稀土品位也更高。稀土在矿石中各种矿物的分配率如下：黏土占87.4%、蛭石占2.34%、褐铁矿占2.34%、稀土矿物独居石等占7.29%。黏土中可交换的离子态稀土占全相稀土的54%。

风化壳稀土配分曲线继承了基岩特征，具有明显的Eu亏损（图6-28b），各类矿石平均稀土配分为258.52×10^{-6}～686.06×10^{-6}，LREE/HREE=2.08，Y_2O_3=21.01%，属中钇轻稀土类型。混合稀土氧化物产品配分，HREO为44.61%～62.50%，Y_2O_3为31.64%～41.37%，属中钇轻稀土至高钇重稀土类型。

在矿区南西台面缓坡区较低处，覆盖有新近系上新统砂砾岩、粉砂岩、砂质黏土岩的山间盆地沉积岩，稀土丰度（REO）为330×10^{-6}～1460×10^{-6}。其砂质黏土风化壳局部

SREO 可达 0.056% ~0.060%，厚 3.1m。

矿床规模为大型，并共生铌（中型规模），伴生含铪锆石。

5. 成矿预测

水桥寺稀土矿成矿母岩种类众多，主要是黑云条痕混合岩、石英条痕混合岩、二长均质混合岩、黑云母片岩和煌斑岩等。岩石中副矿物种类也较为丰富，主要是含铪锆石、褐钇铌矿、独居石和磷钇矿，其次为少量褐帘石、氟碳钙钇矿、氟碳钙铈矿、硅铍钇矿、氟碳铈钡矿、钍石和含铌金红石。这些副矿物均含有较高的稀土含量。这些矿物在自然环境下的抗风化程度不同，因此在风化作用下形成的矿床类型也有所不同。

根据矿物的稳定程度可知，褐帘石、氟碳钙钇矿、氟碳钙铈矿、氟碳铈钡矿等矿物是水桥寺矿区 iRee 矿床中 Ree^{3+} 的主要物质来源。

水桥寺矿区具有较为复杂的成矿母岩和较为丰富的副矿物种类，矿石中除含稀土外，共生有铌、含铪锆石、自然金、石英砂及稀有稀土矿物（褐钇铌矿、磷钇矿、独居石）等。自然金、石英砂及稀有稀土矿物均可综合回收利用。

矿区内除了苴林群的混合岩形成的风化壳外，姚兴村花岗岩和具有相似岩性的狗街花岗岩形成的风化壳亦值得关注。矿区基岩具有较强的 Eu 亏损特征，且重稀土含量相对较高，说明岩体分异作用较好，具有形成 iHRee 矿床的潜力。矿区离子吸附型稀土矿物主要富集于混合岩风化壳的全风化层中，但其周边出露的煌斑岩、砂岩等亦不同程度含有 REE，其生成的风化壳亦值得关注。

第四节　花岗岩的演化与稀土成矿规律

一、时代关系

1. 临沧花岗岩与 iRee 矿床的时代关系

二长花岗岩是临沧花岗岩基的主体岩石，也是离子吸附型稀土矿的成矿母岩。临沧岩基二长花岗岩锆石 U-Pb 年龄主要集中分布于 206.1 ~278.9Ma，即岩体形成于加里东期—印支期。圈内 iRee 矿床成矿母岩以中粗粒似斑状黑云母二长花岗岩为主，其次为中细粒黑云母二长花岗岩。后者岩体中可见前者的残留包体。前者锆石 U-Pb 年龄为 220Ma，后者为 217Ma。在锆石 U-Pb 年龄测定过程中，前者岩石中的锆石震荡环带发育明显，继承锆石少见；而后者锆石中多见核部呈现出不均匀斑点或港湾状，边缘发育较弱的震荡环带现象，经测试得出核部锆石年龄分布于 384.7 ~443.1Ma 和 509.0 ~1575.1Ma 两个区间，前者可能为岩浆重熔过程中混入了加里东期的花岗闪长岩的原因；后者则可能表明该区存在古生代—中元古代的古老基底。以上证据都说明了圈内矿区内的中细粒黑云母二长花岗岩的成岩时间相对晚于中粗粒似斑状黑云母二长花岗岩。

勐海矿集区花岗岩体的主要岩性为中粗粒黑云母二长花岗岩，其次为中细粒黑云母二长花岗岩。成岩年龄分布于 198.7 ~279Ma。本书所测岩石锆石 U-Pb 年龄为 232.7Ma。所测岩石中锆石中1个点给出$^{206}Pb/^{238}U$年龄为410.6±13.2的表观年龄；4个点给出锆石$^{206}Pb/^{238}U$年龄为902.4±26.8～1015.1±30.0Ma的表观年龄。说明了岩石在成岩过程中经历了不同程度的热液交代作用。

相较于勐海花岗岩，圈内花岗岩的成岩时代较新，而岩石中的稀土矿物的种类也更丰富。同时，在同一矿区（如圈内矿区），形成于中-晚期的岩石中轻重稀土分异程度相对更好，稀土矿物则显示出相对的HREE富集。研究证明，晚期经过交代作用的花岗岩中具有较为丰富的稀土矿物，从交代作用早期到晚期，这些稀土矿物的种类和数量不断增加，如早期以富集褐帘石、榍石和锆石为主，到晚期显示出独居石、磷钇矿含量的增加，氟碳酸盐稀土矿物铈萤石、钇萤石和氟碳钙钇矿等的相对富集。岩石中LREE/HREE逐渐降低，Eu/Eu^*也不断减小，显示出岩浆的高度分异。通常这类岩石形成的风化壳常常具有较好的HREE的找矿前景。

通过整理前人数据可知，临沧花岗岩北、中、南三段的主体花岗岩的成岩时代为海西—印支期，三个岩段的花岗岩ΣREE平均含量也基本相同，且都表现出LREE相对富集。临沧岩基中发现的iRee矿床的成矿母岩即临沧花岗岩的主体岩石——黑云母二长花岗岩。在成岩年龄上，岩体的年龄与iRee矿床并无明显规律。研究表明，与iRee矿床有关的岩石多与交代蚀变作用相关，通常中-晚期形成的花岗岩，受交代蚀变作用较强，其中的含稀土矿物被热液交代，促使稀土元素被析出分馏，形成高钇褐帘石、氟碳钙铈矿、氟碳钙钇矿和钇萤石等一类在风化作用下易于分解的稀土矿物，才是形成iRee矿床的关键。

2. 云南花岗岩的演化与iRee矿床的时代关系

云南iRee矿床成矿母岩的种类较多，主要是黑云母二长花岗岩、钾长花岗岩、碱性正长岩、霞石正长岩、混合花岗岩、玄武岩等；其中花岗岩类占比最大，混合岩和玄武岩少见。LREE型成矿花岗岩的类型较多，主要是中粗粒黑云母二长花岗岩、黑云角闪钾长花岗岩、花岗闪长岩和似斑状二长花岗岩；具有硅化、钾化、绿泥石化、绿帘石化、碳酸盐化和轻稀土矿化的特征。HREE型成矿花岗岩主要是黑云母二长花岗岩、中细粒二长花岗岩、中细粒二云二长花岗岩等；岩石多钠长石化、白（绢）云母化、萤石化、碳酸盐化和重稀土矿化等。

从成岩时代来看，与花岗岩风化壳有关的矿床基岩的锆石年龄主要集中分布在208～279Ma和52～80Ma两个区间，从晋宁期、海西—印支期、印支期到燕山期都有。其中以海西—印支期与燕山期为主。HREE型和LREE型成矿花岗岩在时代上并无规律性。

与iRee矿床有关的成矿母岩具有较高的硅含量（60.64%～79.12%，平均值为69.05%）、ΣREE含量（115.07×10^{-6}～1111.09×10^{-6}，平均值为346.02×10^{-6}）和LREE/HREE（0.49～18.10）；以富集LREE为主（97%），HREE型较少（3%）；后者相对前者硅含量更高，是岩浆高度分异演化的产物。LREE型花岗岩的稀土配分曲线呈“右倾式”，LREE相对富集；HREE型稀土配分曲线呈现“左倾式”或“海鸥式”，HREE相对富集。

这些岩石中的稀土矿物是形成iRee矿床的关键，通常以副矿物的形式分布于基岩中。（含）稀土副矿物也可分为LREE型和HREE型；前者为榍石、褐帘石、独居石、硅铈石、含铪锆石、钍石、氟碳钙铈矿、氟碳铈钡矿等；后者为磷钇矿、氟碳钇矿、硅铍钇矿、富钇钍石、钇萤石和褐钇铌矿等。（含）稀土矿物的化学成分常常较为复杂：①Ree^{3+}与Ca^{2+}和Na^{+}等具有相似的离子半径，Ree^{3+}可取代这些离子以形成类质同象分布于矿物晶格中；②由于 REE 各元素离子半径相近，在同一稀土矿物中常含有不止一种稀土元素（表6-15）。

表6-15　云南花岗岩中（含）稀土矿物的稀土元素分布特征　（单位:%）

矿物名称（英文名称）	化学成分式	ΣREE	LREE	HREE	Y/ΣREE	Eu/ΣREE	含量
褐帘石（Allanite）	$(Ce, Ca, Y)_2(Al, Fe^{3+})_3(SiO_4)_3(OH)$	25.13（n=7）	19.41	5.73	0.03	0.01	2～5
磷灰石（Apatite）	$Ca_5(PO_4)_3F$	13.62（n=28）	1.34	12.27	0.17	0.00	2～5
氟碳铈矿（Bastnaesite）	$(Ce, La)(CO_3)F$	43.42（n=15）	27.39	16.03	0.14	0.01	1～3
氟碳钇矿（Y-Bastnaesite）	$(Y, Ce)(CO_3)F$	33.58（n=9）	14.08	19.50	0.10	0.00	1～2
铈硅磷灰石（Britholite）	$(Ce, Ca)_5(SiO_4, PO_4)_3(OH, F)$	38.9（n=5）	16.154	22.746	0.30	0.00	2～3
硅铈石（Cerite）	$(Ce, Ca)_3(Mg, Fe^{2+})Si_7(O, OH, F)_{18}$	72.86（n=6）	56.69	16.17	0.00	0.00	1
褐钇铌矿（Fergusonite）	$YNbO_4$	47.20（n=3）	6.23	40.97	0.29	0.02	0.1～1
独居石（Monazite）	$(Ce, La, Nd, Th)PO_4$	45.71（n=36）	37.70	8.00	0.03	0.02	2～3
氟碳钙铈矿（Parisite）	$(Ce, La)_2Ca(CO_3)_3F_2$	25.55（n=4）	8.90	16.65	0.13	0.01	0.5～1
榍石（Sphene）	$CaTi[SiO_4]O$	5.70（n=11）	0.78	4.94	0.28	0.00	1～2
磷钇矿（Xenotine）	YPO_4	51.33（n=17）	1.91	49.42	0.47	0.00	0.1～1
铈萤石（Yttrocerite）	$(Ca, Ce)F_2$	35.26（n=10）	13.56	21.70	0.12	0.03	1～5
钛钇钍矿（Yttrocrasite）	$(Y, Th, Ca, U)(Ti, Fe^{3+})_3(O, OH)_4$	18.82（n=37）	4.56	14.26	0.20	0.02	2～4
钇萤石（Yttrofluorite）	$(Ca, Y)F_2$	48.95（n=9）	28.69	20.26	0.12	0.01	1～5
锆石（Zircon）	$(Zr, Y)(Si, P)O_4$	14.32（n=5）	2.05	12.28	0.15	0.00	1～5
方铈石（Cerianite）①	$(Ce^{4+}, Th)O_2$	84.5					1～2
硅铍钇矿（Gadolinite）①	$Y_2Fe^{2+}Be_4Si_2O_{10}$	45.8～50.5					0.1～1
烧绿石（Pyrochlore）①	$(Na, Ca, Ce)_2Nb_2O_5(OH, F)$	0.7～4.8					1

①陈德潜和陈刚，1990。

稀土矿物的丰富程度常与花岗质岩浆的结晶和岩浆期后热液流体的交代作用相关；晚期形成的花岗岩中的稀土矿物相对于早期的花岗岩中的稀土矿物种类更多；如临沧岩体早期花岗岩中的（含）稀土矿物主要为榍石、褐帘石、磷灰石和锆石等；中-晚期，磷灰石中常见到独居石、磷钇矿和钍石等矿物的分异，REE 的活化作用明显增强；晚期的热液交代作用则产生铈萤石、钇萤石和氟碳酸盐等矿物，常呈他形粒状或不规则状沿矿物解理面、裂隙和孔隙等交代充填，这也是造成基岩中稀土元素含量、占比不同的主要原因。

通过对圈内花岗岩和勐海花岗岩的成岩时代研究，并对比云南省境内已发现的 iRee 矿床的成矿母岩的时代特征，可知云南 iRee 矿床的成矿母岩在成岩时代上并无明显规律。矿床的成矿母岩主要与具有多期次、多旋回的复式岩基有关。这些岩基由多个不同时期的花岗岩体组成，而 iRee 矿床则多与中-晚期形成的高分异的花岗岩体有较大关系，这些花岗岩中常常富含有褐帘石、氟碳钙铈矿、氟碳钙钇矿和高钇萤石等易于风化的稀土矿物，为 iRee 矿床的形成提供物质来源。

二、稀土矿床的矿化与富集

通过对临沧花岗岩基中的两个 iRee 矿床的研究，并对比陇川、水桥寺和普雄等已发现的甚至已开采的 iRee 矿床特征可知，iRee 矿床矿化的首要条件即是基岩中 REE 的富集。

云南省离子吸附型稀土矿床具有下列特征：①成矿母岩形成时代和岩石类型众多；②矿体赋存在高原区；③矿床的地貌类型、气候环境与稀土类型多种多样。这与云南区域地质环境和新生代以来的气候、地壳的演化密切相关。

1. 成矿母岩类型

云南离子吸附型稀土矿床的母岩具有多种岩石类型和不同的形成时期。据现有资料，岩石类型主要有花岗岩、变质岩和玄武岩三大类。

与矿化有关的花岗岩多是较大的复式岩基内的某一部分（某一小岩体），以铝过饱和系列、过碱性酸性岩类为主。岩性主要是黑云母角闪钾长花岗岩和黑云母二长花岗岩，显示 S 型花岗岩特征。另有碱长闪长花岗岩，属正常-铝过饱和系列强碱性酸性岩类，呈 A 型花岗岩特征。它们均富含 K_2O 和 Na_2O，岩石的钾质交代作用往往明显。稀土丰度普遍较高，一般在 300×10^{-6}以上。在复式岩基内，成矿母岩往往是岩浆演化的中晚期阶段的产物。

已发现的变质岩母岩，是新元古代优地槽环境下的基性火山-沉积岩系，经区域热流变质作用，形成的中压角闪岩相变质岩，且多已混合岩化。岩石经受过强烈的碱质交代作用，K_2O+Na_2O 含量较高。稀土丰度一般在 600×10^{-6} 以上。母岩副矿物中有多种含稀土的矿物，有较易风化解离的氟碳钙钇矿、氟碳钙铈矿、硅铍钇矿、氟碳铈钡矿、褐帘石等，也有风化条件下较稳定的独居石、磷钇矿、褐钇铌矿等，并常形成重砂异常。

已发现的玄武岩类母岩，是地台区在地壳裂张作用下，沿深大断裂带喷溢的碱性岩系大陆拉斑玄武岩系列，形成时代为二叠纪。岩石含 TiO_2较高，一般在 3.45%。SiO_2含量为 47.75%，里特曼指数 σ 为 2.543，说明该区地壳在玄武岩形成时有比邻区更强的活动性。稀土丰度较高，一般在 300×10^{-6}以上（云南省地质矿产勘查开发局，1990）。

此外，还有一些岩石可以形成风化壳离子吸附型稀土矿体（矿化体）。在上述大陆拉斑玄武岩喷发时期，形成的少部分辉长、辉绿岩脉，其风化壳常形成钛铁砂矿富矿，稀土含量可达0.05%～0.065%，浸取率>50%，其混合氧化稀土产品属富铕轻稀土类型。某些由富含稀土岩石组成的剥蚀区内的古近纪和新近纪山间盆地，其沉积形成的岩石也含稀土较高，风化壳内的砂质黏土含 REO 可达0.038%～0.146%，可构成工业矿体。二叠纪峨眉山玄武岩各喷发旋回顶部的凝灰质黏土岩，REO 普遍含量为0.1%～0.4%，岩石不含独立的稀土矿物，稀土离子在黏土矿物中呈非吸附态存在，岩石表面风化碎裂的岩屑，稀土浸取率可>50%，混合氧化稀土产品为富铕中钇轻稀土类型（云南省地质矿产勘查开发局，1993）。

综上所述，离子吸附型稀土矿母岩有如下一些共同特征：

（1）成矿母岩的稀土丰度较高，一般岩石稀土含量大于 150×10^{-6}。岩石的类型和形成时代无直接关系。通常这些岩石中含有较为丰富的含稀土矿物，如榍石、褐帘石、磷灰石、氟碳钙铈矿、铈萤石、钇萤石和氟碳钙钇矿等。这些矿物最关键的特征是在风化作用下易于分解，能为矿床提供充足的 Ree^{3+}。在物理化学风化作用下，岩石中的 Ree^{3+} 被解离、迁移和富集，即有可能成为离子吸附型稀土矿体。因此，含有这类稀土矿物的花岗岩、变质岩、玄武岩，甚至中基性侵入岩、某些沉积岩、火山沉积岩都可以为成矿母岩。

（2）有利的花岗岩类母岩，往往是一个构造岩浆旋回的中晚期或一个复式岩基演化中晚期阶段的侵入体，较早期阶段岩体的稀土丰度高。其岩石化学成分显 S 型花岗岩特征，岩石均一化程度较高，酸碱度增高，Mg、Fe 等组分较低。围岩蚀变明显，碱质交代作用较强，特别是钾质交代（变质岩类也是钾质交代作用强的 REE 含量较高）。矿化元素丰度增高。

（3）除了成矿母岩含有在风化作用下易于解离的含稀土矿物外，如果成矿母岩曾受过后期构造变动的影响，岩石和矿物碎裂和裂纹发育，晶型变异，更有利于在风化作用下解离。

（4）成矿母岩矿物成分有一定数量的、在风化作用下能形成黏土等层状铝硅酸盐类的矿物，如长石、云母、绿帘石等。

2. 气候与地貌条件的复杂性

云南离子吸附型稀土矿一个最显著的特点是矿体赋存于高原地貌区。已有矿体产出标高均在1000～2300m，年均气温为13～25℃，年均降水量为915～1800mm。既有湿热的热带雨林区，也有年均气温不足15℃，降水量不足1000mm 的地区，差别较大。

在高海拔年均气温及降水量不高的地区，岩石风化作用能较充分地发生，而稀土元素能否从含稀土矿物中被解离出来，并淋积、富集成矿，还与下述因素有关。

（1）降雨集中于炎热的夏秋季，形成相对温暖湿润的条件，植被繁茂，有利于形成良好的化学风化作用。

（2）高原的太阳光照条件好，光辐射量较高，有利于岩石矿物的分解和稀土元素的解离。

也可能与云南地壳在更新世后不断缓慢上升，在高原地貌形成前，地势较低，气温较高有关。由于云南高原地貌的复杂性，能形成离子吸附型稀土矿的地貌类型也多种多样。有利于风化壳充分发育并保存的高原地貌如下：

（1）起伏和缓，顶部宽圆的丘陵地区。

（2）边部被河流深切的台地，其台面地貌区部分则平缓开阔。由于地壳多次抬升，也往往形成多级台地，出现多层平缓的台面地貌区。

（3）中低山顶部宽缓的带状地貌区。

（4）在第四系堆积的平坝区周围的低山缓坡地貌区。

在地壳不断抬升条件下，大气降水形成的流水侵蚀作用十分明显，河流强烈下切，两岸多形成陡峭岩壁，高差达数百米，成为高原特有的高山峡谷景观。但在峡谷间广大的低山丘陵台地区，由于繁密的植被保护和岩石风化壳的透水性，大气降水以下渗为主，以潜水形式汇集于季节性溪流，流入陡崖峡谷内。云南雨季、旱季分明的气候，更促使干枯的表层在雨季早期以吸附、下渗大气降水为主；在雨季后期，降水有部分以表流形式下淌，造成溪流附近冲沟较为发育。因此，地壳不断抬升，在温湿气候植被茂盛的条件下，化学风化作用占有重要地位，岩石风化壳仍能充分发育。而且大气降水又以下渗为主，流水侵蚀作用较弱，岩石风化壳得以较好保存。

3. 风化壳的分层性

在有利的气候和地貌条件下，岩石风化壳发育保存良好，一般都在20m以上。风化壳一般分为腐殖土层、红土化层、全风化砂质黏土或亚黏土层、半风化层等。在全风化层内，长石等矿物已大量变为高岭石类黏土，是剖面中黏土类矿物最多的部位之一，厚度也最大，一般在1～15m。风化壳酸碱度也具分层性，自上而下，由弱酸性过渡为中性，即腐殖层呈弱酸性，半风化层近中性。在化学风化作用下，解离出来的Ree^{3+}，在弱酸性条件下呈游离状态，多被向下迁移。在全风化层微弱酸性-偏中性条件下（pH为5.5～6.5），Ree^{3+}易被黏土所吸附固定，大量稀土离子聚集即形成工业矿体。一般离子吸附型稀土矿体均赋存在全风化层内，以中上部品位最高。

综上所述，形成云南高原风化壳离子吸附型稀土矿的基本要素可分为外因和内因两部分（图6-29）。

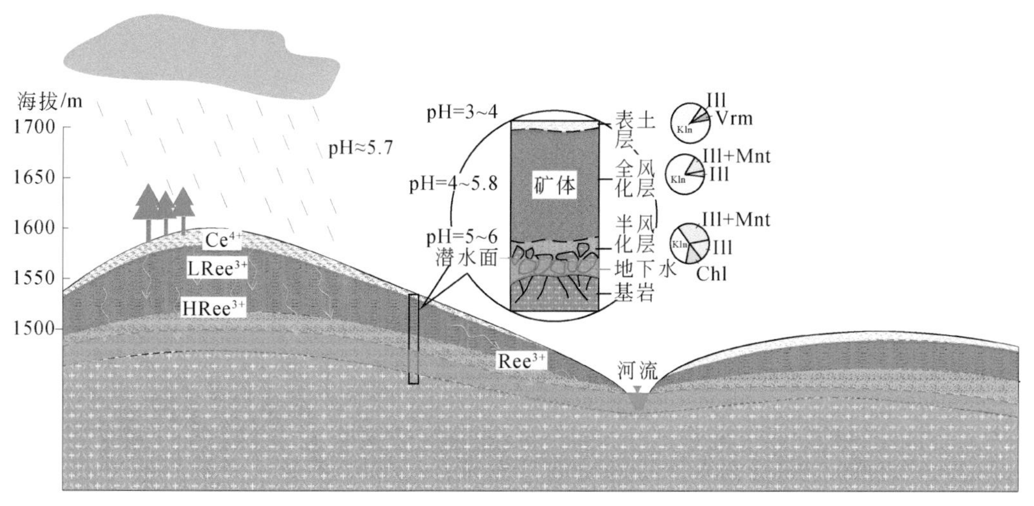

图6-29　云南 iRee 矿床成矿机制图

Ill-伊利石；Vrm-蛭石；Mnt-蒙脱石；Chl-绿泥石；Kln-高岭石

1）外因

有较好的成矿母岩体。岩石有较高的稀土丰度，且易被风化解离的含稀土矿物数量较多，岩石具有一定数量在风化后能形成易于吸附稀土阳离子的黏土类物质的矿物组分。这些是成矿的物质基础。

有一个比较湿热的气候季节。温暖多雨，植物繁盛，在有利的物理化学风化作用下，形成一个风化壳发育，pH 由下向上从中性向弱酸性过渡的环境，以利于稀土元素的解离、迁移、富集。

在地壳不断抬升的条件下，有一个大气降水侵蚀作用较弱的地貌环境，岩石风化壳得以充分发育并较好地保存下来。

2）内因

研究表明，风化壳中的 pH 为 5.4 ~ 6.8，Ree^{3+} 的吸附率为最高；而当 pH = 3.47 ~ 4.18 时，$LRee^{3+}$ 的吸附率大于 $HRee^{3+}$；而 pH = 5.44 ~ 6.80 时，$LRee^{3+}$ 的吸附率小于 $HRee^{3+}$（陈德潜和陈刚，1990）。而在风化壳中的表土层中由于有植被产生的腐殖酸等参与，表土层中的 pH 只达 3 ~ 4，随着深度的增加，腐殖酸参与的减少，pH 受地表水和地下水的影响呈逐渐升高的趋势。

风化壳中的次生矿物是 Ree^{3+} 的主要载体，即黏土矿物和铁锰氧化物等（吴澄宇等，1990，1992；Yang et al.，2019；Li et al.，2019）。其中又以黏土矿物为主。黏土矿物在各层风化壳中的占比亦有不同。通常高岭石、埃洛石（多水高岭石）是风化壳中的主要矿物，其次为伊利石和蒙脱石等。各黏土矿物的阳离子交换容量从高到低依次为蒙脱石>伊利石>埃洛石>高岭石。研究表明，高岭石和埃洛石的阳离子交换容量主要源于裸露羟基中氢离子解离而产生的负电荷，因而颗粒越细小，露在外面的羟基越多，阳离子交换容量越大；而蒙脱石和伊利石的交换容量受其分散程度的影响较小，主要是源于晶格中的类质同象替代所产生的负电荷（高翔，2017）。同时，蒙脱石、伊利石和高岭石的可吸附 pH 临界值（pH_{pzc}）分别为 7、9、2.5。说明了在自然风化条件下，伊利石和高岭石（组）才是 Ree^{3+} 的主要载体。因此，黏土矿物在风化壳中的分布特征，也决定了稀土的富集程度。全风化层因含有较富的黏土矿物（高岭石和伊利石）和具有适宜的 pH 环境，而利于 Ree^{3+} 大量富集。

综上所述，风化壳中的 Ree^{3+} 的富集同时受控于 pH 和黏土矿物的种类和含量。表土层虽然含有最高的高岭石含量，由于其 pH 只有 3 ~ 4，除了 Ce^{4+} 以外，其他 Ree^{3+} 难以保存，随同地表水溶液向下迁移；全风化层含有较高的黏土矿物（特别是高岭石和埃洛石）含量，pH 从表土层向下逐渐升高，在 $pH<5.44$ 的范围内，$LRee^{3+}$ 优先吸附于黏土矿物之上保存下来，当 $pH\geq 5.44$ 时，$HRee^{3+}$ 开始大量吸附保存，即形成了 $LRee^{3+}$ 相对在全风化层的中上部富集，而 $HRee^{3+}$ 则更倾向于在全风化层下部富集的特征。半风化层中高岭石和埃洛石的含量急剧降低，导致 Ree^{3+} 的容量变小，含量也相对较低。

三、找矿标志与找矿方向

1. 找矿标志

1）岩石特征

离子吸附型稀土矿成矿母岩类型较多，除花岗岩类、基性火山岩与区域变质岩外，各类岩浆岩、熔岩和凝灰岩，特殊条件下的沉积岩，都是潜在的成矿母岩。岩石要含有一定数量长石、云母等风化后形成黏土矿物以利于吸附 Ree^{3+}。碱性交代强烈，特别是钾化强烈的花岗岩类值得关注。已发现成矿的基性火山岩是大陆拉斑玄武岩类，对其他地质环境下喷溢的火山岩也值得探索，它们往往分布较广。变质岩型母岩体已发现的是在优地槽环境含有中基性火山岩建造的区域动力热流变质岩，混合岩化和钾化的岩石更有利。对分布广泛含中基性火山岩的区域变质岩可注意探索。

2）岩石稀土含量

母岩的稀土丰度较高、含量在 150×10^{-6} 以上的岩石，且有较多易风化解离的含稀土矿物是找矿的重要标志。同时，稀土的化探和重砂异常，也是找矿的重要标志。

3）有较好的地貌条件

云南除崇山峡谷与新生代沉积物覆盖的平坝外，一般都有平缓宽阔的各种高原地貌区。即较陡的中低山，也可能找到局部较平缓的部分。所以在地势平缓，没有或有少数季节性溪流的地区，岩石风化壳能得到较好发育和保存。

2. *找矿方向*

云南离子吸附型稀土矿产资源具有区域成矿地质条件有利、母岩类型多、分布广泛的特点，此外，稀土配分类型也比较齐全。各种稀土元素在国民经济建设和人民生活中具有不同的作用，随着科学技术的不断进步，应用领域在不断扩大。所以，各类稀土元素的经济价值各异，需求程度也不同。为使今后在资源勘查和开发规划中，可以根据市场需求择优安排，现就目前掌握的资料，分析各类稀土的产品类型的找矿方向。

1）富含铕的稀土矿床

现已发现有玄武岩类和花岗岩类两种母岩。云南峨眉山组玄武岩风化壳矿石是富铕轻稀土类型，产品更是富铕中钇轻稀土，且有较高的钕、钐、钆，具有较高的经济价值。峨眉山玄武岩在云南东、中部地区出露4万余平方千米，资源潜力巨大。高铕重稀土类型的花岗岩类矿床，目前仅在临沧复式岩基内发现一处。其产品为高铕中钇重稀土类型，且钆、铽等含量很高，经济价值可观。在临沧复式岩基内尚有一些中铕中钇重稀土类的矿化点。因此，在临沧、腾冲–陇川等成矿区的复式岩基内岩浆演化中晚期的岩体中，可能找到这类高铕岩体。

2）富钇重稀土矿床

在个旧花岗岩复式岩基、腾冲–陇川成矿区与临沧复式岩基中部和南部均发现有富钇的重稀土矿点。故在滇东南成矿区及滇西南地区靠近金沙江–哀牢山断裂、澜沧江断裂、怒江断裂的构造岩浆带内，花岗岩岩浆演化中晚期的岩体，是寻找这类富钇重稀土产品矿床的重要远景区。含钇略低些的产品为中高钇稀土矿床，既有花岗岩型的，也是变质岩类型的，找矿范围更广。除牟定地区外，对点苍山–哀牢山、临沧、腾冲–陇川等成矿区的元古宙已强烈混合岩化的结晶基底的区域变质岩，也应充分注意寻找该类矿床。

3）轻稀土矿床

这类矿床花岗母岩一般侵入时代较早，有晋宁期、海西—印支期等。陇川龙安矿区的产品，含镧、铈近一半，可直接生产稀土微肥。近年来通过对比研究，龙安矿区附近也发现了大批类似的矿床。此外，临沧花岗岩基风化壳、个旧花岗岩基风化壳中，亦发现了大批轻稀土矿床。因此，在各花岗岩类分布区均有可能找到此类矿床。

第七章　北大巴山-大洪山地区稀有稀土矿产成矿规律研究

本次工作重点对北大巴山地区典型的含铌钽、稀土元素的庙垭碳酸岩-正长岩杂岩体、天宝粗面岩、朱家院粗面岩-正常岩体及紫阳蒿坪粗面岩的岩石组合特征、矿化特征及铌钽-稀土元素的赋存状态进行了详细的研究，初步查明该地区稀有金属的成矿潜力。

第一节　北大巴山地区铌钽-稀土矿床概述

北大巴山-大洪山地区在大地构造上属于南秦岭造山带，是秦岭造山带的主要部分(图7-1)，也是我国研究古亚洲构造域与特提斯构造域相互关系的关键地区（王宗起等，2009)。近期研究表明，北大巴山是一个多体制多成因的叠加型造山带。在显生宙经历了岛弧生成、弧后扩张、弧前增生、弧-陆碰撞等构造体制和演化过程。这些构造作用形成不同物质组成、不同分布规模、不同结构特征和不同时代跨度的构造-岩石组合和单元，具有独特的成矿条件和矿床类型。

北大巴山-大洪山地区位于南秦岭造山带城口-襄广断裂和十堰断裂之间，北西向的红椿坝断裂、高桥断裂、蒿坪断裂等与北部凤凰山隆起和东部平利隆起，组成三断两隆的宏观构造框架。北大巴山-大洪山地区不仅在我国大地构造格局中占有重要地位，而且区域成矿地质条件优越，是金、银、铁、稀土、铌钽、铅、锌等成矿作用的重要场所。它不同程度地穿越了北大巴山铁、铌钽矿化区，郧西-丹江口金、锑、铁、钒多金属矿，湖北竹山-房县稀土-贵多金属矿，湖北竹山-丰溪钒（钼)、稀土、铅锌多金属矿化区。自志留纪以来，北大巴山-大洪山地区碱性岩浆活动强烈，分布有大面积的粗面岩-正长（斑）岩及碳酸岩（图7-1)，这些粗面岩-正长（斑）岩具有富铌钽矿化明显的特征。同时，区域内分布的碳酸岩杂岩体具有正长岩-碳酸岩的岩石组合特征，普遍具有铌钽稀土矿化特征。目前，在该区域西部（紫阳-平利地区）分布的粗面岩-正长（斑）岩中已发现蒿坪、朱家院、野人寨、东木、燎原、马道和穿心店等多处铌钽稀土矿（点)、矿化点。近年来陕西省地质调查研究院在紫阳-平利地区圈定了5条铌矿带，使得该区域具有成为超大型铌矿的潜力区。在北大巴山-大洪山地区东部的湖北竹山、竹溪地区已发现了庙垭和杀熊洞等正长岩-碳酸岩杂岩型的铌-稀土矿床，其中庙垭矿床达大型规模。除了上述与岩浆活动有关的铌钽稀土矿床外，在大洪山的广水地区红安群长英质片岩和石英白云母片岩中发现众多锆石、硅铍钇矿、褐钇铌矿、磷钇矿、独居石、褐帘石、磷灰石和锌尖晶石等富含稀有和重稀土元素的矿物，这对区域内古老地层中稀土矿物的勘查具有重要的指示意义。同时在大洪山地区出露的白云寺、响坡、观子山、无量山等碱性正长岩中也含有大量的铌锰矿、独居石、烧绿石和磷灰石等矿物（李石，1988，1990，1991；邱家骧和张珠福，

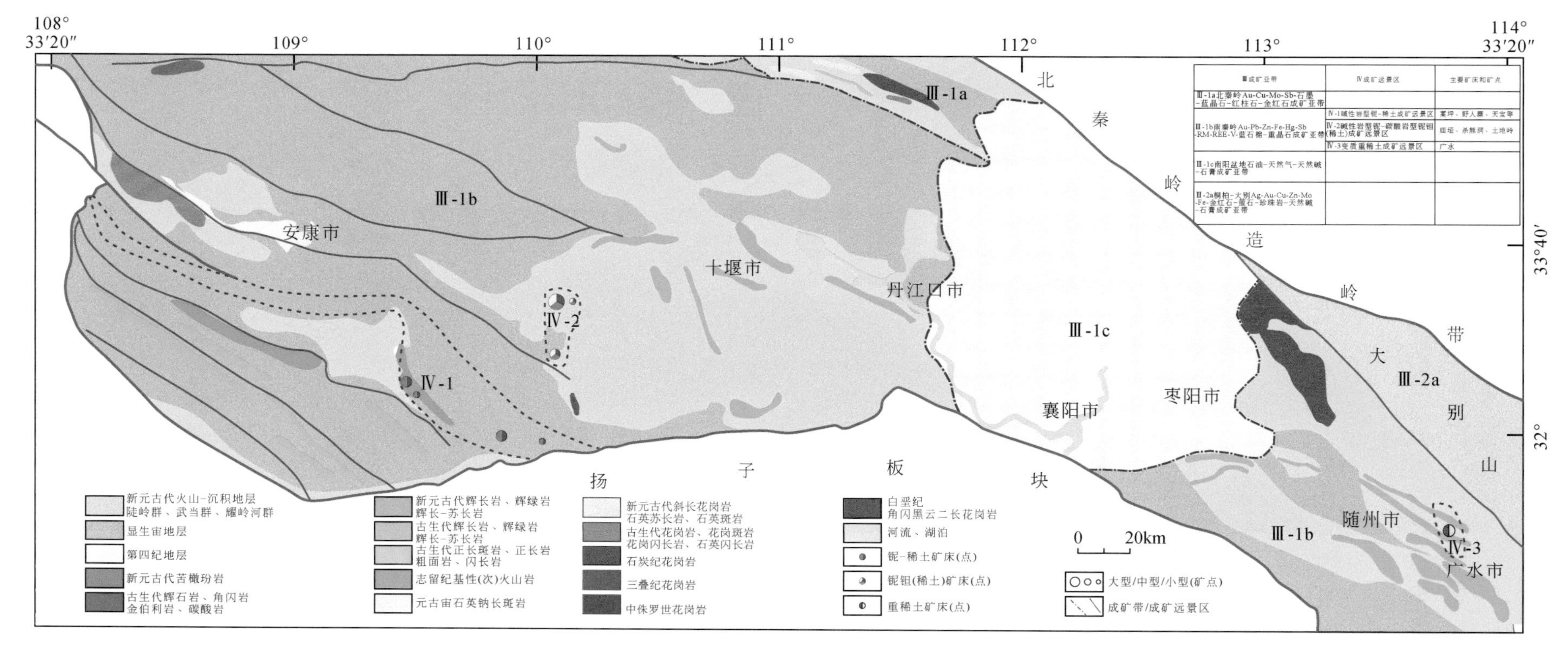

图 7-1　北大巴山-大洪山地区地质简图及铌-稀土矿床分布图

1994)，显示出铌钽稀土矿化特征。上述这些调查研究成果为北大巴山–大洪山地区铌钽稀土矿床调查奠定了扎实的基础。

第二节　北大巴山紫阳–岚皋地区碱性火山–沉积序列及形成时代

北大巴山紫阳–岚皋地区分布有大面积的碱性火山岩（图 7-2，图 7-3），在这些碱性火山岩中发育有大面积的铌钽化探异常，并认为具有形成超大型铌钽矿床的潜力。本次对北大巴山紫阳–岚皋地区分布的碱性岩部分地段进行了剖面的测量，初步查明紫阳–岚皋地区粗面岩–正长岩岩性特征及岩石组合。

根据野外地质剖面岩相分析（图 7-4），紫阳–岚皋地区的粗面岩–正长岩垂向上均以喷发溢流相熔岩、碎屑熔岩开始，向上逐渐过渡为火山碎屑岩→沉积火山碎屑岩→火山沉积碎屑岩，最终与斑鸠关组砂岩地层呈逐渐过渡的整合接触，其中粗面岩和正长岩交替出现（图 7-5）。其火山–沉积序列主要表现为底部为块状熔岩，向上过渡为碎屑熔岩，再向上为火山碎屑岩，顶部为海相沉积岩，类似于弧内盆地的火山–沉积序列（图 7-5）。在剖面的测量的过程中，发现与这套火山杂岩接触的志留系大贵坪组地层中发育有大量的石煤夹层，在部分地段已达到开采程度，并且这些石煤地层与粗面岩–正长岩交替出现（图 7-6），部分地区呈夹层分布在粗面岩中，具有紧密的空间关系。

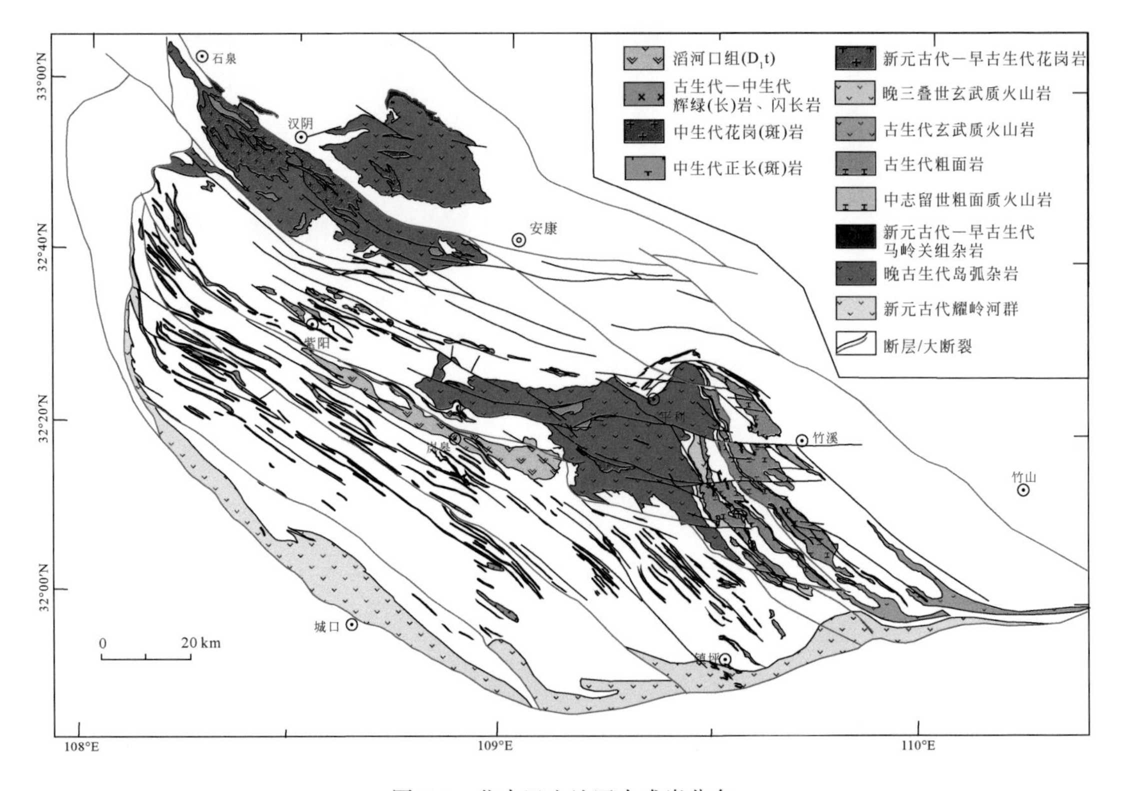

图 7-2　北大巴山地区火成岩分布

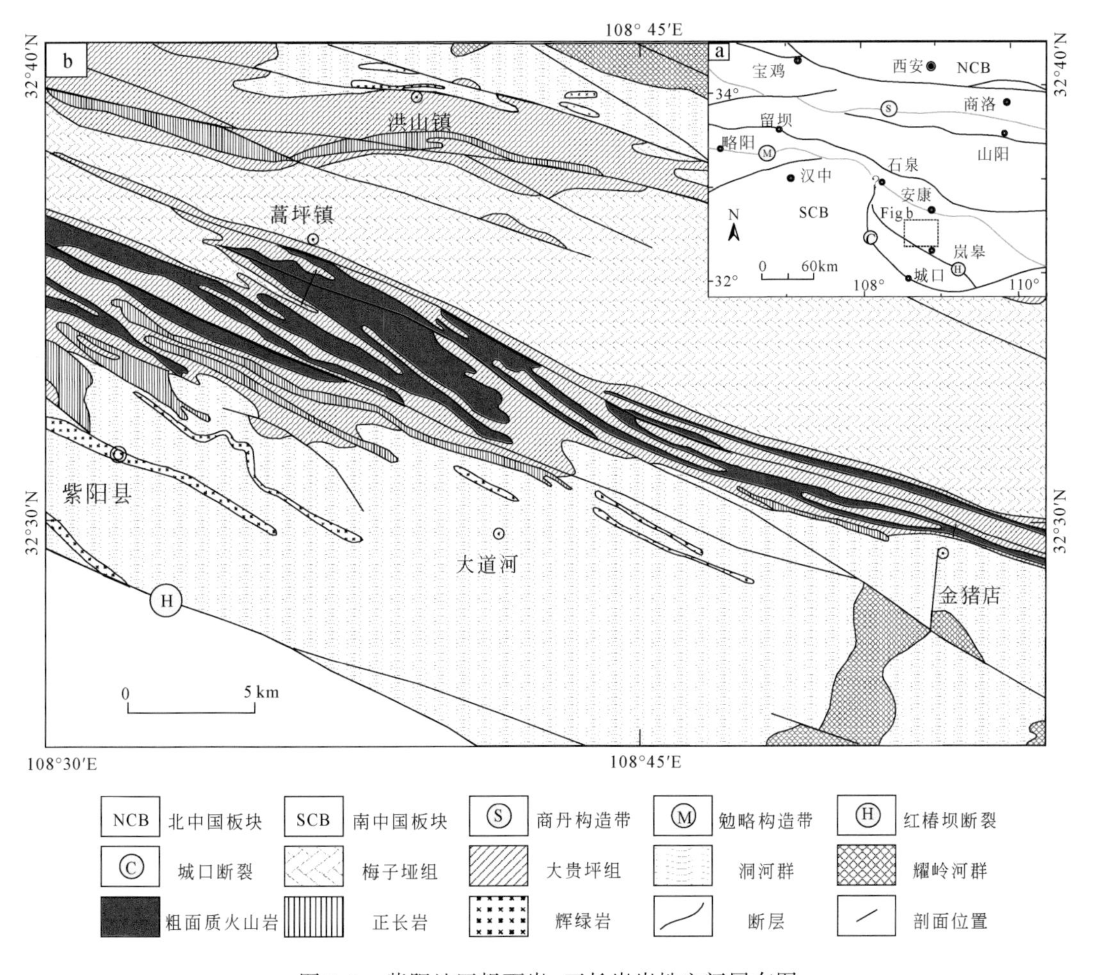

图 7-3　紫阳地区粗面岩-正长岩岩性空间展布图

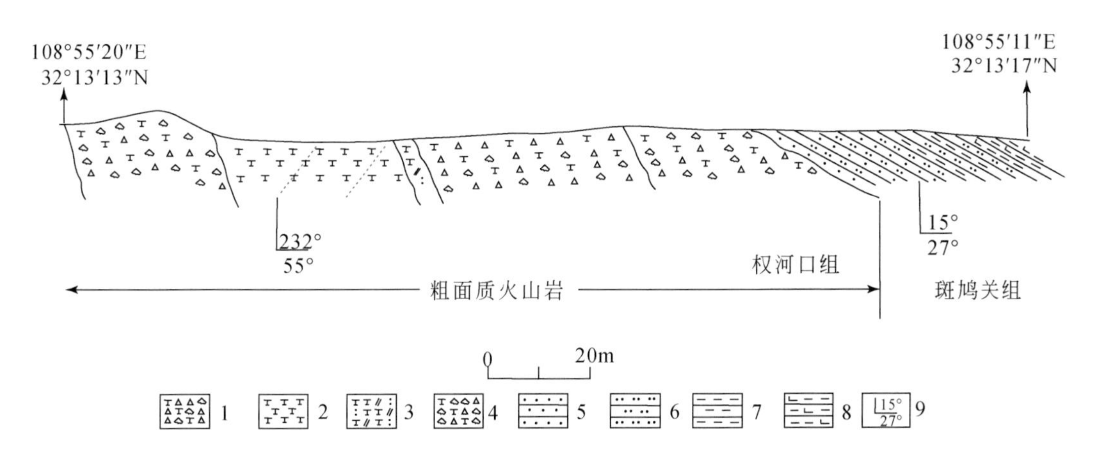

图 7-4　滔河镇构坪村实测地质剖面

1-粗面质角砾集块岩；2-粗面熔岩；3-粗面质晶屑凝灰熔岩；4-粗面质集块角砾岩；

5-细砂岩；6-粉砂岩；7-泥岩；8-钙质泥岩；9-产状

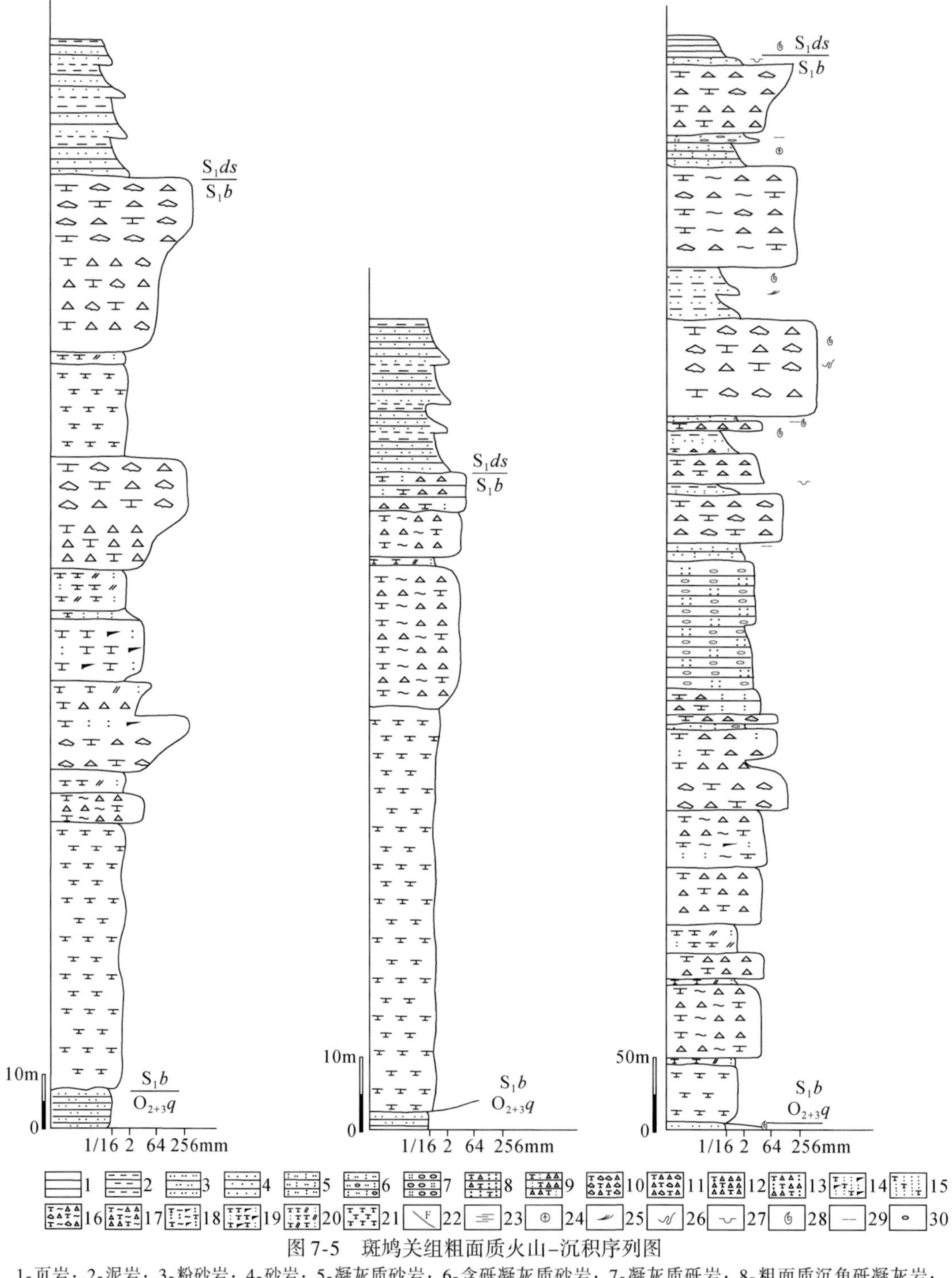

图 7-5　斑鸠关组粗面质火山-沉积序列图

1-页岩；2-泥岩；3-粉砂岩；4-砂岩；5-凝灰质砂岩；6-含砾凝灰质砂岩；7-凝灰质砾岩；8-粗面质沉角砾凝灰岩；9-粗面质沉凝灰角砾岩；10-粗面质集块角砾岩；11-粗面质角砾集块岩；12-粗面质火山角砾岩；13-粗面质凝灰角砾岩；14-粗面质岩屑凝灰岩；15-粗面质凝灰岩；16-粗面质熔岩；17-粗面质熔结集块角砾岩；18-粗面质熔结角砾岩；19-粗面质岩屑熔结凝灰岩；20-粗面质岩屑凝灰熔岩；21-粗面质晶屑凝灰熔岩；22-断层；23-平行层理；24-递变层理；25-斜层理；26-滑塌构造；27-重荷模；28-化石；29-黑云母；30-含砾。S_1b-斑鸠关组；S_1ds-陡山沟组；O_{2+3q}-权河口组

图7-6　岚皋佐龙附近石煤和粗面岩野外接触露头

通过实测地质剖面岩相分析，野外地质产状表明，粗面质火山岩熔岩为深灰色-灰黑色，斑状结构，局部见弱粗面结构，块状构造，大部分样品基质为隐晶质，部分基质为微晶结构，微晶矿物主要为长板状长石并与斑晶组成弱粗面结构（图7-7）。相组合分析表明各相组合具有近缘沉积成因特征，且代表溢流喷发相的熔岩和碎屑熔岩分布在三条剖面底部，空间上呈近似环状岩墙，而环内部逐次发育晚期的火山碎屑岩相、沉积火山碎屑岩相以及火山沉积碎屑岩相，中心部位则发育斑鸠关组地层和陡山沟组地层，因此推测该套火山岩的古火山机构可能位于麦溪街和四季河剖面之间的部位，被后期地层所覆盖。

粗面岩样品主要造岩矿物斑晶为钾长石（约90%）和斜长石（约10%），含少量的金云母斑晶和磷灰石微晶（各占<1%）；偶见方解石或石英杏仁体，部分发生绿泥石、绿帘石蚀变，并发育少量铁闪石、钛铁矿、黄铁矿以及微量闪锌矿等金属矿物（图7-8）。

对四季河剖面底部粗面熔岩样品12MXX29进行了锆石SIMS U-Pb年龄测定。锆石粒径为60～150μm，多呈柱状，CL图像显示具有明显的振荡环带（图7-9）。共测试18粒锆石，获得16个可靠年龄，但年代跨度较大，介于825±11.7～123.5±1.9Ma，其中6粒锆石年龄为燕山期，2粒锆石年龄为印支期，5粒锆石年龄为加里东期，另有3粒锆石年代>500Ma。

样品12MXX29的锆石稀土元素Ce/Ce*范围介于0.03～0.28；（Sm/La）$_N$范围为5.29～36.74，从稀土配分曲线看出，它们都具有一个显著的Ce正异常，而部分样品具有相对陡的Eu负异常（图7-10）。大部分古生代年龄的锆石稀土配分曲线与世界上报道的岩浆锆石稀土配分曲线较相似，而大部分中生代年龄锆石稀土配分曲线及微量元素特征与典型热液锆石较一致（图7-11）。在岩浆锆石和热液锆石的判别图解中（图7-11），5粒早古生代年龄锆石均落在岩浆锆石范围内或附近，而燕山期5粒锆石中3粒落在偏热液锆石附近。此外，2粒燕山期年龄锆石和1粒印支期年龄锆石落在岩浆锆石范围内或附近。落在岩浆成因和热液成因锆石图解之间的领域很可能是来源于岩浆而经历了热液事件的改造。因此，我们认为早古生代（453～439Ma）大致代表了岩浆形成时代。

图 7-7　岚皋地区斑鸠关组粗面质火山岩野外岩性特征

a-岚皋地区粗面质火山岩与下伏权河口组地层接触关系；b-粗面岩特征；c，d-粗面质火山岩与上覆斑鸠关组地层整合关系；e-粗面质晶屑凝灰熔岩；f-粗面质熔结角砾岩；g-粗面质集块角砾岩；h-粗面质岩屑凝灰岩

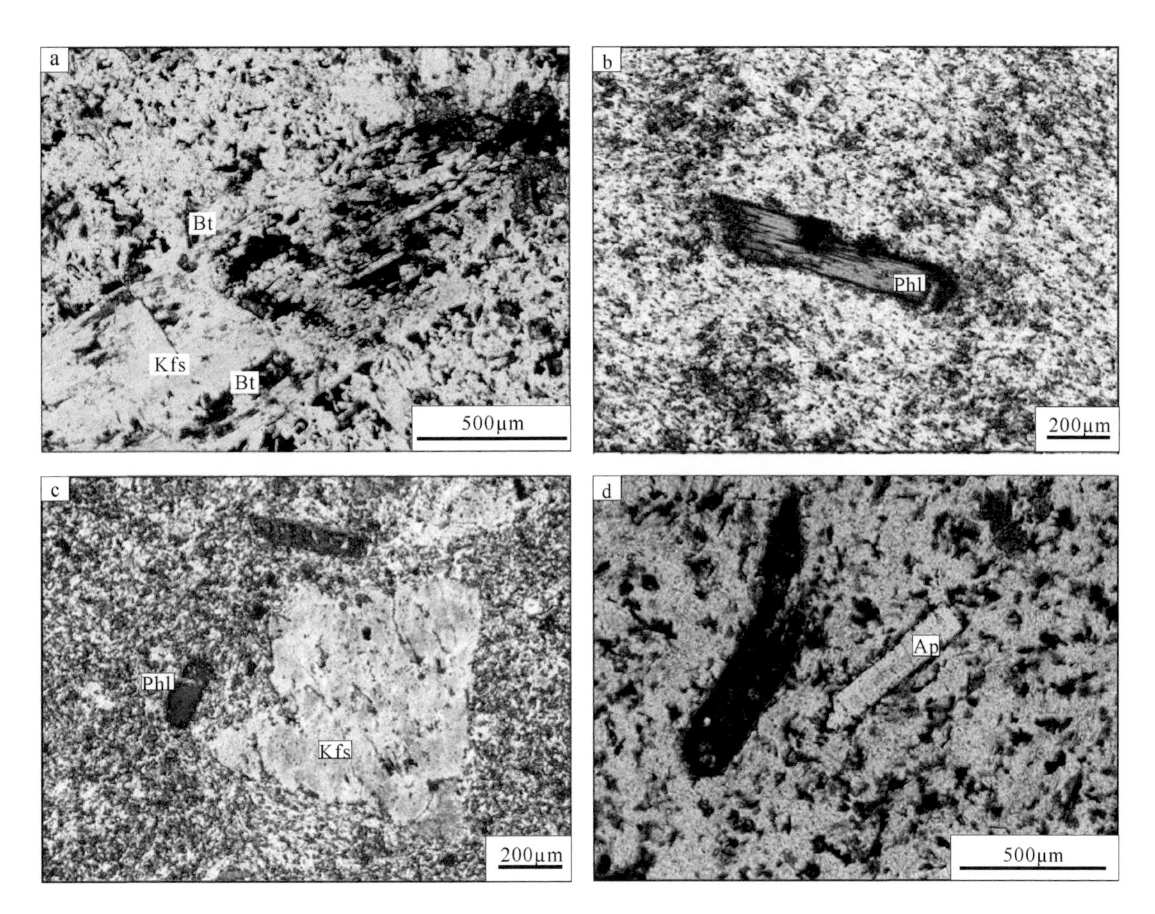

图 7-8　岚皋地区斑鸠关组粗面质火山岩矿物特征
Phl-金云母；Bt-黑云母斑晶；Kfs-钾长石斑晶；Ap-磷灰石斑晶

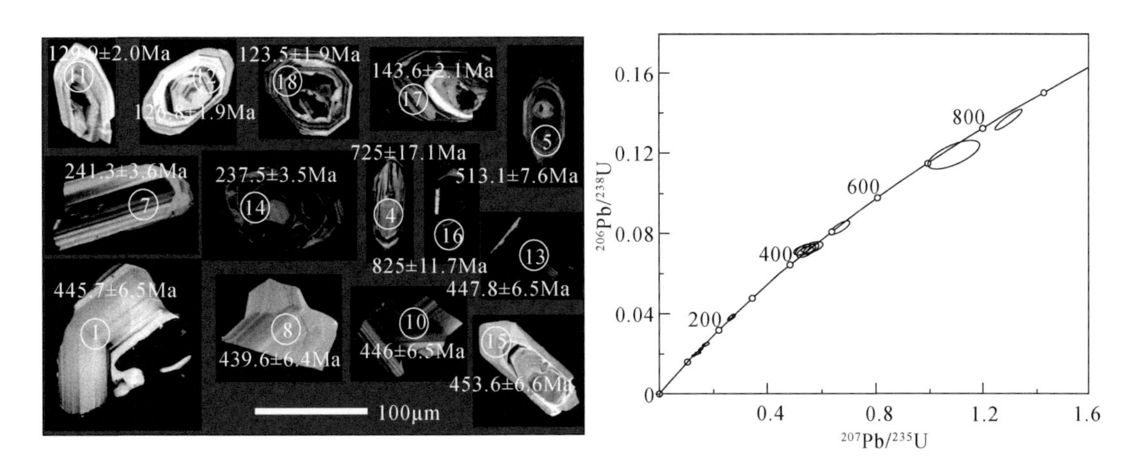

图 7-9　岚皋地区粗面岩锆石 CL 图像和锆石谐和曲线图

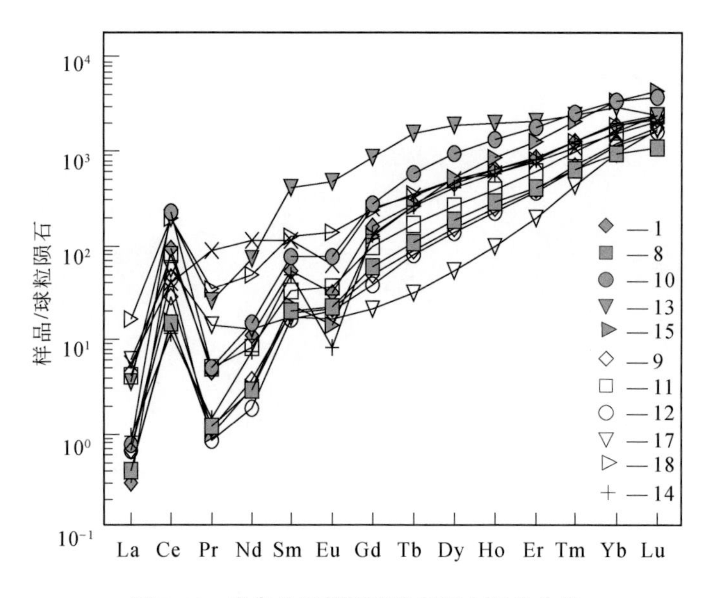

图 7-10　岚皋地区粗面岩锆石稀土配分曲线

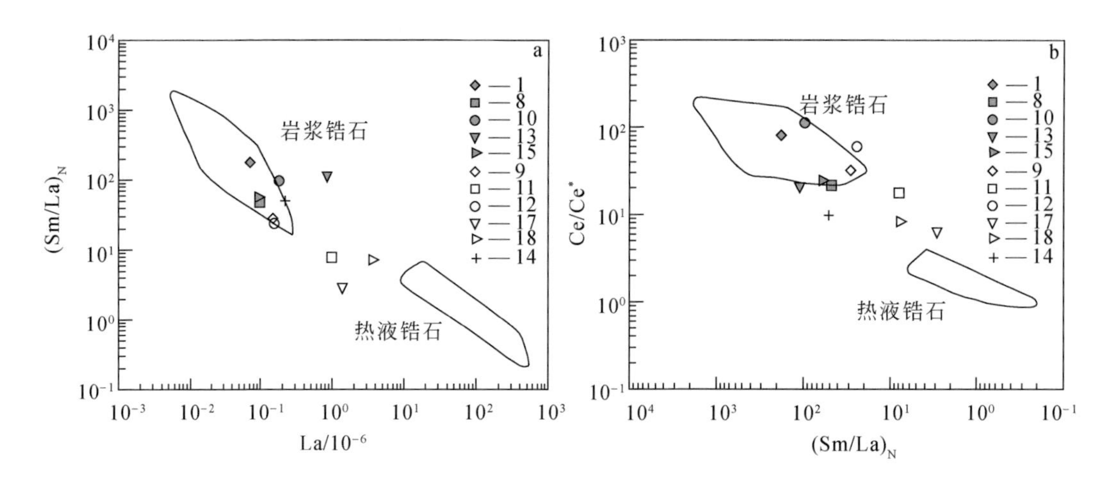

图 7-11　岚皋地区粗面岩锆石 $(Sm/La)_N$-La（a）和 Ce/Ce^*-$(Sm/La)_N$（b）判别图解

同时，我们采集岚皋县构坪村剖面底部粗面熔岩样品 12GPC1 进行磷灰石颗粒的 LA-MC-ICP-MS U-Pb 年龄测定。磷灰石呈六方柱、长柱状，粒径 80 ~ 300μm，不同磷灰石普通铅含量存在一定的差异，共测试 40 粒，但其中 33 个测试点均匀地分布在等时线上，线性很好，获得了 417±42Ma 的 U-Pb 等时线年龄（图 7-12）。因此，早古生代年龄（442.7±6.4Ma）可能代表了岩浆形成时代，形成时代为中-晚志留世。

根据上述对紫阳-岚皋地区碱性火山岩的剖面测量，本次确定了该区域碱性火山岩的火山-沉积序列，底部为块状熔岩，向上过渡为碎屑熔岩，再向上为火山碎屑岩，顶部为海相沉积岩，类似于弧内盆地的火山-沉积序列。同时锆石和磷灰石的 U-Pb 年龄显示这套火山-沉积岩石组合主要形成于中-晚志留世。

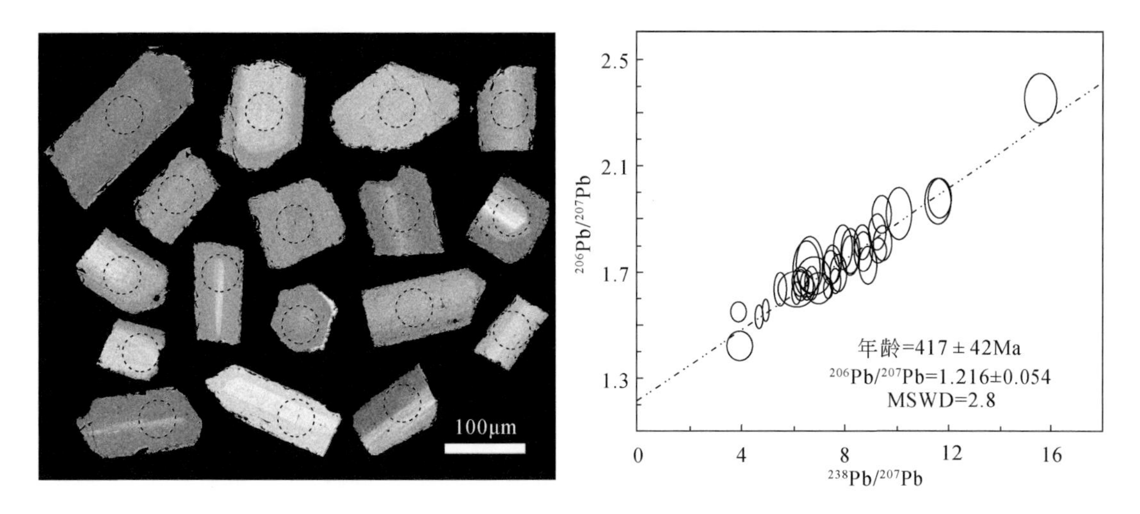

图 7-12　岚皋地区粗面岩磷灰石单矿物背散射图像和 LA-MC-ICP-MS U-Pb 等时线

第三节　北大巴山-大洪山地区与碱性岩有关的铌钽-稀土矿床

一、竹溪天宝铌钽矿床

天宝铌钽矿床位于竹溪县南部天宝乡，矿区地层均呈北西-南东走向，主要出露寒武-奥陶系竹山组地层、志留系大贵坪组和梅子垭组地层。竹山组岩性为深灰色粉砂质绢云母千枚岩、含钙粉砂质绢云母板岩夹绿片岩、灰绿色绢云母千枚岩及钙质板岩、条带状灰岩、泥晶灰岩；大贵坪组岩性为黑色含碳硅质板岩、碳质板岩、粉砂质含碳黏板岩、硅质板岩，夹粗面质火山碎屑岩及凝灰质砂岩；梅子垭组岩性以深灰色泥质板岩、粉砂质板岩为主，底部常见变粗面质火山碎屑岩、基性火山岩（图 7-13，图 7-14）。

矿区岩浆岩发育，主要为火山岩类，受区域构造控制，大致沿北西-南东向的曾家坝断裂呈北西向展布。位于南西的岱王沟一带以爆发相粗面岩类为主，天宝-泉河一带发育火山碎屑熔岩、沉火山碎屑岩，反映火山喷发中心位于岱王沟一带（图 7-15）。溢流相火山岩岩石类型包括粗面质熔岩、粗面质熔结凝灰岩、含角砾熔岩等；火山碎屑流相火山岩岩石类型有粗面质火山角砾岩、火山角砾质粗面岩、凝灰岩等；火山爆发崩塌相火山岩岩石类型有火山角砾岩、集块岩等；火山喷发沉积相火山岩岩石类型有粗面质凝灰岩、沉凝灰岩、粗面质玻屑凝灰岩、含岩屑碳硅质板岩等；浅成侵入相火山岩岩石类型有粗面岩、粗面斑岩；局部见隐爆角砾岩相的火山角砾岩。火山岩常见气孔、杏仁，局部见枕状构造。

区内构造较为复杂，主体发育一套自北向南的滑脱逆冲推覆构造，在露头尺度上表现为以顺层剪切滑脱和纵弯褶皱变形为特征的构造组合。断裂构造以曾家坝断裂为主断裂，

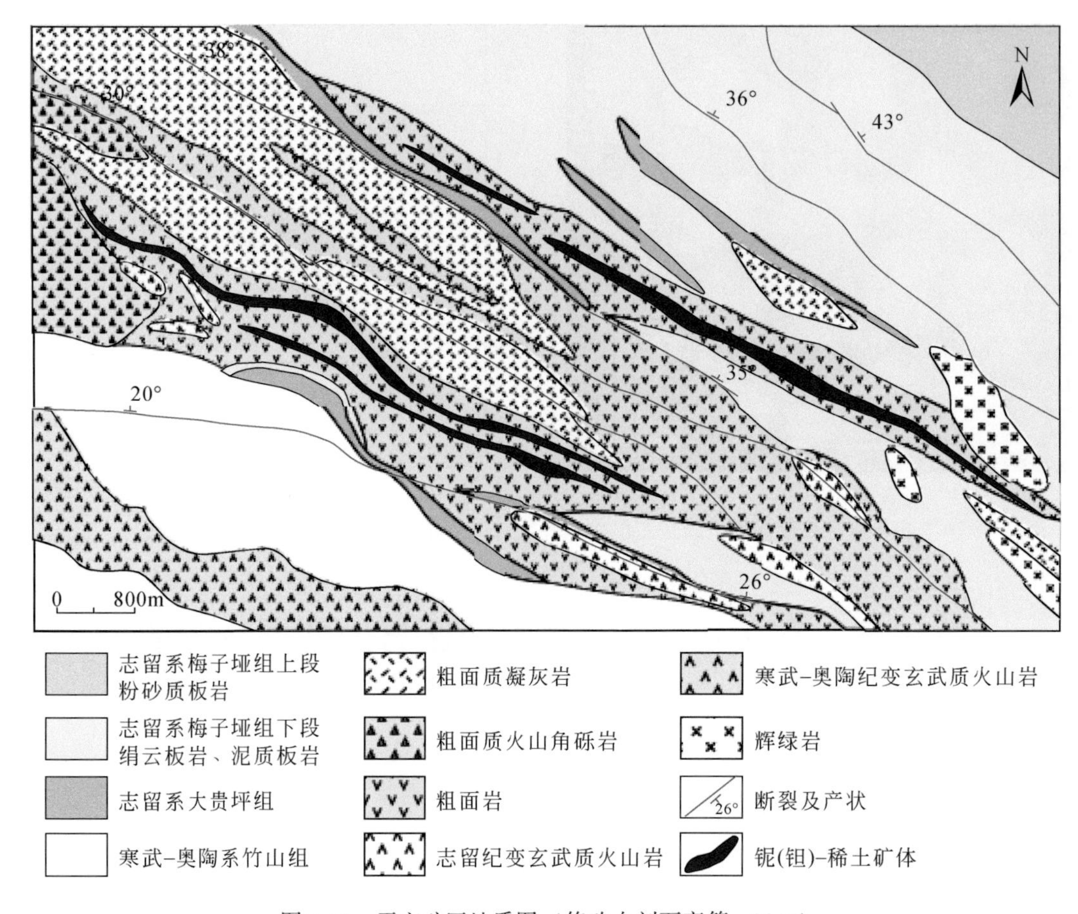

图 7-13　天宝矿区地质图（修改自刘万亮等，2015）

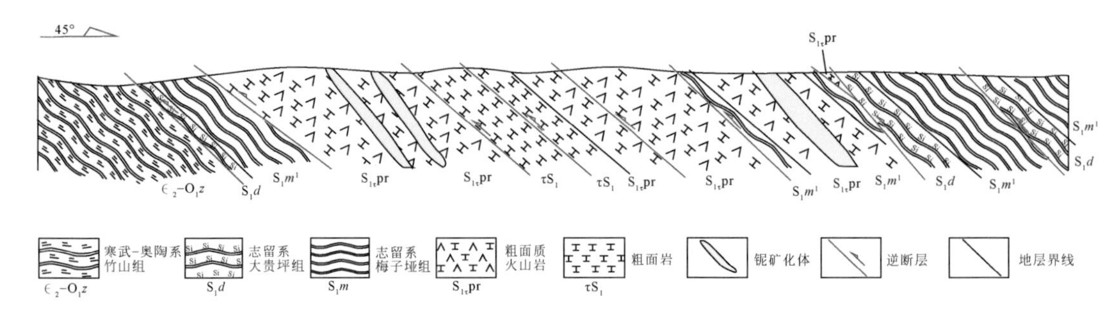

图 7-14　天宝矿区岩性剖面图

伴随一些次级断层，主断裂呈北西–南东向展布，主断面倾向北东，倾角较陡，一般为50°～70°，断层带为50～100m宽的破碎带，挤压特征明显，局部有多期活动特征。次级断层以一套逆冲推覆断层为主，倾向北东，倾角一般较缓，为25°～56°，断裂带宽0.5～35m不等（图7-13，图7-14）。

矿区内出露的火山岩以粗面质凝灰岩和粗面岩为主（图7-15a～c），并且在空间上由

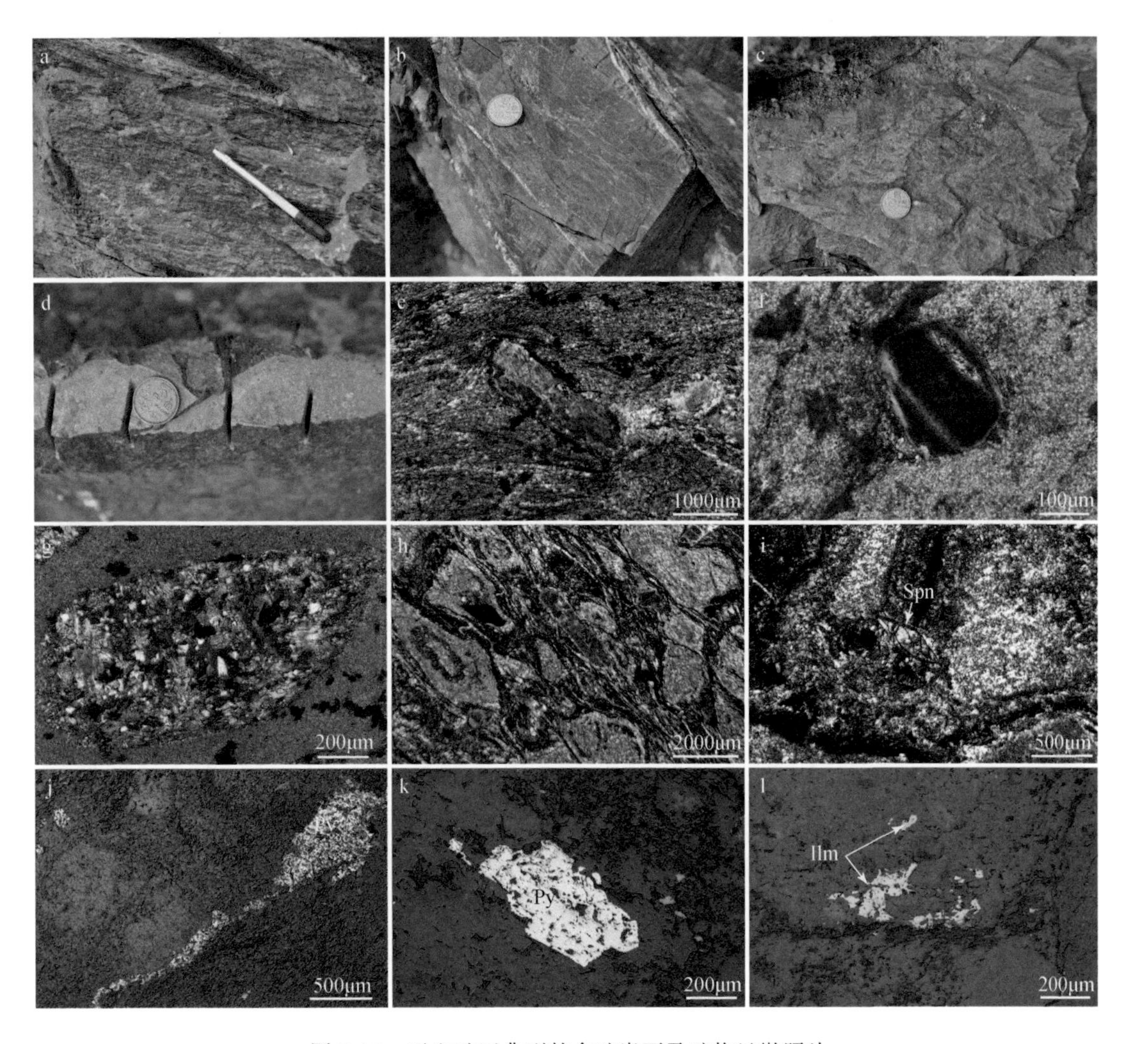

图7-15　天宝矿区典型的含矿岩石及矿物显微照片

a-含矿的粗粒粗面岩；b-粗面质凝灰岩；c-细粒粗面岩；d-含角砾的粗面岩；e-粗面岩中的长石斑晶；f-黑云母斑晶；g-岩屑；h-细小的粗面岩质角砾；i-粗面岩中的榍石；j-粗面质角砾岩中基质中的黄铁矿；k-粗粒粗面岩中的黄铁矿；l-钛铁矿；Ilm-钛铁矿；Py-黄铁矿；Spn-榍石

西向东粒度具有逐渐变粗的趋势，长石斑晶愈加明显，粒度也逐渐增大，岩性也有由粗面质凝灰岩→粗面质火山熔岩→含长石斑晶的火山熔岩→粗面岩的变化趋势，表明可能位于火山喷发的中部或是边缘相。

在天宝向泉溪方向出露的粗面质火山岩以粗面质角砾岩为主（图7-15d），可见有明显的角砾，角砾成分较为复杂，野外鉴定有粗面岩、板岩及少量灰岩。在这个路线内很少发育有火山凝灰岩或是火山熔岩，主要为火山爆发相物质，判断该区域可能离火山机构中心较近。区域内粗面质角砾岩中的铌、钽含量较高，明显高于粗面质凝灰岩和熔岩。同时在部分地区角砾的胶结物中可见有黄铁矿，而在凝灰岩和熔岩中均未见到硫化物，因此，推测可能是角砾胶结物中的铌、钽含量高而造成角砾岩中铌、钽含量高于凝灰岩和熔岩。

铌钽矿化矿体主要似层状、透镜状产出，位于志留系梅子垭组粗面岩类火山喷发旋回的中部，岩性为粗粒和细粒粗面岩、粗面质角砾岩、粗面质凝灰岩、粗面质熔岩、含钾长石斑晶粗面质熔岩。矿体底板为粗面质火山碎屑岩、角砾岩，以含角砾为特征，角砾成分复杂，主要有粗面岩类，次为灰岩、板岩等，为火山爆发相物质；顶板为粗面质火山碎屑岩、粗面质凝灰岩、硅质板岩（图7-14）。矿体产状与围岩一致，倾向为21°～55°，平均为38°，倾角为45°～57°，平均倾角为51°。

矿石类型主要有粗面岩、粗面质熔结凝灰岩、粗面质熔岩，少量为角砾状粗面质熔岩。岩石呈灰色-深灰色，块状构造，具流动构造、流线构造、角砾状构造；大多呈斑状结构（图7-15g，h），基质具微晶粗面结构、熔结凝灰结构。斑晶为钾长石、云母、角闪石（图7-15e，f），基质为显微碱性长石、黑云母、碱性闪石、次生石英、绿泥石，局部可见榍石、钠长石和碳酸盐矿物（图7-15i）。副矿物有黄铁矿、金红石、褐帘石、磷灰石、独居石、褐钇铌矿、含铁闪锌矿、易解石及铌铁矿等（图7-15j～l）。矿石中主要金属矿物为黄铁矿、含铁闪锌矿、含铌钛铁矿、铌铁矿、褐钇铌矿以及铌铁金红石，含铌矿物常充填于脉石矿物粒间或呈细脉状分布在岩石中（图7-17）。

通过详细的岩相学观察发现，长石是天宝矿区内出露的粗面岩最主要的造岩矿物之一，既有呈斑晶状产出的，也有呈细小的长石颗粒分布在基质中或是分布在粗面质岩屑中的（图7-15e～h）。天宝矿区的长石主要为碱性长石，如条纹长石等，极少量为斜长石。长石粒度在1～6mm，往往发育有双晶结构，但均发生了较为强烈的蚀变作用，表面形成细小的黏土矿物或绢云母（图7-15i）。电子探针分析结果显示，天宝矿区粗面岩中长石成分中SiO_2的含量为67.94%～68.57%，K_2O的含量为0.07%～0.10%，Al_2O_3的含量为19.12%～19.25%，Na_2O的含量为11.46%～11.64%。An的含量为4%～8%，Or的含量为4%～6%，Ab的含量为98.6%～99.5%，属于钠长石范畴（图7-16a）。

黑云母是天宝粗面岩另一种主要的造岩矿物，粒度为0.1～2mm，多呈自形-半自形，少量为他形（图7-15f）。部分黑云母呈斑晶状，部分细小的黑云母颗粒组成粗面岩的基质，分布在斑晶周边。同时，部分黑云母发生绿泥石化蚀变。电子探针分析结果显示，黑云母的成分如下：SiO_2含量为36.51%～37.11%，FeO含量为18.89%～19.61%，Al_2O_3含量为16.45%～17.25%，MgO含量为9.62%～10.77%，TiO_2含量为1.36%～1.53%，Na_2O含量为0.07%～0.12%，K_2O含量为10.17%～10.62%。在黑云母的分类图中，黑云母基本都位于富镁黑云母和镁黑云母区域，说明天宝粗面岩中黑云母具有富镁特征（图7-16b）。此外，天宝粗面岩中的黑云母具有较高的挥发分含量，如黑云母中F的含量在0.34%～1.02%，Cl的含量在0.07%～0.15%，而且从粗面质角砾岩、粗粒粗面岩到细粒粗面质凝灰岩中，黑云母中F、Cl等挥发分的含量逐渐降低，而这也与这些粗面质岩石中铌、钽矿化强度的变化趋势相一致。因此，我们认为含量较高的挥发分对于粗面岩中的铌、钽富集具有重要意义。

磷灰石是天宝粗面岩中一种重要的副矿物，分布十分广泛，几乎在所有的粗面质岩石中均有分布，多呈自形-半自形粒状或是短柱状，粒度在0.1～0.3mm，多呈散布状分布，部分磷灰石被黑云母包裹，也有部分磷灰石交代黑云母。电子探针分析结果显示，天宝粗面质岩石中磷灰石的CaO含量为53.75%～54.44%，P_2O_5含量为41.56%～43.17%，Cl含量为0.02%~0.05%，F含量为3.81%~4.40%，总体属于氟磷灰石。同时，磷灰石也表现出较高的F、Cl挥发分，而本次研究中的磷灰石均为磷灰石斑晶或是未蚀变的岩石中磷灰石，因此，可以初步判定所研究的磷灰石为岩浆磷灰石，而其较高的挥发分含量也可以间接地反映岩浆具有相对较高的挥发分含量。根据本次研究的岩浆磷灰石中较高的F、Cl挥发分含量，推测天宝矿区的粗面质岩浆也具有较高的挥发分，这也与黑云母斑晶表现出的岩浆特征相一致，而且这种较高的挥发分可能对于铌、钽元素在粗面质岩浆中的富集具有重要意义。

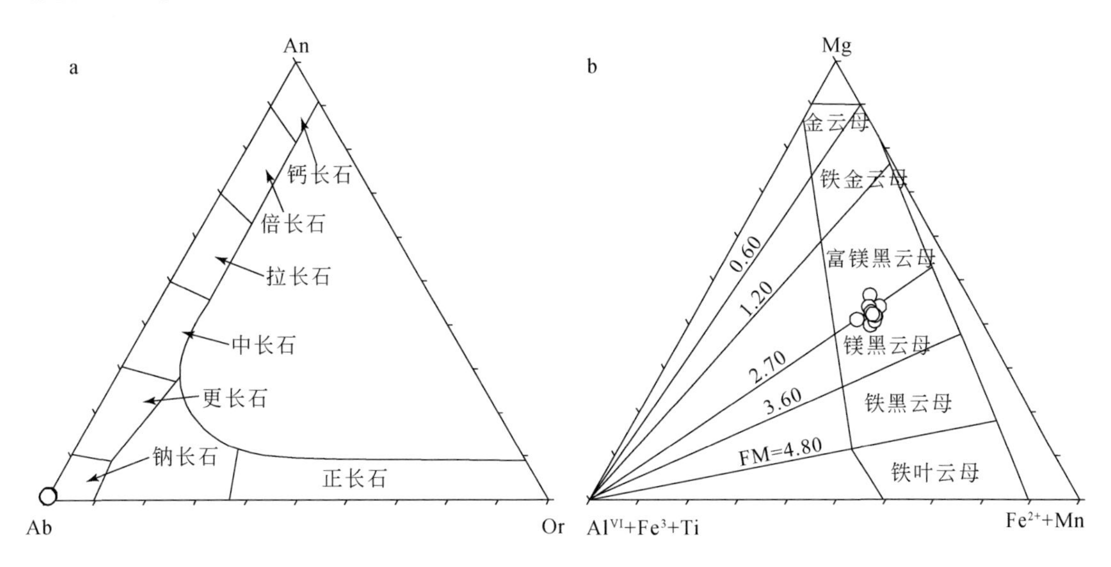

图7-16　天宝矿区含矿粗面岩中长石和云母成分

Ab-钠长石；An-钙长石；Or-正长石

对含矿粗面岩和粗面质角砾岩进行详细的扫描电镜和电子探针分析，可以发现天宝矿区中含有多种铌钽和稀土矿物（图7-17）。其中铌钽矿物主要是含铌金红石（图7-17g~i）和含铌钛铁矿（图7-17f），稀土矿物主要包含褐帘石（图7-17a，b，d）、易解石（图7-17b，c）和氟碳铈矿（图7-17e）。

铌金红石是天宝矿区最主要的含铌矿物之一，呈长条、不规则状分布在钠长石、黑云母、硫化物及碳酸盐矿物的间隙中，粒径为5~30μm。部分铌金红石和黄铁矿关系密切（图7-17g），但多数铌金红石主要分布在钠长石颗粒的周边（图7-17g，i）。铌金红石中Nb_2O_5的含量为22.73%~30.24%，Ta_2O_5含量为0.17%~1.16%，而且铌金红石中也含有较高的稀土元素含量，如Ce_2O_3含量为15.12%~18.17%，La_2O_3含量为2.35%~8.60%，Nd_2O_3含量为3.59%~10.53%，但均为较高含量的轻稀土元素，而重稀土元素含量较低。

含铌钛铁矿是天宝矿区另一种重要的含铌矿物，常常和榍石等伴生（图7-17f），而且与榍石具有成分的过渡性变化。根据其中Mn含量的高低又可进一步细分为含Mn较高的含铌钛铁矿和含Mn较低的含铌钛铁矿，其中含Mn较低的含铌钛铁矿常常分布在榍石的中间（图7-17f）。含铌钛铁矿中除了含有较高含量的TiO_2外，Nb_2O_5的含量在27.74%~27.77%，Ta_2O_5含量在0.47%~0.52%，而且含铌钛铁矿中也含有较高的稀土含量，如

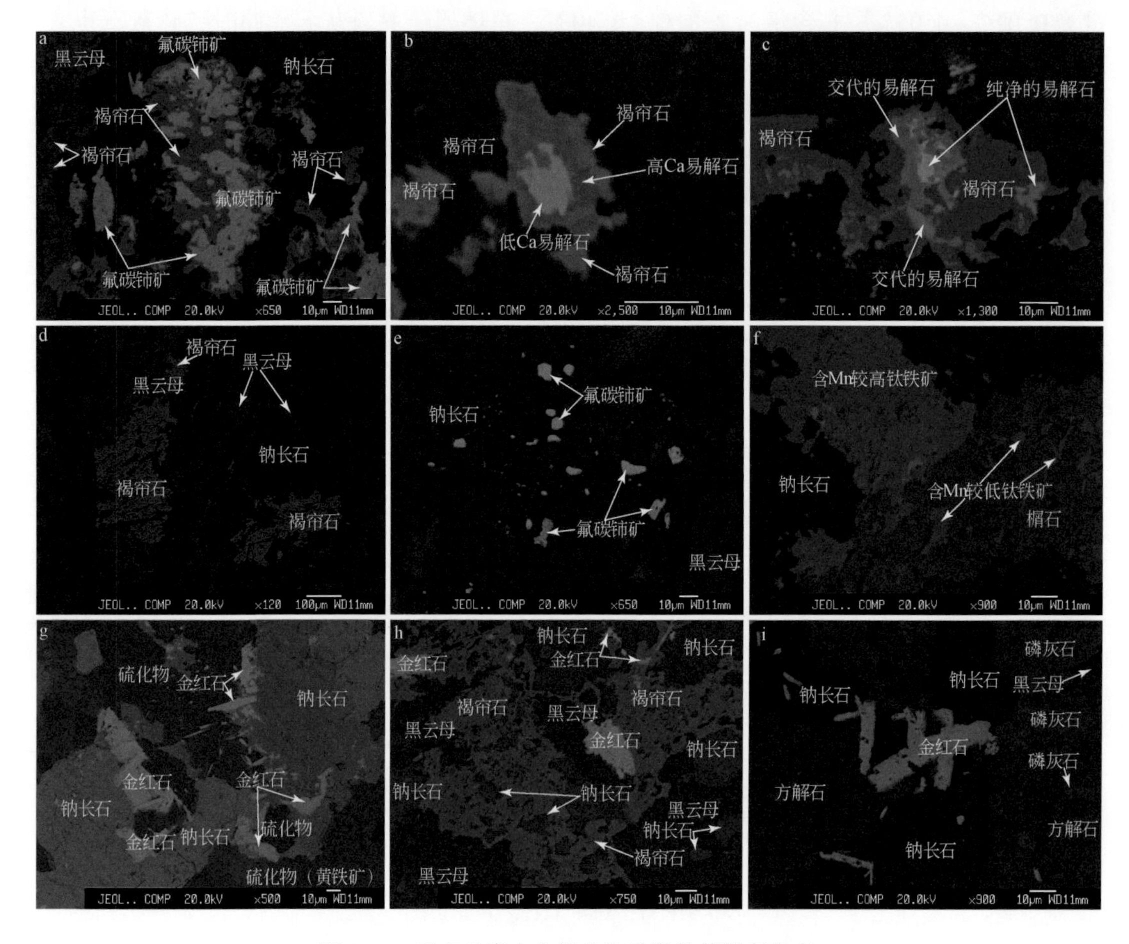

图 7-17　天宝矿床中含铌矿物种类及其赋存状态

Ce_2O_3 含量在 18.22%～20.93%，La_2O_3 含量在 7.55%～9.29%，Nd_2O_3 含量在 4.17%～5.43%。与含铌金红石类似，含铌钛铁矿也表现为含有较高的轻稀土元素含量，较低的重稀土元素含量。

易解石是天宝矿区最重要的含铌矿物之一，常常和褐帘石伴生（图 7-17b，c），分布在褐帘石的中部。根据成分的不同，又进一步可以分为低 Ca 易解石和高 Ca 易解石，其中低 Ca 易解石常常分布在褐帘石的最内部，而高 Ca 的易解石分布在低 Ca 易解石和褐帘石之间，这种矿物空间分布特征可能代表了成矿热液中成分的逐渐变化。易解石中 Nb_2O_5 的含量在 40.87%～41.79%，Ta_2O_5 含量在 0～0.14%，而且易解石中也含有较高的轻稀土元素含量，如 Ce_2O_3 含量在 29.64%～31.94%，La_2O_3 含量在 4.59%～6.32%，Nd_2O_3 含量在 11.73%～12.47%，Pr_2O_3 含量在 4.72%～5.93%。易解石重稀土元素含量也较低。

烧绿石在天宝矿区也有所出露，但是含量较低，只在局部地段偶见，而且矿物颗粒较小，常常被其他的含铌钽矿物所包围。通过详细的扫描电镜和电子探针分析也仅仅发现了几粒烧绿石，但是在发现的烧绿石中 Nb_2O_5 的含量很高，为 53.8%～62.27%，也是天宝矿区重要的含铌矿物之一。

天宝矿床中除了铌矿化外，还发育有轻稀土矿化，有褐帘石、氟碳铈矿和铈硅石。褐帘石是天宝矿区最主要的稀土矿物之一，分布也最为广泛，常常分布在黑云母、钠长石等硅酸盐矿物周边，尤其与黑云母关系最为密切（图7-17a，d），推测可能是由黑云母蚀变而形成。粒径大小不一，为10～40μm，并且常常包含有易解石和氟碳铈矿。褐帘石中SiO_2含量为34.6%～36.76%，FeO含量为10.32%～11.18%，Al_2O_3含量为11.23%～18.93%，MgO含量为0.07%～0.15%，TiO_2含量为0.12%～0.19%，Na_2O含量为0.09%～0.24%，Ce_2O_3含量为7.85%～14.89%，La_2O_3含量为8.16%～11.28%。褐帘石也表现为具有较高的轻稀土元素含量，较低的重稀土元素含量。

氟碳铈矿是天宝矿区分布最为广泛的一种稀土矿物，常分布在钠长石和黑云母矿物中或是与褐帘石密切共生（图7-17a，e）。独立分布在钠长石和黑云母中的氟碳铈矿常呈粒状、不规则状，粒径较小，为3～14μm，而与褐帘石共生的氟碳铈矿颗粒较大，粒径为10～50μm。而且与褐帘石共生的氟碳铈矿常常与易解石一同分布在褐帘石的内部，或是与褐帘石一同分布在黑云母等硅酸盐矿物中。氟碳铈矿主要含有轻稀土元素，而重稀土元素含量较低，具体表现为Ce_2O_3含量为29.1%～39.45%，La_2O_3含量为23.64%～37.69%。

铈硅石也是天宝矿床中一种重要的赋含轻稀土元素的矿物，但是矿物颗粒极小，而且出露很少。本次研究在多次电子探针和扫描电镜的分析下，也仅仅发现了很少量的铈硅石。但是铈硅石中含有较高的稀土元素，如Ce_2O_3含量为33.64%～35.5%，La_2O_3含量为13.69%～18.39%，Nd_2O_3含量为8.22%～12.37%。

除了上述的褐帘石、氟碳铈矿和铈硅石外，天宝矿床还含有少量的独居石和磷钇矿等富含稀土元素的矿物，但是这些矿物颗粒普遍较小，粒度小于现有的分析测试的下限，而且这些矿物分布很少，只是在局部地段偶见。因此，在研究过程中并未对其进行详细的成分分析。

天宝矿床是新发现的铌钽矿床，缺乏精确的同位素年代学数据来限定其成矿时代。因此，选取天宝矿区中含矿的粗粒粗面岩和细粒粗面岩进行了锆石LA-ICP-MS U-Pb定年。两件样品的锆石颗粒呈柱状、不规则状，粒径在60～150μm，CL图像显示具有明显的振荡环带（图7-18）。粗粒粗面岩共测试了10个数据，其中有5个锆石年龄构成了448±12Ma的谐和年龄。其余5个数据年龄介于583～2423Ma，偏离了谐和曲线，但是均位于U-Pb年龄上下交点年龄演化线上（图7-18）。同时，细粒粗面岩选取了21个锆石颗粒进行U-Pb测年，但年代跨度较大，介于456～2574Ma，其中有2颗锆石构成了458±8.9Ma的加权平均年龄，其余的19个锆石颗粒均位于U-Pb年龄上下交点年龄演化线上，并形成了2633±43Ma的上交点年龄（图7-18），该年龄说明这些锆石可能为继承性锆石，说明粗面岩的岩浆在演化过程中可能有古老的地壳物质混入。同时，结合本次对粗粒和细粒的粗面岩U-Pb测年结果，天宝矿区含矿的粗面质岩浆主要形成于448～458Ma，属于古生代岩浆活动，与安康紫阳-岚皋地区的碱性岩浆岩形成于同一时代。

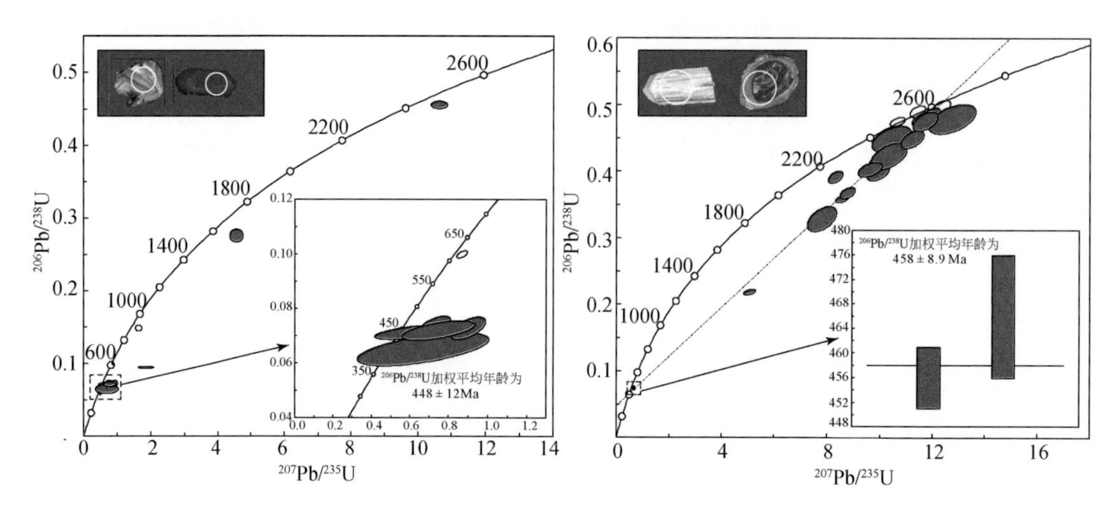

图 7-18　天宝矿床中含矿粗面岩的锆石 CL 图像和 LA-ICP-MS U-Pb 年龄谐和图

同时选取了新鲜的粗面岩进行岩石地球化学分析。结果显示，天宝地区的粗面岩中 SiO_2 含量介于 53.00%～58.46%，K_2O 含量为 3.45%～7.76%，Al_2O_3 含量为 18.31%～21.1%，Na_2O 含量为 3.18%～7.29%，Fe_2O_3 含量为 0.44%～2.19%，FeO 含量为 2.32%～2.96%，MgO 含量为 0.44%～2.19%。在 SiO_2-(K_2O+Na_2O) 配分图上，绝大多数样品都位于粗面岩/粗面英安岩区域，只有很少量样品在碱玄质响岩和粗面安山岩区域中（图 7-19a），

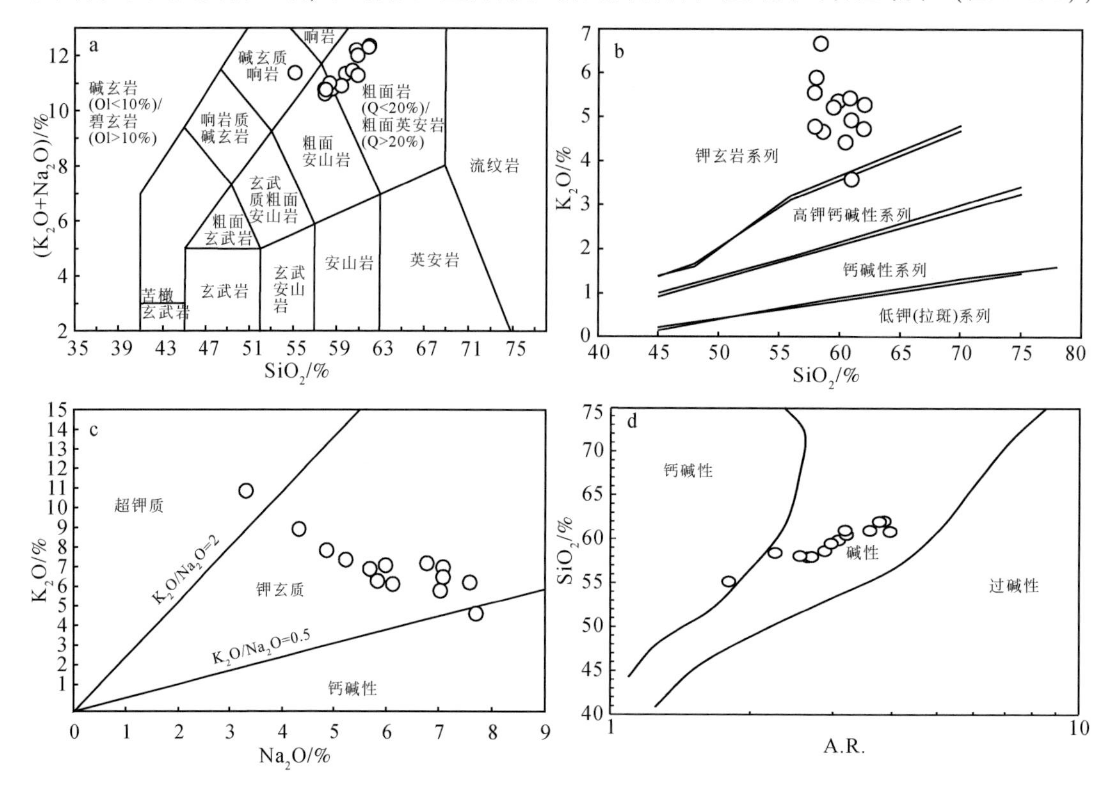

图 7-19　天宝含矿粗面岩的岩石特征划分图

根据粗面岩地球化学数据可以得出本次研究的粗面岩中石英（Q）含量<20%，因此，本次研究的样品主要为粗面岩。同时在 SiO_2-K_2O 配分图中（图7-19b），绝大多数样品都位于钾玄岩系列，只有一个样品位于钾玄岩和高钾钙碱性系列的过渡区域。在 K_2O-Na_2O 配分图（图7-19c）上，样品也主要位于钾玄质区域。在 A. R. -SiO_2配分图（图7-19d）上，所有样品都位于碱性岩区域，只有一个样品分布在钙碱性和碱性岩之间。综合上述地球化学特征，说明天宝地区的粗面岩都具有碱性、高钾特征。

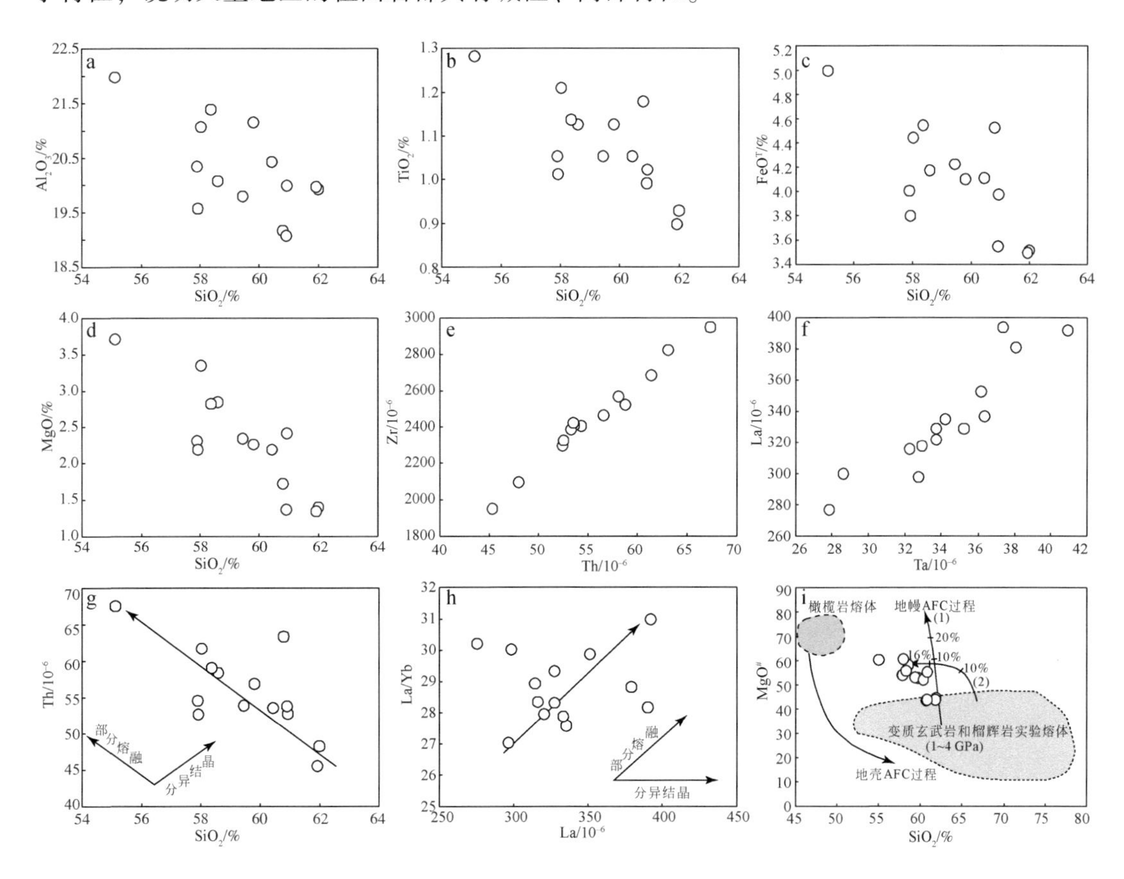

图7-20　天宝矿床含矿粗面岩的 SiO_2 含量与主量、微量元素协变图

天宝矿床中的粗面岩在 SiO_2与 Al_2O_3、TiO_2、FeO^T和 Zr、La 等元素的协变图中表现出较为连续的变化趋势（图7-20），说明天宝矿床的粗面岩在岩浆演化过程中保持了连续的演化趋势。同时在 SiO_2-Th（图7-20g）及 La-La/Yb（图7-20h）图解中，天宝的粗面岩表现出明显的部分熔融特征，说明天宝粗面岩在岩浆形成过程中以部分熔融作用为主，并未发生明显的分异结晶作用。同时，在 SiO_2-$MgO^{\#}$图解（图7-20i）中，天宝的粗面岩位于地幔演化线上，明显偏离了地壳演化趋势线，说明天宝的粗面岩在形成过程中可能以地幔物质为主。

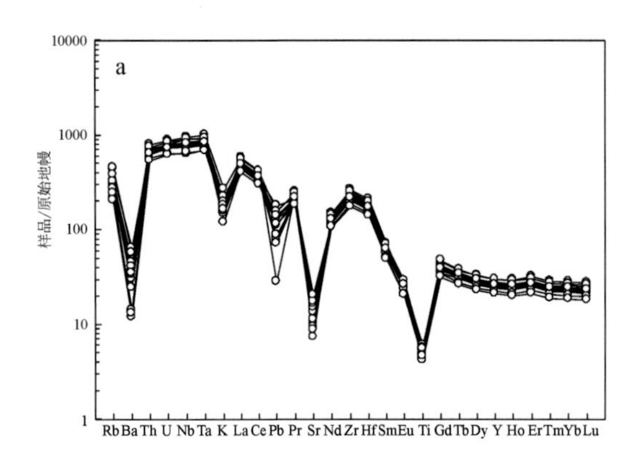

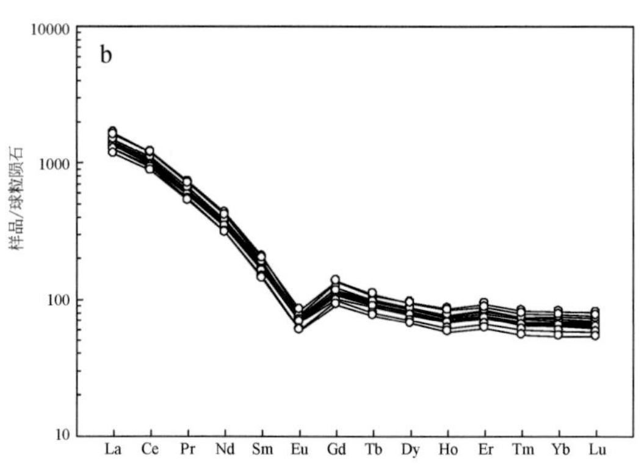

图 7-21　天宝矿床含矿粗面岩的微量元素（a）和稀土元素（b）配分图

在微量元素特征上，天宝粗面岩亏损大离子亲石元素（如 Ba、Pb），富集高场强元素（如 Nb），同时表现出较为强烈的 Sr、Ti 亏损（图 7-21a）。在稀土元素特征方面，天宝粗面岩表现出强烈的轻重稀土分异特征，轻稀土富集，重稀土亏损，并且所有的样品均表现出强烈的负 Eu 异常（图 7-21b），而这种 Eu 的负异常可能是由岩浆源区中斜长石的残留引起的。

在 $Mg^{\#}$-(CaO/Al_2O_3) 图解中，天宝粗面岩显示出其岩浆源区中具有橄榄石、斜方辉石和斜长石的残留特征（图 7-22a，b）。在 Nb/Y-Th/Y 图解中，天宝粗面岩所有的样品均位于 Th/Nb=1 的趋势线附近，位于 OIB 区域，远离上地壳成分，说明天宝粗面岩的岩浆源区中以幔源物质为主，可能混有少量地壳成分（图 7-22c）。在 Nb/Yb-Th/Yb 图解中，天宝粗面岩也位于地幔演化区域，同样也位于 OIB 区域，并表现出地壳混染特征，也进一步说明岩浆源区中有地壳物质的混入（图 7-22d）。天宝粗面岩的 Hf 同位素表现出较大的变化范围，其中新元古代—太古宙的锆石颗粒显示与南秦岭中元古代—太古宙岩浆岩相似的分布区域，而古生代的锆石 $\varepsilon_{Hf}(t)$ 变化范围较大，为 $-13.0\sim3.1$，总体小于 -3.5（图 7-23）。这一特征说明天宝粗面岩的岩浆源区以幔源物质为主，混有少量的壳源物质。

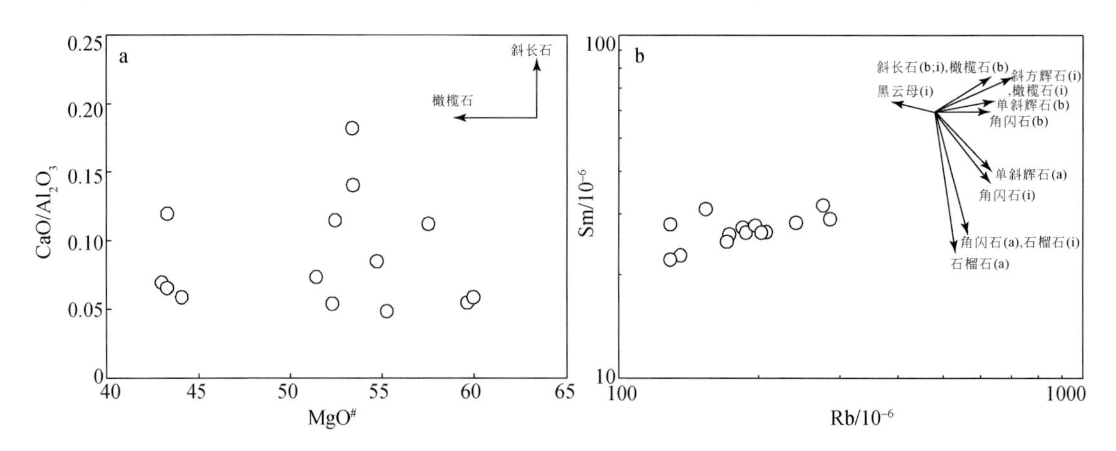

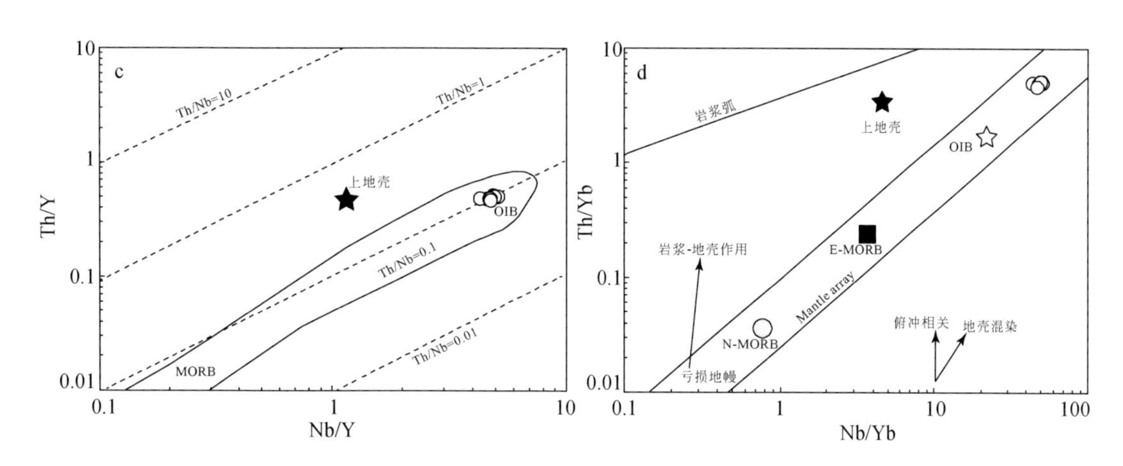

图7-22　天宝矿床含矿粗面岩 MgO-CaO/Al_2O_3（a）、Rb-Sm（b）、Nb/Y-Th/Y（c）、Nb/Yb-Th/Yb（d）图解

OIB-洋岛玄武岩；MORB-洋中脊玄武岩；E-MORB-富集洋中脊玄武岩；N-MORB-正常洋中脊玄武岩；Mantle array-地幔演化趋势线

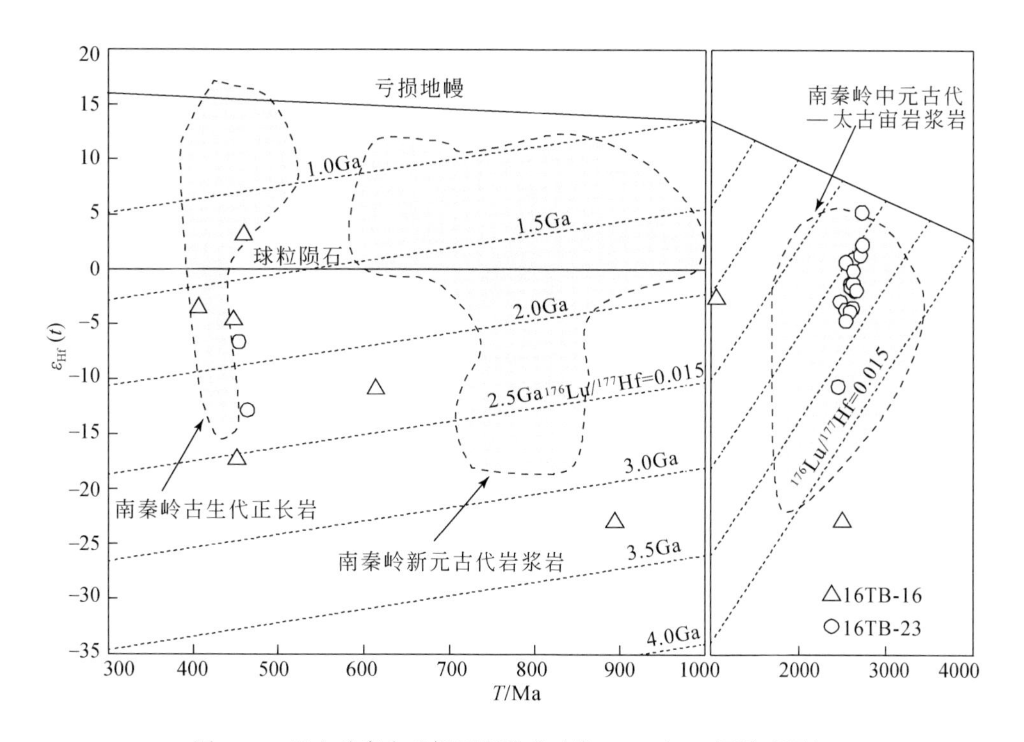

图7-23　天宝矿床含矿粗面岩形成时代（*T*）与Hf同位素图解

天宝矿床的粗面岩在La/Yb-Dy/Yb图解中（图7-24a）位于尖晶石相和石榴子石相地幔部分熔融混合曲线附近，而且均位于含金云母的尖晶石方辉橄榄石部分熔融区域附近。同时，在Sm-Sm/Yb图解（图7-24b）中，天宝粗面岩表现出富集地幔特征，介于尖晶石+石榴子石二辉橄榄岩和尖晶石二辉橄榄岩趋势线之间。这些特征都说明天宝粗面岩的岩浆可能主要起源于具有尖晶石方辉橄榄石特征的地幔。

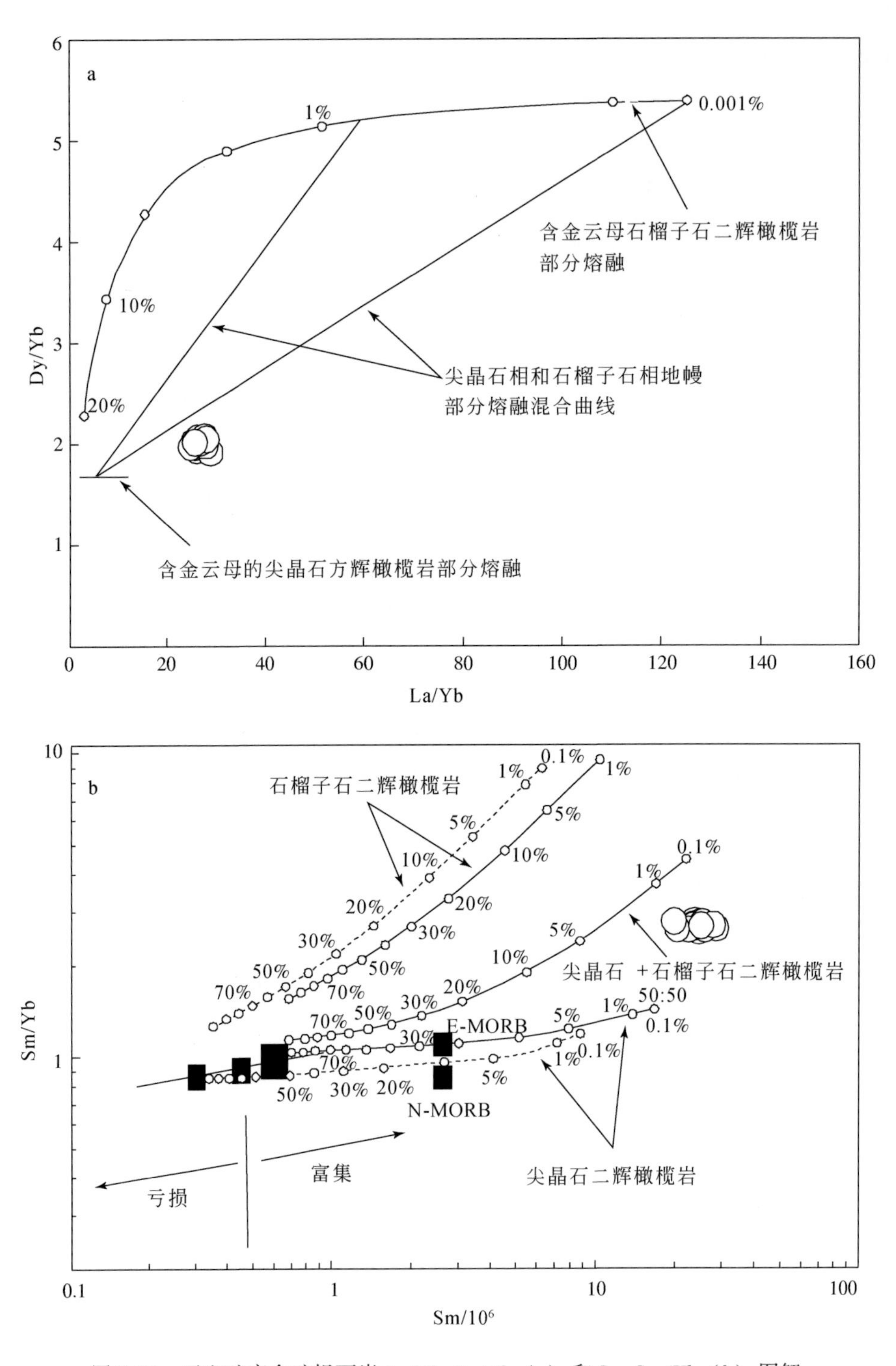

图 7-24　天宝矿床含矿粗面岩 La/Yb-Dy/Yb（a）和 Sm-Sm/Yb（b）图解

北大巴山地区碱性火山-岩浆作用极为发育，根据岩石组合可分为三类：以辉长-辉绿岩为主的镁铁质侵入岩、碱质基性-超基性潜火山杂岩和碱质中酸性粗面岩-正长斑岩组合

(黄月华等，1992)。这些岩体均呈北西-南东向发育于石泉-安康断裂和城口断裂间的早古生代地层中，与区域构造线方向一致。长期以来被认为具有大陆裂谷环境“双峰式”火山岩组合特征（孔繁宗等，1986；李育敬，1989；黄月华等，1992；徐学义等，2001；张成立等，2002，2007)。这些碱性岩早期被认为都是早古生代岩浆作用产物（黄月华等，1992；杨钟堂等，1997)，而最新研究表明这些火山-岩浆作用可持续到晚古生代（王刚，2014；张英利等，2016)。关于其形成环境有被动大陆边缘洋盆（向忠金，2010）和弧后盆地（王刚，2014）两种不同认识。其形成时代主要依靠火山-沉积岩系内部或与火山岩互层的地层中化石证据，多为早志留世—中志留世的笔石、珊瑚、苔藓虫和几丁虫化石(滕人林和李育敬，1990；雒昆利和端木和顺，2001；闫臻等，2011；王刚，2014)。

本研究对天宝粗面岩锆石定年显示其形成于早古生代，而且天宝粗面岩均表现出明显的洋岛玄武岩特征，同时岩浆源区中以具有方辉橄榄岩特征的地幔物质为主，混有少量的地壳物质，这些都说明天宝粗面岩形成于一种张性环境。区域拉张作用影响，使得地幔物质上涌，并混有少量的壳源物质，从而形成了天宝矿区内含矿的粗面岩。天宝粗面岩在演化过程中表现出明显的同化混染与分离结晶作用，并表现出较高的分异程度，而且天宝粗面岩显示出较高的挥发分特征。岩浆演化过程中，不相容元素易在熔体中富集，而高度分异的碱性岩中常富含 Nb-Ta、稀土、F、V 等元素，主要赋存于粗面岩、正长岩和碳酸岩组成的碱性火山杂岩中，同时高挥发分也有利于 Nb-Ta、稀土等元素在熔体中富集成矿。因此，本研究认为天宝铌钽矿床主要形成于早古生代，在张性环境下地幔物质上涌，引起少量上覆地壳的熔融，形成区域内粗面质岩浆。同时这种粗面质岩浆在演化过程中经历了高度分异过程，并含有大量的挥发分，而这种岩浆特征使得铌钽、稀土等元素在粗面质岩浆中富集，从而形成天宝矿床。

二、平利朱家院铌钽矿床

朱家院铌钽矿床位于平利县朱家院地区，大地构造位置上位于南秦岭造山带南缘北大巴山弧形构造带内，东邻武当隆起，北界为安康断裂，南界为城口断裂（图 7-25a，b)。北大巴山逆冲构造带以红椿坝-曾家坝断裂为界，可进一步划分为南北两个亚带（图 7-25b)。北亚带主要出露中新元古界变质基底和下古生界沉积盖层。中-新元古界基底主要出露在西部的凤凰山隆起、中部的平利隆起和东部的武当山隆起的核部，包括郧西群、武当山群和耀岭河群，由绿片岩相变质火山-沉积岩系组成，在凤凰山和平利隆起中，早期喷发的陨西群分布于隆起的中部，晚期喷发的耀岭河群分布于隆起的边缘；在武当山隆起中，武当山群分布于中部，耀岭河群分布于边缘（张国伟等，1995；夏林圻等，2008)。盖层主要由下古生界地台相碳酸盐岩组成，包括寒武系灰岩、白云岩、砂岩、粉砂岩和页岩，奥陶系灰岩和页岩，志留系砂岩、粉砂岩、页岩和灰岩等（李建华等，2012)。南亚带主要出露新元古界和下古生界，包括震旦系灯影组和陡山沱组灰岩、白云岩和粉砂岩，寒武系灰岩、砂岩和页岩，奥陶系灰岩和页岩，志留系砂岩、粉砂岩和页岩等（李建华等，2012)。

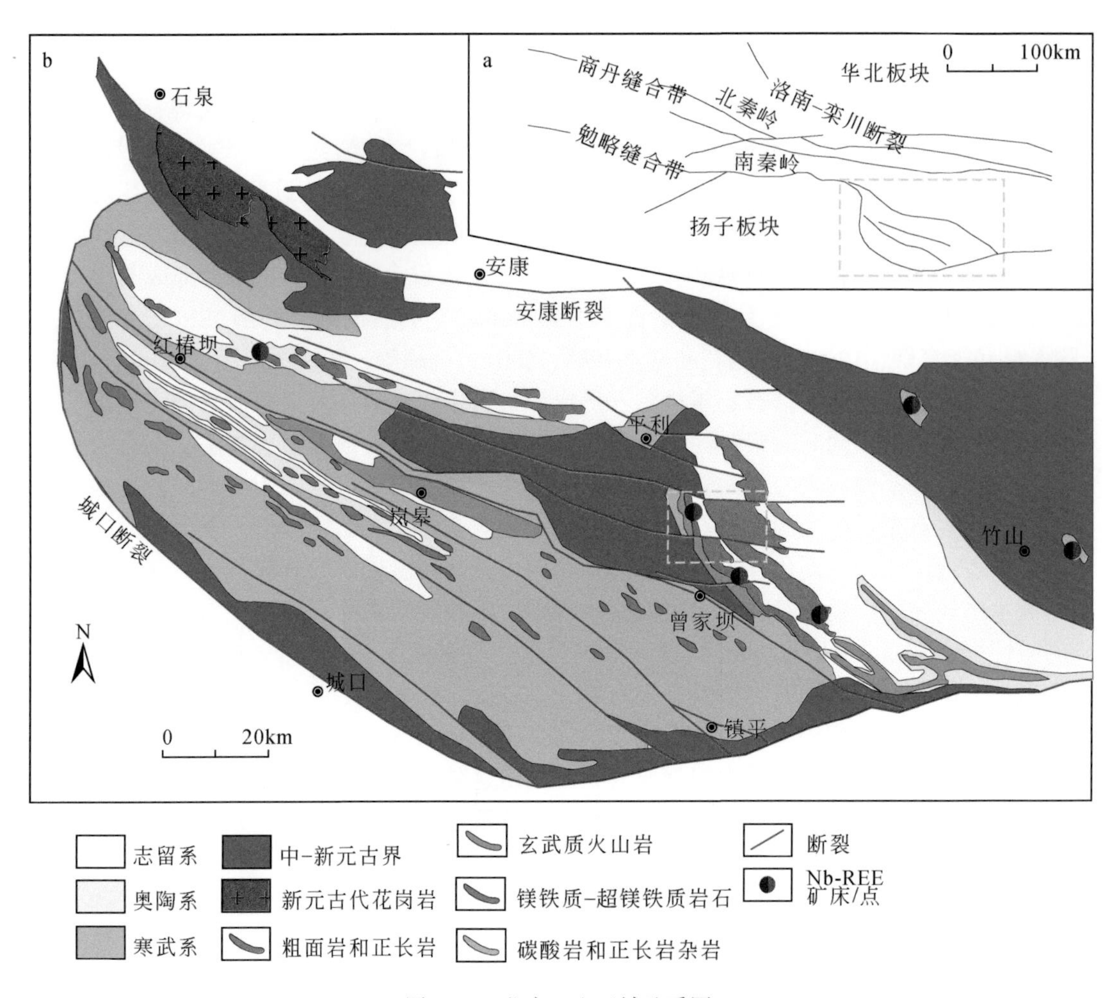

图 7-25　北大巴山区域地质图

区域内断裂主要有大巴山断裂、红椿坝-曾家坝断裂、高桥-太极度断裂、石泉-安康断裂，均为区域性多期活动深大断裂（图 7-25b）。在这些断裂中红椿坝-曾家坝断裂是北大巴山逆冲推覆带内发育的一条规模较大的断裂，该断裂带南北两侧构造变形强度及变形样式均存在明显差异，由北向南，构造变形强度总体呈减弱趋势，变形样式由韧性剪切和构造置换为主逐渐变化为逆冲断层的叠瓦式堆叠及断层相关褶皱为主。伴随着深大断裂，本区褶皱构造非常发育，较大的有牛山-凤凰山复背斜、轿顶山-平利复背斜、高滩-兵房街复向斜褶皱区等（丁宇，1993）。

区域内岩浆作用较为发育，包括新元古代、古生代到中生代的岩浆作用。新元古代铁瓦殿岩体主要分布于凤凰山周缘（图 7-25b），主要包括细碧岩类和石英闪长岩类，岩石侵入新元古代郧西群及耀岭河群火山岩中，LA-ICP-MS 锆石 U-Pb 同位素结果显示，该岩体侵位年龄为 704 ~ 742Ma。晚古生代岩浆岩包括超基性、基性、中性的亚碱性-碱性侵入岩及火山岩，基性辉绿岩、辉绿玢岩主要分布于红椿坝-曾家坝断裂以南，在高桥-太极度断裂附近密集分布，多侵入震旦纪—奥陶纪不同层位之中（滕人林和李育敬，1990；丁宇，1993）（图7-25b）；玄武质火山岩以岚皋地区为主，沿红椿坝-曾家坝断裂呈北西-南东向展布，与下伏寒武系及奥陶系（权河口组或高桥组）断层接触，在岚皋县西北部与上覆中志留统（陡山沟组）整合接触（张成立等，2002；陈友章等，2010；王刚，2014；向忠金等，2016）（图7-25b）；粗面质火山岩大多分布于红椿坝-曾家坝断裂以北及轿顶山东部地区（丁宇，1993）。晚古生代岩浆岩大多数呈脉状顺层分布于下古生界中，少数切层侵入，产状以单斜岩体为主，少数为复式单斜岩体、岩墙（图7-25b）（丁宇，1993）。中生代岩浆活动，以本区北侧宁陕岩体为代表，主要沿石泉-安康大断裂两侧分布。在牛山-凤凰山背斜核部及两侧，从中-新元古界到志留系分布有较多的花岗岩、花岗闪长岩和石英脉，其中广泛分布着金矿化。区内岩浆活动具有以下几个特点：①火山岩与侵入岩均发育；②时间跨度较长，从新元古代到中-晚志留世均有岩浆活动；③岩浆作用类型与构造位置关系密切，不同类型的火山岩和脉岩只产于特定的环境中。

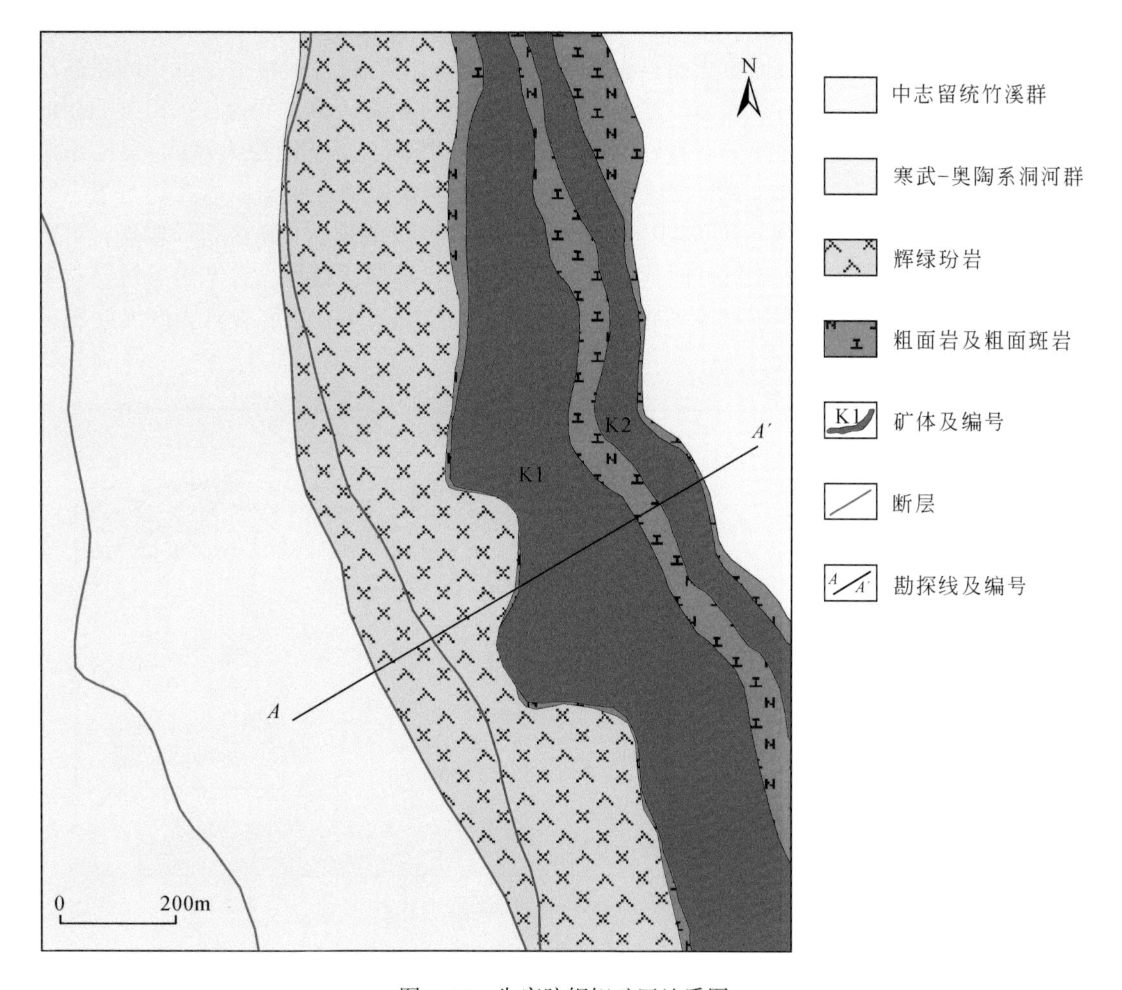

图7-26　朱家院铌钽矿区地质图

朱家院铌钽矿床位于陕西省平利县南东方向，距县城约10km处。大地构造位置位于红椿坝-曾家坝断裂以北，平利隆起东侧（图7-25b）。区内地层由老到新，依次出露的地层为震旦系耀岭河群、震旦系郧西群上亚群、寒武-奥陶系洞河群、下志留统梅子垭组、中志留统竹溪群（图7-26）。耀岭河群和郧西群由绿片岩相变质-沉积火山岩系组成；寒武-奥陶系洞河群主要为黏土质板岩、灰质板岩、碳质板岩和灰岩等；下志留统梅子垭组，分布在矿区东缘，面积较小，岩性主要为泥质板岩、砂质板岩，含碳质条带泥质板岩、间夹薄层状砂岩、砂质灰岩；中志留统竹溪群岩性为绢云母板岩、泥砂质板岩、灰色-浅灰绿色泥质板岩夹生物礁灰岩（魏东等，2009；张文高等，2016）。

矿区构造较为发育，较大的褶皱是平利复背斜次级背斜-朱家院子背斜。背斜轴向北北西-南南东（图7-25b），轴面倾向北东。其核部为下志留统梅子垭组。两翼为中志留统竹溪群。该背斜为倒转背斜。地层倾角50°～70°；层间小褶皱较为发育（魏东等，2009）。断裂方面，分别位于矿区南北两侧的东西向区域性断裂广佛寺-闹阳坪断裂和石门沟-金石-竹溪断裂（图7-25b）所控制的北西-南东向次级断裂木瓜沟-鲁家坡-野人寨断裂构成了矿区的主要断裂（图7-26）（张文高等，2016）。

矿区岩浆岩主要包括粗面质火山岩和辉绿玢岩。粗面质岩石主要包括溢流相的粗面质熔结凝灰岩、含角砾熔岩、粗面质熔岩等；浅成侵入相的正长（斑）岩等；火山沉积相的粗面质火山角砾岩、凝灰岩等。岩石在空间上显示层状特征，下伏地层为寒武-奥陶系洞河群，上覆中志留统竹溪群（图7-27）。值得注意的是，紫阳地区粗面质岩石均与下志留统斑鸠关组（大贵坪组）地层组成韵律或呈岩被产出，这可能暗示了矿区粗面质岩石可能与紫阳地区粗面质岩石形成于同一时代。辉绿玢岩同样显示层状特征，且产出层位与岚皋地区玄武质火山岩相似，产于志留系底部，辉绿玢岩在空间上多在粗面岩西侧产出（王云斌，2007）（图7-27）。

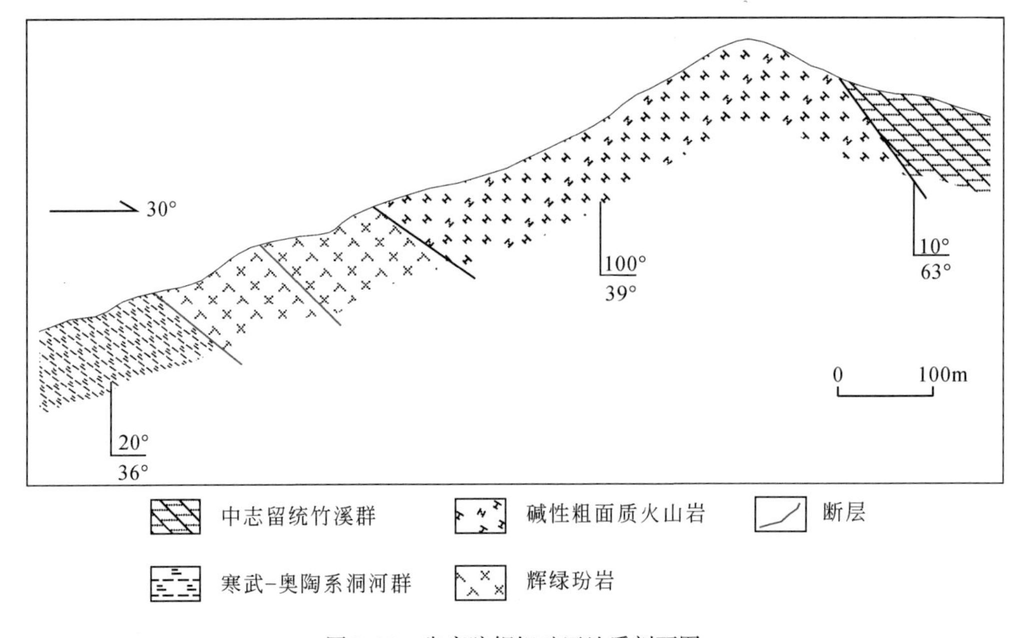

图7-27　朱家院铌钽矿区地质剖面图

矿区共圈定矿体2条，主要呈似层状、透镜状产出于上述粗面质火山岩中，主要赋存于熔结凝灰岩、粗面岩中（图7-26）。矿体与围岩、夹层的产状、形态等特征区别不明显，仅化学分析品位存在差异。矿石主要呈脉状、网脉状构造（图7-28），野外及显微镜下观察不同种类脉体之间的切穿关系可知，脉体的主要种类及生成顺序依次为石英脉、黄铁矿脉、方解石脉、黑云母脉（图7-29）。

图7-28　朱家院铌钽矿石照片

朱家院铌钽矿床主要赋存在粗面质岩石中，本研究在对朱家院铌钽矿床进行详细的地质调查的基础上，对粗面岩中黑云母和主要铌钽矿物进行矿物成分和赋存状态分析。朱家院地区的粗面质岩石多呈斑状结构、块状构造。斑晶矿物主要为正长石和斜长石，其次为黑云母。基质主要由正长石、钠长石和黑云母组成。岩石斑晶和基质均遭受不同程度蚀变，主要蚀变类型包括钠化、钾化、碳酸盐化、绿泥石化和绿帘石化等。

1. 黑云母

黑云母是朱家院铌钽矿床粗面岩中的主要造岩矿物之一，而且朱家院地区粗面岩中的黑云母斑晶常具净边结构。岩石在交代蚀变过程中，原岩中的斑晶矿物可以作为“继承性矿物”参加相平衡，它们为了适应新的物理化学条件，往往在矿物成分或晶格参数上发生改变，净边结构就是该过程中产生的一种岩石结构，表现为“继承性矿物”的四周边缘被变化很弱的“洁净”的同种矿物所交代改造。显然，对具有这种结构的矿物进行微区成分分析能够有效地反映交代蚀变过程中流体的演化情况，同时能够确定原生矿物和热液交代矿物的矿物成分，这对于岩石学和矿床学的研究都有着十分重要的意义。

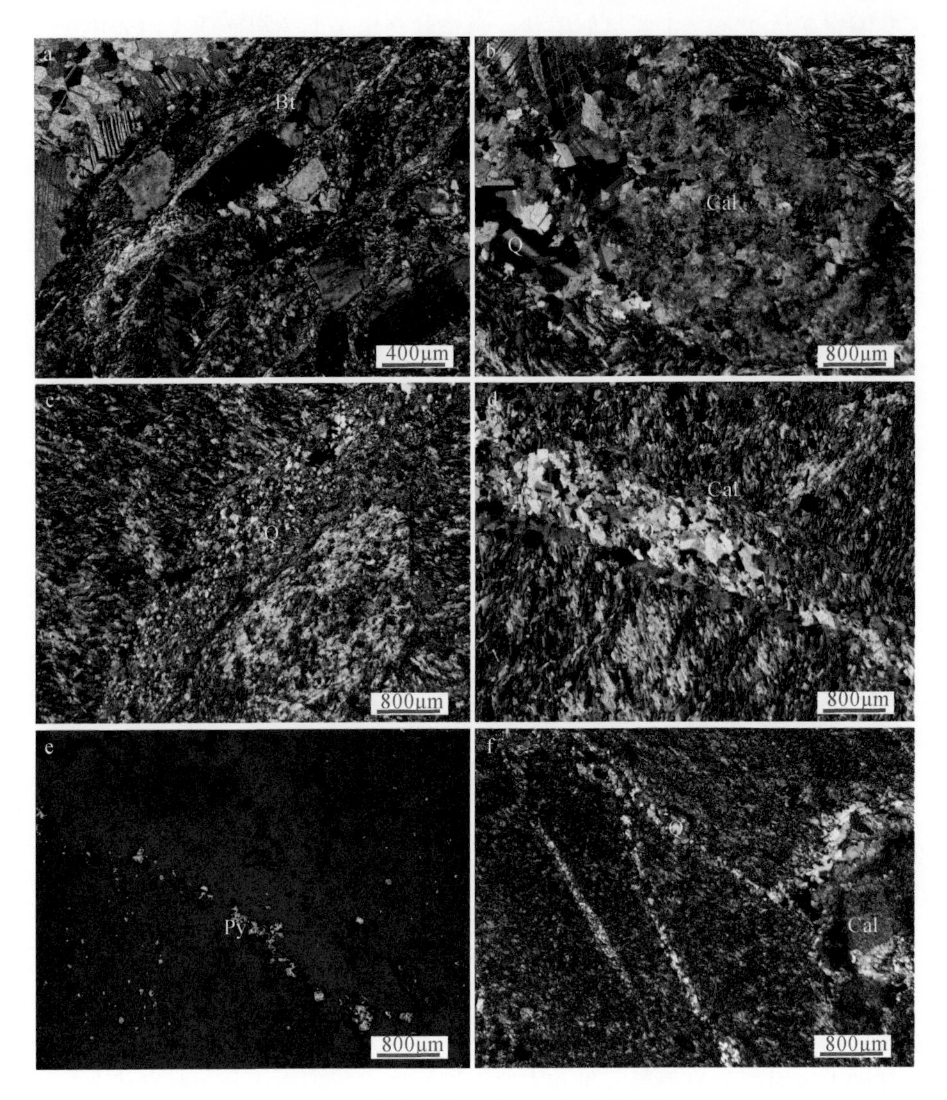

图 7-29　朱家院铌钽矿石矿物显微照片

Bt-黑云母；Cal-方解石；Py-黄铁矿；Q-石英

本次研究利用面扫描对粗面岩中黑云母斑晶进行了 Ti、Mg、Fe 三种元素的浓度分布情况研究，因为这三种元素可以有效判断黑云母的成因。黑云母斑晶的面扫描图像见图 7-30，图中可见，除 Ti 元素在黑云母斑晶内有多处浓度较高是由钛铁矿包裹体导致以外，三种元素在斑晶内的分布较为均匀，说明它们是以类质同象的形式存在于黑云母中。值得注意的是，斑晶边缘与其内部相比，Ti 元素的浓度分布明显降低（图 7-30b，f），而 Mg、Fe 两种元素的变化并不明显。

为了进一步确定黑云母斑晶内部与边缘的成分差异，在面扫描的基础上，本次研究从斑晶中心到边缘设计了一个剖面，并沿剖面每隔 15μm 布置一个分析点（图 7-31a，b）；同时，由于矿物存在成分变化的边缘部位比较窄，为了便于观察这种成分差异，研究还在矿物边缘补充了数个分析点（图 7-31a，b）。剖面成分分析过程中除了关注面扫描中 Ti、

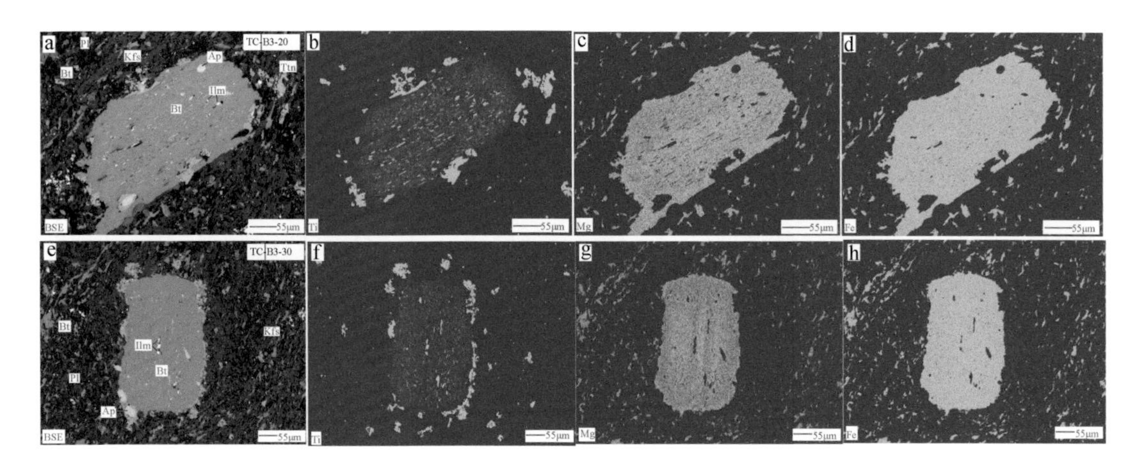

图 7-30　朱家院粗面岩中黑云母斑晶背散射图像及面扫描 Ti、Mg 和 Fe 分布

Ap-磷灰石；Bt-黑云母；Ilm-钛铁矿；Kfs-钾长石；Pl-斜长石；Ttn-榍石

Mg、Fe 三种元素之外，还关注了 Al、Si、K、Ca、Na 等元素氧化物的成分变化情况，原因如下：一方面，前人对黑云母蚀变过程中 TiO_2、Al_2O_3、SiO_2成分及 X_{FeO^*}、X_{Mg}值的变化有过详细研究，可供参考和对比；另一方面，考虑到本次研究中黑云母斑晶周围有大量次生榍石与其共生，可能暗示了富 Ca 流体的存在，并很可能会引起斑晶中 K_2O、CaO、Na_2O成分的变化。

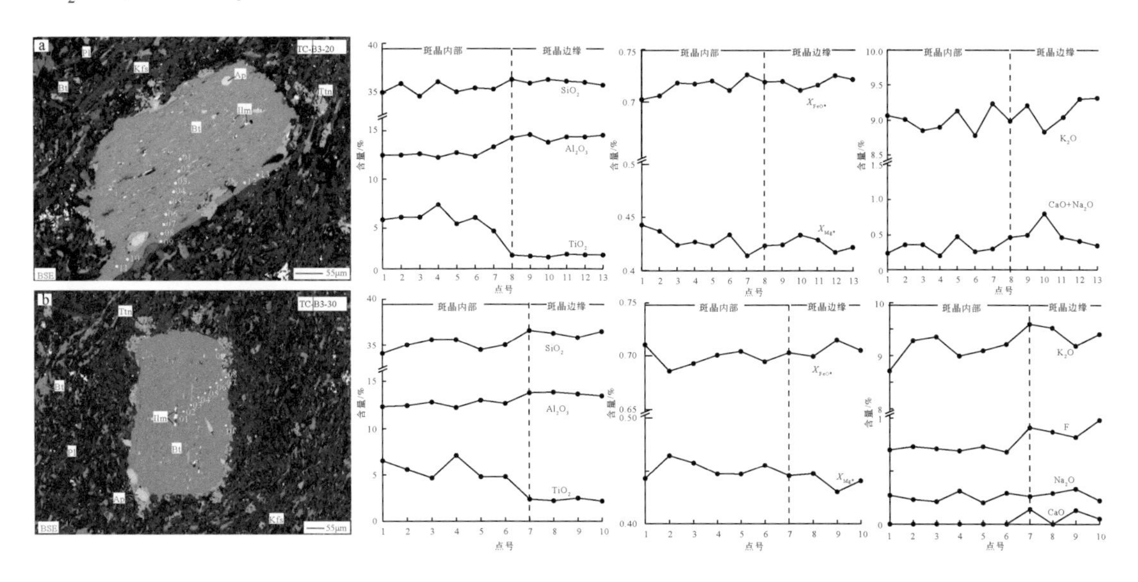

图 7-31　朱家院粗面岩中黑云母斑晶的背散射图像及对应的成分分析

Ap-磷灰石；Bt-黑云母；Ilm-钛铁矿；Kfs-钾长石；Pl-斜长石；Ttn-榍石

黑云母斑晶剖面及其成分变化情况见图 7-31，通过对比分析两个斑晶从中心到边缘的成分变化，可以得出以下规律：斑晶的内部部分和边缘部分成分均较为稳定，但边缘较内部 TiO_2含量明显降低，Al_2O_3含量明显升高，CaO、Na_2O、SiO_2略有升高，K_2O、X_{FeO^*}、

X_{MgO}变化不明显。

按照氧原子数22为基准计算斑晶内部和边缘的平均化学式，TC-B3-20号黑云母斑晶内部的平均化学式为（$K_{1.79}Na_{0.06}Ca_{0.02}$）$_{1.87}$（$Mn_{0.15}Mg_{2.14}Fe_{2.85}Ti_{0.70}$）$_{5.84}$（$Al^{iv}_{2.33}Si_{5.51}$）$_{7.84}O_{20}$（OH）$_4$，TC-B3-20号黑云母斑晶边缘的平均化学式为（$K_{1.82}Na_{0.10}Ca_{0.03}$）$_{1.95}$（$Mn_{0.17}Mg_{2.17}Fe_{2.94}Ti_{0.25}Al^{vi}_{0.28}$）$_{5.81}$（$Al^{iv}_{2.36}Si_{5.64}$）$_8O_{20}$（OH）$_4$，TC-B3-30号黑云母斑晶内部的平均化学式为（$K_{1.82}Na_{0.08}$）$_{1.90}$（$Mn_{0.20}Mg_{2.30}Fe_{2.78}Ti_{0.66}$）$_{5.94}$（$Al^{iv}_{2.33}Si_{5.48}$）$_{7.81}O_{20}$（OH）$_4$，TC-B3-20号黑云母斑晶边缘的平均化学式为（$K_{1.88}Na_{0.08}Ca_{0.01}$）$_{1.98}$（$Mn_{0.18}Mg_{2.27}Fe_{2.88}Ti_{0.27}Al^{vi}_{0.20}$）$_{5.80}$（$Al^{iv}_{2.33}Si_{5.67}$）$_8O_{20}$（OH）$_4$。成分中的$K^+$被$Na^+$、$Ca^{2+}$等替代，$Mn^{2+}$、$Fe^{3+}$、$Mg^{2+}$、$Ti^{4+}$、$Al^{3+}$等元素相互替代，$Al^{3+}$和$Si^{4+}$相互替代。

背散射（BSE）图像显示（图7-31a，b），黑云母斑晶内部和边缘显示明显不同的结构，斑晶内部包裹大量早期结晶的钛铁矿等矿物，且被包裹矿物多沿着斑晶生长方向均匀分布，而边缘呈净边结构，包裹矿物数量明显减少，局部不含矿物包裹体，这种现象往往是流体的交代作用使得矿物局部发生重结晶作用（溶解再沉淀）或扩大再生长所致，表明了周边交代作用的存在，同时，矿物边缘共生的他形热液榍石也是交代作用存在的有力证据。

微区成分分析表明，黑云母斑晶内部和边缘存在明显的成分差异。首先，在黑云母斑晶成分分类图中（图7-32），斑晶内部成分落在岩浆黑云母区域，斑晶边缘成分落在重结晶黑云母区域；其次，矿物边缘与其内部相比，Ti含量降低，Al含量升高，这种成分变化特征也与前人研究的从岩浆黑云母到热液蚀变黑云母的成分变化相一致，这说明电子探针微区成分分析能够快速区分蚀变作用导致的矿物成分差异。值得注意的是，本次研究中黑云母斑晶的X_{FeO*}、X_{Mg}值并没有显示出从岩浆黑云母到热液蚀变黑云母，X_{Mg}升高、

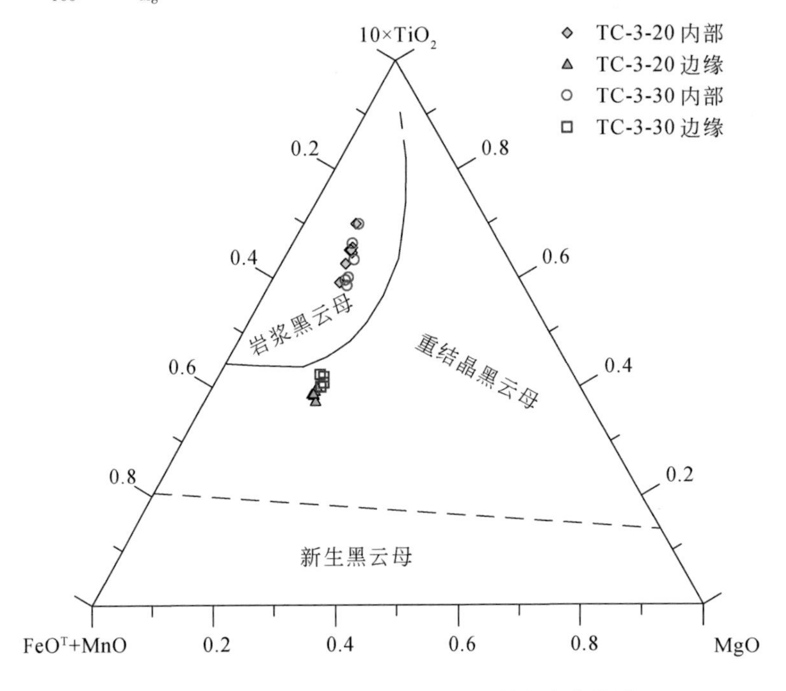

图7-32　朱家院粗面岩中黑云母斑晶的成分分类

X_{FeO^*}降低的趋势，这可能是由于X_{FeO^*}、X_{Mg}值的变化往往与共生 Fe-Mg 蚀变矿物的形成有关，本研究的岩相学显示没有与黑云母斑晶共生的 Fe-Mg 矿物存在。

利用具有净边结构黑云母斑晶的微区成分分析结果，能够对黑云母结晶和遭受蚀变过程中物理化学条件进行计算。对黑云母斑晶利用黑云母 Ti 温度计进行计算可得其内部形成温度为 737 ~792℃，边缘的形成温度为 601 ~645℃。此外，在利用微区成分分析区分出了黑云母斑晶内部和边缘成因差异的基础上，利用内部原生黑云母成分还能够对岩石成因进行一定的判断。原生黑云母成分与前人对全球 325 件黑云母样品的主量元素测试数据分析结果中与造山作用相关的黑云母成分类似，说明本次研究黑云母寄主岩石可能形成于与俯冲相关的弧后环境。

2. 铌钽氧化物

铌钽氧化物为朱家院矿石中最主要的含铌钽矿物，主要包括铌铁矿和铌钙矿。两者具有不同的产出状态。

铌铁矿在矿石中多呈细小粒状，多数直径<10μm，产出状态有两种，一种是在石英脉中发育（图 7-33a，b）；另一种是伴随绢云母化产出（图 7-33c，d）。矿物成分分析结果显示，矿物中 Nb_2O_5、TiO_2 含量变化较大且呈反相关（图 7-34），分别为 53.94%~81.31%、1.99%~12.90%，平均为 68.25%；Ta_2O_5 含量较低，为 0.11%~5.32%，平均为

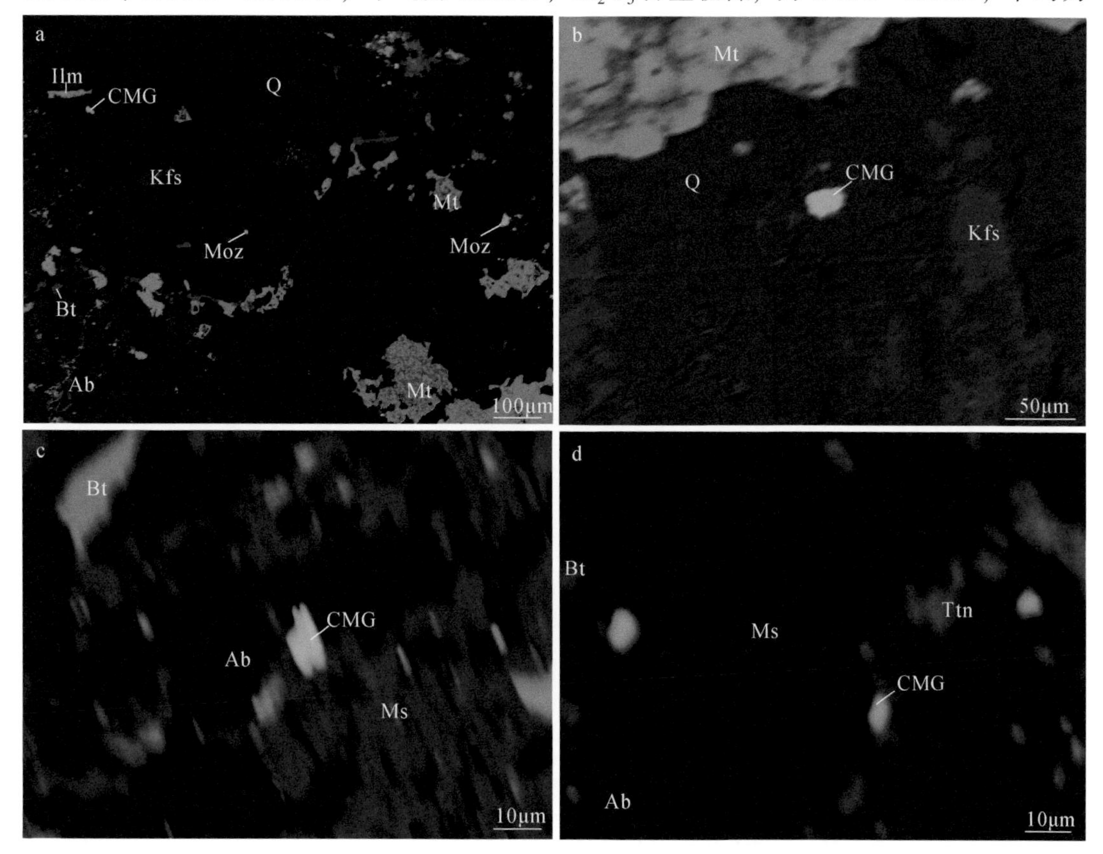

图 7-33　朱家院铌钽矿床铌铁矿的 BSE 照片

Q-石英；Ab-钠长石；Kfs-钾长石；Bt-黑云母；CMG-铌铁矿族；Ilm-钛铁矿；Moz-独居石；Mt-磁铁矿；Ms-白云母；Ttn-榍石

1.62%；FeO、MnO 含量变化较大且略呈反相关，分别为 6.56%~18.27%、1.49%~14.50%。

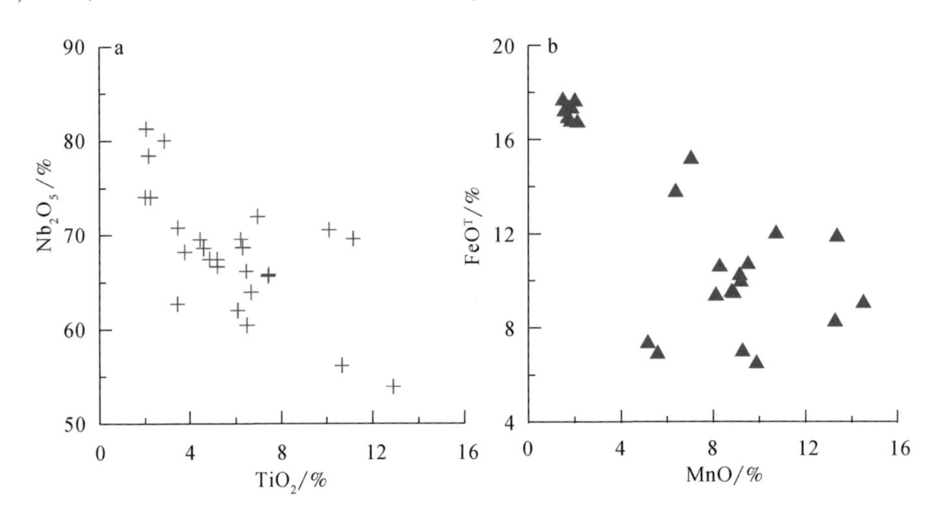

图 7-34　铌铁矿 Nb_2O_5-TiO_2、FeO^T-MnO 成分协变图

铌钙矿在朱家院矿床中往往产出于蚀变强烈的岩石中，蚀变类型主要为绢云母化和黑云母化，钾长石斑晶被黑云母交代（图 7-35a，b），形成蚀变残留结构，铌钙矿常与黑云

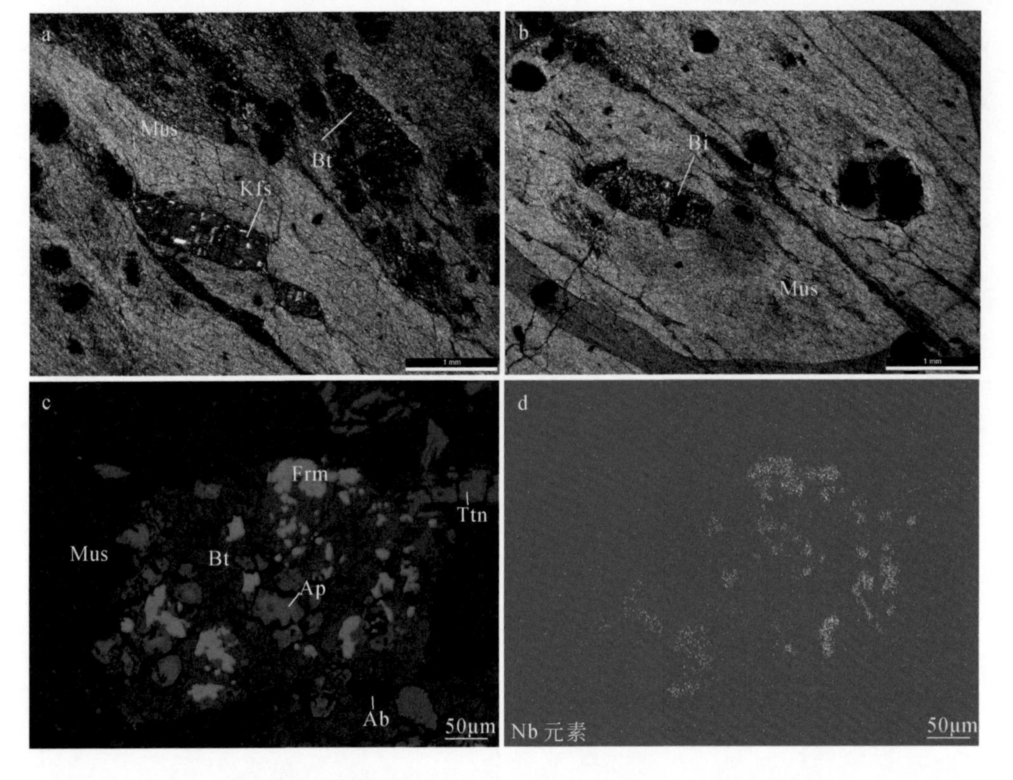

图 7-35　朱家院铌钙矿镜下照片、BSE 照片及 Nb 元素面扫描图像

Kfs-钾长石；Ap-磷灰石；Ab-钠长石；Bt-黑云母；Frm-铌钙矿；Mus-白云母；Ttn-榍石

母伴生（图7-35c，d）。矿物中 CaO 含量变化范围为10.62%~12.25%，平均为11.50%；TiO_2含量为4.39%~7.03%，平均6.31%；Nb_2O_5含量为60.54%~66.44%，平均为63.41%。

3. 易解石

易解石是朱家院矿床中一种重要的富含铌钽和稀土元素的矿物，主要产出于钠长石伟晶岩脉边缘或与蠕虫状褐帘石共生（图7-36），前者多呈细小粒状（图7-36a，b），后者呈蠕虫状（图7-36c，d）。矿物成分方面，稀土成分以 Ce 族稀土为主，$\sum Ce_2O_3$含量为22.13%~26.14%，平均为24.56%；$\sum Y_2O_3$含量为3.38%~5.54%，平均为4.10%；易解石中含Nb_2O_5为29.53%~38.23%，平均为33.61%；TiO_2含量为22.52%~28.36%，平均为25.05%。

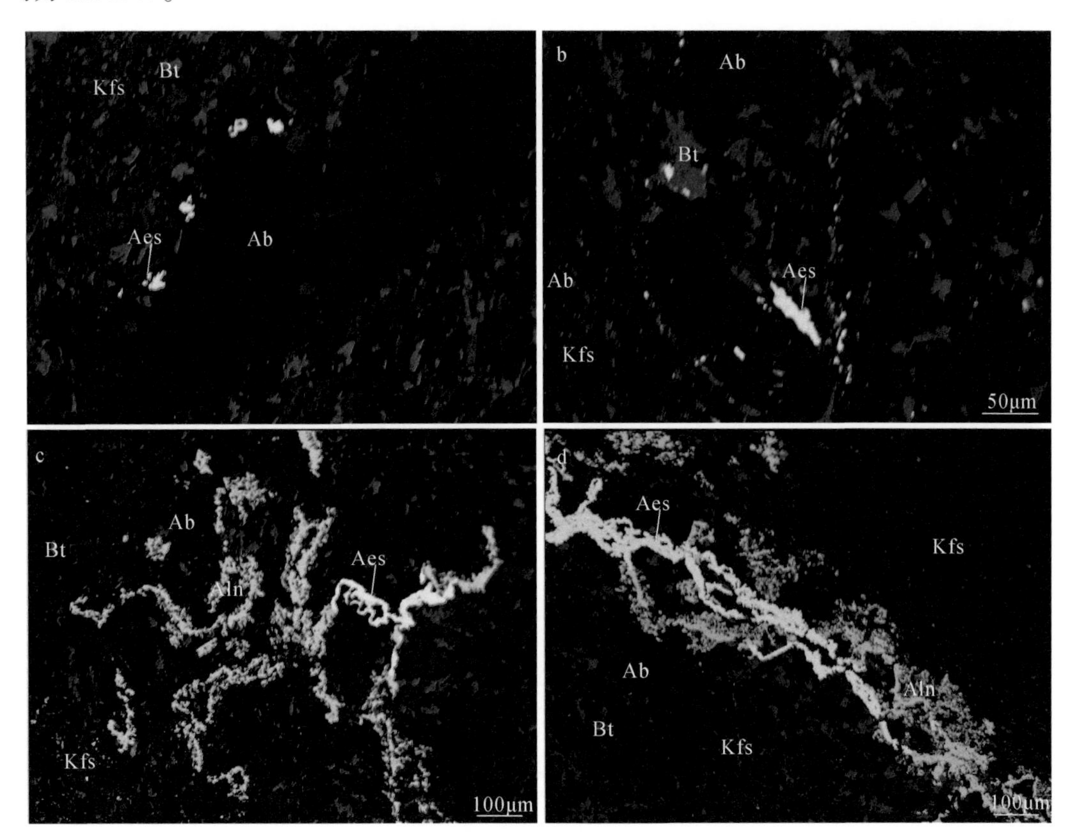

图7-36　易解石的BSE照片

Ab-钠长石；Aes-易解石；Aln-褐帘石；Bt-黑云母；Kfs-钾长石

4. 金红石

金红石是朱家院矿床中一种重要富含铌钽元素的矿物。扫描电镜观察可见，金红石的产出状态有三种（图7-37），首先是以副矿物的形式在粗面岩基质中产出（图7-37a，b），其次是粗面岩中出溶的石英斑晶边缘产出（图7-37c），最后是以在钛铁矿边缘以交代矿物形式产出（图7-37d）。其主要矿物成分TiO_2的含量为87.49%~88.21%，Nb_2O_3含量为6.59%~6.96%，FeO 含量为2.56%~2.65%。

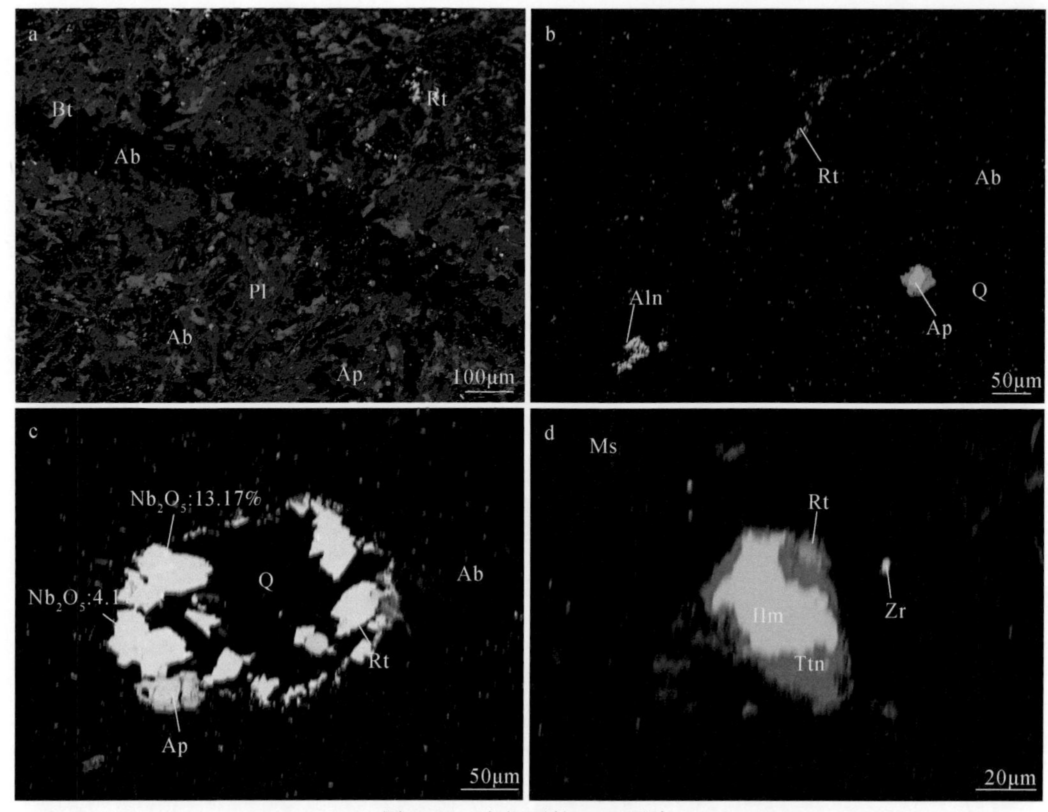

图 7-37　金红石的 BSE 照片

Ab-钠长石；Aln-褐帘石；Ap-磷灰石；Bt-黑云母；Ms-白云母；Pl-斜长石；Rt-金红石；Ttn-榍石；Zr-锆石；Q-石英；Ilm-钛铁矿

5. *独居石*

独居石是朱家院矿床中最主要的富含稀土元素的矿物，主要富集轻稀土元素。其主要有两种产出状态，一种是赋存于绢云母脉、石英脉或方解石脉中（图 7-38a ~ c），另一种则是与绢云母、黄铁矿等矿物共生存在（图 7-38d）。成分上，独居石中 P_2O_5 含量为 26.74%~27.79%，平均为 27.21%；Ce_2O_3 含量为 37.53%~38.61%，平均为 38.07%；$\sum La_2O_3$ 含量为 33.85%~34.55%，平均为 34.16%。

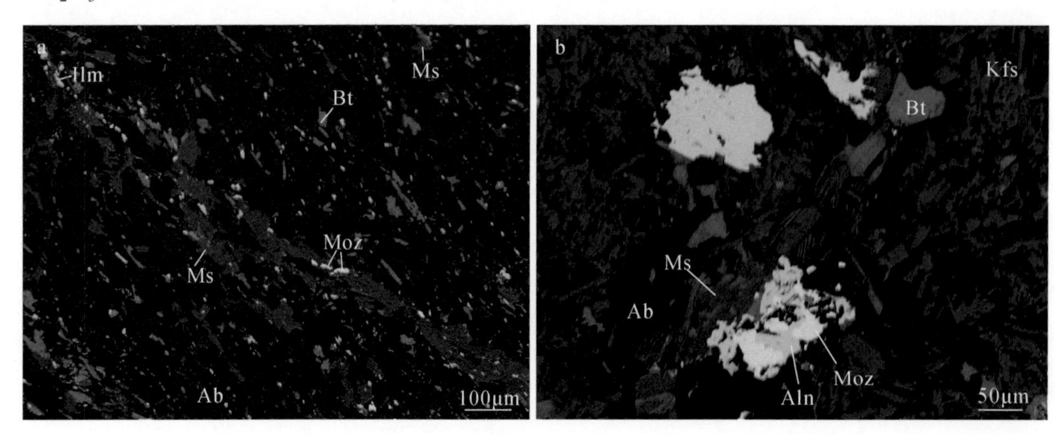

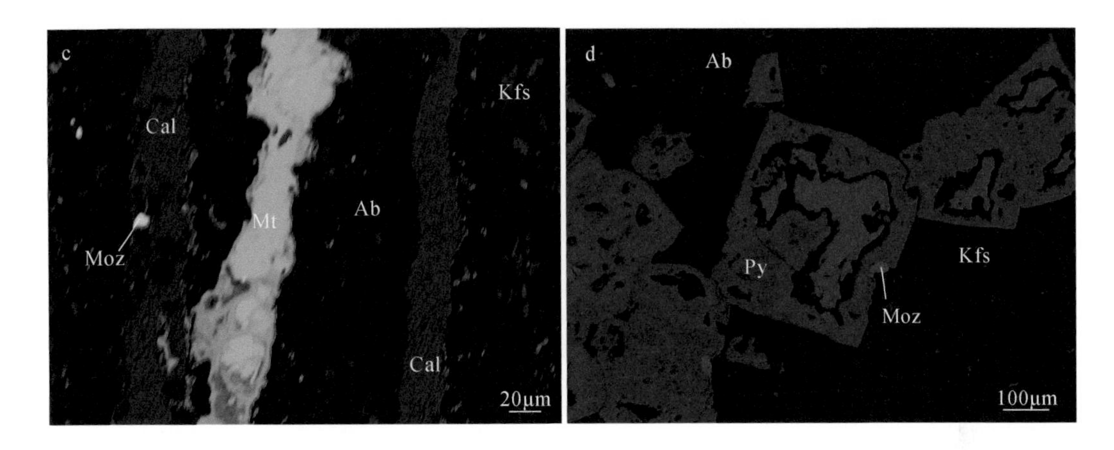

图 7-38　独居石的 BSE 照片

Ab-钠长石；Bt-黑云母；Cal-方解石；Ilm-钛铁矿；Kfs-钾长石；Moz-独居石；Ms-白云母；Py-黄铁矿

6. 粗面质火山岩岩石学和年代学特征

矿区粗面质火山岩为主要赋矿岩石，其主要岩性包括溢流相的粗面质熔结凝灰岩、粗面岩等；浅成侵入相的粗面斑岩等；火山沉积相的粗面质火山角砾岩、凝灰岩等。其中，主要赋矿岩石为粗面岩和熔结凝灰岩。

粗面（斑）岩多呈灰色-灰黑色（图 7-39a ~ c），隐晶质结构，块状构造。镜下观察可见，其主要组成矿物有钾长石、钠长石及少量黑云母（图 7-39d ~ f）。部分岩石呈粗面结构，矿物组成与隐晶质结构岩石相同，结构多呈交织状。岩石局部可见斑晶，主要为钾长石和黑云母两种（图 7-39e，f），其中钾长石斑晶占绝大多数，主要呈板状，多数发生绢云母化、碳酸盐化等，偶见长石反应边；黑云母斑晶多呈片状，边缘多发生褪色现象，解理中多含钛铁矿等副矿物。岩石中副矿物种类较多，主要有褐帘石、钛铁矿、独居石、易解石、金红石、磷灰石，及少量的榍石、锆石等。

粗面质熔结（岩屑晶屑）凝灰岩主要为含岩屑晶屑熔结凝灰结构，块状构造（图 7-40a）、假流动构造（图 7-40b ~ e）。刚性岩屑主要由粗面质岩屑、钾长石晶屑等组成。粗面质岩屑主要组成矿物为钾长石、黑云母等（图 7-40e，f）；晶屑主要为钾长石（图 7-

图 7-39　粗面岩野外及镜下照片

Bt-黑云母；Kfs-钾长石

40c，d)，多呈次棱角状或半自形板状，局部呈完整的板状晶形，绢云母化、黑云母化、碳酸盐化等蚀变较发育。塑性岩屑主要由微晶钾长石、黑云母、钛铁矿、黄铁矿等矿物组成，呈条带状，遇晶屑岩屑绕过冰出现弯曲嵌入现象（图 7-40d，e）。岩石中副矿物主要有磷灰石、褐帘石等。岩石局部发育方解石脉或方解钠长石脉等细脉。该粗面质熔结（岩屑晶屑）凝灰岩在赋矿粗面质火山岩中往往呈带状或透镜状发育，属于火山碎屑岩与熔岩的过渡类型。

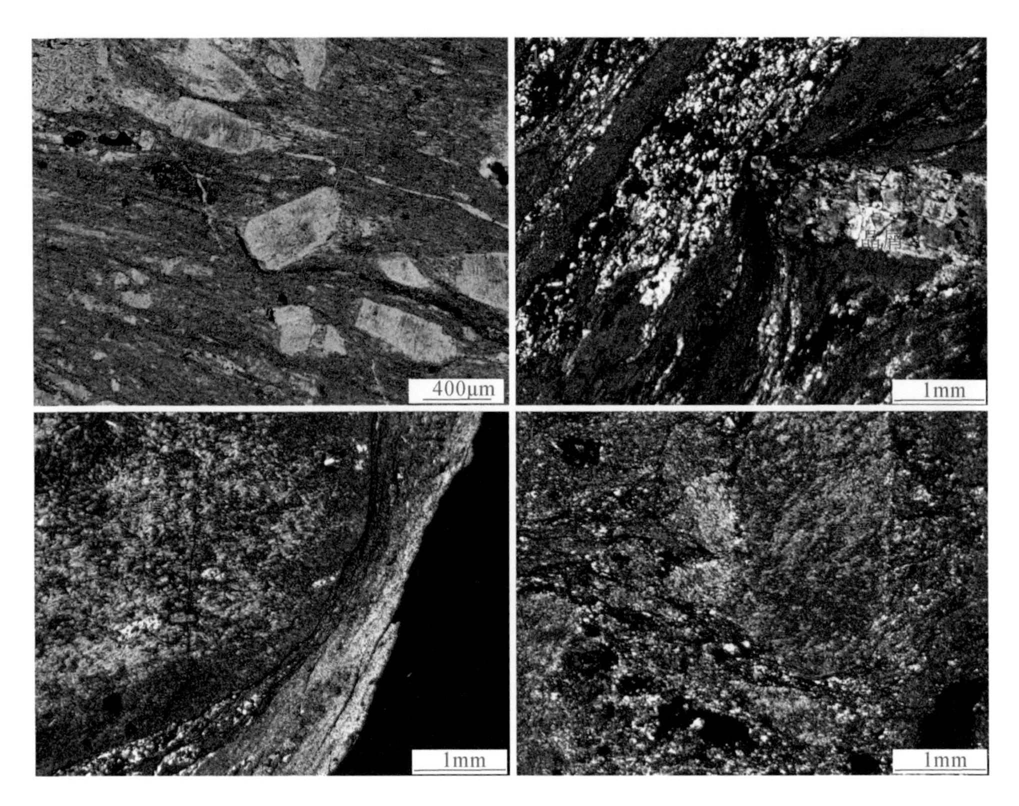

图 7-40　熔结凝灰岩野外及镜下照片

矿区粗面质岩类可划分为黑云母粗面岩和粗面岩，其中黑云母粗面岩中黑云母较发育，而粗面岩中黑云母数量较少。黑云母粗面岩的 SiO_2 含量在 55.91%~59.56%，平均值为 58.12%；TiO_2 含量为 0.95%~1.13%，平均值为 1.04%；Al_2O_3 含量为 17.78%~20.43%，平均值为 18.79%；FeO^T 含量为 4.38%~4.97%，平均值为 4.58%；MnO 含量为 0.12%~0.36%，平均值为 0.25%；MgO 含量为 1.10%~2.58%，平均值为 1.72%；CaO 含量为 0.57%~1.73%，平均值为 1.34%；Na_2O 含量为 2.26%~5.31%，平均值为 4.24%；K_2O 含量为 5.94%~9.06%，平均值为 7.04%；P_2O_5 含量为 0.09%~0.16%，平均值为 0.12%；Na_2O 和 K_2O 方面，黑云母粗面岩中黑云母含量较高，黑云母的粗面岩中 K_2O 含量高于 Na_2O，且相对粗面岩有较高的 K_2O 值。

粗面岩的 SiO_2 含量为 65.42%~69.64%，平均值为 66.79%；TiO_2 含量为 0.84%~1.04%，平均值为 0.94%；Al_2O_3 含量为 16.55%~18.82%，平均值为 17.48%；FeO^T 含量为 0.69%~3.71%，平均值为 1.86%；MnO 含量为 0.00%~0.07%，平均值为 0.03%；MgO 含量为 0.01%~1.00%，平均值为 0.30%；CaO 含量为 0.09%~0.31%，平均值为 0.16%；Na_2O 含量为 3.96%~9.87%，平均值为 7.26%；K_2O 含量为 0.52%~7.92%，平均值为 3.70%；P_2O_5 含量为 0.06%~0.17%，平均值为 0.10%；Na_2O 和 K_2O 方面，多数样品中 Na_2O 含量远高于 K_2O。与黑云母粗面岩相比，SiO_2 和 Na_2O 升高，FeO^T、MgO、CaO 等都降低。为典型中性向酸性过渡性岩石。

黑云母粗面岩和粗面岩样品主要落在粗面岩区域（图 7-41）。同时，所有样品几乎全部投在碱性岩区域，表明该区岩石为碱性岩系列。样品 TC5-B2 中 SiO_2 含量较高，有可能是粗面岩中发育的石英细脉导致的。黑云母粗面岩和粗面岩中，随 SiO_2 增加，各氧化物的相关性存在一些弱的变化趋势（图 7-42）。除了 SiO_2 与 TiO_2、CaO、P_2O_5 的线性关系不明显外，随 SiO_2 增加，MgO、FeO^T 显示下降的趋势，Al_2O_3、K_2O 随 SiO_2 的增加减少，而 Na_2O 与 SiO_2 间大体存在正相关，表明粗面岩的母岩浆可能经历了分离结晶作用，且黑云母粗面岩和粗面岩应属于同源岩浆演化的产物。

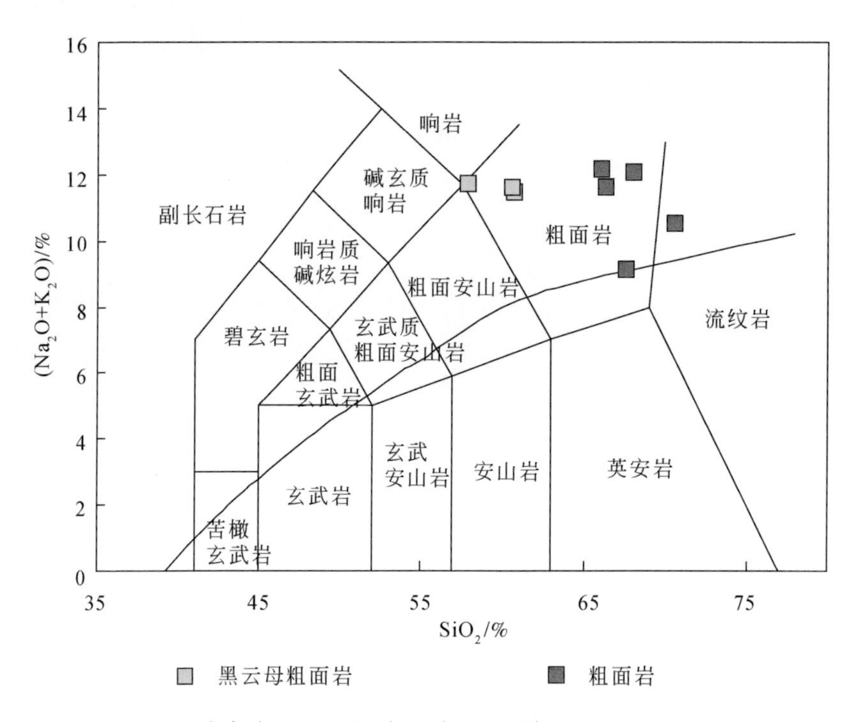

图 7-41　朱家院 Nb-Ta 矿区粗面岩 TAS 图解（Le Maitre，2002）

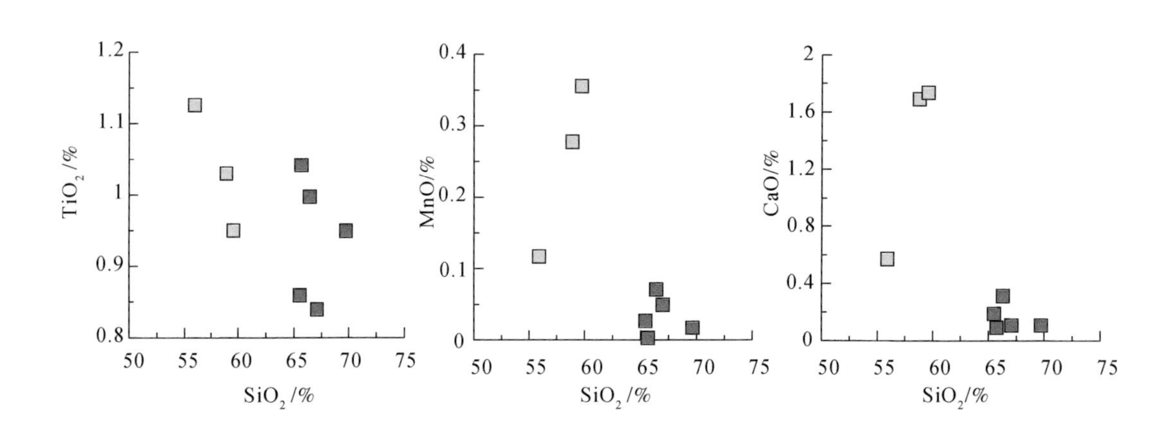

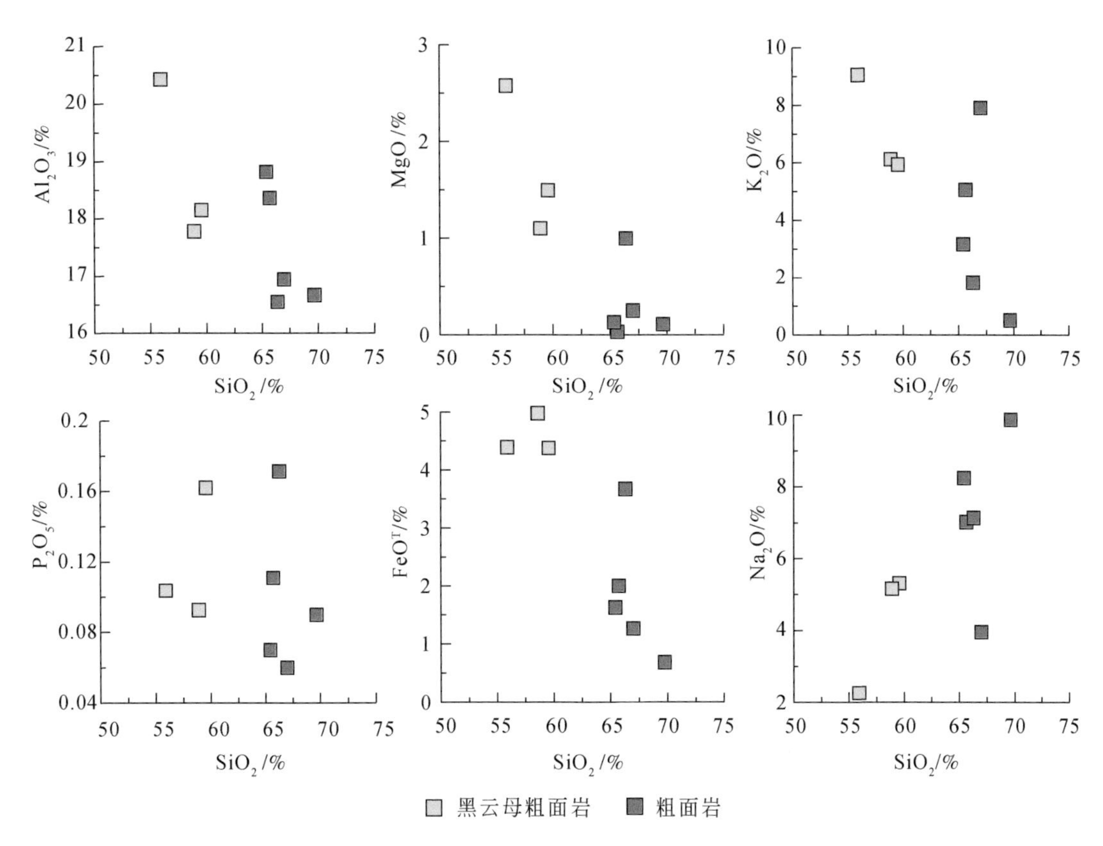

图 7-42　朱家院 Nb-Ta 矿区粗面岩 Harker 图解

黑云母粗面岩的∑REE 变化为 $736.22\times10^{-6}\sim1016.11\times10^{-6}$，其平均∑REE 为 857.89×10^{-6}。LREE 变化在 $675.44\times10^{-6}\sim956.67\times10^{-6}$，平均为 799.68×10^{-6}；HREE 变化在 $54.41\times10^{-6}\sim60.78\times10^{-6}$，平均为 58.21×10^{-6}。LREE/HREE 为 11.11～16.09，平均为 13.77，$(La/Yb)_N$平均值为 19.68，轻稀土元素强烈富集（图 7-43a）。δEu 为 0.63～0.68，平均为 0.65。粗面岩平均∑REE 变化在 $292.14\times10^{-6}\sim1022.36\times10^{-6}$，其平均∑REE 为 789.79×10^{-6}。LREE 变化在 $259.97\times10^{-6}\sim960.84\times10^{-6}$，平均为 737.16×10^{-6}；HREE 变化在 $32.17\times10^{-6}\sim65.32\times10^{-6}$，平均为 52.63×10^{-6}。LREE/HREE 为 8.08～16.42，平均为 13.59，$(La/Yb)_N$平均值为 17.40，轻稀土元素强烈富集（图 7-43a）。δEu 为 0.56～0.64，平均为 0.61。

黑云母粗面岩和粗面岩的微量元素原始地幔标准化蛛网图（图 7-43b）显示高场强元素（HFS）的富集，如 Nb、Ta、Zr、Hf 等，大离子亲石元素（LIL）亏损，呈“双背隆”的右倾谱型。强烈亏损 Sr、P、Ti，相对比较亏损 Rb、K，轻微亏损 Y。Sr 的亏损可能是由斜长石分离结晶作用导致，P 和 Ti 的亏损可能表明发生过磷灰石和钛铁矿的分离结晶，Ba 含量显示出一定的差异性，可能是岩浆作用后期改造过程中 Ba 存在迁入与带出。

对朱家院含矿粗面岩进行了锆石 U-Pb 同位素定年。本次所测锆石的 CL 图像见图 7-44，锆石颗粒多呈自形柱状或半自形-他形不规则状，大小为 20～80μm。CL 图像显示

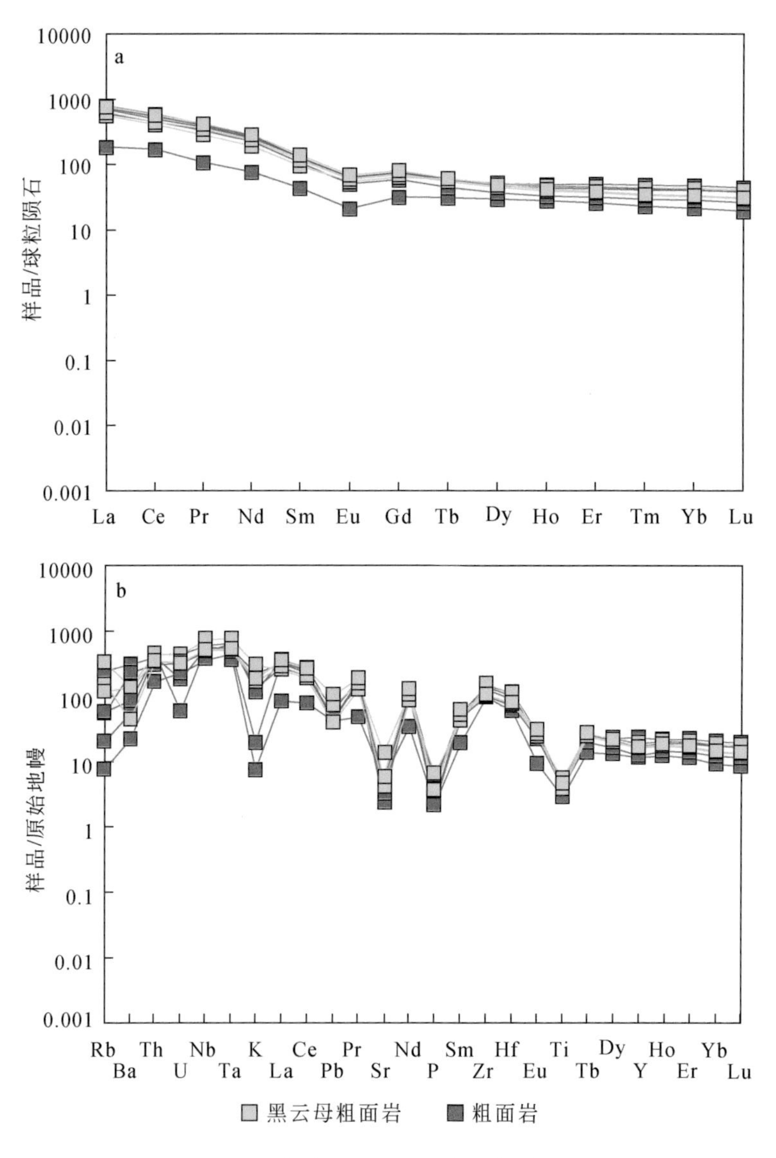

图 7-43　朱家院 Nb-Ta 矿区粗面岩稀土元素

a-标准化数据引自 Boynton，1984；b-标准化数据引自 Sun and McDonough，1989

锆石的结构复杂，其中，部分锆石颗粒较小，且边缘多显圆化，CL 图像较暗，内部结构较模糊，显示捕获锆石的特征（图 7-44c 中测点 10.0；图 7-44d 中测点 25.0、22.0、24.0；图 7-44e 中测点 14.0、16.0）；另外，有部分锆石 CL 图像较亮，且环带清晰显示岩浆锆石特征（图 7-44a 中测点 5.0、9.0、19.0；图 7-44c 中测点 17.0、4.0）；此外，还有一部分锆石 CL 图像亮度较岩浆锆石明显升高，内部无环带但显示弱分带或云雾状分带结构，显示热液锆石特征（图 7-44b 中测点 2.0；图 7-44c 中测点 20.0），同时还有一部分锆石自形程度较高且 CL 图像显示环带结构，但内部细脉较为发育，表明存在热液流体交代作用（图 7-44b 中测点 3.0）。分析结果显示，除测点 10.0 中 Th、U 含量较高（分别为

983.15×10⁻⁶和871.14×10⁻⁶）外，其余样品的Th、U含量变化不高，分别为64.10×10⁻⁶～418.86×10⁻⁶和44.60×10⁻⁶～442.48×10⁻⁶，所有样品的Th/U为0.36～3.98。

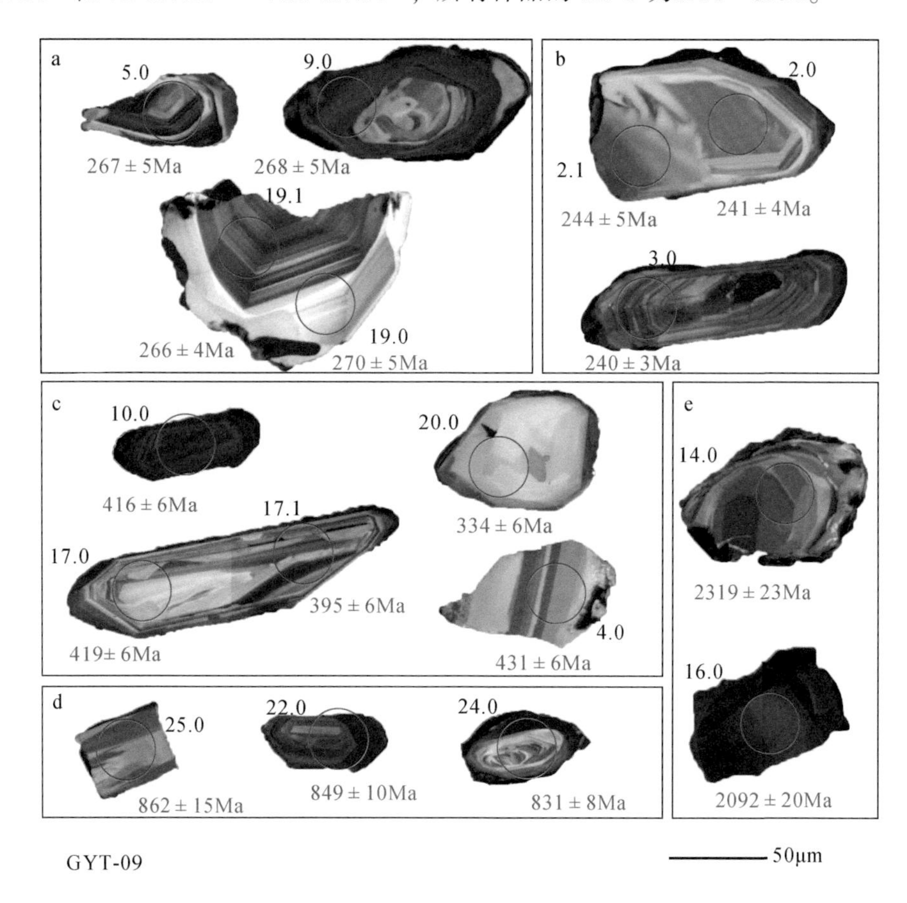

图 7-44　粗面岩中锆石 CL 图像及 LA-ICP-MS U-Pb 年龄结果

本次试验对14粒锆石进行了17点的LA-ICP-MS微区U-Pb年龄分析，根据$^{206}Pb/^{238}U$单点年龄值可将这些锆石分为5组（图7-44和图7-45a），其中，年龄值为2319±23～831

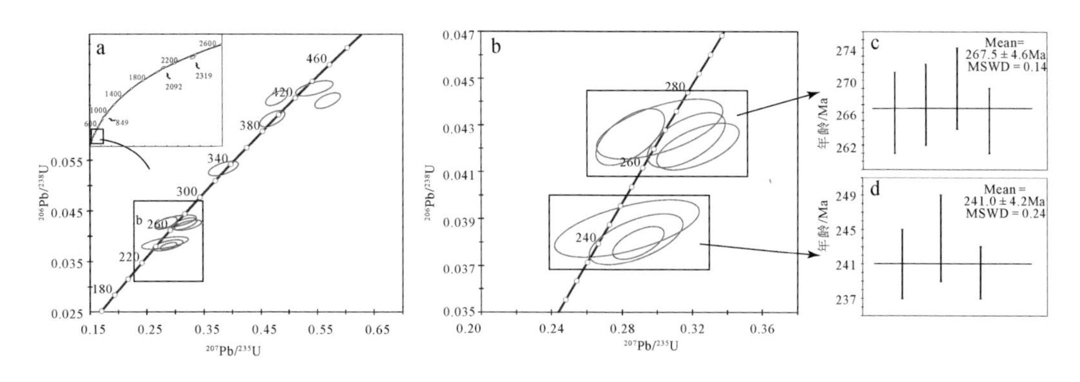

图 7-45　粗面岩 U-Pb 谐和图及其平均年龄

±8Ma 的两组锆石应属于捕获成因；另外一组锆石年龄值为 334±6～431±6Ma，在锆石 U-Pb 谐和图上，除 10.0 号和 17.0 号偏离一致曲线较远而产生不一致年龄外，其余点都落在年龄谐和曲线上（图 7-45a），测点 4.0 的年龄值为 431±6Ma（图 7-45c），该年龄与北大巴山地区广泛发育的基性-超基性岩脉年龄一致（黄月华等，1992；王存智等，2009），该锆石应属于捕获成因，而测点 17.1 和 20.0 的年龄值分别为 395±6Ma 和 334±6Ma，结合上述锆石形态学进行判断，该年龄应受到了锆石受后期热液蚀变作用的影响；剩余两组锆石的年龄值分别为 266±4～268±5Ma 和 240±3～244±5Ma（图 7-44a 和 b），变化范围均较小，前者 $^{206}Pb/^{238}U$ 加权平均年龄为 267.5±4.6Ma（MSWD=0.14），后者为 241.0±4.2Ma（MSWD=0.24）（图 7-45c，d）。本次认为 267.5±4.6Ma 应为粗面岩的结晶年龄，而 241.0±4.2Ma 则是热液蚀变作用发生的准确年龄。

本次项目在对锆石进行 U-Pb 定年的同时也对年龄值分别在 266±4～268±5Ma 和 240±3～244±5Ma 的锆石进行了原位稀土元素含量测试。稀土元素球粒陨石标准化图中（图 7-46），后者较前者具有较高的 REE 元素含量，具有高的 LREE 含量和弱的 Ce 异常。综合来看，前者显示了岩浆锆石配分模式，后者更接近热液锆石的配分模式（Hoskin，2005）。此外，在岩浆成因判别图上（Hoskin，2005）（图 7-47），年龄值在 266±4～268±5Ma 的锆石均分布在岩浆锆石范围内及其附近，而年龄值在 240±3～244±5Ma 的锆石则分布在热液锆石区域。

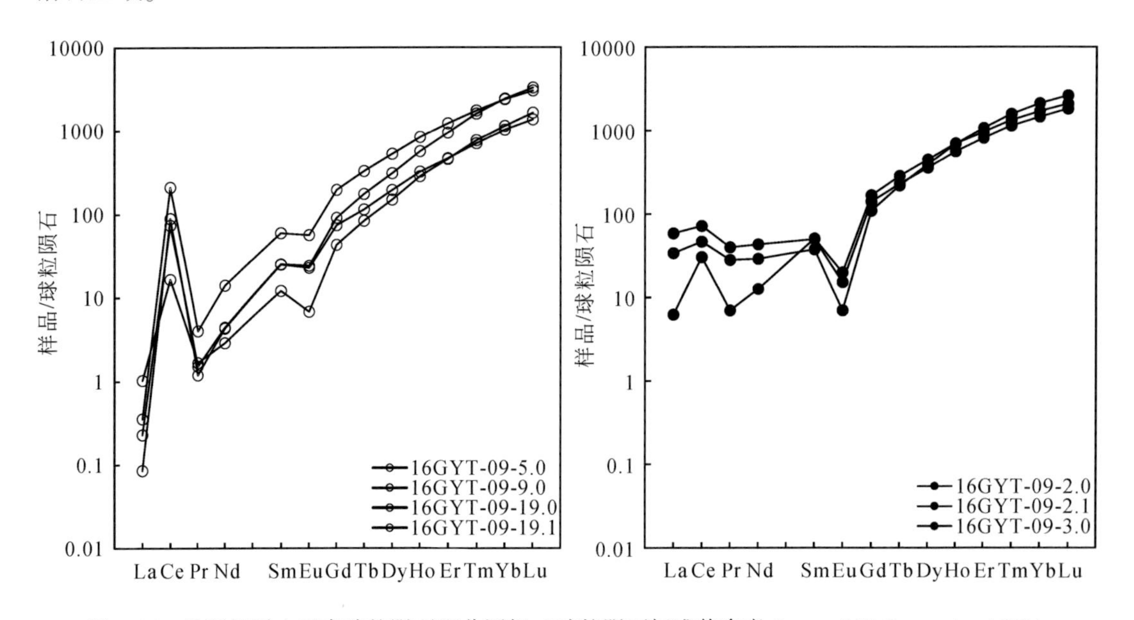

图 7-46　锆石的稀土元素球粒陨石配分图解（球粒陨石标准值参考 Sun and McDonough，1989）

区域研究表明，北大巴山地区粗面质火山岩在红椿坝-曾家坝断裂以北及轿顶山东部地区广泛分布。目前，对于该区粗面岩的成岩年龄主要有两种观点，其中一部分学者认为岩石形成于古生代，如黄月华等（1992）、董云鹏等（1998）、张成立等（2002）根据粗面岩的产出层位认为其溢出时间应在晚奥陶世至早志留世之间；王刚（2014）对粗面岩中磷灰石进行 LA-MC-ICP-MS 测年，得到了 417±42Ma 和 377±37Ma 的成岩年龄；万俊等

(2016) 采用 LA-ICP-MS 方法测得粗面岩的锆石 U-Pb 年龄为 430.6±2.7Ma；郭现轻等 (2017) 对粗面岩中钾长石斑晶进行 Ar-Ar 测年结果为 363±3Ma。另一部分学者认为岩石形成于中生代，包括丁宇（1993）认为黄月华提供的 Rb-Sr 同位素资料表明粗面岩形成于 261.95Ma；贾润幸等（2004）同样认为岩石成岩年龄为 261.95Ma；向忠金等（2016）对粗面岩中锆石形态研究后指出，具 445±3Ma 和 439±3Ma 年龄的锆石具有捕获锆石的特征，岩石的结晶年龄可能为 229±Ma 和 165±3Ma。本书通过对粗面岩进行的 LA-ICP-MS 锆石 U-Pb 年龄定年分析，认为 267.5±4.6Ma 应代表粗面岩的成岩年龄。

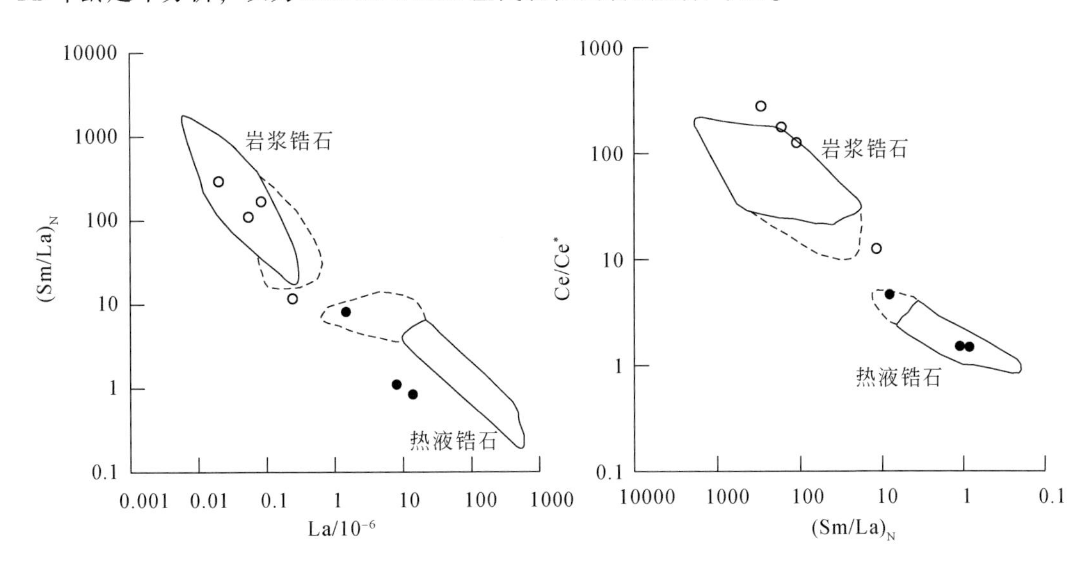

图 7-47　锆石成因判别图（Hoskin，2005）

虽然前人对北大巴山地区粗面岩的成岩年龄进行了一定的研究，但粗面岩中广泛发育的 Nb-Ta 成矿作用年龄却未有报道。通过对粗面岩中锆石形态学、U-Pb 年代学及稀土元素成分研究后认为 241.0±4.2Ma 应代表热液蚀变作用的年龄，Nb-Ta 成矿作用可能由这种热液作用导致。值得注意的是，该年龄与 Ying 等（2017）对该区庙垭 REE 矿床赋矿杂岩体中热液成因的独居石进行的原位 Th-Pb 测年结果 240Ma 基本一致。此外，陈友章等 (2010) 对该区小镇铜矿进行 SHRIMP 锆石 U-Pb 定年后指出其成矿年龄为 218Ma；郭现轻等（2017）对闹阳坪萤石矿进行萤石 Sm-Nd 定年获得 215Ma 的成矿年龄。以上年代学结果均暗示了北大巴山地区广泛发育中生代的热液流体活动导致的成矿作用，进一步证明了本书获得的 Nb-Ta 成矿作用年龄的可靠性。

目前对于 Nb-Ta-REE 矿床的成因一直存在争议。主要有以下观点：首先，部分学者认为稀有金属成矿作用与岩浆分异作用关系密切（岩浆结晶分异过程中，Nb、Ta 及稀土元素与 F 组成了复合体并随机分布在岩浆熔体中，它们避开了早期的岩浆结晶作用，并在岩浆分异晚期随着熔体温度降低结晶形成含矿矿物）（Linnen et al.，2014；Huang et al.，2018）。其次，还有部分学者认为 Nb-Ta 成矿并非与岩浆结晶分异作用有关，而是与岩浆后期热液作用关系密切（Van Lichtervelde et al.，2008；Zaraisky et al.，2010；Xie et al.，2016）。最后，另外有学者认为，成矿作用是岩浆和热液共同作用的结果（Rao et al.，

2009；Chevychelov et al.，2005；Zhu et al.，2015）。含 Nb-Ta 矿物的赋存状态及成分特征表明，朱家院 Nb-Ta 矿床中含 Nb-Ta-REE 的主要矿物铌铁矿、铌钙矿、独居石明显与热液蚀变作用有关，而易解石、金红石则往往与岩浆分异作用有关。从矿床地质特征及成岩成矿作用时间来看，Nb-Ta 矿体主要赋存于粗面岩中，且成矿作用稍晚于成岩作用，暗示导致成矿作用发生的热液流体的成因可能与岩浆活动关系密切。综上所述，认为粗面岩的成岩作用可能主要造成了 Nb-Ta-REE 等成矿物质的预富集，形成了易解石、金红石等含 Nb 矿物及褐帘石等含 REE 矿物，岩浆作用后期分异的热液流体造成了这些成矿物质的活化、迁移及再次富集而形成了铌铁矿、铌钙矿、独居石等富 Nb-Ta-REE 矿物，朱家院 Nb-Ta 矿床应属岩浆及热液共同作用导致。

结合上述研究，本次研究认为朱家院粗面岩属于富钠富钾的碱性岩，高场强元素 Nb、Ta、Zr、Hf 等富集，Sr、P、Ti 等元素亏损，岩石成因应与岩浆分异作用相关；矿物学特征研究表明，主要含 Nb-Ta-REE 矿物铌铁矿、铌钙矿、独居石与蚀变作用关系密切；易解石、金红石等含 Nb-Ta-REE 量较低的矿物主要与岩浆作用有关；粗面岩的成岩时代应为古生代，矿床的成矿年龄应为中生代。矿床成因应属于岩浆与热液共同作用导致，早期岩浆分异使得成矿物质预富集，后期中生代流体活动使得成矿物质再次活化迁移并最终沉淀形成矿床。

三、紫阳蒿坪铌钽矿化点

蒿坪铌钽矿化点为紫阳县蒿坪镇附近，大地构造位置属于南秦岭造山带南缘北大巴山弧形构造带内。矿化点及周边区域发育有大面积粗面质火山岩，在这些粗面质火山岩中发育有大面积的铌钽矿化异常，并且在局部地段形成品位较高的铌钽矿。本次项目在执行过程中，以铌钽矿化最强烈的蒿坪剖面为主要研究对象，对其岩石组合、赋矿岩石的矿物学和岩石地球化学特征进行了详细的研究。蒿坪剖面起点位于紫阳县 S310 公路蒿坪镇。主要发育粗面岩与板岩、碳质板岩和砂质板岩，粗面岩与板岩之间为断层接触。

蒿坪地区粗面熔岩呈灰色–深灰色，粗面结构偶见球状结构，块状、枕状构造，局部块状构造中见少量气孔（图 7-48）。主要矿物成分：斑晶主要为自形板柱状钾长石（1%~5%），微晶矿物主要为钾长石（约 75%）、斜长石（约 15%）、黑云母（3%~7%）和少量石英（1%~3%），并发育绿泥石化，局部发生了轻微碳酸岩化，副矿物主要为钛铁矿、磷灰石、黄铁矿、锆石和磁铁矿及菱铁矿等。重砂分析结果表明，副矿物主要有磷灰石、锰钛铁矿、菱铁矿、黄铁矿和微量的磁黄铁矿、石榴子石、闪锌矿、锆石、褐帘石等。在火山岩底部熔岩中偶见围岩捕虏体碎块，可能为火山喷发早期爆发使围岩破碎坠落形成；球粒结构表现为内部长柱状或针状钠长石斑晶或集合体，而外围呈放射状分布的纤维状矿物集合体多为钾长石，并含有石英颗粒。

图 7-48　紫阳地区粗面质火山岩岩石学特征

a-块状熔岩；b-火山-沉积序列中的石煤；c-粗面质火山岩的粗面结构；d-球粒结构。
Ab-钠长石；Kfs-钾长石；Q-石英

本次对蒿坪地区粗面质火山岩的富含铌钽和稀土元素的矿物进行详细的扫描电镜观察，以期能够查明富含铌钽和稀土元素的矿物种类和赋存状态。在本次观察中，在蒿坪的粗面岩中发现的赋含铌钽矿物主要有富铌金红石、褐帘石、铌钇矿，赋含稀土元素的矿物主要有独居石、黑稀金矿、氟碳铈矿、氟碳钙铈矿及锆石等（图 7-49）。不过这些富含铌钽和稀土元素的矿物颗粒普遍较小，粒径多<10μm，只有少量粒径可达到 20μm 左右。此外，这些赋含铌钽和稀土元素的矿物普遍包裹在钛铁矿、磷灰石、黄铁矿及菱铁矿等矿物中（图 7-49），极少量呈独立的矿物产出。

本次除了对蒿坪地区粗面岩中的赋含铌钽和稀土元素的矿物进行观察外，也对赋矿的粗面岩中的主要矿物进行了电子探针成分分析，以期能够通过矿物成分特征来对赋矿的粗面岩性质进行约束。

1. *长石*

蒿坪地区粗面岩中长石主要以斑晶和基质形式存在，其中斑晶主要为自形板柱状钾长石（1%~5%），斑晶大小不一，粒径为 0.5mm×1.5mm ~ 1mm×8mm，大部分发生钠长石交代作用，并形成了条纹长石，发生少量绿泥石蚀变，偶见磷灰石等包裹体，斑晶发育卡

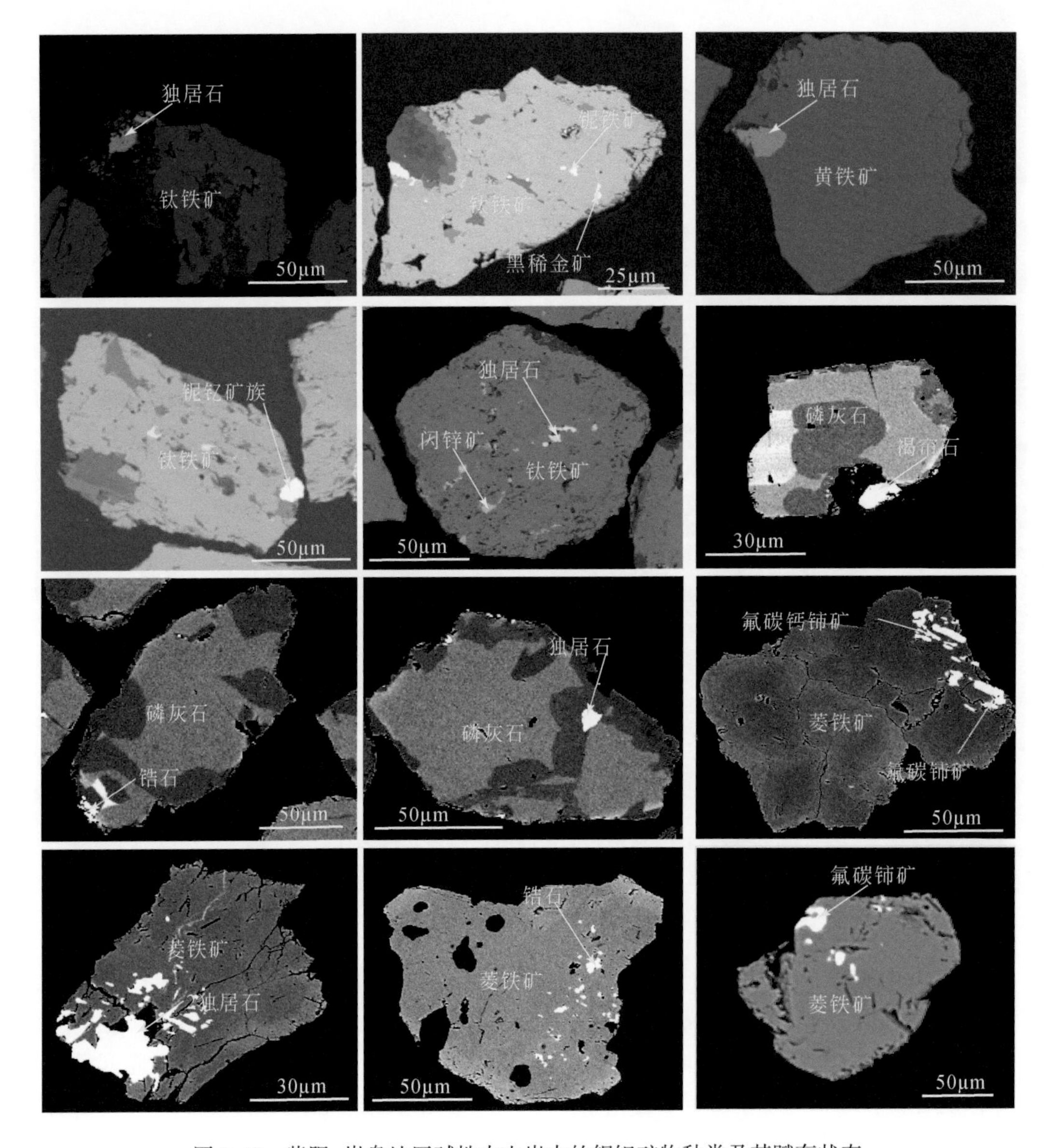

图 7-49　紫阳–岚皋地区碱性火山岩中的铌钽矿物种类及其赋存状态

式双晶、信封双晶等（图 7-50）；微晶矿物组成为钾长石（约 75%）、斜长石（约 15%），粒径 0.1 ~ 0.5mm，呈自形–半自形板状晶定向或交叉排列，与斑晶组成粗面结构，部分钠长石具有不连续的聚片双晶。

蒿坪地区粗面岩中条纹长石 SiO_2 含量为 66.06%~67.11%，K_2O 含量为 0 ~ 0.11%，Al_2O_3 含量为 18.59%~19.18%，Na_2O 含量为 13.20%~13.87%。An 牌号为 0 ~ 1，属于钠长石；微晶长石的 SiO_2 含量为 66.37%~68.14%，K_2O 含量为 0.02%~0.94%，Al_2O_3 含量为 18.75%~20.04%，Na_2O 含量为 12.24%~14.02%。An 牌号为 0 ~ 1，主要属于钠长石。显然，两条剖面岩石中斜长石成分变化不明显，斑晶和基质微晶成分也较一致。斑晶钾长

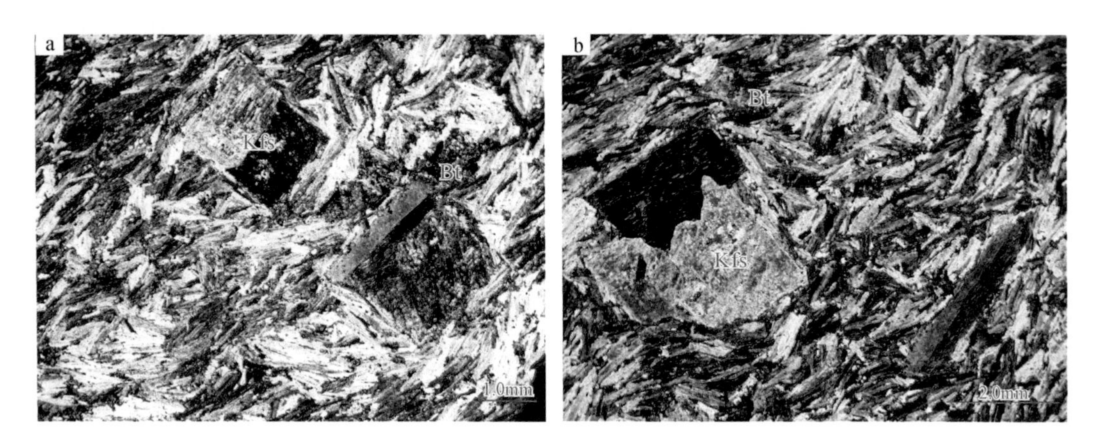

图 7-50　紫阳地区粗面质火山岩中长石矿物特征

Bt-黑云母斑晶；Kfs-钾长石斑晶

石 SiO_2 含量为 63.93%~65.58%，K_2O 含量为 13.93%~16.51%，Al_2O_3 含量为 17.98%~18.68%，Na_2O 含量为 0.20%~0.49%。Or 值介于 94.65~97.76，Ab=1.87~5.06。微晶钾长石 SiO_2 含量为 63.49%~66.60%，K_2O 含量为 8.56%~16.41%，Al_2O_3 含量为 18.07%~19.39%，Na_2O 含量为 0.25%~5.94%。Or 值介于 46.76~97.63，Ab=2.27~49.30。除个别样品属于歪长石外，其余斑晶和微晶成分变化不大且均属于钾长石范畴（图 7-51）。

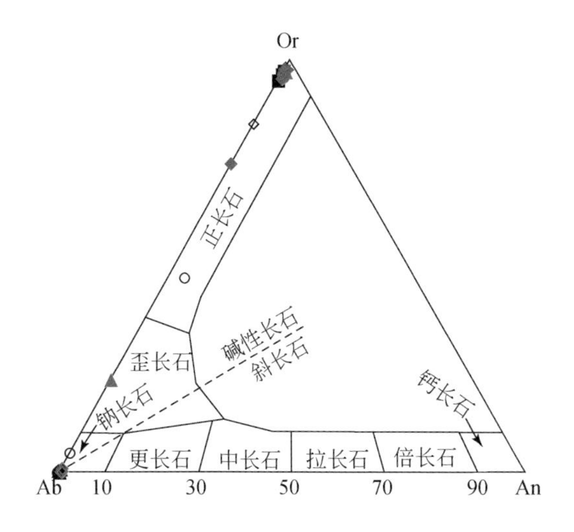

◆构坪钾长石；◇构坪斜长石；●四季河钾长石；▲麦溪钾长石；◆蒿坪钾长石斑晶；◇蒿坪钾长石微晶；■金猪店钾长石斑晶；□金猪店钾长石微晶；●蒿坪斜长石斑晶；○蒿坪斜长石微晶；▲金猪店斜长石斑晶；△金猪店斜长石微晶

图 7-51　紫阳和岚皋地区粗面质火山岩中长石的 Or-Ab-An 图解

2. 云母

蒿坪地区粗面岩中黑云母是最主要的暗色矿物，主要有两种产状，其中以不规则片状、鳞片状充填在长石斑晶的间隙中的为原生黑云母；发育于长石斑晶内部和周围且多与绿泥石等共生的为次生黑云母。单偏光下原生黑云母常为黄褐色（金猪店粗面岩中黑云母颜色较深，为暗褐色），均具明显的多色性，解理不发育，正交偏光下干涉色达二级顶至三级，部分原生黑云母发生了轻微绿泥石化蚀变（图7-52）。

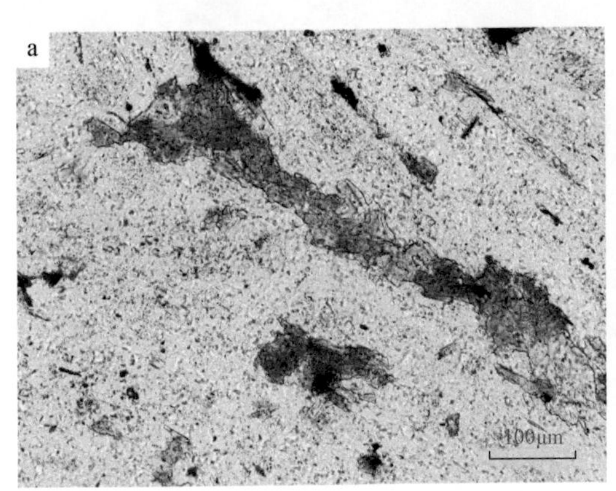

图7-52　紫阳地区粗面质火山岩中黑云母的矿物特征

Bt-黑云母斑晶；Kfs-钾长石斑晶

电子探针成分分析显示，蒿坪地区粗面质火山岩中黑云母成分表现为高 MgO（平均为12.89%）、低 Al_2O_3（平均为13.02%）和 FeO^T（平均为18.38%），MF 值较高介于0.500～0.616，TiO_2 含量变化范围较大在1.11%～5.40%，且自剖面底部向中上部 MF 值减小有富铁趋势，而 TiO_2 含量具有增加趋势；金猪店地区粗面岩中的黑云母具有富铁特征，矿物成分表现为高 FeO^T（平均为25.20%）和 Al_2O_3（平均为15.00%）而低 MgO（平均为7.61%），含铁系数 Fe/(Fe+Mg) 值较高介于0.642～0.664，TiO_2 含量较均一，平均为1.90%；在黑云母分类图中，两个地区的黑云母分别落在富铁黑云母和富镁黑云母范围内（图7-53）。

此外，电子探针成分分析显示蒿坪地区粗面质火山岩中蒿坪剖面底部和中上部岩石中黑云母 $Fe^{2+}/(Fe^{2+}+Mg)$ 分别为0.320～0.368和0.349～0.430，金猪店地区粗面质岩石中黑云母 $Fe^{2+}/(Fe^{2+}+Mg)$ 为0.575～0.599，可以看出不同层位岩石样品中的黑云母 $Fe^{2+}/(Fe^{2+}+Mg)$ 分别比较均一，表明它们中的黑云母未遭受后期流体改造（Stone，2000；李鸿莉等，2007）。此外，黑云母矿物成分显示无钙和贫钙表示其不受或很少受大气流体循环或岩浆期后初生变质引起的绿泥石化和绢云母化影响（Kumar et al.，2010），金猪店和蒿坪剖面岩石样品中的黑云母 Ca 含量均比较低，为贫钙特征，表明其很少受后期改造，因此测试黑云母应均为原生黑云母。

本次研究中对紫阳蒿坪地区的赋矿粗面岩进行了地球化学分析，同时与区域内相同时代的岚皋地区的粗面质岩石进行了综合对比研究。地球化学分析数据显示岚皋和紫阳地区粗面质火山岩 SiO_2 变化范围分别为64.82%～66.62%（平均值为65.76%）和63.55%～67.65%（平均值为64.96%），标准矿物中均出现石英，表明硅饱和；TiO_2 含量均普遍较低，平均分别为0.99%和1.07%，显示出低钛特征；Al_2O_3 含量较高，为

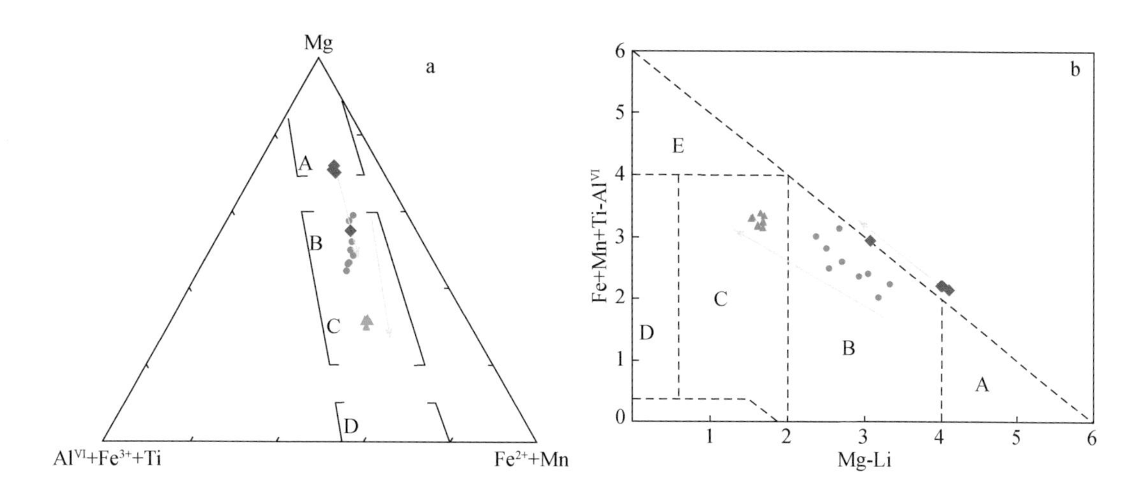

◆岚皋地区；●蒿坪地区；▲金猪店地区

图 7-53　紫阳蒿坪地区粗面质火山岩中黑云母分类图解

A-金云母区域；B-富镁黑云母区域；C-富铁黑云母区域；D-铁叶云母区域；E-铁云母区域

15.90%～16.45%和15.91%～17.50%，并在标准矿物中出现了刚玉；FeO^T分别为3.33%～3.66%和1.60%～4.80%；CaO含量为0.37%～1.09%与0.33%～1.85%；Na_2O含量分别为5.64%～6.58%（平均为6.15%）和3.88%～7.10%（平均为5.50%）；K_2O含量为4.53%～5.92%（平均为5.37%）与4.80%～8.21%（平均为6.0%）；岚皋地区样品MgO含量为0.63%～0.84%，$Mg^{\#}$值为25.24～29.89，较均一，而紫阳地区样品MgO含量为0.33%～1.85%，$Mg^{\#}$值介于15.94～38.08；全碱含量较高但变化较小，值分别为11.11%～11.84%和9.45%～12.18%；两地的分异指数均较高，分异结晶指数值为88.13～91.82与80.37～93.33，值较大说明岩浆经历了强烈的分离结晶作用。

将两个地区的样品投影在碱-硅（TAS）分类图解（图7-54a）中（Le Maitre，2002），可见岚皋和紫阳地区火山岩主要为粗面岩/粗面英安岩区域，且全部落在碱性系列区内，经计算标准矿物Q含量均小于20%，因此主要为粗面岩，且表明硅为饱和状态。考虑到部分岩石样品可能存在轻微蚀变特征，采用受蚀变作用影响较小的高场强微量元素 $Zr/TiO_2\times10^{-4}$-Nb/Y分类图解进行岩石类型确定，在图7-54b中样品也主要投影在粗面岩区域，因此两个地区的粗面质火山岩均为粗面岩大类。

在TAS图解上两区样品落在碱性系列区域，但考虑到粗面岩具有高碱、低Ti等特征，对岩石系列进一步验证。在K_2O-SiO_2图解和K_2O-Na_2O图解上（图7-55），样品大部分投影在钾玄岩系列区域内，且在图7-55a中岚皋样品斜率为负，而紫阳样品斜率近于0。但是，岚皋样品镜下矿物含有代表地幔交代来源的金云母矿物，以及铁闪石等，样品K_2O/Na_2O=0.69～1.00，不符合Morrison（1980）定义的钾玄岩系列的条件，因此确定岚皋地区粗面岩为钾质碱性岩系列。而紫阳样品K_2O/Na_2O=0.95～2.12，平均为1.15（样品Z-1除外）。在AFM图解上（图7-56a），样品无富铁趋势，显示出富碱趋势，此外，其他主量元素特征等也符合Morrison（1980）定义的钾玄岩系列的条件，暗示紫阳地区粗面质火

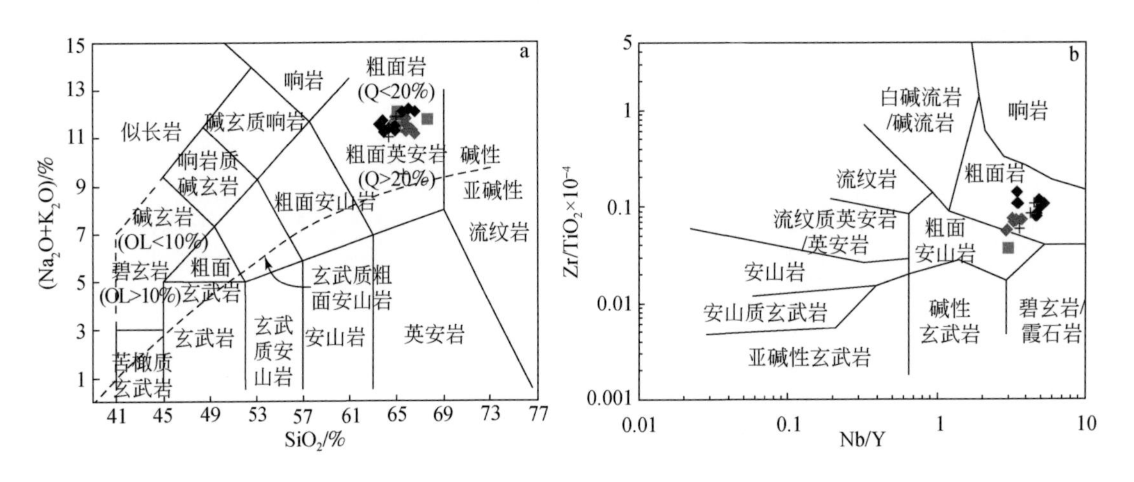

◆岚皋样品；◆紫阳样品；■据黄月华等，1992；+张成立等，2002

图 7-54　岚皋和紫阳地区粗面质火山岩 TAS 分类图解和 $Zr/TiO_2\times10^{-4}$-Nb/Y 分类图解

（a 底图据 Le Maitre，2002）

山岩可能与造山作用相关。在 A/NK-A/CNK 图解上（图 7-56b），岚皋样品投影在过碱性-偏铝质区域，显示出幔源特征；而紫阳样品显示出过铝质-偏铝质特征，与后造山花岗岩类较相似，进一步表明其可能与造山过程有关。

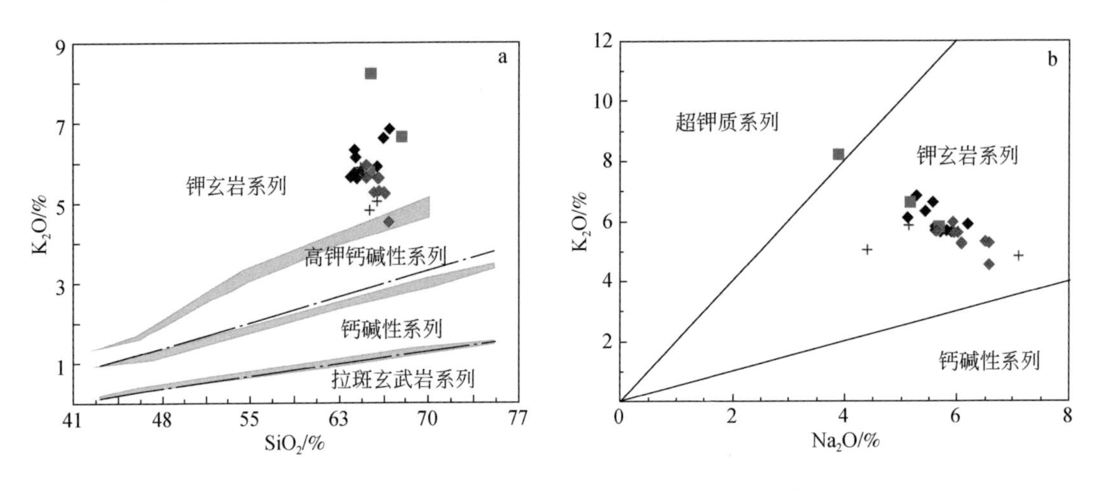

◆岚皋样品；◆紫阳样品；■据黄月华等，1992；+据张成立等，2002

图 7-55　岚皋和紫阳粗面质火山岩岩石系列划分 K_2O-SiO_2 图解

综上所述，岚皋地区粗面质火山岩主要为钾质碱性系列，紫阳地区粗面质火山岩属于钾玄岩系列。

紫阳地区粗面质火山岩 TiO_2、MgO、FeO^T 和 MnO_2 与 SiO_2 呈较好的负相关，Al_2O_3 和 P_2O_5 表现出与 SiO_2 弱的负线性关系，CaO、K_2O 和 Na_2O 与 SiO_2 没有表现出明显的线性关系（图 7-57），而岚皋地区粗面质火山岩 MgO、CaO、K_2O、TiO_2 与 SiO_2 呈较好的负相关，

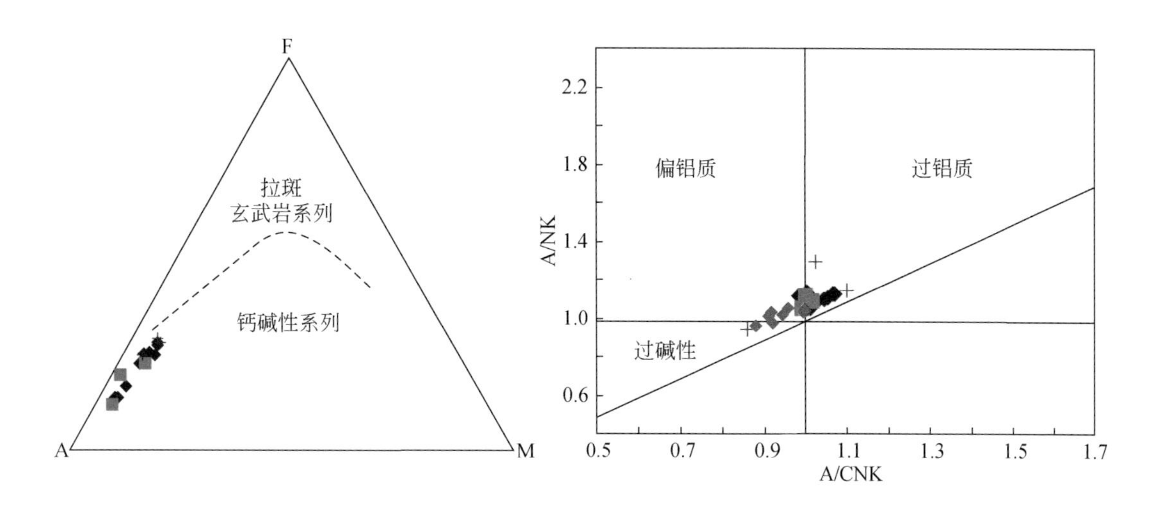

◆岚皋样品；◆紫阳样品；■据黄月华等，1992；+张成立等，2002

图 7-56　岚皋和紫阳粗面质火山岩岩石系列划分 AFM 图解和 A/NK-A/CNK 图解

FeO^T和 P_2O_5也表现出与 SiO_2弱的负线性关系，Al_2O_3和 Na_2O 与 SiO_2没有表现出明显的线性关系（图 7-57）。这些特征也暗示分离结晶作用对粗面质岩浆的演化具有重要贡献，并且两研究区可能发生了不同矿物的结晶分异。

紫阳地区粗面质火山岩稀土元素轻稀土总量 ∑LREE = 414. 10 ~ 900. 16μg/g，重稀土含量 ∑HREE 为 33. 22 ~ 61. 29μg/g，∑LREE/∑HREE 为 9. 43 ~ 17. 87，（La/Yb）$_N$为 11. 40 ~ 29. 27；（La/Sm）$_N$为 3. 02 ~ 6. 11；（Gd/Lu）$_N$为 1. 65 ~ 3. 27；δEu 为 0. 79 ~ 0. 95，平均为 0. 87；样品 δCe 为 0. 96 ~ 1. 27，平均为 1. 12。岚皋地区粗面质火山岩稀土元素轻稀土总量较高，∑LREE 为 429. 51 ~ 543. 31μg/g，重稀土含量较低，∑HREE 为 31. 58 ~ 37. 02μg/g，∑LREE/∑HREE 为 13. 53 ~ 15. 83，（La/Yb）$_N$为 18. 39 ~ 22. 39，显示轻稀土强烈富集而重稀土亏损的特征；（La/Sm）$_N$为 4. 05 ~ 4. 96，轻稀土分异十分明显，显著右倾；（Gd/Lu）$_N$为 2. 45 ~ 2. 83，说明其轻重稀土分异较高；样品 δEu 为 0. 82 ~ 1. 05，平均为 0. 91，总体 REE 曲线显示弱的 Eu 异常；样品 δCe 为 1. 10 ~ 1. 30，平均为 1. 22，表现出弱的正异常；在球粒陨石标准化的稀土分配模式图中呈右斜样式，类似于 OIB 的稀土配分曲线（图 7-58a），但高于 OIB 曲线。

通过对比可以发现，紫阳和岚皋地区粗面岩具有相似的球粒陨石标准化的稀土分配模式，但紫阳地区具有更高的稀土配分曲线和微量元素蛛网图（图 7-58c）。研究表明，岩浆中橄榄石、单斜辉石、斜长石和磁铁矿的结晶分异作用会导致 REE 总量升高，但不会造成各元素之间明显的分馏（Wilson，1989）。因此岚皋和紫阳地区粗面质火山岩弱的 Eu 异常和总体 REE 配分曲线高于 OIB 的特征可能与斜长石、磁黄铁矿等矿物晶体析出有关，与矿物学特征表现一致。

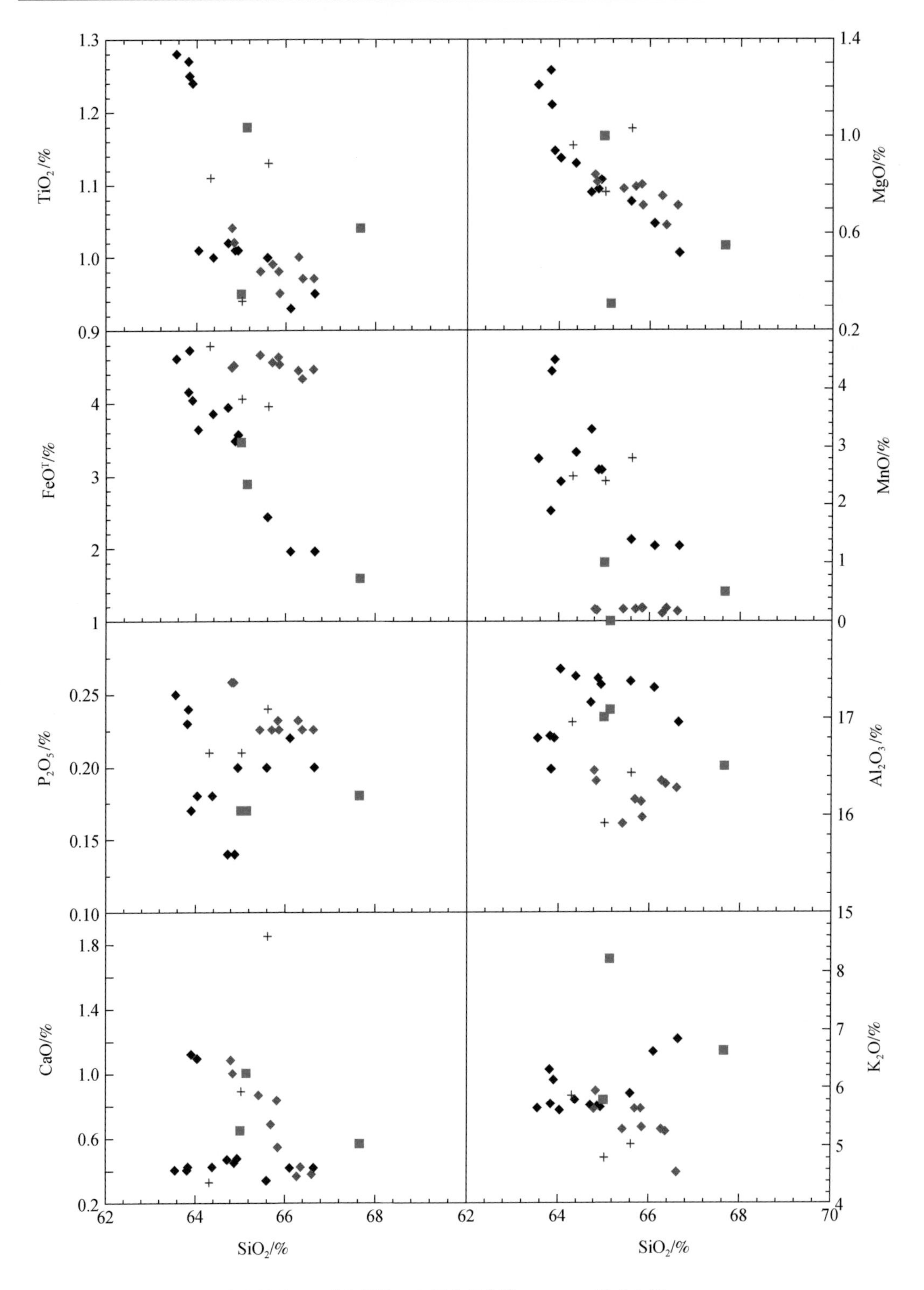

◆岚皋样品；◆紫阳样品；■据黄月华等，1992；+张成立等，2002

图 7-57　岚皋和紫阳地区粗面质火山岩主量元素对 SiO_2 的协变图解

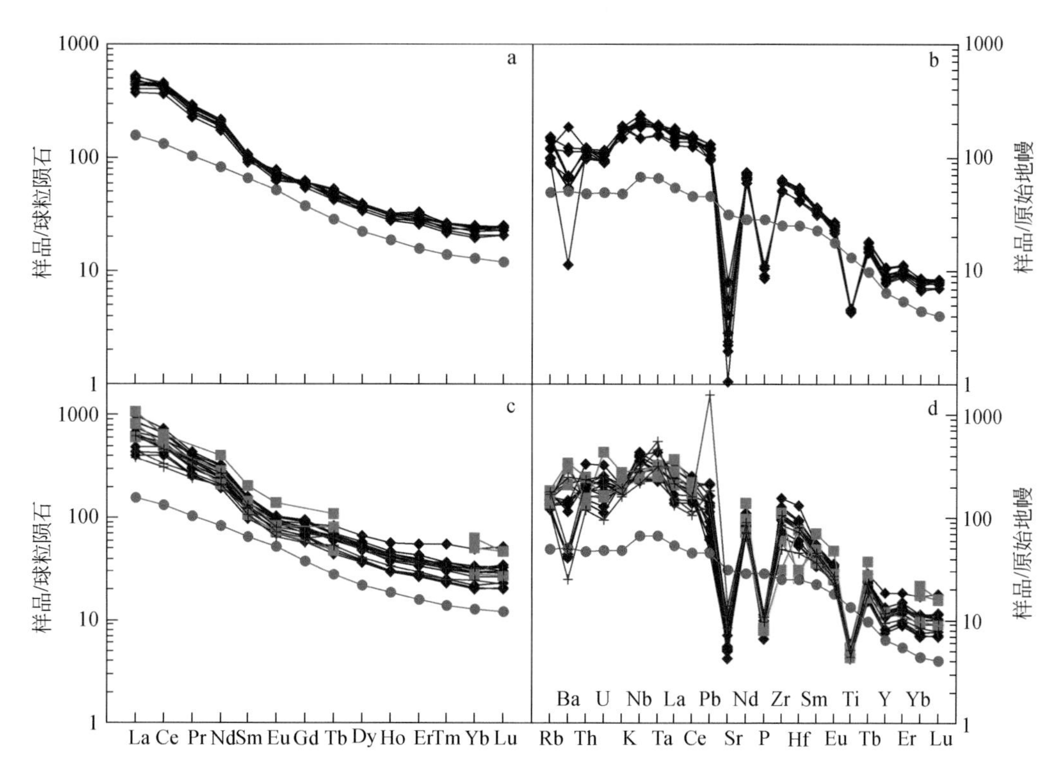

◆岚皋样品；◆紫阳样品；■据黄月华等，1992；+张成立等，2002；●代表 OIB

图 7-58　岚皋（a 和 b）和紫阳地区（c 和 d）粗面质火山岩稀土配分曲线和微量元素蛛网图

微量元素原始地幔标准化配分曲线显示（图 7-58b，d），岚皋和紫阳地区粗面质火山岩相容元素 Ni、Cr 和 Co 含量均较低，岚皋样品中 Ni 含量为 0.61～3.37μg/g（平均为 1.43μg/g），Cr 含量为 1.58～8.62μg/g（平均为 3.71μg/g），Co 含量为 0.15～0.58μg/g（平均为 0.32μg/g）；紫阳样品中 Ni 含量为 0.66～28.1μg/g（平均为 8.28μg/g），Cr 含量为 0.88～31.6μg/g（平均为 4.2μg/g），Co 含量为 0.18～32μg/g（平均为 5.96μg/g）。高场强元素 Zr、Hf 和 Nb 等在蚀变和变质过程中具有良好的稳定性，岚皋和紫阳地区样品 Zr、Hf 和 Nb 丰度均较高，变化范围分别为 566～718μg/g（平均为 666.3μg/g）和349～1724μg/g（平均为 1030μg/g），12.8～16.5μg/g（平均为 15.19μg/g）和 7.94～40.9μg/g（平均为 22.5μg/g），106～168μg/g（平均为 137.7μg/g）和 154～307μg/g（平均为 224.2μg/g），它们的丰度值均高于洋岛型玄武岩（280μg/g，7.8μg/g，48μg/g）（Sun and McDonough，1989），这在微量元素蛛网图上显示较明显，曲线显示出整体呈右倾型分配模式，与洋岛玄武岩配分曲线相似，但总体高于 OIB 配分曲线，可能与岩浆经历了不同程度的分离结晶作用有关。Ti 和 P 等高场强元素表现为强烈亏损成谷的特征，可能与岩浆结晶过程中有大量磷灰石、钛铁矿的分离结晶有关。大离子亲石元素（LILE）Sr 表现为强烈亏损，可能受分离结晶作用或后期热液活动影响，Ba 显示出较复杂的特征，其中亏损样品可能受埋藏和变质作用影响（Riley et al.，2001），富集样品可能与地壳混染或区域成矿流体作用抑或与海水蚀变有关（夏林圻等，2009）。同时紫阳地区个别样品 Pb 表现为强烈正异常，说明它们可能受到了大陆地壳混染作用的影响或者测试过程误差引起。

在主要微量元素对 SiO_2的协变图解中（图 7-59），岚皋地区样品 Sr 与 SiO_2表现出负相关，Zr、Hf、Nb 与 SiO_2表现出弱正相关，Sc 和 Ba 等元素均与 SiO_2无明显线性关系。而紫阳地区样品 Zr、Hf、Nb 和 Sc 与 SiO_2表现出负相关，Ba 与 SiO_2表现出弱正相关，部分样品 Sr 与 SiO_2表现为正相关。显然，微量元素协变图解也表明两个研究区经历了不同矿物的分离结晶演化。

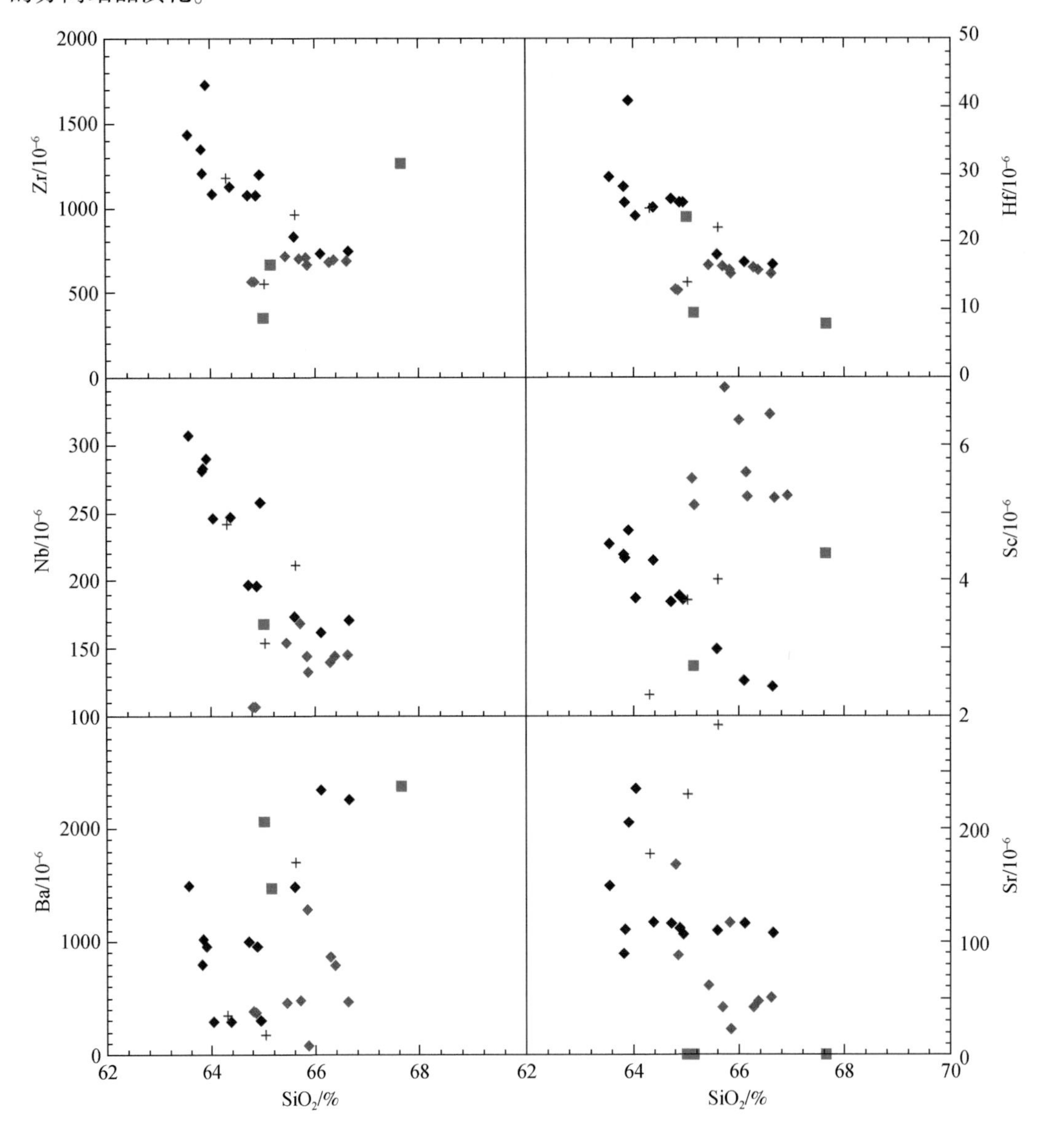

◆岚皋样品；◆紫阳样品；■据黄月华等，1992；+张成立等，2002

图 7-59　岚皋和紫阳地区粗面质火山岩主要微量元素对 SiO_2 的协变图解

在Sr-Nd同位素特征上，紫阳粗面质火山岩$^{87}Sr/^{86}Sr$为0.712906~0.715763（平均为0.714504），$^{143}Nd/^{144}Nd$为0.512515~0.512556（平均为0.512532）。通过年龄计算的初始同位素组成，火山岩（$^{87}Sr/^{86}Sr$）$_i$=0.699741~0.705903，但主要集中在0.70附近，Sr(t)为-60.6~27.0（平均为-32.6），ΔSr为129.1~157.6（平均为145.0）；（$^{143}Nd/^{144}Nd$）$_i$为0.512255~0.512310（平均为0.512274），$\varepsilon_{Nd}(t)$为2.83~3.92（平均为3.21），两阶段模式年龄（T_{DM_2}）为0.87~0.97 Ga（平均为0.94 Ga），较低的Sr初始值（接近于0.7）可能受到了后期蚀变或流体交代的影响，较高的Nd初始值代表了其与地幔源相关。

岩浆演化特征方面，紫阳和岚皋地区粗面质火山岩样品分异结晶指数均较大，分别为88.13~91.82和80.37~93.33，较大的分异结晶指数说明岩浆经历了强烈的分离结晶作用。此外，两个地区样品MgO含量为0.63%~0.84%和0.33%~1.85%，相应的$MgO^{\#}$值分别为25.24~29.89和15.94~38.08，同时它们的相容元素Ni、Cr、Co含量均较低，也暗示其经历了程度较高的结晶分异作用（Liu et al., 2010）。此时两地区粗面质火山岩Al_2O_3和Na_2O与SiO_2不具有明显相关性或弱相关（图7-57），稀土配分曲线显示样品存在弱的Eu负异常，暗示初始岩浆仅发生了少量斜长石的结晶分异，这与岩相学特征存在少量斜长石矿物特征一致；而MgO和FeO^T与SiO_2呈明显的负相关，表明存在铁镁质矿物的晶出，可能与云母结晶有关；TiO_2与SiO_2也呈明显的负相关，指示源区存在含Ti矿物的结晶分异作用，矿物学特征表明可能与钛铁矿的分离结晶有关，其中紫阳地区MnO与SiO_2呈明显的负相关，可能与钛铁矿属于锰钛矿有关；P_2O_5也表现出与SiO_2弱的负线性关系，可能与磷灰石的分离结晶有关；岚皋地区样品K_2O与SiO_2呈明显负相关应该是钾长石的结晶分异引起；紫阳地区粗面岩K_2O和Na_2O与SiO_2没有表现出明显的线性关系，则说明其源区有富钾矿物的存在，这与其具有较高的K_2O相一致。综上这些特征，暗示分离结晶作用对粗面质岩浆的演化具有重要贡献，并且两个研究区可能发生了不同矿物分离结晶演化。紫阳地区样品在主要微量元素对SiO_2的协变图解中（图7-59），Zr、Hf、Nb和Sc与SiO_2表现出负相关，表明锆石是饱和的并受岩浆分离结晶作用控制（Zhong et al., 2009）；同时可能与含铌矿物的结晶分异有关，如独居石、铌钇矿等。

经分析岚皋地区样品微量元素比值与SiO_2无明显相关趋势，紫阳地区样品与SiO_2具有弱的正相关（图7-60），表明它们不具明显地壳混染的信号或混染较微弱。高的$(Th/Nb)_{PM}$值（>>1）（Saunders et al., 1992）和低的$(Nb/La)_{PM}$值（<1）（Kieffer et al., 2004）是地壳混染作用的可靠的微量元素指标。Peng等（1994）也提出混入下地壳物质后$(Th/Ta)_{PM}$值接近于1，而$(La/Nb)_{PM}$值则大于1；如果混入上地壳物质，则2个比值一般均大于2，尤其是$(Th/Ta)_{PM}$值要高得多。岚皋和紫阳地区粗面质火山岩相应微量元素原始地幔标准化比值分别为$(Th/Nb)_{PM}$为0.48~0.68，$(Nb/La)_{PM}$为1.08~1.41，$(Th/Ta)_{PM}$为0.62~0.66，$(La/Nb)_{PM}$为0.71~0.93；$(Th/Nb)_{PM}$为0.47~0.81，$(Nb/La)_{PM}$为1.12~2.64，$(Th/Ta)_{PM}$为0.37~0.75，$(La/Nb)_{PM}$为0.38~0.89，显然所有样品并没有受到地壳混染影响。研究表明MORB和OIB的Nb/U较相似且平均值为50左右（Condie, 2001），而大陆地壳的Nb/U通常很低（约9.7）（Hofmann et al., 1986; Campbell, 2002），因此，Nb/U常用作地壳混染的标志之一。两研究区样品Nb/U分别为53.81~89.36和41.09~82.03，表明岚皋地区样品不受地壳混染，紫阳地区样品不受或

部分样品发生轻微地壳混染。因此，样品同位素和不相容元素组成基本代表了其源区组成特征。

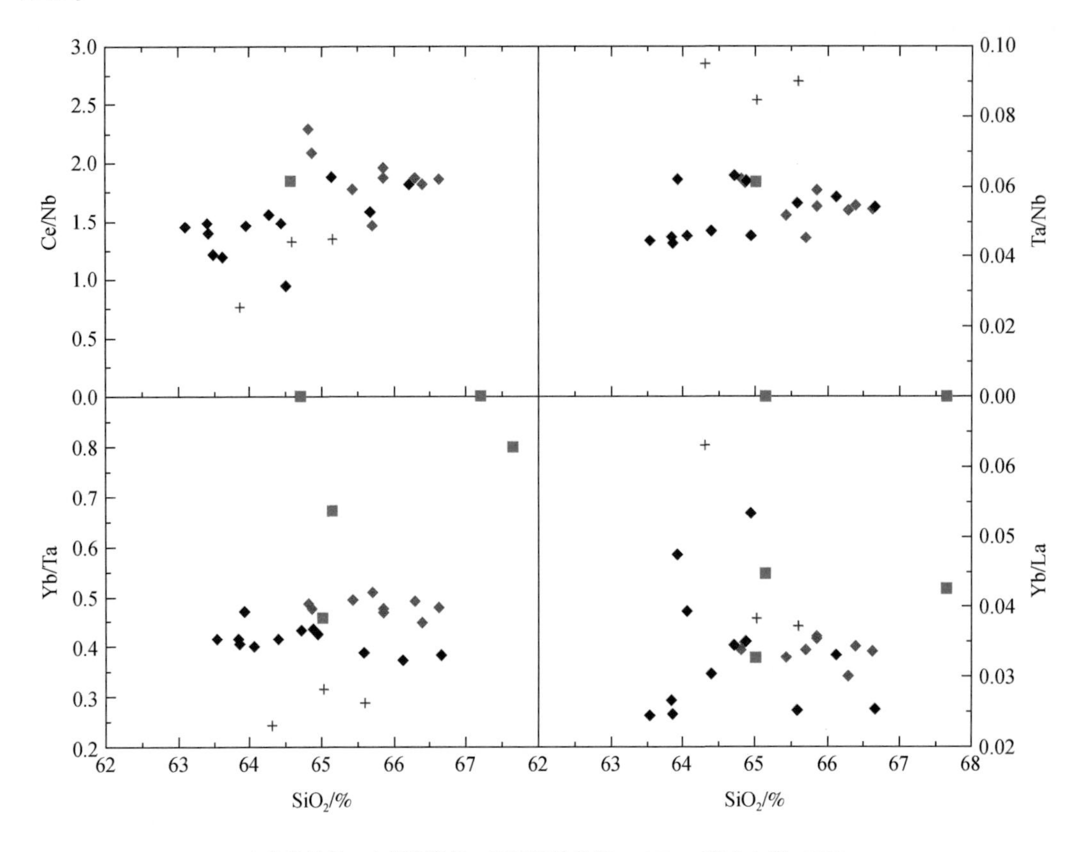

图 7-60　岚皋和紫阳地区粗面质火山岩同化混染判别图解

岚皋和紫阳地区粗面质火山岩全部样品具有高度一致的稀土配分曲线和微量元素蛛网曲线，大量地壳物质加入或不同性质的岩浆混合不能形成成分如此均一的岩浆（魏瑞华等，2008）；样品均具有弱的 Eu 负异常，且具有较高的 SiO_2>63%，表明其不可能是基性岩浆高度分异的产物（Deng et al.，1998；Fan et al.，2003）；此外，在 La/Yb-La 和 La/Sm-La 变异图解（图 7-61）上，表明部分熔融在两地区粗面质岩浆形成过程中起着主要作用，很难应用基性岩浆的 AFC 作用来解释。因此可以排除两套火山岩形成于幔源镁铁质岩浆分离结晶或幔源玄武岩浆与壳源花岗质岩浆混合源的可能。并且两个研究区沿着两条部分熔融的趋势线分布，暗示它们可能是由两种不同的母岩浆结晶演化形成的。

岚皋地区粗面质火山岩的（$^{87}Sr/^{86}Sr$）$_i$ 主要分布在 0.704358～0.707407（除样品 12GPC3 外，该样品 Sr 初始值小于 0.7，可能岩浆喷发过程中或结晶以后受到次生扰动，也可能是由于该样品的 $^{87}Sr/^{86}Sr$=4.6 较高从而使计算的 Sr 初始值不确定性大），平均值大于 0.706，与南极半岛分布的低钛流纹岩（$^{87}Sr/^{86}Sr$）$_i$=0.7061～0.7076（Riley et al.，2001）十分接近，同时又与我国广东大长沙盆地粗面岩（$^{87}Sr/^{86}Sr$）$_i$=0.706871～0.709074

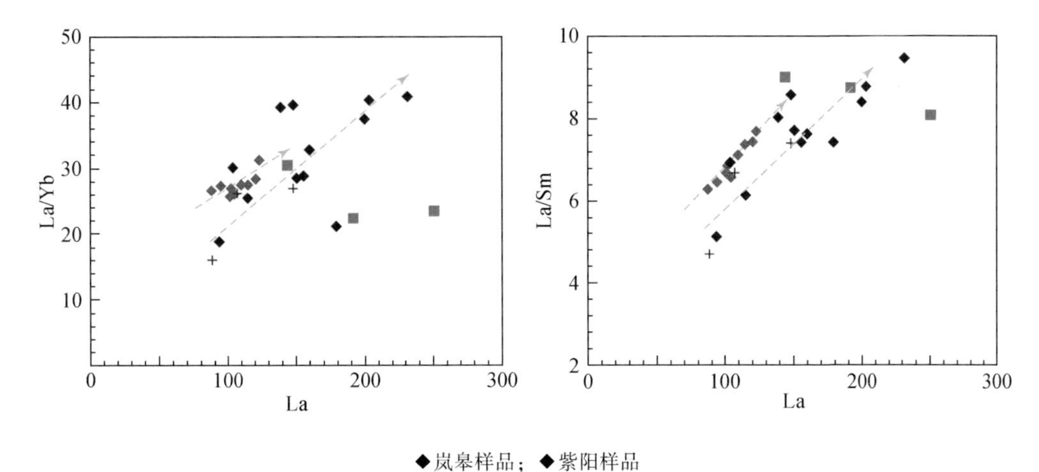

◆岚皋样品；◆紫阳样品

图7-61　岚皋和紫阳地区粗面质火山岩 La/Yb-La 和 La/Sm-La 变异图解

（项媛馨和巫建华，2011）值相近，显示岩浆可能来源于壳-幔岩浆混合产物或下地壳物质部分熔融。样品（$^{143}Nd/^{144}Nd)_i$ = 0.512176 ~ 0.512244，明显低于 MORB（0.5130 ~ 0.5133）初始 Nd 同位素的值（Saunders et al.，1988），但远高于正常地壳值，暗示岩浆不是亏损地幔或成熟地壳部分熔融产物；$\varepsilon_{Nd}(t)$ = 2.05 ~ 3.37，表明其为幔源岩或受到幔源玄武岩浆底侵的下地壳；T_{DM_2} = 990 ~ 1060Ma，与区域上同时期的 OIB 源区性质的辉石闪长岩 Nd 模式年龄较接近，而大于区域上其他火山岩浆活动的 T_{DM_2} 年龄，表明岚皋地区粗面质火山岩与区域上早古生代铁镁质辉石闪长岩等岩墙成因上存在一定的联系。

紫阳粗面质火山岩的（$^{87}Sr/^{86}Sr)_i$ 分布在 0.700086 ~ 0.706075，相差较大，Sr 易受地壳混染或后期热液事件等影响，故初始 Rb/Sr 高且变化大，从而使 Sr 同位素初始比值的计算误差较大，对其探讨以 Nd 同位素为准。样品初始 Nd 同位素和 $\varepsilon_{Nd}(t)$ 值均与岚皋地区粗面岩相似，但其 T_{DM_2} = 880 ~ 970Ma，与滔河口组 Nd 模式年龄较接近，表明其源区也存在地幔物质，且可能与滔河口组铁镁质火山岩成因上存在一定成因关系。

岚皋粗面质火山岩稀土和微量元素特征显示出具有 OIB 的亲缘性，在 $\varepsilon_{Nd}(t)$-（$^{87}Sr/^{86}Sr)_i$ 图解（图7-62）上，样品不存在相关性，可能指示源区内不同源区物质的混合基本达到均一程度，原始岩浆形成以后在上升过程中未受到地壳物质混染，但发生了一定程度的分离结晶作用。综上所述并结合矿物学、岩石学等特征，本书认为岚皋地区粗面质火山岩为来源于富集地幔的独立岩浆，且源区物质发生了地幔交代作用。可能来源于高 U/Pb 值地幔（HIMU）和第二种富集地幔（EMⅡ）端元的混合。尽管紫阳地区粗面质火山岩与岚皋地区样品稀土和微量元素及 Nd 同位素等特征较为相似，但它们沿着两条不同的部分熔融的趋势线分布（图7-62），表明它们为两种不同的母岩浆，且紫阳地区样品为钾玄岩系列，并显示出过铝质-偏铝质特征，暗示岩浆来源不同于岚皋地区岩浆。

黑云母在结构和化学性质上对寄主岩浆的成岩物理化学条件很敏感，常用来指示寄主岩石的岩浆性质和构造背景（Abdel-Rahman，1994；王晓霞和卢欣祥，1998；吕志成等，2003；Kumar and Pathak，2010；Azzouni-Sekkal and Khaznadji，2013）。岩石中黑云母的 M 值［M = Mg/(Mg+Fe^{2+}+Mn)］是区别深源和浅源系列花岗质岩体的一个可靠的判别标志，

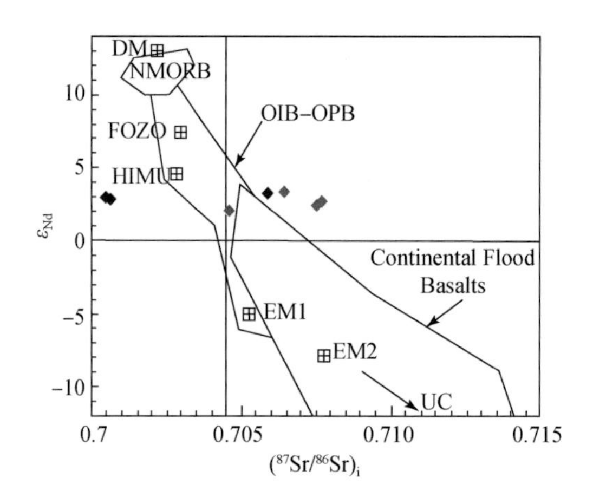

图 7-62　紫阳和岚皋地区粗面质火山岩 ε_{Nd}与（$^{87}Sr/^{86}Sr$）$_i$关系图解

◆岚皋样品；◆紫阳样品。DM-亏损地幔；NMORB-正常洋脊玄武岩；OIB-洋岛玄武岩；OPB-洋底高原玄武岩；FOZO-地幔集中带；HIMU-高 U/Pb 地幔；EM1-1 型富集地幔；EM2-2 型富集地幔；UC-上地壳；Continental Flood Basalts-大陆溢流玄武岩

其中 $M>0.45$ 代表深源系列岩石（杨文金等，1986），蒿坪剖面粗面岩中黑云母 M 平均值为 0.614，应为深源岩浆，而金猪店剖面粗面岩中黑云母 M 平均值为 0.405，类似于浅源岩浆。在 $FeO^T/(FeO^T+MgO)$-MgO 图解上（图 7-63），蒿坪剖面底部粗面岩中黑云母投影在壳幔混源区域，而中上部粗面岩中部分黑云母和金猪店剖面粗面岩中黑云母均投影在壳源区域。

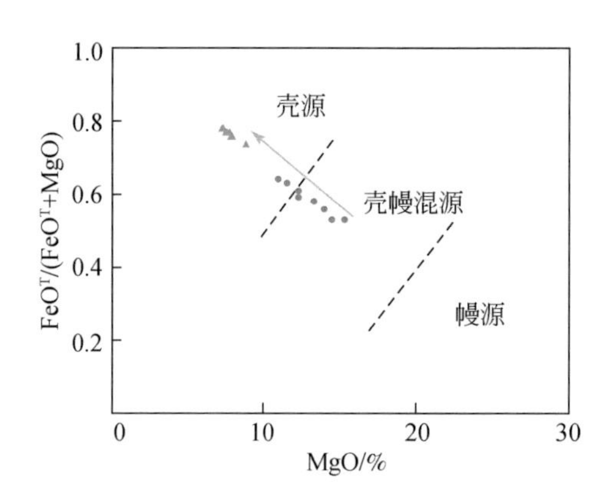

图 7-63　紫阳地区粗面质火山岩中黑云母物质来源判别图（据周作侠，1986）

绿色圆圈代表蒿坪剖面底部粗面岩中黑云母；蓝色三角形代表中上部粗面岩和金猪店粗面岩中的黑云母

综上所述，研究认为紫阳蒿坪地区含铌钽矿化的粗面岩中主要含有富铌金红石、褐帘石、铌钇矿、独居石、黑稀金矿、氟碳铈矿、氟碳钙铈矿及锆石等富含铌钽和稀土元素的矿物。不过这些富含铌钽和稀土元素的矿物颗粒普遍较小，且多包裹在其他矿物颗粒内部。粗面质火山的岩浆来源于下地壳，下部软流圈的热流及物质上升和侧向移动，热的软流圈快速上升导致地壳增厚，而底侵到下地壳底部的滔河口组岩浆携带大量热能，引起增

厚地壳物质发生部分熔融形成了粗面质岩浆。

第四节　北大巴山-大洪山地区碳酸岩-正长岩型铌-稀土矿床

北大巴山-大洪山地区除了发育有大面积的碱性岩浆岩，还发育有碳酸岩-正长岩杂岩体，而且这些碳酸岩-正长岩岩体中普遍发育有铌钽和稀土矿化，尤其以湖北十堰的竹山县和竹溪县的庙垭和杀熊洞碳酸岩-正长岩型铌-稀土矿床（点）为代表。相对于杀熊洞铌-稀土矿化点，庙垭铌-稀土矿床矿化规模较大，铌-稀土矿石的品位也较高。因此本次选择庙垭矿床为主要研究对象，重点对杂岩体的岩石组合特征、富含铌钽和稀土元素的矿物赋存状态及杂岩体的形成时代进行了研究。

庙垭碳酸岩-正长岩型铌-稀土矿床位于竹山县得胜镇庙垭村附近，铌-稀土矿化主要赋存在庙垭碳酸岩-正长岩杂岩体中，矿区的围岩主要为新元古代耀岭河群变质火山岩和少量志留系梅子垭组砂岩、板岩等（图7-64）。碳酸岩-正长岩杂岩体与耀岭河群和梅子垭组呈侵入接触关系。

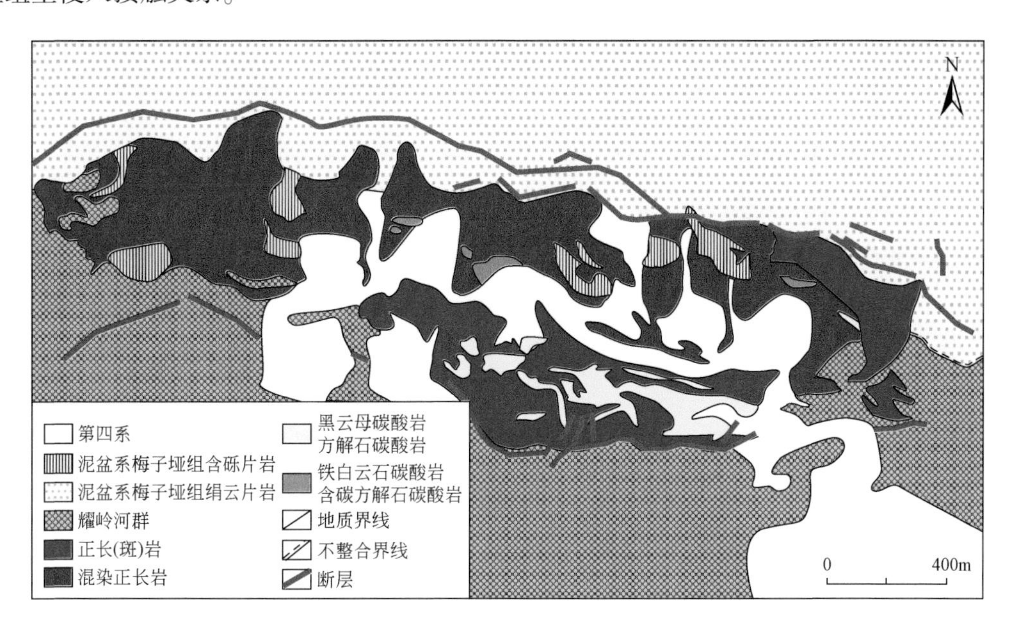

图7-64　湖北庙垭矿床地质简图（据吴昌雄等，2015修改）

矿区内碳酸岩分布范围较广，矿物成分比较简单，主要由方解石、黑云母、磷灰石及少量白云母、霞石和石英组成。矿物颗粒普遍较为粗大，部分碳酸岩中分布有少量的黄铁矿，但含量很少；部分碳酸岩中不含有黑云母等矿物，只有纯净的方解石。根据碳酸岩中矿物含量的不同又可以分为黑云母碳酸岩（图7-65a）、霞石碳酸岩、铁白云石碳酸岩等。正长岩主要分布在矿区南部，在岩石的新鲜面可见有粒度为3～7mm的长石斑晶，部分地区由于受到断裂的影响，正长岩具有片理化构造，长石也表现出弱定向的特征（图7-65b）。正长岩和碳酸岩在部分地区两者相互穿插、包裹，形成了前人定名的混染正长岩（图7-65c）。

图 7-65　庙垭矿床典型岩石照片

a-黑云母碳酸岩；b-弱黏土化蚀变的正长斑岩；c-正长（斑）岩和碳酸岩相互包裹穿插形成混染正长（斑）岩；d-碳酸岩包裹耀岭河群变质火山岩，并在变质火山岩包体外围形成烘烤边；e-碳酸岩中穿插的石英-方解石脉；f-碳酸岩中石英脉两侧形成的白云母

根据碳酸岩和正长岩之间这种相互混染的特征，初步认为两者可能形成于近同期。庙垭碳酸岩体中包裹有围岩地层，并在地层包裹体周边形成明显的烘烤边（图7-65d）。同时也有相对晚期的石英-方解石脉或石英脉穿插在碳酸岩中（图7-65e），在局部地段，在石英脉两侧形成细小的白云母颗粒（图7-65f）。

庙垭碳酸岩中含有大量的磷灰石，粒径在100～500μm，常和黑云母、方解石等共生（图7-66a）。同时，在显微镜下可以发现庙垭碳酸岩中的磷灰石发育有明显的溶蚀结构，常被相对晚期的方解石交代，但依然保持磷灰石的形态（图7-66b）。庙垭碳酸岩中还出露有霞石，但粒度相对较小，在100～300μm，常孤立地分布在方解石颗粒间隙中（图7-66c）。正长（斑）岩主要由黑云母和钾长石组成（图7-66d），副矿物主要有磷灰石和霞石（图7-66e）。由于受到后期构造作用影响，部分正长（斑）岩表现出明显的定向排列特征，尤其是在显微镜下可见黑云母和细小的长石、石英构成基质，围绕斑晶分布（图7-66d）。在前人命名的混染正长岩中，可见长石和方解石相互交织出现，并未出现强烈、明显的交代特征（图7-66d），这一特征也说明庙垭碳酸岩和正长岩可能是同期、同源岩浆演化的产物。庙垭碳酸岩-正长岩中金属矿物较少，主要有黄铁矿（图7-66g）和钛铁矿（图7-66h）。

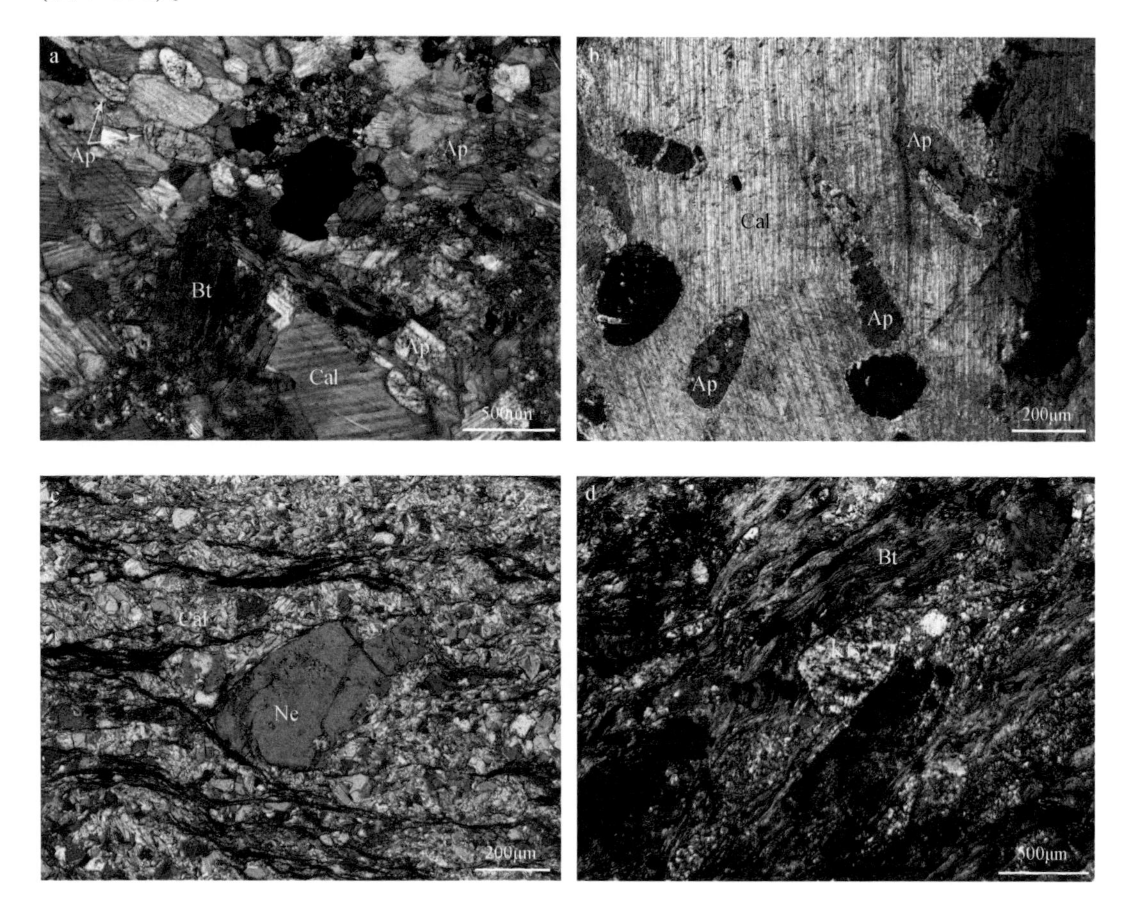

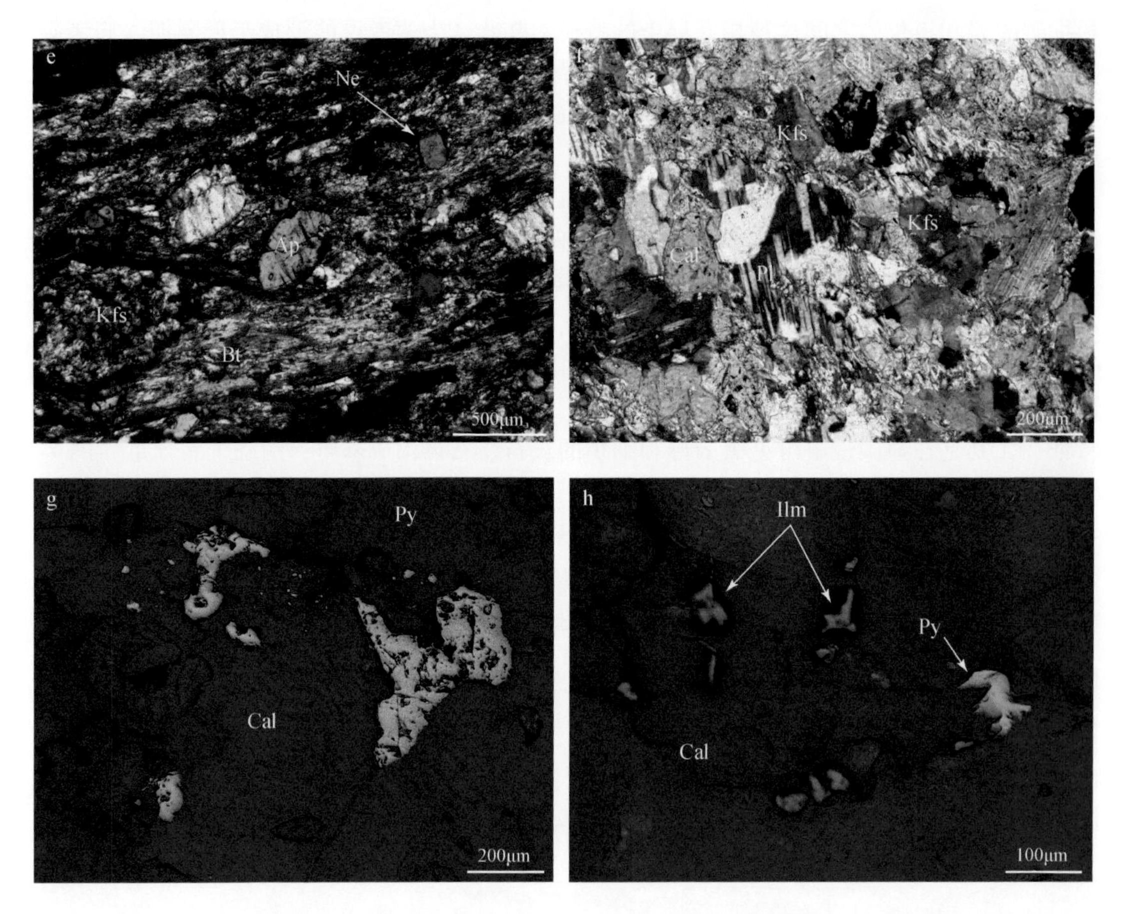

图 7-66　庙垭矿床碳酸岩和正长岩中典型矿物显微照片

a-黑云母碳酸岩中的黑云母和磷灰石；b-碳酸岩中磷灰石被方解石交代形成的溶蚀结构，磷灰石保持有原有矿物颗粒特征；c-碳酸岩中的霞石，并可见有被方解石交代的特征；d-具有弱定向特征的正长斑岩中的钾长石及定向分布的黑云母（由于蚀变作用钾长石表面形成细小的黏土矿物，部分黑云母蚀变为绿泥石）；e-正长岩中的磷灰石和霞石；f-混染正长岩中的方解石、钾长石和少量的斜长石；g-碳酸岩中分布的黄铁矿；h-碳酸岩中分布的钛铁矿和黄铁矿。Ap-磷灰石；Bt-黑云母；Cal-方解石；Ilm-钛铁矿；Kfs-钾长石；Ne-霞石；Pl-斜长石；Py-黄铁矿

1. *矿物成分特征*

本次研究重点对庙垭矿床中的含矿碳酸岩和正长岩中的主要造岩矿物和赋含铌钽、稀土元素的矿物进行了扫描电镜和电子探针分析。庙垭矿床中碳酸岩中除了方解石外黑云母和磷灰石是主要的两种矿物，虽然霞石也有所出露，但含量较低。正长岩中主要有长石、黑云母和少量石英，磷灰石是正长岩最主要的副矿物。同时在庙垭矿床中也发现有多种铌钽和稀土矿物（图 7-67），其中铌钽矿物主要是含铌金红石（图 7-67a，d）、铌钙矿（图 7-67b，c）及铌铁矿（图 7-67c），稀土矿物主要包含独居石（图 7-67a，e，f）、褐帘石（图 7-67d）和氟碳铈矿（图 7-67a，e）。

黑云母是庙垭矿床中最主要的造岩矿物之一，在碳酸岩和正长岩中均有分布。在碳酸

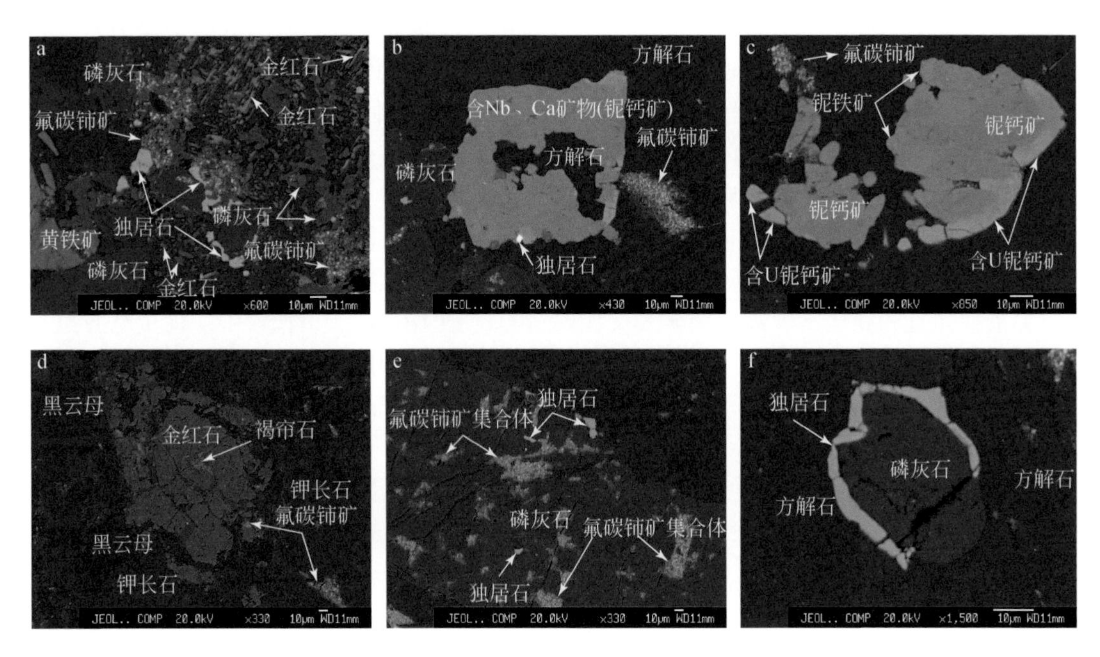

图7-67　庙垭矿床中Nb-REE矿物种类及其赋存状态

岩中黑云母常呈片状、板状，和方解石及磷灰石共生（图7-66a）；正长岩中黑云母部分呈斑晶状，在部分变形的正长岩中，黑云母形成细小的条状，围绕长石斑晶分布（图7-66d）。不论是碳酸岩还是正长岩，黑云母均发生了绿泥石化蚀变。电子探针分析结果显示，碳酸岩和正长岩中的黑云母具有相似的成分，SiO_2含量为38.1%~40.11%，FeO含量为17.45%~19.35%，Al_2O_3含量为12.31%~13.14%，MgO含量为11.18%~13.22%，TiO_2含量为1.59%~2.20%，Na_2O含量为0.03%~0.12%，K_2O含量为8.26%~8.97%。上述成分特征说明庙垭矿床碳酸岩-正长岩杂岩中黑云母具有富镁特征，属于富镁黑云母和镁黑云母。此外，庙垭碳酸岩-正长岩杂岩中的黑云母具有较高的挥发分含量，F含量为2.14%~2.47%。因此，我们认为，含量较高的挥发分对于杂岩体中的铌钽和稀土元素的富集具有重要意义。

长石是庙垭矿床中正长岩的最主要造岩矿物之一，在碳酸岩中含量很少。正长岩中的长石既有呈斑晶状产出的，也有呈细小的长石颗粒分布在基质中（图7-66d，e）。庙垭正长岩中的长石主要为碱性长石，如条纹长石等，极少量为斜长石。长石粒度在1~5mm，往往发育有双晶结构，但均发生了较为强烈的蚀变作用，表面形成细小的黏土矿物或绢云母。电子探针分析结果显示，庙垭正长岩中长石的SiO_2含量为67.94%~69.57%，K_2O含量为0.07%~0.32%，Al_2O_3含量为19.12%~19.85%，Na_2O含量为11.46%~13.64%。

磷灰石是庙垭杂岩体中一种重要的副矿物，分布十分广泛，在碳酸岩和正长岩中均有分布，多呈自形-半自形粒状或是短柱状，粒度为0.1~0.3mm，多呈散布状分布在方解石、长石和黑云母颗粒中（图7-66a，e）。电子探针分析结果显示，碳酸岩和正长岩中的磷灰石具有相似的成分组成，CaO含量为54.38%~56.62%，P_2O_5含量为41.24%~42.56%，F含量为3.14%~4.01%，总体属于氟磷灰石。庙垭杂岩体中的磷灰石具有较高的挥发分，如 F 含量，而且根据矿物产状，可以初步判断本次研究所选取的主要为岩浆磷灰石，而其较高的挥发分含量也可以间接地反映岩浆具有相对较高的挥发分含量。因此，根据本次研究的岩浆磷灰石中较高的 F、Cl 挥发分含量，我们推测庙垭杂岩体的岩浆具有较高的挥发分，而这也与杂岩体中黑云母中较高的 F 含量相一致，而且这种较高的挥发分可能对于铌、钽元素在粗面质岩浆中的富集具有重要意义。

铌金红石是庙垭矿区中分布最为广泛的含铌矿物，在碳酸岩和正长岩中均有分布，但相对在正长岩中含量较多。在碳酸岩中，含铌金红石主要和黑云母等矿物具有密切的空间分布关系，并且和独居石、氟碳铈矿等交代磷灰石（图 7-67a）。正长岩中，铌金红石呈长条状、不规则状分布在钾长石和黑云母等硅酸盐矿物的间隙中，粒径为 5 ~ 30μm。部分铌金红石和黄铁矿关系密切（图 7-67d）。电子探针成分分析显示，碳酸岩和正长岩中的铌金红石在成分上差异不大，铌金红石中 TiO_2 含量为 79.12% ~ 89.61%，FeO 含量为 2.72%~4.27%，Nb_2O_5的含量为 6.62% ~ 12.26%，Ta_2O_5含量为 0.19% ~ 1.20%。但是与区域内的天宝等铌钽矿床相比，庙垭矿床中的金红石中无论是轻稀土元素还是重稀土元素含量均很低。

铌钙矿是庙垭矿区最主要的含 Nb 矿物之一，主要分布在碳酸岩中（图 7-67b），在正长岩中偶尔可见。碳酸岩中的铌钙矿矿物颗粒为 40 ~ 80μm，并且其内部有时会包含有方解石，同时在其边部可见有细小的独居石颗粒。同时铌钙矿也常见交代了磷灰石颗粒（图 7-67b）。电子探针成分分析显示，铌钙矿中 Nb_2O_5 含量较高，介于 75.21% ~ 77.27%；Ta_2O_5含量为 0.5%~0.6%；CaO 含量为 15.71% ~ 15.76%。此外，铌钙矿中还含有少量的轻稀土元素，如 Ce_2O_3含量为 0.08% ~ 1.16%，但总体稀土元素含量较低。

高 U 铌钙矿是庙垭矿区中并不常见的含 Nb 矿物，主要也分布在碳酸岩中，其矿物成分与铌钙矿类似，其中除了较高的 Nb_2O_5含量外，U 含量也较高。电子探针成分分析显示，高 U 铌钙矿中 Nb_2O_5 含量较高，为 40.21% ~ 40.95%；UO_2 含量介于 25.56% ~ 27.31%，Ta_2O_5含量为 1.61% ~ 2.87%，CaO 含量为 4.63% ~ 6.91%。这种矿物很少单独出现，常常是与铌钙矿和铌铁矿共生，而且常分布在铌钙矿的周边（图 7-67c）。根据其与铌钙矿和铌铁矿的分布关系，结合其成分变化，推测三者可能是由于热液成分的变化而形成的。

铌铁矿是庙垭矿区重要的含铌矿物，其 Nb_2O_5含量也较高，相对铌钙矿，Fe 的含量有所增加。在背散射图像中可以发现，铌铁矿常常和铌钙矿及含 U 铌钙矿呈成分渐变关系（图 7-67c），说明它们可能是矿物结晶过程中，由于沉淀的先后不同，晶体中元素含量发生变化而形成的。电子探针成分分析显示 Nb_2O_5含量为 71.45% ~ 73.52%；FeO 含量为 18.26% ~ 18.3%，Ta_2O_5含量为 0.26% ~ 0.51%。

铌钛矿是另一种重要的含铌矿物，常常和铌钙矿等伴生（图 7-67c），而且与铌铁矿、铌钙矿及高 U 铌钙矿具有成分的过渡性变化。铌钛矿中除了含有较高含量的 TiO_2 外，Nb_2O_5的含量为 54.65% ~ 69.3%，Ta_2O_5含量为 0.12% ~ 0.34%，而且含铌钛铁矿中也含有较高的稀土含量，如 Ce_2O_3 含量为 18.22% ~ 20.93%，La_2O_3 含量为 7.55% ~ 9.29%，Nd_2O_3含量为 4.17% ~ 5.43%。与含铌金红石类似，含铌钛铁矿也表现为含有较高含量的轻稀土元素，较低的重稀土元素含量。

独居石是庙垭矿区分布最为广泛、最为重要的稀土矿物之一（图7-67a，e，f），在碳酸岩和正长岩中均有分布。碳酸岩中独居石既分布在方解石颗粒间，也分布在磷灰石颗粒内部或边部。独居石常和氟碳铈矿共同分布在碳酸岩颗粒中，并与金红石等具有密切的空间分布关系。在磷灰石中，独居石常和氟碳铈矿分布在磷灰石内部（图7-67e），有时独居石交代了磷灰石，围绕磷灰石形成一个独居石边（图7-67f）。电子探针成分显示，庙垭矿床的独居石中La_2O_3含量为14.12%~19.3%，Ce_2O_3含量为32.49%~34.47%，Nd_2O_3含量为6.84%~8.99%，ThO_2含量为0.37%~4.89%，Sm_2O_3含量为0.08%~1.20%，Pr_2O_3含量为3.51%~5.71%。

褐帘石是庙垭矿区另一种最主要的稀土矿物，常常分布在黑云母（图7-67d，g，i）和硫化物中，说明褐帘石形成相对晚于黑云母。褐帘石常和独居石、氟碳铈矿交代黑云母，并与形成相对较晚的石英交代早期的硫化物（黄铁矿），说明相对于早期形成的黑云母和硫化物，褐帘石的形成可能与后期热液活动有关。褐帘石中SiO_2含量为31.6%~38.76%，FeO含量为10.32%~11.17%，Al_2O_3含量为15.23%~18.93%，MgO含量为0.07%~0.45%，TiO_2含量为0.12%~0.39%，Na_2O含量为0.09%~0.26%，Ce_2O_3含量为7.85%~17.89%，La_2O_3含量为8.16%~18.28%。褐帘石也表现为具有较高的轻稀土元素，较低的重稀土元素含量。

氟碳铈矿是庙垭矿区分布最为广泛的稀土矿物之一，在碳酸岩和正长岩中也有大量分布。但是在庙垭矿区，氟碳铈矿常常形成极细小的矿物集合体分布（图7-67b，e，d），并常与独居石、褐帘石共生。尤其是在黑云母发育的岩石中，常有大量的氟碳铈矿集合体与独居石和褐帘石共生，交代黑云母。此外，氟碳铈矿集合体常和独居石沿着磷灰石颗粒的裂隙对其进行交代，尤其是在碳酸岩中最为明显、强烈（图7-67e），这说明氟碳铈矿可能相对较晚。氟碳铈矿主要含有轻稀土元素，而重稀土元素含量较低，具体表现为La_2O_3含量为18.77%~26.32%，Ce_2O_3含量为51.97%~61.16%，其他稀土元素含量均较低。同时氟碳铈矿显示出较高的挥发分含量，F含量为4.14%~6.21%。

2. 锆石U-Pb年代学特征

本次选取了庙垭矿区中碳酸岩和正长岩进行了锆石SHRIMP U-Pb定年，来确定庙垭杂岩体的形成时代。通过显微观察，可以发现碳酸岩和正长岩中的锆石颗粒均呈片状、不规则状，粒径在100~300μm，CL图像显示绝大多数锆石具有明显的振荡环带（图7-68a，c）。但部分锆石显示了明显的核边结构，即锆石的内部显示了明显环带结构，而在其外部又形成一个成分均匀的锆石边，本次针对这种具有典型核边结构的锆石对其核部和边部都进行了测试。正长岩共进行了11个点测试，测试结果显示所有的测试点均具有较为一致的年龄，具有核边结构的锆石，在核部和边部也具有一致的年龄，说明锆石整体是同一期次形成的，并未遭受到后期强烈的改造作用，所有的测试点均位于谐和曲线上，加权平均年龄为434±4Ma（图7-68b），该年龄值代表了庙垭正长岩的形成时代。碳酸岩也挑选了11个点进行U-Pb年龄测试，对具有核边结构的锆石在核部和边部都进行了测试，也均具有一致的年龄，也说明其形成于同期。碳酸岩11个锆石测试点也均位于谐和曲线上，加权平均年龄为434±3.7Ma（图7-68d），该年龄值代表了庙垭碳酸岩的形成时代。综合上述两种岩性的SHRIMP锆石U-Pb年龄，说明庙垭岩体的碳酸岩和正长岩是同一次岩浆活动的产物，均形成于434Ma，属于古生代岩浆活动。结合区域内碱性岩和粗面岩的测年结果，可以发现紫阳岚皋地区的碱性岩和天宝地区的粗面岩及庙垭地区的正长岩与碳酸岩具有相同的时代，说明它们均形成于古生代同一次构造–岩浆活动。

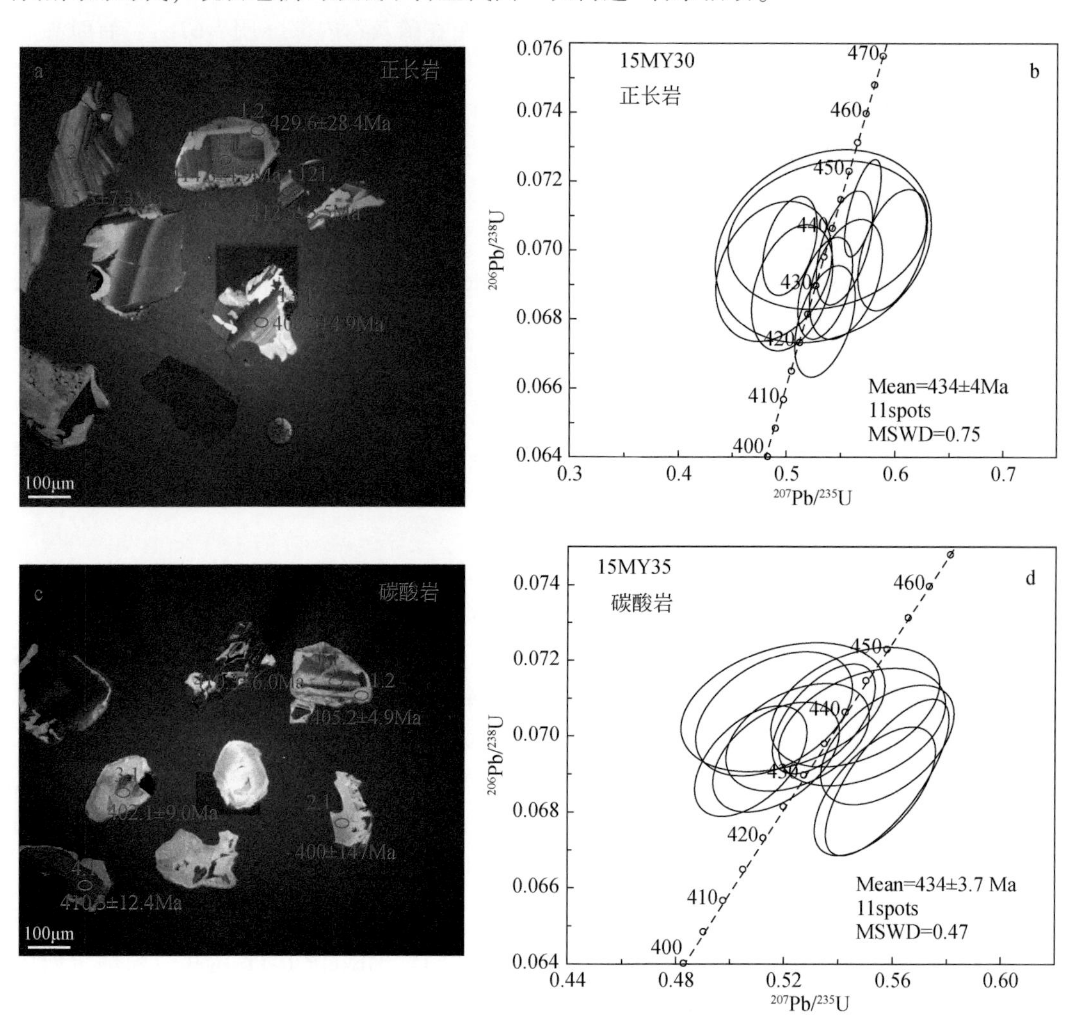

图 7-68　庙垭杂岩体中正长岩和碳酸岩锆石 CL 图像和 SHRIMP U-Pb 年龄谐和图

3. 成矿作用机制探讨

庙垭铌–稀土矿化出现在碳酸岩–正长岩内，岩体即矿体，而萤石、重晶石等脉石矿物并不常见，并未形成类似川西牦牛坪稀土矿床中的萤石（霓辉石）–重晶石–方解石等粗大脉体。因此，众多学者认为庙垭碳酸岩稀土矿床是典型的岩浆型稀土矿床（Xu et al., 2010, 2014；吴敏等，2011；吴昌雄等，2015；Zhu et al., 2016）。同时，这些学者通过对庙垭杂岩体的岩石地球化学、同位素特征及流体包裹体的研究认为庙垭矿床的铌–稀土矿化和杂岩体具有密切成因联系。如前人对庙垭矿床的碳酸岩和正长岩进行了地球化学研究（Xu et al., 2010, 2014；Zhu et al., 2016），显示正长岩具有低硅高碱特征，SiO_2 含量为

52.96%~57.98%，K_2O+Na_2O 含量为 9.98%~14.13%，显示具有碱性岩特征。正长岩同时具有高的 Al_2O_3 含量（13.03%~20.76%），FeO^T 含量为 2.84%~7.26%），CaO 含量为 0.13%~9.89%，MnO 含量为 0.05%~0.91%），TiO_2 含量为 0.29%~0.75%，P_2O_5 含量为 0.22%~1.09%，MgO 含量为 0.49%~1.98%。正长岩显示出具有富集轻稀土元素（LREE），高的（La/Yb）$_N$值（19.8~38.2），总体与庙垭碳酸岩具有相似的稀土元素特征。正长岩和碳酸岩都显示出具有负 Eu 异常特征（Eu/Eu* 为 0.9~1.3）。微量元素特征上，庙垭正长岩显示出具有 Ta、La、Ce、Sr、P 和 Ti 的负异常特征，Ba、U、Nb 和 Nd 的正异常特征。P 和 Ti 的负异常可能与磷灰石或是钛铁矿、榍石的分异有关。庙垭碳酸岩的微量元素显示出富集 Sr、Ba、U、LREE，亏损 Nb、Ta 等元素，缺少明显的 Ce、Eu 异常，这与世界上大多数碳酸岩的微量元素组成相似。但是庙垭碳酸岩中的方解石和全岩却有着明显不同，方解石和碳酸岩全岩的（La/Y）$_N$分别为 1.6 和 57.6，全岩明显表现出比方解石矿物更为强烈的轻重稀土分异特征。此外，庙垭正长岩和碳酸岩都显示出较低的初始 Sr 特征（0.7004~0.7053），亏损的 $\varepsilon_{Nd}(t)$ 值（+1.1~+5.5），显示出具有幔源岩浆的特征（Zhu et al.，2016）。庙垭碳酸岩的 C-O 同位素的数据偏向沉积混染或高温分离作用的影响，由碳酸岩微量元素数据可见在庙垭地区其 Pb 具有明显的负异常，而地壳中的 Pb 含量非常高，若该地区的碳酸岩发生沉积混染作用必然导致该区碳酸岩的 Pb 含量明显增高，而不会出现负异常，这就排除了受到沉积混染的影响，也就是说该区偏离初始火成岩的原因很可能是高温分离作用的影响。因此，吴敏等（2011）认为高温分离作用的存在使碳酸岩中的矿物出现不同的结晶顺序，使 REE 的含量在随着熔体快速上升的过程中越来越富集，最终形成大型的稀土矿床。庙垭碳酸岩中流体包裹体显出中低温特征（120~400℃），明显不同于火成硅酸岩中的包裹体，而且其盐度为 1.62‰~10.48‰，明显不同于直接幔源而来的高密度卤水，但吴敏等（2011）认为这可能是在碳酸岩岩浆快速上升的过程中发生了大量的矿物分离结晶，降低了流体的盐度而造成。因此，许多学者（Xu et al.，2010，2014；吴敏等，2011；吴昌雄等，2015；Zhu et al.，2016）认为庙垭碳酸岩稀土矿床是典型的岩浆型稀土矿床，碳酸岩岩浆在上升的过程中受到高温分离作用的影响；大量矿物相的分离结晶过程，导致其方解石内的流体包裹体具有相对较低的均一温度和盐度；庙垭碳酸岩的初始母体富含 REE，它们是正长岩岩浆分离后的残余体，大量矿物相的分离结晶过程，特别是方解石的堆积结晶，是 REE 富集成矿的主要因素。但是该结论仅仅是通过岩石地球化学特征得出，缺乏有力的成矿学证据，尤其是矿物分布、产状形态、形成期次的证据，一直都存在有争议。

在本次研究中，通过对庙垭碳酸岩和正长岩的锆石 SHRIMP U-Pb 定年可以发现碳酸岩和正长岩均形成于约 434Ma，说明两者是同期岩浆活动的产物。上述碳酸岩和正长岩的全岩地球化学和同位素特征，也进一步证明了两者是同期、同源岩浆活动的产物。但是，通过本次对碳酸岩和正长岩中富含铌钽、稀土元素的矿物产状和分布研究，可以发现虽然在碳酸岩和正长岩中都发现有富铌金红石，而且金红石均与正长岩及碳酸岩中的长石、云母、方解石等矿物共生，并未显示出相互交代特征，显示含铌金红石是与正长岩、碳酸岩同期的产物（图 7-67a，d）。但是庙垭矿床中最主要的富含铌钽和稀土元素的矿物，如褐帘石、铌铁矿、独居石及氟碳铈矿等显示出对早期矿物的交代作用，如碳酸岩中褐帘石交代了早期的黑云母和黄铁矿（图 7-67h，i）；碳酸岩中铌钙矿交代了早期的磷灰石，并且包裹有方解石颗粒（图 7-67b），铌钙矿、铌铁矿和高 U 铌钙矿三者具有很好的成分变化，同时可见有明显的高 U 铌钙矿交代贫 U 铌钙矿，这说明这三种成分类型的矿化很可能是热液流体不同阶段的产物；独居石和氟碳铈矿是庙垭矿床中最主要的赋含稀土元素的矿物，但是在碳酸岩或正长岩中，独居石和氟碳铈矿均表现出对早期矿物的交代作用，如氟碳铈矿集合体沿着磷灰石裂隙对其进行交代（图 7-67e），独居石也沿着早期结晶的磷灰石对其进行交代作用（图 7-67a），甚至在部分磷灰石颗粒周缘呈半环状的独居石（图 7-67f）。这些矿物特征都说明虽然庙垭碳酸岩和正长岩在结晶成岩的过程中形成了部分富含铌钽的矿物，如含铌金红石，但该成岩过程绝不是庙垭铌钽、稀土元素富集的主要机制。相对而言，最主要的富含铌钽、稀土元素的矿物可能是由后期岩浆-热液作用而形成的，这些由后期热液作用形成的富含铌钽、稀土元素的矿物不仅交代了早期成岩过程中形成的造岩矿物，甚至对早期成岩过程中形成的金属硫化物也进行了交代。此外，Ying 等（2017）对庙垭矿床中碳酸岩和正长岩中的独居石进行了 U-Pb 定年，结果显示两者中的独居石均形成于约 240Ma，碳酸岩中的铌钽矿 U-Pb 年龄为 232.8±4.5Ma，与独居石形成时代相一致，形成于三叠纪，均为后期热液活动的产物，与本次矿物特征相一致。

因此，结合本次对庙垭碳酸岩和正长岩的锆石 U-Pb 年代、矿物学及前人的成矿年代研究，我们认为庙垭铌-稀土矿床的成矿作用可能并不是像早期研究人员认为的矿化和成岩是同一过程，而是具有多期次特征，可能至少存在两期岩浆-热液活动，早期是约 430Ma 的碱性岩浆活动，形成了庙垭的碳酸岩和正长岩，并形成了碳酸岩和正长岩中富铌金红石；晚期是三叠纪约 240Ma 的热液活动，该期热液活动形成了庙垭矿床中大量的富含铌钽和稀土元素的矿物，这些晚期矿物对早期结晶的矿物普遍发生了交代作用，而这期热液活动也是庙垭矿床最主要的铌和稀土的成矿作用。

第五节　北大巴山-大洪山地区伟晶岩型铷矿化

在北大巴山的西北部两河和宁陕地区出露有一系列的花岗质伟晶岩，这些花岗质伟晶岩和南秦岭地区出露的大面积三叠纪花岗质岩基具有密切的空间和成因联系。这些花岗质伟晶岩普遍都发育有铷矿化，尤其是两河地区的花岗质伟晶岩出露最好，铷矿化相对也最为强烈。因此，本次项目在执行过程中重点对两河地区铷矿化的花岗质伟晶岩进行了矿物学和年代学研究，以期能够查明区域内的伟晶岩中铷矿化特征和形成时代。

两河-宁陕地区位于秦岭褶皱带中，是华北板块和扬子板块挤压作用最为强烈的地区之一，该地区地质构造多变，地层岩相复杂，岩浆活动频繁（图 7-69a）。区域上沉积盖层主要包括震旦系灯影组，下古生界石瓮子组、白龙洞组、两岔口岩组、大贵坪岩组和梅子垭岩组，上古生界石家沟组、大枫沟组和古道岭组。两河花岗质伟晶岩分布于胭脂坝岩体南部，出露地层较简单，以志留系和泥盆系为主（图 7-69b）。志留系包括大贵坪组和梅子垭组，其中，大贵坪组岩性组合为下部深灰色碳质片岩夹大理岩，中部灰色中-厚层白云岩，上部深灰色薄层（条带状硅质岩夹碳质片岩）；梅子垭组岩石组合为下部局部含钙黑云母变斑晶石英片岩，上部为十字石二云石英片岩夹结晶灰岩、石榴子石黑云石英片岩，其下与大贵坪岩组为平行整合接触。泥盆系主要包括大枫沟组和古道岭组，大枫沟组岩性组合为下部岩性为长石石英砂岩夹砂质绢云板岩、中-粗粒局部含钙长石砂岩、钙质板岩，偶夹砂质灰岩、含生物微晶灰岩，上部岩性为石英砂岩、灰绿色-灰紫色长石砂岩、粉砂质板岩、粉砂质绢云板岩、泥灰岩、灰岩等不等厚互层；古道岭组岩性为薄层粉-细晶灰岩，藻类、层孔虫灰岩，砾屑灰岩，浅灰色厚层块状颗粒灰岩，与下伏大枫沟组为平行整合接触。

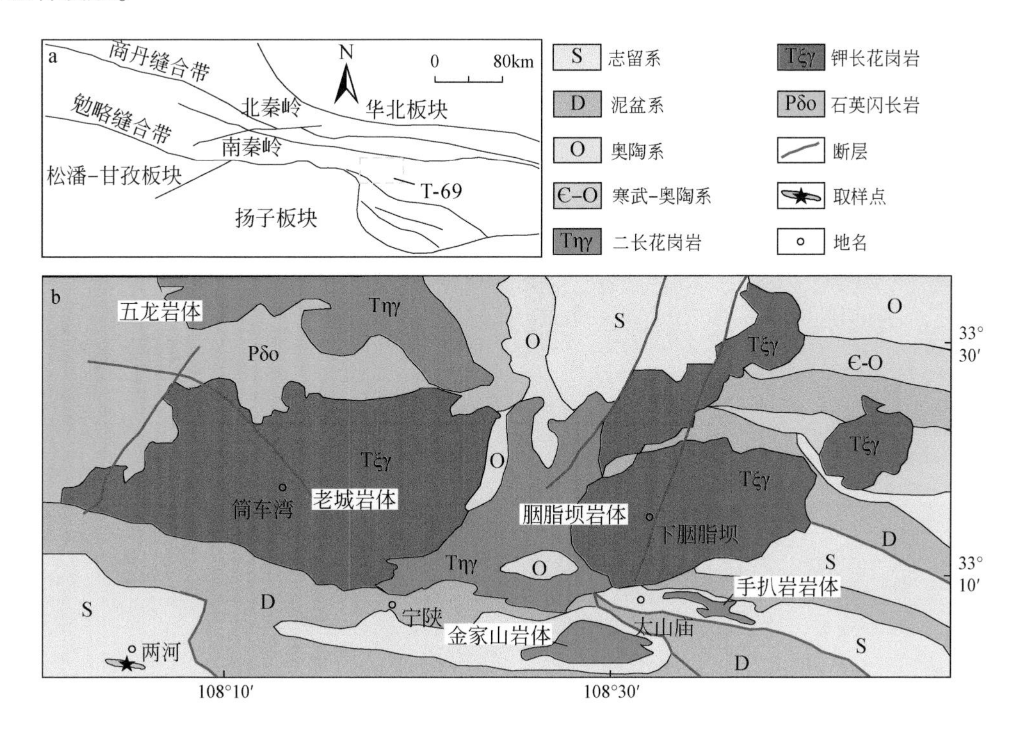

图 7-69　宁陕地区地质简图

区内断裂主要有陈家坝断裂、筒车湾断裂、旬阳坝-五间坝断裂、长坪-胭脂坝断裂、仁河口-公馆断裂、太山庙-丝铺断裂、手扒岩断裂、饶峰-石泉断裂。这些断裂构造总体以北东向和北西向的压扭性断裂为主，北西向断裂顺层发育，形成相对较早，对含矿花岗岩有一定控制作用。北东向断裂规模大，形成相对较晚，并使断裂两侧地层、岩体作逆时针方向扭动（图 7-69b）。

区内出露的岩浆岩主要有五龙岩体、老城岩体和胭脂坝岩体，主要侵位于新元古代到古生代地层中（图 7-69b），三者属于五龙岩体群（又称宁陕岩体群）的一部分。五龙岩体群是佛坪热穹隆的主体，主要由华阳、西坝、五龙、老城和胭脂坝等花岗岩类岩体组成。老城岩体位于宁陕县西北，主要岩性包括北部的石英闪长岩和花岗闪长岩和南部的二长花岗岩，形成于 221±2Ma 和 210±2Ma。胭脂坝岩体出露于宁陕县北部，岩体主体由似斑状黑云母二长花岗岩、含或不含石榴子石的黑云母花岗岩和二云花岗岩组成，形成于 222±1Ma 和 208±2Ma。五龙岩体主要在老城岩体北西方向出露，主要岩性为花岗闪长岩、二长花岗岩和似斑状黑云母花岗岩，成岩年龄为 225. 3±6Ma 和 208. 5±2. 2Ma。

两河花岗伟晶岩脉位于石泉县两河镇南约1km处，出露有十余条伟晶岩脉，均呈岩脉状产出，岩脉宽度变化较大，为0.5～35m，走向呈北西向。花岗伟晶岩脉呈灰白色，具有粗粒结构，块状构造（图7-70），主要组成矿物为白云母、石英、长石、电气石等，矿物颗粒多在2～3cm。两河花岗质伟晶岩脉的围岩主要为下志留统大贵坪组灰色碳质片岩、白云岩和条带状硅质岩，花岗质伟晶岩与大贵坪组地层呈侵入接触关系，两者接触界线截然（图7-70b）。两河花岗质伟晶岩脉显示出强烈的铷地球化学异常，部分花岗质伟晶岩脉发育铷矿化，并达到工业品位。

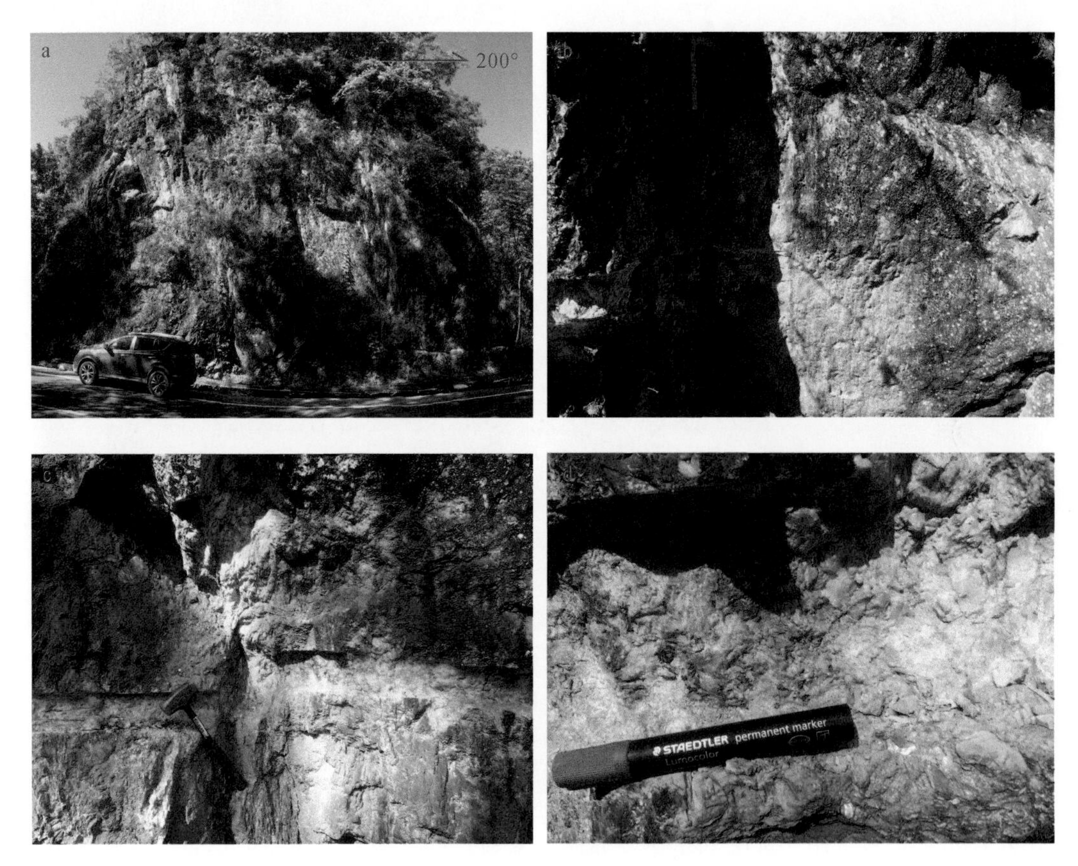

图7-70　两河花岗质伟晶岩野外特征

虽然两河花岗质伟晶岩中矿物成分较为简单，但对于其中的铷矿化特征，仅仅是依靠化学分析判断，其中的含铷矿物特征一直没有得到有效的解决。因此，本次重点对两河地区具有铷矿化的花岗质伟晶岩中的云母、长石、磷灰石及电气石进行了矿物学研究，以期能够查明具体的含铷矿物特征。

1. *云母*

云母是两河花岗质伟晶岩最重要的造岩矿物之一，并且具有两种产出状态，分别为鳞片状（图7-71a，b）和细脉状（图7-71c，d），前者为主要产出状态，野外及显微镜下均可观察到，后者主要在显微镜下可见。成分方面，两种不同产状的云母成分差异不大，

SiO_2含量为44.76%~47.14%，平均为45.89%；Al_2O_3含量为31.08%~36.43%，平均为34.07%；FeO^T含量为0.27%~3.59%，平均为1.97%；MgO含量为0.03%~0.87%，平均为0.45%；K_2O含量为10.64%~11.93%，平均为11.17%。根据成分特征可以判断两种不同产状的云母均属于白云母亚族。值得注意的是，两种云母均为含铷矿物，Rb_2O含量为0.58%~0.98%，平均为0.76%，是两河花岗质伟晶岩中主要含Rb矿物之一。

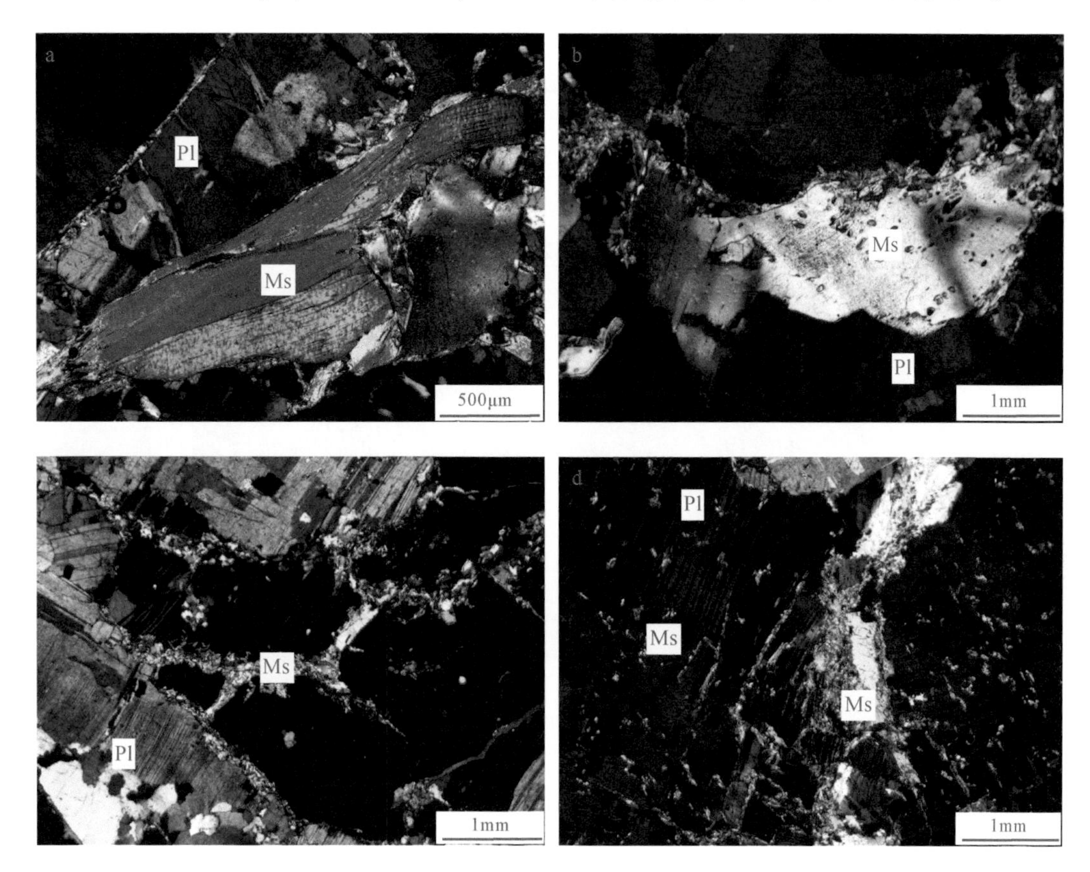

图7-71　两河伟晶岩中云母镜下照片

Ms-白云母；Pl-斜长石

2. 长石

长石为两河花岗质伟晶岩中另一种重要的含铷矿物（图7-71），根据显微镜下观察可以发现两河花岗质伟晶岩中长石主要为钾长石和钠长石。电子探针成分分析显示，钾长石中SiO_2含量为62.58%~63.37%，平均为63.01%；Al_2O_3含量为17.87%~18.73%，平均为18.36%；Na_2O含量为0.42%~0.59%，平均为0.49%；K_2O含量为16.01%~16.85%，平均为16.52%。钠长石中SiO_2含量为65.49%~67.26%，平均为66.74%；Al_2O_3含量为19.32%~20.15%，平均为19.62%；Na_2O含量为11.43%~12.09%，平均为11.88%；K_2O含量为0~0.48%，平均为0.11%。值得关注的是，两种长石均含一定量的Rb_2O，其中钾长石中Rb_2O含量为1.01%~1.18%，平均为1.13%；钠长石中Rb_2O含量为 1.03%~1.29%，平均为 1.18%。相对于云母，钾长石和钠长石中 Rb_2O 含量均较高，是两河花岗质伟晶岩中最主要的含铷矿物。

3. 电气石

电气石也是两河花岗质伟晶岩中一种重要的矿物。在野外露头上，可以发现电气石主要为黑色、深灰色，呈长柱状、柱状、针状或集合体形式分布在长石和云母颗粒中，并且在矿物长轴方向上发育有一系列纵纹，矿物横切面多呈六边形。显微镜下可以发现电气石主要呈他形，节理不完全，裂纹发育，单偏光下多色性明显，正交光下可见平行消光且干涉色级别较高（图 7-72）。电子成分分析显示，两河伟晶岩中电气石的 SiO_2 含量变化范围为 34.82%~36.38%，平均为 35.55%；Al_2O_3 含量为 30.77%~33.61%，平均为 32.36%；FeO^T 含量为 9.06%~12.56%，平均为 10.66%；MgO 含量为 2.98%~4.31%，平均为 3.75%；Na_2O 含量为 2.23%~2.61%，平均为 2.47%。总体上成分变化不大，属于镁铁锂电气石。

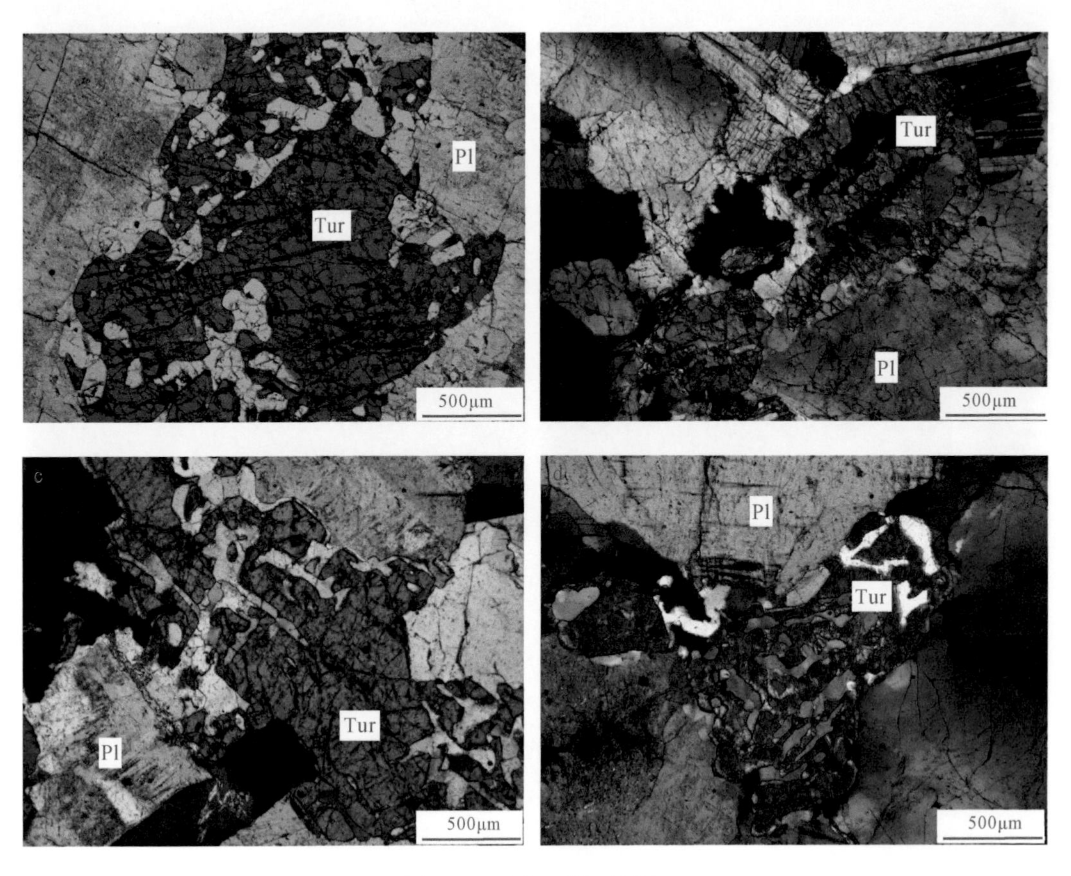

图 7-72　电气石镜下照片

Pl-斜长石；Tur-电气石

4. 磷灰石

磷灰石是两河花岗质伟晶岩中一种重要副矿物，相对于云母和长石，其含量较少。通过显微镜和电子探针观察，两河伟晶岩中磷灰石主要有两种产出状态，一种是呈粒状分布在长石和云母矿物颗粒中；另一种长条状分布在细小的云母和长石脉体中。电子探针成分显示，两种不同产状的磷灰石在主要成分上差异不大，主要为 CaO 和 P_2O_5，且 CaO 含量为 54.61%~59.10%，平均为 57.43%；P_2O_5含量为 35.08%~36.56%，平均为 35.8%；两种磷灰石中 MnO 含量较低，主要为 0.19%~3.74%，平均为 1.03%。但是，两者磷灰石在挥发分含量上具有较大的差异，尤其是 F 含量。粒状产出的磷灰石中 F 含量较高，为 2.11%~4.10%（平均为 3.13%），而产于细脉中的磷灰石中 F 含量极低，大部分低于检出限。结合两种磷灰石的产状，初步可以认为产于长石和云母颗粒中的磷灰石形成相对较早，而产于细小矿物脉中的磷灰石形成相对较晚，可能是由早期伟晶岩熔体分异后期形成的产物。两种磷灰石之间 F 含量的差异，也暗示了早期结晶的伟晶岩熔体富含 F 等挥发分，而分异晚期的伟晶岩质熔体不含或只含有极少量挥发分，这也为花岗质伟晶岩形成过程中经历的高度分异作用提供了证据。

5. 锆石 U-Pb 年代学

本次对两河花岗质伟晶岩进行了锆石 U-Pb 同位素定年。通过阴极发光图像（CL 图像），可以发现两河伟晶岩中锆石粒径变化较大，为 50 ~ 350μm，主要呈自形或半自形，大部分锆石环带模糊，多数较暗，少数较亮（图 7-73），蜕晶化作用强烈。锆石 U-Pb 分

图 7-73 伟晶岩锆石 CL 图像及锆石 LA-ICP-MS U-Pb 年龄结果

析结果显示，蜕晶化作用可能导致不同程度的放射性成因 Pb 的丢失，本次测试未能获得$^{206}Pb/^{238}U$加权平均年龄，只获得下交点年龄 187.8±7.5Ma（图 7-74），大致代表花岗质伟晶岩脉的形成时代。

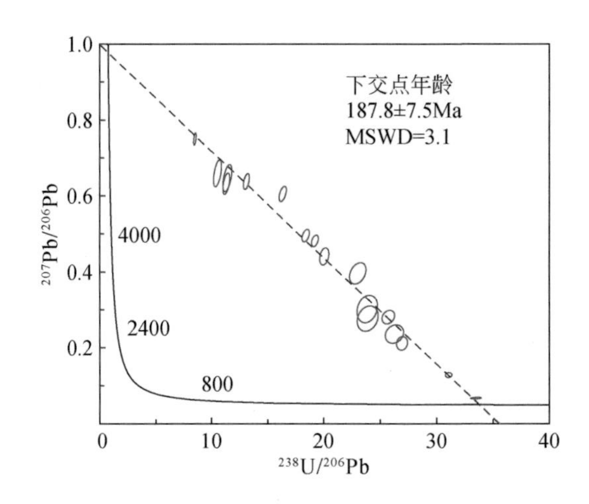

图 7-74　伟晶岩锆石 U-Pb 年龄谐和图解

6. 成矿作用机制探讨

在早中生代（三叠纪），古特提斯洋的俯冲作用（张国伟等，2001）及华北和华南板块的碰撞造山过程使得秦岭造山带内发育有强烈的岩浆活动，形成了一系列的早中生代花岗质岩石，形成了如东江口、柞水、曹坪、五龙、宁陕等大型花岗质岩基。近年来，对位于石泉伟晶岩北东向的五龙岩体、老城岩体、胭脂坝岩体的年代学研究显示，其侵位年龄应为 221～225Ma 和 208～210Ma。两河伟晶岩的年代学测试结果表明，其形成时间应为 187.8±7.5Ma，略晚于上述岩体，暗示伟晶岩的形成可能与上述花岗岩体是同源岩浆不同演化阶段的产物，并与埋藏于深部的花岗质岩基可能具有成因联系。研究表明，挥发分是控制稀有金属成矿的关键因素，一方面，挥发分（特别是 F）可以与稀有金属元素形成络合物，便于元素的迁移和富集（Webster et al.，1997）；另一方面，还能够降低熔体的黏度，提高铷等稀有元素在岩浆熔体中的溶解度（Linnen and Keppler，2002，2004；Webster et al.，2009；Xiong et al.，2005）。两河伟晶岩的矿物学研究表明，伟晶岩中大量发育磷灰石、电气石等含 F、B 元素的矿物，说明岩浆熔体中具有较高的挥发分。岩浆演化早期，熔体中的挥发分含量逐渐增加，相应地，熔体中的稀有金属也逐渐地富集，这一步主要为形成稀有金属矿床提供了必要的物质基础。当岩浆演化到一定程度后，络合物逐渐发生水解，磷灰石、电气石等含挥发分矿物不断晶出，使得熔体中挥发分的含量大大降低，导致 Rb 等稀有元素的溶解度降低进而达到饱和，最终以类质同象替代的形式（具体替换方式主要为 Rb^+ 占据大离子 K^+、Na^+ 等位置）赋存于长石、云母等矿物之中富集成矿。

综合上述研究，本次研究认为两河花岗质伟晶岩中铷主要以类质同象替代的形式赋存于长石、云母等矿物之中。锆石 U-Pb 年代学结果表明，两河花岗质伟晶岩的成岩年龄应为 187.8±7.5，与区域上大面积分布的中生代岩浆岩形成时代相同，两者可能是同源岩浆不同阶段的演化产物。铷的富集成矿与挥发分及岩浆的演化关系密切，伟晶岩中大量的F、B等挥发分对铷的矿化具有重要意义。

第六节　大洪山地区含重稀土变质岩的岩石组合特征

广水重稀土矿床位于广水市殷家沟附近，区域出露的地层主要为元古宙地层，主要有新元古代桐柏群关门山组、黄土寨组和新店组，新元古代红安群七角山组及新元古代随县群柳林组，矿区范围内出露的地层主要为红安群七角山组变质中酸性火山岩（图7-75）。按照岩性及岩石组合特征，新元古代红安群七角山组可以分为上部的凝灰质斑岩、黑云绿泥片岩、云母钠长片岩；中部为浅粒岩和石英白云钠长片岩及（绿帘）白云母钠长片岩；下部为白云石英片岩、微斜浅粒岩夹白云钠长片岩及白云岩。矿区范围内断裂比较发育，主要有北西向、北东向及近东西向断裂，其中北西向断裂形成最早，被北东向断裂错断，而最晚期的近东西向断裂又切穿了早期的北西向和北东向断裂。矿区范围内岩浆岩不发育，仅在矿区的外围出露有碱性花岗岩，呈岩枝或岩脉穿插于变质中酸性火山岩中，而且花岗岩受到构造变形影响，部分区域具有片理化特征。

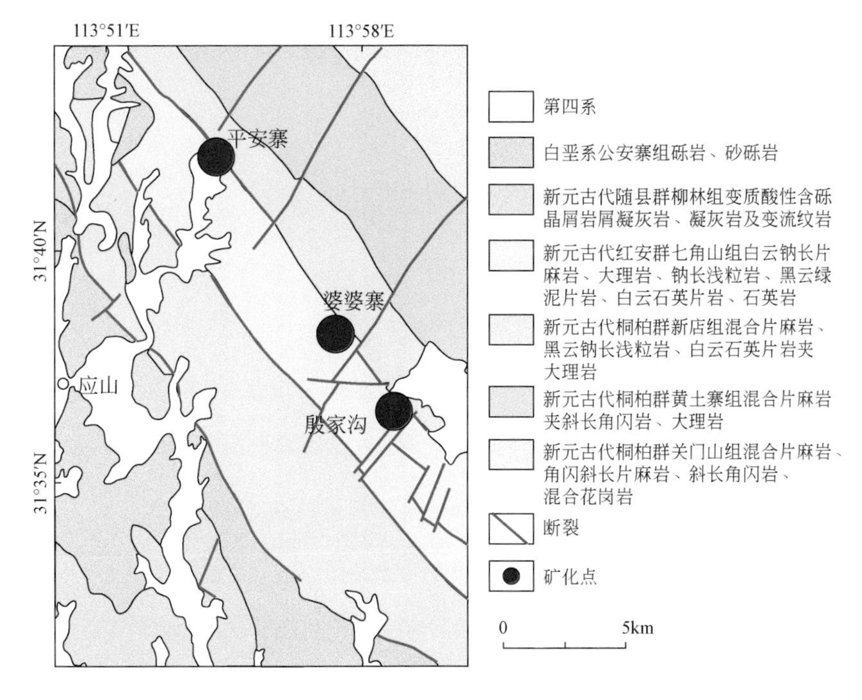

图7-75　广水重稀土矿化点地质简图

广水地区的重稀土矿化异常主要分布在婆婆寨、平安寨和殷家沟三个地区，其中以殷家沟地区异常最为强烈（图7-76）。除上述三个地区以外，在周边区域的局部变质火山岩中也分布有重稀土异常，如老虎冲和胡家沟地区。通过对前期地球化学异常的分析，发现广水地区的重稀土异常主要与七角山组地层中部的白云母钠长片岩、石英白云母钠长片岩及绿泥白云母钠长片岩有关（图7-77），而且在重稀土异常强烈的地层底部还发育有薄层的磷矿化。

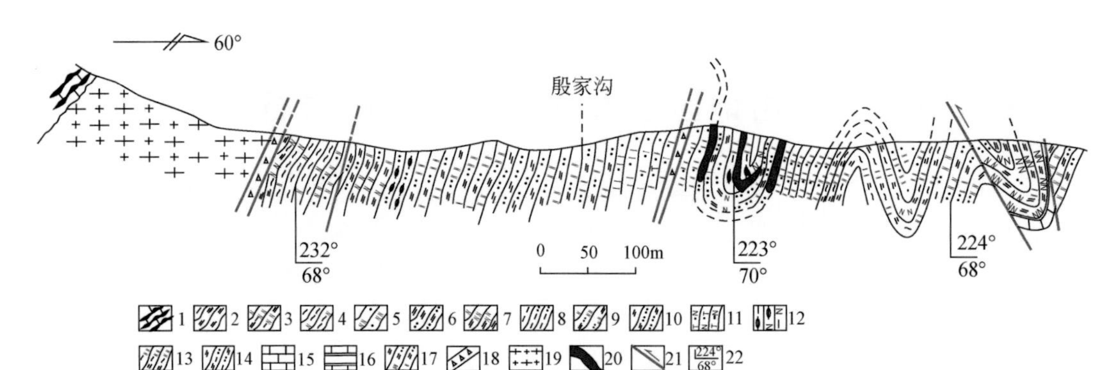

图 7-76　广水矿化点殷家沟矿段岩性剖面图

1-硅质条带白云岩；2-绢云片岩；3-二云钠长片岩；4-钠长黑云绿泥片岩；5-钠长浅粒岩；6-石英白云岩；7-白云钠长片岩；8-绿帘石石英片岩；9-白云石英钠长片岩；10-白云石英片岩；11-微斜浅粒岩；12-绿帘黑云钠长片岩；13-钾长浅粒岩；14-石英二云片岩；15-角砾状白云岩；16-硅化白云岩；17-白云钠长石英片岩；18-断层破碎带；19-花岗斑岩；20-矿体；21-断层；22-岩层产状

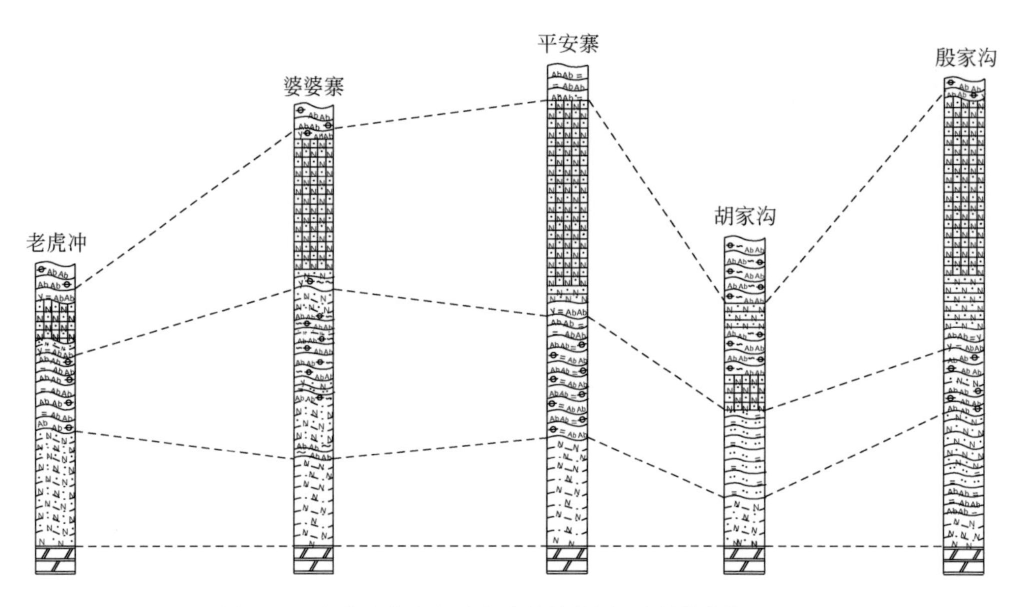

图 7-77　广水矿化点各矿段岩性柱状图（图例同图 7-76）

前人对广水重稀土异常区进行了重砂矿物成分研究，发现有褐帘石、褐钇铌矿、磷钇矿及独居石等含有稀土元素的矿物（Wu et al.，1993），但这些矿物颗粒较小，粒径普遍在 10～30μm，而且多是分布在钠长石、磷灰石等矿物的内部，难以分选。因此，本次研究主要对广水地区具有重稀土异常的地区进行了岩石组合的观察。通过详细的野外地质观察，发现在所有的异常区内发育的岩石均主要为白云母钠长片岩（图 7-78a～d），局部地段发生了绿泥石化蚀变形成绿泥白云母钠长片岩。由于后期构造活动强烈，岩石均发生了强烈的变质、变形作用，局部地区形成了石榴子石（图 7-78g），并且形成了具有定向特征的白云母、绿泥石和黄铁矿等（图7-78e ~ h）。本次研究还对矿化异常区的白云母钠长片岩进行了扫描电镜观察，但是并未发现有富含稀土元素的矿物出露。在野外观察中，发现区域内出露有少量的古生代碱性花岗岩脉/岩枝，并且部分岩脉或岩枝具有沿断裂分布的特征。结合区域内古生代碱性岩中普遍发育有铌钽和稀土异常，而区域内其他地区的七角山组变质火山岩中并没有稀土异常，我们推测广水地区的重稀土异常可能与区域内分布的古生代碱性岩浆活动有关，可能是由后期古生代碱性岩沿着断裂侵位而造成的，但具体成因还需要进一步的工作来证明。

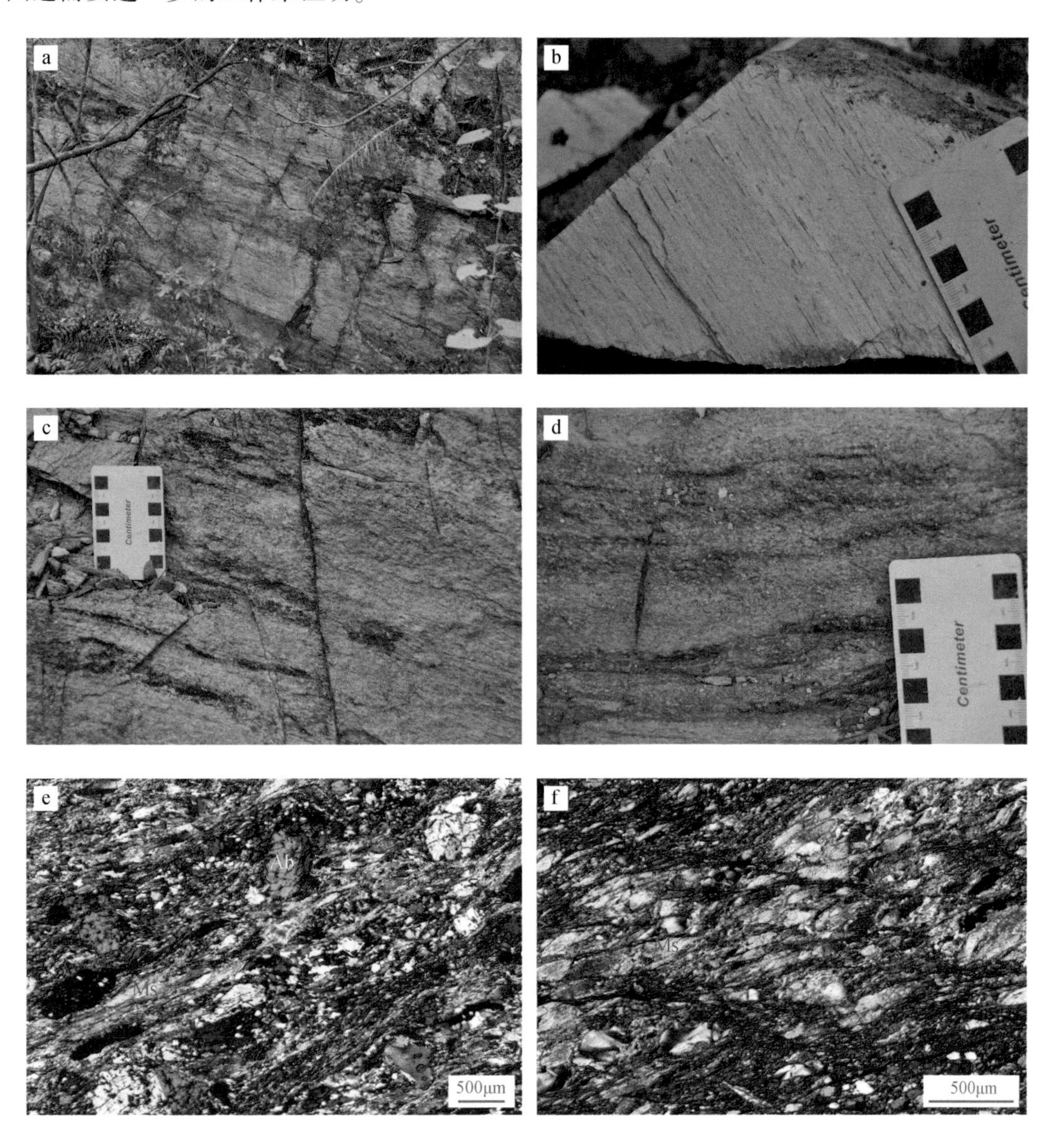

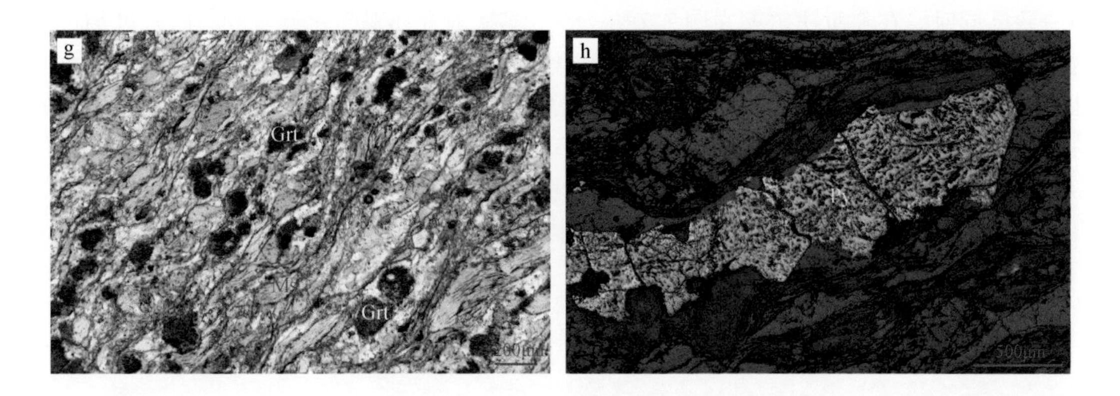

图 7-78　广水矿床中含矿的变质火山岩

a 和 b-细粒酸性变质火山岩；c 和 d-中粗粒中性变质火山岩；e-石英白云母钠长片岩显微照片；f-定向排列的白云母；g-石英白云母钠长片岩中的石榴子石；h-钠长片岩中定向拉伸的黄铁矿。Ab-钠长石；Grt-石榴子石；Ms-白云母；Py-黄铁矿

第七节　大洪山地区碱性岩浆岩特征

在大洪山的随枣地区出露有观子山、五童庙和白云寺岩体及一些规模较小的碱性岩脉，区域地球化学显示在这些碱性岩体/岩脉的周边发育有铌、钽异常区，其中尤以观子山-五童庙和白云寺岩体异常区最为明显。前人对这些碱性岩进行的锆石 U-Pb 定年显示形成于古生代，约 434Ma（马昌前等，2004；Wang et al.，2017）。本书在前人研究的基础上，重点对观子山-五童庙和白云寺岩体的岩石组合、矿物学和地球化学特征进行了研究，以期查明这些碱性岩浆岩特征及其是否具有铌钽矿化的潜力。

观子山-五童庙岩体位于枣阳市北部，两者在空间分布上紧密相邻，岩性也均为正长岩或花岗岩（图 7-79）。岩体周边为前寒武纪的原随县群的千枚岩、板岩，岩体与围岩呈侵入接触关系。观子山杂岩体可细分为揺鼻子湾单元和何家庄单元，揺鼻子湾单元出露的主要是强风化的正长岩（图 7-80a），在部分弱风化的露头中可见有碱性长石和黑云母颗粒（图 7-80a），粒度较粗，部分粒径可达 3mm，其中长石普遍发生了蚀变，在表面形成细小的绢云母和黏土矿物（图 7-80e）；何家庄单元主要是强风化的花岗岩（图 7-80b），呈灰白色，可见有石英、钾长石、斜长石和黑云母，矿物颗粒粒度较为粗大，长石表面也形成了细小的黏土和绢云母等蚀变矿物（图 7-80g）。五童庙岩体主要为黑云母正长岩，可进一步分为茨林单元（图 7-80c）和钟家湾单元（图 7-25d），岩体发生了强烈的风化作用。五童庙岩体矿物颗粒较大，主要有条纹长石、钾长石、黑云母、少量斜长石（图 7-80h，i）及很少量的霞石（图 7-80h），副矿物主要是磷灰石、钛铁矿和金红石。由于岩体的风化作用，五童庙岩体中的长石也发生了蚀变作用，表面形成了细小的黏土矿物等（图 7-80i），尤其以碱性长石蚀变最为强烈。

在野外的观察中可以发现，五童庙岩体和观子山岩体有彼此相互穿插关系，因此推测两个岩体可能形成于近同期，这也与前人（Wang et al.，2017）进行的锆石 U-Pb 定年结果相一致。同时，在五童庙岩体中还有基性岩的出露，但野外露头风化强烈，依据残留的矿物和结构特征，初步判断该基性岩可能为辉长岩，但由于风化较强并且植被覆盖严重，无法判断基性岩是侵入还是包裹在钟家湾黑云母正长岩中，接触关系不明。

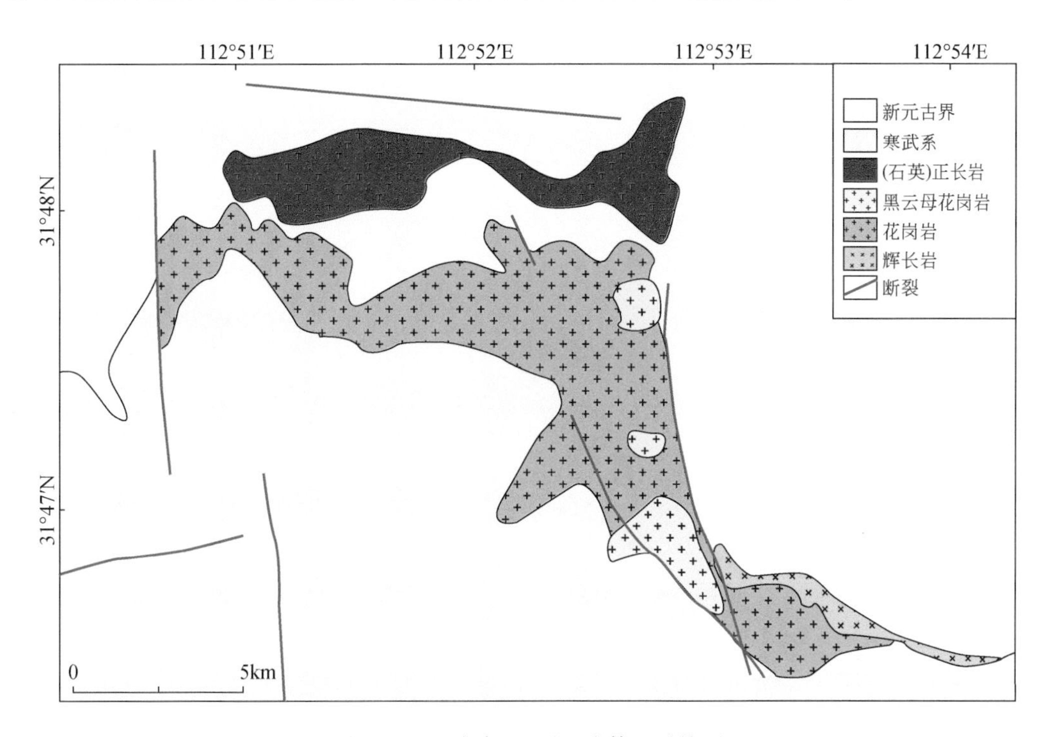

图 7-79　五童庙-观子山岩体地质简图

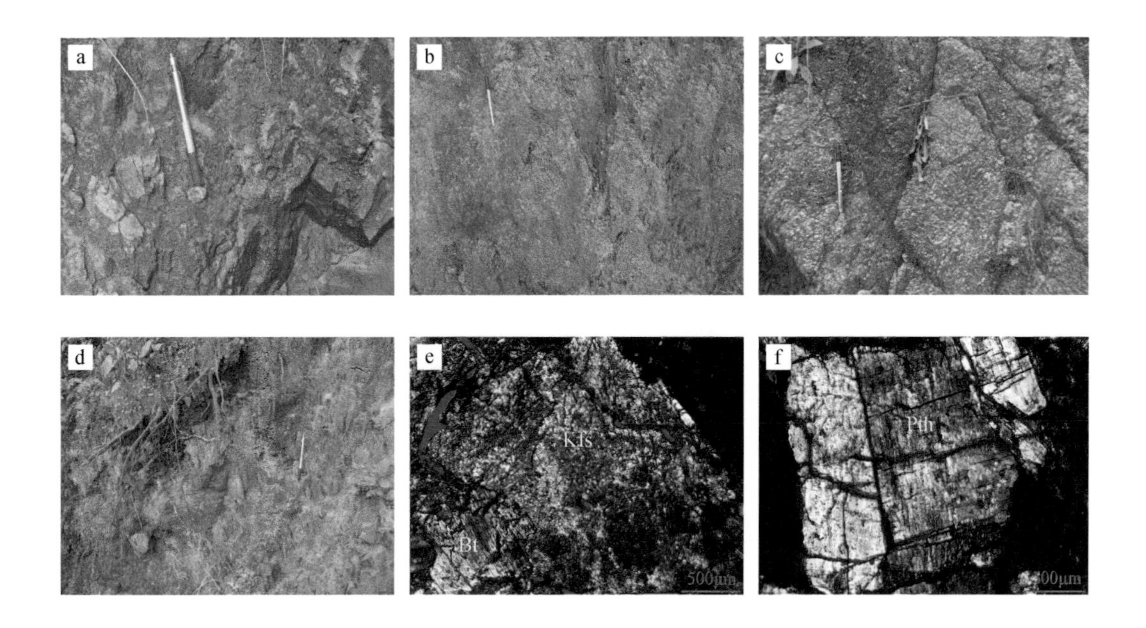

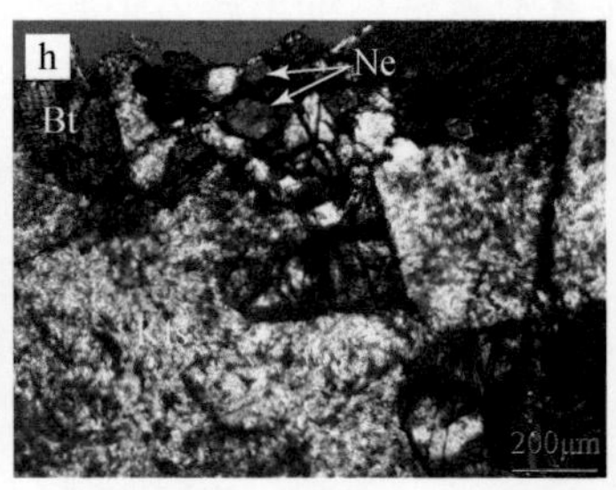

图 7-80　关子山岩体的野外地质露头照片

a-擂鼻子湾正长岩；b-何家庄碱性花岗岩；c-茨林黑云母正长岩；d-钟家湾黑云母正长花岗岩；e-黑云母和黏土化的钾长石；f-正长岩中的条纹长石；g-花岗岩中的石英和钾长石；h-正长岩中的钾长石、黑云母和霞石；i-正长花岗岩中黏土化的钾长石和斜长石。Bt-黑云母；Kfs-钾长石；Ne-霞石；Pl-斜长石；Pth-条纹长石；Q-石英

白云寺岩体主要位于随州三里岗镇白云寺附近，本次对其岩相、岩石组合进行了系统观察。岩体周边为原随县群的灰岩、千枚岩、板岩，岩体与围岩呈侵入接触关系。岩体主要岩性为正长岩，在岩体的边部也有辉长岩出露（图 7-81），但两者之间可见有明显烘烤边，表现为正长岩侵入至辉长岩中（图 7-82a）。白云寺岩体按照矿物粒度可分为细粒正长岩、中粗粒正长岩和粗粒正长岩（图 7-82b，c），细粒正长岩主要出露在与辉长岩的接触带附近，靠近岩体的边缘，部分地区由于与辉长岩穿插接触，致使两者较难区分。相对细

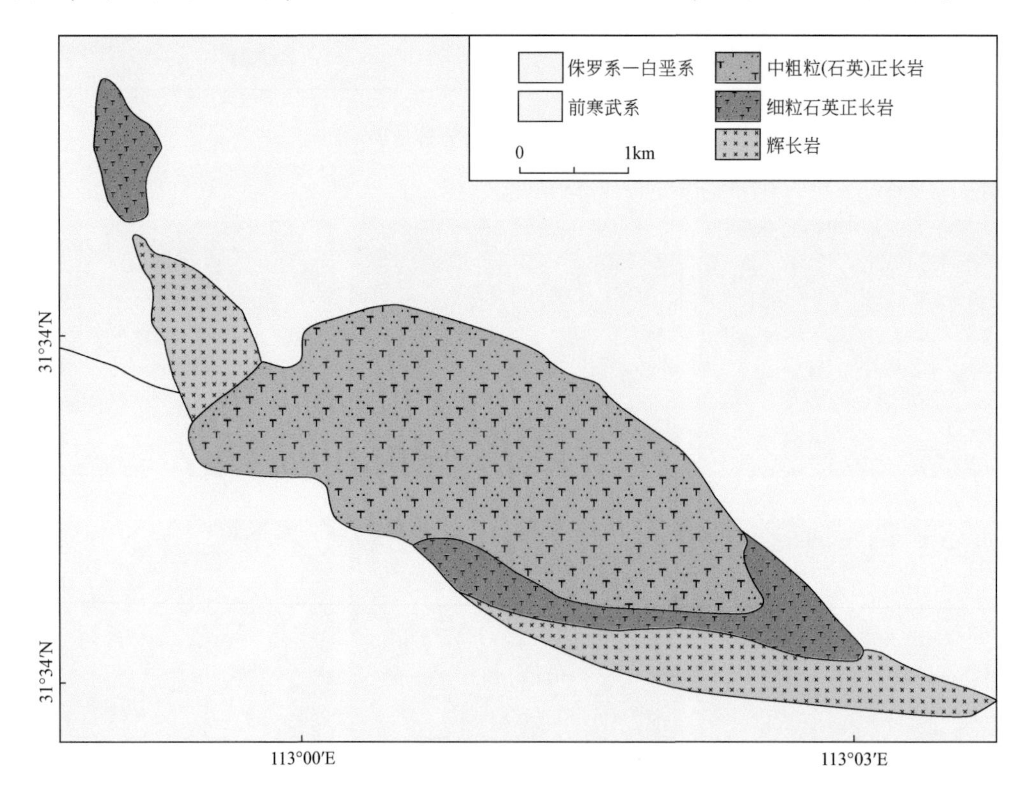

图 7-81　白云寺岩体地质简图

粒正长岩，中粗粒正长岩和粗粒正长岩相对位于岩体中心位置（图7-81），在粗粒正长岩中出现大量类似闪石的矿物集合体（图7-82d），野外根据矿物形态等特征初步判断可能是钠闪石。白云寺岩体的矿物主要有钾长石、斜长石、角闪石、黑云母，少量的石英及很少量的辉石，其中部分角闪石和黑云母蚀变为绿泥石（图7-82e），部分钾长石和斜长石表面形成细小的黏土矿物（图7-82f～h），辉石也普遍发生蚀变，部分仅保留有辉石的原始晶形特征（图7-82i）。

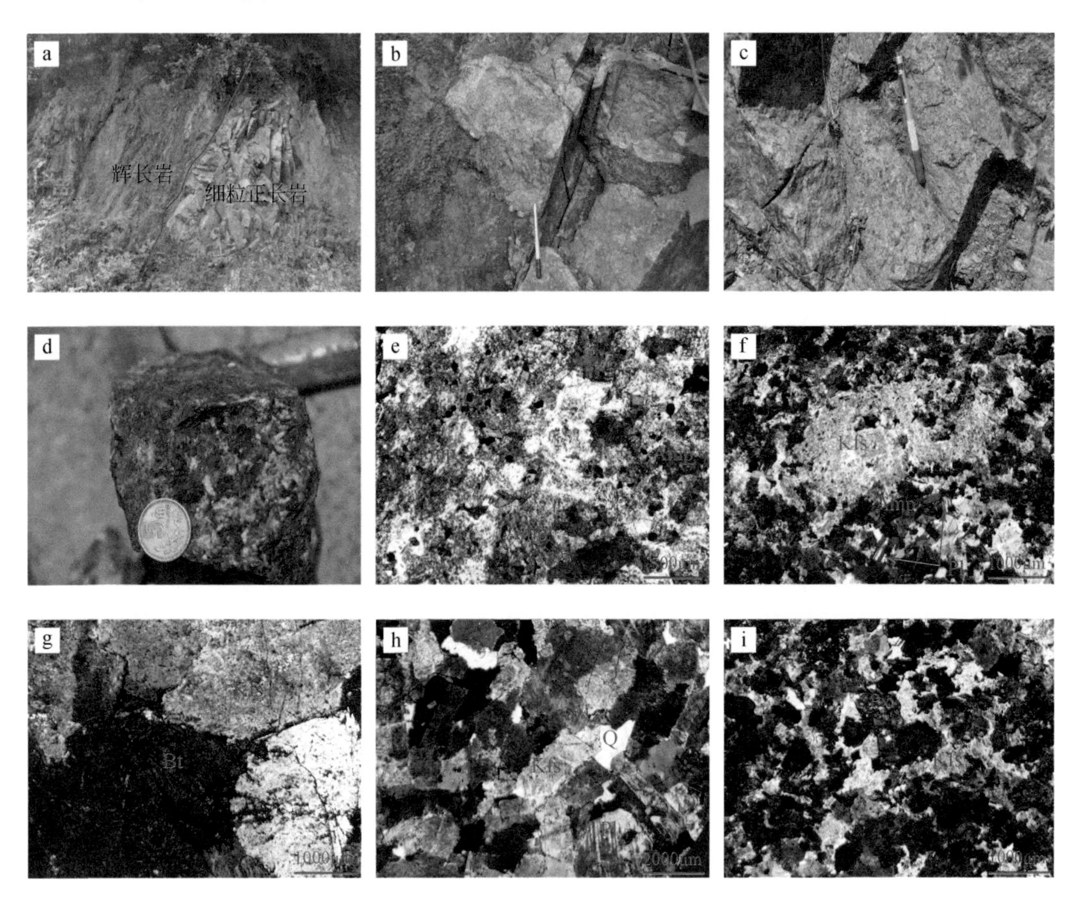

图7-82 白云寺岩体野外露头及镜下照片

a-细粒正长岩与辉绿岩的接触部位；b-中粒正长岩；c-粗粒正长岩；d-粗粒正长岩中角闪石集合体；e-正长岩中的角闪石；f-正长岩中角闪石和斜长石及钾长石，钾长石表面形成细小的黏土矿物；g-正长岩中的黑云母和钾长石；h-正长岩中黏土化钾长石、斜长石和石英；i-正长岩中少量的辉石。Amp-角闪石；Bt-黑云母；Chl-绿泥石；Kfs-钾长石；Pl-斜长石；Px-辉石；Q-石英

在前人研究的基础上（马昌前等，2004；Wang et al.，2017），本次对观子山-五童庙和白云寺岩体中的矿物进行了扫描电镜和电子探针成分分析，结果显示两个岩体中均未发现明显的富含铌钽元素的矿物。岩体中的造岩矿物的黑云母主要为镁黑云母-富镁黑云母；长石主要为条纹长石。在条纹长石中可见放射状或束状深蓝色钠闪石，单个颗粒多呈针状，粒度细小（<0.01mm）。条纹长石多为反条纹，边部可见干净的钠长石微晶形成多晶

体结合的净边，或钠长石呈细脉状分布于条纹长石之间。岩石中的角闪石为钠质角闪石和钠-钙质角闪石，主要分布于钠透闪石和亚铁钠闪石区。亚铁钠闪石的出现表明在岩浆结晶晚期——固相线下阶段，处于较低的氧逸度条件。角闪石的成分具有从钠透闪石向亚铁钠闪石变化的趋势，这是一种在还原条件下发生的置换作用，属于一种固相线下的转变趋势。原生的钠闪石多呈褐色-黑色，多色性明显，部分钠闪石边部呈深蓝色，系晚期流体作用改造产物。同时，扫描电镜观察还发现白云寺岩体中还含有少量的金红石和独居石，但是矿物颗粒极其细小，粒度普遍小于2μm，低于电子探针的检测线，因此本次未对其成分进行研究。

本次同时选取了白云寺和观子山-五童庙岩体中新鲜的岩体样品进行岩石地球化学分析。结果显示，白云寺正长岩中 SiO_2 含量为 61.28%～70.15%，K_2O 含量为 4.34%～5.15%，Al_2O_3 含量为 13.6%～16.43%，Na_2O 含量为 5.59%～7.27%，Fe_2O_3 含量为 2.38%～3.07%，FeO 含量为 1.24%～2.75%，MgO 含量为 0.14%～0.4%。观子山-五童庙岩体中正长岩 SiO_2 含量为 55.57%～56.34%，K_2O 含量为 4.98%～5.75%，Al_2O_3 含量为 20.01%～20.37%，Na_2O 含量为 6.76%～6.89%，Fe_2O_3 含量为 6.67%～7.23%，FeO 含量为 0.31%～0.34%，MgO 含量为 0.36%～0.56%。观子山-五童庙岩体中花岗岩的 SiO_2 含量为 56.6%～64.51%，K_2O 含量为 5.35%～8.77%，Al_2O_3 含量为 19.31%～20.67%，Na_2O 含量为 3.53%～7.4%，Fe_2O_3 含量为 1.02%～1.6%，FeO 含量为 0.41%～1.38%，MgO 含量为 0.29%～1.26%。在 SiO_2-(K_2O+Na_2O) 配分图上（图 7-83a），样品都位于二长闪长岩、正长岩和石英二长岩区域。在 A/CNK-A/NK 图解中（图 7-83b），白云寺和观子山-五童庙岩体绝大部分样品位于准铝质区域，少量观子山-五童庙岩体的样品位于过铝质区域。在 A. R. -SiO_2 配分图（图 7-84）上，白云寺和观子山-五童庙岩体几乎所有样品都位于碱性和过碱性区域。上述综合地球化学特征，说明白云寺和观子山-五童庙岩体的正长岩和花岗岩均具有碱性特征，观子山地区的花岗岩也属于碱性花岗岩范畴。

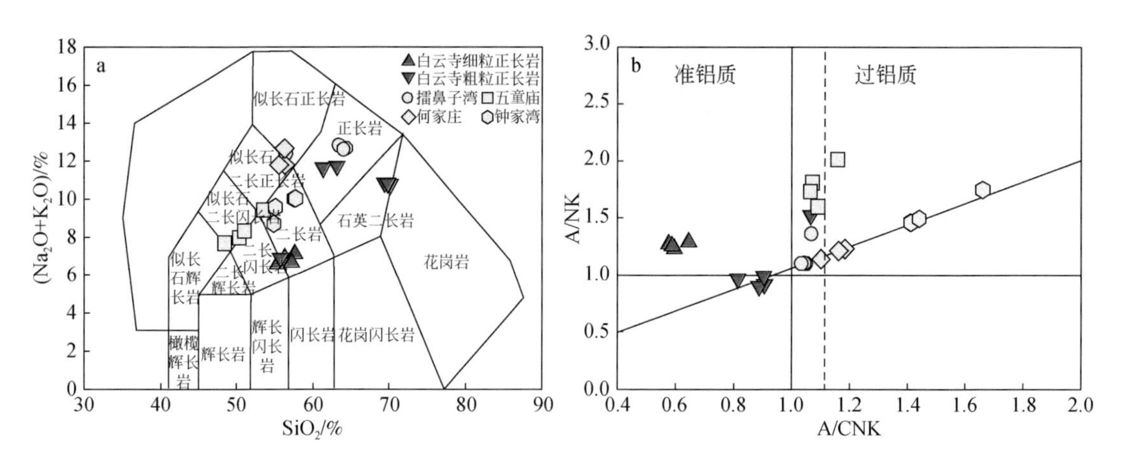

图 7-83　观子山-五童庙岩体和白云寺岩体的 SiO_2-(Na_2O+K_2O)（a）和 A/CNK-A/NK 协变图（b）

在微量元素特征上（图 7-85a，c），绝大多数的观子山-五童庙岩体和白云寺岩体表现出强烈的 Ba、Sr、K、Ti 的负异常，而这可能与斜长石（对应 Sr）、钾长石（对应 Ba）、

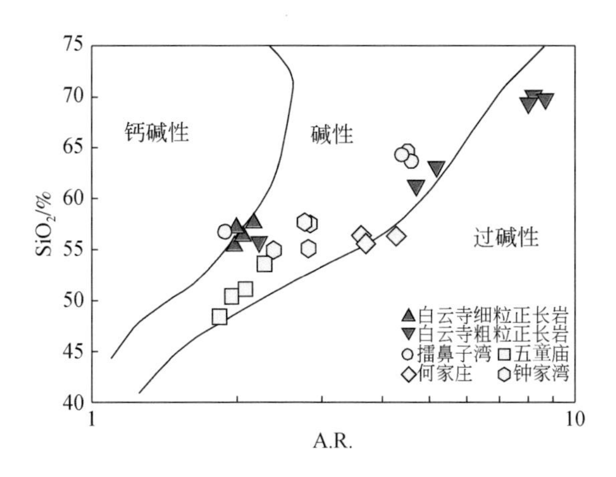

图 7-84　观子山-五童庙岩体和白云寺岩体的碱度率（A. R.）-SiO_2 协变图

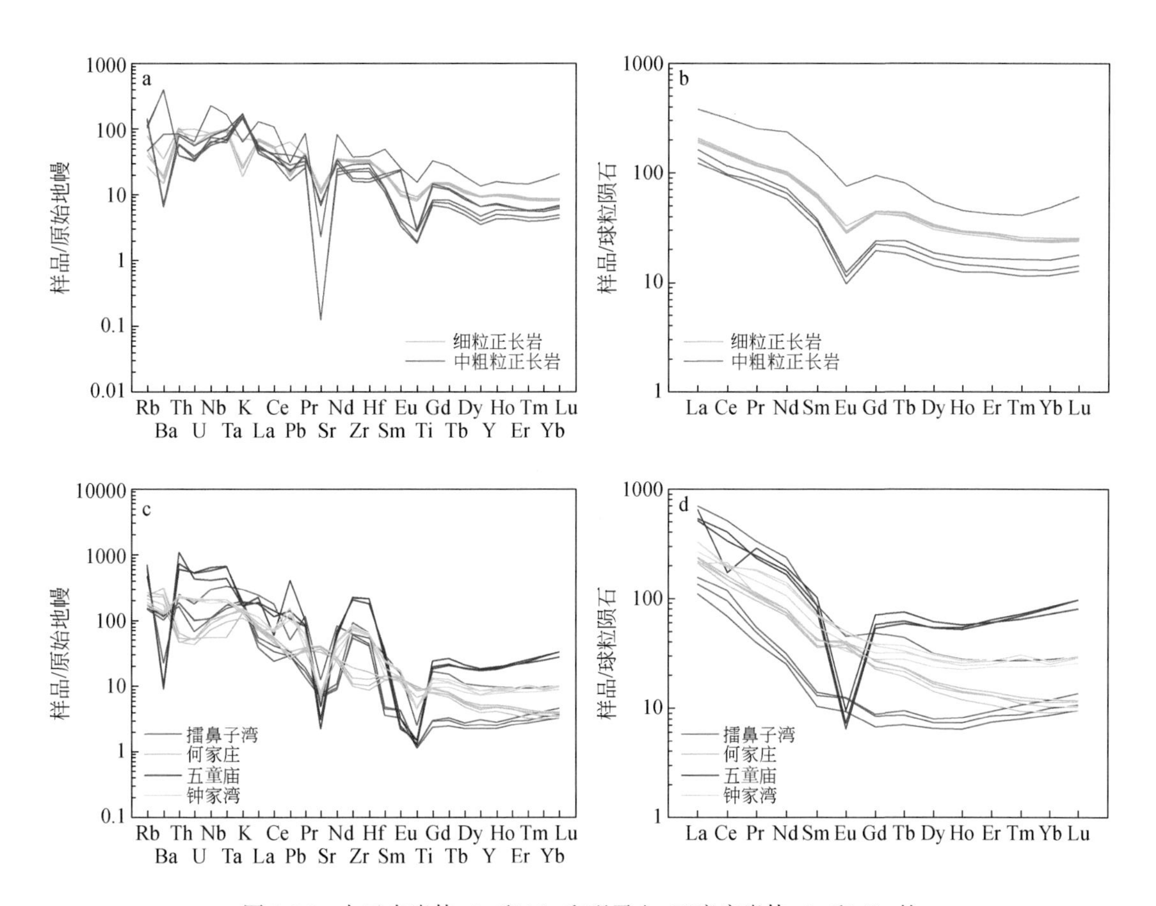

图 7-85　白云寺岩体（a 和 b）和观子山-五童庙岩体（c 和 d）的
原始地幔标准化微量元素和球粒陨石标准化稀土元素图谱

磷灰石（对应 P）、钛铁矿或榍石或角闪石（对应 Ti）的分异有关。Ba 相对于 Th 和 Rb 亏损，是许多成熟度高的陆壳岩石的特点。在稀土元素特征方面（图 7-85b，d），观子山-

五童庙岩体和白云寺岩体与许多典型的碱性和过碱性岩石相似，表现出强烈的轻重稀土分异特征，轻稀土富集，重稀土亏损，并且多数样品均表现出强烈的负 Eu 异常，而这种 Eu 的负异常可能是由岩浆源区中斜长石的残留引起的。尤其是在稀土元素中观子山–五童庙岩体和白云寺岩体中 Er 比 Yb 和 Lu 含量更低，显得更加亏损，而这可能与角闪石分异有关。总体上，观子山–五童庙和白云寺岩体的微量和稀土元素特征均与典型 A 型花岗岩具有相似性。

在（Zr+Nb+Ce+Y)-(10000×Ga/Al)（图 7-86a）和（Zr+Nb+Ce+Y)-(FeO^T/MgO)（图 7-86b）中白云寺岩体和观子山–五童庙岩体的绝大多数样品位于 A 型花岗岩区域，少部分五童庙样品位于造山花岗岩区域。同时结合微量和稀土元素特征，我们认为观子山–五童庙和白云寺岩体均为 A 型花岗岩。同时在 3×Ga-Nb-Y（图 7-87a）和 Ce-Nb-Y（图 7-87b）中，观子山–五童庙和白云寺岩体的样品都位于 A1 型花岗岩区域。

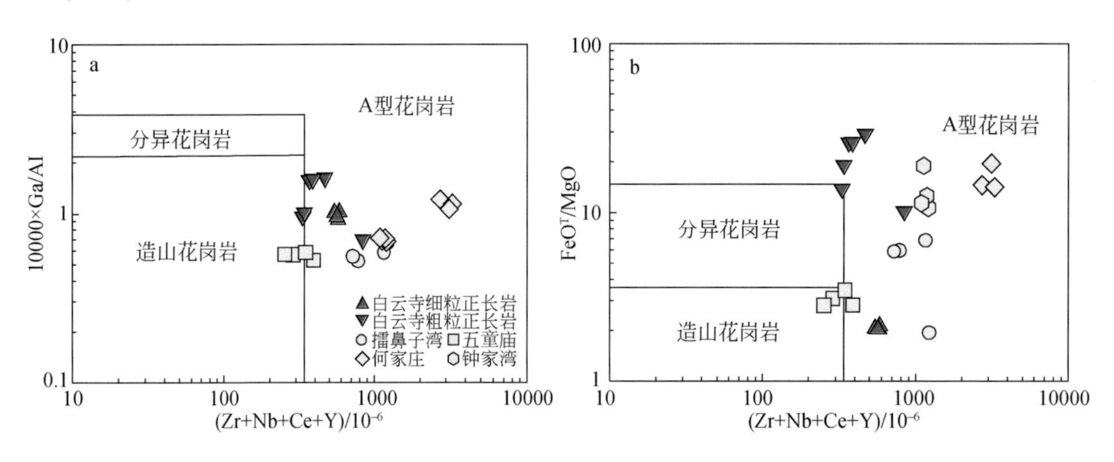

图 7-86　白云寺岩体和观子山–五童庙岩体的（Zr+Nb+Ce+Y)-(10000×Ga/Al)（a）和（Zr+Nb+Ce+Y)-(FeO^T/MgO)（b）图解

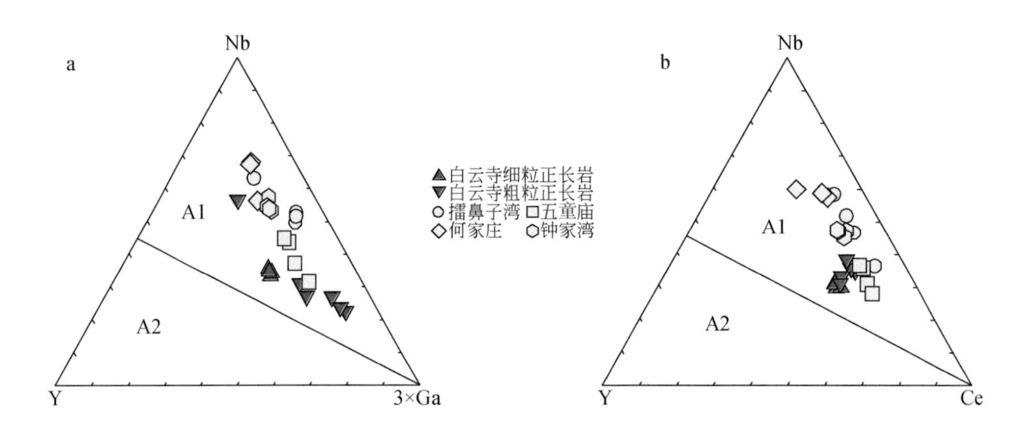

图 7-87　白云寺岩体和观子山–五童庙岩体的 3×Ga-Nb-Y（a）和 Ce-Nb-Y（b）图解

A 型花岗岩是一个地球化学特征定义的岩石名称，通常指的是具有碱性、相对无水，虽然可以产于造山后和非造山两种构造环境，但这类岩石的形成无一例外与拉张构造背景有关。与非造山岩环境形成的A型花岗岩相比，造山后环境中形成的A型花岗岩具有更高CaO和MgO含量，而全碱含量较低。非造山岩环境形成的A型花岗岩以过碱性为主，而造山后环境的A型花岗岩则以准铝质占主导。同时A型花岗岩可以划分为A1和A2两类，A1为侵位于大陆裂谷和与地幔柱或热点有关的板内非造山环境中，A2来自陆壳或底侵的镁铁质地壳，是在长期高热流状态和花岗岩浆活动结束之后的造山后环境中侵位的。白云寺和观子山-五童庙岩体均位于A1区域，说明它们可能形成于非造山环境中。同时在La-La/Yb图解（图7-88a）中白云寺和观子山-五童庙岩体主要显示了结晶分异特征，说明在岩体形成过程中结晶分异作用可能是岩体形成主要原因。同时，在Nb/Yb-Th/Yb图解（图7-88b）中，白云寺和观子山-五童庙岩体的碱性岩浆岩位于地幔演化区域，并表现出深部地壳再循环特征，说明岩浆源区中有地壳物质的混入，这也与A型花岗岩形成于张性环境特征相一致。

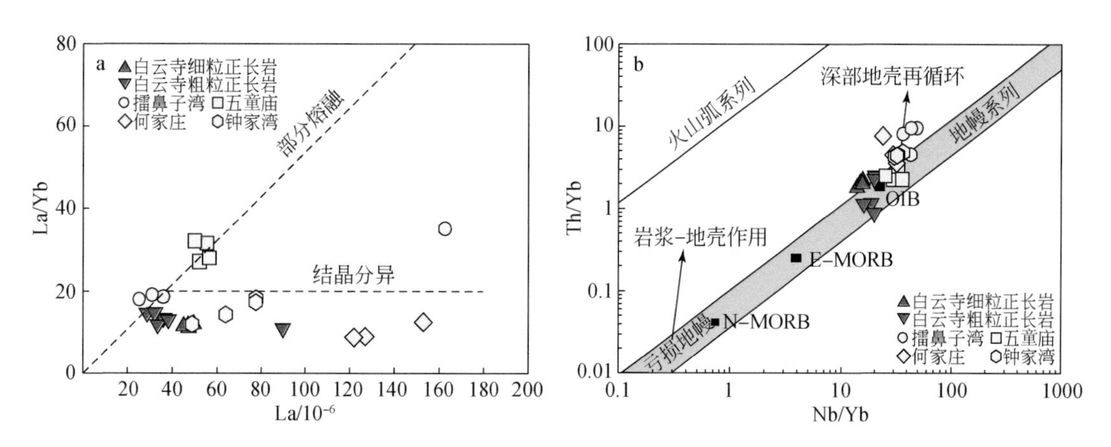

图7-88　白云寺岩体和观子山-五童庙岩体的La-La/Yb（a）和Nb/Yb-Th/Yb图解（b）
N-MORB-正常洋脊玄武岩；E-MORB-富集型洋中脊玄武岩；OIB-洋岛玄武岩

第八节　铌钽成矿潜力评价

北大巴山-大洪山地区碱性岩浆活动极为强烈，发育有一系列以辉长-辉绿岩为主的镁铁质侵入岩、碱质基性-超基性潜火山杂岩和碱质中酸性粗面岩-正长斑岩组合（黄月华等，1992），这些碱性岩浆岩呈北西-南东向发育于石泉-安康断裂和城口断裂间的早古生代地层中，与区域构造线方向一致。在这些碱性岩内部或周边普遍发育有大面积的铌钽及稀土元素异常，被认为具有形成超大型铌钽、稀土矿床的潜力。近年来也陆续在该区域的碱性岩中发现了天宝和庙垭等铌钽、稀土矿床，而且这些矿床的含矿岩石锆石U-Pb年龄为约430Ma，形成于古生代，与白云寺和观子山-五童庙岩体形成时代相同。但是最新的区域研究成果表明，虽然已发现的铌钽、稀土矿床均与碱性岩浆活动有关，但是铌钽、铷、稀土的主要成矿时代集中在三叠纪，如庙垭矿床独居石和铌钽矿形成时代在约240Ma，朱家院的含矿粗面岩形成于约260Ma，两河伟晶岩形成于约190Ma，这说明区域内最主要铌钽、铷和稀土矿化与秦岭造山带内大面积分布的三叠纪岩浆岩有关。虽然在这些已知的铌钽、稀土矿床的古生代含矿岩体中发现了一些富含铌钽元素的原生矿物，如庙垭古生代正长岩和碳酸岩中发育的含铌金红石，但是这些矿物并未形成具有工业价值的矿体，仅仅是形成了一些铌钽、稀土元素的地球化学异常，而主要的铌钽、稀土矿化均形成于三叠纪。结合前人和本次研究的结果，白云寺和观子山–五童庙岩体均形成于古生代，而且矿物学研究也未在岩体内发现有类似庙垭正长岩中富铌金红石，仅发现有少量粒度极细的独居石，这说明白云寺和观子山–五童庙碱性岩体缺乏形成铌钽、稀土矿床的物质基础。

目前对于铌钽、稀土矿床的成因主要认为与岩浆分异作用关系密切（岩浆结晶分异过程中，Nb、Ta及稀土元素与F组成了复合体并随机分布在岩浆熔体中，它们避开了早期的岩浆结晶作用，并在岩浆分异晚期随着熔体温度降低结晶形成含矿矿物）（Linnen and Keppler，2002；Linnen et al.，2014）；铌钽成矿与岩浆结晶分异作用无关，而是与岩浆后期热液作用关系密切（Van Lichtervelde et al.，2008；Zaraisky et al.，2010；Xie et al.，2016）；铌钽稀土的成矿作用是岩浆和热液共同作用的结果（赵振华，1992；Rao et al.，2009；Chevychelov et al.，2005；Zhu et al.，2015）。在白云寺和观子山–五童庙岩体中并未发现有明显的后期热液作用的影响。虽然在白云寺岩体中出现了部分晚期流体改造的钠闪石，但是根据钠闪石的成分认为这种热液流体应为岩浆结晶晚期分异的热液（许聘和马昌前，2006）。由此可以认为白云寺岩体并未受到另一期岩浆–热液流体的改造作用。此外，本次通过对白云寺和观子山–五童庙岩体的地球化学分析，可以发现虽然两者在形成过程中都经历了结晶分异作用，但是两者的结晶分异指数较低，分别为73～85和69～83，这说明白云寺和观子山–五童庙岩体并没有高的分异程度。许聘和马昌前（2006）对岩体中的角闪石、黑云母等矿物进行的电子探针分析显示不同矿物中F的含量均很低，这说明白云酥和观子山–五童庙岩体的原始岩浆中F、Cl等挥发分含量就较高。

因此，根据上述研究的成果，我们认为大洪山地区的白云寺、观子山–五童庙主要形成于古生代，明显不同于北大巴山地区以三叠纪为主的铌钽、稀土成矿作用。最为重要的是，白云寺和观子山–五童庙岩体具有较低的结晶分异程度、原始岩浆中低的挥发分明显不同于形成大规模铌钽、稀土矿化的碱性岩浆岩，而这种岩浆特征也使得这两个岩体难以形成大规模铌钽、稀土矿化，相对成矿潜力较小。

第八章　稀土矿区环境调查 SMAIMA 方法体系、评价模型及其应用

离子吸附型稀土（iRee）矿床富含铕、铽、镝等其他途径难以获得的、附加值极高的中、重稀土元素，是中国独具特色的珍贵矿产资源。自 iRee 资源被发现以来，科学工作者对该类矿床的地质地球化学特征、成矿机理、成矿规律以及勘查技术方法进行了系统的研究并取得了很好的研究成果（杨岳清等，1981；白鸽等，1989；包志伟，1992；汤询忠等，1999；袁忠信和白鸽，2001；池汝安和田君，2007；赵芝等，2012；于扬等，2012；邓茂春等，2013；丁嘉榆和邓国庆，2013；王登红等，2013c，2013d；袁忠信等，2012；赵芝等，2014）。离子吸附型稀土资源广泛分布在我国江西、福建、湖南、广东、广西等省（区），其中江西省所占份额最大（池汝安和田君，2007），是 iRee 资源的发现地。该类稀土资源的开发对赣南地方经济建设和稀土工业的发展做出了巨大贡献，但也难免会影响甚至破坏矿区周边的生态环境（陈志澄等，1994b；李天煌和熊治廷，2003；高志强和周启星，2011；刘芳，2013）。因此，如何科学地评估 iRee 开发的利弊，尤其是以往未被重视的环境影响程度，已成为一个不可回避的社会问题，也是需要通过科学研究以技术手段来解决的现实问题。

我国的环境评价技术已基本成熟，并得到广泛推广与应用。许多学者用不同的评价指标和方法进行矿山环境评价并取得了一定的进展，如用物元分析法、层次分析法、BP 神经网络法与支持向量机（SVM）等来量化评价区域矿山地质环境（彭高辉和陈守余，2004；武强等，2005；王炳强等，2007；闫昆等，2012；李东等，2015）。知识处理（通常指专家系统）也是近些年出现的环境评价方式（陈奇等，2010；陈秀娟等，2012）。这些专家系统在建立过程中所获取的知识（数据）、程序的设计，往往是针对某一具体问题的，一般不适用于采矿环境污染效应的评价。由于 iRee 矿的开采所引发的环境效应影响因素较多，涉及的学科多且复杂，衡量环境影响的因素指标常表现出多样性、连续性、模糊性和灰色性。在 iRee 矿开采的环境效应评价中，它的野外调研获取的大量数据和解决经验积累之上的推理过程，很难用计算式定量地描述，即使建立了目标函数，也常会遇到一大堆参数难以选择确定。

前人运用证据权法（马伟等，2015）、基于 BP 神经网络法和 GIS 法（姚栋伟等，2016）对赣南某稀土矿山地质环境进行过评价分级，但这些评价指标中并不包含地表水污染指标，而离子吸附型稀土矿开采所引发的水污染是其所引发的多项环境污染的重中之重，也是最容易从开采的角度采取有效控制的一个污染源。因此，需要解决的一个问题就是如何结合微观水环境地球化学调查来客观评价该类稀土矿山开采对水资源的破坏程度，在此基础上采用科学的方法对该类矿山的环境质量进行综合评价，进而采取有效的措施对稀土矿山环境加以监测、治理。

本次研究基于连续 6 年的涵盖不同类型稀土矿山的水环境取样分析，提出了对采矿过

程中的环境效应进行调查、检测、评估的工作方法，便于查明污染的原因、途径。针对赣南稀土矿区环境特点，建立了针对 iRee 矿区的水环境质量评价指标体系，研建 iRee 矿山环境效应定量评价模型，进而从科学技术创新的角度对采矿造成的环境负面影响进行控制，为今后 iRee 矿产资源找矿、矿区环境监测、矿政管理等工作提供了科学技术手段与数据支撑。

第一节 赣南离子吸附型稀土矿山的环境问题

离子吸附型稀土矿山环境污染问题曾经触目惊心，政府和人民群众都极为关注。尽管方方面面竭尽全力，但矿区生态修复毕竟是一个长期任务，要想解决稀土矿山开采中的资源和环境保护问题，迫切需要进一步完善稀土资源开采及环境保护技术（王登红等，2013d），以便于各级部门对症下药。总体上看，iRee 矿山的环境污染主要体现在以下七个方面。一是矿山废水污染严重，大部分原地浸矿采场收液系统不完善，母液收集率不高，浸矿剂流失量大，破坏矿区水平衡，引发各种水环境污染问题（Leybourne and Johannesson，2008；朱建华等，2002）；二是矿山尾砂压覆并损毁土地，破坏了大量耕地和建设用地（温小军和张大超，2012；张春雷，2016）；三是造成水土流失和土地沙化，破坏生态环境和地貌景观（李永绣，2014；刘芳，2013）；四是开采过后的山体遗留下来的废渣、尾砂溶解于水体中，造成下游河道、农田、饮用水源地等发生化学污染和重金属污染（赵中波，2000；Astrom，2001）；五是采矿引发的矿山周边区域地表水污染，残留的母液和采矿尾砂在雨水冲刷和地表径流的作用下，经沟渠直接排入附近的河流，导致近矿支流水体中稀土含量高、铵氮超标（陈志澄等，1994a），生产者在采矿许可证即将到期时采取收峰弃尾的做法以节省环境治理成本，导致矿山周边地表水环境被破坏；六是矿山开采过程中由于山体采空、地面及边坡开挖、注液孔过于密集，影响了山体的稳定，经常诱发崩塌、滑坡、泥石流等地质灾害（汤询忠等，2000；李天煌和熊治廷，2003）；七是地下水污染（王瑞苹，2012）。iRee 矿的原地浸矿开采工艺需要使用大量的浸矿剂，如氯化钠、硫酸铵，沉淀剂草酸、碳酸氢铵等，大量的 NH_4^+ 和 SO_4^{2-} 在完成浸矿之后，仍存在于矿区淋滤废水中，并可通过淋溶和渗滤作用进入地下水（Sholkovitz，1995；Bau，1999；王国珍，2006；高志强和周启星，2011），若不能对浸矿药剂及矿区淋滤废水进行有效的处理，原地浸矿法将对矿区周边地下水造成严重污染。

目前对 iRee 矿区环境保护和治理的措施主要有三点。一是植树种草以减缓水土流失和植被破坏；二是设立量化的环境指标限值；三是对稀土工业污染物进行长期监测（李永绣，2014）。就这三个方面而言，用现行的环保标准来进行监管，效果并不理想。究其原因是指标限值这一关键问题并没有解决，包括开采过程监控指标及环境评价指标体系两个方面。当前，国家尚未出台适用于原地浸矿开采方式的废水排放标准，2011 年 10 月 1 日发布的《稀土工业污染物排放标准》也将原地浸矿开采方式的 iRee 矿山排除在外。因此，急需制定适用于原地浸矿开采方式的采矿淋滤废水的各项限值标准，特别是铵氮。在环境评估指标中，急需制定 iRee 矿山废水中稀土及工业污染物如铵氮、硫酸根、重金属、稀土总量等的排放标准。对 iRee 工业污染的监测工作是一项有针对性的、需要长期坚持的监测工作，而不是泛泛地仅针对流域监测断面进行常规的环境监测，因为这种传统的监测方式对于解决 iRee 矿山的环境问题并不奏效。

第二节　SMAIMA 工作方法体系

在日益强调“采矿与环境协调发展”的今天，仅依靠传统调查方法来综合评估矿区环境破坏的原因及程度已经显得力不从心。遥感技术能从宏观上开展矿山环境地质调查（代晶晶等，2013），但要实现将离子稀土资源开采与矿区建设等其他因素引起的环境问题加以区分，弄清污染源头，区分哪些污染是矿产开发过程的必然结果，哪个生产环节造成污染物指标超标，哪些是可以通过有效途径避免或采取必要方法解决的，还需要将传统的地球化学调查与环境水化学、遥感、GIS 技术紧密结合起来，通过多学科多方法的协同，建立起涵盖开采过程监控及采矿过程环境评价的指标体系，这应成为当前 iRee 矿区环境效应研究的基础目标。

基于持续的野外调研与系统的采样分析，本书建立了一套对稀土矿山的环境效应进行评估的工作方法（于扬等，2017b），即以野外调查（S）-实验测试（M）为基础，通过地质、采矿及地球化学诸方面的特征分析（A），构建指标体系（I），进而借助于模型研究（M），开展对基础地质、采矿过程及其他因素影响环境及其影响程度的综合评价（A），最后对矿山环境的保护与治理提出建议。

一、野外调查（S）

在开展环境综合评价工作之前，需搜集已有地质勘查、矿山生产、科学研究的各种资料，尤其是要系统搜集与环境效应研究密切相关的基础数据与地理信息，包括地质矿产数据、化探数据、基础地理数据、遥感数据等。针对这些海量数据，通过综合处理，叠加显示，完成野外调研前的数据准备工作，并以此为基础，编写野外调查的方案，结合实际情况制定样品采集的计划与加工处理的技术要求。

采样前准备：采样器皿、采样设备，以及在样品运输、保存和测定中空白质量控制是开展元素含量测定的关键环节，操作稍有不慎样品就可能被污染。因此，采样前的准备工作尤其是采样器皿和采样设备的超净处理至关重要。在本团队的工作中，水样的保存器皿均为蒸馏水瓶或由蒸馏水清洗三次以上的硼硅玻璃瓶，过滤装置为硼硅玻璃过滤器。采样前所有采样瓶和过滤器均要进行严格的超净处理，用以蒸馏法制备的超纯水反复清洗3～5次，放置备用。土壤样采用食品级干净的聚乙烯塑料密实袋盛装，且所有密实袋均一次使用。所有操作过程均使用干净的一次性手套，防止交叉污染。对已超净处理的采样器皿和过滤器，按 10% 的比例随机抽取测定，空白测试方法参考 U. S. EPA Method 1631（U. S. EPA，2001）。

野外工作：工作区主要为流经稀土成矿岩体及流经 iRee 矿区的上下游水体，重点选择三处不同类型的 iRee 矿区：轻稀土矿区（寻乌）、中稀土矿区（安远）、重稀土矿区（龙南）。这三个地区在研究时间段内均受稀土矿开采的影响。采集矿区上游干流（背景区）、矿区淋滤废水（矿区排出水）、矿区山泉水（地下水）、生活用井水（地下水）、近矿支流、矿区下游等地的地表水。同时对与 iRee 成矿有关的岩体分布区域的地表水也进行了调查取样。河流水样采用经超净处理后的 1000mL 杆持式定深采水器（Purity WB-HH）或有机玻璃深水取样器进行采集，并用超净处理后的聚乙烯瓶盛装。为避免水样受污染，采样前需用样品水将采样器清洗三次，操作时确保采样器处于水面以下 20cm 处，较浅河流水样采集过程中应避免采样器触碰底层沉积物。采集的水样首先取适量，在现场即刻测定水温（*T*）、溶解氧（DO）和 pH、Eh 等水质参数。过滤水样以 0.45μm 滤膜（Sartorius Cellulose Acetate，11106-47-N）现场过滤后采集，用于分析微量元素等化学参数。采集完成后现场加入 1∶1 分析纯硝酸，用 PARAFILM 封口膜密封后，贴好标签，24h 内放入保冷箱内低温（0～4℃）避光保存，2 周内完成测试（于扬等，2017b）。

二、实验测试（M）

水样、土壤微量元素的分析方法采用电感耦合-等离子体质谱法（PE300D）。主要阴阳离子（Ca^{2+}、K^{+}、Mg^{2+}、Na^{+}、Cl^{-}、HCO_3^{-}、SO_4^{2-}、NO_3^{-}、NO_2^{-}）采用等离子光谱仪（PE8300）和离子色谱法测定。Al、B、P 采用等离子光谱仪（PE8300）测定。As、Se 采用原子荧光光谱仪测定。现场测定水温、溶解氧、pH 及 Eh 所用的仪器为德国产 WTW Multi3430 多通道水质参数测试仪（于扬等，2017b）。

三、特征分析（A）

以长时间序列的采样分析测试结果为基础，以岩（矿）石-风化壳-尾矿-水为统一的系统，采用多学科多方法协同，对 iRee 矿区淋滤废水、矿区山泉水、生活用井水、近矿支流、矿区下游、矿区上游等地表水及地下水的地球化学特征、成矿岩体-地表水的相互转化关系开展特征分析，得出 iRee 矿区及周边地表水中 REE 及理化指标的时空变化特征，进而查明污染的原因和途径，具体内容详见于扬等（2017a）。

四、构建指标体系（I）

离子吸附型稀土矿的开采，对环境的影响因素是多方面的，需要大量的定性、定量数据来帮助分析。工作中参考《区域环境地质调查总则》的基本要求，结合研究区的环境状况，将环境效应评价指标体系的构建分为两个层次：第一层次为“矿山环境四因子”的划分——自然地理、基础地质、矿山开发占地及与矿业活动有关的环境影响；第二层次为各个不同类型稀土矿山生态环境因子评价指标的选取，对李东等（2015）的矿山环境评价指标体系进行优化改进，增加了基于微观分析得出的水资源破坏程度评价因子，是环境效应评价综合指标体系的最基本层面，共分为 13 个变量指标，各个指标的数据采取分值法进行量化，其标准见表 8-1。

表8-1　iRee矿区环境效应评价指标量化处理标准

指标类型	评价指标	评价指标分级标准（分值）		
		1	2	3
自然地理（A）	地形地貌（A1）	坡度>35°	坡度20°~35°	坡度<20°
	降雨量（A2）	<200mm	200~800mm	>800mm
	植被覆盖度（A3）	<30%	30%~60%	>60%
基础地质（B）	构造（B1）	强烈发育	较发育	不发育
	岩性组合（B2）	松散堆积物	软质岩为主	硬质岩为主
开发占地（C）	主要开采方式（C1）	原地浸矿	堆浸/池浸	无开采
	主要开采矿种（C2）	重稀土	轻稀土	无开采
	开采点密度（C3）	>5个/网格	1~5个/网格	无开采
	占用土地比例（C4）	>10%	0~10%	无矿业占地
环境影响（D）	地质灾害（D1）	有3个小型或1个大型地质灾害发生	有1~2个小型地质灾害发生	无地质灾害
	地质灾害隐患（D2）	严重	轻微	无
	水资源破坏程度（D3）	严重	一般	基本无影响
	生态恢复治理难度（D4）	难	易	无须治理

自然地理、基础地质、开发占地和环境影响4个因子中对应的13个评价指标，是根据搜集到的TM遥感影像、SPOT-5遥感影像、QuickBird遥感影像、矿区调研报告、基础地质图（1∶20万和1∶5万）、矿权边界数据（由2012年国土资源部开发司提供）、行政区划图、数字高程模型（DEM）数据、道路交通水系图、野外调查数据以及自然、社会经济方面的资料计算处理后得出的。水资源破坏程度的评价指标，是根据野外调查取样的分析测试结果，从所调查的水质参数中选取与稀土矿开采有关的重要污染物和对地表水环境污染较大或国家、地方政府要求控制的污染物评价因子参与综合评价，通过建立水环境评价模型进行综合分析而得出的。

针对iRee矿区周边水域水质特点，本次工作从S型主成分分析法着手，通过构建无量纲化的方法，对原始指标数据进行了处理。首先按评价目标作用的不同，将统计指标分为正指标、逆指标。正指标是指与评价结果成正比的指标，逆指标是指与评价目标成反比的指标。对iRee矿区周边水质评价而言，参与评价的指标均为正指标，故全部按正指标的方法进行无量纲化处理。原始数据无量纲化处理后，计算协方差阵、相关系数矩阵，相关系数矩阵能反映指标间的线性相关性，可表示成标准化变量的加权算术平均值。根据计算结果，本书选取第一主成分中的氯离子、氟离子、硫酸根、硝态氮、亚硝态氮、氨氮、铬、铜、砷、铅、锌、硒、镉共13项来参与综合得分计算。本次工作采用模糊综合评价法结合超标指数法在EXCEL VBA平台下编程，对矿区周边地表水质状况进行综合评价。考虑到地表水环境质量标准中，有分类标准的因子共30项，如果这些因子全都参与评价，势必会由于权重太小，造成模糊矩阵R信息的丢失。比如，某项未检出浓度的因子也因为被纳入评价因子，不但会分散权值，而且还会造成结果的不确定性。本次工作选取的评价因子为主成分方差贡献率≥85%条件下得出的各主成分主要污染指标。以Ⅲ类地表水为基准值计算超标倍数，确定水体的质量等级。

表 8-2 为计算得出的各个采样点水质污染因子得分及其排名。排名靠前的污染较重的为 LN-6 号点（矿区淋滤废水）、AY-7 号点（矿区淋滤废水）、XW-7 号点（矿区淋滤废水）、AY-4 号点（近矿支流）、AY-3 号点（近矿支流），排名靠后的污染较轻的为 LN-8 号点、LN-9 号点、XW-8 号点等，均为矿区上游采样点。

表 8-2 不同时期各采样点因子得分及排名

排名	2012 年春		2012 年秋		2013 年春		2013 年夏		2014 年秋		2015 年秋	
	采样点	得分	采样点	得分	采样点	得分	采样点	得分	采样点	得分	采样点	得分
1	LN-6	0. 331	LN-6	1. 202	LN-6	0. 591	LN-6	0. 569	LN-6	2. 118	AY-7	0. 837
2	AY-7	0. 095	XW-7	0. 049	AY-3	0. 173	AY-7	−0. 009	AY-4	0. 030	LN-6	0. 709
3	AY-4	−0. 117	AY-7	0. 0003	AY-4	−0. 047	AY-4	−0. 012	AY-7	0. 007	LN-2	−0. 017
4	LN-2	−0. 138	LN-2	−0. 0621	AY-7	−0. 048	LN-2	−0. 072	LN-3	−0. 044	AY-4	−0. 033
5	AY-8	−0. 170	AY-4	−0. 069	LN-5	−0. 078	AY-8	−0. 080	LN-7	−0. 074	LN-7	−0. 131
6	XW-7	−0. 183	XW-1	−0. 109	AY-2	−0. 082	AY-12	−0. 100	LN-2	−0. 095	LN-5	−0. 167
7	LN-3	−0. 187	LN-3	−0. 111	LN-7	−0. 086	LN-5	−0. 111	LN-5	−0. 139	XW-7	−0. 168
8	LN-5	−0. 188	AY-8	−0. 193	LN-2	−0. 090	XW-7	−0. 121	XW-7	−0. 177	LN-3	−0. 190
9	AY-10	−0. 197	LN-5	−0. 204	XW-7	−0. 136	LN-7	−0. 123	XW-5	−0. 260	AY-10	−0. 219
10	LN-7	−0. 198	LN-7	−0. 229	LN-3	−0. 164	LN-3	−0. 186	AY-10	−0. 266	LN-10	−0. 224
11	XW-4	−0. 203	LN-10	−0. 251	AY-8	−0. 166	AY-2	−0. 192	AY-2	−0. 280	AY-2	−0. 231
12	LN-10	−0. 204	AY-10	−0. 251	XW-5	−0. 213	LN-10	−0. 208	LN-10	−0. 285	XW-5	−0. 250
13	AY-2	−0. 205	AY-1	−0. 261	XW-4	−0. 216	XW-4	−0. 217	LN-1	−0. 290	XW-4	−0. 277
14	AY-9	−0. 208	XW-4	−0. 262	XW-1	−0. 232	XW-2	−0. 224	XW-4	−0. 298	AY-9	−0. 282
15	XW-3	−0. 210	AY-11	−0. 267	AY-10	−0. 239	AY-3	−0. 225	AY-1	−0. 303	XW-1	−0. 284
16	XW-5	−0. 212	XW-3	−0. 268	LN-10	−0. 242	XW-5	−0. 234	AY-9	−0. 304	AY-3	−0. 287
17	XW-2	−0. 212	XW-2	−0. 272	AY-1	−0. 247	AY-9	−0. 238	XW-1	−0. 304	AY-5	−0. 289
18	AY-3	−0. 213	XW-5	−0. 274	XW-6	−0. 265	LN-1	−0. 239	AY-3	−0. 307	AY-11	−0. 291
19	AY-5	−0. 213	AY-9	−0. 279	AY-9	−0. 274	XW-1	−0. 250	AY-5	−0. 309	AY-1	−0. 291
20	AY-1	−0. 213	AY-5	−0. 289	AY-5	−0. 285	XW-6	−0. 251	XW-6	−0. 312	AY-12	−0. 294
21	AY-11	−0. 214	XW-6	−0. 292	LN-1	−0. 286	AY-1	−0. 251	AY-11	−0. 313	LN-4	−0. 296
22	XW-1	−0. 214	LN-4	−0. 295	AY-11	−0. 288	AY-5	−0. 256	LN-4	−0. 313	XW-6	−0. 297
23	XW-6	−0. 216	LN-1	−0. 295	LN-4	−0. 289	AY-10	−0. 256	XW-3	−0. 315	XW-3	−0. 298
24	LN-1	−0. 217	AY-12	−0. 295	AY-12	−0. 290	AY-11	−0. 261	XW-9	−0. 315	LN-1	−0. 299
25	AY-12	−0. 217	AY-6	−0. 298	XW-3	−0. 296	LN-4	−0. 263	AY-12	−0. 316	XW-9	−0. 301
26	LN-4	−0. 218	XW-9	−0. 299	AY-6	−0. 297	XW-3	−0. 263	AY-6	−0. 317	XW-8	−0. 302
27	AY-6	−0. 219	XW-8	−0. 299	LN-8	−0. 298	AY-6	−0. 264	XW-8	−0. 317	AY-6	−0. 303

续表

排名	2012 年春		2012 年秋		2013 年春		2013 年夏		2014 年秋		2015 年秋	
	采样点	得分	采样点	得分	采样点	得分	采样点	得分	采样点	得分	采样点	得分
28	XW-9	-0. 219	LN-8	-0. 300	XW-8	-0. 299	XW-9	-0. 265	LN-8	-0. 317	LN-8	-0. 304
29	XW-8	-0. 219	LN-9	-0. 303	XW-9	-0. 299	LN-8	-0. 265	LN-9	-0. 318	LN-9	-0. 308
30	LN-8	-0. 220			LN-9	-0. 301	XW-8	-0. 265				
31	LN-9	-0. 220					LN-9	-0. 268				

注：空白表示无数据。下同。

在计算水质污染因子得分的基础上，参照《地表水环境质量标准》（GB 3838-2002）、地下水质量标准（GB/T 14848-93）和《生活饮用水标准》（GB 5749-2006），选取在水质主成分分析法计算结果中第一个主成分得出的主要污染指标即 NH_4^+、SO_4^{2-}、NO_3^-、Cl^-、NO_2^-、F^-、Cr、Cu、Zn、As、Se、Cd、Pb 作为评价因子，建立因子集 U，同时根据相应标准划分的水质级别确定评价集 V。将各采样点水质按不同时期划分为优（Ⅰ）、良（Ⅱ），中（Ⅲ）、差（Ⅳ）、劣（Ⅴ）五级；污染程度相应为未污染、轻污染、中污染、重污染和严重污染。各采样点水质模糊综合评价结果（表 8-3）显示，矿区上游点位由于附近无矿业污染源影响，水质总体好于其他水域，不同时期水质级别分属Ⅰ类、Ⅱ类或Ⅲ类。个别点位某一时期属于重污染区域，若加以保护，可保持为地表水水质标准中定义的Ⅱ类水域功能区。矿区淋滤废水和近矿支流由于受到矿业、农业和生活污染源影响，水质常年维持在严重污染水平。矿区下游除龙南为严重污染区域外，安远和寻乌两县的个别点位在不同时期的水质分属中（Ⅲ）、差（Ⅳ），若加以保护，可以保持为地表水水质标准中定义的Ⅲ类水域功能区。采样点所在矿区的山泉水和居民井水常年维持在严重污染水平，可见 iRee 矿的开采对矿区周边地下水已造成严重污染。

表 8-3　模糊综合评价结果

位置	样品号	评判划分类别					
		2012 年春	2012 年秋	2013 年春	2013 年夏	2014 年秋	2015 年秋
矿区淋滤废水	AY-7-W1	Ⅴ	Ⅴ	Ⅴ	Ⅴ	Ⅴ	Ⅴ
	LN-6-W1	Ⅴ	Ⅴ	Ⅴ	Ⅴ	Ⅴ	Ⅴ
近矿支流	AY-2-W1	Ⅴ		Ⅴ	Ⅴ	Ⅴ	Ⅴ
	AY-4-W1	Ⅴ	Ⅴ	Ⅴ	Ⅴ	Ⅴ	Ⅴ
	XW-7-W1	Ⅴ	Ⅴ	Ⅴ	Ⅴ	Ⅴ	Ⅴ
矿区下游	AY-5-W1	Ⅴ	Ⅲ	Ⅴ	Ⅰ	Ⅲ	Ⅳ
	AY-12-W1	Ⅴ	Ⅰ	Ⅴ	Ⅴ	Ⅰ	Ⅴ
	AY-9-W1	Ⅴ	Ⅳ	Ⅴ	Ⅴ	Ⅳ	Ⅰ
	LN-2-W1	Ⅴ	Ⅴ	Ⅴ	Ⅴ	Ⅴ	Ⅴ
	LN-3-W1	Ⅴ	Ⅴ	Ⅴ	Ⅴ	Ⅴ	Ⅴ
	LN-5-W1	Ⅴ	Ⅴ	Ⅴ	Ⅴ	Ⅴ	Ⅴ

续表

位置	样品号	评判划分类别					
		2012 年春	2012 年秋	2013 年春	2013 年夏	2014 年秋	2015 年秋
矿区下游	LN-7-W1	Ⅴ	Ⅴ	Ⅴ	Ⅴ	Ⅴ	Ⅴ
	XW-1-W1	Ⅴ	Ⅴ	Ⅴ	Ⅴ	Ⅲ	Ⅲ
	XW-3-W1	Ⅳ	Ⅲ	Ⅴ	Ⅰ	Ⅰ	Ⅴ
	XW-4-W1	Ⅴ	Ⅴ	Ⅴ	Ⅴ	Ⅲ	Ⅲ
	XW-5-W1	Ⅴ	Ⅴ	Ⅴ	Ⅴ	Ⅴ	Ⅰ
	XW-6-W1	Ⅴ	Ⅰ	Ⅴ	Ⅴ	Ⅴ	Ⅰ
矿区上游	AY-1-W1	Ⅴ	Ⅴ	Ⅴ	Ⅰ	Ⅴ	Ⅰ
	AY-6-W1	Ⅱ	Ⅰ	Ⅴ	Ⅰ	Ⅰ	Ⅰ
	AY-11-W1	Ⅴ	Ⅴ	Ⅱ	Ⅰ	Ⅱ	Ⅰ
	LN-1-W1	Ⅳ	Ⅰ	Ⅴ	Ⅴ	Ⅰ	Ⅰ
	LN-4-W1	Ⅴ	Ⅰ	Ⅰ	Ⅴ	Ⅰ	Ⅴ
	LN-8-W1	Ⅴ	Ⅲ	Ⅲ	Ⅴ	Ⅰ	Ⅰ
	LN-9-W1	Ⅴ	Ⅰ	Ⅲ	Ⅴ	Ⅰ	Ⅰ
	LN-10-W1	Ⅴ	Ⅴ	Ⅴ	Ⅴ	Ⅴ	Ⅴ
	XW-8-W1	Ⅴ	Ⅴ	Ⅰ	Ⅴ	Ⅰ	Ⅴ
	XW-9-W1	Ⅱ	Ⅲ	Ⅲ	Ⅰ	Ⅲ	Ⅰ
矿区山泉水	AY-8-W7	Ⅴ	Ⅴ	Ⅴ	Ⅴ		
居民井水	AY-10-W1	Ⅴ	Ⅴ	Ⅴ	Ⅴ	Ⅴ	Ⅴ

五、模型研究（M）

首先对离子吸附型稀土矿区周边的地表水质构建评价指标体系，建立 iRee 矿山的水环境评价模型；接着选取自然地理、基础地质、矿山开发占地、与矿业活动有关的环境影响四大要素构建评价指标体系，结合野外实地调查资料和分析测试数据，对 iRee 矿山开采的环境效应进行综合评价；然后采用专家系统和客观结合确定权重，对野外实测资料和实验分析数据进行提取和分级量化，建立不同类型矿山（轻、重稀土矿山）的环境效应评价模型。

矿山环境特点既有区域性，又有复杂性。要取得准确的评价结果，需在遵照矿山实地调查得出的环境特点的基础上，将矿区划分为若干个评价单元。将具有共同特征的区域作为最小地域单元，同一类评价单元要有一致性，不同评价单元之间要有可比性。根据这一要求，本次工作在搜集、整理遥感影像、地质图、行政区划图、DEM 数据以及矿权资料等的基础上，利用 ENVI、ArcGIS 等空间数据处理软件，对遥感影像进行投影转换、几何精校正、归一化植被指数计算；利用 ArcGIS 工具软件对研究区的 DEM 数据进行坡度计算，得到坡度图；通过人机交互解译、空间分析等方法，计算得到矿山开发占地等评价指标图层。在此基础上，通过几何重采样、分值量化处理等方法，将研究区（寻乌、龙南、安远三县）重采样为7102个1km×1km的单元，每个单元对应的13个评价指标值均量化为1、2、3三个分值。选用径向基核函数（RBF）作为基本函数建立支持向量机环境评价模型。

六、综合评价（A）

采用支持向量机的方法开展赣南稀土矿山的环境评价。结合研究区区域地质图、矿山开发状况、矿区边界等矢量数据资料，在研究区具有代表性的四个区域（稀土矿区证内、稀土矿区证外无矿权区域、矿区下游、行政村落区）分别选取训练样本，利用ENVI工具软件中封装的支持向量机分类模块，使用SVM算法软件包对样本进行训练并进行性能评估。将经过预处理的13个研究区的评价指标图层作为输入向量，从训练样本中随机选择3/4的数据作为测试数据，选取稀土矿区、无矿权区等4类具有先验知识的110个单元作为训练样本(其中31个单元用于结果验证)，通过设定SVM分类模型参数，计算研究区内每个单元的评价得分，进而得到表达研究区矿山环境评价结果的空间分布图，即将研究区标示为环境差区、环境较差区、环境一般区、环境较好区4类区域的空间分布图（图8-1）。

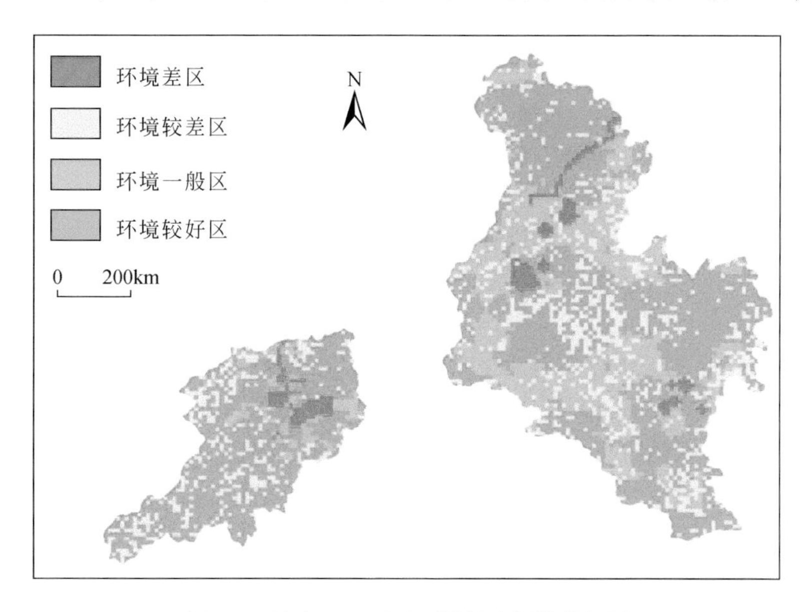

图8-1　赣南iRee矿山环境综合评价分级图

第三节　评价结果的验证与应用分析

本书在赣南安远、寻乌、龙南三县离子吸附型稀土矿区环境调研的基础上，建立了基于SVM的iRee矿山环境效应综合评价模型，对已有先验知识的31个验证单元（包括环境差区、环境较差区、环境一般区、环境较好区 4 类）的分类评价结果进行统计，以衡量该评价方法的分类精度，并对误差产生的原因进行分析。结论如下所示。

（1）支持向量机方法作为一种有坚实理论基础的新颖的小样本学习方法，避开了从归纳到演绎的传统过程，实现了高效的从训练样本到预报样本的"转导推理"，简化了通常的分类和回归等问题，具有较高的准确性。通过对 31 个验证单元的分类评价结果的统计，可知 10 个为环境差区样本、8 个为环境较差区、6 个为环境一般区、7 个为环境较好区。其中，10 个预期为环境差区的单元全部被正确评价为环境差区，8 个预期为环境较差区的单元有 2 个被误评价为环境差区，6 个环境一般区单元有 1 个被误评价为环境较差区，7 个环境较好区单元有 3 个被误评价为环境一般区（表 8-4）。模型整体的分类评价误差为 19%，具有较高的分类评价精度，尤其针对环境差区的评价精度较高，而对于定义边界相对模糊的环境一般区与环境较好区，模型分类误差较大。

表 8-4　评价结果分区统计表

实际	预期			
	环境差区（10 个）	环境较差区（8 个）	环境一般区（6 个）	环境较好区（7 个）
环境差区	10	2	0	0
环境较差区	0	6	1	0
环境一般区	0	0	5	3
环境较好区	0	0	0	4

（2）由评价结果可知，环境差区主要集中在矿区、矿区周边及矿区下游河流周边，环境较好区主要分布在远离矿区的、坡度较小、植被覆盖较高的区域。评价结果相对客观、准确。将基于支持向量机的定量评价模型应用于 iRee 矿山环境评价，将环境评价得分划分为 4 个级别并提出合理建议，可以为稀土资源开发与环境保护协调发展提供一定的证据与参考，具有较强的现实意义。

（3）基于上述结果，认为对原地浸矿开采方式的矿区，应切实做好矿山注液孔和收液系统的工程规划、重点发展浸矿后期低浓度母液中稀土截留和回收技术、重点解决淋滤废水中铵氮处理技术；对池、堆浸与原地浸矿相结合的开采方式的矿区，应加强尾矿资源综合治理研究，主要采用植物治理方案，对植树复垦效果不好的尾矿库的治理要采取工程措施，不妨通过建设生态公园等方式，防止发生滑坡和泥石流等地质灾害，并需加紧制订和落实稀土资源绿色开采模式。

第四节　本 章 小 结

本次研究建立的这套集野外调查（S）-实验测试（M）-特征分析（A）-指标体系构建（I）-模型研究（M）-综合评价（A）六个方面有序一体化的 SMAIMA 工作法，是对采矿引发的环境效应进行调查、检测、评估的行之有效的工作方法体系，可操作性强。其中，基于 SVM 的离子吸附型稀土矿山环境评价模型是在水环境模糊综合评价模型基础上的进一步拓展，是SMAIMA工作方法体系中的重要内容之一。它不但考虑了水的因素，也针对赣南稀土矿区环境的实际情况，涵盖了自然地理、基础地质、开发占地以及地质环境在内的4大类、13小类的二级评价指标，并将其整合到一起形成指标体系。因此，运用SMAIMA工作法不仅能够调查、检测、评估采矿过程中的环境效应，而且能够衡量iRee矿区周边环境质量，为污染源鉴别提供了依据。由于能够将iRee矿山开采对水环境的影响纳入其中，该矿山环境评价模型为全面衡量采矿活动对生态环境造成的各种影响提供了技术实现途径。利用该模型，对2011~2016年间赣南龙南、安远、寻乌三个不同类型的稀土矿区的矿山环境进行了综合评价分级。结果表明：环境差区主要集中在矿区、矿区周边及矿区下游河流周边，环境较好区主要分布在远离矿区的、坡度较小、植被覆盖较高的矿区上游区域。建议在对环境破坏较严重的iRee矿山进行环境治理时应以植物方法为主，物理化学方法相结合，对污染源的治理要分区域、分类型采取不同的方案，并建议在iRee矿山开发之前就开展评估，做好预案，避免污染。

第九章　基于 DEM 的离子吸附型稀土矿成矿地貌条件分析

数字高程模型（digital elevation model，DEM）是美国麻省理工学院的 Chaires Miller 首次提出来的，用于对地球表面地形地貌的数字表达、模拟。它由多种信息空间分布的有序数值阵列组成，用高程 *Z* 表示地面特征，用 *X*、*Y* 水平坐标系统描述高程空间分布，其数据由平面位置和高程数据两种信息组成。DEM 能够综合反映地形的基本特征，可以定量提取高程、坡度、坡向等各种地形因子，是地形分析的主要信息源。目前，基于 DEM 的数字地形分析已经成为 GIS 空间分析中颇具特色的部分，在军事、测绘、资源调查、环境保护、城市规划、灾害防治及地学研究各方面发挥着越来越重要的作用（汤国安等，2010）。

离子吸附型稀土矿是含稀土的花岗岩类、火山岩类岩石在湿热气候和低山丘陵的地貌条件下，经强烈的风化淋滤作用，稀土元素以离子状态吸附于矿石中黏土类矿物晶粒表面及晶层间的矿床（杨岳清等，1981）。其成矿由内/外生地质作用综合控制，前者形成一套富含稀土元素的岩石，为稀土成矿提供了物质基础；后者在形成风化壳的过程中，促进母岩中稀土元素的解离、迁移富集成矿。丘陵地貌条件、湿润的气候及广泛出露的稀土矿花岗岩母岩等优势，使得南岭东段具有形成离子吸附型稀土矿的良好背景。但是，这类矿床在该区的出现又并非处处皆是，说明普遍中又孕育着特殊性。整体来说，其主要受含矿原岩和风化作用的影响和控制（杨岳清等，1981）。局部上，微地貌的差异程度同样影响风化壳的发育、矿体的发育和保存，同时也因为影响到地表、地下水的迁移方向而影响到稀土元素的分布特征。总之，地形地貌是非常重要的成矿条件，也是至关重要的找矿标志。

一般认为，离子吸附型矿床主要分布在海拔低于 550m，高差为 60 ~ 250m 的丘陵地带，山顶坡度一般小于 30°，山顶浑圆，沟壑纵横，但切割不深，且以平缓低山和水系发育为特征。局部特征表现为：地形起伏小比起伏大、缓坡比陡坡、宽阔山头比狭窄山头、山脊比山坳、山顶比山腰、山腰比山脚更有利于成矿（张祖海，1990）。这些成矿规律的认识对于找矿起到了指导作用，但也无可否认，由于定量化水平不高，很难推广到大范围来进行成矿预测。随着计算机技术的发展，DEM 技术也得到了长足的发展，其在水土保持、灾害预测方面应用研究尤为深入（汤国安等，2001；郭芳芳等，2008；马伟等，2015）。故而，利用 DEM 技术定量研究风化壳型稀土矿的成矿地貌条件也势在必行。本次工作旨在利用 DEM 技术，探讨稀土资源赋存的区域地貌及微地貌特征，以指导南岭东段离子吸附型稀土矿的找矿工作。

第一节　区域地质矿产概况

南岭东段处于赣南、闽西及粤北，属于亚热带气候区，气候湿润多雨，植被发育。地貌多为丘陵山地，地形相对平缓，海拔多在 500m 以下。大地构造位置位于华南造山系南岭造山带。区内岩浆岩较为发育，成岩时代从加里东期到燕山期均有，其中燕山期最为发育。离子吸附型稀土矿的成矿母岩主要为花岗岩（袁忠信等，2012），且各含矿岩体的稀土含量普遍偏高（赵芝等，2014）。稀土矿的成矿作用在研究区广泛发育，形成了一批工业矿体，也使得南岭成为我国独特的离子吸附型稀土矿的矿集区（袁忠信等，2012）。其成矿具有元素丰度高、储量大、时代新、构造条件简单和地理分布面积广的特点（霍明远，1992）。

综上可知，研究区整体具有较好的气候及区域地貌条件，成稀土矿的岩浆岩分布广泛，且稀土矿点较多，具有研究微地貌成矿得天独厚的优势。

第二节　资料来源及研究方法

一、矿点及矿区数据

研究区内存在大量的已知离子吸附型稀土矿的矿点，为定量分析成矿条件提供了事实依据。因此，统计该区的成矿有利条件具有重要意义。本次搜集到研究区内 108 个矿区数据及 357 个矿点数据，其中存在一些重复矿点或矿床信息不全等问题。经梳理矿床名称、地理位置、矿床规模、成矿时代等信息后，筛选出 126 个矿点。另外，由于矿点采集所用地图参数的差异或人为因素的影响，其坐标往往偏离主矿体位置，多数落在矿区的边部或者矿区周边的道路上，个别甚至偏离矿区几千米，影响了离子吸附型稀土矿成矿有利条件统计的准确性。为此，本次参考了研究区内的矿权范围及遥感影像数据，精确地限定了稀土矿的坐标。利用 ETM 及重点矿区的 SPOT、IKONOS 等遥感影像数据，基于稀土开采图斑的解译结果，对区内部分矿点坐标进行校正，使其大致位于图斑中心位置。如图 9-1 所示，图中有 1 个矿权数据及 3 处同名的矿点坐标，结合 ETM 真彩色图像，分析与开采的图斑相对位置，删除了矿点 1 与 2，并微调了矿点 3 的位置，使其能够代表该矿区的有利成矿条件。

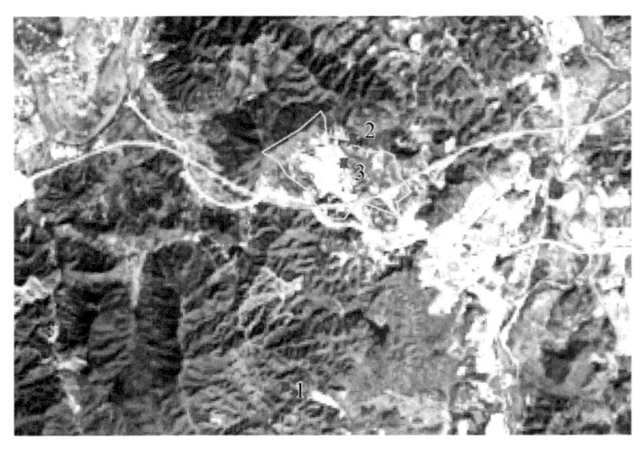

图 9-1　同名稀土矿点坐标的校正

二、DEM 数据准备

本书的 DEM 数据主要是以 ASTER GDEM2 数据为基础，其空间分辨率为 30m，该数据是根据 NASA 新一代对地观测卫星 Terra 的详尽观测结果制作完成的。目前该数据有两版，本次采用了第二版本，它提高了 DEM 数据地面分辨率、填补了部分空隙并校准了湖泊的水平面，基本上能够满足本次地貌分析的需要。

三、研究方法

利用 DEM 数据，基于 GIS 空间分析技术，计算每个矿点的地形因子值，如高程、坡度、坡向、曲率、地表切割深度、地形起伏度及地形特征因子等，然后统计分析所有矿点地形因子值的分布特征，提取其有利成矿区间。鉴于矿点位置仅限于空间的一个点，地貌特征为区域特征，为提高统计的准确性，本次还计算了研究区内 108 个稀土矿区的地貌特征，综合二者信息，总结出南岭东段有利于成矿的地貌条件。最后，重点剖析了研究区内 2 个典型矿床的实例，以验证研究结果的可靠性。

第三节　稀土成矿地貌条件分析

地貌分析可分为微观因子分析及宏观因子分析。微观因子包括坡度、坡向、坡长、地面曲率、变率等，它们所描述的是地面具体点位的地形因子特征；宏观因子包括地形起伏度、粗糙度、沟壑密度、地表切割深度、坡形等，它们所描述的是一定区域的地形特征（汤国安等，2010）。其中，高程能够直观反映地形的表面形态，坡度是土壤侵蚀的重要指标，是影响水土流失的关键；沟壑密度则是反映当地气候、地质、地貌的一个基本指标，地形起伏度、地表切割深度、地表粗糙度等也都是反映地表的起伏变化和侵蚀程度的指标；所有这些指标均影响着风化壳的发育与保存。因而，研究地形因子的统计特征对风化壳离子吸附型稀土矿的成矿规律及成矿预测具有重要意义。图 9-2 展示了研究区稀土矿点在宏观地貌上的分布特征。

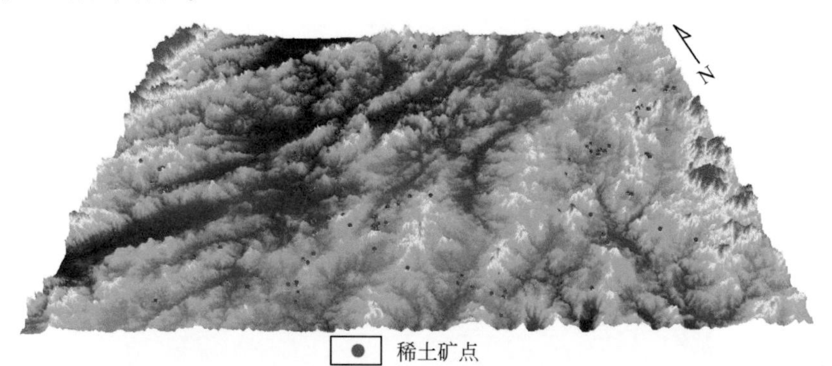

图 9-2　研究区 DEM 3D 渲染及矿点分布图

一、微观地形因子分析

1. 高程

高程指地面任一点距大地水准面的垂直距离，是数字高程模型的基本信息数据（汤国安等，2010）。一般认为，随着海拔的升高，气压变低，空气变稀薄，则白天吸收太阳长波辐射变少，夜晚散热较快，最终平均气温下降。另外，地形可以强迫气流抬升而使降水量增多，从而导致降雨量和相对湿度在一定程度上增加，进而影响了植被的分布格局。这些因素都是风化作用的重要指标，要综合考虑。因此，高程对于风化壳的发育具有重要影响。

本次把南岭东段126个矿点及108个矿区叠加到DEM数据上，提取各个点位的高程值，进而进行统计分析（表9-1），并做了高程值分布直方图（图9-3）。由表9-1可知，研究区内矿点及矿区的平均高程值分别为373m和354m。通过直方图可以发现，随着高程的增加，成矿单元逐渐增多，在300m处达到最多，之后开始下降，直至800m处仍有成矿。可以推断，该研究区内高程在300m左右时，其成矿地貌条件最为有利。经统计还发现，矿点及矿区所处高程单元值在150～500m的分别占97.35%、85.8%。因此，本次把150～500m作为研究区的有利成矿高程区间。

表9-1　矿点及矿区的高程统计值

	像素点个数/个	最小高程/m	最大高程/m	平均值/m	标准差/m
矿点	126	160	1323	373.2	162.6
矿区	108316	114	833	354.3	103.7

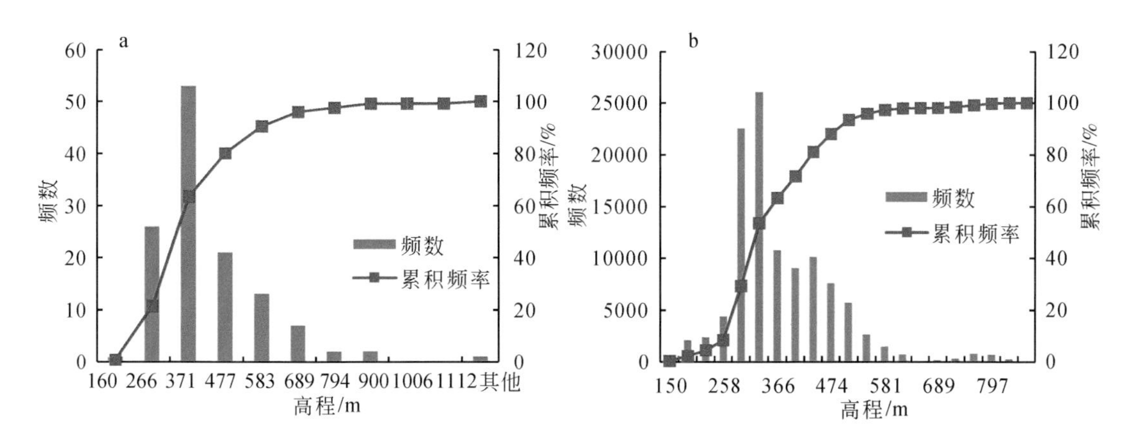

图9-3　矿点（a）及矿区（b）的高程分布直方图

2. 坡度

坡度是指过地表某一点的切平面与水平地面的夹角，表示了地表面在该点的倾斜程度。地面坡度是最重要的地形因子之一，它直接影响着地表的物质流与能量的再分配，影响着土壤的发育、植被的种类与分布，制约着土地利用的类型与方式，在所有地形定量因子中，坡度因子是影响水土流失强弱的关键因子（王秀云和王晓敏，2005）。因而，坡度对于风化壳的保存尤为重要。在 ESRI 公司的 ArcInfo 软件中，坡度的计算利用 3×3 个格网窗口在 DEM 数据中连续移动进行。

研究区内矿点及矿区的平均坡度分别为 12. 5°和 11. 1°（表 9-2）。通过坡度分布直方图（图 9-4）可以发现：从 0°起，随着坡度的增加，成矿单元逐渐增多，在 10°左右处达到最大，之后开始下降，直至 35. 3°处仍有成矿。因而可以推断，坡度在 10°左右较小范围内对成矿最为有利；坡度远大于 10°时，风化壳容易被流水侵蚀，破坏矿体的保存。反之，则风化壳过多堆积，不利于风化作用向基岩方向推进，阻碍了稀土元素富集成矿。研究区内坡度值在 0° ~20°之间的矿点及矿区位置分别占 83. 3%、91. 27%。因此，把坡度值在 0° ~20°范围的单元作为成矿的有利坡度。

表 9-2　矿点及矿区的坡度统计值

	像素点个数/个	最小坡度/(°)	最大坡度/(°)	平均值/(°)	标准差/(°)
矿点	126	0	31. 7	12. 5	6. 8
矿区	108316	0. 35	35. 5	11. 1	7. 1

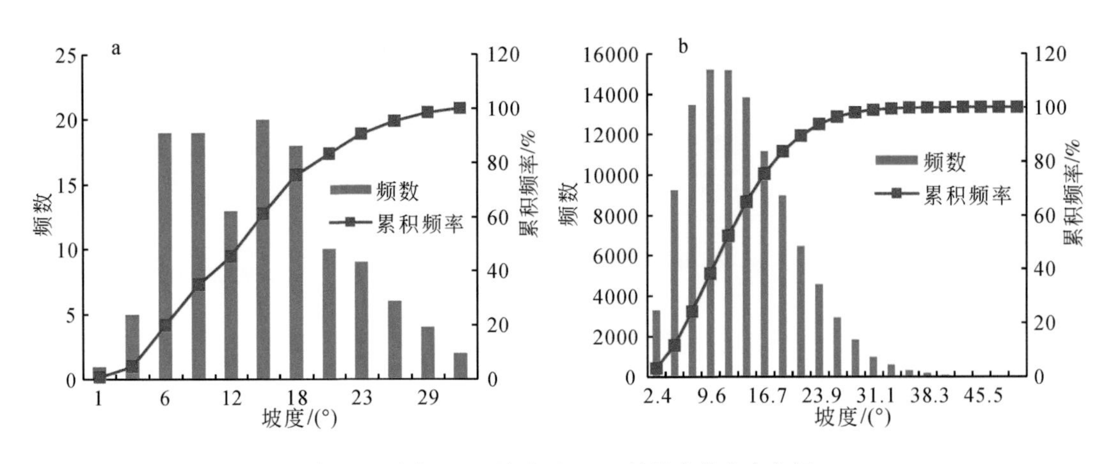

图 9-4　矿点（a）及矿区（b）的坡度分布直方图

3. 坡向

坡向指地表面上某点的切平面的法线矢量在水平面的投影与过该点的正北方向的夹角。即从正北方向开始，顺时针旋转到法线在水平投影线间的夹角。它是决定地表面局部地面接收阳光和重新分配太阳辐射量的重要地形因子之一，可直接造成局部地区气候特征的差异（汤国安等，2010）。其光照、湿度、热量、风量不同，也直接影响到诸如土壤水分、植被生长适宜性程度等多项指标，进而影响风化作用的进行。一般南坡、东南坡、西南坡，所获得太阳光热量大，温度相对稍高。另外，该研究区主要地处江西，夏季多东南季风，山地可阻挡气流前进的速度，减小风速，延长降雨持续时间，因而在迎风坡上降雨增加。背风坡因空气下沉，雨量较之减小（陈天珠，1983）。但是，北坡水分蒸发量少，土壤墒情好，植被密生，风化作用也较为有利。因而，对成矿有利坡向还不能一概而论。

本次统计了研究区矿点及矿区范围内的坡向值，如表 9-3 所示，可以发现其分布范围较广，标准差较大，显示坡向分布较为分散。从坡向分布直方图（图 9-5）可以发现，其累积曲线接近于直线，说明坡向值分布较为均匀。但是，矿点坡向直方图（图 9-5a）在 180°左右有微弱的凸起，可能该范围相对成矿有利。在矿区的坡向分布直方图（图 9-6）中，特征不太明显，呈现了较为微弱的凸起特征。另外，矿区范围的采样点较多，为更好地显示其分布规律，特别缩小了分布间隔，结果却呈现了类似周期性的分布规律，说明稀土成矿对于坡向还是具有一定的选择性的。

表 9-3　矿点及矿区的坡向统计值

	像素点个数/个	最小坡向/(°)	最大坡向/(°)	平均值/(°)	标准差/(°)
赣南	126	12.5	360	195.5	101.6
南岭	108316	-1	359.6	183.1	104.3

注：坡向值为-1，表示该点是水平状态。

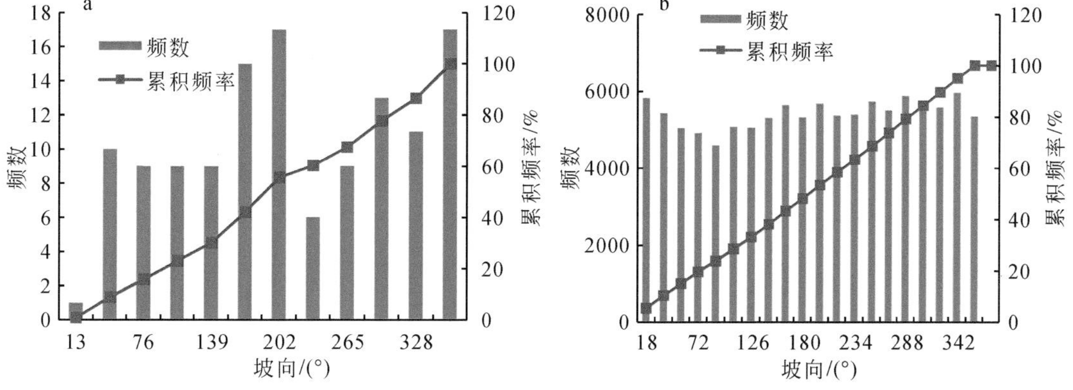

图 9-5　矿点（a）及矿区（b）的坡向分布直方图

4. 曲率

曲率是指地形曲面在各个界面方向上的形状，是凹凸变化的反映，也是平面点位的函数。地形表面曲率反映了地形结构与形态，影响着土壤有机物含量的分布，在地表过程模拟、水文、土壤等领域有着重要的应用价值和意义。曲率分为剖面曲率和平面曲率。剖面曲率指对地面坡度沿最大坡降方向地面高程变化率的度量。平面曲率指在地形表面上，具体到任何一点 P，指用过该点的水平面沿水平方向切地形表面所得的曲线在该点的曲率值（汤国安等，2010）。其中，正值表示凸起，负值表示下凹。

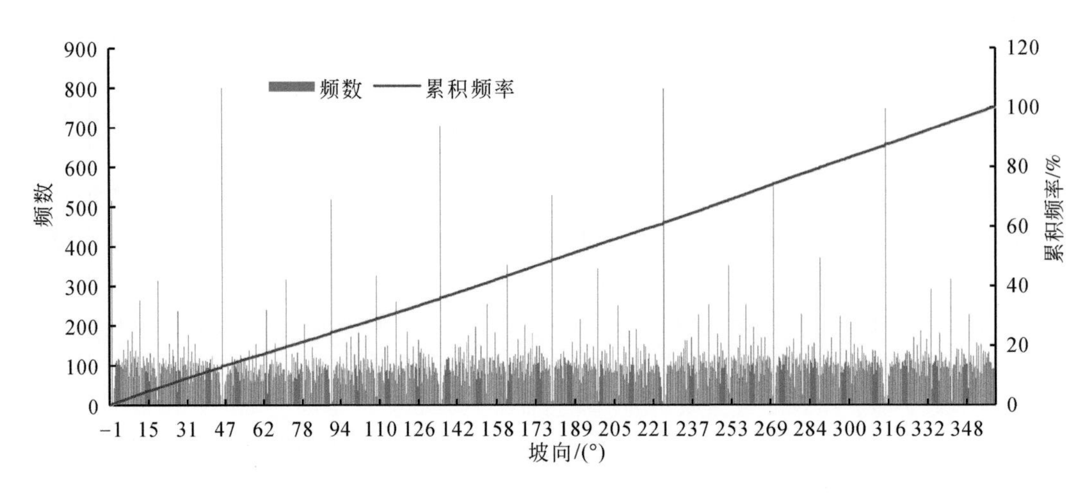

图 9-6　矿区的坡向分布直方图

统计计算矿点及矿区所处范围的平面曲率及剖面曲率结果（表 9-4，图 9-7），可以发现剖面曲率平均值接近于 0，标准差较小，其直方图近乎正态分布，大多数值分布在-2 ~ 2，其中大于 0 的像素个数占 48.6%；数据说明沿坡降方向地形起伏不大，有起有伏，大致近乎于直线坡。水平曲率的平均值微小于 0，标准差较大，大多数值分布在-17 ~ 14；其中大于 0 的像素个数占 49.1%，其直方图也近乎正态分布。这说明沿水平方向坡形起伏变化较大，有突起也有凹陷，可能与顺坡水流冲刷作用有关。前人认为，稀土矿大多在浑圆状的山顶，且沟壑纵横。为此，专门用山顶点为中心，以 90m 为半径做缓冲区，求得缓冲区内的平面曲率及剖面曲率的平均值分别为-1.3、0.15，大于 0 和小于 0 的值分别占 42.3% 和 61%，可知水平方向沟壑较多，剖面方向具有一定的局部凸起。另外，不得不考虑到，统计的矿区多数均处于开采状态，破坏了部分原有成矿地形特征。

表 9-4　矿点及矿区的曲率统计值

	像素点个数	剖面曲率值				平面曲率值			
		最大值	最小值	平均值	标准差	最大值	最小值	平均值	标准差
矿点	126	1.5	-1.4	0.05	0.5	16.3	-13.5	-0.1	3.5
矿区	108316	3.3	-3.9	-0.01	0.5	274.3	-219.5	-0.03	5.8

二、宏观地貌因子分析

1. 地形起伏度

地形起伏度是指给定区域内最大高程与最小高程的差。它能够直观地反映地形的起伏特征。在水土流失研究中，地形起伏度指标能够反映水土流失区的土壤侵蚀特征，是比较适合区域水土流失评价的地形指标（汤国安等，2010），同时也可以作为风化壳保存条件

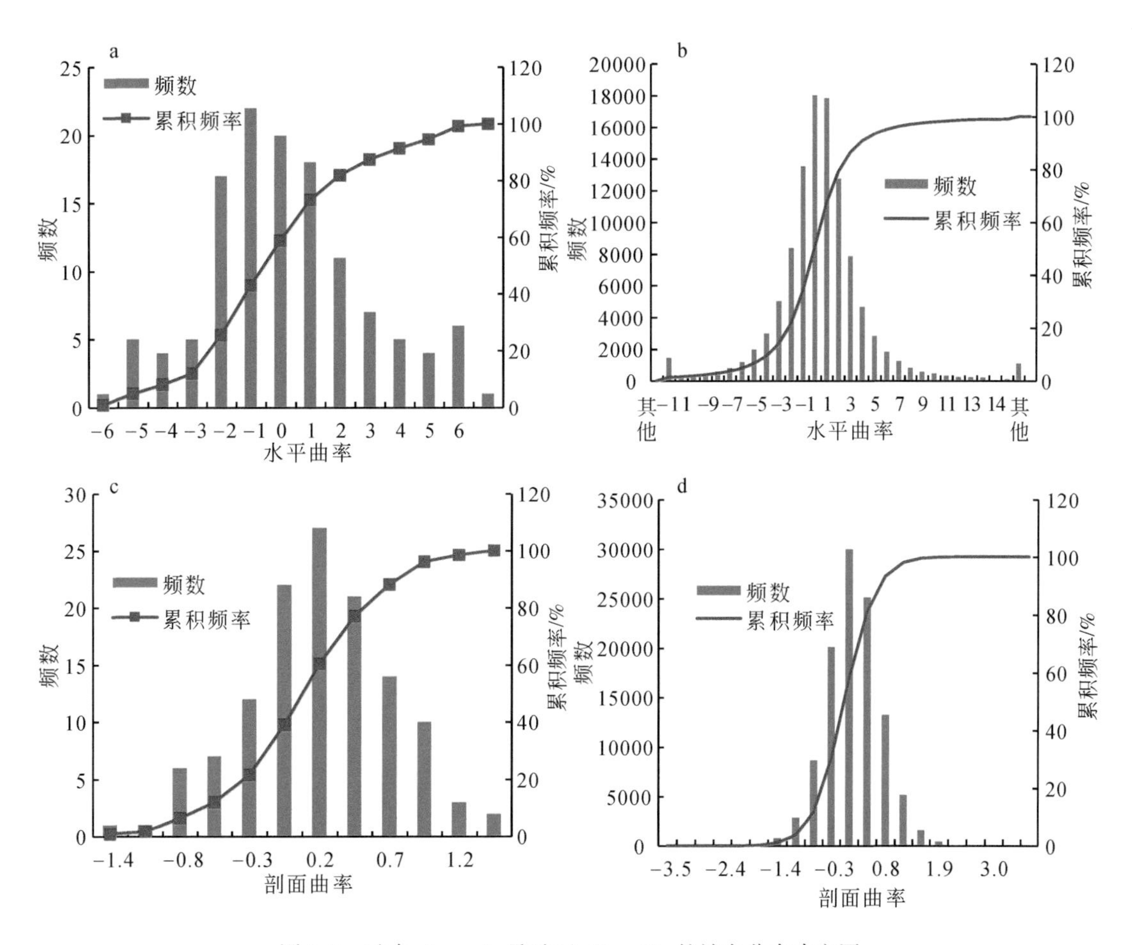

图 9-7　矿点（a、c）及矿区（b、d）的坡向分布直方图

的一个地形指标。可用公式表示为 $D_i = H_{max} - H_{min}$；其中 D_i 表示地面 i 点的地形起伏度；H_{max}表示固定分析窗口内的最高高程；H_{min}表示固定分析窗口内的最低高程。由公式可见，固定分析窗口的选择很重要，它在一定程度上可以影响到地形起伏度的值。

经计算每个像素点地形起伏度后，统计发现，82.8%的矿点及73.8%的矿区范围落在100～400m，可作为最佳成矿有利区间（表9-5）。另外，还可以发现其统计直方图（图9-8）呈现了双峰的特征，在400～550m区间也呈现一个小的波峰。把地形起伏度与高程及坡度值分布投散点图，如图9-9所示，该区间内有一些数据的高程及坡度也在有利矿床区间内。因此，可以认为即使个别地貌因素成矿不利，但在微地貌有利的条件下，也可以发育离子吸附型稀土矿床。

表 9-5　矿点及矿区的地形起伏度统计值

	像素点个数/个	地形起伏度最小值/m	地形起伏度最大值/m	地形起伏度平均值/m	地形起伏度标准差/m
矿点	126	138	888	354.9	166.7
矿区	108316	85	675	287.4	106.7

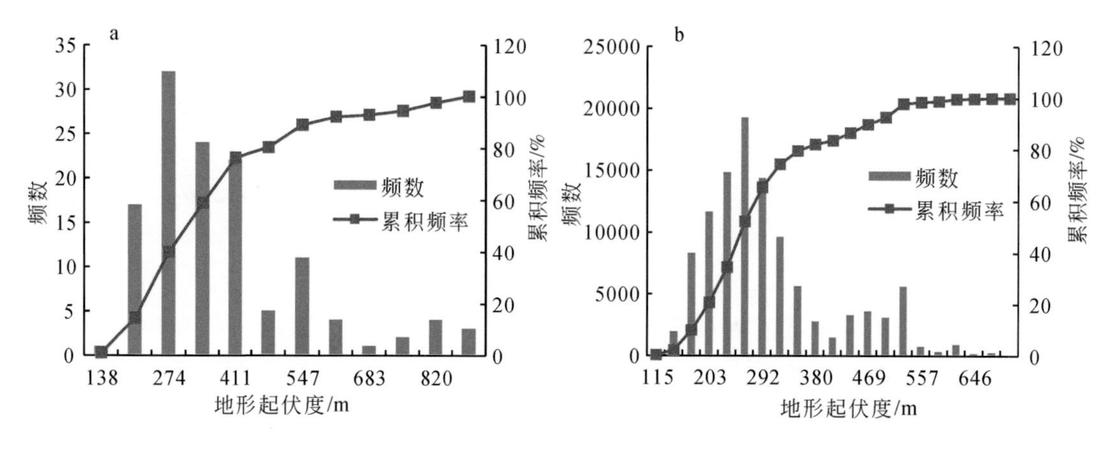

图 9-8 矿点（a）及矿区（b）的地形起伏度分布直方图

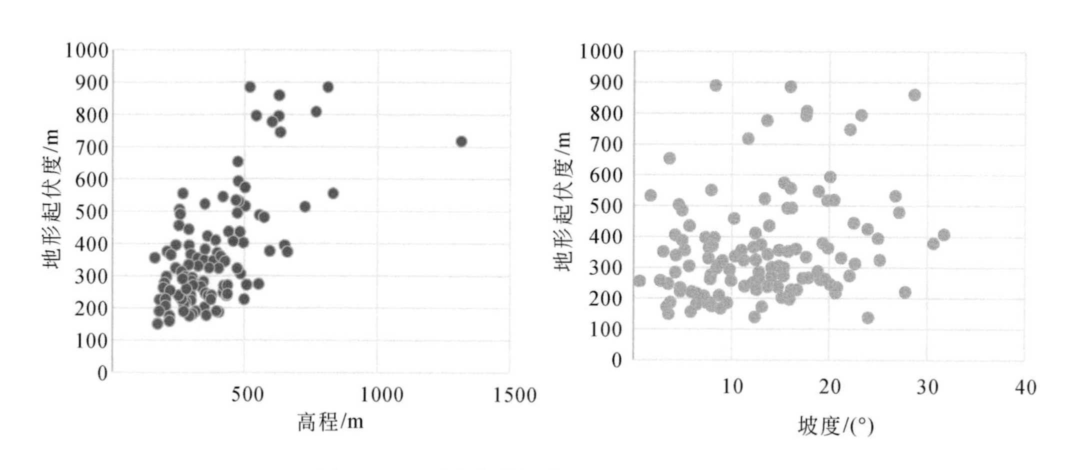

图 9-9 地形起伏度与高程、坡度的关系图

2. 地表切割深度

地表切割深度是指地面某点的邻域范围的平均高程与该邻域范围内的最小高程的差值。可用公式表示为 $D_i=H_{mean}-H_{min}$；其中 D_i 表示地面 i 点的地表切割深度；H_{mean} 表示固定分析窗口内的平均高程；H_{min} 表示固定分析窗口内的最低高程。它直接地反映了地表被侵蚀切割的情况，是研究水土流失及地表侵蚀发育状况的重要参考指标（汤国安等，2010），对于风化壳的保存具重要意义。切割深度过小，由于上层风化层的保护，基岩的风化作用受阻。切割深度过大势必导致风化壳的侵蚀，从而致使稀土元素的流失，对于成矿具有破坏作用。

本次采用 4km×4km 为窗口，计算每个高程点所在窗口内的地表切割深度值（表 9-6）。统计分析研究区矿点及矿区的地表切割深度值后发现，73% 的矿点及 88.3% 的矿区范围落在 40～150m，85% 的矿点及 94.5% 的矿区范围落在 40～200m（图 9-10）。综合考虑矿区开采的影响，可以把地表切割深度 40～150m 作为最佳成矿区间。

表 9-6　矿点及矿区的地表切割深度统计值

	像素点个数/个	切割深度最小值/m	切割深度最大值/m	切割深度平均值/m	切割深度标准差/m
矿点	126	34.9	442.7	127.4	73.3
矿区	108316	32.7	304	104.3	42.5

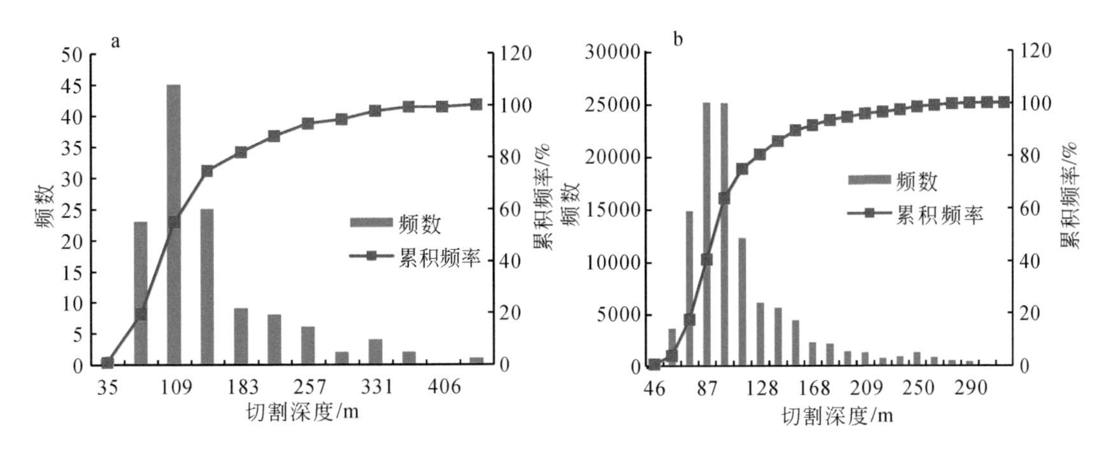

图 9-10　矿点（a）及矿区（b）的地表切割深度分布直方图

3. 地形特征分析

地形特征主要包括山顶（peak）、山脊（ridge）、凹谷（pit）、鞍部（pass）、平地（plane）和山沟（channel）等。其中，山顶为局部区域内海拔的最大值，表现为在各方向上都为凸起；凹谷则是在局部区域内海拔的极小值点，表现为在各方向上都为凹陷；山脊是在两个相互正交的方向上，一个方向凸起，而另一个方向没有凹性变化的位置；山沟是在两个相互正交的方向上，一个方向凹陷，而另一个方向没有凹性变化的位置；鞍部是在两个相互正交的方向上，一个方向凸起，而另一个方向凹陷的位置；平地是在局部区域内各方向上都没有凹凸性变化的点。利用 DEM 提取地形特征点，可通过一个 3×3（即 90m×90m）网格，判断中心网格与 8 个邻域点的高程关系，从而确定特征中心点的类型。

经过统计分析发现（表 9-7，图 9-11），矿点及矿区大部分处于山脊、山沟及平地，其面积比例可达 99%，相对较少的矿点及矿区范围落在山顶、鞍部及凹谷处。但通常认为，山顶与山脊处风化壳的发育及保存较好，利于稀土矿的形成。该统计似乎与前人认识不完全一致，山顶处统计值的数量明显过少，在分布直方图上几乎没有显示；但是也不难发现，基于面积统计方法并不能完全代表某种特征成矿有利性，因为研究区内大部分范围属于山脊、山沟等地貌特征，故而本次又采用归一化的办法，即分别计算每种成矿地貌特征的像素个数与研究区内该特征像素总和的比值。结果发现（图 9-12），矿区内含有的山顶点为 115 个，而全区内有山顶点 63309 个，0.182% 的山顶点可以成矿，远高于矿区与研究区的面积比 0.040%。另外，还可以发现，山顶与山脊成矿比例最高，山沟与平地次之，鞍部与凹谷最差。

表 9-7　矿点及矿区的地形特征统计值

	像素点个数	山顶	山脊	平地	山沟	鞍部	凹谷
矿点	126	0	58	22	46	0	0
矿区	108316	115	44100	24215	39382	375	129
全区	273028319	63309	32459331	49696874	79013087	32704318	79091400
矿区/全区	0.040%	0.182%	0.136%	0.049%	0.050%	0.001%	0.0001%

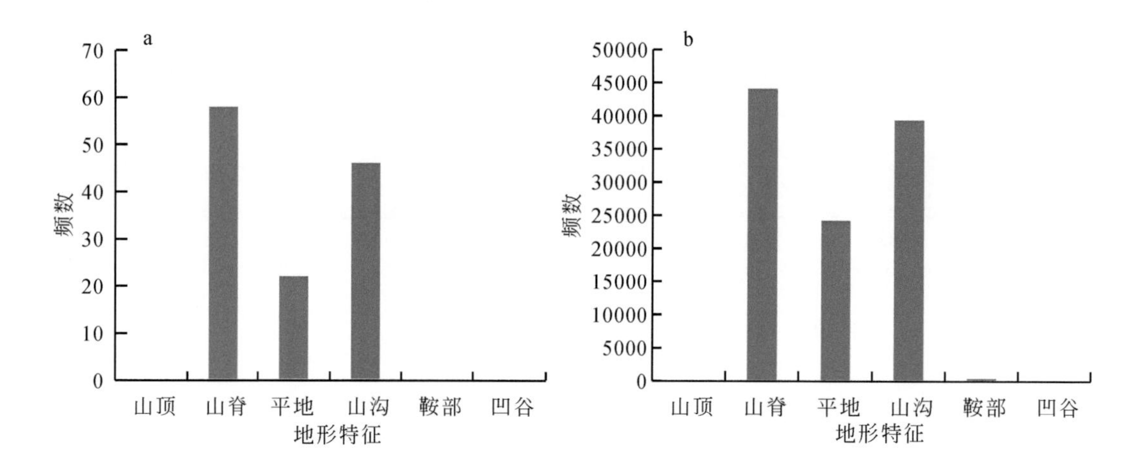

图 9-11　矿点（a）及矿区（b）的地形特征分布直方图

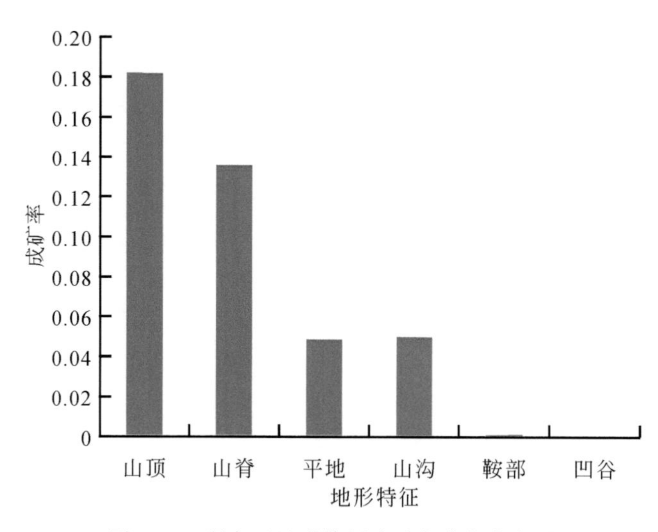

图 9-12　研究区地形特征成矿率分布直方图

4. 其他地形因子

除了上述因子外，水土监测中还常用到其他一些地形因子，如沟壑密度、地表粗糙度及高程变异系数等。沟壑密度也称为沟谷密度，是一个描述地面被沟壑切割破碎程度的指标，是反映当地气候、地质、地貌、生物的一个基本指标。沟壑密度指单位面积内沟壑的总长度，以 km/km^2 为单位。研究区的沟壑密度平均为 $4.1km/km^2$。地表粗糙度是反映地表起伏变化和侵蚀程度的指标。一般定义为地表单元的曲面面积与其在水平面上的投影面积之比。它能够反映地形的起伏变化和侵蚀程度的宏观地形因子，是衡量地表侵蚀程度的重要量化指标。地形高程变异系数是反映地表一定距离内高程相对变化的指标，用该区域高程标准差与平均值的比值表示。它是描述局部地形起伏变化的指标。本次还分别统计了这三类地形因子，尽管该类因子的统计直方图也呈现了数据的局部聚集（图 9-13），但与全区的统计直方图的分布形态几乎一致，说明不具有成矿专属性。

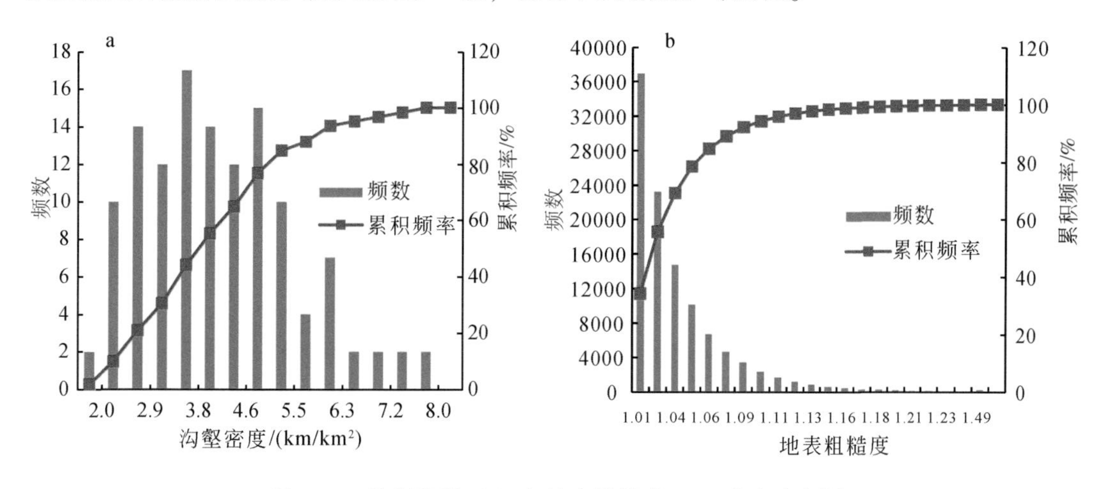

图 9-13　沟壑密度（a）与地表粗糙度（b）分布直方图

三、典型矿床的地貌剖析

为了更好地说明微地貌对成矿的作用，除了在区域上进行地貌因子统计外，本次还特别对 701 矿区及 807 矿区的地貌特征进行剖析（图 9-14），以讨论微地貌对成矿的具体影响及验证上述统计特征的准确性。701 矿区近北东东向展布，本次以北东东及北西西向做了高程剖面。从剖面图 $A–A'$ 上可知，矿区东高西低，整体高程分布在 250 ~ 420m，地形起伏不大，地形起伏度及切割深度均在上述成矿区间内，坡度也大多属于缓坡（剖面图上 x 轴与 y 轴比例尺不一致）。

807 矿区近北东向展布，从高程剖面图可知，地形沿矿区展布方向中间高、两边低；因而，807 矿区内分成了两个重点区。从遥感影像也可以发现，东北及西南各一个开采区，表明地形起伏小的地方矿化较好。这也说明，地形对于成矿具有较好的控制作用。另外，依照前面的方法统计了两个矿区的地形因子值，普遍处于有利成矿区间（表 9-8）。

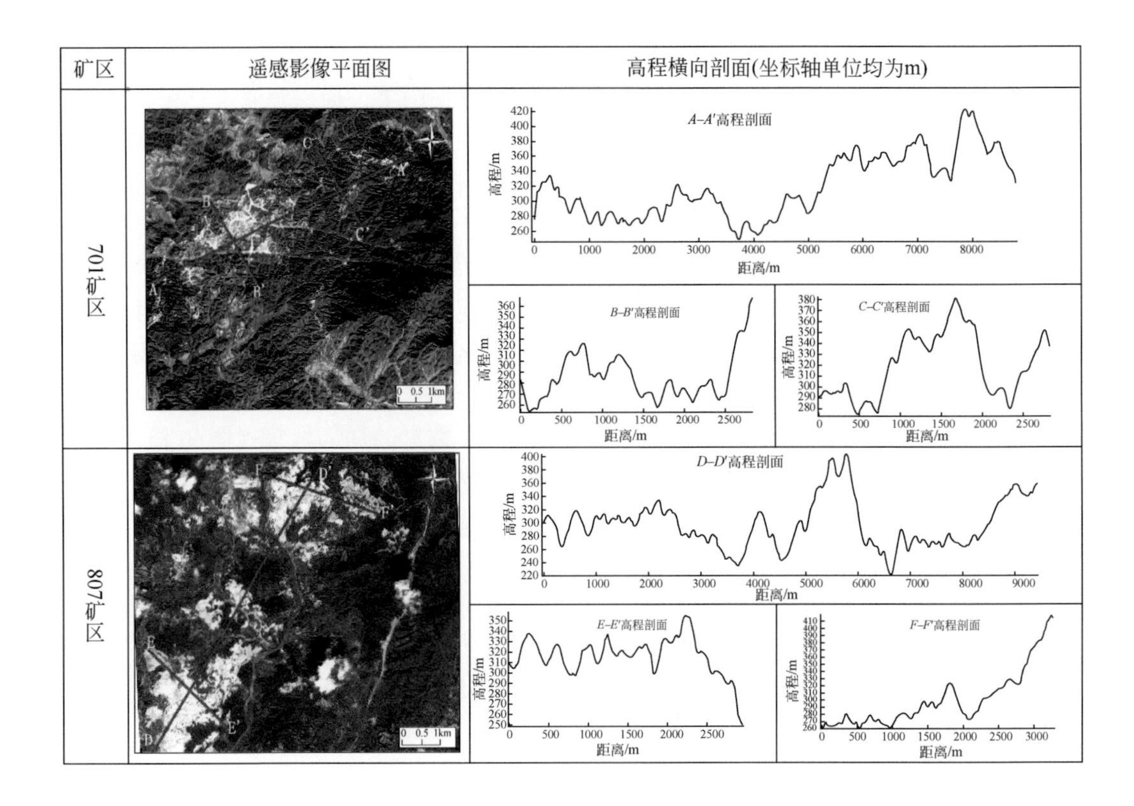

图 9-14　典型矿区高程剖面图

表 9-8　典型矿区地形因子统计值

平均值	高程/m	坡度/（°）	切割深度/m	起伏度/m	水平曲率	剖面曲率
701 矿区	313.7	12.5	85.6	219.2	-0.019	-0.013
807 矿区	289.4	10.7	109.8	296.5	-0.036	-0.016

第四节　地 貌 分 析

一、成稀土矿的地貌成因分析

地貌形成的物质基础包括岩石和地质构造，岩石的性质及地质构造的类型对地貌的形成都会产生一定的影响（田明中和程捷，2009）。研究区内的成矿母岩多为花岗岩，具块状结构，坚硬致密，抗蚀力强，常形成陡峭高峻的山地；又因风化壳松散偏砂，其下原岩不透水，易产生地表散流与暴流，水土流失严重；且因节理丰富，产生球状风化；地表水与地下水沿节理活动，逐步形成密集的沟谷与河谷；在节理交错或出现断裂的地方，往往形成若干小型盆地；节理的多少和型式决定山坡的形态，节理密集区，重力崩塌显著，出现垂直崖壁；层状风化与剥蚀，使坡面角保持不变，而球状风化与剥蚀，使坡面浑圆化。沿节理进行的风化作用，可深入岩体内部，形成很厚的红色风化壳。此外，岩体构造对花岗岩地貌也有影响。这些特征利用上述的地貌因子也不难佐证。

另外，地质构造可以直接形成地貌（如断层崖），也能影响地貌的形成。例如，断裂构造造成岩石破碎，形成软弱带，使岩石的抗风化和侵蚀能力降低，常形成沟谷地貌。已有文献利用 DEM 数据，基于地形特征提取地质构造信息，并取得了不错的效果（张会平等，2004；宿渊源等，2015）。从图 9-15 中不难发现，北东向的地质构造控制了区域地貌特征，且大多数地质构造位于剖面曲率较大的位置，也是地貌的坡度变化较大的位置。

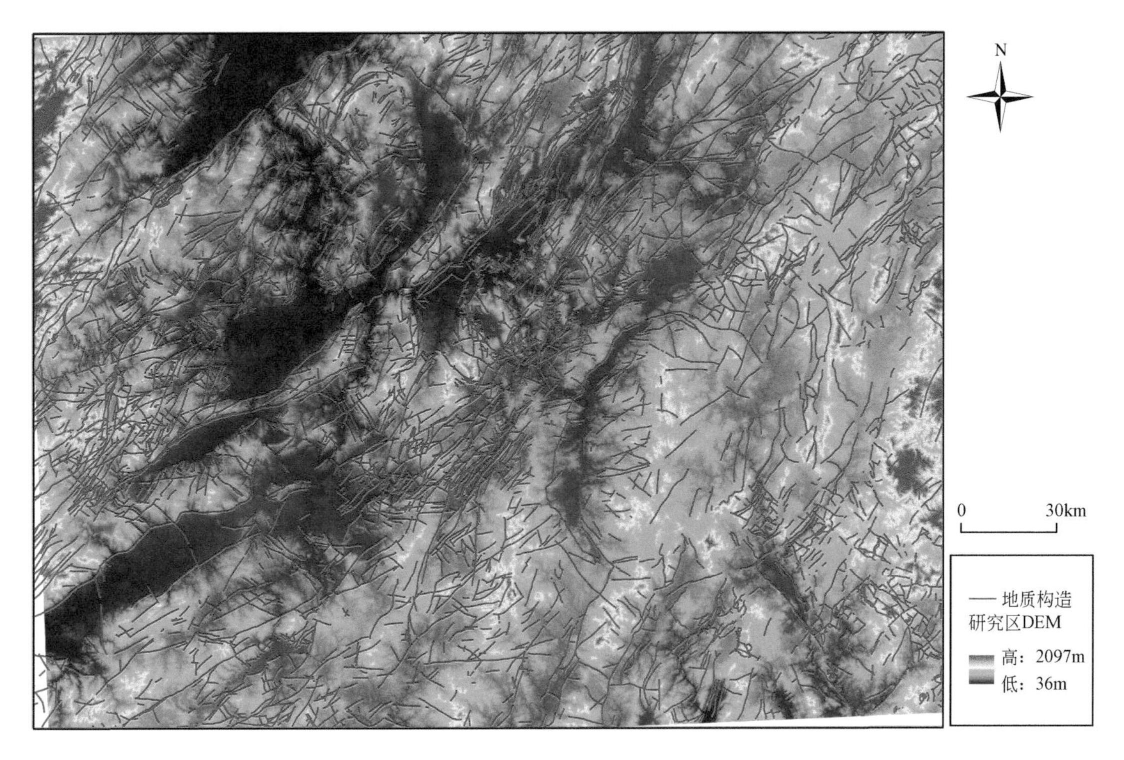

图 9-15　研究区地质构造与地形关系图

地表的形态是内外动力综合作用的结果。其中，内动力使地表起伏度增加，外动力则相反，使地表起伏度降低，即削高填平。除了上述岩性及地质构造影响外，研究区地处南方丘陵地区，地表沟壑纵横，与区内水系有着密切的关系。研究区内多为树枝状水系，受地形影响明显（图 9-16），同时，水系又反过来影响着地表微地貌形态。

二、地貌因子相关性分析

地形因子是地表特征的定量描述，数值间具有一定的联系。本次统计了各个矿点的高程、坡度、坡向、地表切割深度及地形起伏度之间的相关系数（表 9-9）。计算结果显示，

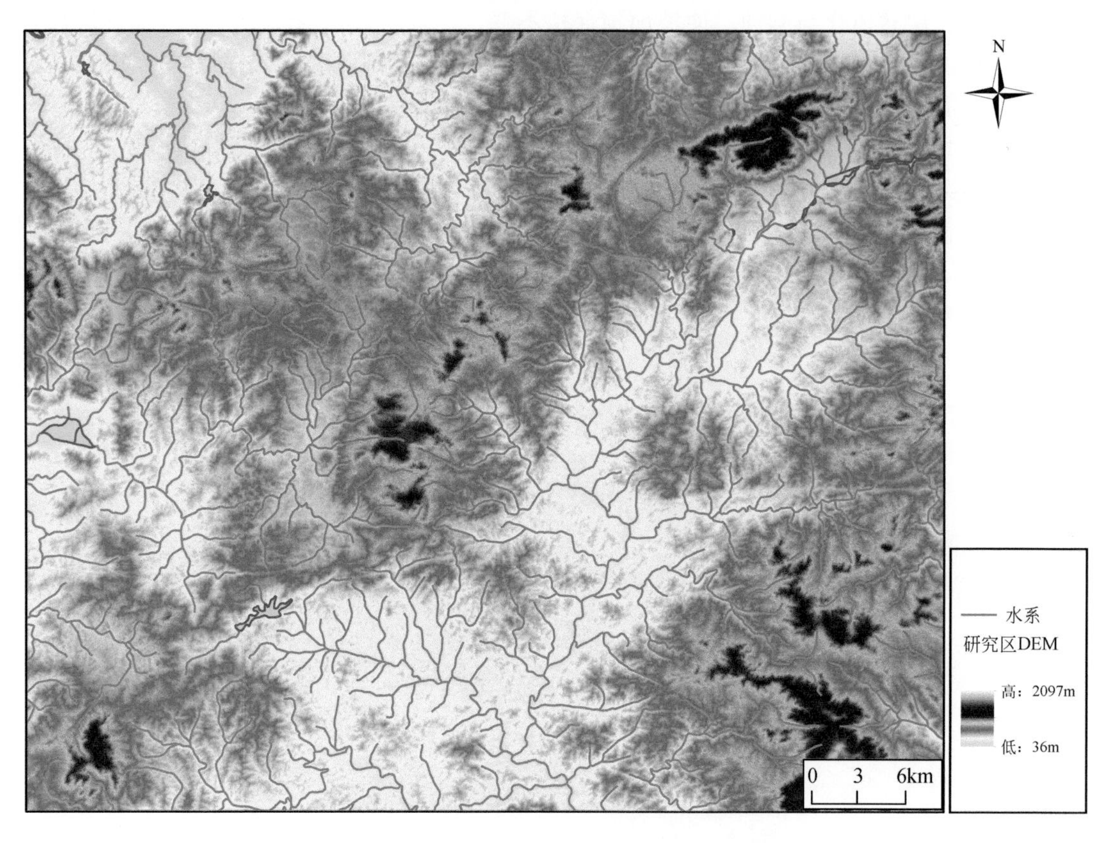

图 9-16　研究区局部的河流与地貌关系图

地表切割深度与地形起伏度的相关系数最高，且二者与高程相关系数也较高。因而，把各个矿点的高程、地表切割深度及地形起伏度等值进行投点后发现：随着高程的增加，地表切割深度及地形起伏度均增加，这也意味着随着高程的增加，其风化壳被剥蚀的可能性也较大。对地表切割深度与地形起伏度的值做线性回归分析，呈现了良好的线性关系（图 9-17），故而二者选其一可作为成矿预测要素。另外，坡度与地表粗糙度相关性较强，因地表粗糙度成矿不具有选择性，故在此不做进一步讨论。

表 9-9　地形因子相关系数

相关系数	高程	坡度	坡向	剖面曲率	水平曲率	粗糙度	地表切割深度	地形起伏度
高程	1.000							
坡度	0.198	1.000						
坡向	-0.012	-0.007	1.000					
剖面曲率	0.007	0.125	-0.131	1.000				
水平曲率	-0.108	-0.097	-0.076	-0.287	1.000			
地表粗糙度	0.199	0.953	0.021	0.089	-0.046	1.000		

续表

相关系数	高程	坡度	坡向	剖面曲率	水平曲率	粗糙度	地表切割深度	地形起伏度
地表切割深度	0.714	0.314	0.051	-0.155	-0.037	0.316	1.000	
地形起伏度	0.654	0.253	0.007	-0.187	-0.035	0.248	0.906	1.000

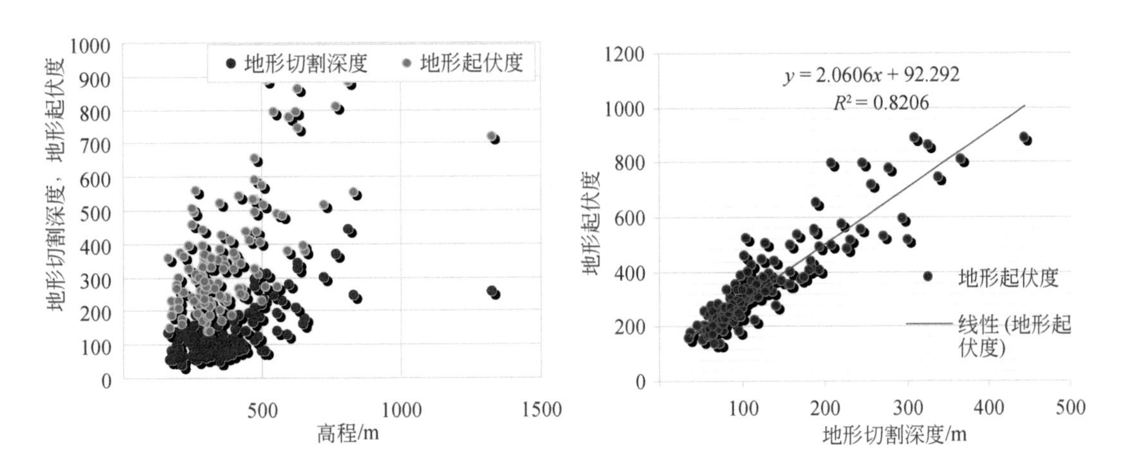

图 9-17　地形起伏度与地表切割深度及高程关系图

第十章 结 论

华南地区稀有稀土资源丰富，其中的离子吸附型稀土矿更是我国独具特色的优势战略资源。与此同时，华南三稀矿产调查研究工作存在地质科研落后、工作程度较低等问题。近年来，国家大力发展战略性新兴产业，加大了对稀有稀土稀散矿产的需求。因此，对华南重点矿集区开展稀有稀散和稀土矿产调查是取得找矿突破、提高资源保障能力的必行之举。实施华南三稀资源勘探和开发，可取得十分显著的经济和社会效益，有助于培养一批新兴产业的高端人才，研发和储备一批新兴技术，推进我国地勘队伍发展和新体制建设，为国家三稀资源发现、储备、开发和新材料研发等创立一套完整的技术创新体系和人才队伍，对促进建设创新型国家，实现我国对三稀资源高效保障与储备体系的建立具有重要意义。

在项目实施的三年时间内，湖南省地质调查院、江西省地质矿产勘查开发局赣南地质大队、湖南省地质矿产勘查开发局四〇三队、江西省地质矿产勘查开发局赣东北地质大队、江西省地质矿产勘查开发局九〇二地质大队、江西省地质调查研究院、湖北省地质调查院、福建省地质调查研究院、广东省地质调查院、广西壮族自治区地质调查院、云南省地质调查局、贵州省地质矿产勘查开发局一一三地质队、中国冶金地质总局第二地质勘查院等单位的近百名骨干精心合作，对幕阜山-武功山、九岭、南武夷、闽浙赣等多个工作区展开了全面的以锂铍等稀有金属和稀土矿产找矿为重点的矿产地质调查评价工作，取得了一系列创新性成果，主要体现在以下几个方面。

一、实现稀有稀土金属找矿突破

1. 华南稀有金属矿产实现找矿突破

通过三年的工作，项目在幕阜山-九岭矿集区取得了稀有金属的找矿突破。幕阜山大型稀有金属基地位于湖北、湖南和江西三省交界处。该区是革命老区，也是稀有金属、有色金属、贵金属、放射性铀以及萤石等非金属矿产资源非常丰富的矿集区，在20世纪80年代就发现了断峰山、传梓源等大中型稀有金属矿床，但一直没有正规开发。而周边地区的武汉、长沙、南昌及九江、宜春等大中小城市工业发达，对稀有金属的需求十分旺盛。目前，宜春四一四矿是华南最重要的稀有金属生产基地，但因资源消耗过快，生产出现危机。近年来，项目组通过对140多条矿脉的野外调查研究，查明了伟晶岩的区域分带性(微斜长石型→微斜长石+钠长石型→钠长石型→钠长石锂辉石型)，建立了“大型构造控制大型矿脉”的找矿模型，在距离幕阜山岩体8.5km的外带发现了锂辉石伟晶岩，大大拓展了伟晶岩型锂矿的找矿空间，也助力湖南核工业311地质队在仁里取得特大型铌钽矿的找矿突破。与此同时，项目组在连云山地区通过钻探探获的资源量估算（334）分别为BeO1.616×10^4t、Li_2O 1.128×10^4t、$(Ta, Nb)_2O_5$0.345×10^4t，均达到了大中型规模。实际上，幕阜山与江西境内的九岭和武功山地区都是以花岗岩类大面积出露为特点的稀有金属找矿远景区，但不同地段的成矿条件不同，找矿方向也不一样。仁里大型层状钽矿的发现，对江西和湖北的找矿具有启发意义；而江西九岭含磷锂铝石浅色花岗岩型稀有金属矿床的发现，对湖北和湖南有指导作用。在江西九岭同安等地的浅色花岗岩中，磷锂铝石的含量可达4%～5%，已经是造岩矿物，同时还含有绿柱石、锡石、铌钽矿物等有用金属矿物。岩体的岩相分带性也与宜春四一四矿床有一定的相似性。项目对7个区块进行了系统采样，估算Li_2O资源量达38.26×10^4t。更有意义的是，此类岩体型稀有金属矿床，类似于铜矿中的“斑岩铜矿”，虽然品位不是很高，但规模很大，具有“低品位、大吨位”的特点，对改变锂矿资源格局具有潜在且十分重要的意义。

除幕阜山大型稀有金属基地外，我国华南和西南地区近3年在稀有金属找矿方面也有很多亮点，如在江西谷寨（位于武夷山稀有金属成矿带的南段），通过钻探探获334类Li_2O资源量5188t、伴生Nb_2O_5资源量328t、Ta_2O_5资源量262t，预测主攻矿种100m以浅可达中型；在云南省贡山县黑妈矿区（位于西南三江成矿带）通过槽探等浅部工程，也发现以锂云母为工业矿物的伟晶岩型锂矿脉，Li_2O最高含量达1.73%，最低为0.13%，平均达0.95%；在贵州与云南交界处、二叠纪峨眉山玄武岩分布区发现富锆铪钛和稀土的古风化壳型矿产，虽然未经钻探验证，但因其类型特殊，分布范围广，是否具有开展调查评价工作价值，需进一步探索。

2. 华南稀土矿产找矿突破和调查取得进展

在广西灵山提交离子吸附型重稀土矿矿产地1处，达大型规模；在南岭东段碛肚山地区提交离子吸附型重稀土矿矿产地1处，为中型规模；在云南勐海、广东连州、赣东北铅山、浙江遂昌等地发现离子吸附型稀土矿找矿线索并圈定找矿靶区；总结了北大巴山-大洪山地区与碱性岩-碳酸岩相关铌稀土矿的成矿特征；初步评价了贵州西部玄武岩风化壳型稀土矿的成矿潜力，并对其赋存状态进行了研究。

二、科技创新取得重要进展

1. 离子吸附型稀土矿成矿理论的创新

离子吸附型稀土矿是我国的优势矿产，某种程度上也成了华南地区的特色矿产。前人的大量研究认为，离子吸附型稀土矿主要形成于华南气候条件有利地区且由燕山期花岗岩风化形成的“馒头山”型风化壳中。本次研究对浙江大柘、贵州赫章、福建南阳、江西碛肚山、云南勐海、广东大路边、广西灵山等不同地区、不同类型、不同表生条件的离子吸附型稀土矿区进行了广泛调查，明确提出了“8多（多类型、多岩性、多时代、多层位、多模式、多标志、多因继承、多相复合）、3突破（高纬度、高海拔、深勘探）”的新认识，从而大大拓展了离子吸附型稀土矿的找矿前景，也指出了新的找矿方向。通过在云南临沧岩体的实地检验，新发现了海拔将近2000m的云贵高原型离子吸附型稀土矿，真正打破了高海拔地区稀土矿找矿的禁锢，取得了新突破。通过典型矿床研究，查明了赣南离子吸附型稀土矿床成矿母岩中中重稀土元素的赋存状态，了解了花岗岩风化过程中中重稀土元素迁移及富集的规律，为赣南重稀土工作部署提供了有利依据。提出了离子吸附型稀土矿产“8多2高1深”的新认识，即：多类型、多岩性、多时代、多层位、多模式、多标志、多因继承、多相复合、高纬度、高海拔、深勘探，为该类型稀土矿找矿指明了方向。

2. 区域成矿规律研究助力找矿突破

在幕阜山稀有金属矿集区总结了复式花岗岩体分布规律与岩浆演化动力学背景特征，稀有金属典型矿床成矿模式，稀有金属区域成矿规律，划分了幕阜山地区伟晶岩区域分带特征，圈定的远景区得到了相关地勘单位的找矿验证。幕阜山地区新元古代花岗岩主要形成于821.8Ma，源岩岩浆显示出壳幔混合的特性，是典型的I型花岗岩，推测为区域新元古代大陆碰撞地壳加厚的构造背景下，玄武质岩浆底侵作用下地壳熔融所形成。幕阜山地区伟晶岩形成于同期次的相同母岩岩浆，与母岩距离不同，脉体的分异演化程度不同，致使脉体类型、主要矿物比例、稀有金属矿化种类等方面展现出不同特征。在幕阜山复式花岗岩基中，成矿母岩侵入深度不一，在近水平的剥蚀面揭露下，剥蚀程度较深地区伟晶岩主要为距离母岩较近的低类型Be伟晶岩；剥蚀程度较浅地区母岩位于深部，伟晶岩主要为距离母岩较远的高类型Be-Nb-Ta-Li伟晶岩。

幕阜山复式花岗岩基形成于共补余岩浆库支撑下的跨地壳岩浆系统。早期侵位的花岗质岩浆在强刚性地层中（冷家溪群板岩/片岩）呈大型岩基、岩盖形态存在；晚期的花岗质岩浆灌入到早期侵位的花岗岩中，多以小岩株形式存在。在长期多次脉动作用下，形成了复杂的，由不同期次、不同岩石类型的岩石单元所构成的大型复式岩基。多期次的岩浆活动叠加导致了稀有金属成矿，共岩浆补余分异效应越强，成矿规模越大，岩体冷却速率越慢，成矿强度越大。这一创新性认识对于地勘单位找矿工作起到指导作用。

3. 初步总结了一套适应华南地区离子吸附型稀土矿资源的找矿技术方法

以赣东北为重点研究区，基于遥感解译工作，结合化探异常分析，综合成矿母岩地质构造地形地貌及化探信息，利用信息量分析方法，进行了成矿预测工作。所圈定的成矿远景区得到野外验证，证实了该方法的可行性。

4. 离子吸附型稀土矿储量动态估算方法（RiRee）及其拓展运用

基于离子吸附型稀土矿床的特点，借鉴土壤化探样品处理的克里格法，建立了离子吸附型稀土矿资源储量估算的三维模型及其相应评价方法，简称RiRee，该项技术也取得相关专利。

5. 稀土矿区环境调查SMAIMA方法体系评价模型及其应用

以赣南典型稀土矿区为重点调查研究对象，以岩（矿）石-风化壳-尾矿-水为系统，采用多学科、多方法协同，对离子吸附型稀土（简称iRee）资源开采涉及的水资源-环境效应进行了系统研究。提出了对采矿过程中的环境效应进行调查检测评估的工作方法体系，即：野外调查（S）-实验测试（M）-特征分析（A）-指标体系构建（I）-模型研究（M）-综合评价（A），简称SMAIMA工作法。

三、成果转化效果显著

1. 带动了华南三稀矿产调查评价工作

本项目的实施带动了湖南、浙江、广西等地稀有稀散和稀土矿产的调查评价工作。通过与湖南省核工业地质局311大队展开深入合作，将科研成果第一时间服务于生产，切实贯彻了“科研服务于生产，地调服务于社会”的百年地质调查精神。

2. 促进离子吸附型稀土矿合理开发利用

2017年以来，项目组为福建省工程压覆稀土矿评估及综合回收利用提供了技术支撑，先后指导了福建省屏南县、清流县等地工程涉及稀土资源调查评价及综合回收利用项目工作，有效地促进了工程压覆稀土资源的高效回收利用，为政府和相关企业创造了可观的经济效益。2018年，项目为五矿集团开发云南稀土资源提供技术支持，很好地实现了地质调查成果的转化。

3. 三稀矿产调查工作助力赣南地区发展

赣南地区有着得天独厚的资源优势，但囿于自然环境区位限制，经济还比较落后。本次工作对赣南地区稀有稀土矿产进行了系统调查，摸清了家底，并取得多项进展，调查成果对于推动区内三稀矿产勘查，促进当地经济社会发展具有重要意义。

华南是世界闻名的滨太平洋金属成矿带的重要组成部分，自新太古代以来，各个时期的沉积作用、岩浆作用和变质作用都很发育，与之有关的矿产类型众多、时空演化富有规律，尤以中-新生代滨西太平洋陆缘活动带强烈的构造-岩浆活动著称。其独特的地质构造背景、成矿地质环境、优势的成矿条件、丰富的矿产资源举世瞩目，也是我国稀土、稀有金属矿产集中产出的地区。与近年来三稀矿产取得重大突破的西昆仑、藏南地区相比，华南地区不存在偏远、高寒、生态脆弱等不利条件，发现的三稀矿产资源可以快速得到开发利用。同时，近年来华南地区战略性新兴产业逐渐形成规模，已培育形成一批世界级的企业和产业集群，参与国际竞争的能力显著增强。为此，我国亟待在华南地区寻找高品质的新兴战略资源，以解决制约我国新兴产业发展的资源瓶颈。本次研究发现了一系列新矿产地，扩大了稀土、锂、铍新增资源量，表明华南地区找矿前景良好，可以提供资源保障。因此，加强华南地区三稀矿产的调查研究工作，可以助推华南地区新兴产业工业发展的产能基地的形成，同时实现成矿理论、勘查技术和综合利用等方面的创新，全力支撑国家能源资源安全保障，优化能源结构。

参考文献

白鸽，吴澄宇，丁孝石，1989. 南岭地区离子型稀土矿床形成条件和分布规律．北京：地质矿产部矿床地质研究所．

柏道远，黄建中，孟德保，等，2006. 湘东南地区中、新生代山体隆升过程的热年代学研究．地球学报，27（6）：525-536.

柏道远，贾宝华，李金冬，等，2007. 区域构造体制对湘东南印支期与燕山早期花岗岩成矿能力的重要意义——以千里山岩体和王仙岭岩体为例．矿床地质，26（5），487-500.

包志伟，1992. 华南花岗岩风化壳稀土元素地球化学研究．地球化学，2：166-174.

毕华，王中刚，王元龙，等，1999. 西昆仑造山带构造-岩浆演化史．中国科学：地球科学，29（5）：398-406.

毕诗建，杨振，李巍，等，2015. 钦杭成矿带大瑶山地区晚白垩世斑岩型铜矿床：锆石 U-Pb 定年及 Hf 同位素制约．地球科学，40（9）：1458-1479.

蔡志川，2009. 幕阜山及其邻区的构造特征与成因分析．安徽：合肥工业大学．

曹文华，2015. 滇西腾-梁锡矿带中-新生代岩浆岩演化与成矿关系研究．北京：中国地质大学（北京）.

陈斌锋，邹新勇，彭琳琳，等，2019. 赣南地区变质岩离子吸附型稀土矿床地质特征及找矿方向．华东地质，40（2）：143-151.

陈春，宋林康，刘力文，1992. 姑婆山花岗岩主岩体的稀土元素赋存状态研究．矿物岩石，（1）：38-45.

陈德潜，陈刚，1990. 实用稀土地球化学．北京：北京冶金工业出版社．

陈德潜，赵光瓒，朱中行，1982. 是“斑岩型”是“花岗岩体”稀有金属矿床？．地质论评，28（5）：478-480.

陈吉琛，1989. 滇西花岗岩类形成的构造环境及岩石特征．云南地质，8（3-4）：205-212.

陈吉琛，施琳，1983. 云南 S 型和 I 型两类花岗岩划分对比的初步探讨．云南地质，2（1）：28-37.

陈培荣，华仁民，章邦桐，等，2002. 南岭燕山早期后造山花岗岩类：岩石学制约和地球动力学背景．中国科学（D 辑），32（4）：279-289.

陈奇，武强，徐佳成，2010. 专家系统在矿山环境治理中的应用研究．水文地质工程地质，37（5）：113-117.

陈天珠，1983. 我省山地雨量的代表性及其精度分析．水利科技，1：1-7.

陈薇，2019. 云南个旧花岗岩浆作用及其成矿意义．北京：中国地质大学（北京）．

陈文，张彦，金贵善，等，2006. 青藏高原东南缘晚新生代幕式抬升作用的 Ar-Ar 热年代学证据．岩石学报，22（4）：867-872.

陈秀娟，初禹，李继红，2012. 基于 RS 与 AHP 的鹤岗煤矿区矿山生态环境评价．森林工程，28（4）：26-30.

陈衍景，2010. 秦岭印支期构造背景、岩浆活动及成矿作用．中国地质，37（4）：854-865.

陈友章，刘树文，李秋根，2010. 南秦岭岚皋基性火山岩的地质学、地球化学及其构造意义．北京大学学报（自然科学版），46（4）：607-619.

陈毓川，王登红，2012. 华南地区中生代岩浆成矿作用的四大问题．大地构造与成矿学，36（3）：315-321.

陈毓川，裴荣富，张宏良，等，1989. 南岭地区与中生代花岗岩类有关的有色及稀有金属矿床地质 . 北京：地质出版社 .

陈毓川，裴荣富，张宏良，等，1990. 南岭地区与中生代花岗岩类有关的有色及稀有金属矿床地质 . 北京：地质出版社 .

陈毓川，王平安，秦克令，等，1994. 秦岭地区主要金属矿床成矿系列的划及区域成矿规律探讨 . 矿床地质，13（4）：289-297.

陈正宏，李寄嵎，谢佩姗，等，2008. 利用EMP独居石定年法探讨浙闽武夷山地区变质基底岩石与花岗岩的年龄 . 高校地质学报，14（1）：1-15.

陈志澄，陈达慧，俞受鋆，等，1994a. 试论有机质在华南花岗岩风化壳REE溶出、迁移和富集中的作用 . 地球化学，23（2）：168-177.

陈志澄，赵淑援，黄丽彬，等，1994b. 稀土矿山水系中Pb、Cd、Cu、Zn的化学形态及其迁移研究 . 中国环境科学，14（3）：220-225.

池汝安，田君，2006. 风化壳淋积型稀土矿化工冶金 . 北京：科学出版社 .

池汝安，田君，2007. 风化壳淋积型稀土矿评述 . 中国稀土学报，25（6）：641-650.

池汝安，王淀佐，1993. 量子化学计算黏土矿物的吸附性能和富集稀土的研究 . 中国稀土学报，11（3）：199-203.

池汝安，王淀佐，1996. 矿石中稀土赋存状态与分选富集工艺选择 . 稀有金属，20（4）：241-245.

池汝安，刘雪梅，2019. 风化壳淋积型稀土矿开发的现状及展望 . 中国稀土学报，37（2）：129-140.

池汝安，徐景明，何培炯，等，1995. 华南花岗岩风化壳中稀土元素地球化学及矿石性质研究 . 地球化学，24（3）：261-259.

池汝安，田君，罗仙平，等，2012. 风化壳淋积型稀土矿的基础研究 . 有色金属科学与工程，3（4）：1-13.

丛柏林，吴根耀，张旗，等，1993. 中国滇西古特提斯构造带岩石大地构造演化 . 中国科学（B辑），23（11）：1201-1207.

代晶晶，王登红，陈郑辉，等，2013. IKONOS遥感数据在离子吸附型稀土矿区环境污染调查中的应用研究——以赣南寻乌地区为例 . 地球学报，34（3）：354-360.

邓晋福，莫宣学，赵海玲，等，1999. 中国东部燕山期岩石圈-软流圈系统大灾变与成矿环境 . 矿床地质，（4）：20-26.

邓晋福，罗照华，苏尚国，等，2004. 岩石成因、构造环境与成矿作用 . 北京：地质出版社 .

邓茂春，王登红，曾载淋，等，2013. 风化壳离子吸附型稀土矿圈矿方法评价 . 岩矿测试，32（5）：803-809.

邓志成，1988. 赣南大田重稀土花岗岩的特征与成因 . 桂林冶金地质学院学报，(1)：41-50.

地矿部南岭项目花岗岩专题组，1989. 南岭花岗岩地质及其成因和成矿作用 . 北京：地质出版社 .

地质部701地质队，1965. 1：5万幕阜山花岗岩区稀有金属矿产普查报告 . 北京：地质部701地质队，1-176.

丁嘉榆，邓国庆，2013. 现行离子型稀土勘查规范存在的主要问题与修订建议 . 有色金属科学与工程，4（4）：97-102.

丁宇，1993. 南秦岭中段亚碱性-碱性岩板块构造环境及岩浆演化 . 桂林冶金地质学院学报，13（1）：34-44.

董超群，易均平，2005. 铍铜合金市场与应用前景展望 . 稀有金属，29（3）：350-356.

董传万，闫强，张登荣，等，2010. 浙闽沿海晚中生代伸展构造的岩石学标志：东极岛镁铁质岩墙群 . 岩石学报，26（4）：213-221.

董方浏，侯增谦，高永丰，2006. 滇西腾冲新生代花岗岩：成因类型与构造意义．岩石学报，22（4）：927-937.
董云鹏，周鼎武，张国伟，等，1998. 秦岭造山带南缘早古生代基性火山岩地球化学特征及其大地构造意义．地球化学，27（5）：432-441.
段政，2013. 浙闽相邻区晚中生代火山活动时序与成因研究．北京：中国地质科学院．
樊锡银，张爱平，郭邦海，2015. 庆元县荷地稀土矿地质特征浅析//纪念地质学家朱庭祜先生诞辰120周年——浙江省地质学会2015年学术年会论文集．
范蔚茗，王岳军，郭锋，等，2003. 湘赣地区中生代镁铁质岩浆作用与岩石圈伸展．地学前缘，10（3）：159-169.
方贵聪，陈郑辉，陈毓川，等，2017. 赣南大埠复式花岗岩体两期成岩年龄及其地质意义．矿床地质，36（6）：1415-1424.
冯文杰，卢玉喜，柏杨，2016. 云南发现大型离子吸附型稀土矿．找矿进展，11（41-42）：8-10.
付伟，彭召，曾祥伟，等，2018. 基于XRD-Rietveld全谱拟合技术定量分析花岗岩风化壳中矿物组成．光谱学与光谱分析，38（7）：2290-2295.
傅昭仁，李紫金，郑大瑜，1999. 湘赣边区NNE向走滑造山带构造发展样式．地学前缘，6（4）：263-273.
高翔，2017. 黏土矿物学．北京：化学工业出版社．
高一鸣，陈毓川，王成辉，等，2011. 亚贵拉—沙让—洞中拉矿集区中新生代岩浆岩Hf同位素特征与岩浆源区示踪．矿床地质，30（2）：279-291.
高瑜鸿，范晨子，许虹，等，2018. 高岭石和埃洛石-7（A）对稀土元素吸附特征的实验研究．岩石矿物学杂志，（1）：161-168.
高志强，周启星，2011. 稀土矿露天开采过程的污染及对资源和生态环境的影响．生态学杂志，30（12）：2915-2922.
龚俊峰，季建清，陈建军，等，2008. 东喜马拉雅构造结岩体冷却的$^{40}Ar/^{39}Ar$年代学研究．岩石学报，24（10）：2255-2272.
龚敏，袁承先，王水龙，等，2017. 赣南变质岩风化壳淋积型稀土矿床研究．矿物学报，（z1）：173.
顾雪祥，刘建明，Oskar S，等，2003. 江南造山带雪峰隆起区元古宙浊积岩沉积构造背景的地球化学制约．地球化学，32（5）：406-426.
郭芳芳，杨农，孟晖，等，2008. 地形起伏度和坡度分析在区域滑坡灾害评价中的应用．中国地质，35（1）：131-143.
郭锋，范蔚茗，林舸，等，1997. 湘南道县辉长岩包体的年代学研究及成因探讨．科学通报，42（15）：1661-1663.
郭令智，施央申，马瑞士，等，1986. 江南元古代板块运动和岛弧构造的形成和演化//国际前寒武纪地壳演化讨论会论文集（一）．北京：地质出版社．
郭娜欣．2015. 南岭银坑矿田两种类型矿床成因关系研究．北京：中国地质科学院．
郭现轻，王宗起，闫臻，2017. 北大巴山平利-镇坪地区碱性火山作用及锌-萤石成矿作用研究．地球学报，S1：21-24.
韩宝福，2008. 中俄阿尔泰山中生代花岗岩与稀有金属矿床的初步对比分析．岩石学报，24（4）：655-660.
韩芳林，2006. 西昆仑增生造山带演化及成矿背景．北京：中国地质大学（北京）．
何季麟，王向东，刘卫国，2005. 钽铌资源及中国钽铌工业的发展．稀有金属快报，（6）：1-5.
何显川，李杨，张民，2016. 云南上允花岗岩风化壳离子吸附型稀土矿床成矿条件浅析．世界有色金属，

3：117-122.
贺伯初，刘昌实.1992. 赣南三标地洼型复式花岗岩基成因及其环境演化特征. 大地构造与成矿学，16（3）：265-274.
贺伦燕，王似男，1989. 我国南方离子吸附型稀土矿. 稀土，（1）：39-48.
贺转利，许德如，陈广浩，等，2004. 湘东北燕山期陆内碰撞造山带金多金属成矿地球化学. 矿床地质，23（1）：39-51.
赫英，1985. 关于西华山花岗岩株成岩阶段划分问题的几点看法. 地质论评，31（2）：173-178.
侯江龙，王登红，王成辉，等，2017. 河北曲阳县中佐伟晶岩脉中电气石的类型和成岩成矿环境研究. 岩矿测试，36（5）：529-537.
侯可军，李延河，邹天人，等，2007. LA-MC-ICP-MS 锆石 Hf 同位素的分析方法及地质应用. 岩石学报，23（10）：2595-2604.
侯增谦，2010. 大陆碰撞成矿论. 地质学报，84（1）：30-57.
胡俊良，徐德明，张鲲，2014. 湖南七宝山矿床石英斑岩锆石 U-Pb 定年及 Hf 同位素地球化学. 华南地质与矿产，(3)：236-245.
胡鹏，吴越，张长青，等，2014. 扬子板块北缘马元铅锌矿床闪锌矿 LA-ICP-MS 微量元素特征与指示意义. 矿物学报，34（4）：461-468.
胡雄健，1993. 浙东南区域变质岩系划分综述. 浙江地质，9（2）：1-9.
湖北省地质调查院，2013. 1∶50 万通城县区幅区域地质调查报告. 武汉：湖北省地质调查院.
湖北省地质矿产局，1990. 湖北省区域地质志. 北京：地质出版社.
湖南省地质调查院，2002. 区域调查报告：岳阳市幅，1-278.
湖南省地质局区域地质测量队，1978. 1∶25 万地质图——平江幅. 长沙：湖南省地质局.
湖南省地质矿产局，1988. 湖南区域地质志. 北京：地质出版社.
华仁民，2005. 南岭中生代陆壳重熔型花岗岩类成岩-成矿的时间差及其地质意义. 地质评论，54（6）：633-639.
华仁民，陈培荣，张文兰，等，2005a. 论华南地区中生代 3 次大规模成矿作用. 矿床地质，24（2）：99-107.
华仁民，陈培荣，张文兰，等，2005b. 南岭与中生代花岗岩类有关的成矿作用与其大地构造背景. 高校地质学报，11（9）：291-304.
华仁民，张文兰，姚军明，等，2006. 华南两种类型花岗岩成岩-成矿作用的差异. 矿床地质，25：127-130.
华仁民，张文兰，顾晟彦，等，2007. 南岭稀土花岗岩、钨锡花岗岩及其成矿作用的对比. 岩石学报，23（10）：2321-2328.
黄典豪，吴澄宇，韩久竹，1988. 江西足洞和关西花岗岩的稀土元素地球化学及矿化特征. 地质学报，（4）：311-328.
黄典豪，吴澄宇，韩久竹，1993. 江西足洞和关西花岗岩的岩石学、稀土元素地球化学及成岩机制. 中国地质科学院报，27：69-94.
黄福喜，2011. 中上扬子克拉通盆地沉积层序充填过程与演化模式. 成都：成都理工大学.
黄福喜，陈洪德，侯明才，等，2011. 中上扬子克拉通加里东期（寒武・志留纪）沉积层序充填过程与演化模式. 岩石学报，27（8）：2299-2317.
黄文龙，徐继峰，陈建林，等，2016. 云南个旧杂岩体年代学与地球化学：岩石成因和幔源岩浆对锡成矿贡献. 岩石学报，32（8）：2330-2346.
黄小龙，王汝成，陈小明，等，2001. 江西雅山富氟高磷花岗岩中的磷酸盐矿物及其成因意义. 地质论评，47（5）：543-550.
黄新鹏，2016. 福建平和福里石铍（钼）矿地质特征及成因初探．桂林理工大学学报，36（1）：99-106.
黄月华，任有祥，夏林圻，等，1992. 北大巴山早古生代双模式火成岩套：以高滩辉绿岩和蒿坪粗面岩为例．岩石学报，31（3）：243-256.
霍明远，1992. 中国南岭风化壳型稀土资源分布特征．自然资源学报，7（1）：64-70.
贾润幸，赫英，郭键，等，2004. 陕西镇坪洪阳地区碱性次火山岩中稀有稀土元素地球化学特征．地质与勘探，40（5）：56-60.
江善元，郭腾飞，范张华，2014. 闽中裂谷带稀有金属矿床主要类型特征及找矿前景展望．矿床地质，33（增刊）：1169-1170.
江西省地质矿产局，1982. 江西省区域地质志．北京：地质出版社．
姜春发，王宗起，李锦轶，等，2000. 中央造山带开合构造．北京：地质出版社．
姜耀辉，王国昌，2016. 中国东南部晚中生代花岗岩成因与深部动力学机制——古太平洋板块反复俯冲-后退模式．矿物岩石地球化学通报，35（6）：1073-1081.
靳新娣，李文君，吴华英，等，2010. Re-Os 同位素定年方法进展及 LA-ICP-MS 精确定年测试关键技术．岩石学报，26（5）：1617-1624.
孔繁宗，李占鳌，霍向光，1986. 北大巴山火山岩地质新见．中国区域地质，（2）：171-173.
孔会磊，2011. 三江地区南澜沧江带临沧花岗岩的地球化学、年代学与成因．北京：中国地质大学（北京）.
孔会磊，董国臣，莫宣学，等，2012. 滇西三江地区临沧花岗岩的岩石成因：地球化学、锆石 U-Pb 年代学及 Hf 同位素约束．岩石学报，28（5）：1438-1452.
李春昱，刘仰文，朱宝清，等，1978. 秦岭及祁连山构造发展史//国际交流地质学术论文集（1）：区域构造、地质力学．北京：地质出版社．
李春昱，王荃，刘雪亚，等，1982. 亚洲大地构造图及说明书．北京：地图出版社．
李东，周可法，孙卫东，等，2015. BP 神经网络和 SVM 在矿山环境评价中的应用分析．干旱区地理，38（1）：128-134.
李慧，徐志高，余军霞，等，2012. 风化壳淋积型稀土矿矿石性质及稀土在各粒级上的分布．稀土，33（2）：14-18.
李建华，2013. 华南中生代大地构造过程——源于北部大巴山和中部沅麻盆地、衡山的构造变形及年代学约束．北京：中国地质科学院．
李建华，张岳桥，徐先兵，等，2012. 北大巴山凤凰山岩体锆石 U-Pb LA-ICP-MS 年龄及其构造意义．地质论评，58（3）：581-593.
李建康，2006. 川西典型伟晶岩型矿床的形成机理及其大陆动力学背景．北京：中国地质大学（北京）.
李建康，王登红，付小方，2006. 川西可尔因伟晶岩型稀有金属矿床的 $^{40}Ar/^{39}Ar$ 年代及其构造意义．地质学报，80（6）：843-848.
李建康，王登红，张德会，等，2007. 川西伟晶岩型矿床的形成机制及大陆动力学背景．北京：原子能出版社．
李建康，张德会，王登红，等，2008. 富氟花岗岩浆液态不混溶作用及其成岩成矿效应．地质论评，54（2）：175-183.
李建康，陈振宇，陈郑辉，等，2012. 江西赣县韩坊岩体的成岩时代及成矿条件分析．岩矿测试，31（4）：717-723.
李建康，刘喜方，王登红，2014. 中国锂矿成矿规律概要．地质学报，88（12）：2269-2283.
李建康，邹天人，王登红，等，2017. 中国铍矿成矿规律．矿床地质，36（4）：951-978.

李建威，李先福，李紫金，等，1999. 走滑变形过程中的流体包裹体研究——以湘东地区为例. 大地构造与成矿，23（3）：240-247.

李建忠，陆生林，吴文贤，等，2017. 云南省腾冲市小龙河锡稀土多金属矿田新知及其稀土矿的发现. 中国地质调查，4（2）：9-21.

李明晓，王刚，2017. 云南某稀土矿石工艺矿物学研究. 金属矿山，11：108-121.

李鹏，李建康，裴荣富，等，2017. 幕阜山复式花岗岩体多期次演化与白垩纪稀有金属成矿高峰年代学依据. 地球科学，42（10）：1684-1696.

李鹏春，2006. 湘东北地区显生宙花岗岩岩浆作用及其演化规律. 广州：中国科学院广州地球化学研究所.

李鹏春，许德如，陈广浩，等，2005. 湘东北金井地区花岗岩成因及地球动力学暗示：岩石学、地球化学和 Sr-Nd 同位素制约. 岩石学报，21（3）：921-934.

李社宏，潘新奎，缪秉魁，等，2011. 离子吸附型稀土矿床成矿规律及找矿潜力——以广西姑婆山和广东新丰地区为例. 矿物学报，（S1）：253-255.

李石，1988. 对利用岩石化学成分恢复变质岩原岩问题的商榷. 矿物岩石，8（1）：116-118.

李石，1990. 湖北省海西—印支期岩浆岩的发现及其地质意义. 湖北地质，3（1）：57-63.

李石，1991. 南秦岭武当–桐柏地区碱性岩研究. 中国区域地质，（1）：40-53.

李顺庭，祝新友，王京彬，2011. 我国稀有金属矿床研究现状初探. 矿物学报，（S1）：256-257.

李天煌，熊治廷，2003. 南方离子型稀土矿开发中的资源环境问题与对策. 国土与自然资源研究，6（3）：42-45.

李万伦，2011. 斑岩铜矿浅部富矿岩浆房研究进展. 矿床地质，30（1）：149-155.

李文，1995. 广东饶平县某花岗岩风化壳离子吸附型稀土矿床的地质地球化学特征. 中山大学研究生学刊（自然科学·医学版），16（3）：37-46.

李武显，周新民，2000. 浙闽沿海晚中生代火成岩成因的地球化学制约. 自然科学进展，10（7）：630-641.

李先福，李建威，傅昭仁，1999. 湘赣边鹿井矿田与走滑断层有关的铀矿化作用. 地球科学. 中国地质大学学报，24（5）：476-479.

李先福，晏同珍，傅昭仁，2000. 湘东–赣西 NNE 向走滑断裂与地震、地热的关系. 地质力学学报，6（4）：73-78.

李献华，1999. 华南白垩纪岩浆活动与岩石圈伸展——地质年代学与地球化学限制//中国科学院地球化学研究所. 资源环境与可持续发展. 北京：科学出版社：264-275.

李献华，胡瑞忠，饶冰，1997. 粤北白垩纪基性岩脉的年代学和地球化学. 地球化学，26（2）：14-31.

李献华，周汉文，刘颖，等，1999. 桂东南钾玄质侵入岩带及其岩石学和地球化学特征. 科学通报，44（18）：1992-1998.

李献华，梁细荣，韦刚健，等，2003. 锆石 Hf 同位素组成的 LAM-MC-ICPMS 精确测定. 地球化学，32（1）：86-90.

李献华，李武显，李正祥，2007. 再论南岭燕山早期花岗岩的成因类型与构造意义. 科学通报，52：981-991.

李献华，李武显，王选策，等，2009. 幔源岩浆在南岭燕山早期花岗岩形成中的作用：锆石原位 Hf-O 同位素制约. 中国科学（D 辑），39（7）：872-887.

李晓婷，付伟，李学彪，等，2017. 母岩岩性对花岗岩化学风化作用及风化壳中稀土元素表生富集效应的影响. 矿物学报，（z1）：198-199.

李兴林，1996. 临沧复式花岗岩基的基本特征及形成构造环境的研究. 云南地质，（1）：1-18.

李亚楠，邢光福，邢新龙，等，2015. 闽北地区中侏罗世火山岩的发现及其地质意义．地质通报，34（12）：2227-2235.
李洋，李徐生，韩志勇，等，2016. 黄土不同粒级稀土元素分布特征及其制约因素．土壤学报，53（4）：972-984.
李晔，2015. 华南东南部早白垩世演化及其地质意义．武汉：中国地质大学（武汉）.
李永绣，2014. 离子吸附型稀土资源与绿色提取．北京：化学工业出版社.
李余华，张子军，龙庆兵，等，2019. 云南建水普雄铌稀土矿床微量和稀土元素地球化学特征．矿物学报，39（4）：474-483.
李育敬，1989. 陕西岚皋下志留统滔河口组的建立及其陡山沟组、白崖娅组关系的探讨．陕西地质，7（2）：7-14.
李自静，刘琰，2018. 川西冕宁—德昌 REE 矿带风化型矿床的矿石类型及成因．地球科学，43（4）：1307-1320.
梁国兴，池汝安，朱国才，1997. 风化型稀土矿的矿石性质研究．稀土，18（5）：5-9.
梁永忠，苏妤芸，苏秀珠，等，2018. 昆阳磷矿中稀土元素赋存状态研究．岩石矿物学杂志，37（6）：959-966.
林广春，2003. 江西九岭岩体的岩石学特征、成因及其地球动力学意义．武汉：中国地质大学（武汉）.
林友焕，1987. 福建同安二长花岗岩风化壳中的黏土矿物．矿物学报，7（1）：78-83.
刘昌实，朱金初，徐夕生，等 . 1989. 滇西临沧复式岩基特征研究．云南地质，8（3）：189-204.
刘芳，2013. 龙南离子吸附型稀土矿生态环境及综合整治对策．金属矿山，5：135-138.
刘锋，杨富全，毛景文，等 . 2009. 阿尔泰造山带阿巴宫花岗岩体年代学及地球化学研究．岩石学报，25（6）：1416-1425.
刘姤群，金维群，高艳君，等 . 1999. 湘东北燕山期花岗岩．华南地质与矿产，（4）：1-9.
刘函，王国灿，曹凯，等 . 2010. 西昆仑及邻区区域构造演化的碎屑锆石裂变径迹年龄记录．地学前缘，17（3）：64-78.
刘宏程，林昕，和丽忠，等，2014. 基于稀土元素含量的普洱茶产地识别研究．茶叶科学，34（5）：451-457.
刘惠三，1986. 浙江中生代陆相火山岩型铀矿化特征及其分布规律．浙江国土资源，2（1）：7-31.
刘家远，2002. 西华山钨矿的花岗岩组成及与成矿的关系．华南地质与矿产，（3）：97-101.
刘家远，2003. 复式岩体和杂岩体-花岗岩类岩体组合的两种基本形式及其意义．地质找矿论丛，18（3）：143-148.
刘静，张展适，吴奕，等，2015. 赣南大埠岩体年龄测定及其地质意义．世界核地质科学，32（2）：101-106.
刘明光，2009. 中国自然地理图集 . 3 版．北京：中国地图出版社.
刘万亮，刘成新，杨成，等，2015. 南秦岭竹溪天宝一带铌矿地质特征及找矿前景分析．资源环境与工程，29（6）：779-784.
刘细元，2000. 1∶5 万大埠幅区域地质调查报告．南昌：江西省地质调查研究院.
刘湘陶，李榕，陈景云，等，2000. 镧、铈、钇、铽离子对人红细胞膜自由基氧化的影响．中国稀土学报，18（1）：88-90.
刘新星，陈毓川，王登红，等，2016. 基于 DEM 的南岭东段离子吸附型稀土矿成矿地貌条件分析．地球学报，37（2）：174-184.
刘亚光，1997. 江西省岩石地层．武汉：中国地质大学出版社.
刘英俊，曹励明，李兆麟，等 . 1984. 元素地球化学．北京：科学出版社.

刘占庆，刘善宝，裴荣富，等，2016. 赣东北珍珠山花岗岩脉地球化学、锆石 U-Pb 定年及 Hf 同位素组成研究 . 大地构造与矿学，40（4）：808-825.

柳传毅，刘金辉，钟连祥，等，2017. 离子型稀土矿土壤粒度分布特征研究——以赣县姜窝子稀土矿山为例 . 有色金属科学与工程，8（4）：125-130.

娄峰，伍静，陈国辉，2014. 广西栗木泡水岭印支期岩体 LA-ICP-MS 锆石 U-Pb 年龄及其地质意义 . 地质通报，33（7）：960-965.

卢成忠，颜铁增，董传万，等，2006. 浙江沐尘岩体与西山头组火山岩的岩浆同源性分析 . 中国地质，33（1）：146-152.

鲁越青，金玫，郭孟萍，2000. 微量稀土元素的药效及保健作用 . 广东微量元素科学，7（4）：18-21.

陆蕾，王登红，王成辉，等，2019. 云南临沧花岗岩中离子吸附型稀土矿床的成矿规律 . 地质学报，93（6）：1466-1478.

陆蕾，王登红，王成辉，等，2020. 云南离子吸附型稀土矿成矿规律 . 地质学报，94（1）：179-191.

陆秋燕，傅武胜，张文婷，2017. 福建省不同种类茶叶中稀土氧化物浸出率研究 . 海峡预防医学杂志，23（6）：6-14.

陆一敢，方科，卢见昆，等，2015. 广西龙江矿区离子吸附型稀土矿成矿规律对比 . 桂林理工大学学报，35（4）：660-666.

路凤香，桑隆康，2002. 岩石学 . 北京：地质出版社 .

栾世伟，毛玉元，范良明，1995. 可可托海地区稀有金属成矿与找矿 . 成都：成都科技大学出版社 .

罗照华，1988. 中国东部岩石圈上地幔的组成特征及其地质意义 . 现代地质，2（4）：466-473.

罗照华，卢欣祥，陈必河，等，2008. 碰撞造山带斑岩型矿床的深部约束机制 . 岩石学报，24（3）：447-456.

骆耀南，俞如龙，2001. 西南三江地区造山演化过程及成矿时空分布 . 矿物岩石，21（3）：153-159.

雒昆利，端木和顺，2001. 北大巴山区早古生代基性火成岩的形成时代 . 中国区域地质，20（3）：262-266.

吕志成，段国正，董广华，2003. 大兴安岭中南段燕山期三类不同成矿花岗岩中黑云母的化学成分特征及其成岩成矿意义 . 矿物学报，23（2）：177-184.

马昌前，李艳青，2017. 花岗岩体的累积生长与高结晶度岩浆的分异 . 岩石学报，33（5）：1479-1488.

马昌前，佘振兵，许聘，等，2004. 桐柏 - 大别山南缘的志留纪 A 型花岗岩类：SHRIMP 锆石年代学和地球化学证据 . 中国科学（D 辑），34（12）：1100-1110.

马伟，徐素宁，王润生，等，2015. 基于证据权法的赣南稀土矿山地质环境评价 . 地球学报，36（1）：103-110.

马文璞，1999. 造山带研究笔谈会 . 地学前缘，6（3）：10-12.

马英军，刘丛强，1999. 化学风化作用中的微量元素地球化学——以江西龙南黑云母花岗岩风化壳为例 . 科学通报，44（22）：2433-2437.

毛景文，李红艳，王登红，等 . 1998. 华南地区中生代多金属矿床形成与地幔柱关系 . 矿物岩石地球化学通报，17（2）：63-65.

毛景文，李晓峰，Bernd L，等 . 2004. 湖南芙蓉锡矿床锡矿石和有关花岗岩的$^{40}Ar/^{39}Ar$年龄及其地球动力学意义 . 矿床地质，23（2）：164-175.

毛景文，谢桂青，李晓峰，等，2005. 大陆动力学演化与成矿研究：历史与现状-兼论华南地区在地质历史演化期间大陆增生与成矿作用 . 矿床地质，24（3）：193-205.

毛景文，谢桂青，郭春丽，等，2008. 华南地区中生代主要金属矿床时空分布规律和成矿环境 . 高校地质学报，14（4）：510-526.

毛景文，张作衡，王义天，等 . 2012. 国外主要矿床类型、特点及找矿勘查 . 北京：地质出版社 .
孟立丰，2012. 华南中生代构造演化特征——来自沉积盆地的研究证据 . 杭州：浙江大学 .
莫宣学，2006. 地球系统科学中的岩浆岩岩石学研究进展//中国地质大学（北京）研究生院 . 地球科学进展 . 北京：地质出版社 .
莫宣学，2011. 岩浆与岩浆岩：地球深部“探针”与演化记录 . 自然杂志，33（5）：255-260.
莫宣学，路凤香，沈上越，等，1993. 三江特提斯火山作用与成矿 . 北京：地质出版社 .
莫宣学，董国臣，赵志丹，2005. 西藏冈底斯带花岗岩的时空分布特征及地壳生长演化信息 . 高校地质学报，11（3）：281-290.
莫柱孙，叶伯丹，潘维祖，等，1980. 南岭花岗岩地质学 . 北京：地质出版社 .
潘桂棠，王立全，李荣社，2012. 多岛弧盆系构造模式：认识大陆地质的关键 . 沉积与特提斯地质，32（3）：1-20.
庞欣，邢晓燕，王东红，等，2001. 农用稀土在土壤中形态变化的研究 . 农业环境保护，20（5）：319-321.
庞欣，王东红，彭安，2002. 稀土元素在土壤中迁移、转化的模型建立及验证 . 环境化学，21（4）：329-335.
裴荣富，1995. 共（源）岩浆补余分异作用与成矿 . 矿床地质，（4）：376-379.
彭高辉，陈守余，2004. 模糊 ISODATA 聚类在矿山环境评价中的应用 . 安全与环境工程，11（1）：7-8.
彭和求，贾宝华，唐晓珊，2004. 湘东北望湘岩体的热年代学与幕阜山隆升 . 地质科技情报，23（1）：11-15.
彭头平，2006. 澜沧江南带三叠纪碰撞后岩浆作用、岩石成因及其构造意义 . 广州：中国科学院广州地球化学研究所 .
彭头平，王岳军，范蔚茗，等，2006. 澜沧江南段早中生代酸性火成岩 SHRIMP 锆石 U-Pb 定年及构造意义 . 中国科学（D 辑），36（2）：123-132.
彭智敏，张集，关俊雷，等，2018. 滇西“三江”地区临沧花岗岩基早–中奥陶世花岗质片麻岩的发现及其意义 . 地球科学，43（8）：2571-2585.
祁昌石，2006. Lu-Hf 同位素地球化学方法及其在华南古元古代变质岩和中生代花岗岩研究中的应用 . 广州：中国科学院广州地球化学研究所 .
乔耿彪，张汉德，伍跃中，等，2015. 西昆仑大红柳滩岩体地质和地球化学特征及对岩石成因的制约 . 地质学报，89（7）：1180-1194.
秦俊法，陈祥友，李增禧，2002a. 稀土的生物学效应 . 广东微量元素科学，9（3）：1-16.
秦俊法，陈祥友，李增禧，2002b. 稀土的毒理学效应 . 广东微量元素科学，9（5）：1-10.
秦俊法，陈祥友，李增禧，2002c. 稀土的人体健康效应 . 广东微量元素科学，9（6）：1-17.
秦克章，申茂德，唐冬梅，等，2013. 阿尔泰造山带伟晶岩型稀有金属矿化类型与成岩成矿时代 . 新疆地质，31（f12）：1-7.
邱家骧，张珠福，1994. 北秦岭早古生代海相火山岩 . 河南地质，12（4）：263-274.
丘文，2017. 龙岩市万安稀土矿区变质岩风化壳离子吸附型稀土矿的发现及其找矿意义 . 世界有色金属，（4）：242-244.
邱华宁，彭良，1997. ^{40}Ar-^{39}Ar 年代学与流体包裹体定年 . 合肥：中国科学技术大学出版社 .
瞿泓滢，丰成友，裴荣富，等，2015. 青海祁漫塔格虎头崖多金属矿区岩体热年代学研究 . 地质学报，89（3）：498-509.
桑海清，王松山，1992. 迁安蟒山岩体黑云母的 ^{40}Ar-^{39}Ar 年龄谱及封闭温度 . 岩石学报，（4）：332-340.
邵文军，刘晶晶，王瑞敏，等，2007. 江西赣南地区脐橙稀土元素的测试 . 测试与分析，10（11）：

41-43.
沈渭洲，王银喜，1994. 西华山花岗岩的Nd-Sr同位素研究．科学通报，39（2）：154-156.
施小斌，丘学林，刘海龄，等，2006. 滇西临沧花岗岩基冷却的热年代学分析．岩石学报，22（2）：465-479.
石红才，施小斌，杨小秋，等．2013. 江南隆起带幕阜山岩体新生代剥蚀冷却的低温热年代学证据．地球物理学报，56（6）：1945-1957.
石磊，周喜文，郑常青，等，2019. 浙西南遂昌-大柘地区八都岩群印支期变质变形序列．吉林大学学报（地球科学版），49（6）：1658-1671.
舒良树，2012. 华南构造演化的基本特征．地质通报，31（7）：1035-1053.
舒良树，周新民，2002. 中国东南部晚中生代构造作用．地质论评，（3）：249-260.
舒良树，郭令智，施央申，等，1994. 九岭山南缘断裂带运动学研究．地质科学，29（3）：209-219.
舒良树，周新民，邓平，等，2006. 南岭构造带的基本地质特征．地质评论，5（2）：251-265.
舒徐洁，2014. 华南南岭地区中生代花岗岩成因与地壳演化．南京：南京大学．
束正祥，张德贤，鲁安怀，等，2015. 湘东北幕阜山岩体地质地球化学特征及其找矿指示意义．矿物学报，（S1）：240.
水涛，1981. 浙江中生代火山构造．地质科学，2：113-121.
宋云华，沈丽璞，1982. 江西某酸性火山岩风化壳中黏土矿物及其形成条件的讨论．矿物学报，（3）：207-213.
宿渊源，张景发，何仲太，等，2015. 资源卫星三号DEM数据在活动构造定量研究中的应用评价．国土资源遥感，27（4）：122-130.
孙涛，2006. 新编华南花岗岩分布图及其说明．地质通报，25（3）：332-335.
孙艳，李建康，陈振宇，等，2012. 江西新丰桐木稀土矿区龙舌岩体的成矿时代及成矿条件分析．大地构造与成矿学，36（3）：422-426.
谭运金，1981. 南岭地区铌钽矿化花岗岩的云母类矿物成分特征．科学通报，18：1121-1124.
谭运金，1983. 关于“岩体型钨矿”的意见．地质论评，29（6）：562-564.
汤国安，杨勤科，张勇，等，2001. 不同比例尺DEM提取地面坡度的精度研究——以在黄土丘陵沟壑区的试验为例．水土保持通报，21（1）：53-56.
汤国安，李发源，刘学军，2010. 数字高程模型教程．北京：科学出版社．
汤询忠，李茂楠，杨殿，1999. 我国离子型稀土矿开发的科技进步．矿冶工程，19（2）：14.
汤询忠，李茂楠，杨殿，2000. 离子型稀土矿原地浸析采场滑坡及其对策．金属矿山，3（7）：5-8.
滕人林，李育敬，1990. 陕西北大巴山加里东期岩浆岩的岩石化学特征及其生成环境的探讨．陕西地质，8（1）：37-52.
田君，尹敬群，欧阳克氙，等，2006. 风化壳淋积型稀土矿提取工艺绿色化学内涵与发展．稀土，27（1）：70-73.
田明中，程捷，2009. 第四纪地质学与地貌学．北京：地质出版社．
万浩章，刘战庆，刘善宝，等，2015. 赣东北朱溪铜钨矿区花岗闪长斑岩LA-ICP-MS锆石U-Pb定年及地质意义．岩矿测试，34（4）：494-502.
万俊，刘成新，杨成，等，2016. 南秦岭竹山地区粗面质火山岩地球化学特征、LA-ICP-MS锆石U-Pb年龄及其大地构造意义．地质通报，35（7）：1134-1143.
万鹰昕，刘丛强，2004. 高岭土吸附稀土元素的实验研究．中国稀土学报，22（4），507-511.
王安建，曹殿华，管烨，等，2009. 西南三江成矿带中南段金属矿床成矿规律与若干问题探讨．地质学报，83（10）：1365-1375.

王炳强，沈智慧，白喜庆，2007. 层次分析法（AHP）在矿山环境地质评价中的应用. 中国煤田地质，10（19）：57-59.
王常红，汪东风，杨进华，等，2000. 稀土对茶树生殖生长的影响. 茶叶科学，20（1）：55-58.
王成辉，杨岳清，王登红，等，2018. 江西九岭地区三稀调查发现磷锂铝石等锂铍锡钽矿物. 岩矿测试，37（1）：108-110.
王成良，樊锡银，张玉洁，等，2017. 浙江省风化壳离子吸附型稀土资源远景浅析及政策建议. 浙江国土资源，（5）：41-46.
王存智，杨坤光，徐扬，等，2009. 北大巴基性岩墙群地球化学特征、LA-ICP-MS锆石U-Pb定年及其大地构造意义. 地质科技情报，28（3）：19-26.
王道德，朱书俊，1963. 二云母花岗岩中的锂辉石及其成因的初步探讨. 地质科学，（3）：157-162.
王德孚，1958. 研究稀有元素新矿物的意义. 地质科学，1（3）：2-5.
王登红，陈毓川，徐志刚，等，2002. 阿尔泰成矿省的成矿系列及成矿规律研究. 北京：原子能出版社.
王登红，陈毓川，徐志刚，2003. 新疆阿尔泰印支期伟晶岩的成矿年代学研究. 矿物岩石地球化学通报，22（1）：14-17.
王登红，邹天人，徐志刚，等，2004. 伟晶岩矿床示踪造山过程的研究进展. 地球科学进展，19（4）：614-620.
王登红，陈毓川，徐珏，等，2005. 中国新生代成矿作用. 北京：地质出版社.
王登红，陈毓川，陈郑辉，等，2007. 南岭地区矿产资源形势分析和找矿方向研究. 地质学报，81（7）：882-890.
王登红，王瑞江，李建康，等，2012. 我国三稀矿产资源的基本特征与研究现状. 矿产地质，31：41-42.
王登红，陈毓川，王瑞江，等，2013a. 对南岭与找矿有关问题的探讨. 矿床地质，32（4）：854-863.
王登红，陈毓川，徐志刚，等，2013b. 矿产预测类型及其在矿产资源潜力评价中的运用. 吉林大学学报（地球科学版），43（4）：1092-1099.
王登红，王瑞江，李建康，等，2013c. 中国三稀矿产资源战略调查研究进展综述. 中国地质，40（2）：361-370.
王登红，赵芝，于扬，等，2013d. 离子吸附型稀土资源研究进展、存在问题及今后研究方向. 岩矿测试，32（5）：796-802.
王登红，陈振宇，黄凡，等，2014a. 南岭岩浆岩成矿专属性及相关问题探讨. 大地构造与成矿学，38（2）：230-238.
王登红，徐志刚，盛继福，等，2014b. 全国重要矿产和区域成矿规律研究进展综述. 地质学报，88（12）：2176-2191.
王登红，王瑞江，孙艳，等，2016. 我国三稀（稀有稀土稀散）矿产资源调查研究成果综述. 地球学报，37（5）：569-580.
王登红，赵芝，于扬，等，2017. 我国离子吸附型稀土矿产科学研究和调查评价新进展. 地球学报，38（3）：317-325.
王笃昭，1984. 南岭地区与花岗岩有关的稀土、稀有元素成矿作用演化与成矿模式. 矿床地质，3（1）：58-66.
王舫，刘福来，刘平华，等，2014. 澜沧江南段临沧花岗岩的锆石U-Pb年龄及构造意义. 岩石学报，30（10）：3034-3050.
王刚，2014. 北大巴山紫阳－岚皋地区古生代火山岩浆事件与中生代成矿作用. 北京：中国地质大学（北京）.
王国珍，2006. 我国稀土采选冶炼环境污染及对减少污染的建议. 四川稀土，3：2-7.

王宏坤，杜海斌，漆颖超，等，2019. 滇西离子吸附型稀土矿床特征研究．世界有色金属，(1)：226-228.

王加恩，刘远栋，汪建国，等，2016. 浙江丽水地区磨石山群火山岩时代归属．华东地质，37（3）：157-165.

王京彬，1990. 湖南道县正冲稀有金属云英斑岩的特征和成因．地质论评，36（6）：534-539.

王丽丽，2015. 华南赣州地区早古生代晚期—中生代花岗岩类地球化学与岩石成因．北京：中国地质大学（北京）.

王联魁，黄智龙，2000. Li-F 花岗岩液态分离与实验．北京：科学出版社．

王联魁，王慧芬，黄智龙，2000. Li-F 花岗岩液态分离的微量元素地球化学标志．岩石学报，16（2）：145-152.

王平安，陈毓川，裴荣富，等，1998. 秦岭造山带区域矿床成矿系列、构造–成矿旋回与演化．北京：地质出版社．

王瑞江，王登红，2015. 稀有稀土稀散矿产资源及其开发利用．北京：地质出版社．

王瑞江，王登红，李建康，2015. 稀有稀土稀散矿产资源及其开发利用．北京：地质出版社．

王瑞苹，2012. 江西赣南离子吸附型稀土矿原地浸矿可能引发的环境问题．污染及防治，33：150-151.

王先广，刘战庆，刘善宝，等，2015. 江西朱溪铜钨矿细粒花岗岩 LA-ICP-MS 锆石 U-Pb 定年和岩石地球化学研究．岩矿测试，34（5）：592-599.

王晓霞，卢欣祥，1998. 秦岭沙河湾环斑花岗岩中黑云母的研究及其意义．岩石矿物学杂志，17（4）：352-358.

王孝磊，于津海，舒徐洁，等，2013. 赣中周潭群副变质岩碎屑锆石 U-Pb 年代学．岩石学报，29（3）：801-811.

王兴阵，2006. 个旧岩浆杂岩地质地球化学及成因研究．贵阳：中国科学院地球化学研究所．

王秀云，王晓敏，2005. 太原市晋祠泉域岩溶水水质现状及对策．地下水，27（3）：179-180.

王雪萍，龚自明，2019. 不同品种茶鲜叶稀土含量研究．食品研究与开发，40（9）：159-164.

王艳丽，2014. 湘东南地区燕山早期花岗岩浆–热液演化及钨矿成矿作用研究．北京：中国地质大学（北京）.

王永磊，王登红，张长青，等，2011. 广西钦甲花岗岩体单颗粒锆石 LA-ICP-MS U-Pb 定年及其地质意义．地质学报，85（4）：475-481.

王岳军，廖超林，范蔚茗，等，2004. 赣中地区早中生代 OIB 碱性玄武岩的厘定及构造意义．地球化学，33（2）：109-117.

王岳军，范蔚茗，梁新权，等，2005. 湖南印支期花岗岩 SHRIMP 锆石 U-Pb 年龄及其成因启示．科学通报，50（12）：1259-1266.

王云斌，2007. 陕西省岚皋—平利一带古生代碱性火山岩的特征及地质意义．西安：长安大学．

王臻，赵芝，邹新勇，等，2018. 赣南浅变质岩岩石地球化学特征及稀土成矿潜力研究．岩矿测试，37（1）：96-107.

王臻，陈振宇，赵芝，等，2019. 赣南新元古代变质岩稀土矿物及其地球化学特征．矿床地质，38（4）：837-850.

王宗起，闫全人，闫臻，等，2009. 秦岭造山带主要大地构造单元的新划分．地质学报，83（11）：1527-1546.

魏斌，张自立，卢杰，2011. 黏土矿物对低浓度镧、钕的吸附性研究．中国稀土学报，29（5）：637-642.

魏东，陈西民，吴邦朝，2009. 陕西平利大磨沟锌、萤石矿床地质特征及找矿前景分析．西北地质，42（3）：77-85.

魏菊英，王关玉，1988. 同位素地球化学 . 北京：地质出版社 .
魏瑞华，高永丰，侯增谦，2008. 冈底斯新近纪钾质火山作用：消减沉积物折返的地球化学与 Sr-Nd-Pb 同位素证据 . 岩石学报，24（2）：359-367.
魏正贵，张惠娟，李辉信，等，2006. 稀土元素超积累植物研究进展 . 中国稀土学报，24（1）：3-11.
温小军，张大超，2012. 资源开发对稀土矿区耕作层土壤环境及有效态稀土的影响 . 中国矿业，21（2）：44-47.
文春华，陈剑锋，罗小亚，等，2016. 湘东北传梓源稀有金属花岗伟晶岩地球化学特征 . 矿物岩石地球化学通报，35（1）：171-177.
巫嘉德，2014. 滇西特提斯造山带腾冲地体邦棍尖山和坡仑山花岗岩成因 . 合肥：中国科学技术大学 .
吴昌雄，方鑫，鄢华，2015. 武当地区与碱性岩有关的铌、稀土矿特征及找矿方向 . 资源环境与工程，29（3）：270-298.
吴澄宇，1988. 赣南粤北地区风化壳离子吸附型稀土矿床研究 . 北京：中国地质科学院 .
吴澄宇，1989. 风化壳稀土成矿作用——一种不平衡过程 . 矿床地质，8（4）：85-90.
吴澄宇，黄典豪，郭中勋，1989. 江西龙南地区花岗岩风化壳中稀土元素的地球化学研究 . 地质学报，（4）：349-362.
吴澄宇，黄典豪，白鸽，等，1990. 南岭花岗岩类起源与稀土元素的分馏 . 岩石矿物学杂志，9（2）：106-117.
吴澄宇，白鸽，黄典豪，等，1992. 南岭富重稀土花岗岩类的特征和意义 . 地球学报，（25）43-58.
吴澄宇，卢海龙，徐磊明，等，1993. 南岭热带—亚热带风化壳中稀土元素赋存形式的初步研究 . 矿床地质，12（4）：297-306.
吴福元，李献华，郑永飞，等，2007. Lu-Hf 同位素体系及其岩石学应用 . 岩石学报，23（2）：185-220.
吴开兴，张恋，朱平，等，2016. 离子型稀土矿石颗粒粒度分布及变化规律研究 . 稀土，（3）：67-74.
吴敏，许成，王林均，等，2011. 庙垭碳酸岩型稀土矿床成矿过程初探 . 矿物学报，31（3）：478-484.
吴新华，楼法生，黄志忠，等，2001. 北武夷地区前寒武系变质岩地球化学特征 . 火山地质与矿产，22（4）：276-283.
吴学敏，周敏娟，罗喜成，等，2016. 江西西北部锂及稀有金属成矿条件及找矿潜力分析 . 华东地质，37（4）：275-283.
吴元保，郑永飞，2004. 锆石成因矿物学研究及其对 U-Pb 年龄解释的制约 . 科学通报，49（16）：1589-1604.
吴泽有，2015. 福建上杭洋坡坑离子吸附型稀土矿地质特征 . 福建地质，34（3）：199-208.
吴珍汉，崔盛芹，朱大岗，等，1999. 燕山南缘盘山岩体的热历史与构造-地貌演化过程 . 地质力学学报，5（3）：28-32.
伍勤生，刘青莲，1985. 个旧含锡花岗岩浆岩体的成因、演化及成矿作用 . 矿产地质研究院学报，4：22-31.
武强，薛东，连会青，2005. 矿山环境评价方法综述 . 水文地质工程地质，3：84-88.
夏林圻，夏祖春，李向民，等，2008. 南秦岭东段耀岭河群、陨西群、武当山群火山岩和基性岩墙群岩石成因 . 西北地质，41（3）：1-29.
夏林圻，夏祖春，马中平，2009. 南秦岭中段西乡群火山岩岩石成因 . 西北地质，42（2）：1-37.
夏卫华，章锦统，冯志文，1989. 南岭花岗岩型稀有金属矿床地质 . 武汉：中国地质大学出版社 .
向忠金，2010. 北大巴山志留系火山碎屑岩序列与成因环境研究 . 北京：中国地质科学院 .
向忠金，闫全人，宋博，等，2016. 北大巴山超基性基性岩墙和碱质火山杂岩形成时代的新证据及其地质意义 . 地质学报，90（5）：896-916.

项新葵，尹青青，孙德明，等，2015. 赣北石门寺矿区燕山期花岗岩成因的Sr-Nd同位素制约. 江西地质，(2)：1-7.
项媛馨，巫建华，2011. 广东北部早白垩世粗面岩的成因Sr-Nd-Pb同位素制约. 高校地质学报，17 (3)：436-446.
肖朝阳，2003. 平江瑚珮伟晶岩型铌钽矿床地质特征及成因. 华南地质与矿产，(2)：63-67.
肖庆辉，邱瑞照，邓晋福，等，2005. 中国花岗岩与大陆地壳生长方式初步研究. 中国地质，32 (3)：343-352.
谢桂青，毛景文，胡瑞忠，等，2005. 中国东南部中-新生代地球动力学背景若干问题的探讨. 地质论评，51 (6)：613-620.
谢佳，缪德仁，肖涵，2019. 云南临沧大叶种茶稀土元素与游离氨基酸特征及相关性分析. 昆明学院院报，41 (6)：29-36.
谢烈文，张艳斌，张辉煌，等，2008. 锆石/斜锆石U-Pb和Lu-Hf同位素以及微量元素成分的同时原位测定. 科学通报，53 (2)：220-228.
谢应雯，张玉泉，胡国相，1984. 哀牢山-金沙江富碱侵入带地球化学与成矿专属性初步研究. 昆明工学院学报，4：1-17.
谢振东，杨永革，2000. 江西信丰安西岩体同位素年龄及其地质意义. 江西地质，14 (3)：172-175.
邢光福，杨祝良，毛建仁，等，2002. 东南大陆边缘早侏罗世火成岩特征及其构造意义. 地质通报，21 (7)：384-391.
邢光福，卢清地，陈荣，等，2008. 华南晚中生代构造体制转折结束时限研究兼与华北燕山地区对比. 地质学报，82 (4)：451-463.
邢新龙，2016. 浙闽交界地区侏罗纪—白垩纪火山活动年代学与岩石成因研究. 成都：成都理工大学.
邢新龙，邢光福，陈世忠，等，2017. 浙江庆元地区早-中侏罗世火山岩LA-ICP-MS锆石U-Pb年龄及其地质特征. 地质通报，36 (9)：1583-1590.
熊家镛，林尧明，覃胜荣，1982. 临沧混合杂岩的基本特征与成因探讨. 北京：青藏高原地质文集.
熊金莲，张自力，1997. 稀土最大容量阈值与作物生长. 生态学杂志，16 (1)：1-7.
熊毅，蒋亮，覃洪锋，2014. 广西北流市新丰稀土矿床地质特征及成因探讨. 南方国土资源，(8)：38-40.
徐本生，陈宝珠，张慎举，1993. 稀土农用的理论与技术. 郑州：河南人民出版社.
徐克勤，涂光炽，1984. 花岗岩地质和成矿关系. 南京：江苏科学技术出版社.
徐平，吴福元，谢烈文，等，2004. U-Pb同位素定年标准锆石的Hf同位素. 科学通报，49 (14)：1403-1410.
徐夕生，蔡德坤，朱金初，等，1987. 滇西澜沧江碰撞带海西—印支期花岗岩类的特征和成因. 大地构造与成矿学，11 (3)：247-258.
徐先兵，张岳桥，舒良树，等，2009. 闽西南玮埔岩体和赣南菖蒲混合岩锆石LA-ICPMS U-Pb年代学：对武夷山加里东运动时代的制约. 地质论评，55 (2)：277-285.
徐学义，夏林圻，夏祖春，2001. 岚皋早古生代碱质煌斑杂岩地球化学特征及成因探讨. 地球学报，22 (1)：55-60.
许聘，马昌前，2006. 桐柏—大别山南缘志留纪黄羊山碱性杂岩的暗色矿物. 地质科技情报，25 (4)：63-73.
许志琴，卢伦，汤耀庆，等，1988. 东秦岭复合山链的形成. 北京：中国环境科学出版社.
许志琴，戚学祥，刘福来，等，2004. 西昆仑康西瓦加里东期孔兹岩系及地质意义. 地质学报，78 (6)：733-743.
薛怀民，陶奎元，1996. 中国东南沿海中生代酸性火山岩的锶和钕同位素特征与岩浆成因. 地质学报，

(1)：35-47.
薛怀民，陶奎元，沈加林，1996. 中国东南沿海中生代酸性火山岩的锶和钕同位素特征与岩浆成因．地质学报，(1)：35-47.
鄢俊彪，吴开兴，刘辉，等，2018. 离子型稀土矿石颗粒粒度分布型式及其成因研究——以江西赣县大埠稀土矿床为例．中国稀土学报，36（3)：372-384.
闫昆，刘国生，张园远，等，2012. 基于层次分析法构建巢湖北部矿区环境评价体系．合肥工业大学学报（自然科学版)，35（8)：1106-1112.
闫臻，王宗起，张英利，等，2011. 北大巴山与志留纪火山作用相关的碳酸盐岩沉积学特征及形成环境．沉积学报，29（1)：31-40.
颜丹平，周美夫，宋鸿林，等，2002. 华南在 Rodinia 古陆中位置的讨论——扬子地块西缘变质-岩浆杂岩证据及其与 Seychelles 地块的对比．地学前缘，9（4)：249-256.
杨明桂，王昆，1994. 江西省地质构造格架及地壳演化．江西地质，(4)：239-251.
杨明桂，余忠珍，曹钟清，等，2011. 鄂东南-赣西北坳陷金属成矿地质特征与“层-体”耦合成矿模式．资源调查与环境，32（1)：1-16.
杨文采，2018. 扬子区地壳密度扰动成像和华南燕山期花岗岩成因．地质评论，64（5)：1045-1054.
杨文金，王联魁，张绍立，等，1986. 华南两个不同成因系列花岗岩的云母标型特征．矿物学报，6（4)：298-307.
杨秀芳，孔俊豪，赵玉香，等，2012. 不同稀土含量水平茶叶中稀土浸出率研究．技术研究，(1)：14-17.
杨学明，张培善，1992. 花岗岩中稀土元素的赋存状态及质量平衡研究．稀土，13（5)：6-11.
杨永革，2001. 柯树北岩体岩石谱系单位的建立及构造环境分析．江西地质，15（1)：22-28.
杨岳清，胡淙声，罗展明，1981. 离子吸附型稀土矿床成矿地质特征及找矿方向．中国地质科学院矿床地质研究所文集，2 (1)：102-118.
杨岳清，王文瑛，倪云祥，等，1995. 南平花岗伟晶岩中羟磷铝锂石矿物学研究．福建地质，14（1)：8-21.
杨泽黎，邱检生，邢光福，等，2014. 江西宜春雅山花岗岩体的成因与演化及其对成矿的制约．地质学报，88（5)：850-868.
杨振德，1995. 一条巨型花岗岩推覆体．云南地质，(2)：99-108.
杨振德，1996. 云南临沧花岗岩的冲断叠瓦构造与推覆构造．地质科学，(2)：130-139.
杨志华，姜常义，赵太平，等，2000. 秦岭造山带成矿作用概述．大地构造与成矿学，24（1)：44-50.
杨钟堂，杨星，刘少峰，1997. 陕西岚皋—镇坪一带早古生代火山杂岩成岩构造环境及碱（钾）质煌斑岩含矿性探讨．西北地质科学，18（1)：67-71.
杨主明，1987. 江西龙南花岗岩稀土风化壳中黏土矿物的研究．地质科学，1：70-81.
杨主明，潘兆橹，张建洪，1992. 稀土矿物的比较晶体化学．中国稀土学报，(3)：3-8.
姚栋伟，程莉，汪洋，等，2016. 基于 BP 神经网络和 GIS 的矿山地质环境评价方法．采矿技术，16（3)：56-79.
姚明，缪秉魁，苑鸿庆，等，2016. 广西巴马花岗斑岩型稀有金属矿床地质特征及找矿方向．桂林理工大学学报，36（1)：131-136.
叶天竺，吕志成，庞振山，2014. 勘查区找矿预测理论与方法．北京：地质出版社．
于津海，王丽娟，王孝磊，等，2007. 赣东南富城杂岩体的地球化学和年代学研究．岩石学报，23（6)：1441-1456.
于扬，陈振宇，陈郑辉，等，2012. 赣南印支期清溪岩体的锆石 U-Pb 年代学研究及其含矿性评价．大地构造与成矿学，36（3）：413-421.
于扬，王登红，田兆雪，等，2017a. 稀土矿区环境调查SMAIMA方法体系、评价模型及其应用——以赣南离子吸附型稀土矿山为例．地球学报，38（3）：335-344.
于扬，李德先，王登红，等，2017b. 溶解态稀土元素在离子吸附型稀土矿区周边地表水中的分布特征及影响因素．地学前缘，24（5）：172-181.
余心起，吴淦国，舒良树，等，2006. 白垩纪时期赣杭构造带的伸展作用．地学前缘，13（3）：31-43.
俞国华，1996. 浙江省岩石地层．武汉：中国地质大学出版社．
俞国华，包超民，方炳兴，等，1995. 浙江省岩石地层清理成果简介．浙江国土资源，11（1）：1-14.
虞裕如，1993. 个旧白云山碱性岩体的稀土元素特征研究．云南地质，12（3）：277-289.
喻良桂，2007. 雅山花岗岩演化与钽铌成矿．江西有色金属，21（2）：7-10.
袁顺达，侯可军，刘敏，2010. 安徽宁芜地区铁氧化物-磷灰石矿床中金云母Ar-Ar定年及其地球动力学意义．岩石学报，26（3）：797-808.
袁忠信，1987. 南岭地区花岗岩类岩石稀土元素含量分布特征．广州国际花岗岩成岩成矿作用学术讨论会，1-2.
袁忠信，白鸽，2001. 中国内生稀有稀土矿床的时空分布．矿床地质，20（4）：347-354.
袁忠信，白鸽，杨岳清，1981. 一种重要的稀有金属矿床类型——斑岩型稀有金属矿床．地质论评，27（3）：270-274.
袁忠信，吴澄宇，徐磊明，等，1992. 南岭地区花岗岩类的痕量元素分配特征．地球化学，1（4）：333-345.
袁忠信，李健康，王登红，等，2012. 中国稀土矿床成矿规律．北京：地质出版社．
袁忠信，何晗晗，刘丽君，等，2016. 国外稀有稀土矿床．北京：科学出版社．
云南省地质矿产局，1990. 云南省区域地质志．北京：地质出版社．
曾凯，李朗田，祝向平，等，2019. 滇西勐往-曼买地区离子吸附型稀土矿成矿规律与找矿潜力．地质与勘探，55（1）：19-29.
翟裕生，邓军，彭润民，1999. 中国区域成矿若干问题探讨．矿床地质，18（4）：323-332.
翟裕生，邓军，汤中立，等，2002. 古陆边缘成矿系统．北京：地质出版社．
张爱梅，王岳军，范蔚茗，等，2010. 闽西南清流地区加里东期花岗岩锆石U-Pb年代学及Hf同位素组成研究．大地构造与成矿学，34（3）：408-418.
张爱梅，王岳军，范蔚茗，等，2011. 福建武平地区桃溪群混合岩U-Pb定年及其Hf同位素组成：对桃溪群时代及郁南运动的约束．大地构造与成矿学，35（1）：64-72.
张彬，马国桃，高儒东，等，2018. 滇西腾冲-梁河地区土官寨离子吸附型稀土矿床形成条件及找矿预测. 地球科学，43（8）：2628-2637.
张斌，陈文，孙敬博，等，2016. 南天山欧西达坂岩体热演化历史与隆升过程分析——来自Ar-Ar和（U-Th）/He热年代学的证据．中国科学：地球科学，46（3）：392-405.
张成立，高山，张国伟，等，2002. 南秦岭早古生代碱性岩墙群的地球化学及其地质意义．中国科学（D辑），32（10）：819-829.
张成立，高山，袁洪林，等，2007. 南秦岭早古生代地幔性质：来自超镁铁质、镁铁质岩脉及火山岩的Sr-Nd-Pb同位素证据．中国科学（D辑），37（7）：857-865.
张春雷，2016. 赣南离子型稀土矿区水土保持方案研究——以龙南县足洞矿区和定南县岭北矿区整合项目为例．江西理工大学学报，37（5）：52-58.
张国伟，梅志超，李桃红，1988. 秦岭造山带的南部古被动大陆边缘//张国伟等．秦岭造山带的形成及其演化．西安：西北大学出版社：86-98.

张国伟，周鼎武，于在平，等，1991. 秦岭造山带岩石圈组成、结构和演化特征//叶连俊，钱祥麟，张国伟. 秦岭造山带学术讨论会论文选集. 西安：西北大学出版社：121-138.

张国伟，张宗清，董云鹏，1995. 秦岭造山带主要构造岩石地层单元的构造性质及其大地构造意义. 岩石学报，11（2）：101-114.

张国伟，张本仁，袁学诚，等，2001. 秦岭造山带与大陆动力学. 北京：科学出版社.

张宏良，裴荣富，1989. 南岭地区花岗岩矿床的控矿条件及成矿规律. 上海国土资源，（1）：1-12.

张会平，杨农，张岳桥，等，2004. 基于 DEM 的岷山构造带构造地貌初步研究. 国土资源遥感，4：54-58.

张建，1984. 浙江省遂昌-龙泉地区金矿成矿模式及找矿方向. 地质与勘探，（4）：16-24.

张恋，关开兴，陈陵康，等，2015. 赣南离子吸附型稀土矿床成矿特征概述. 中国稀土学报，33（1）：10-17.

张玲，林德松，2004. 我国稀有金属资源现状分析. 地质与勘探，40（1）：26-30.

张民，李杨，何显川，等，2018. 滇西临沧花岗岩中段离子吸附型稀土矿成矿特征研究. 沉积与特提斯地质，38（4）：37-47.

张培善，陶克捷，杨主明，等，1998. 中国稀土矿物学. 科学出版社.

张如柏，1974. 我国某地区锂辉石伟晶岩形成特征的初步探讨. 地球化学，（3）：182-191.

张文高，杨兴科，韩鹏飞，等，2016. 北大巴山闹阳坪锌萤石矿区断裂特征与找矿预测. 大地构造与成矿学，40（2）：323-334.

张彦，陈文，陈克龙，等，2006. 成岩混层（I/S）Ar-Ar 年龄谱型及^{39}Ar 核反冲丢失机理研究——以浙江长兴地区 P-T 界线黏土岩为例. 地质论评，52（4）：556-561.

张艳珠，伍广宇，刘光龙，等，1986. 横山铌钽矿区伟晶岩中白云母的研究及其找矿意义. 广东地质，1（2）：53-81.

张翼飞，1985. 滇西印支期地壳运动性质的探讨. 云南地质，1（4）：59-68.

张英利，王宗起，王刚，等，2016. 北大巴山地区晚古生代滔河口组碎屑锆石年代学研究及对古生代岩浆事件的限定. 地质学报，90（4）：728-738.

张治国，招传，廖帅，等，2018. 广西岑溪和村稀土矿床黏土矿物组成及成矿机制. 矿产与地质，32（2）：216-221.

张祖海，1990. 华南风化壳离子吸附型稀土矿床. 地质找矿论丛，5（1）：57-71.

章泽军，张雄华，易顺华，2003. 赣西北幕阜山-九岭山一带前震旦纪构造变形. 高校地质学报，9（1）：81-88.

赵腊平，金重，2015. 浙江地质七队在庆元探获稀土矿. 中国矿山工程，5：69.

赵振华，1992. 稀有金属花岗岩的稀土元素四分组效应. 地球化学，（3）：221-233.

赵芝，陈振宇，陈郑辉，等，2012. 赣南加里东期阳埠（垇子下）岩体的锆石年龄、构造背景及其含矿性评价. 岩矿测试，31（3）：530-535.

赵芝，王登红，陈振宇，等，2014. 南岭东段与稀土矿有关岩浆岩的成矿专属性特征. 大地构造与成矿学，38（2）：255-263.

赵芝，王登红，刘新星，等，2015. 广西花山岩体不同风化阶段稀土元素特征及其影响因素. 稀土，（3）：14-20.

赵芝，王登红，邹新勇，等，2016. 江西宁都葛藤嘴浅变质岩离子吸附型稀土矿成矿模式. 地质论评，（S1）：421-422.

赵芝，王登红，陈郑辉，等，2017. 南岭离子吸附型稀土矿床成矿规律研究新进展. 地质学报，91（12）：2814-2827.

赵芝，王登红，王成辉，等，2019. 离子吸附型稀土找矿及研究新进展．地质学报，93（6）：1454-1465.
赵中波，2000. 离子型稀土矿原地浸析采矿及其推广应用中值得重视的问题．南方冶金学院学报，21（3）：179-183.
郑国栋，李建康，陈振宇，等，2012. 赣南吉埠黄沙岩体的锆石铀-铅年代学研究及其地质意义．岩矿测试，31（4）：711-716.
中国地质科学院地质矿产所稀有组，1975. 中国稀有金属矿床类型．北京：地质出版社．
中国科学院地球化学研究所，1979. 华南花岗岩类的地球化学．北京：科学出版社．
钟大赉，丁林，张进江，等，2002. 中国造山带研究的回顾和展望．地质论评，48（2）：153-157.
钟玉芳，马昌前，佘振兵，等，2005. 江西九岭花岗岩类复式岩基锆石 SHRIMP U-Pb 年代学．地球科学，30（6）：685-691.
周博文，曾国丰，徐文坦，等，2018. 赣南地区早南华世钾质斑脱岩的发现及其大地构造意义．地质学刊，42（1）：95-107.
周建廷，王国斌，何淑芳，等，2011. 江西宜丰地区甘坊岩体成岩成矿作用分析．东华理工大学学报（自然科学版），34（4）：345-358.
周金城，陈荣，2000. 浙闽沿海晚中生代壳幔作用研究．自然科学进展，10（6）：571-574.
周军明，袁鹏，余亮，等，2018. 八尺风化淋积型稀土矿凝灰岩风化壳中细粒矿物特征．矿物学报，38（4）：420-428.
周起凤，2013. 阿尔泰可可托海 3 号脉伟晶岩型稀有金属矿床年代学、矿物学、熔-流体演化与成矿作用. 北京：中国科学院大学．
周枭，郑常青，周喜文，等，2018. 浙西南遂昌-大柘地区石榴角闪二长片麻岩成因及变质演化．地球科学，43（1）：205-225.
周新民，2003. 对华南花岗岩研究的若干思考．高校地质学报，9（4）：556-565.
周新民，2007. 南岭地区晚中生代花岗岩成因怀岩石圈动力学演化．北京：科学出版社．
周宗尧，黄常力，董学发，等，2011. 浙江庆元苍岱银多金属矿成矿模式探讨与找矿方向．资源调查与环境，32（4）：267-273.
周作侠，1986. 湖北丰山洞岩体成因探讨．岩石学报，2（1）：59-70.
朱建华，袁兆康，王晓燕，等，2002. 江西稀土矿区环境稀土含量调查．环境与健康杂志，19（6）：443-448.
朱赖民，张国伟，李犇，等，2008. 秦岭造山带重大地质事件、矿床类型和成矿大陆动力学背景．矿物岩石地球化学通报，27（4）：384-390.
朱为方，徐素琴，邵萍萍，等，1997. 赣南稀土区生物效应研究——稀土日允许摄入量．中国环境科学，17（1）：63-66.
朱永峰，曾贻善，2002. 可可托海 3 号脉伟晶岩铷——锶同位素等时线年龄．矿床地质，（S1）：1110-1111.
朱志澄，叶俊林，杨坤光，1987. 幕阜山-九岭隆起侧缘逆冲推覆和滑动拆离以及山体的不对称性．地球科学，（5）：55-62.
邹慧娟，马昌前，王连训，2011. 湘东北幕阜山含绿帘石花岗闪长岩岩浆的上升速率：岩相学和矿物化学证据．地质学报，85（3）：366-378.
邹天人，张相宸，贾富义，等，1986. 论阿尔泰 3 号伟晶岩脉的成因．矿床地质，（4）：36-50.
Abdel-Rahman A F M，1994. Nature of biotites from alkaline，calc-alkaline，and peraluminous magmas. Journal of Petrology，35（2）：525-541.
Abraham D S，2015. The elements of power. Lordon：Yale University Press.
Amelin Y，Lee D C，Halliday A N，2000. Early-middle archaean crustal evolution deduced from Lu-Hf and U-Pb

isotopic studies of single zircon grains. Geochimica et Cosmochimica Acta, 64 (24): 4205-4225.

Amer R, Mezayen A E, Hasanein M, 2016. Aster spectral analysis for alteration minerals associated with gold mineralization. Ore Geology Reviews, 75: 239-251.

Astrom M, 2001. Abundance and fractionation patterns of rare earth elements in streams affected by acid sulphate soils. Chemical Geology, 175: 249-258.

Ayres L D, Averill S A, Wolfe W J, 1982. An Archean molybdenite occurrence of possible porphyry type at Setting Net Lake, northwestern Ontario, Canada. Economic Geology, 77 (5): 1105-1119.

Azzouni-Sekkal A B B, Khaznadji R B E, 2013. Occurrence of fluororichterite and fluorian biotite in the In Tifar trachyte neck (Tazrouk district, Hoggar volcanic province, Sahara, Algeria). Journal of African Earth Sciences, 85 (2): 1-11.

Bai T B, Groos A F K V, 1999. The distribution of Na, Rb, Sr, Al, Ge, Cu, W, Mo, La, and Ce between granitic melts and coexisting aqueous fluids. Geochimica et Cosmochimica Acta, 63 (7): 1117-1131.

Ballouard C, Poujol M, Boulvais P, et al., 2016. Nb-Ta fractionation in peraluminous granites: a marker of the magmatic-hydrothermal transition. Geology, 44 (3): 231-234.

Bao Z W, Zhao Z H, 2008. Geochemistry of mineralization with exchangeable REY in the weathering crusts of granitic rocks in South China. Ore Geology Reviews, 33 (3): 519-535.

Barley M E, Groves D I, 1992. Supercontinental cycles and the distribution of metal deposits through time. Geology, 20 (4): 291-294.

Barnes E M, Weis D, Groat L A, 2012. Significant Li isotope fractionation in geochemically evolved rare element-bearing pegmatites from the Little Nahanni Pegmatite Group, NWT, Canada. Lithos, 132-133: 21-36.

Bartley J M, Coleman D S, Glazner A F, 2006. Incremental pluton emplacement by magmatic crack-seal. Transactions of the Royal Society of Edinburgh Earth Sciences, 97 (4): 383-396.

Bau M, 1997. The lanthanide tetrad effect in highly evolved felsic igneous rocks-a reply to the comment by Y Pan. Contributions to Mineralogy & Petrology, 128 (4): 409-412.

Bau M, 1999. Scavenging of dissolved yttrium and rare earths by precipitating iron oxyhydroxide: experimental evidence for Ce oxidation, Y-Ho fractionation, and lanthanide tetrad effect. Geochimica et Cosmochimica Acta, 63: 67-77.

Benson T R, Coble M A, Rytuba J J, et al., 2017. Lithium enrichment in intracontinental rhyolite magmas leads to Li deposits in caldera basins. Nat Commun, 8 (270): 1-9.

Bern C R, Yesavage T, Foley N K, 2017. Ion-adsorption REEs in regolith of the Liberty Hill Pluton, South Carolina, USA: an effect of hydrothermal alteration. Journal of Geochemical Exploration, 172: 29-40.

Biel C, Subias I, Acevedo R D, et al., 2012. Mineralogical, IR-spectral and geochemical monitoring of hydrothermal alteration in a deformed and metamorphosed Jurassic VMS deposit at Arroyo Rojo, Tierra del Fuego, Argentina. Journal of South American Earth Sciences, 35: 62-73.

Blichert T J, Albarède F. 1997. The Lu-Hf isotope geochemistry of chondrites and the evolution of the mantle-crust system. Earth and Planetary Science Letters, 148 (1-2): 243-258.

Bonin B, 2007. A-type granites and related rocks: evolution of a concept, problems and prospects. Lithos, 97 (1-2): 1-29.

Borisova A Y, Thomas A Y, Salvi R, et al., 2012. Tin and associated metal and metalloid geochemistry by femtosecond LA-ICP-MS microanalysis of pegmatite-leucogranite melt and fluid inclusions: new evidence for melt-melt-fluid immiscibility. Mineralogical Magazine, 76 (1): 91-113.

Breaks F W, Moore J M, 1992. The ghost lake batholith, superior province of northwestern Ontario: a fertile, S-type, peraluminous granite-rare-element pegmatite system. The Canadian Mineralogist, 30: 835-875.

Campbell I H, 2002. Implications of Nb/U, Th/U and Sm/Nd in plume magmas for the relationship between continental and oceanic crust formation and the depleted mantle. Geochemica et Cosmochimica Acta, 66 (9): 1651-1661.

Chappell B W, White A J R, 1974. Two contrasting granite types. Pacific Geology, 8: 173-174.

Chappell B W, White A J R, 1992. I and S-type granites in the Lachlan fold belt. Transactions of the Royal Society of Edinburg. Earth Sciences, 83 (1-2): 1-26.

Cheng X, Martin P S, Antonin K, et al., 2017. Origin of heavy rare earth mineralization in South China. Nature Communications. DOI: 10. 1038/ncomms14598.

Chevychelov V Y, Zaraisky G, Borisovskii S, et al., 2005. Effect of melt composition and temperature on the partitioning of Ta, Nb, Mn, and F between granitic (alkaline) melt and fluorine-bearing aqueous fluid: fractionation of Ta and Nb and conditions of ore formation in rare-metal granites. Petrology, 13 (4): 305-321.

Cliff R A, Droop G T R, Rex D C, 1985. Alpine metamorphism in the south-east Tauern Window, Austria: rates of heating, cooling and uplift. Journal of Metamorphic Geology, 3 (4): 403-415.

Condie K C, 2001. Mantle plumes and their record in earth history. Cambridge: Cambridge University Press.

Condie K C, 2011. Earth as an evolving planetary system. Amsterdam: Elsevier.

Černý P, 1985. Extreme fraction in rare-element pegmatite: selected example of data and mechanism. Canadian Mineralogist, 23: 381-421.

Černý P. 1991a. Rare-element granitic pegmatites. Part Ⅰ: anatomy and internal evolution of pegmatite deposits. Geoscience Canada, 18 (2): 49-67.

Černý P, 1991b. Rare-element granitic pegmatites. Part Ⅱ: Regionalto global environments and petrogenesis. Geoscience Canada, 18 (2): 68-80.

Černý P, 2005. Granite-related ore deposit. Economic Geology, 100th Anniversity Volume: 337-370.

Daly R A, 1911. Magmatic differentiation in Hawaii. Journal of Geology, 19 (4): 289-316.

Deng W M, Huang X, Zhong D L, 1998. Alkali-rich porphyry and its relation with intraplate deformation of north part of Jinsha river belt in western Yunnan, China. Science in China (Ser D), 41 (3): 297-305.

Dodson M H, 1973. Closure temperature in cooling geochronological and petrological systems. Contributions to Mineralogy & Petrology, 40 (3): 259-274.

Dong G C, Mo X X, Zhao Z D, et al., 2013. Zircon U-Pb dating and the petrological and geochemical constraints on Lincang granite in western Yunnan, China: implications for the closure of the Paleo-Tethys Ocean. Journal of Asian Earth Science, 62 (62): 282-294.

Fan W M, Guo F, Wang Y J, et al., 2003. Late Mesozoic calc-alkaline volcanism of post-orogenic extension in the northern Da Hinggan Mountains, northeastern China. Journal of Volcanology and Geothermal Research, 121: 115-135.

Fan W M, Peng T P, Wang Y J, 2009. Triassic magmatism in the southern Lancangjiang zone, southwestern China and its constraints on the tectonic evolution of Paleo-Tethys. Earth Science Frontiers, 16 (6): 291-302.

Gibbins W A, Mcnutt R H, 1975. Rubidium-strontium mineral ages and polymetamorphism at Sudbury, Ontar. Canadian Journal of Earth Sciences, 12 (12): 1990-2003.

Glazner A F, Bartley J M, Coleman D S, et al., 2004. Are plutons assembled over millions of years by amalgamation from small magma chambers? Gsa Today, 14 (14): 4-11.

Griffin W L, Wang X, Jackson S E, et al., 2002. Zircon chemistry and magma mixing, SE China: in-situ analysis of Hf isotopes, Tonglu and Pingtan igneous complexes. Lithos, 61 (3-4): 237-269.

Groves D I, Bierlein F P, 2007. Geodynamic settings of mineral deposit systems. Journal of the Geological Society of London, 164: 19-30.

Henderson P, 1984. Rare earth element geochemistry. Amsterdam: Elsevier.

Hillier S, 2003. Quantitative analysis of clay and other minerals in sandstone by X-ray powder diffraction (XRPD). International Association of Sedimentology Special Publication, 34: 213-251.

Hsü K J, Wang Q C, Li J L, et al., 1987. Tectonic evolution of Qinling Mountains, China. Eclogae Geologicae Helvetiae, 80 (3): 735-752.

Hofmann A W, Jochum K P, Seufert M, et al., 1986. Nb and Pb in oceanic basalts: new constraints on mantle evolution. Earth and Planetary Science Letters, 79: 33-45.

Hoskin P W, 2005. Trace-element composition of hydrothermal zircon and the alteration of Hadean zircon from the Jack Hills, Australia. Geochimica et Cosmochimica Acta, 69: 637-648.

Huang H H, Lin F C, Schmandt B, et al., 2015. The Yellowstone magmatic system from the mantle plume to the upper crust. Science, 348 (6236): 773-776.

Huang Z, Li P, Zhou F, et al., 2018. Geochemical characteristics and genesis of the neoproterozoic granites in Mufushan area. Journal of Guilin University of technology, 38 (4): 614-624.

Icenhower J, London D, 1996. Experimental partitioning of Rb, Cs, Sr, and Ba between alkali feldspar and peraluminous melt. American Mineralogist, 81: 719-734.

Irber W, 1999. The lanthanide tetrad effect and its correlation with K/Rb, Eu/Eu*, Sr/Eu, Y/Ho, and Zr/Hf of evolving peraluminous granite suites. Geochimica et Cosmochimica Acta, 63 (3-4): 489-508.

Irvine I N, 1971. A guide to the chemical classification of the common volcanic rocks. Canadian Journal of Earth Sciences, 8: 532-548.

Jaeger J C, 1957. The temperature in the neighborhood of a cooling intrusive sheet. American Journal of Science, 255 (4): 306-318.

Jahns R H, Burnham C W, 1969. Experimental Studies of pegmatite genesis: Ⅰ, A model for the derivation and crystallization of granitic pegmatites. Economic Geology, 64: 843-864.

Kalantzakos S, 2018. China and the geopolitics of rare earths. New York: Oxford University Press.

Kanazawa Y, Kamitani M, 2006. Rare earth minerals and resources in the world. Journal of Alloys & Compounds, 408-412: 1339-1343.

Kieffer B, Arndt N, Lapierre H, 2004. Flood and shield basalts from Ethiopia: magmas from the African superswell. Journal of Petrology, 45 (4): 793-834.

Kontak D J, 2006. Nature and origin of an LCT-suite pegmatite with late-stage sodium enrichment, Brazil Lake, Yarmouth County, Nova Scotia. The Canadian Mineralogist, 47 (4): 745-764.

Kumar S, Pathak M, 2010. Mineralogy and geochemistry of biotites from proterozoic granitoids of western Arunachal Himalaya: evidence of bimodal granitogeny and tectonic affinity . Journal Geological Society of India, 75 (5): 715-730.

Le Maitre R W, 2002. Igneous rocks: a classification and glossary of terms (recommendations of the IUGS subcommission on the systematics of igneous rocks) . Cambridge: Cambridge University Press.

Leybourne M I, Johannesson K H, 2008. Rare earth elements (REE) and yttrium in stream waters, stream sediments, and Fe- Mnoxyhydroxides: fractionation, speciation, and controls over REE + Y patterns in the surface environment. Geochimica et Cosmochimica Acta, 72: 59-62.

Li F, Shan X, Zhang T, et al., 1998. Evaluation of plant availability of rare earth elements in soils by chemical fractionation and multiple regression analysis. Environmental Pollution, 102 (2-3): 269-277.

Li J K, Zou T R, Liu X F, et al. , 2015. The metallogenetic regularities of lithium deposits in China. Acta Geologica Sinica (English Edition), 89 (2): 652-670.

Li M Y H, Zhou M, 2019. The genesis of regolith-hosted heavy rare earth element deposits: insights from the world-class Zudong deposit in Jiangxi Province, South China. Economic Geology, 114 (3): 541-588.

Li X H, Chen Z G, 2003. Jurassic gabbro-granite-syenite suites from southern Jiangxi province, SE China: age, origin, and tectonic significance. International Geology Review, 45: 898-921.

Linnen R L, Cuney M, 2005. Granite-related rare-element deposits and experimental constraints on Ta-Nb-W-Sn-Zr-Hf mineralization. Journal of Post Keynesian Economics, 1 (1): 6-15.

Linnen R L, Keppler H, 2002. Melt composition control of Zr/Hf fractionation in magmatic processes. Geochimica et Cosmochimica Acta, 66: 3293-3301.

Linnen R L, Samson I M, Williams-Jones A E, et al. , 2014. Geochemistry of the rare-earth element, Nb, Ta, Hf, and Zr deposits. Treatise on Geochemistry (Second Edition), 13: 543-568.

Linnen R L, 1998. The solubility of Nb- Ta- Zr- Hf- W in granitic melts with Li and Li + F: constraints for mineralization in rare metal granites and pegmatites. Economic Geology, 93: 1013-1025.

Liu Y S, Hu Z C, Gao S, et al. , 2008. In situ analysis of major and trace elements of anhydrous minerals by LA-ICP-MS without applying an internal standard. Chemical Geology, 257: 34-43.

Liu Y S, Gao S, Hu Z C, 2010. Contiental and oceanic crust recycling-induced melt-peridotite interactions in the Trans- North China Orogen: U- Pb dating, Hf isotopes and trace elements in zircons from mantle xenoliths. Journal of Petrology, 51 (1-2): 537-571.

Liu Y, Cao L, Li Z, et al., 1984. The geochemistry of elements. Beijing: Science Press.

London D, 1992. The application of experimental petrology to the genesis and crystallization of granitic pegmatites. Canadian Mineralogist, 30: 499-540.

London D, 1996. Granitic pegmatites. Transactions of the Royal Society Edinburgh: Earth Sciences, 87: 305-319.

London D, 2005. Granitic pegmatites: an assessment of current concepts and directions for the future. Lithos, 80(1-4):281-303.

London D, 2008. Pegmatites. Mineralogical Association of Canada Special Publications, 10: 1-347.

Mahood G, Hildreth W, 1983. Large partition coefficients for trace elements in high-silica rhyolites. Geochimica et Cosmochimica Acta, 47: 11-30.

McNutt M K, 2013. Mineral commodity summaries 2013. U. S. Geological Survey, Cement Americas, 28-176.

Menand T, 2008. The mechanics and dynamics of sills in layered elastic rocks and their implications for the growth of laccoliths and other igneous complexes. Earth & Planetary Science Letters, 267 (1-2): 93-99.

Michallik R M, Wagner T, Fusswinkel T, et al. , 2017. Chemical evolution and origin of the Luumäki gem beryl pegmatite: constraints from mineral trace element chemistry and fractionation modeling. Lithos, 274-275: 147-168.

Mitchell A H G, Garson M S, 1976. Mineralization at plate boundaries. Minerals Sciences Engineering, 8: 129-169.

Mitchell A H G, Garson M S, 1981. Mineral deposits and Global tectonic setting. London: Academic Press.

Mohamad E T, Latifi N, Arefnia A, 2016. Effects of moisture content on the strength of tropically weathered granite from Malaysia. Bulletin of Engineering Geology & the Environment, 75 (1): 369-390.

Morrison G W, 1980. Characteristics and tectonic setting of the shoshonite rock association. Lithos, 13 (1): 97-108.

Morteani G, Preinfalk C, Horn A H, 2000. Classification and mineralization potential of the pegmatites of the eastern Brazilian pegmatite province. Mineralium Deposita, 35 (7): 638-655.

Nabelek P I, Whittington A G, Sirbescu M C, 2009. The role of H_2O in rapid emplacement and crystallization of granite pegmatites: resolving the paradox of large crystals in highly undercooled melts. Contribution Mineralogy Petrology, 160 (3): 313-325.

Nesbitt H W, 1979. Mobility and fractionation of rare earth elements during weathering of a granodiorite. Nature, 279: 206- 210.

Novák M, Povondra P, 1995. Elbaite pegmatites in the moldanubicum: a new subtype of the rare-element class. Mineralogy & Petrology, 55 (1-3): 159-176.

O'Connor J T, 1965. A classification of quartz-rich igneous rocks based on feldspar ratio. U. S. Geological Survey, 525-B: 79-84.

Padrones J T, Imai A, Takahashi R, 2017. Geochemical behavior of rare earth elements in weathered granitic rocks in Northern Palawan, Philippines. Resource Geology, 67 (3): 231-253.

Partington G A, Mcnaughton N J, Williams I S, 1995. A review of the geology, mineralization, and geochronology of the Greenbushes pegmatite, western Australia. Economic Geology, 90 (3): 616-635.

Peng T, Wilde S A, Wang Y, et al., 2013. Mid-Triassic felsic igneous rocks from the southern Lancangjiang Zone, SW China: petrogenesis and implications for the evolution of Paleo-Tethys. Lithos, 168-169 (2): 15-32.

Peretyazhko I S, Zagorsky V Y, Smirnov S Z, et al., 2004. Conditions of pocket formation in the Oktyabrskaya tourmaline-rich gem pegmatite (the Malkhan field, central Transbaikalia, Russia). Chemical Geology, 210 (1-4): 91-111.

Peter D K, Roland M, 2003. Lu-Hf and Sm-Nd isotope systems in zircon. Reviews in Mineralogy and Geochemistry, 53 (1): 327-341.

Pupin J P, 1980. Zircon and granite petrology. Contribution to Mineralogy and Petrology, 73: 207-220.

Rahul R, Megan B, Joël B, et al., 2019. Characterisation of a rare earth element- and zirconium-bearing ion-adsorption clay deposit in Madagascar. Chemical Geology. DOI: 10. 1016/j. chemgeo. 2019. 05. 011.

Rao C, Wang R C, Hu H, et al., 2009. Complex internal textures in oxide minerals from the Nanping No. 31 dyke of granitic pegmatite, Fujian Province, Southeastern China. Canadian Mineralogist, 47 (5): 1195-1212.

Richards J P, 2003. Tectono-magmatic precursors for porphyry Cu-(Mo-Au) deposit formation. Economic Geology, 98 (8): 1515-1533.

Riley T R, Leat P T, Pankhurst R J, 2001. Origins of large volume rhyolitic volcanism in the Antarctic Peninsula and Patagonia by crustal melting. Journal of Petrology, 42 (6): 1043-1065.

Robinson W O, 1943. The occurrence of rare earths in plants and soils. Soil Sci Science, 56 (1): 1-6.

Rui L, Li J W, Bi S J, et al., 2013. Magma mixing revealed from in situ zircon U-Pb-Hf isotope analysis of the Muhuguan granitoid pluton, eastern Qinling Orogen, China: implications for late Mesozoic tectonic evolution. Int J Earth Sci (Geol Rundsch), 102: 1583-1602.

Sanematsu K, Watanabe K, 2016. Characteristics and genesis of ion-adsorption type rare earth element deposits. Society of Economic Geologists, 18: 55-79.

Sanematsu K, Murakami H, Watanabe Y, et al., 2009. Enrichment of rare earth elements (REE) in granitic rocks and their weathered crusts in central and southern Laos. Bulletin of Geological Survey of Japan, 60 (11/12): 527-558.

Sanematsu K, Kon Y, Imai A, et al., 2013. Geochemical and mineralogical characteristics of ion-adsorption type REE mineralization in Phuket, Thailand. Mineralium Deposita, 48 (4): 437-451.

Saunders A D, Norry M J, Tarney J, 1988. Origin of MORB and chemically-depleted mantle reservoirs: trace element constraints. Journal of Petrology (Special Lithosphere Issue), 415-445.

Sawkins F J, 1976. Massive sulphide deposits in relation to geotectonics. Metallogeny and Plate Tectonics, 14: 221-240.

Sawkins F J, 1990. Metal deposits in relation to plate tectonics. New York: Springer-Verlag.

Scherer E, Münker C, Mezger K, 2001. Calibration of the lutetium-hafnium clock. Science, 293 (5530): 683-687.

Shearer C K, Papike J J, Jolliff B L, 1992. Petrogenetic links among granites and pegmatites in the Harney peak rare-element granite-pegmatite system, Black Hills, south Dakota. Canadian Mineralogist, 30: 785-809.

Sholkovitz E R, 1995. The aquatic geochemistry of rare earth elements in rivers and estuaries. Aquatic Geochemistry, 1: 1-43.

Stimac J A, Goff F, Wohletz K, 2001. Thermal modeling of the Clear Lake magmatic-hydrothermal system, California, USA. Geothermics, 30 (2-3): 349-390.

Stix J, Gorton M P, 1990. Variations in trace-element partition-coeffi cients in Sanidine in the Cerro Toledo rhyolite, Jemez Mountains, New-Mexico-effects of composition, temperature, and volatiles. Geochimica et Cosmochimica Acta, 54: 2697-2708.

Sun S S, McDonough W F, 1989. Chemical and isotopic systematics of oceanic basalts: implications for mantle composition and processes. Geological Society, London, Special Publications, 42: 313-345.

Tarney J, 1976. Geochemistry of Archean high grade gneisses with implications as to origin and evolution of the Precambrain Crust//Windley B F. The early history of earth. London: Wiley: 405-417.

Thomas R, Davidson P, 2012. Evidence of a water-rich silica gel state during the formation of a simple pegmatite. Mineralogical Magazine, 76 (7): 2785-2801.

Thomas R, Webster J D, 2000. Strong tin enrichment in a pegmatite-forming melt. Mineral Deposita, 35: 570-582.

Thomas R, Forster H, Bickers K, et al., 2005. Formation of extremely f-rich hydrous melt fractions and hydrothermal fluid during differentiation of highly evolved tin-granite magmas: a melt/fluid-inclusion study. Contribution Mineralogy Petrology, 148: 582-601.

Thomas R, Webster J D, Rhede D, et al., 2006. The transition from peraluminous to peralkaline granite melts: evidence from melt inclusions and accessory minerals. Lithos, 91: 137-149.

Thomas R, Davidson P, Badanina E, 2009. A melt and fluid inclusion assemblage in beryl from pegmatite in the Orlovka amazonite granite, east Transbaikalia, Russia: implications for pegmatite-forming melt systems. Mineralogy and Petrology, 96 (3): 129-140.

Thomas R, Davidson P, Beurlen H, 2012. The competing models for the origin and internal evolution of granitic pegmatites in the light of melt and fluid inclusion research. Mineralogy and Petrology, 106: 55-73.

Thomas W A, 1975. Accumulation of rare earths and circulation of cerium by mockernut hickory trees. Canadian Journal of Botany, 53 (1): 1159-1165.

Thompson A B, 1999. Some time-space relationships for crustal melting and granitic intrusion at various depths. Geological Society London Special Publications, 168 (1): 7-25.

Tkachev A V, 2011. Evolution of metallogeny of granitic pegmatites associated with orogens throughout geologic time. Geological Society London Special Publications, 350 (1): 7-23.

Van Lichtervelde M, Grégoire M, Linnen R L, et al., 2008. Trace element geochemistry by laser ablation ICP-MS of micas associated with Ta mineralization in the Tanco pegmatite, Manitoba, Canada. Contributions to Mineralogy & Petrology, 155 (6): 791-806.

Veksler I V, 2004. Liquid immiscibility and its role at the magmatic- hydrothermal transition: a summary of experimental studies. Chemical Geology, 210: 7-31.

Veronese K, 2015. Rare: the high-stakes race to satisfy our need for the scarcest metals on Earth. Prometheus Books, 1-127.

Vervoort J D, Blichert-Tolf J, 1999. Evolution of the depleted mantle: Hf isotope evidence from juvenile rocks through time. Geochimica et Cosmochimica Acta, 63 (3-4): 533-556.

Wang L X, Ma C Q, Zhang C, et al., 2014. Genesis of leucogranite by prolonged fractional crystallization: a case study of the Mufushan complex, south China. Lithos, 206-207 (1): 147-163.

Wang R C, Che X D, Zhang W L, et al., 2009. Geochemical evolution and late re-equilibration of Na-Cs-rich beryl from the Koktokay #3 pegmatite (Altai, NW China). European Journal of Mineralogy, 21 (4): 795-809.

Wang R R, Xu Z Q, Santosh M, et al., 2017. Petrogenesis and tectonic implications of the Early Paleozoic intermediate and mafic intrusions in the South Qinling Belt, Central China: constraints from geochemistry, zircon U-Pb geochronology and Hf isotopes. Tectonophysics, 712-713 (7): 270-288.

Webster J D, Holloway J R, Hervig R L, 1989. Partitioning of lithophile trace elements between H_2O and H_2O+ CO_2 fluids and topaz rhyolite melt. Economic Geology, 84 (1): 116-134.

Webster J D, Thomas R, Rhede D, et al., 1997. Melt inclusions in quartz from an evolved peraluminous pegmatite: geochemical evidence for strong tin enrichment in fluorine-rich and phosphorus-rich residual liquids. Geochimica et Cosmochimica Acta, 61 (13): 2589-2604.

Webster J D, Tappen C M, Mandeville C M, 2009. Partitioning behavior of chlorine and fluorine in the system apatite-melt-fluid. II: Felsic silicate systems at 200 MPa. Geochimica et Cosmochimica Acta, 73 (3): 559-581.

Whalen J B, Currie K L, Chappell B W, 1987. A-type granites: geochemical characteristics, discrimination and petrogenesis. Contributions to Mineralogy and Petrology, 95 (4): 407-419.

Wilson M, 1989. Igneous petrogenesis. London: Unwin Hyman.

Winchester J A, Park R G, Holland J G, 1980. The geochemistry of Lewisian semipelitic schists from the Gairloch District, Wester Ross. Scottish Journal of Geology, 16 (2-3): 165-179.

Windley B F, Kroner A, Guo J, et al., 2002. Neoproterozoic to paleozoic geology of the Altai orogen, NW China: new zircon age data and tectonic evolution. The Journal of Geology, 110: 719-737.

Wood D A, 1979. A variably veined suboceanic upper mantle—genetic significance for mid-ocean ridge basalts from geochemical evidence. Geology, (7): 499-503.

Xiao W, Windley B F, Badarch G, et al., 2004. Palaeozoic accretionary and convergent tectonics of the southern Altaids: implications for the growth of central Asia. Journal of the Geological Society, 161 (3): 339-342.

Xie Y, Hou Z, Goldfarb R J, et al., 2016. Rare earth element deposits in China. Reviews in Mineralogy and Geochemistry, 18: 115-136.

Xiong X L, Adam J, Green T H, 2005. Rutile stability and rutile/melt HFSE partitioning during partial melting of hydrous basalt: implications for TTG genesis. Chemical Geology, 218: 339-359.

Xu C, Kynicky J, Chakhmouradian A R, 2010. Trace-element modeling of the magmatic evolution of rare-earthrich carbonatite from the Miaoya deposit, Central China. Lithos, 118: 145-155.

Xu C, Chakhmouradian A R, Taylor R N, et al., 2014. Origin of carbonatites in the South Qinling orogen: implications for crustal recycling and timing of collision between the South and North China Blocks. Geochimica et Cosmochimica Acta, 143: 189-206.

Yang M, Liang X, Ma L, et al., 2019. Adsorption of REEs on kaolinite and halloysite: a link to the REE distribution on clays in the weathering crust of granite. Chemical Geology, 525: 210-217.

Ying Y, Chen W, Lu J, et al., 2017. In situ U-Th-Pb ages of the Miaoya carbonatite complex in the South Qinling orogenic belt, central China. Lithos, 290: 159-171.

Yusoff Z M, Ngwenya B T, Parsons I, 2013. Mobility and fractionation of REEs during deep weathering of geochemically contrasting granites in a tropical setting, Malaysia. Chemical Geology, 349-350: 71-86.

Zaraisky G P, Korzhinskaya V, Kotova N, 2010. Experimental studies of Ta_2O_5 and columbite-tantalite solubility in fluoride solutions from 300 to 550 °C and 50 to 100 MPa. Mineralogy and Petrology, 99 (3-4): 287-300.

Zhang G, Yu Z, Sun Y, et al., 1989. The major suture zone of the Qinling orogenic belt. Journal of Southeast Asian Earth Science, 3: 63-76.

Zhang R Y, Cong B L, Maruyama S, et al., 2007. Metamorphism and tectonic evolution of the Lancang paired metamorphic belts, south-western China. Journal of Metamorphic Geology, 11 (4): 605-619.

Zhong H, Zhu W G, Hu R Z, et al., 2009. Zircon U-Pb age and Sr-Nd-Hf isotope geochemistry of the Panzhihua A-type syenitic intrusion in the Emeishan large igneous province, southwest China and implications for growth of juvenile crust. Lithos, 110: 109-128.

Zhou Q, Qin K, Tang D, et al., 2016. Formation age and evolution time span of the Koktokay No. 3 pegmatite, Altai, NW China: evidence from U-Pb zircon and ^{40}Ar-^{39}Ar muscovite ages. Resource Geology, 65 (3): 210-231.

Zhu J, Wang L X, Peng S G, et al., 2016. U-Pb zircon age, geochemical and isotopic characteristics of the Miaoya syenite and carbonatite complex, central China. Geological Journal, 52 (6): 938-954.

Zhu Z Y, Wang R C, Che X D, et al., 2015. Magmatic-hydrothermal rare-element mineralization in the Songshugang granite (Northeastern Jiangxi, China): insights from an electron-microprobe study of Nb-Ta-Zr minerals. Ore Geology Reviews, 65: 749-760.